高等学校"十三五"规划教材

化工流程模拟 Aspen Plus 实例教程

钟立梅　仇汝臣　田文德　主编

化学工业出版社

·北京·

《化工流程模拟 Aspen Plus 实例教程》采用 Aspen Plus V8.6 版本，对其中的常用模型及分析功能进行了系统介绍。在第 1、2 章初识 Aspen Plus 软件及其模拟入门以后，第 3 章介绍了简单模型如简单分离器、压力改变模型、传热设备的模拟，第 4～9 章分别介绍了反应器、塔、石油精馏塔、Aspen 间歇模块、固体模拟、物性相关计算等流程的模拟与分析。本书各章节通过综合案例对各模型进行集中讲解，并配备操作视频二维码，以帮助读者形象直观的快速入门，也方便课堂教学。本书各章节内容相对独立，读者可根据需求选择性阅读。

《化工流程模拟 Aspen Plus 实例教程》可作为高校化工类专业本科生和研究生的教材，也可供石油化工行业的科研、设计、工程技术人员参考。

图书在版编目（CIP）数据

化工流程模拟 Aspen Plus 实例教程/钟立梅，仇汝臣，
田文德主编. —北京：化学工业出版社，2020.2（2023.1 重印）
ISBN 978-7-122-35676-5

Ⅰ. ①化… Ⅱ. ①钟… ②仇… ③田… Ⅲ. ①化工
过程-流程模拟-应用软件-教材 Ⅳ. ①TQ02-39

中国版本图书馆 CIP 数据核字（2019）第 268378 号

责任编辑：宋林青　　　　　　　　　装帧设计：关　飞
责任校对：刘　颖

出版发行：化学工业出版社（北京市东城区青年湖南街 13 号　邮政编码 100011）
印　　装：涿州市般润文化传播有限公司
787mm×1092mm　1/16　印张 29½　字数 760 千字　2023 年 1 月北京第 1 版第 3 次印刷

购书咨询：010-64518888　　售后服务：010-64518899
网　　址：http: // www.cip.com.cn
凡购买本书，如有缺损质量问题，本社销售中心负责调换。

定　　价：69.80 元　　　　　　　　　　　　　　　版权所有　违者必究

前 言

化学工业是许多国家的基础支柱产业。随着经济的飞速发展和社会的不断进步，化学工业日益要求改进现有装置，开发更节能环保、更经济的工艺。化工流程模拟技术因其成本低廉、开发周期短、计算结果可靠等优势，在新工艺开发、旧装置改造及生产调优等方面正逐渐取代传统的试验方法，在世界各国的化工设计院、科研院所、高校及企业单位中得到日益广泛的应用。此外，随着工业自动化水平的提高及人工智能的迅速发展，化工流程模拟软件在生产过程控制和辅助管理等方面的应用也愈来愈广泛。

Aspen Plus 是美国能源部于 1981 年委托麻省理工学院开发完成的大型流程模拟软件，经过多年的不断发展完善，其模型的可靠性和增强功能已被全球数以百万计的实例所证实。Aspen Plus 用于流程模拟，在从装置的研发到工业生产的整个生命周期中，都会带来巨大的经济效益。

本书采用 Aspen Plus V8.6 版本，针对 Aspen Plus 中的常用模型及分析功能进行了系统、详细的讲解，内容包括简单模型（简单分离器、压力改变设备、传热设备）、反应器、塔、石油精馏塔、Aspen 间歇模块、固体模拟、物性相关计算及设计规定、灵敏度分析和计算器等流程模拟与分析功能。另外，本书还介绍了间歇精馏塔及间歇反应器专用模拟计算软件 Aspen Batch Modeler。各章节通过综合案例对各模型进行集中讲解，并配备操作视频二维码，读者对相关模型可进行直观比较，便于快速入门，也便于教师的课堂教学。配合各章节案例，进一步详细介绍模型的功能，读者可以方便地理解并掌握软件功能。各章内容相对独立，读者可根据需求选择性阅读。

本书第 1 章的模拟软件介绍及部分习题参考了一些专家的研究论文、著作及资料（具体可见参考文献），后续各章的软件功能详解及部分习题参考了 AspenTech 公司的帮助文件，在此向相关专家及 AspenTech 公司致以郑重感谢！本书从初具雏形到最终完成，是在仇汝臣教授的大力支持和督促下完成的，视频由孙金明录制完成，在此向两位良师益友致以最诚挚的谢意！另外，还要感谢（包括但不限于）张建海、黄志伟、祝汉收、赵宏图、宋宣霖、任琪、秦俏、李阳、丁之皓、魏辉、李园、茅学曼、刘童等研究生及本科生，在本书编写过程中不断阅读并给出宝贵的修改意见。感谢青岛科技大学化工学院田文德副院长、刘福胜院长及相关学校领导对本书出版工作的大力支持，感谢化学工业出版社的编辑在本书出版过程中给予的真诚帮助和付出的辛苦工作！最后，感谢家人对我的照顾及无私支持！

由于作者水平有限，不足之处在所难免。恳请读者不吝赐教，批评指正。

编　者
2019 年 7 月

目 录

第 1 章　Aspen Plus 软件初识　/1

第 2 章　Aspen Plus 模拟入门　/9

第 3 章　简单模型　/67

第 7 章　Aspen 间歇模块　/ 365

第 8 章　固体模拟　/ 396

第 9 章　Aspen Plus 软件在物性中的应用　/ 429

Aspen Plus 软件初识

Aspen Plus 是 AspenTech 公司的稳态流程模拟软件。本章将简要介绍化工流程模拟的概念及 AspenTech 公司的相关软件，并初步介绍 Aspen Plus 软件的功能特点。

1.1　化工流程模拟简介

过程模拟是指建立过程系统中各装置的数学模型，以表示其系统特性，并通过适当求解技术，根据输入变量计算未知变量，从而实现对过程系统的模拟。化工流程模拟是过程模拟技术在化学工业中的应用，以化工过程的机理模型为基础，采用数学方法描述化工过程，并通过计算机辅助，进行化工过程的物料和热量衡算、设备尺寸估算、能量分析及环境和经济评价等。化工流程模拟技术是化学工程、化工热力学、系统工程、计算方法及计算机应用技术相结合的产物，是近几十年发展起来的一门新技术。

1.1.1　数学模型及求解方法

化工流程模拟中的数学模型，包括质量和能量守恒定律，相平衡关系，动量、热量和质量传递方程，反应的热力学平衡和动力学速率方程，设备尺寸关系及一些经验公式等。

过程模拟可分为开式和控制式。开式模拟是根据过程输入求出过程中各装置的输出状态，而控制式模拟则是指定过程输出，从而确定各装置的设计或操作条件。常见输入变量包括进料条件（如进料温度、压力、流量、组成）和工艺操作条件（如设备操作温度、操作压力及间歇操作周期）等，常见输出变量包括出料条件（如产品温度、压力、流量、组成）、分布曲线（如精馏塔中各塔板上的温度、压力、汽-液相流量及组成，管式反应器中不同位置处的温度及组成）等。目前常用流程模拟软件都可实现这两种模拟。

求解方法包括序贯模块（SM）和联立方程（EO）两种算法。序贯模块法是把各装置的数学模型作为模块，按模块顺序求解，而联立方程法则是将各模型方程联立求解。目前常用流程模拟软件多采用序贯模块法求解，Aspen Plus 是唯一将两种方法结合使用的软件。利用序贯模块法提供流程收敛计算的初值，利用联立方程算法提高收敛速度，可让难收敛的流程收敛，节省计算时间。

1.1.2 化工流程模拟软件的功能

作为一种研究手段，流程模拟技术不但与试验研究（小试与中试）同样可靠，而且可以节省试验探索所消耗的大量资金、时间和人力，并能进行一些试验无法完成的研究，因此一般比试验研究更为有效。化工流程模拟技术可以辅助用户从系统角度分析生产中的深层次问题，优化生产，提高效益。利用流程模拟软件：

· 设计者可以快速比较不同方案，进行新流程开发、旧装置改造或确定试验方案，减少装置设计时间；

· 可指导生产，通过研究不同条件的影响，进行操作调优，消除瓶颈，或进行装置校核；

· 可进行动态模拟，为实时、在线优化提供基础。

流程模拟软件不但可以辅助设备设计、经济分析、生产过程控制，也可为生产管理提供可靠的理论依据。

1.1.3 化工流程模拟系统的发展历程

化工流程模拟系统的开发始于 20 世纪 50 年代末期。经过 60 多年的发展，化工流程模拟系统已广泛应用于化工和油气处理过程的研究开发、设计、生产操作的控制与优化、操作工培训及老厂技术改造等方面。总结化工流程模拟系统的发展历程，大致可分为四代。

第一代：20 世纪 60 年代，是化工流程模拟系统的开发初期。1958 年，美国 Kellogg 公司开发出第一个流程模拟系统 Flexible Flowsheet，引起强烈反响。这个时期，化工流程模拟技术规模较小，功能有限，主要用于工程设计中单元操作设备的工艺计算，在工业上未获得广泛应用。

第二代：20 世纪 70 年代，是化工流程模拟系统的成长壮大期。化工流程模拟技术发展至装置的物料和热量衡算及全流程模拟，具有更齐全的单元模块和数据库，计算方法更先进，成为化工与石油化工企业的开发与设计手段。这个时期出现了大批优秀的模拟软件，典型代表是 Monsanto 公司的 Flowtran、Hyprotech 公司的 Hysim 及 SimSci 公司的 Process。这些软件主要用于汽-液两相过程，运行环境主要为大型计算机。

第三代：20 世纪 80 年代，是化工流程模拟系统的成熟期。这个时期，稳态模拟功能和可靠性都不断加强。可模拟汽-液-固三相过程，物性数据更丰富，窗口图形技术使用更方便。计算环境也转向小型机、工作站和微机，成本急剧下降。因此，应用范围不断拓宽，由以工程设计单位为主转向以生产企业为主，成为计算机辅助工程的核心及计算机集成制造系统的基础。这个时期的典型模拟软件有 Chemstations 公司的 ChemCAD、美国麻省理工学院的 Aspen Plus、SimSci 公司的 Pro/Ⅱ 及 WinSim 公司的 Design Ⅱ 等，AspenTech、SimSci 和 Hyprotech 公司成为著名的通用流程模拟软件供应商。

第四代：20 世纪 90 年代至今，是化工流程模拟系统的深入发展期。这个时期，化工流程模拟技术的价值已获得公认，并得到大范围的推广应用，成为设计研究和生产部门最强有力的辅助工具。另外，和工业装置紧密相连的动态模拟及在线实时优化得到长足发展，人工智能的开发也成为重要发展方向。这个时期不断开发出新的动态模拟软件，典型代表是 AspenTech 公司的 Custom Modeler 和 Dynamics 等。在当今自然资源短缺和市场竞争激烈的背景下，人们对化工流程模拟技术的关注更是与日俱增。

我国化工流程模拟系统的开发和应用起步于 20 世纪 60 年代中期，兰州石油化工设计院首先开始开发工作。到 70 年代前期，北京石化工程公司、洛阳石化工程公司和北京设计院相继成立计算机站，开发了一批油品分馏塔、多组分精馏塔、冷换设备及塔板水力学计算等工艺计算程序。80 年代后期，兰州石油化工设计院和大连理工大学合作开发的合成氨模拟程序、北京设计院的催化裂化反应——再生模拟软件 CCSOS 和青岛化工学院（现青岛科技大学）开发的 ECSS 系统等具有较高水平。

1983 年，我国化工部计算中心引进 AspenTech 公司的 Aspen Plus 软件，大大缩短了我国流程模拟技术与世界先进水平的差距。目前，国内的一些大型化工生产企业、石化公司、设计单位和科研院校也都引进了 Aspen Plus 和 Pro/II 等软件，但在普及程度和应用深度上还不及国外发达国家。

1.2　AspenTech 系列产品

Aspen 全称为 Advanced System for Process Engineering，是 1981 年由美国能源部委托麻省理工学院开发完成的大型流程模拟软件。以该软件为依托，1982 年成立 AspenTech 公司，将其商品化。30 多年来，AspenTech 公司不断发展，先后兼并了 20 多个在各行业中技术领先的公司，如 B-JAC International Inc.、Dynamic Matrix Control Corporation、ICARUS Corporation、PIMS business group from Bechtel Corp.、Hyprotech Ltd.等，成为可为过程工业提供从集散控制系统（DCS）到企业资源计划（ERP）全方位服务的公司。

AspenTech 公司先后推出了 10 多个版本，形成了不同用途的软件产品系列，成为世界公认的标准大型流程模拟软件公司，应用案例数以百万计。Aspen ONE™是 AspenTech 公司的产品集合，主要可分为 Aspen Engineering Suite（工程套件）、Aspen Manufacturing Suite（生产套件）和 Aspen Supply Chain（供应链套件）系列。

1.2.1　工程套件

Aspen 工程套件是以 Aspen Plus 严格机理模型为基础的工程系列软件，包括 Aspen Plus、HYSYS、Aspen Energy Analyzer、Exchanger Design and Rating 等 40 多个软件，在工程模拟和设计中广泛应用。

Aspen Plus：稳态流程模拟软件。是工程套件的核心，可广泛应用于新工艺开发、装置设计优化及脱瓶颈分析与改造。Aspen Plus 具有完备的物性数据库，可处理非理想复杂物系。Aspen Plus 独具联立方程法与序贯模块法相结合的解算方法，及一系列模型库，并具有丰富的流程优化分析及报告等功能。

Aspen Batch Modeler：间歇过程专用模拟软件。可选择模拟单釜/反应器、精馏塔或有冷凝器的釜/反应器，是间歇精馏、间歇反应、反应精馏设计优化的先进工具。Aspen Batch Modeler 支持三相体系，可由间歇数据估算反应动力学参数，可快速、低成本地确定最佳设计和操作策略。

Aspen Dynamics：动态流程模拟软件。运用一套崭新的技术，帮助用户精确求解传统方法难以解决的相变、干塔和溢流等复杂问题。Aspen Dynamics 与 Aspen Plus 紧密结合，可帮助用户在装置设计时改善过程设计品质，在生产操作中解决操作问题，从而减少开发投资，降低操作费用。

Aspen Custom Modeler：建立在联立微分-代数方程组求解基础上的动态模拟系统。于 1998 年推出，具有交互式运行、图形生成及显示、内装专家系统等功能，可对化工过程实现稳态及动态模拟、参数估计、稳态优化，并对模拟结果进行多种分析和处理。Aspen Custom Modeler 模型可由用户创建，而 Aspen Dynamics 模型为 Dynamics 库中已有模型，两者都使用和 Aspen Plus 一样的物性数据库，使稳态及动态模拟结果保持一致性。

Aspen Adsorption：吸附专用模拟软件。用于吸附过程的设计、模拟和优化分析，可用来开发和识别最佳吸附剂，设计更好的吸附循环以改进工厂操作。Aspen Adsorption 可模拟气体吸附、离子交换、液体吸附等，模拟环境非常灵活，可模拟单塔穿透，也可模拟多塔动态循环操作。

Polymers Plus：聚合物模拟软件。建于 Aspen Plus 及 Aspen Custom Modeler 基础之上，包括聚合过程的稳态及动态模型，既可离线应用，也是在线实时优化的基础。Polymers Plus 可模拟各种聚合过程，如聚乙烯、聚丙烯、尼龙、聚酯（PET）、聚苯乙烯等的聚合。

Aspen Properties：物性数据和分析工具。可由 Aspen Plus、EDR 和 Aspen Batch Modeler 等软件直接调用，为其提供详细的物性数据。利用 Aspen Properties，可根据分子结构估算物性数据、根据实验室数据回归参数或分析化学系统的性质。Aspen Properties 中还包括一些特定工业过程（如石油加工）的模板，其中包括相关数据、物性和默认值等。

Exchanger Design and Rating：AspenTech 公司 2003 年推出的传热计算工程软件套件，包括 Shell&Tube（管壳式换热器）、AirCooled（空冷器）和 Plate（板式换热器）等，可对各类换热器进行热力学计算、机械设计、经济评价及结构图形绘制。除进行严格的传热和水力学分析外，还可判断如震动或流速过快等可能存在的操作问题。用户可在 Aspen Plus 中调用 EDR，在流程模拟计算后直接转入设备设计计算。

Aspen Energy Analyzer：基于过程集成的夹点技术的能量分析软件。可根据工厂数据或 Aspen Plus 模拟计算结果，设计能耗最小、操作成本最低的流程，用于老厂节能改造的过程集成方案设计、能量回收系统（如换热器网络）的设计分析、公用工程系统合理布局和优化操作（包括加热炉、蒸汽透平、燃气透平、制冷系统等模型在内）等。根据一些大型石化公司的经验，采用这种夹点技术进行流程设计，一般老厂改造可节能 20%左右，投资回收期一年左右；对新厂设计往往可节省操作成本 30%，并同时降低投资 10%～20%。

Aspen Process Economic Evaluation：经济分析与评价软件。包括 Aspen Process Economic Analyzer、Aspen In-Plant Cost Estimator 和 Aspen Capital Cost Estimator。该软件也内嵌于 Aspen Plus 中，可进行设备的初步机械设计，估算购置和安装费用、间接费用及总投资，完成工程设计-订货-建设的计划日程表和利润率分析等。

HYSYS：原 Hyprotech 公司的流程模拟软件，2002 年被 AspenTech 公司收购，在石油化工领域应用广泛。

1.2.2 生产套件

Aspen 生产套件产品用于工厂生产的在线检测、控制及优化等，主要包括以下软件。

Aspen Advisor：AspenTech 的客户机-服务器工厂性能控制和收率统计应用软件。将图解用户界面和面向对象的数据平衡调整专家系统结合，并兼容 ODBC 的关系数据库模型。

Aspen Advisor 数据校正模型：面向对象、事件驱动的能独立装载并执行的应用程序，应用 Platinum 技术公司的 Aion 开发系统（AionDS）开发。用模式匹配范例使工厂配置数据合理有效，计算具有多个未测量的支流周围的损失流量，并检测和纠正收率核算的过失误差。该方法在工业上是唯一的，与其他商业统计数据校正软件包相比，在正确计算未测量的支流流量、检测与确认全部过失误差的确切来源方面具有显著优势。

Info Plus.21：实时数据库软件。是用于集成生产过程信息（如各种工艺参数）与高层次应用程序（如先进控制、优化、过程管理）的基础数据平台，通过功能极强的分析工具、历史数据管理、图形化的用户界面和大量的过程接口，使用户可访问和集成来自整个工厂范围内 DCS 及 PLC 的数据。

Aspen Watch：一套先进控制系统的性能监测软件。从大量操作数据中提取有用信息，通过性能监测、诊断和维护建议等一整套工具及方法，来保持先进控制系统长周期高效运行。

Aspen IQ：建立和实现推理技术的软件包。是用 Microsoft 标准来开发的基于 Windows NT 的网络软件，具有功能强大的离线及在线模型，使得建立和实现线性和非线性仪表变得非常容易，用户可以灵活地在各种集散系统和计算机平台上高效开发软仪表。

RT-OPT：开放式方程闭环实时优化（CLRTO）技术平台。其严格优化技术在满足装置实际约束值的同时，能精确标识出工艺最佳操作状态、综合收率、转化率、产量及能源费用等。与 Aspen Plus 集成后，在通用工具和模型的条件下，支持闭环、实时优化及离线模拟优化。用户可在不同应用的多项工程中使用单一的严格模型，提高装置操作的可靠性和经济效益。

DMC Plus：新一代多变量控制产品。由 AspenTech 公司与 Dynamic Matrix Control Corporation 和 Setpoint Inc.合并后开发，继承了这些公司在 1000 多个控制应用中所确立的龙头技术。其 SMCA 的图形用户界面和环境在多变量控制器设计和操作方面开辟了使用现代工具的先河，DMC 引擎在很多应用中已证明其可靠性和能力。

1.2.3 供应链套件

Aspen 供应链套件是一个功能强大的过程工业经济计划调度软件包。它采用线性规划技术优化企业的运营计划，可用于生产作业计划优化、后勤及供应链管理、技术评价和工厂各模型规模估算及扩产研究等。Aspen 供应链套件包括十几种子程序包，例如：

PPIMS：多周期线性规划模拟系统。

MPIMS：多工厂线性规划模拟系统。

XPIMS：多周期、多工厂线性规划模拟系统。

SDPIMS：供应、销售和库存优化线性规划模拟系统。

PSS：调度系统。采用实时数据、人工智能、动态逆向追踪模拟及最优化来模拟和调度最优的工厂运营。

Aspen PIMS ASSAYS：英国石油公司 BP 的原油化验数据库。

SD PIPE：管网调度系统。

1.3　Aspen Plus 软件的主要功能特点

稳态流程模拟软件 Aspen Plus 作为工程套件的核心，因其具有完备的物性数据库、强大的接口及丰富的流程模拟功能，在全世界范围内得到最广泛的应用并带来巨大经济效益。

1.3.1 完备的物性数据库

物性方法和数据是模拟结果可靠与否的关键，Aspen 具有被广泛认可的、最适用于工业且最完备的物性系统，涵盖了从简单理想物系到复杂非理想混合物和电解质体系，许多公司为使其物性计算方法标准化而采用 Aspen 的物性系统。

Aspen 物性系统数据库有三类：System databanks（系统数据库）、In-house databanks（内部数据库）和 User databanks（用户数据库）。

1.3.1.1　系统数据库

系统数据库是 Aspen Properties 的一部分，有 PURE、SOLIDS、AQUEOUS、INORGANIC、BINARY 等数据库，包括有机物、无机物、水合物和盐类等纯组分物性及混合物的二元交互作用等数据。

PURE32：Aspen V8.5 和 V8.6 版本的首要纯组分数据库。包括 2154 种纯组分（主要是有机物），主要基于美国化学工程师学会（AIChE）的 DIPPR 数据库，此外还包括 AspenTech 开发的参数、从 Aspen PCD 数据库获取的参数、API 数据库参数及其他来源。数据库中的参数包括：通用常数（如临界温度和临界压力）、相变温度和性质（如沸点和三相点）、参考态性质（如焓和生成吉布斯自由能）、与温度有关的热力学及传递性质系数（如液体蒸气压和液体黏度）、安全相关性质（如闪点和爆炸极限）、UNIFAC 官能团信息、RKS 和 PR 状态方程的参数、石油相关性质（如 API 度、辛烷值、芳烃含量和元素含量）及其他特定模型参数（如 Rackett 和 UNIQUAC 模型参数）。主要纯组分数据库的内容不断更新、扩展和改进，为促进向上兼容性，保留了前版本的主要纯组分数据库，如 PURE20 和 PURE28 分别为 V2006 版和 V8.4 版 Aspen 的纯组分数据库。

NIST-TRC 数据库：新增数据库。包括 24033 种纯组分（主要为有机物），包括主要纯组分数据库中已有的约 2000 种化合物（如 PURE26）。该数据库根据美国国家标准与技术研究所（NIST）标准参考数据计划（SRDP）协议建立，其热物理和热化学性质数据由美国热力学研究中心（TRC）利用 NIST 热数据引擎（TDE）和 NIST/TRC 源数据归档系统收集并评估，是世界最全的数据库之一。该数据库在 Aspen Properties Enterprise Database（企业数据库）中可用，但在 Legacy Databank（DFMS，赠送数据库）中不可用。

Aspen PCD：Aspen V8.5 和 V8.6 版本的纯组分数据库。含 472 种有机和无机化合物参数（主要为有机物），用于保证向上兼容性。

SOLIDS：强电解质、盐和其他固体的纯组分参数数据库。含 3314 种固体化合物参数，主要用于固体和电解质的处理。

AQUEOUS：水溶液数据库。包括水溶液中约 900 种离子和分子的纯组分参数，主要用于电解质计算。

INORGANIC：无机物（气、液、固态）的热化学参数数据库。包括 2450 种组分（大部分是无机化合物）的热化学参数，主要用于固体、电解质和冶金过程。

BINARY：二元交互作用参数库。包括 Redlich-Kwong-Soave、Peng-Robinson、Lee-Kesler-Plocker、BWR-Lee-Starling 及 Hayden O'Connell 等方程的二元交互作用参数 40000 多个，涉及 5000 种二元混合物。

COMBUST：燃烧数据库。包括燃烧产物中典型的 59 种组分和自由基的参数，专用于高温、汽相计算。

FACTPCD：FACT 组分数据库。仅用于 Aspen Plus 中 Aspen/FACT/Chem app 界面的特定纯组分或溶液相的参考物质，用于火法冶金工艺。

POLYMER：聚合物的纯组分参数。Aspen Polymers Plus 和 Aspen Properties 中可用，用于聚合物。

SEGMENT：聚合物片段的物性参数。Aspen Polymers Plus 和 Aspen Properties 中可用，

用于聚合物片段。

INITIATO：聚合物引发剂的物性和热分解反应速率参数数据库。Aspen Polymers Plus 和 Aspen Properties 中可用，用于聚合物引发剂。

ETHYLENE：乙烯生产过程中典型组分用于 SRK 物性方法的纯组分参数数据库。用于乙烯生产过程。

BIODIESEL：生物柴油生成过程中典型组分的纯组分参数数据库。用于生物柴油生产过程。

ELECPURE：胺生产过程中常见组分的纯组分参数数据库。用于胺生产过程。

HYSYS：Aspen HYSYS 物性方法所需的纯组分和二元交互作用参数数据库。用于 Aspen HYSYS 物性方法建立的模型。

NRTL-SAC：包括代表常见溶剂片段的纯组分参数数据库。用于使用 NRTL-SAC 物性方法的计算。

PC-SAFT 和 POLYPCSF：使用基于 PC-SAFT 物性方法的纯组分和二元物性数据库。用于短链烃和常见小分子。

PPDS：客户安装的 PPDS 纯组分数据库。需得到国家工程实验室（NEL）PPDS 数据库授权。

USERDATABANK1 和 USERDATABANK2：客户安装的数据库。

Aspen 物理系统的计算都可使用系统数据库，默认自动从 PURE、SOLIDS、AQUEOUS、INORGANIC 和 BINARY 等数据库中检索属性参数。若要使用其他数据库，可在 Components｜Specifications｜Enterprise Database 及 Methods｜Binary｜Parameters｜Databanks 页面设置。不建议用户改动系统数据库。

1.3.1.2　内部数据库

若用户需要大量添加自己的组分或参数，可使用独立于系统数据库的内部数据库，此时需要 AspenTech 软件系统管理员创建并激活内部数据库。内部数据库主要包括以下部分。

INHSPCD：纯组分内部数据库。最多存放 1800 种物质，40 种参数，密码是 INHSPCD。

INHSSOL：固体内部数据库。最多存放 2500 种物质，25 种参数，密码是 INHSSOL。

INHSAQUS：溶液内部数据库。最多存放 4000 种物质，40 种参数，密码是 INHSAQUS。

INHSBIN：二元内部数据库。最多存放 100 种物质，3000 个二元对，20 种参数，密码是 INHSBIN。

1.3.1.3　用户数据库

当某些数据不适用于所有 Aspen 物性系统用户时，可使用用户数据库。用户数据库由 Aspen 物性数据文件管理系统（DFMS）创建，可用于任何 Aspen 物性系统计算。若用户使用 Aspen Properties 的企业数据库，可创建具有任何非冲突名称的数据库并使用。创建的任何内部或用户数据库，均需安装在用户界面上。

1.3.2　丰富的流程模拟功能

Aspen Plus 有丰富的流程模拟功能，简单介绍如下。

多种流程控制选项：Aspen Plus 可实现多种流程控制选项。如 Design Specifications（设计规定）功能，可自动计算操作条件或设备参数，满足指定的性能目标；Calculator（计算器）功能，可通过输入流程内某些参数的表达式，实现变量值的自动计算及约束。

多种模型分析工具：Aspen Plus 具有多种模型分析工具。如 Sensitivity（灵敏度分析）功能，可方便地用表格和图形表示工艺参数随设备规定和操作条件的变化情况；Case Study（工况分析）功能，可对不同输入进行模拟、比较和分析；Data Fit（数据拟合）功能，可通过真实装置数据拟合工艺模型，确保模型精确有效；Optimization（优化）功能，可最大化规定的目标，如收率、物流纯度、能耗和经济性等，以确定操作条件。

图形向导：Aspen Plus 的图形向导功能可方便地把模拟结果创建成图形显示，如二元和三元物系的相图、精馏塔各塔板上的 TPFQ 分布曲线及温焓图等。

收敛分析：Aspen Plus 可自动分析和建议优化的撕裂物流、流程收敛方法和计算顺序，对巨大的、具有多物流和循环的流程来说，收敛分析非常方便。

EO 模型：Aspen Plus 的 Equation-Oriented（联立方程）模型有着先进的参数管理功能，其求解技术允许用户模拟多嵌套流程，使问题能够很快而精确地得到解决。

1.3.3 开放的环境

Aspen Plus 具有开放的环境，可以很容易地和 Aspen 系列产品或第三方软件互相整合，如可用 Excel、Fortran 或 Aspen Custom Modeler 来编写用户语句及创建用户模型。另外，Aspen 还有 DETHERM 数据库、乙烯裂化模型 SPYRO 和换热器设计软件 EDR 等接口，可在线进入 DETHERM 数据库，并很方便地使用 SPYRO 等模型及 EDR 等软件。

ACM Model Export 选项：用户可通过 Aspen Custom Modeler（ACM）创建模型并进行编译，编译好的模型可应用于 Aspen Plus 稳态模拟，可用序贯模块法及联立方程法求解。

Active X 功能：Aspen Plus 支持 OLE（对象链接与嵌入）功能，比如复制、粘贴或链接。

支持工业标准：Aspen Plus 支持比如 CAPE- OPEN 和 IK-CAPE 等工业标准，AspenTech 是 CAPE-OPEN 实验室网络的会员。

支持规模工作流：根据模型复杂程度，Aspen Plus 可模拟从简单的单一装置到巨大的多工程师共同开发和维护的整厂流程。

Aspen Online 在线工具：将 Aspen Plus 离线模型与 DCS 或装置数据库管理系统连接，用实际装置数据自动校核模型，并利用模型计算结果指导生产。

Aspen PEP Process Library 选项：Aspen Plus 提供了基于 SRIC 过程经济评估细节和流程的特殊化工行业或聚合物产品的预建模型。

Aspen Plus Optimizer 选项：Aspen Plus 的闭环实时优化系统，可自动创建利润和流程优化及大范围 Aspen Plus 模型的数据回归。为实时解决方案提供了强收敛求解方法，并支持 Web 网传输，从而使工厂工程师可以通过连续的工艺优化来最大化利润。

Aspen Plus SPYRO Equation Oriented 接口：Aspen Plus 可使用 SPYRO 的乙烯裂化模型。EO 算法和乙烯裂化专家技术可帮助工程师创建高精度乙烯工厂模型，适合实时工厂优化以增加操作利润。

DETHERM 数据库接口：Aspen Plus 是唯一获准与世界上数据量最大、最权威的化工数据库——德国化学工程及生物技术协会 DECHEMA 数据库的子数据库 DETHERM（热物性数据库）接口的软件。该数据库迄今已纳入 140000 种纯组分和混合物的 659 万套热物性数据。Aspen Plus 热力学模型中的二元交互作用参数很多都采用该数据库提供数据，用户可在 Aspen Plus 用户界面上通过 Internet 直接接入 DETHERM 数据库。

第2章

Aspen Plus 模拟入门

本章将通过一个简单案例——丙烷液化工艺流程模拟，详细介绍 Aspen Plus V8.6 软件的用户界面和基本功能，并说明利用该软件进行流程模拟的主要步骤。

2.1 模拟案例

例 温度为 25℃、压力为 1.013bar（1bar=10^5Pa）的丙烷，压缩至 15bar 后冷却到 25℃，之后节流膨胀到 1bar，并绝热闪蒸分离得到气态丙烷和液态丙烷，处理量为 100kg/h。计算所得液态丙烷产量，并计算压缩和冷却过程的耗能。物性方法采用 PR 方程，假设压缩机为理想压缩，效率为 1。工艺流程可参考图 2-1。

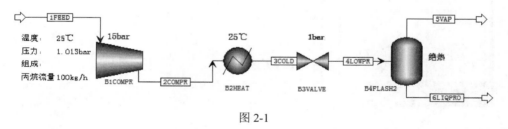

图 2-1

按图 2-2 所示的工艺流程，将气态丙烷循环利用。所得液态丙烷分为三股产品，第一股分配 10%，第二股分配 1kmol，其余分配到第三股。计算丙烷产品产量和过程能耗。

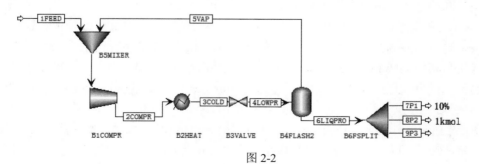

图 2-2

2.2 新建文件

单击开始菜单｜程序｜AspenTech｜Process Modeling V8.6｜Aspen
Plus｜Aspen Plus V8.6，启动 Aspen Plus（图 2-3）。若安装时在开始菜单、桌
面或任务栏有 Aspen Plus V8.6 快捷方式，可直接单击图标打开（图 2-4）。若无快捷方式，可
将开始菜单的 Aspen Plus V8.6 图标拖至桌面或任务栏中，生成快捷方式（图 2-5）。

丙烷液化未加循环

图 2-3   图 2-4   图 2-5

启动 Aspen Plus 后，首先弹出 Start Using Aspen Plus（开始使用 Aspen Plus）窗口
（图 2-6）。单击窗口左侧的 Open（打开）按钮，可查找并打开已有的模拟文件。Recent Models
（近期模型）区域中，为最近保存的模拟文件列表，用户可选择打开。

单击 New（新建）按钮，将弹出 New 窗口，在此可选择通过空文件或模板新建一个模
拟文件。New 窗口左侧为分类导航，包括 Blank and Recent（空文件和最近使用的模板）、My
Templates（用户模板）或 Installed Templates（内置模板）三个类别。中间区域可显示当前所
选类别中包括的模板。选中某一模板后，在右侧 Preview（预览）区域，可显示所选模板中
已有设置的预览。

本例中，选择 User｜General with Metric Units（公制单位通用模板）。选中后，单击 Create
（创建）按钮，Aspen Plus 将自动建立并打开名为"Simulation 1"的流程模拟文件，并打开
用户界面（图 2-7）。

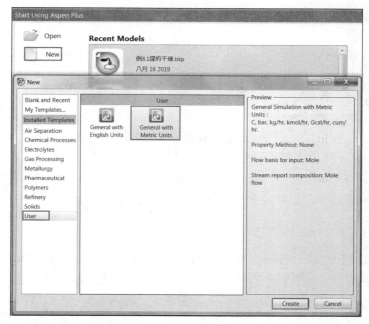

图 2-6

图 2-7

图 2-8

在用户界面中，单击菜单栏 File｜Save As，选择文件类型并另存文件（图 2-8）。本例中选择 Compound File 类型，输入文件名"例 2.1 丙烷液化未加循环"，并保存。Aspen Plus V8.6 可保存的文件类型有以下四种：

Compound File (*.apwz)： 复合文件，保存运行过程中的全部相关文件。

Aspen Plus Document (*.apw)： Aspen Plus 文档文件，保存运行过程中的输入、输出及中间信息，是快速重启文件。

Aspen Plus Backup (*.bkp)： 备份文件，只保存输入和输出数据。可用不同版本的 Aspen Plus 打开，向上兼容，文件较小。

Template (*.apt)： 模板文件，只保存默认输入，可用作以后模拟的基础。

文件打开后，处于 Properties（物性）环境，在此定义组分并设置用于模拟的全局物性方法，还可进行物性分析、物性估算及物性数据回归等计算。在 Simulation（模拟）环境中，建立流程，输入进料及各模型参数，进行模拟计算并查看结果。另外还有 Safety Analysis（安全分析）及 Energy Analysis（能量分析）环境，在流程模拟结束后，可分别对其进行安全分析及能量分析。

用户界面底部状态栏左侧为模拟状态显示，当前为红色高亮状态，并显示 Required Input Incomplete，表示当前环境所需输入尚未完成。

2.3 设置 Properties 环境

在 Properties 环境下，定义组分并设置全局物性方法。

2.3.1 定义组分

新建文件默认打开 Components | Specifications | Selection 页面（图 2-7），在该页面的 Select components（选择组分）区域的组分列表中，输入模拟中用到的组分。组分列表包括四列：

Component ID：用户指定的组分 ID，需输入。当输入 ID 为该组分的英文名称、化学式（无同分异构体）或 Aspen Plus 认可的常用名时，系统会自动检索出该组分的 Component name（组分名称）和 Alias（别名）信息，完成该组分的输入。

Type：组分类型。包括 Conventional（常规组分）、Solid（固体）、Nonconventional（非常规固体），石油模拟中用到的 Pseudocompoents（虚拟组分）、Assay（化验数据）、Blend（混合），聚合物模拟中用到的 Polymer（聚合物）、Oligomer（低聚物）、Segment（片段）。默认为 Conventional（常规组分）。

Component name：组分库中该组分的英文名称。在本项中手动输入正确的组分英文名称后，系统可自动检索出该组分的 Alias 及 Type 信息，但 Component ID 仍需用户指定。

Alias：组分库中该组分的别名，一般为组分的化学式。在本项中手动输入别名后，系统会自动检索出该组分的 Component name 及 Type 信息，但 Component ID 仍需用户指定。

若用户不确定组分英文名或化学式，可单击 Find 按钮，通过字符匹配检索方式查找组分，进行组分定义。组分检索方法详见本章 Aspen Plus 功能详解部分。

本例中，在列表的 Component ID（组分 ID）列，输入 C_3H_8 并回车，Aspen Plus 可自动检索出组分 PROPANE（丙烷），并将其添加到该组分列表中（图 2-9）。

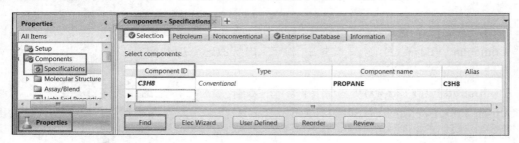

图 2-9

2.3.2 设置物性方法

单击窗口上方标题栏或 Run 工具栏组中的 N▶（下一步）按钮，Aspen Plus 的专家系统会自动导航到 Methods | Specifications | Global 页面（图 2-10），在该页面可设置全局物性方法。

在 Property methods & options（物性方法和选项）区域，可以设置 Method filter（物性方法过滤器）、Base method（基准物性方法）、Henry components（亨利组分）和 Electrolyte calculation options（电解质计算选项）。Method name（物性方法名称）区域为 Aspen Plus 内置的 50 多种物性方法的列表，用户可直接选择。单击 Methods Assistant...（物性方法帮助...）按钮，可打开物性方法选择帮助系统，辅助选择物性方法。

本例中物质为丙烷，压力范围为常压到中压，可选择 PENG-ROB 方程。

设置完成后，窗口状态栏左侧红色高亮消失，提示变为 Required Properties Input Complete，表示所需物性输入已完成。

单击 ▶ 按钮，弹出 Properties Input Complete（物性输入完成）提示窗口（图 2-11）。在此可选择 Run Property Analysis / Setup（运行物性分析/设置）、Modify required property specifications（修改物性规定）、Enter property parameters（输入物性参数）、Enter experimental data（输入实验数据）或 Go to Simulation environment（转到 Simulation 环境）。

本例中选择 Go to Simulation environment，单击 OK 按钮确认，也可单击导航窗格下方的 Simulation 环境按钮，即可切换到 Simulation 环境。

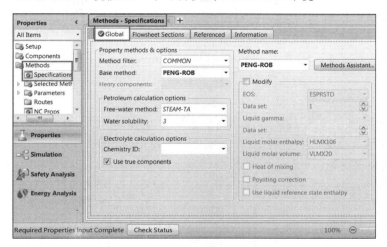

图 2-10

图 2-11

2.4 设置 Simulation 环境

在 Simulation 环境下，进行主要的模拟及优化等工作，包括建立流程、输入进料及各模型的条件、运行模拟、查看结果及绘制结果图等。

2.4.1 建立流程

切换到 Simulation 环境后，Aspen Plus 将自动打开 Main Flowsheet（主流程图）页面（图 2-12），在此添加各 Models（设备模型）和 Streams（流股），建立流程。

2.4.1.1 添加设备模型

Main Flowsheet 窗口下方默认打开 Model Palette（模型库）。单击其中 Pressure Changers（压力改变设备）选项卡下的 Compr（压缩机）图标，并将其移至工作空间，指针变为十字。在空白位置处单击，并在弹出的对话框中填写模型名称 B1COMPR，即可添加 Compr 模型。

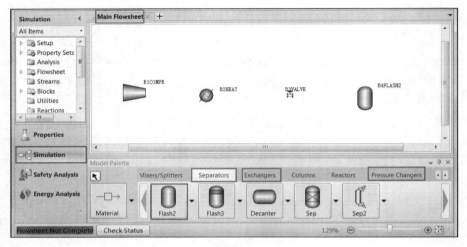

图 2-12

按同样步骤，依次添加 Heat Exchangers（传热设备）选项卡下的 Heater（加热/冷却器）、Pressure Changers 选项卡下的 Valve（阀门）及 Separators（简单分离器）选项卡下的 Flash2（两相闪蒸罐）。

注意此时状态栏左侧为红色高亮状态，并显示 Flowsheet Not Complete，表示当前流程尚未完成。

2.4.1.2　添加流股

模型库左侧的 STREAMS（流股），用于连接各设备模型。默认为 Material（物流），用户可通过单击右侧的▼按钮展开该选项卡，并选择 Heat（热流）或 Work（功流）。

单击 Material，将鼠标移至流程窗口，此时各设备模型图标上出现多个箭头（图 2-13）。红色箭头表示必须连接，蓝色箭头表示可选连接。将鼠标指针移至箭头上，出现该箭头所需连接的提示标签，如压缩机底部红色箭头提示标签为 Product(Required)，表示需通过该箭头连接一股产品物流；蓝色箭头提示标签显示 Water Decant For Free-Water or Dirty-Water，表示可选通过该箭头连接一股游离水或污水相的分相物流。另外箭头提示标签还有 Feed（进料）、Vapor（汽相产品）、First Liquid（第一液相产品）、Second Liquid（第二液相产品）、Cold（冷物流）和 Hot（热物流）等，用户应注意区分。

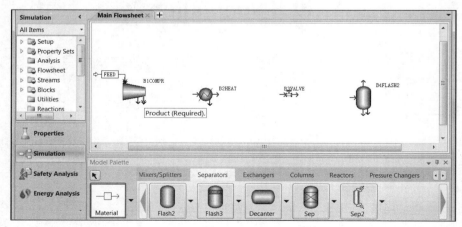

图 2-13

在空白位置处单击鼠标左键，出现物流线。将鼠标移至压缩机左侧红色箭头上，箭头变为青色，单击鼠标左键，在弹出窗口中输入 1FEED，即可建立 ID 为 1FEED 的进料物流线。单击压缩机右侧红色箭头和加热/冷却器左侧红色箭头，建立物流 2COMPR。按同样步骤，依次连接各物流线。闪蒸器出口两股产品物流末端在流程窗口的空白位置处单击即可。在箭头上单击鼠标左键并拖动，可改变箭头与模型的连接点位置。流程连好后，单击鼠标右键，鼠标指针由十字恢复箭头形状，可进行其他的操作（图 2-14）。

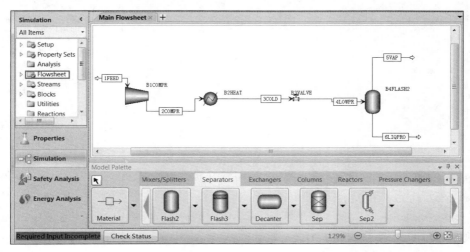

图 2-14

注意左侧导航窗格中 Flowsheet 文件夹的状态提示符，由 📁 变为 📁，表示该文件夹中所必需的输入完成。状态栏左侧依然为红色高亮，并提示 Required Input Incomplete，表示 Simulation 环境下还有其他必需数据未输入。

单击下拉菜单 File｜Options，弹出 Flowsheet Display Options 窗口（图 2-15）。单击 Flowsheet（流程），进行流程显示选项设置。在 Stream and unit operation labels（物流和单元操作标签）区域，勾选 Automatically assign block name with prefix（以前缀自动分配模块名）和 Automatically assign stream name with prefix（以前缀自动分配物流名），则添加各设备模块和物流时，Aspen Plus 将自动依次命名。在 Main Flowsheet 页面，双击各模块和物流的名称标签，可对其进行修改。

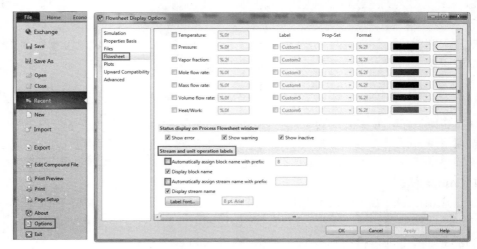

图 2-15

2.4.2　输入进料条件

单击 **N▶** 按钮，跳转到 Streams | 1FEED | Input | Mixed 页面（图 2-16），在此输入进料 1FEED 的信息。

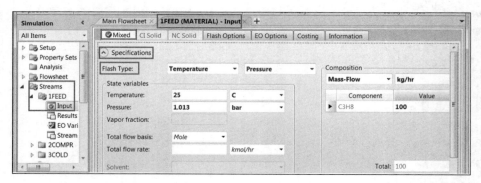

图 2-16

在 Specifications（规定）区域，首先规定 Flash Type（闪蒸类型），可从 Temperature（温度）、Pressure（压力）和 Vapor fraction（汽相分率）三个物流状态变量中选择两个。设置完成后，在 State variables（状态变量）区域分别输入所选变量的值和单位。本例中选择温度和压力，规定其值分别为 25℃和 1.013bar。

在 Composition（组成）区域，选择组成基准、单位并输入各组分的组成值。组成基准包括 Mass-Flow（质量流量）、Mole-Flow（摩尔流量）、Stdvol-Flow（标准体积流量）、Mass-Frac（质量分数）、Mole-Frac（摩尔分数）、Stdvol-Frac（标准体积分数）、Mass-Conc（质量浓度）和 Mole-Conc（摩尔浓度）。本例中选择 Mass-Flow，单位默认为 kg/hr。在 Value（数值）区域，输入 C_3H_8 流量值 100。

在 Total flow basis（总流量基准）选择总流量基准，在 Total flow rate（总流量）区域选择流量单位并输入总流量值。若在 Composition 区域输入组分流量，系统可自动根据各组分流量计算总流量，并在其下方"Total:"区域显示，此时 Total flow rate 区域不需再输入，否则组分流量仅用来计算组成。若在 Composition 区域选择 Mass-Conc 或 Mole-Conc，则左侧下方的 Solvent（溶剂）区域将由灰色不可输入状态变为黑色可输入状态，用户需在此选择溶液的溶剂。

数据输入完成后，导航窗格中的 Streams | 1FEED | Input 表格及右侧工作空间中 Mixed 页面标签的状态提示符，也由红色 ⬤（输入未完成状态），变为蓝色 ✅（输入完成状态）。

2.4.3　设置模型参数

继续单击 **N▶** 按钮，专家系统会依次打开各模型的输入页面，引导用户输入各模型参数。注意导航窗格中各同级表格，均按其名称的字母表顺序排列，故建立流程时，各流股或模型可按流程顺序依次命名（如 S1、S2……，或 B1、B2……），以方便参数输入及结果查看。

（1）Compr 模型

首先打开 Blocks | B1COMPR | Setup | Specifications 页面（图 2-17），在此输入压缩机 B1COMPR 的操作参数。该压缩机为理想的等熵压缩机，出口压力 15bar。

在 Model and type（模型和类型）区域，选择 Model 为 Compressor（压缩机），Type 为 Isentropic（等熵）。

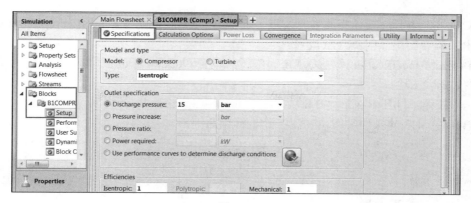

图 2-17

在 Outlet specification（出口规定）区域，选择 Discharge pressure（出口压力），设置为 15bar。在 Efficiencies（效率）区域，设置 Isentropic（等熵效率）为 1、Mechanical（机械效率）为 1。

（2）Heater 模型

单击 N 按钮，跳转到 Blocks | B2HEAT | Input | Specifications 页面（图 2-18），在此输入冷凝器 B2HEAT 的操作参数。该冷凝器将压缩后的高温物流冷却到 25℃，忽略压降。

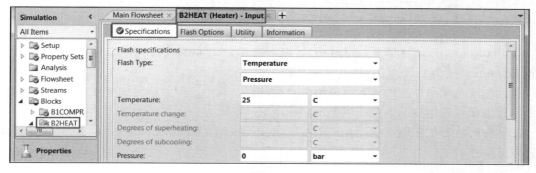

图 2-18

在 Flash specifications（闪蒸规定）区域，设置 Temperature（温度）为 25℃，Pressure（压力）为 0bar，即经该冷凝器后，物流被冷却到 25℃，压降为 0。注意，若输入 Pressure 为正值，Aspen Plus 将其作为压力值，若为 0 或负值，则将其绝对值作为压降值。

（3）Valve 模型

单击 N 按钮，打开 Blocks | B3VALVE | Input | Operation 页面（图 2-19），在此输入节流阀 B3VALVE 的操作参数。物流经该节流阀绝热膨胀，压力降到 1bar。

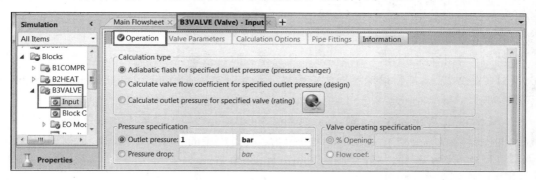

图 2-19

在 Calculation type（计算类型）区域，选择 Adiabatic flash for specified outlet pressure，即规定出口压力的绝热闪蒸（默认）。

在 Pressure specification（压力规定）区域，设置 Outlet pressure（出口压力）为 1bar。

（4）Flash2 模型

单击 **N▶** 按钮，打开 Blocks｜B4FLASH2｜Input｜Specifications 页面（图 2-20），在此输入闪蒸器 B4FLASH2 的操作参数。物流在此进行绝热闪蒸，忽略压降。

图 2-20

在 Flash specifications（闪蒸规定）区域，将 Temperature（温度）改为 Duty（热负荷）。设置 Pressure（压力）值为 0，Duty（热负荷）值为 0。

至此完成各模型参数的输入。压缩机、换热器、阀门、闪蒸器等模型在本例中仅做简单介绍，详细模拟及模型功能介绍可参考后续章节。

注意此时状态栏左侧红色高亮消失，并显示 Required Input Complete，表示该环境所需输入完成。

2.5 运行模拟并查看结果

2.5.1 运行模拟

单击 **N▶** 按钮，弹出 Required Input Complete 窗口（图 2-21）。在此提示所有必需输入已完成，询问用户是要运行模拟计算，还是要继续输入更多数据。单击 OK 按钮可运行模拟，单击 Cancel 按钮可关闭该窗口，并继续输入更多数据。也可单击工具栏中的 ▶（运行）按钮，直接运行模拟。

本例中，单击 OK 按钮，运行模拟。计算完成后，系统自动打开 Control Panel（控制面板）窗口（图 2-22），显示模拟过程相关信息。本例中显示：Simulation calculations completed（计算完成），No Warnings were issued during Input Translation（输入信息翻译过程中没有警告），No Errors or Warnings were issued during Simulation（模拟过程中没有警告或错误）。单击控制面板窗口右侧滚动条向上翻页，可查看运行过程中的具体诊断信息。运行完成后，可单击 ▦（控制面板）按钮，随时打开 Control Panel 窗口。

注意此时状态栏左侧提示变为 Results Available，表示运行完成且有结果数据可用。

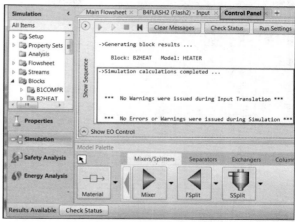

图 2-21   图 2-22

2.5.2　查看结果

在导航窗格中，打开 Results Summary | Streams | Material 页面（图 2-23），在此可查看全部物流的温度、压力、汽相分率、流量、焓值及组成等数据。

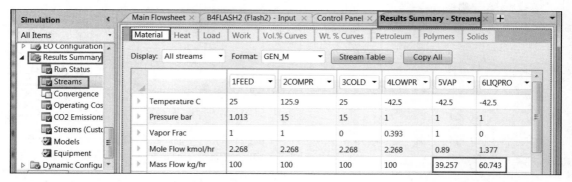

图 2-23

本例中，产品物流 6LIQPRO 流量为 60.743kg/h，温度为−42.5℃。压缩机出料 2COMPR 温度为 125.9℃。闪蒸后汽相物流 5VAP 流量为 39.257kg/h，若该流股放空，产品收率只有 0.6。

通过各物流的 Enthalpy（焓值），可计算压缩机功耗和冷凝器热负荷。模拟计算中，Aspen Plus 会自动进行热量衡算，得到各设备功耗或热负荷。

在导航窗格中，单击 Results Summary | Models，打开模型计算结果表格（图 2-24），在该表格的各选项卡页面中显示各模型的输入规定及计算结果等详细数据。

本例中，Heater 模型的热负荷为−0.0126741Gcal/h（−14.74kW），Compr 模型的功耗为 4.64164kW（图 2-25）。

Blocks 文件夹下各模型的文件夹中，都有 Results（图 2-26）和 Stream Results（图 2-27）两个表格。Results 为该模型的计算结果表格，Stream Results 为与该模型相连的各物流的计算结果表格。与 Results Summary 文件夹下的 Models 表格不同，各模型文件夹下 Results 表格中的结果可更换单位查看。

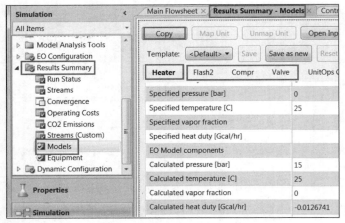

图 2-24

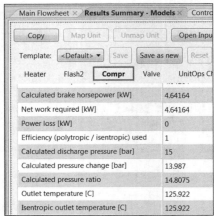

图 2-25

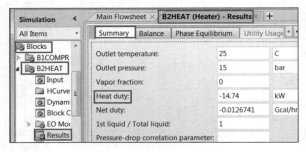

图 2-26

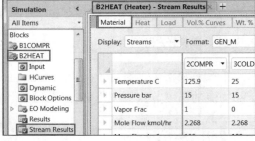

图 2-27

丙烷液化循环

2.6　修改流程重新模拟

当前流程中约有 40%气相丙烷未被利用，若直接排放，不但浪费资源，而且会造成污染。因此，可将 5VAP 物流返回压缩机，重新压缩利用。

将 6LIQPRO 液相丙烷产品分为三股，10%分配到第一股，1kmol/h 分配到第二股，其余到第三股。

将文件"例 2.1 丙烷液化未加循环"保存后，另存为文件"例 2.1 丙烷液化循环"。

2.6.1　建立流程

在流程图窗口，添加模型库中 Mixers/Splitters 选项卡下的 Mixer（混合器）模型，将其命名为 B5MIXER。选中 B5MIXER 图标，单击鼠标右键，在菜单中选择 Rotate Icon｜Rotate Right，向右旋转图标（图 2-28）。

双击 5VAP 物流线末端的空心箭头图标，物流线变为重新连接模式，将其连接到 B5MIXER 混合器的进口。选中 1FEED 物流线，单击鼠标右键，在菜单中选择 Reconnect｜Reconnect Destination，可以重新连接物流的目标点，将其连接到模型 B5MIXER 的进口（图 2-29）。

添加模型库中 Mixers/Splitters 选项卡下的 FSplit（分流器）模型，将其命名为 B6FSPLIT。双击 6LIQPRO 物流线末端的空心箭头图标，将其重新连接到 B6FSPLIT 分流器进口。单击模型库中的 Material（物流线）图标，连接 7P1、8P2 和 9P3 三股产品物料。调整流程图，使显示美观，最终建立流程，如图 2-30 所示。

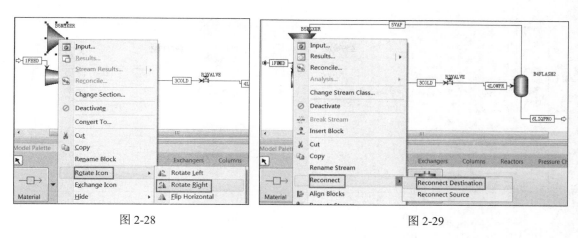

图 2-28   图 2-29

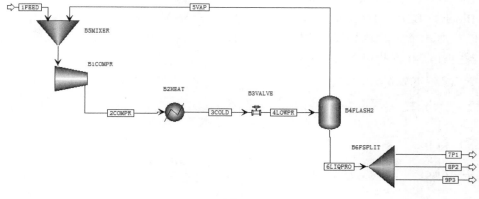

图 2-30

2.6.2 设置模型参数

在 Blocks｜B6FSPLIT｜Input｜Specifications 页面（图 2-31），规定分流器。输入物流 7P1 的分割分率为 0.1，物流 8P2 的流量为 1kmol/h。

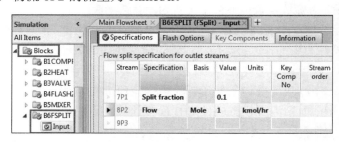

图 2-31

混合器模型可以不输入操作参数，根据进料条件自动计算出料条件。

2.6.3 运行模拟并查看结果

设置完成后，运行模拟。计算完成后，在 Control Panel 窗口中查看运行信息，显示没有错误和警告。

在 Results Summary｜Streams｜Material 页面（图 2-32），查看物流计算结果汇总表。可以看到产品丙烷流量为 100kg/h，压缩机出口温度为 100.8℃。

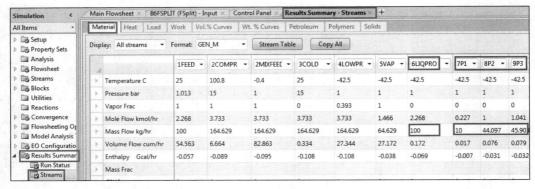

图 2-32

在 Blocks｜B1COMPR｜Results 页面（图 2-33），查看压缩机功率。

在 Blocks｜B2HEAT｜Results 页面（图 2-34），查看冷凝器热负荷。

可以看到，加循环后丙烷收率由 0.6 提高到 1，但压缩功耗由 4.64164kW 提高到 7.0104kW，冷凝能耗由 −14.74kW 提高到 −21.7345kW。

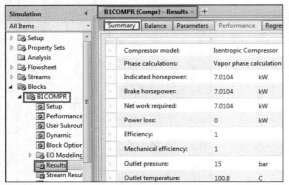

图 2-33

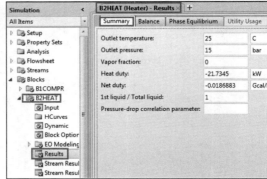

图 2-34

注意，运行完后，各流股及模型参数都更新为计算结果值，下次运行时 Aspen Plus 将以其作为初值进行计算。运行前单击 Home 菜单选项卡下 Run 工具栏组中的 ◀（初始化）按钮，可将计算结果清空，仅保留流程中的输入参数值，以消除前次计算结果可能对后续计算造成的影响。

由该例可看出，人工计算可能耗时数日甚至数月的带循环的工艺流程，若用流程模拟软件计算则非常快捷方便。改变操作条件进行流程探索研究也是如此，在生产中探索操作条件耗时耗力、成本高昂，而用流程模拟软件进行模拟计算则可轻松完成。

2.7 结果输出

2.7.1 在流程图上添加结果

在 Results Summary｜Streams｜Material 页面（图 2-35），单击 Stream Table（物流数据表）按钮，可自动打开 Main Flowsheet 页面（图 2-36），并在其中添加物流数据表。每次单击都将在流程图中添加一个物流数据表，因此应在流程模拟优化工作结束后再进行添加。

单击 Results Summary｜Streams｜Material 页面的 Copy All（复制全部）按钮，可将所有物流数据复制到剪贴板上。打开 Excel、Word 等软件，可将所复制的数据粘贴到相应文件中。

Main Flowsheet 页面打开时，在 Modify（修改）选项卡下的 Stream Results（流股结果）工具栏组中，勾选 Temperature、Pressure 和 Vapor Fraction，可在流程图中为各物流添加其温度、压力和汽相分率等计算结果。

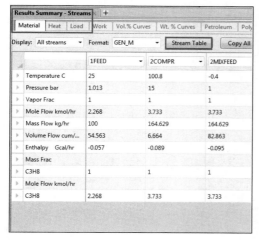

图 2-35

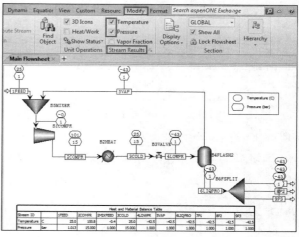

图 2-36

选中流程图中添加的计算结果后单击右键，单击弹出菜单中的 Hide｜Global Data，可隐藏该数据（图 2-37）。

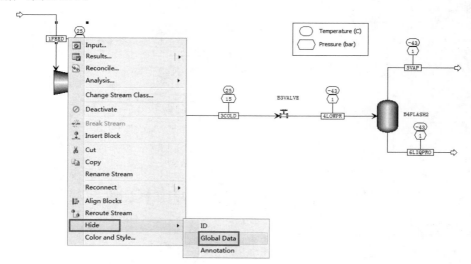

图 2-37

2.7.2 查看及生成报告

运行完成后，用户可查看或生成包括输入参数及计算结果的 Report（报告）文件。

单击 Home 选项卡下 Summary（汇总）工具栏组中的 Report 按钮，打开 Report 窗口（图 2-38）。在该窗口的 Display report for（显示报告）区域选择报告类型，在下方的 Block IDs 区域选择要生成报告的具体 ID。本例中选择 Block（模型），并勾选 Select all（选择全部 Block ID）。单击 OK 按钮，即可打开一个记事本文件，在此显示各模型的结果报告（图 2-39）。

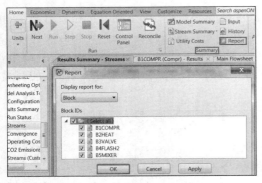

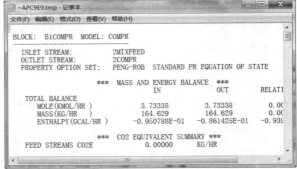

图 2-38   图 2-39

单击菜单 File｜Export｜File（图 2-40），选择保存类型为 Report Files（*.rep），输入文件名后单击保存，即可输出报告文件（图 2-41）。报告文件可利用文件编辑器随时打开查看。

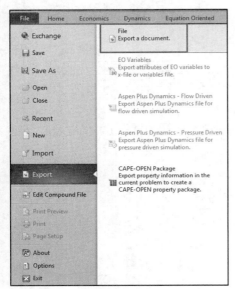

图 2-40   图 2-41

2.8　Aspen Plus 功能详解

2.8.1　模板

用户可以使用模板新建文件，也可将模板导入当前模拟中。模板中包括的信息量没有限制，如安装信息、组分、模型集、物性规定等，操作模型也可保存在模板中。Aspen Plus 中有三类模板可用：

Blank and Recent：Blank Simulation 为无任何预设的空文件；

　　　　　　　　　　　　Recently Selected Templates 为最近用过的模板。

My Templates…：用户模板。由用户建立，并将模拟文件保存为 Template 格式，放置在 AspenTech\Aspen Plus V8.6\Templates 文件夹下即可使用。

Installed Templates：内置模板。Aspen Plus 自带，包括空分、化学过程、电解质、气体处理、冶金、制药、聚合物、固体和炼油等模板。不同模板根据工艺特点预设不同单位集、物性方法、组分、流量及组成基准和物性集等，方便用户使用。

2.8.1.1　Air Separation 模板

Air Separation（空分）模板用于深冷空气分离，分为英制和公制单位两种模板。该模板的默认设置为：

单位：English 模板默认为 F、psia、lb/hr、lbmol/hr、Btu/hr 和 cuft/hr；Metric 模板默认为 C、bar、kg/hr、kmol/hr、watt 和 cum/hr。

物性方法：PENG-ROB（PR 模型）。

包括组分：O_2、N_2 和 AIR（氧气、氮气和空气）。

流量基准：Mole（摩尔）。

物流报告中的组成：Mole flow 和 Mole fraction（摩尔流量和摩尔分数）。

Air Separation 模板中的预置物性集有：

CRITICAL：临界性质集。包括临界温度、临界压力和临界摩尔体积等参数。

GASPROPS：一般气体性质集。包括压缩因子、真实体积流量、标准汽相体积（MMscfd 或 MMscmh）、混合物热容比（C_p/C_V）等参数。

TBUBBLE：泡点温度。

TDEW：露点温度。

2.8.1.2　Chemical Processes 模板

Chemical Processes（化学过程）模板，包括 Chemicals（化学品）模板和 Specialty Chemicals（特殊化学品）模板。

（1）Chemicals 模板

Chemicals（化学品）模板用于非电解质化学品物系，也可用于进料为化学组分的石油化学品（如 MTBE 和 VCM）工厂的模拟。该模板的默认设置为：

单位：English 模板默认为 F、psia、lb/hr、lbmol/hr、Btu/hr、cuft/hr；Metric 模板默认为 C、bar、kg/hr、kmol/hr、Gcal/hr 和 cum/hr。

物性方法：　NRTL（有规双液模型）。

流量基准：Mole（摩尔）。

物流报告中的组成：Mole flow（摩尔流量）。

Chemicals 模板中的预置物性集包括：

HXDESIGN：换热器设计所需的热性质和传递性质集。包括汽相质量分数；汽/液相和总的质量流量、质量焓、质量密度、质量比热容、虚拟临界压力和平均分子量；汽/液相黏度和热导率等参数。

HXDSGN2：与 HXDESIGN 物性集中的参数相同，但包括汽相、液相 1、液相 2 和总的物性参数。

THERMAL：热性质集。包括汽/液相的焓、热容和热导率等参数。

THERMAL2：与 THERMAL 物性集中的参数相同，但包括汽相、液相 1 和液相 2 的物性参数。

TXPORT：传递性质集。包括汽/液相的质量密度、黏度和液相表面张力。

TXPORT2：与 TXPORT 物性集中的参数相同，但包括汽相、液相 1 和液相 2 的物性参数。

VLE：组分汽-液相平衡参数集。包括汽/液相中组分的逸度系数、液相中组分的活度系数和纯组分蒸气压等参数。

VLLE：组分汽-液-液相平衡参数集。包括各相中组分的逸度系数、各液相中组分的活度系数和纯组分蒸气压等参数。

（2）Specialty Chemicals 模板

Specialty Chemicals（特殊化学品）模板可用于含电解质或非电解质的化学品体系。可查看以浓度为基础的物流结果，若为间歇操作，也可查看以间歇物流为基准的结果。该模板的默认设置为：

单位：English 模板默认为 F、psia、lb/hr、lbmol/hr、Btu/hr 和 cuft/hr；Metric 模板默认为 C、bar、kg/hr、kmol/hr、kcal/hr 和 l/hr。

物性方法：NRTL。

流量基准：Mass（质量）。

物流报告中的组成：Mass flow（质量流量）。

物流报告格式：显示标准物性，可根据需要在报告中增加浓度和间歇物流。若选择电解质方法和物性集，将显示电解质物性。

Specialty Chemicals 模板中的预置物性集包括：

FAPP：表观组分摩尔流量。　　　　　**WXAPP**：表观组分质量分数。

WAPP：表观组分质量流量。　　　　　**VMOLFRAC**：汽相组分摩尔分数。

VMOLFLOW：汽相组分摩尔流量。　　**LVOLFLOW**：液相体积流量。

MASSCONC：质量浓度。　　　　　　　**MOLECONC**：摩尔浓度。

XTRUE：真实组分摩尔分数。　　　　　**FTRUE**：真实组分摩尔流量。

SOLINDEX：溶解度指数。　　　　　　**TBUBBLE**：泡点温度。

PH：当前温度下的 pH 值。

2.8.1.3　Electrolytes 模板

Electrolytes（电解质）模板可严格模拟电解质组分，可用于电解质很重要的过程。该模板的默认设置为：

单位：English 模板默认为 F、psia、lb/hr、lbmol/hr、Btu/hr 和 cuft/hr；Metric 模板默认为 C、bar、kg/hr、kmol/hr、Gcal/hr 和 cum/hr。

物性方法：ELECNRTL。

包括组分：H_2O。

流量基准：Mass。

物流报告中的组成：Mass flow。

物流报告格式：显示物性集中所需的所有电解质物性。

Electrolytes 模板中的预置物性集与 Specialty Chemicals 模板相同。

2.8.1.4　Gas Processing 模板

Gas Processing（气体加工）模板，用于气体加工过程模拟。该模板的默认设置为：

单位：English 模板默认为 F、psia、lb/hr、MMscfd、MMbtu/hr、MMcuft/hr；Metric 模板默认为 C、bar、tonne/hr、MMscmh、Gcal/hr 和 cum/hr。

物性方法：PENG-ROB。许多气体加工过程，如气体脱硫、气体脱水和克劳斯工艺，可能需要选择其他物性方法，如气体脱硫过程可用 ENRTL 结合胺数据包模拟。

流量基准：Mole。

物流报告中的组成：Mole flow。

Gas Processing 模板中的预置物性集与 Air Separation 模板类似，包括：

CRITICAL：临界性质集。包括临界温度、临界压力和临界摩尔体积等参数。

GASPROPS：一般气体性质集。包括压缩因子、真实体积流量、标准体积流量（MMscfd 或 MMscmh）和混合物热容比（C_p/C_v）等参数。

TDEW：露点温度。

2.8.1.5　Metallurgy 模板

Metallurgy（冶金）模板，包括 Hydrometallurgy（湿法冶金）模板和 Pyrometallurgy（火法冶金）模板。

（1）Hydrometallurgy 模板

Hydrometallurgy（湿法冶金）模板用于湿法冶金过程模拟。该模板的默认设置为：

单位：English 模板默认为 F、psia、lb/hr、lbmol/hr、Btu/hr 和 cuft/hr；Metric 模板默认为 C、bar、kg/hr、kmol/hr、Gcal/hr 和 cum/hr。

物性方法：ENRTL-RK。

包括组分：H_2O。

流量基准：Mass。

物流类型：MIXCISLD，用于模拟湿法冶金体系中的汽-液相、电解质、盐和惰性固体。

物流报告中的组成：默认物流报告格式下不显示组成。

物流报告格式：所有子物流一起显示。

Hydrometallurgy 模板中的预置物性集与 Chemicals 和 Specialty Chemicals 模板中的物性集相同。

（2）Pyrometallurgy 模板

Pyrometallurgy（火法冶金）模板用于高温金属工艺过程模拟。该模板的默认设置为：

单位：English 模板默认为 F、psia、lb/hr、lbmol/hr、Btu/hr 和 cuft/hr；Metric 模板默认为 C、bar、tonne/hr、kmol/hr、Gcal/hr 和 cum/hr。

物性方法：SOLIDS。

流量基准：Mass。

物流类型：MIXCISLD，用于模拟只有分子物质的火法冶金体系。若体系中有矿石（非常规组分）或需模拟粒度分布，则需设置一个不同的物流类型。

物流报告中的组成：默认物流报告格式下不显示组成。

物流报告格式：所有子物流一起显示。

火法冶金系统中不同液相一般需要不同的活度系数模型。

Pyrometallurgy 模板中预置的物性集包括：

ALL SUBS：物流的整体特性集。包括温度、压力、体积流量、汽相质量分数、固相质量分数、质量密度和质量流量等参数。

VMOLFLOW：汽相摩尔流量。

VMOLFRAC：汽相组分摩尔分数。

2.8.1.6　Pharmaceuticals 模板

Pharmaceuticals（制药）模板，用于制药过程模拟。该模板的默认设置为：

单位：English 模板默认为 F、psi、lb/hr、lbmol/hr、Btu/hr 和 gal/hr；Metric 模板默认为 C、atm、kg/hr、kmol/hr、kcal/hr 和 l/hr。

物性方法：NRTL。

流量基准：Mass。

物流报告中的组成：Mass flow。

Pharmaceuticals 模板中的预置物性集包括：

LVOLFLOW：液相体积流量。　　**VMOLFLOW**：汽相组分摩尔流量。

MASSCONC：质量浓度。　　　　**MOLECONC**：摩尔浓度。

VMOLFRAC：汽相组分摩尔分数。

2.8.1.7　Polymers 模板

Polymers（聚合物）模板用于聚合物模拟。Aspen Polymers 提供的几个详细案例都用到此模板。

单位：English 模板默认为 F、psi、lb/hr、lbmol/hr、Btu/hr 和 cuft/hr；Met-C_bar_hr 模板默认为 C、bar、kg/hr、kmol/hr、kcal/sec 和 l/min；Metric 模板默认为 K、atm、kg/hr、kmol/hr、cal/sec 和 l/min。

物性方法：无。

流量基准：Mass。

物流报告中的组成：Mass flow。

2.8.1.8　Refinery 模板

Refinery（炼油）模板，用于炼油过程模拟。Aspen Plus 中有多个炼油模板，其中有些为通用模板，另外有些则包括特定过程的组分和物性方法。

（1）通用炼油模板

① Customized Stream Report 模板

将 Customized Stream Report（定制物流报告）模板导入模拟中，可定制炼油过程的物流报告，显示以标准体积流量和分数表示的组成，并添加适合炼油的几个物性集。

② Generic with Customized Stream Report 模板

Generic with Customized Stream Report（通用定制物流报告）模板，在 Customized Stream Report 模板的基础上添加了 H_2O、CO_2、H_2S、H_2、N_2、O_2 及 $C_1 \sim C_8$ 等组分，选择有游离水的 GRAYSON 物性方法。

③ Petroleum 模板

Petroleum（石油）模板，采用炼油工业的常用数据作为默认值。该模板也适合石油化工应用，如以石油馏分作为原料的乙烯厂。该模板的默认设置如下：

单位：English 模板默认为 F、psi、lb/hr、lbmol/hr、MMBtu/hr 和 bbl/day；Metric 模板默认为 C、bar、kg/hr、kmol/hr、Gcal/hr 和 bbl/day。

物性方法：无。由于石油加工过程的馏分/组分和工艺条件范围很广，故该模板没有默认的物性方法。

游离水：有。

流量基准：English 模板默认为 Std. liq. vol.（标准液体体积）；Metric 模板默认为 Mass（质量）。

物流报告中的组成：English 模板默认为 Std. liq. vol. flow（标准液体体积流量）；Metric

模板默认为 Mass flow。

Petroleum 模板中的预置物性集包括：

CUTS-E：间隔 100°F 的石油馏分的标准体积流量，用于简洁报告中的物流组成。

CUTS-M：间隔 100°F 的石油馏分的质量流量，用于简洁报告中的物流组成。

D86-5：5%液体体积的 ASTM D86 温度。

D86-95：95%液体体积的 ASTM D86 温度。

GASPROPS：气相性质集。包括混合物的压缩因子、实际体积流量、标准体积流量和热容比等参数。

KINVISC：100°F 和 212°F 或 40℃ 和 100℃ 下的运动黏度（干基）。

LIGHT：轻馏分的干基石油特性集。包括 Reid 蒸气压力、基于 API 方法的闪点和苯胺点等参数。

MIDDLE：中间馏分的干基石油特性集。包括十六烷值、基于 API 方法的闪点、倾点和苯胺点等参数。

PETRO：一般石油性质（干基）集。包括以 bbl/day 和 bbl/hr 为单位的标准液体积流量、标准 API 度、标准比重、Watson UOP K 因子、实沸点蒸馏曲线、ASTM D86 和 D1160 蒸馏曲线等参数。

TBP-5：5%液体体积的实沸点。

TBP-95：95%液体体积的实沸点。

（2）特殊用途炼油模板

特殊用途炼油模板如下。所有模板默认使用英制单位，以标准液体体积为基准，类似于英制单位的 Petroleum 模板。

Aromatics-BTX Column and Extraction（芳烃精馏和萃取）：主要物性方法为 GRAYSON，无游离水，组分包括 H_2O、CO_2、H_2S、H_2、N_2、O_2、$C_1 \sim C_8$、芳烃和环丁砜。

Catalytic Reformer（催化重整）：主要物性方法为 SRK，有游离水，组分包括 H_2O、CO_2、H_2S、H_2、N_2、O_2、$C_1 \sim C_8$ 和芳烃。

Crude Fractionation（原油分馏）：主要物性方法为 GRAYSON，有游离水，组分包括 H_2O、CO_2、H_2S、H_2、N_2、O_2 和 $C_1 \sim C_8$。

FCC and Coker（催化裂化和焦化）：主要物性方法为 GRAYSON，有游离水，组分包括 H_2O、CO_2、H_2S、H_2、N_2、O_2 和 $C_1 \sim C_4$。

Gas Plant（气体处理）：主要物性方法为 SRK，有游离水，组分包括 H_2O、CO_2、H_2S、H_2、N_2、O_2 和 $C_1 \sim C_4$。

HF Alkylation（HF 烷基化）：主要物性方法为 SRK，有游离水，组分包括 H_2O、CO_2、H_2S、H_2、N_2、O_2、HF 和 $C_1 \sim C_8$。

Sour Water Treatment（酸性水处理）：主要物性方法为 APISOUR，无游离水，组分包括 H_2O、CO_2、H_2S 和 NH_3。

Sulfur Recovery（硫黄回收）：主要物性方法为 AMINES，无游离水，组分包括 H_2O、CO_2、H_2S、MEA、DEA、DIPA 和 DGA。

2.8.1.9　Solids 模板

Solids（固体）模板用于模拟固体处理过程。Aspen Plus 中有结晶器、粉碎机、筛分机、旋风分离器等很多固体操作模型，可在流程中的任何位置模拟固体处理。该模板的默认设置为：

单位：English 模板默认为 F、psia、lb/hr、lbmol/hr、Btu/hr 和 cuft/hr；Metric 模板默认为 C、bar、kg/hr、kmol/hr、Gcal/hr 和 cum/hr。

物性方法：无，但建议用 SOLIDS。

流量基准：Mass。

物流类型：MIXCISLD，但根据需要往往选择不同物流类型。

物流报告中的组成：默认物流报告格式下不显示组成。

物流报告格式：所有子物流一起显示。汽-液-固态组分的性质和组分流量在报告中一起显示，用户可设置显示总体物流浓度、汽相分率、固相分率。若模拟中用到属性，默认报告中显示子物流和组分属性。

Solids 模板中的预置物性集包括：

ALL SUBS：物流的整体特性集。包括温度、压力、体积流量、汽相分率、固相分率、质量密度和质量流量等参数。

MASSCONC：质量浓度。　　　　　　**MOLECONC**：摩尔浓度。

VMOLFLOW：汽相组分摩尔流量。　　**VMOLFRAC**：汽相组分摩尔分数。

2.8.1.10　User 模板

User（用户）模板包括 General（通用）模板和管理员安装的任何本地模板。

（1）General 模板

General 模板用于通用模拟过程。该模板的默认设置为：

单位：English 模板默认为 F、psi、lb/hr、lbmol/hr、Btu/hr、cuft/hr；Metric 模板默认为 C、bar、kg/hr、kmol/hr、Gcal/hr 和 cum/hr。

物性方法：无。

流量基准：Mole。

物流报告中的组成：Mole flow。

General 模板中的预置物性集与 Chemicals 模板相同。

（2）自定义模板

用户自定义模板可放在 AspenTech\Aspen Plus V8.6\GUI\Templates\User 文件夹中，也可放在 Templates 目录下创建的其他文件夹中，这样模板就将出现在对话框左侧的模板列表中。

2.8.2　用户界面

Aspen Plus V8.6 模拟环境的用户界面如图 2-42 所示，包括标题栏、快速访问栏、菜单选项卡、分组工具栏、导航窗格、工作空间和状态栏等部分。

2.8.2.1　标题栏和状态栏

标题栏位于用户界面顶部，其中显示当前文件的文件名及软件版本。

状态栏位于用户界面底部。左侧为当前环境状态提示，即通过颜色及语句，提示当前环境的输入及输出状态。右侧为缩放控制条，用以缩放工作空间显示大小。

2.8.2.2　快速访问工具栏

快速访问工具栏位于标题栏左侧，包括保存、撤销、重做、下一步、运行和重置等常用命令，随时可用。快速访问工具栏中可添加其他命令，在待添加命令图标上单击鼠标右键，在弹出的对话框中选择 Add to Quick Access Toolbar（添加到快速访问工具栏）即可（图 2-43）。

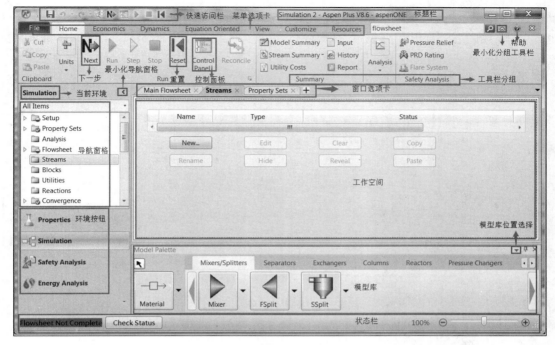

图 2-42

单击快速访问工具栏右面的 按钮，在弹出的 Customize Quick Access Toolbar（自定义快速访问工具栏）菜单中，可选择在快速访问工具栏中显示的命令，包括 Save（保存）、Print（打印）、Undo（撤销）、Redo（恢复）、Next（下一步）、Control Panel（控制面板）、Run（运行）、Stop（停止）、Reset（重置）和 Flowsheet（流程图）。还可设置 Show Below the Ribbon（在分组工具栏下方显示）及 Minimize the Ribbon（最小化分组工具栏）（图 2-44）。

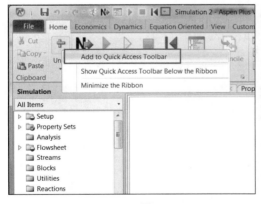

图 2-43

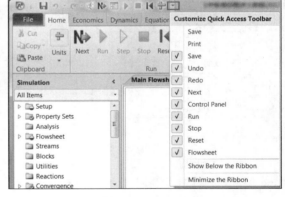

图 2-44

2.8.2.3　菜单选项卡和分组工具栏

各菜单选项卡下的分组工具栏中，分类存放着各种 Aspen Plus 命令（图 2-45）。File 选项卡下为 Open（打开）、Save（保存）和 Save As（另存为）等命令。Home 选项卡下为最常用的命令，包括 Clipboard（剪贴板）、Run（运行）、Summary（汇总）和 Safety Analysis（安全分析）四个工具栏组。另外还有 Economics（经济分析）、Dynamics（动态）、Equation Oriented（EO 算法）、View（查看）、Customize（自定义）、Resources（资源）、Modify（修改）和 Format

（格式）等不同的菜单选项卡。不同输入状态下所用命令不同，故菜单选项卡和分组工具栏也有差异，如在 Properties 环境下，只显示物性相关的选项卡和命令；Flowsheet Modify 和 Flowsheet Format 菜单选项卡，只有在 Flowsheet 窗口被激活时才可见。

有些工具栏组中的命令很多，无法完全显示，单击其右下角的■图标，可打开窗口显示其中全部命令。如单击 Modify 菜单选项卡中 Stream Results 工具栏组的■图标，则出现 Flowsheet Display Options（流程显示选项）窗口，在此可详细设置流程图中显示的内容。

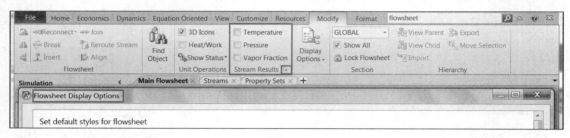

图 2-45

单击菜单选项卡右侧的▲（Minimize the Ribbon）图标，可以最小化分组工具栏。最小化后，该图标变为▼（Expand the Ribbon），单击可重新展开分组工具栏（图 2-46）。

图 2-46

2.8.2.4 键盘导航

用户可使用键盘快捷键，执行相关命令。使用方法为：按键盘上的 Alt 键，各菜单选项卡及快速访问命令旁边都将显示对应的字母或数字快捷键，按键盘上的相应快捷键，即可打开该菜单选项卡或执行该命令。如图 2-47 所示。

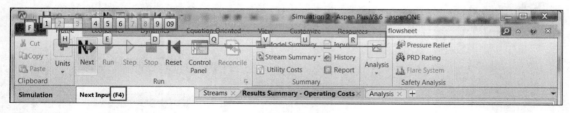

图 2-47

打开菜单选项卡后，也可利用快捷键执行各工具栏组中的相应命令。如按 H 键，可打开 Home 菜单选项卡，继续按 L 键，可打开 Control Panel（控制面板）。如图 2-48 所示。

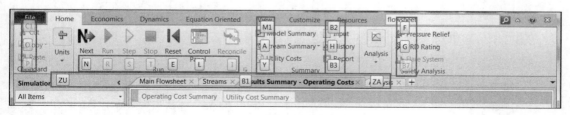

图 2-48

化工流程模拟 Aspen Plus 实例教程

传统的快捷键（基于 Ctrl 和/或如 F1～F12 的特殊键的组合键）仍可用，如 Ctrl＋Alt＋H 为 History 命令的快捷键。将鼠标移至各命令按钮上，在提示标签中会显示其快捷键。如图 2-49 所示。

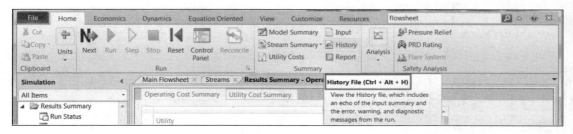

图 2-49

2.8.2.5　导航窗格

导航窗格位于用户界面左侧（图 2-50），其中以文件夹树的形式，显示模拟中用到的各相关工作表格，不同环境下工作表格不同。

下方为环境按钮，Aspen Plus 中默认包括 Properties（物性）、Simulation（模拟）、Safety Analysis（安全分析）和 Energy Analysis（能量分析）四个环境。在环境按钮上单击右键，在弹出的对话框中可勾选要显示的环境，通过右侧的 Move Up（向上移动）和 Move Down（向下移动）按钮可调整各环境按钮的上下位置关系。新建文件默认位于 Properties（物性）环境。

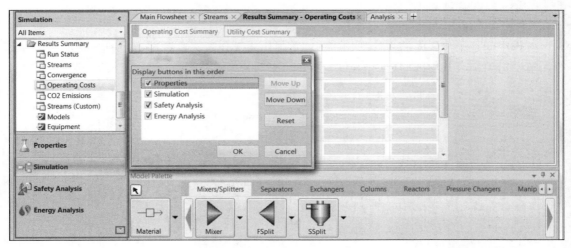

图 2-50

2.8.2.6　状态提示符

在导航窗格（图 2-51）、流程图的 Streams 或 Blocks 的右键菜单（图 2-52）、流程图（图 2-53）及表格页面选项卡标题处（图 2-54）都有状态提示符，用于显示相应内容是否输入完成、运行结果是否有误等提示信息，在建立流程、输入数据、查看结果及调试等过程中都可以起到重要的辅助作用。

状态提示符出现的位置及含义可见下表。其中文件夹图标中，右侧图标表示该文件夹当前打开，左侧图标表示当前未打开。

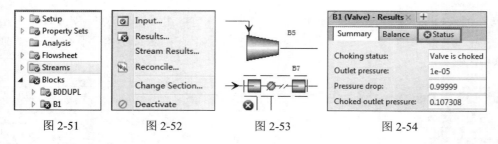

| 图 2-51 | 图 2-52 | 图 2-53 | 图 2-54 |

图标	位置	含义	图标	位置	含义
	输入表格或页面	所需输入完成，或不需要数据输入		输入文件夹	无数据输入
	输入表格或页面	所需输入未完成		输入文件夹	所需输入未完成
	输入表格	无数据输入		输入文件夹	所需输入完成，或不需要数据输入
	混合表格	输入和结果		结果文件夹	无结果
	结果表格	无结果存在（未进行运算）		结果文件夹	有结果，不存在错误或警告
	结果表格	有结果，不存在错误或警告		结果文件夹	有结果，但存在警告
	结果表格或流程图	有结果，但存在警告		结果文件夹	有结果，但存在错误
	结果表格或流程图	有结果，但存在错误		结果文件夹	结果与当前输入不符（输入有变化）
	结果表格	结果与当前输入不符（输入有变化）		文件夹或表格	暂停使用

2.8.2.7　工作空间

工作空间是用户界面的主体部分，其中可显示各工作表格、流程、控制面板和结果图表等，每个窗口都有其单独的选项卡。用户可单击并拖动各选项卡，改变它们的相对排列位置（图 2-55）。

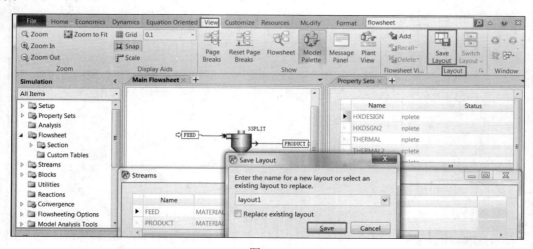

图 2-55

用户也可建立不同形式的布局，如并排窗口或浮动窗口。在 View（查看）菜单选项卡的 Layout（布局）工具栏组中，单击 Save Layout（保存布局）。在弹出的 Save Layout 对话框中，输入布局名称，单击 Save 按钮即可保存当前布局。

单击 Switch Layout（切换布局）按钮，可在不同布局之间进行切换（图 2-56）。

图 2-56

2.8.3　检索组分

定义组分时，用户可输入组分的化学式、名称或 CAS 号等关键词，从而在 Aspen 数据库中进行检索，找到该组分后，将其添加至用户组分列表中。下面以检索 1,1,2,2-四氟乙烷为例，说明检索组分的方法。

2.8.3.1　设置检索条件

在 Properties 环境下的 Components | Selection 页面（图 2-57），单击 Find 按钮，将打开 Find Compounds（组分检索）窗口。在其 Compounds 页面的 Search Criteria（检索条件）区域，输入检索条件，包括以下四项：

Name or Alias：组分名称或别名，也可输入 CAS 号。可通过 Begins with（以检索词起始）、Contains（包括检索词）和 Equals（等于检索词）等字符匹配方式进行检索。此检索条件为必选项，默认为 Contains。

Compoud class：组分所属族类。包括 All（所有种类）、1-Alkenes（1-烯烃）、2,3,4-Alkenes（2,3,4-烯烃）、Acetates（乙酸酯）、Aldehydes（醛）和 Aliphatic-ethers（脂肪族醚）等。此检索条件为必选项，默认为 All。

Molecular weight：分子量，可规定在一定分子量范围内检索物质。此检索条件为可选项，默认不设置。

Boiling point：沸点，可规定在一定沸点范围内检索物质。此检索条件为可选项，默认不设置。

如本例中要检索的物质，可在 Name or Alias 区域选择 Begins with（开始于），并输入检索词 1,1,2,2。

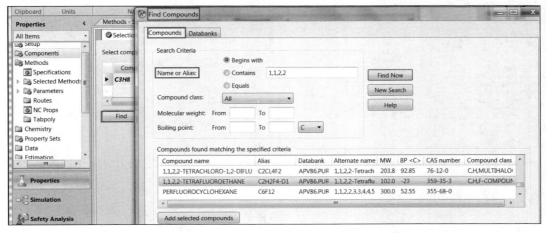

图 2-57

2.8.3.2　添加组分

检索条件输入完成后，单击回车键或 Find now（开始查找）按钮，Aspen 即可在数据库中进行检索。检索完成后，在 Compounds found matching the specified criteria（符合检索条件的物质）区域显示检索结果。从检索结果列表中选中待添加组分后双击，或单击 Add selected compound（添加所选中的化合物）按钮，即可将该组分添加到 Components｜Specifications｜Selection 页面中的 Select components（选择组分）列表中。

重复上述步骤，可继续查找并添加其他组分。添加查找到的组分时注意，若在 Components｜Specifications｜Selection 页面的组分列表中有组分已被选中，则将弹出 Aspen Plus 窗口（图 2-58），询问用户要替换还是添加新组分。单击 Replace（替换）按钮可用查找到的新组分替换原选中组分，单击 Add（添加）按钮可添加新组分同时保留原组分。

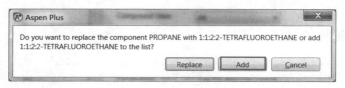

图 2-58

2.8.3.3　设置数据库

在 Find Compounds 窗口的 Databanks（数据库）页面（图 2-59），可选择供检索的数据库。

左侧 Available databanks（可用数据库）区域为可供选择的数据库，右侧 Selected databanks（已选数据库）区域为当前已选数据库。单击 ▶ 按钮，可将左侧区域中选中的数据库添加至右侧区域。检索组分时，Aspen Plus 由上到下依次检索各已选数据库。通过窗口右侧的 ▲ 或 ▼ 按钮，可改变各已选数据库的先后顺序。

检索完成后，单击 Close 按钮，关闭组分查找窗口。

2.8.3.4　删除组分

若想删除在 Components｜Specifications｜Selection 页面中已添加的组分，可在组分列表中选中该组分后单击鼠标右键，并在弹出的菜单中选择 Delete Row（删除行）即可（图 2-60）。

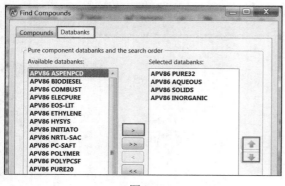

图 2-59　　　　　　　　　　　　　　　　图 2-60

2.8.4　物性方法的选择

化工流程模拟计算中通常会涉及大量物性参数，如进行相平衡计算时会用到 K 值，进行热量衡算及能量利用效率计算时会用到焓、熵和有效能，进行水力学计算时会用到密度、黏度和表面张力等参数。Aspen 为此提供了纯组分物性数据库，及由纯组分计算混合物参数的物性方法及其参数的数据库，模拟时需根据所模拟体系的物料组成和操作条件等综合考虑，选择适当的物性方法，这对模拟结果的可靠性来说至关重要。

在 Methods | Specifications | Global 页面，可设置全局物性方法；在 Methods | Specifications | Flowsheet Sections 页面，可设置部分流程的局部热力学方法；在 Blocks | Block | Block Options | Properties 页面，可设置各模型的局部热力学方法。以上三种设置，按顺序优先级别增加，即后者所选的物性方法可覆盖前者。

用户可根据经验，也可利用 Aspen Plus 内置的物性方法选择帮助系统，选择适当的物性方法。很多情况下，需结合实验数据选择适当物性方法并回归相关参数，以使模型更符合实际体系。

2.8.4.1　选择经验

非理想混合物的物性参数均为温度、压力和组成的函数，目前还没有通用方程可用，通常采用 p-v-T 状态方程法和活度系数法两类模型来计算。状态方程法有 SRK、PR、BWRS 和 LKP 等模型，能很好地计算烃类混合物的物性，通过包括二元交互作用参数的混合规则，也可用于轻气体、极性和液相混合物。活度系数法有 WILSON、NRTL 和 UNIQUAC 等模型，能很好地计算非理想溶液的物性，主要用于不含轻气体的极性液体混合物。对于难处理的混合物，例如同时含有轻气体和极性物质的混合物，可用 PSRK（预测性的 SRK）模型。电解质溶液可用 ELECNRTL（电解质溶液的 NRTL）模型，酸性水、氨溶液、HF 及高分子溶液等特殊体系都有相应的专用模型。

用户可参考如下经验，选择合适的物性方法。

（1）电解质溶液

ELECNRTL、ENRTL-RK、ENRTL-SR 或 PITZER 方程。

（2）烃类混合物

－ 不含原油评价或虚拟组分

• 宽沸程：LKP 对比态方法

• 窄沸程：PENG-ROB、SRK（非深冷温度）或 BWRS（非临界区）方程

－ 含原油评价或虚拟组分

• 真空环境：BK10 或 MXBONNEL 方程

• 非真空环境：CHAO-SEA 或 GRAYSON 方程

• 含氢气：BK10、SRK 或 PENG-ROB 方程

（3）含极性有机物的混合物

－ 含轻气体：PSRK 方程

－ 不含轻气体：

• 高压（>10bar）

有二元交互作用参数：RKSWS、PRWS、SR-POLAR 方程

无二元交互作用参数：RKSNHV2 或 PSRK 方程

• 低压（<10bar）

有二元交互作用参数：WILSON 或 NRTL 方程（单液相）

NRTL 或 UNIQUAC 方程（两液相）

无二元交互作用参数：UNIFAC 近似估算法

（4）特殊体系

- 胺类：AMINES、ELECNRTL 或 ENRTL-RK 方程
- 酸性水（含 NH_3、H_2S、CO_2 等）：APISOUR 方程
- 含 HF：WILS-HF 或 ENRTL-HF 方程
- 含有机酸：NRTL-HOC、WILS-HOC 或 UNIQ-HOC 方程
- 制冷剂：REFPROP 方程
- 纯水体系
  - 水蒸气：STEAM-TA、STEAMNBS 或 STMNBS2 水蒸气表
  - 水和水蒸气：IAPWS-95 水和水蒸气性质

2.8.4.2 物性方法选择帮助系统

Aspen Plus 中的物性方法帮助系统可为用户选择适当物性方法提供参考。

如图 2-61 所示，在 Properties 环境下，单击 Home 菜单选项卡 Tools 工具栏组中的 ⚗ Methods Assistant（物性方法帮助）命令按钮，或在 Methods | Specifications | Global（物性方法设置）页面中单击 Method Assistant…按钮，即可弹出 Assistant - Property method selection（物性方法选择帮助）窗口（图 2-62），进入物性方法选择帮助系统。在该窗口中，单击 ⮞ 按钮，依次在各页面按提示指定所模拟的物系或工艺条件。

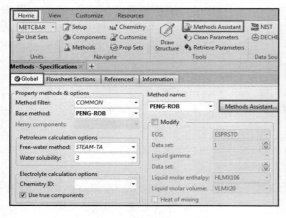
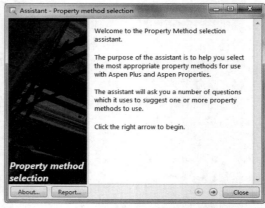

图 2-61   图 2-62

首先打开的是 Getting started（开始）页面（图 2-63），在 Start by selecting one of the following options（在以下选项中选择一项开始）区域，可选择 Specify component type（规定组分类型）或 Specify process type（规定流程类型）。

选择 Specify process type，将打开 Process type 页面（图 2-64），在此规定流程类型。在 Select the type of process or application（选择流程或应用类型）区域，包括 Chemical（化学品）、Electrolyte（电解质）、Environmental（环境）、Gas processing（气体处理）、Mineral and metallurgical（矿物冶金）、Oil and gas（油气）、Petrochemical（石油化工）、Polymer（聚合物）、Power（发电）、Refining（炼油）和 Pharmaceuticals（制药）等常用工艺流程类型。

选择 Gas processing，即可打开 Gas processing 页面（图 2-65）。Aspen 在此给出建议：一般用立方形方程如 PR 或 SRK，HYSYS 中相应为 HYSPR 和 HYSSRK。天然气密闭输送计算可用 GERG2008。

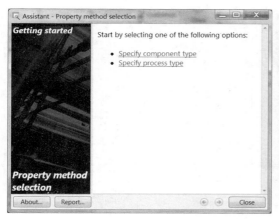
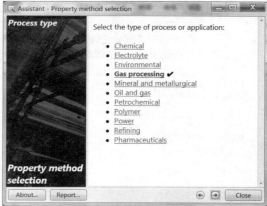

图 2-63   图 2-64

在 Click one of the following options for more Help（单击如下选项之一以获得更多帮助）区域，包括 Acid gas absorption（酸性气体吸收）、Gas dehydration（气体脱水）、Help for equation of state methods（状态方程法帮助）、Help for PR（PR 方程帮助）、Help for SRK（SRK 方程帮助）及 Help for GERG2008（GERG2008 方程帮助）等链接，单击即可打开相应 APrSystem Help（Aspen 物性系统帮助）文档。

单击 Acid gas absorption，打开 Amines（胺）页面（图 2-66）。Aspen 在此建议使用 AMINES、ELENRTL 或 ENRTL-RK 模型。在 See the following Help topics for additional information（查看如下 Help 主题以获得更多信息）区域，有 AMINES（AMINES 模型）、Electrolyte property methods（电解质物性方法）、ELECNRTL（ENRTL 模型）及 ENRTL-RK（ENRTL-RK 模型）等链接，单击即可打开相应帮助文件。

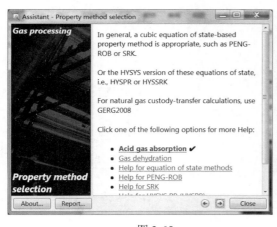
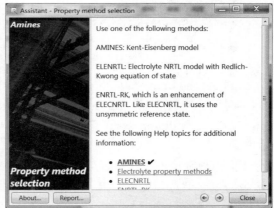

图 2-65   图 2-66

单击 AMINES 及 Electrolyte Property Methods，可分别打开如图 2-67 和图 2-68 所示的帮助页面。

2.8.5 全局设定

在导航窗格中的 Setup 文件夹下进行全局设定，以设置用于整个模拟的默认环境，包括单位制、流量基准、计算选项和报告选项等内容。用户可以随时更改全局设定参数，但建议在开始模拟前首先设置。各模型均可设置仅用于该模型的局部设定，以替代全局设定值。

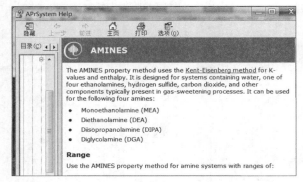

图 2-67

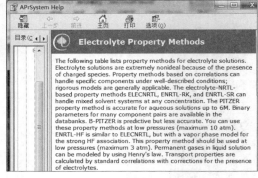

图 2-68

不同环境下的 Setup 文件夹中内容各不相同。Properties 环境下，Setup 文件夹中仅包括 Specifications（规定）、Calculation Options（计算选项）、Unit Sets（单位集）和 Report Options（报告选项）四个物性相关的表格和文件夹。Simulation 环境下，Setup 文件夹中包括 Specifications、Calculation Options、Stream Class（物流类型）、Solids（固体）、Comp-Groups（组分组）、Comp-Lists（组分列表）、Costing Options（成本选项）、Stream Price（物流价格）、Unit Sets、Custom Units（自定义单位集）和 Report Options 等模拟相关的表格和文件夹。本节将以 Simulation 环境下的 Setup 文件夹为例，介绍全局设定表格页面的功能。

2.8.5.1　Specifications 表格

在 Specifications 表格中，进行全局规定。Specifications 表格中包括 Global（全局）、Description（描述）、Accounting（运行计数）、Diagnostics（诊断）和 Information（信息）等页面。

（1）Global 页面

在 Setup | Specifications | Global 页面（图 2-69），设置全局信息。

在 Title（标题）区域，输入模拟文件的标题。

在 Global unit set（全局单位集）区域，选择默认的全局单位集。

在 Global settings（全局设置）区域，输入全局设置。包括 Input mode（输入模式）、Stream class（物流类型）、Flow basis（流量基准）、Ambient pressure（环境压力）、Ambient temp（环境温度）、Valid phases（有效相态）、Free water（游离水）和 Operational year（年操作时间）等。

不同模板默认的全局设置可能不同。如 General with Metric Units（公制单位通用）模板，默认全局单位集为 METCBAR（温度单位为℃、压力单位为 bar 的公制单位集），输入模式为 Steady-State（稳态），物流类型为 CONVEN（常规物流），流量基准为 Mole（摩尔），环境压力 1.01325bar，游离水为 No（无），年操作时间为 8766h。

（2）Description 页面

在 Setup | Specifications | Description 页面（图 2-70），设置全局描述信息。描述信息默认为所用模板的预置内容，其字数不限，但仅前 800 个字符可在报告文件中显示。

（3）Accounting 页面

在 Setup | Specifications | Accounting 页面（图 2-71），设置全局计数信息。包括 User name（用户名）、Account number（计数序号）、Project ID（项目 ID）和 Project name（项目名）等，方便用户管理文件。

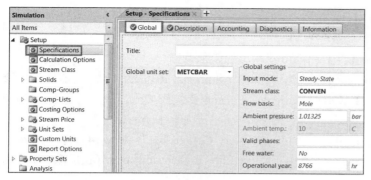

图 2-69

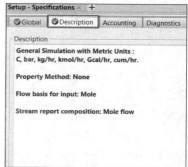

图 2-70

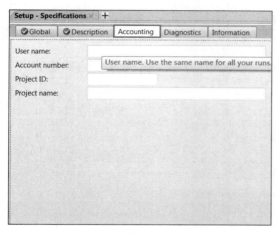

图 2-71

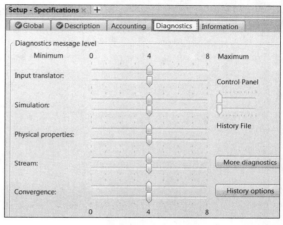

图 2-72

（4）Diagnostics 页面

在 Setup｜Specifications｜Diagnostics 页面（图 2-72），设置全局诊断信息水平。特定模型的诊断信息水平，可在该模型的 Block Options（模型选项）表格中设置。

Diagnostic messages（诊断信息）是指对模拟过程的中间数据和最终结果进行诊断并结出的诊断结果信息。在 Diagnostics message level（诊断信息水平）区域，可分别设置 Input translator（输入翻译器）、Simulation（模拟）、Physical properties（物性方法）、Stream（物流）及 Convergence（收敛）等的诊断信息水平。每项都有两个调节轴，上方轴用以调节 Control Panel（控制面板）中显示的诊断信息水平，下方轴用以调节 History File（历史文件）中显示的诊断信息水平。

各项诊断信息都可在 Minimum（最低，0）和 Maximum（最高，8）之间设置，以帮助用户更好地发现模拟过程中的问题。诊断信息量随诊断信息水平的升高而增加，具体如下：

Level 0： 仅列出 Terminal Errors（致命错误）信息。Terminal Errors 表示检测到致命错误，该错误将终止模拟运行。

Level 1： 列出 Level 0 及 Severe Errors（严重错误）信息。Severe Errors 表示检测到严重错误，该错误将导致运行可能无法继续，或将导致进一步的错误、严重错误、致命错误或不正确的结果。

Level 2： 列出 Level 1 及 Errors（错误）信息。Errors 表示检测到错误，系统已采取可能纠正问题的措施。运行可以继续，但可能会出现进一步的错误、严重错误、终端错误或不正确的结果。

Level 3： 列出 Level 2 及 Warnings（警告）信息。Warnings 表示检测到某个问题，系统

已采取可能正确的操作，运行很可能会正常继续。

Level 4：列出 Level 3 及简单诊断信息。

Level 5+：列出 Level 4 及分析收敛和模拟问题等的附加诊断。

单击 More diagnostics（更多诊断）按钮，可弹出 Additional diagnostics options（附加诊断选项）窗口（图 2-73）。在此设置 Fortran variable（Fortran 变量）、Cost（成本）和 Economic（经济性）等的诊断信息水平。

单击 History Options（历史选项）按钮，可弹出 History Options 窗口（图 2-74）。在该窗口的 Print in History file（History 文件中显示）区域，勾选 Insert files used in simulaiton（把模拟中用到的文件加入）和 Sorted input（分类输入），可在 History 文件中添加相关诊断信息文件。

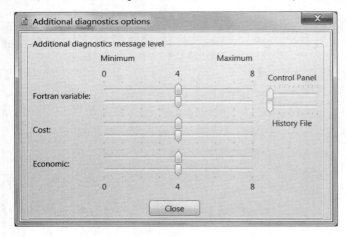

图 2-73   图 2-74

（5）Information 页面

在 Setup｜Specifications｜Information 页面（图 2-75），可为当前模拟添加全局 Comments（注释）信息。注释信息不在结果报告中显示，可用作笔记文件。

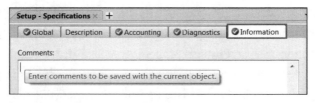

图 2-75

2.8.5.2　Calculation Options 表格

在 Calculation Options 表格中，设置全局计算选项。Calculation Options 表格中包括 Calculations（计算）、Flash Convergence（闪蒸收敛）、Model Options（模型选项）、Check Results（检查结果）、System（系统）、Limits（限定）和 Reactions（反应）等页面。

（1）Calculations 页面

在 Setup｜Calculation Options｜Calculations 页面（图 2-76），进行全局计算设定。

在 Calculation options（计算选项）区域，可勾选 Perform heat balance calculations（进行热量衡算）、Calculate component molecular weight from atomic formula（由原子构成计算组分分子量）、Use results from previous convergence pass（利用上次收敛计算结果）、Bypass Prop set calculations if flash fails（若闪蒸失败则跳过物性数据集计算）、Use analytical property derivatives（物性计算时用分析法外推）、Require calculations of molar flow derivatives（需要摩尔流量外推计算）、Require calculations of molar fraction derivatives（需要摩尔分数外推计算）、Require calculations of derivatives for solid properties（需要固体物性外推计算）、Require Engine to use special parameters for electrolyte method（需要电解质方法中用特殊参数的引擎）、Generate XML results file when using an input file or in a batch submit from the GUI（运行输入文件或间歇文件时，生成 XML 结果文件）。

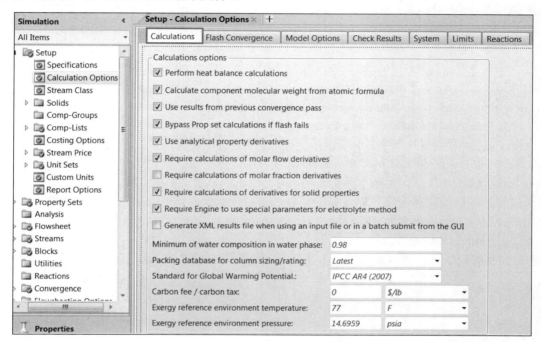

图 2-76

物性外推默认设置为基于摩尔流量。Aspen Plus 不用摩尔分数外推，但外部模型 CALPRP 或 CALUPx 物性编辑器可能会用到。若不需要物性外推计算，可取消勾选以节省存储空间。

勾选 Require Engine to use special parameters for electrolyte method 项后，在进行电解质计算时即使有些电解质相关数据库未被选择，Aspen Plus/Properties 也将自动从其中加载电解质参数。如物性方法选择 ELECNRTL 或 ENRTL-RK 时，将调用 ELECPURE 纯组分数据库和 ENRTL-RK 二元交互作用数据库；物性方法选择 PITZER 时，将调用 PITZER 二元交互作用数据库。

另外，有 Dirty-water（污水）规定时，可设置 Minimum of water composition in water phase（水相中水的最小组成），当水的含量不低于该值时，将用烃溶解度模型预测污水相中烃的量。

进行塔填料计算时，可选择 Packing database for column sizing/rating（塔设计/校核所用填料数据库），默认为 Latest（最新的）填料参数数据库。只有用户不规定填料参数时，才会采用数据库中的数据。

进行碳排放分析时，可选择 Standard for Global Warming Potential（全球变暖影响值标准）数据库，以在结果报告中计算各物流的 CO_2 当量值，并设置 Carbon fee / carbon tax（碳费用/碳税），即排放单位质量的当量 CO_2 时需支付的现金价格。

计算有效能时，需设置 EXERGYML 和 EXERGYMS 物性集用到的参考环境温度和压力，即 Exergy reference environment temperature（有效能参考环境温度）和 Exergy reference environment pressure（有效能参考环境压力）。

　　（2）**Flash Convergence 页面**

　　在 Setup | Calculation Options | Flash Convergence 页面（图 2-77），设置闪蒸计算的全局收敛参数。

　　在 Temperature 和 Pressure 区域，分别设置温度和压力的 Lower limit（低限）和 Upper limit（高限）。

　　在 Flash options（闪蒸选项）区域，设置闪蒸计算选项。包括 Maximum iterations（最大迭代次数）、Error tolerance（容差）、Extrapolation threshold for equation of state（状态方程外推阈值）、Flash convergence algorithm（闪蒸收敛法）、Flash extrapolated root error level（闪蒸外推根错误诊断信息水平）。另外，可勾选 Use special convergence method for 3-phase flash（三相闪蒸用特殊收敛方法）、Limit water solubility in the hydrocarbon phase（限制烃相中水的溶解度）、Use 4-phase convergence algorithm to solve 3-phase flash（用四相收敛算法解三相闪蒸问题）及 Use new algorithm to choose component pair for L-L phase split（液液分相时用新算法选择组分对）。

　　勾选 Limit water solubility in the hydrocarbon phase 选项后，在液液相平衡计算时 Aspen Plus 将检查并限制水在烃相中的量，并覆盖由所规定的物性方法计算得到的水的溶解度和逸度值。

　　通过 Flash extrapolated root error level 选项，设置当需要特定相存在的闪蒸计算结果为外推根（即在闪蒸条件下，实际不存在该相）时，给出的信息（错误、警告、信息或无）。泡露点计算和某些其他闪蒸计算一样，会需要多个相态（泡露点计算中必需存在汽相和液相，即使某中一相的实际量可能为 0）。

　　（3）**Model Options 页面**

　　在 Setup | Calculation Options | Model Options 页面（图 2-78），设置全局模型选项。

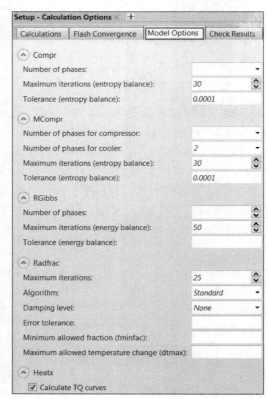

图 2-77　　　　　　　　　　　　　　　图 2-78

在各模型区域，分别设置各自的 Number of phases（相数）、Maximum iterations（最大迭代次数）和 Tolerance（容差）等参数，不同模型的模型选项有所不同。

（4）Check Results 页面

在 Setup｜Calculation Options｜Check Results 页面（图 2-79），设置结果检查的全局规定。

在 Mass balance（质量衡算）区域，可勾选 Check mass balance error around blocks（检查模型的质量衡算错误），并设置 Mass balance tolerance（质量衡算容差）。

在 Phase equilibrium results（相平衡结果）区域，分别设置 Check phase equilibrium results（检查相平衡结果）、Check for VLE（检查汽液相平衡）、Check for VLLE（检查汽液液相平衡）、Relative fugacity error tolerance（相对逸度容差）和 Minimum mole fraction for equilibrium check（相平衡检查的最小摩尔分数）。

（5）System 页面

在 Setup｜Calculation Options｜System 页面（图 2-80），设置系统相关的全局规定。

在 Fortran compilation options（Fortran 编译选项）区域，可选择 Interpret all inline Fortran statements at execution time（执行时，解释所有内联 Fortran 语句）和 Write inline Fortran to a subroutine to be compiled and dynamically linked（把内联 Fortran 语句写入将要编译并动态链接的子程序）。

在 Fortran error handling options（Fortran 错误处理选项）区域，可勾选 Check unit operation block for errors and inconsistencies（检查单元操作模型的错误和不一致性）及 Print Fortran tracebacks when a Fortran error occurs（出现 Fortran 错误时，打印 Fortran 反馈）。

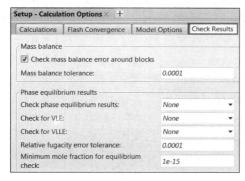

图 2-79

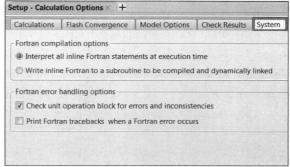

图 2-80

（6）Limits 页面

在 Setup｜Calculation Options｜Limits 页面（图 2-81），设置运行、历史文件及流量等相关参数的极限值。

在 Time or error limit before simulation terminates（模拟终止前的时间和错误极限）区域，可分别设置 Simulation time limit in CPU seconds（极限模拟时间 CPU 秒数）、Maximum number of severe erros（严重错误最大个数）、Maximum number of Fortran erros（Fortran 错误最大个数）和 Maximum history file size in MB（最大历史文件 MB 数）。

在 Maximum erros and warnings printed in history file（历史文件中打印的错误和警告的最大数目）区域，可分别设置 Input processing（输入处理）、Simulation and convergence（模拟和收敛）及 Physical properties（物性）等计算过程中出现的错误和警告在历史文件中显示的最大个数。

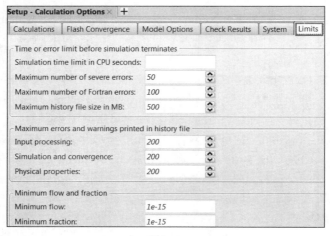

图 2-81

在 Minimum flow and fraction（最小流量和分数）区域，可分别设置 Minimum flow（最小流量）和 Minimum fraction（最小分数）值。

（7）Reactions 页面

在 Setup | Calculation Options | Reactions 页面（图 2-82），设置反应相关全局参数。

在 Reactions stoichiometry checking options（反应计量学检查选项）区域，可设置 Mass balance error tolerance（质量衡算容差）值，并选择 Issue error when mass imbalance occurs（质量不守恒时给出错误提示）或 Issue warning when mass imbalance occurs（质量不守恒时给出警告提示）。

在 Electrolyte chemistry approach check（电解质化学方法检查）区域，可设置 Fugacity error tolerance（逸度容差）值。

在 Activity coefficient basis for Henry components（亨利组分的活度系数基准）区域，可选择 Aqueous（水溶液）或 Mixed-Solvent（混合溶剂）。

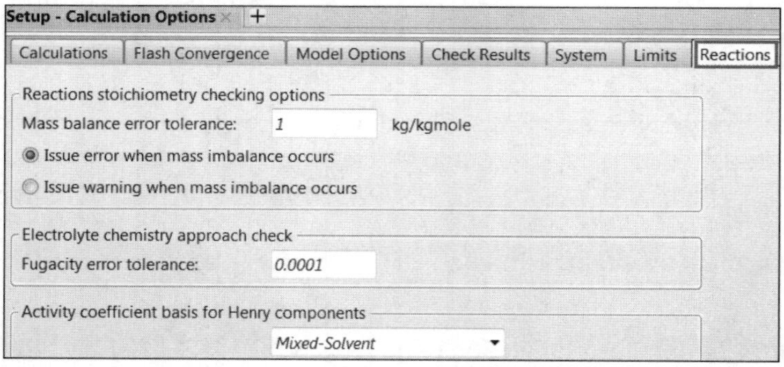

图 2-82

2.8.5.3　Unit Sets 文件夹

在 Unit Sets 文件夹中，建立单位集。单位集中规定了输入或输出数据时各变量使用的默认单位，不同模板中的预置单位集不同。若预置单位集不能满足需求，可在 Unit Sets 文件夹中新建单位集（图 2-83）。单击 New...按钮，弹出 Create New ID（新建）窗口。在 Enter ID（输入 ID）区域输入新建单位集的 ID（默认为 US-1），即可新建一个单位集。

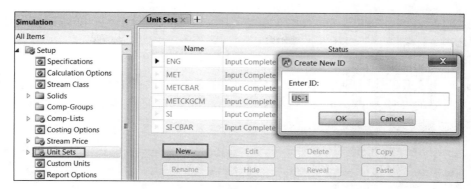

图 2-83

每个单位集的表格中，都包括 Standard（标准物理量）、Heat（热）、Transport（传递）、Concentration（浓度）、Size（尺寸）、Currency（货币）、Miscellaneous（其他）和 Information（信息）等页面。

（1）Standard 页面

在 Setup｜Unit Sets｜US-1｜Standard 页面（图 2-84），选择新建单位集的初始单位集，并设置流量、温度和压力相关单位。

在 Copy from（复制于）区域，选择初始单位集作为新建单位集中的初始单位，用户可在此基础上修改。

在 Flow related（流量相关）区域，设置流量相关参数的单位。包括 Mass flow（质量流量）、Mole flow（摩尔流量）、Volume flow（体积流量）、Flow（流量）、Flux（通量）和 Mass flux（质量通量）等参数。

在 Temperature related（温度相关）区域，设置温度相关参数的单位。包括 Temperature（温度）、Delta T（温差）和 Inverse temperature（温度倒数）等参数。

在 Pressure related（压力相关）区域，设置压力相关参数的单位。包括 Pressure（压力）、Delta P（压差）、Delta P / Height（压差/高度）、Head（压头）和 Inverse pressure（压力倒数）等参数。

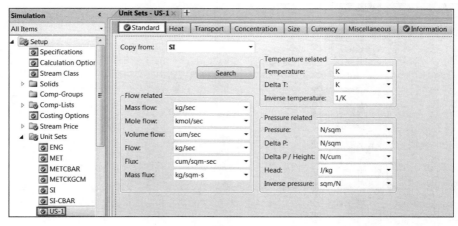

图 2-84

（2）Heat 页面

在 Setup｜Unit Sets｜US-1｜Heat 页面（图 2-85），设置热相关单位。包括 Enthalpy related

（焓值相关）、Heat capacity related（热容相关）、Heat related（热相关）和 Entropy related（熵相关）四类变量。

（3）Transport 页面

在 Setup｜Unit Sets｜US-1｜Transport 页面（图 2-86），设置传递相关单位。包括 Volume related（体积相关）、Density related（密度相关）、Transport related（传递相关）和 Miscellaneous thermo（其他热参数）四类变量。

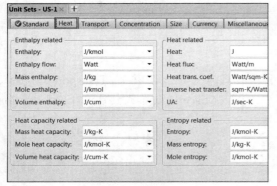

图 2-85

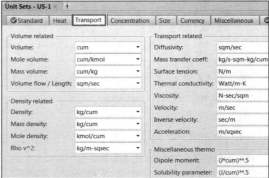

图 2-86

（4）Concentration 页面

在 Setup｜Unit Sets｜US-1｜Concentration 页面（图 2-87），设置浓度相关单位。包括 Energy/power related（能量/功相关）、Time related（时间相关）、Concentration related（浓度相关）和 Composition related（组成相关）四类变量。

（5）Size 页面

在 Setup｜Unit Sets｜US-1｜Size 页面（图 2-88），设置尺寸相关单位。包括 Size related（尺寸相关）、Column sizing related（塔尺寸相关）和 Equipment sizing related（设备尺寸相关）三类变量。

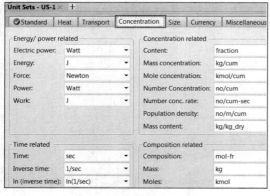

图 2-87

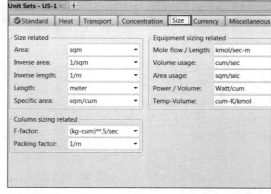

图 2-88

（6）Currency 页面

在 Setup｜Unit Sets｜US-1｜Currency 页面（图 2-89），设置货币相关单位。包括 Currency（货币）和 Cost related（成本相关）两类变量。

（7）Miscellaneous 页面

在 Setup｜Unit Sets｜US-1｜Miscellaneous 页面（图 2-90），设置其他单位。

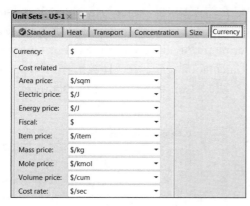
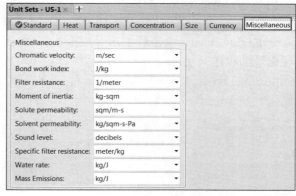

图 2-89　　　　　　　　　　　　　　　　图 2-90

（8）Information 页面

在 Setup｜Unit Sets｜US-1｜Information 页面（图 2-91），设置该单位集的信息。

在 Description（描述）区域，可添加不多于 64 个字符的描述。描述将出现在报告文件中，并在导航窗格和 Model Summary 中显示提示。

在 Comments（注释）区域，可添加注释信息。

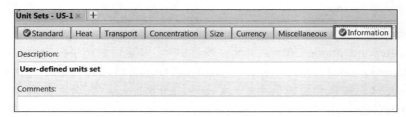

图 2-91

设置完成后，可在 Setup｜Specifications｜Global 页面的 Global unit set 区域选择新单位集为全局单位集。

2.8.5.4　Report Options 表格

在 Report Options 表格中，规定全局结果报告选项。Report Options 表格中包括 General（通用）、Flowsheet（流程）、Block（模型）、Stream（流股）、Property（物性）和 ADA（实验数据）等页面。

（1）General 页面

在 Setup｜Report Options｜General 页面（图 2-92），设置结果报告的通用信息。

在 Report options for all cases in report file（报告文件中所有工况的报告选项）区域，可勾选 Generate a report file（生成报告文件）。

在 Items to be included in report file（报告文件中包含的项目）区域，可勾选 Summary of user input & system defaults（用户输入和系统默认值汇总）、Properties（物性）、Flowsheet（流程图）、Sensitivity block（灵敏度分析模型）、Blocks（各模型）、Assay data analysis（实验数据分析）、Streams（物流）和 Insert file（插入文件）。

在 Report format（报告格式）区域，可设置 Number of lines per page（每页中的行数）。

（2）Flowsheet 页面

在 Setup | Report Options | Flowsheet 页面（图 2-93），设置流程图结果报告内容。

在 Items to be included in report file（报告文件中包含的项目）区域，可勾选 Total mass and energy balances around the flowsheet（全流程的总质量和能量衡算）、Component mass balances around the flowsheet（全流程的组分质量衡算）、Descriptions of all flowsheeting options（所有流程选项的描述）、Convergence block（收敛模块）、Calculation sequence（计算顺序）、Design specification（设计规定）、Calculator block（计算器模块）、Constraint（限制）、Optimization（优化）和 Transfer block（传递模块）。

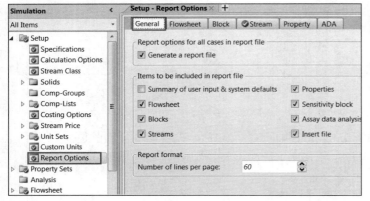 

图 2-92　　　　　　　　　　　　　　　　　　　图 2-93

（3）Block 页面

在 Setup | Report Options | Block 页面（图 2-94），设置模块结果报告内容。

在 Items to be included in block reports（模块报告中包含的项目）区域，可勾选 Total mass and energy balance（总质量和总能量衡算）、Component balances（组分衡算）、Summary of user input & system defaults（用户输入和系统默认值汇总）、Block results（模块结果）、Begin each block report on a new page（每个模块报告都新起一页）和 Sort blocks alphanumerically（将各模块按字母数字顺序排列）。

单击 Include Blocks（包括模块）和 Exclude Blocks（排除模块）按钮，可分别打开 Include Blocks 和 Exclude Blocks 窗口（图 2-95），在此规定需在结果报告中包括及排除的模块。

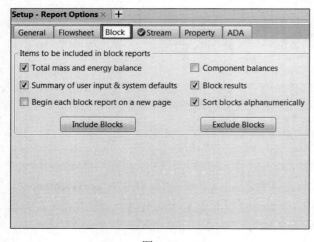

图 2-94　　　　　　　　　　　　　　　　　　　图 2-95

（4）Stream 页面

在 Setup | Report Options | Stream 页面（图 2-96），设置流股结果报告内容。

可勾选 Generate a standard stream report（生成一个标准物流报告）和 Include stream descriptions（包括物流描述）。

在 Items to be included in stream report（物流报告中包含的项目）区域，可选择 Flow basis（流量基准）、Fraction basis（分率基准）、Stream format（物流格式）及 Components with zero flow or fraction（流量或组成为 0 的组分）。Flow basis / Fraction basis 可选择 Mole（摩尔）、Mass（质量）或 Std.liq.volume（标准液相体积），勾选后可在报告中显示各物流中组分的摩尔、质量或标准体积流量/分率。Stream format 包括 TFF（物流结果格式）、Standard (80 characters)（标准，80 字符）或 Wide (132 characters)（宽，132 字符）及 Sort streams alphanumerically（按字母数字顺序排列物流）。

单击 Include Streams（包括物流）和 Exclude Streams（排除物流）按钮，可分别打开 Include Streams 和 Exclude Streams 窗口，以选择需在结果报告中包括及排除的流股。

单击 Property Sets（物性集）按钮，可打开 Property Sets 窗口（图 2-97）。从左侧 Available property sets（可用物性集）区域，选择某物性集并移动到右侧 Selected property sets（选定物性集）区域，即可在物流结果报告中显示该物性集中的参数值。

单击 Component Attributes（组分属性）按钮，可打开 Component Attributes 窗口，以选择流股报告中组分属性相关数据的显示情况。

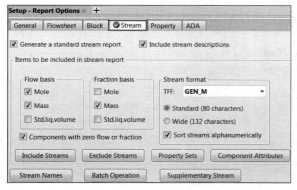

图 2-96

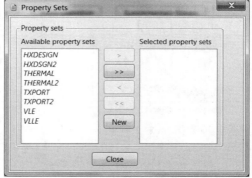

图 2-97

单击 Stream Names（物流名称）、Batch Operation（间歇操作）和 Supplementary Stream（补充物流）按钮，可分别打开 Stream Names（图 2-98）、Batch Operation（图 2-99）和 Supplemental Stream Report 窗口（图 2-100），以设置物流名称、间歇流股和间歇操作时间及补充流股报告内容。

注意，在 Report Options 表格中修改结果报告内容和格式后，需再次运行后才能看到相应参数及结果。

（5）Property 页面

在 Setup | Report Options | Property 页面（图 2-101），设置物性结果报告内容。

在 Items to be included in report file（报告文件中包含的项目）区域，可勾选 List of component IDs, aliases and names（组分 ID、别名和名称列表）、All physical property parameters (in SI units)（所有物性参数，SI 单位制）、Property constant estimation results（物性常数估算结果）和 Property parameters' descriptions, equations and sources of data（物性参数的描述、方程和数据源）。

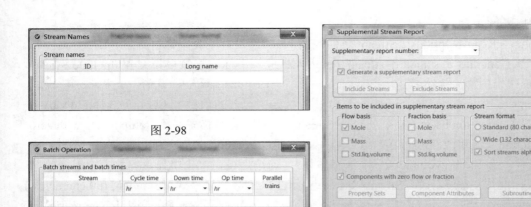

图 2-98

图 2-99   图 2-100

在 Files to be generated during report writing（写报告过程中产生的文件）区域，可勾选 DFMS format input file(.DFM file)（.DMF 格式的输入文件）、Project data file(.APPRJ file)（.APPRJ 格式的项目文件）、Property data format file(.PRD file)(.PRD 格式的物性数据格式文件）及 IK-CAPE PPDX Neutral file(.IKC file)（.IKC 格式的 IK-CAPE 物性数据交换中性文件）。

（6）ADA 页面

在 Setup｜Report Options｜ADA 页面（图 2-102），设置实验数据分析报告内容。

在 Items to be included in the assay data analysis report（实验数据分析报告中包含的项目）区域，可勾选 List of generated pseudocomponents（生成的虚拟组分列表）、Distillation curves（蒸馏曲线）和 Pseudocomponent property parameters(in SI units)（SI 单位制的虚拟组分物性参数）。

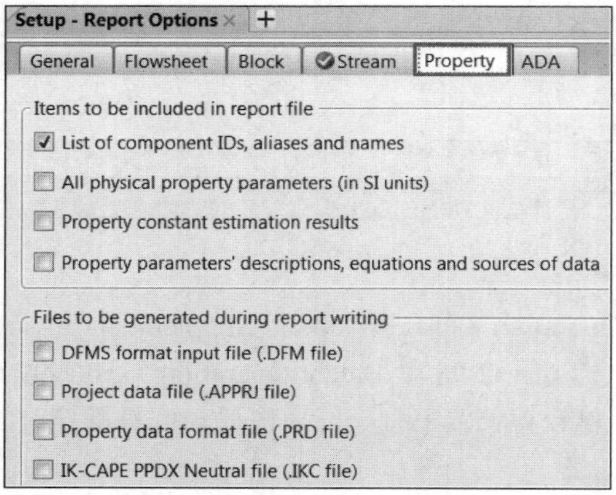

图 2-101 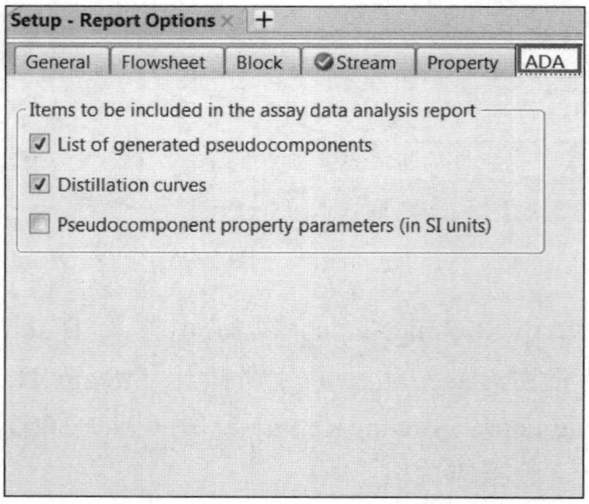   图 2-102

2.8.5.5　Property Sets 文件夹

在 Property Sets 文件夹中，可定义包括不同物性参数的物性集（图 2-103）。Property Sets 文件夹中包括各物性集表格，单击各物性集表格，可查看其中所包括的物性参数列表。不同模板中的预置物性集不同，具体可参考第 2 章相关内容。若内置物性集不能满足需求，可单击 New...按钮，弹出 Create New ID 窗口，在 Enter ID（输入 ID）区域输入新建物性集的 ID（默认为 PS-1），即可新建一个物性集。

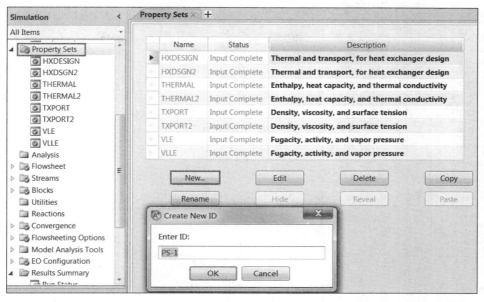

图 2-103

每个物性集表格中，都有 Properties（物性）、Qualifiers（限定）和 Information（信息）等页面。

（1）Properties 页面

在 Setup｜Property Sets｜PS-1｜Properties 页面（图 2-104），选择物性集中的物性参数及其单位。

在 Properties（物性）区域，选择该物性集中所包括的物性参数。在 Physical properties（物理性质）列选择物理量，在 Units（单位）列选择其单位。如选择 KVL，即汽-液相平衡常数。

（2）Qualifiers 页面

在 Setup｜Property Sets｜PS-1｜Qualifiers 页面（图 2-105），设置物性参数的限定条件。如指定其 Phase（相）、Component（组分）、2nd liquid key component（第二液相关键组分）、Temperature（温度）、Pressure（压力）、% Distilled（馏出百分数）、Base component（基础组分）、Component group（组分组）、Base component group（基础组分组）及 Boiling point range（沸点范围）和 Base boiling point range（基础沸点范围）。

（3）Information 页面

在 Setup｜Property Sets｜PS-1｜Information 页面（图 2-106），设置物性集的描述及注释信息。

2.8.5.6　其他设定

在 Setup｜Stream Class 表格中，可设置物流类型。

在 Setup｜Solids 表格中，可设置固体子物流相关信息。物流类型和固体的设置在模拟含固体的物流时会用到，具体设置方法可参考第 8 章相关内容。

在 Setup｜Comp-Groups 文件夹内，可设置组分组。在迭代计算或绘图时，可以只针对组内组分进行。

在 Setup｜Comp-Lists 文件夹内，可设置层级结构模型中的组分列表。

在 Setup｜Costing Options 表格内，可设置成本选项。

在 Setup｜Stream Price 表格内，可设置物流价格。成本选项和物流价格在经济计算中会用到。

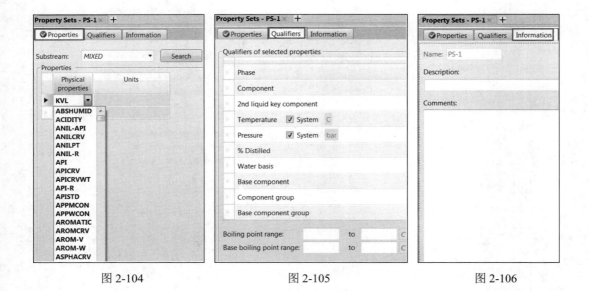

图 2-104   图 2-105   图 2-106

2.8.6　编辑流程图

为使 Main flowsheet 页面的流程图清晰美观，同时方便计算文件的管理，用户可以对流程图进行编辑。

（1）修改流股或模型名称

在流程图中双击流股或模型名称标签，可对其进行编辑。在导航窗格的文件夹树中各物流和模型均按名称顺序排列，故可按 1、2、3 及 B1、B2、B3 等加后缀的形式命名，以方便输入数据及查看结果（图 2-107）。

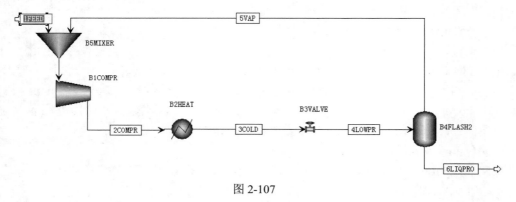

图 2-107

（2）显示网格

单击 View（查看）菜单选项卡下 Display Aids（显示辅助）工具栏组中的 Grid（网格）按钮，可在流程图窗口中显示网格，方便对齐文字或图标，使流程图整齐美观（图 2-108）。

（3）对齐物流线

建立流程时，图标可能排列不齐，物流线有很多折弯。此时用户可选中一条物流线，单击鼠标右键，并在弹出菜单中单击 Align Blocks（对齐模型）命令，可将物流线拉直，使前后模型对齐。选中所有物流线和模型对象后，单击鼠标右键并选择 Align Blocks 命令，可快速对齐所有模型图标。

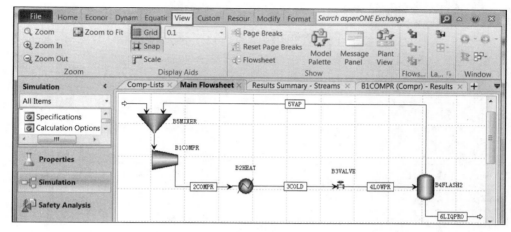

图 2-108

（4）改变对象位置

选中任意物流线、模型或各名称标签，将其移动到目标位置，即可按需要改变各对象位置。

（5）旋转图标

选中流程图中的任意图标，单击鼠标右键，在弹出菜单中选择 Rotate Icon（旋转图标），并选择旋转方式：Rotate Left（向左旋转）、Rotate Right（向右旋转）、Flip Left/Right（左/右翻转）、Flip Up/Down（上/下翻转），即可实现图标的旋转。

（6）缩放图标

选中任意模型图标后，其四角将出现红色控制点，用鼠标左键将红点拖动到目标位置，即可实现该图标的放大或缩小。

（7）修改箭头连接位置

连接流股时，选中各模块上的连接箭头，单击鼠标左键并将其拖动到目标位置，即可修改箭头连接位置。

2.8.7 模型库

工作空间的下方为 Aspen Plus 的 Model Palette（模型库）（图 2-109）。其中包括 Material（物流）、Work（功流）和 Heat（热流）三种流股及 Mixers/Splitters（混合器/分流器）、Separators（简单分离器）、Exchangers（传热设备）、Columns（塔）、Reactors（反应器）、Pressure Changers（压力改变设备）、Manipulators（控制器）、Solids（固体加工设备）、Solids Separators（固体分离器）和 User Models（用户模型）等十大类共五十多种单元操作和运算模型。通过这些模型的组合，用户能模拟各种所需流程。本节仅对各模型进行简要介绍，详细功能可参考后续章节。

图 2-109

（1）Mixers/Splitters

Mixers/Splitters 选项卡中，包括 Mixer（混合器）、FSplit（分流器）和 SSplit（子物流分流器）三个模型（图 2-110）。可用于多股物流（或热流、功流）的混合及分流计算。

（2）Separators

Separators 选项卡中，包括 Flash2（两相闪蒸罐）、Flash3（三相闪蒸罐）、Decanter（分相器）、Sep（组分分离器）和 Sep2（两出口组分分离器）等模型（图 2-111）。可用于单级汽-液、汽-液-液和液-液相平衡计算及给定分离要求的物料衡算。

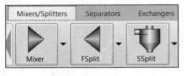

图 2-110   图 2-111

（3）Exchangers

Exchangers 选项卡中，包括 Heater（加热器或冷凝器）、HeatX（两物流换热器）、MHeatX（多物流换热器）和 HXFlux（传热计算）等模型（图 2-112）。可用于计算单股物流的加热、冷却和冷凝，两股或多股物流的换热及辐射传热等。

图 2-112

（4）Columns

Columns 选项卡中，包括 DSTWU（精馏塔简捷设计模型）、Distl（精馏塔简捷核算模型）、RadFrac（多级汽-液分离塔严格计算模型）、Extract（萃取塔）、MultiFrac（复合分馏塔严格计算模型）、SCFrac（复合分馏塔简捷计算模型）、PetroFrac（石油分馏塔）、ConSep（概念设计）和 BatchSep（间歇精馏塔）等模型（图 2-113）。可用于单塔及多塔精馏、吸收、萃取和石油精馏等的计算及板式塔、乱堆和规整填料塔的尺寸设计和校核等。

图 2-113

（5）Reactors

Reactors 选项卡中，包括 RStoic（化学计量反应器）、RYield（产量反应器）、REquil（平衡反应器）、RGibbs（吉布斯反应器）、RCSTR（连续搅拌釜式反应器）、RPlug（平推流反应器）和 RBatch（间歇或半间歇反应器）等模型（图 2-114）。可用于已知转化率、收率、平衡常数或反应速率的连续搅拌釜和平推流反应器及间歇或半间歇反应器的计算。

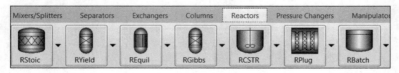

图 2-114

（6）Pressure Changers

Pressure Changers 选项卡中，包括 Pump（泵或水力透平）、Compr（压缩机或气体透平）、MCompr（多级压缩机或气体透平）、Valve（阀门）、Pipe（单段管道）及 Pipeline（管线）等模型（图 2-115）。可用于流体输送过程中的动力设备及阀门、管件和管线等的计算。

图 2-115

（7）Manipulators

Manipulators 选项卡中，包括 Mult（物流倍增器）、Dupl（物流复制器）、ClChng（物流类型改变器）、Analyzer（物流分析器）、Selector（物流选择器）、Qtvec（加载物流控制器）、Chargebal（物流平衡器）、Measurement（测量模型）、Design-Spec（设计规定）、Calculator（计算器）和 Transfer（传递器）等模型（图 2-116）。可用于物流的放大、复制、分析、规定和传递等运算。

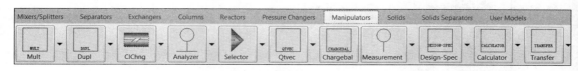

图 2-116

（8）Solids

Solids 选项卡中，包括 Crystallizer（结晶器）、Crusher（固体粉碎机）、Screen（筛分）、SWash（单级固体洗涤器）、CCD（多级固体洗涤器）、Dryer（固体干燥器）、Granulator（造粒机）、Classifier（分级机）和 Fluidbed（流化床）等模型（图 2-117）。可用于含固体物流的结晶、粉碎、筛分、洗涤、干燥、造粒、分级和流化等过程的计算。

图 2-117

（9）Solids Separators

Solids Separators 选项卡中，包括 Cyclone（旋风分离器）、VScrub（文丘里涤气器）、CFuge（离心机）、Filter（旋转真空固液过滤器）、CfFilter（错流过滤器）、HyCyc（悬液分离器）、FabFl（袋式过滤器）和 ESP（电除尘器）等模型（图 2-118）。可用于含固体物流的各种分离和净化过程的计算。

图 2-118

（10）User Models

User Models 选项卡中，包括 User（用户模型，总物流数少于 4 个）、User2（用户模型，总物流数无限制）、User3（用户模型，EO 法求解）和 Hierarchy（层级结构）等模型（图 2-119）。可用于前述模型不能模拟的过程，由用户自定义模型进行计算。

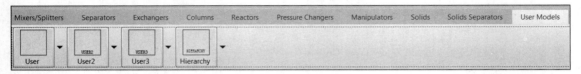

图 2-119

在 Main flowsheet 页面，单击 View 选项卡下的 Model Palette 命令按钮，可打开或关闭模型库窗口。分别单击模型库右上角的 ▾ ⯀ × 按钮，可选择模型库窗口显示方式、自动隐藏模型库窗口、关闭模型库窗口（图 2-120）。

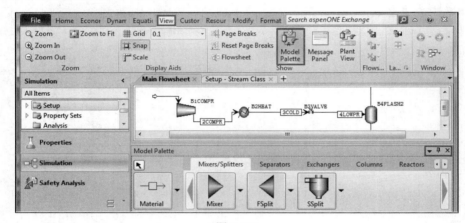

图 2-120

2.8.8　Mixers/Splitters 模型功能详解

Aspen Plus 模型库中，Mixers/Splitters 选项卡下有 Mixer（混合器）、FSplit（分流器）和 SSplit（子物流分流器）三个模型（图 2-121），可用以模拟流程中物流、热流或功流的简单混合和分流。

图 2-121

三个模型的简介，可见下表。

模型	说　明	目　　　的	用　　　于
Mixer	混合器	把多个流股汇合成一个流股	混合三通型物流混合操作、增加热流或增加功流
FSplit	分流器	把进料按规定分成多个出料	分流器或排气阀
SSplit	子物流分流器	把每个进口子物流按规定分成多个出料	分流器或流体-固体分离器

2.8.8.1 Mixer 模型功能详解

Mixer 模型用于将多股进料汇合成一股出料，可用于静态混合器或简单三通的模拟计算。Mixer 模型假设进料进行理想混合，可规定压力或相对于最低进料压力的压降。除物流外，Mixer 模型还可以模拟热流或功流的混合，此时需用 Q MIXER 和 W MIXER 模型。单一 Mixer 模型不能用来混合不同类型的流股。

单击 Mixer 右边的 ▼ 按钮，可以看到不同的 Mixer 模型图标（图 2-122）。

（1）流程连接

Mixer 模型的流程连接如图 2-123 所示。

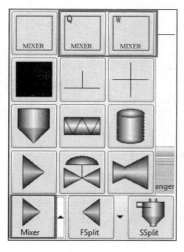

图 2-122

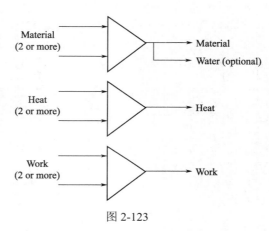

图 2-123

MIXER：进口至少两股 Material（物流）流股，出口一股 Material 流股和一股可选的 Water（水相）流股。

Q MIXER：进口至少两股 Heat（热流）流股，出口一股 Heat 流股。

W MIXER：进口至少两股 Work（功流）流股，出口一股 Work 流股。

（2）模型规定

Mixer 模型的表格及其用途如下表所示。

表　格		用　途
Input（输入）		设置操作参数和闪蒸收敛参数
Dynamic（动态）		规定动态模拟参数
Block Options（模型选项）		设置本模型的物性方法、模拟选项、诊断信息水平和报告选项，替换全局设定值
EO Modeling（EO 模型）	EO Variables（EO 变量）	规定或查看当前运行的联立方程变量属性
	EO Input（EO 输入）	规定联立方程变量
	Spec Groups（规定组）	规定联立方程的规定组
	Ports（接口）	规定建立接口所需的联立方程变量
Results（结果）		查看该模型的计算结果
Stream Results（物流结果）		查看各物流的计算结果
Stream Results (Custom)（自定义物流结果）		用易于自定义的表格形式查看物流结果
Summary（汇总）		查看并编辑本模型的全部标量变量

① Input 表格

在 Input 表格中，规定 Mixer 模型的输入条件。Input 表格中包括 Flash Options（闪蒸选项）和 Information（信息）两个页面。

• Flash Options 页面

在 Blocks | Mixer | Input | Flash Options 页面（图 2-124），规定混合器的闪蒸选项。热或功流的混合不需规定，物流可在 Mixer specifications（混合器规定）区域设置 Pressure（压力或压降）及 Valid phases（有效相态）。

若不规定 Pressure，Mixer 模型将进料中的最低压力作为出口压力。若规定压降（Pressure 为负值），将根据最低进料压力和压降计算出口压力。

有效相态包括 Vapor-Only（仅汽相）、Liquid-Only（仅液相）、Solid-Only（仅固相）、Vapor-Liquid（汽-液相）、Vapor-Liquid-Liquid（汽-液-液相）、Liquid-FreeWater（液-游离水相）、Vapor-Liquid-FreeWater（汽-液-游离水相）、Liquid-DirtyWater（液-污水相）和 Vapor-Liquid-DirtyWater（汽-液-污水相）等（图 2-125）。若在 Setup | Specifications | Global 页面设置 Free Water 为 Yes 或 Dirty Water，或流程图中连接了 Water 物流，则有效相态应包括游离水或污水相。

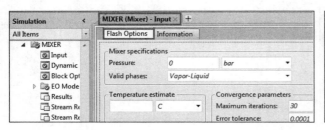 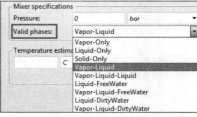

图 2-124   图 2-125

• Information 页面

在 Blocks | Mixer | Input | Information 页面（图 2-126），可为本模型添加不多于 64（物流为 40）个字符的描述和每行不超过 119 个字符的注释。描述将出现在报告文件中，并在导航窗格（图 2-127）和 Model Summary（模型汇总）表格（图 2-128）中显示提示。注释不显示，可用作该对象的笔记文件。

 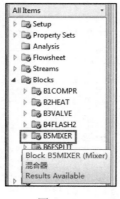 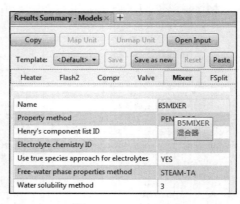

图 2-126   图 2-127   图 2-128

② Block Options 表格

在 Block Options 表格中规定模型物性、计算选项、诊断信息水平、EO 选项和报告选项，以覆盖全局规定。该表格中的规定仅用于该模型。Block Options 表格中，包括 Properties（物性）、Simulation Options（模拟选项）、Diagnostics（诊断）、EO Options（EO 选项）、EO Var/Vec（EO 变量/向量）及 Report Options（报告选项）等页面。EO Options 和 EO Var/Vec 页面用于 EO 法。各页面功能如下表所示。

页　面	用　途
Properties（物性）	规定物性选项和电解质计算选项及石油计算选项
Simulation Options（模拟选项）	规定模拟计算选项
Diagnostics（诊断）	规定诊断信息水平
EO Options（EO 选项）	规定联立方程求解选项
EO Var / Vec（EO 变量/向量）	规定显示为联立方程法变量的序贯模块法变量
Report Options（报告选项）	规定生成报告中要包括或排除的信息

- Properties 页面

在 Blocks | Mixer | Block Options | Properties 页面（图 2-129），设置 Mixer 模型的局部物性计算方法，以覆盖全局设定。

在 Property options（物性选项）区域，可选择 Property method（物性方法），并指定 Henry components ID（亨利组分 ID）。在 Electrolytes calculation options（电解质计算选项）区域，可选择 Chemistry ID（电解质反应 ID）及 Simulation approach（模拟方法）。在 Petroleum calculation options（石油计算选项）区域，可选择 Free-water phase properties（游离水相的物性方法）及 Water solubility method（水溶解度计算方法）。

注意，若通过 CAPE-OPEN 物性数据包设置物性方法，则 Henry components、Chemistry、Simulation approach、Free-water phase properties 及 Water solubility method 等区域都将变灰，此时将采用物性数据包中定义的值。

- Simulation Options 页面

在 Blocks | Mixer | Block Options | Simulation Options 页面（图 2-130），规定 Mixer 模型的计算选项。

在 Calculation options（计算选项）区域，可勾选 Perform heat balance calculations（进行热量衡算）及 Use results from previous convergence pass（利用前次迭代结果）。进行热量衡算时，Mixer 模型将假设混合过程绝热，并以此计算出口温度。另外还可规定进料的 Flash convergence algorithm（闪蒸收敛算法）。

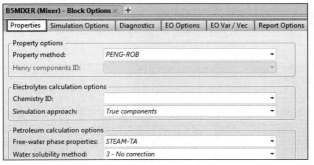

图 2-129

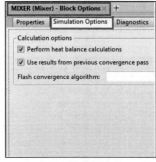

图 2-130

- Diagnostics 页面

在 Blocks｜Mixer｜Block Options｜Diagnostics 页面（图 2-131），规定 Mixer 模型的模拟和变量诊断信息水平。在 Diagnostics message level（诊断信息水平）区域，可分别设置 Simulation（模拟）、Property（物性）、Stream（物流）及 On Screen（屏幕显示）等的诊断信息水平。

- EO Options 和 EO Var/Vec 页面

在 Blocks｜Mixer｜Block Options｜EO Options 页面，规定 Mixer 模型的组分组、描述采用的方法和用户界面不包括的关键输入等 EO 选项。对于本模型来说，本页面规定的任何选项将优先于其他 EO Options 页面的规定。

在 Blocks｜Mixer｜Block Options｜EO Var/Vec 页面，规定 EO 变量和向量。

- Report Options 页面

在 Blocks｜Mixer｜Block Options｜Report Options 页面（图 2-132），可设置 Mixer 模型的报告内容和格式等。用户可勾选 Generate a report for this block（为本模块生成报告）、Begin a new page for this block（为本模块新起一页）、Include summary of user input specifications and system defaults（包括用户输入规定和系统默认值的汇总）、Report results（报告结果）、Report total mass and energy balance around the block（报告模块的总质量和能量平衡）及 Report component mass balance around the block（报告模块的组分质量平衡）等选项。

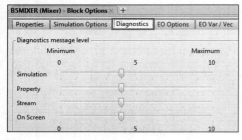

图 2-131

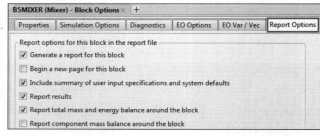

图 2-132

（3）将 Mixer 模型转换为 Heater 模型

用来混合物流的 Mixer 模型，在功能上与多股物流混合进料并且过程绝热的 Heater 模型相同，因此 Mixer 模型可转换成 Heater 模型，具体操作如下。

在流程图窗口中，选中 Mixer 模型并单击右键，在弹出的菜单中选择 Convert To…（转换为…）（图 2-133）。在弹出的 Convert to…窗口中，单击 OK 按钮确认（图 2-134），即可将 Mixer 模型转换为 Heater 模型（图 2-135）。

图 2-133

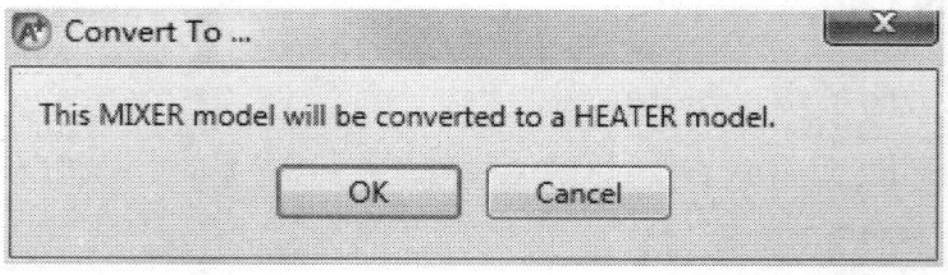

Convert To ...

This MIXER model will be converted to a HEATER model.

OK　Cancel

图 2-134

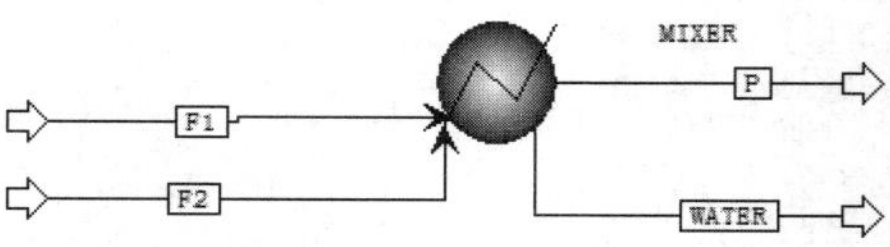

图 2-135

转换成 Heater 模型后，模型名称、流股的连接及在流程中的位置都保持不变；Input 表格中的 Flash Options、Block Options 表格中的 Properties、Simulation Options 和 Diagnostics 等页面的设置也保持不变；压力规定保持不变，热负荷设置为 0，可添加温度或热量规定。注意，本转换为不可逆操作。

2.8.8.2　FSplit 模型功能详解

FSplit 模型用于把进料混合后分成两股或多股仅流量不同的出料，可模拟有多个出口的阀门或容器，如分流器、泄压阀、吹扫或排气阀，也可与反应器一起使用以表示返混。FSplit 模型除物流外，也可模拟热流或功流的分流，此时需用 Q FSPLIT 和 W FSPLIT 模型。单一 FSplit 模型不能把一种流股分成不同类型。

若分流器出料各物流中的子物流流量不同，可用 SSplit 模型模拟。若分流器出料的组成和性质不同，可用 Sep 或 Sep2 模型模拟。

单击 FSplit 右边的▾按钮，可以看到不同的 FSplit 模型图标（图 2-136）。

（1）流程连接

FSplit 模型的流程连接如图 2-137 所示。

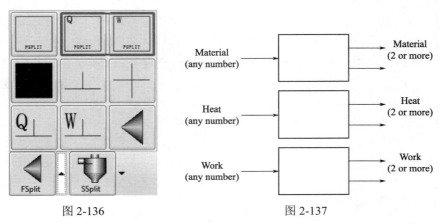

图 2-136　　　　　　　　　图 2-137

FSPLIT：进口任意股 Material 流股，出口至少两股 Material 流股。

Q FSPLIT：进口任意股 Heat 流股，出口至少两股 Heat 流股。

W FSPLIT：进口任意股 Work 流股，出口至少两股 Work 流股。

（2）模型规定

与 Mixer 模型类似，FSplit 模型中也包括 Input（输入）、Block Options（模型选项）、EO Modeling（EO 模型）、Results（结果）、Stream Results（物流结果）、Stream Results（Custom）（自定义物流结果）和 Summary（汇总）等表格及文件夹。FSplit 模型没有 Dynamic（动态）表格。

FSplit 模型的 Input 表格中，包括 Specifications（规定）、Flash Options（闪蒸选项）、Key Components（关键组分）和 Information（信息）四个页面。

① Specifications 页面

FSplit 模型需规定除一股外所有出口流股的流量分配，剩余物流、热或功作为未规定出口流股的流量以满足物料或能量平衡。在 Blocks | FSplit | Input | Specifications 页面（图 2-138），规定流股分配。

在 Flow split specification for outlet streams（出口流股的流量分配规定）区域的列表中，输入各流股的分配规定。Stream（流股）列为各出口流股的 ID。

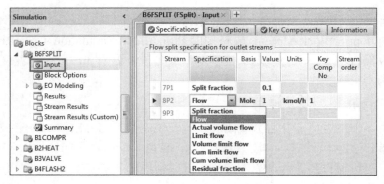

图 2-138

在 Specification（规定）列，可选择各流股流量分配类型，包括 Split fraction（分割分率）、Flow（流量）、Actual volume flow（实际体积流量）、Limit flow（限制流量）、Volume limit flow（体积限制流量）、Cum limit flow（累计限制流量）、Cum volume limit flow（累计体积限制流量）和 Residual fraction（剩余分率）等。指定 Flow 或 Split fraction 时，若规定的各出料流量总和大于进口总流量且未指定 Stream Order（物流顺序），则规定的流量或分割分率将被归一化以满足质量平衡，并给出警告，各流股实际流量值小于规定值；指定 Limit flow（限制流量）时，将按 Stream Order 列中的顺序依次计算各出料流量。若进口流量不足以满足所有规定，那么后面的流股中分配的流量可能会小于规定值或为空；Cum limit flow 与限制流量类似，但规定值为其前所有流股的总流量。如设置流股 S1 的限制流量为 50，Stream Order 为 1，S2 的累计限制流量为 75，Stream Order 为 2，则相当于规定 S2 的限制流量为 25；若规定 Residual fraction，则按 Stream Order 列中的顺序分配完后，剩余进料的规定分率将分配给该流股；若规定限制流量、累计限制流量或剩余分率时未规定流股顺序，则将首先处理流量和分割分率（必要时归一化），其次处理限制流量和累计限制流量，最后处理剩余分率。若规定限制流量/分割分率，且指定了流股顺序，则将按流股顺序处理各流股规定。若流量不足，流量和分割分率将转换为限制流量规定，并给出警告。

在 Basis（基准）列，设置流量基准，包括 Mole（摩尔）、Mass（质量）和 Stdvol（标准体积）。在 Value（值）列，输入所选规定变量的值。在 Units（单位）列，设置所选规定变量的单位。

在 Key Comp No（关键组分号）列，可输入关键组分号。此时规定的流量为在 Blocks｜FSplit｜Input｜Key Components 页面规定的关键组分的流量，此类规定仅适用于普通流量。

② Flash Options 页面

在 Blocks｜FSplit｜Input｜Flash Options 页面（图 2-139），规定闪蒸选项。

在 Flash specifications（闪蒸规定）区域，可规定 Pressure（压力）和 Valid phases（有效相态）。

在 Flash options（闪蒸选项）区域，可规定 Maximum iterations（最大迭代次数）和 Error tolerance（容差）。

③ Key Components 页面

在 Blocks｜FSplit｜Input｜Key Components 页面（图 2-140），规定关键组分。需要选择 Key component number（关键组分号），指定 Substream（子物流），并在 Components（组分）区域，从左侧 Available components（可选组分）列表中选中该组分，并将其移至右侧 Selected components（已选组分）区域。

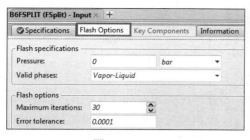
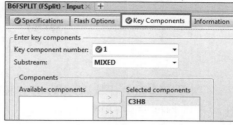

图 2-139   图 2-140

2.8.8.3   SSplit 模型功能详解

SSplit（子物流分流器）模型用于包括不同子物流的进料进行分流。可将一股液-固混合物流完全分流为一股纯液体产品和一股纯固体产品，也可模拟其他固体分流器、排水阀、吹扫或排气阀。所有出料的子物流除流量不同外，组成、温度、压力都与进口物流中相应子物流相同。若需模拟出料的组成和性质不同的分流器，可用 Sep 或 Sep2 模型。

（1）流程连接

SSplit 模型的流程连接如图 2-141 所示。

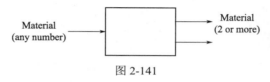

图 2-141

进口至少一股物流，出口至少两股物流。

（2）模型规定

与 FSplit 模型相同，SSplit 模型中也包括 Input、Block Options、EO Modeling、Results、Stream Results、Stream Results (Custom)和 Summary 等表格及文件夹，没有 Dynamic 表格。

FSplit 模型的 Input 表格中，也包括 Specifications、Flash Options、Key Components 和 Information 等页面。

在 Blocks | SSplit | Input | Specifications 页面（图 2-142），进行分流规定。除一股外的其余出料中各子物流，都需规定该子物流占进口子物流的分率、该子物流的摩尔流量、质量流量、标准液体体积流量等规定中的一个，SSplit 模型把各子物流剩余流量作为未规定物流中各子物流的流量。CISOLID 类型子物流不能规定标准液体体积流量，NC 类型子物流不能规定摩尔流量和标准液体体积流量。通过定义关键组分或组分集，可规定出料子物流中一个组分或组分集的流量。

若所有规定值总和大于进口总流量（一般至少有一个流量规定），则未规定物流流量为 0，且其他物流规定值将归一化（即同除以相同的因子以满足质量平衡）。

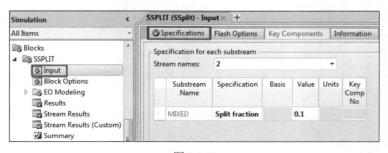

图 2-142

本章练习

2.1 分别采用理想气体状态方程和 SRK 方程重新模拟本章丙烷压缩无循环和有循环的案例，比较不同物性方法下压缩功和乙烷产量，认识物性方法的选择对模拟结果的影响。

2.2 计算汽车空调系统中的制冷系数。采用 HFC-134a（1,1,1,2-四氟乙烷，$C_2H_2F_4$）为介质，压缩蒸汽制冷循环。热力学方法选择 PENG-ROB，介质量设置为 3600kmol/h。

B1COOLER 出口为 55℃饱和液体。B2VALVE 为绝热膨胀阀，出口压力 3.5bar。

B3HEATER 出口温度 55℃，压降为 0。B4COMPR 为理想等熵压缩机，出口压力 14.93bar。

制冷系数 C.O.P=Q_B/W，为 B3HEATER 吸收的热量 Q_B 和压缩机所做的功 W 的比值，参考值为 4.07。

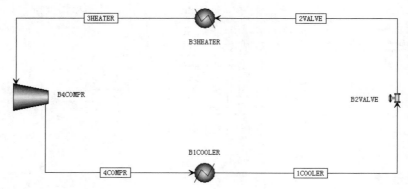

注：本题中循环需设置撕裂物流，可参考 5.2.1 节。

2.3 采用 SRK 方程重新模拟习题 2.2，比较计算结果。

2.4 将习题 2.2 中压缩机出口压力提高到 30bar，计算制冷系数。

2.5 采用 SRK 方程重新模拟习题 2.4，比较计算结果。

2.6 进行以下设置后重新模拟习题 2.5：自定义用户单位集，将压力单位改为 MPa(g)；自定义物性集，在结果报告中显示各物流液相的密度、黏度和表面张力。

第3章

简单模型

本章将以乙二醇-水-糠醛混合物体系的简单分离、流体输送及换热过程模拟为例，介绍 Aspen Plus 模型库中的 Separators（简单分离器）、Pressure Changers（压力改变模块）、Exchangers（传热设备）及 Manipulators（调节器）等几类简单模型的应用。

总流程如图 3-1 所示。根据各模型的类型，本章将总流程分为简单分离器、压力改变模块和传热设备三部分进行模拟。

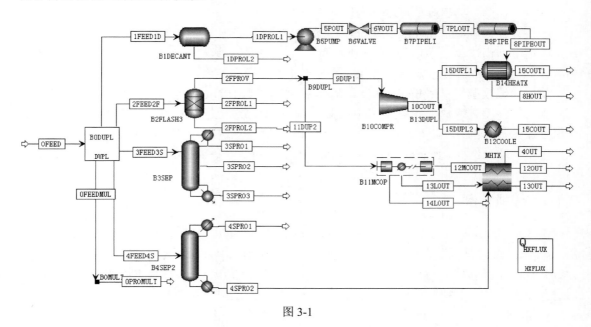

图 3-1

3.1　简单分离器

Aspen Plus 模型库中 Separators 选项卡下，有 Flash2、Flash3、Decanter、Sep 和 Sep2 五个简单分离器模型（图 3-2）。

图 3-2

五个模型的简介，可参考下表。

模型	说明	目的	用于
Flash2	两相闪蒸器	根据汽-液或汽-液-液相平衡计算，将进料分为汽-液两股出料	闪蒸罐、蒸发器、分液罐、单级分离器
Flash3	三相闪蒸器	根据汽-液-液相平衡计算，将进料分为汽-液-液三股出料	分相器、汽-液-液单级分离器
Decanter	分相器	根据液-液相平衡将进料分为液-液两股出料	分相器、液-液单级分离器
Sep	组分分离器	根据规定流量或分割分率将进料分为多股出料	组分分离操作，分离细节未知或不重要
Sep2	两出口组分分离器	根据规定流量、分割分率或纯度将进料分为两股出料	组分分离操作，分离细节未知或不重要

这五个简单分离器模型可以分为以下两类：

严格计算模型：包括 Flash2（两相闪蒸器）、Flash3（三相闪蒸器）和 Decanter（分相器）。这些模型分别通过单级 VLE（汽-液相平衡）、VLLE（汽-液-液相平衡）和 LLE（液-液相平衡）计算，得到原料在一定条件下经一次相平衡所得产物的数据。

物料守恒模型：包括 Sep（组分分离器）和 Sep2（两出口组分分离器）。Sep 模型可按分离要求（组分流量或分割分率），将任意股物流分成任意多股产物。Sep2 模型可按分离要求（组分流量、分割分率、摩尔分数或质量分数），将任意股物流分成两股产物。

以下将通过例 3.1 演示各 Separators 模型的基本用法，各模型的详细介绍可参考 3.1.3 节内容。

3.1.1 模拟案例

例 3.1 用糠醛（$C_5H_4O_2$）作为萃取剂，从乙二醇（$C_2H_6O_2$）-水溶液中萃取回收乙二醇。乙二醇-水溶液进料流量为 10000kg/h，温度 25℃，压力 1.013bar，其中含乙二醇 45%（质量分数）。萃取剂进料流量为 20000kg/h，温度 25℃，压力 1.013bar。试用不同的简单分离器模型进行模拟，各模型操作条件及分离要求如下。物性方法选择 NRTL-RK。

1. 常温常压下，确定平衡的萃取相和萃余相的流量、组成及过程的热效应。

2. 若在 100℃下，加热该液相混合物至汽化率为 0.25。确定所得各平衡相的流量、组成及过程的热效应。

3. 若规定得到三个产品，第一个产品中乙二醇、水和糠醛的流量分别为进料量中相应组分流量的 0.01、0.5 和 0.1，第二个产品中乙二醇、水和糠醛的流量分别为 500kg/h、600kg/h 和 400kg/h，计算所得各产品的流量和组成。

4. 若规定得到两个产品，第一个产品流量 21000kg/h，其中乙二醇、水的质量分数分别为 10% 和 5%，计算所得各产品的流量和组成。

3.1.2 流程模拟

打开 Aspen Plus V8.6，用 User（用户）模板的 General with Metric Units（公制单位通用）模板新建文件。在用户界面上，单击 File 下拉菜单的 Save As 命令，选择 Compound File（压缩文件）类型。确定保存位置后，以"例 3.1 乙二醇水糠醛简单分离"为文件名，命名并保存文件。

乙二醇-水-糠醛
的简单分离

3.1.2.1 定义组分并设置物性方法

Properties 环境下，在 Components | Specifications | Selection 页面（图 3-3），输入 $C_2H_6O_2$（乙二醇）、H_2O（水）和 $C_5H_4O_2$（糠醛）三种物质。

在 Methods | Specifications | Global 页面（图 3-4），设置全局物性方法为 NRTL-RK。

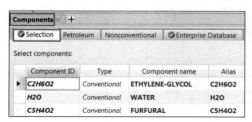
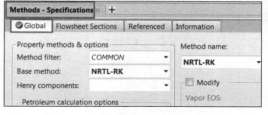

图 3-3　　　　　　　　　　　　　　　图 3-4

3.1.2.2 建立流程

切换到 Simulation 环境，在 Main flowsheet 页面，建立简单分离流程，如图 3-5 所示。

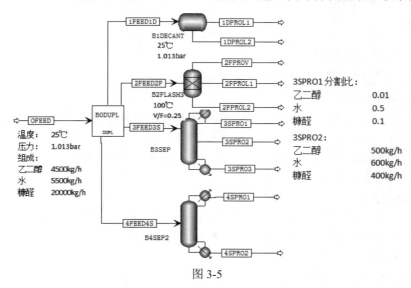

图 3-5

分别用 Model Palette（模型库）中 Separators（分离器）选项卡下的 Decanter、Flash3、Sep 和 Sep2 模型，模拟案例中萃取平衡级、汽化平衡级、三产品分离器和两产品分离器（图 3-6）。

图 3-6

用 Manipulators（调节器）选项卡下的 Dupl 模型，将进料复制为相同的四股，分别进四个模型（图 3-7）。

图 3-7

3.1.2.3　输入进料条件

在 Streams | 0FEED | Mixed 页面（图 3-8），输入进料条件。

在 Flash Type（闪蒸类型）区域，选择 Temperature（温度）和 Pressure（压力）。在 State variables（状态变量）区域，规定 Temperature 为 25℃，Pressure 为 1.013bar。在 Composition（组成）区域，选择 Mass-Flow（质量流量），单位为 kg/h。在下方列表中输入流量值：$C_2H_6O_2$ 为 4500；H_2O 为 5500；$C_5H_4O_2$ 为 20000。

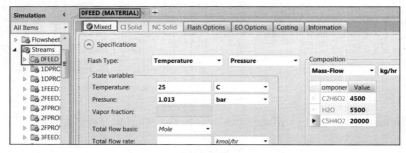

图 3-8

3.1.2.4　设置模型参数

在 Blocks 文件夹下依次输入各模型参数。

（1）Decanter 模型

在 Blocks | B1DECANT | Input | Specifications 页面（图 3-9），规定分相器的操作条件。在 Decanter specifications（分相器规定）区域，输入计算规定。规定 Pressure 为 1.013bar，选择 Temperature 并输入 25℃。在 Key components to identify 2nd liquid phase（确定第二液相的关键组分）区域，指定 H_2O 为关键组分。

（2）Flash3 模型

在 Blocks | B2FLASH3 | Input | Specifications 页面（图 3-10），输入三相闪蒸器计算规定。选择 Flash Type（闪蒸类型）为 Temperature 和 Vapor fraction（汽相分率），并规定温度为 100℃，汽相分率值为 0.25。

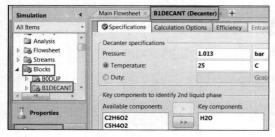

图 3-9　　　　　　　　　　　　　　　　　　　　　图 3-10

（3）Sep 模型

在 Blocks｜B3SEP｜Input｜Specifications 页面（图 3-11），规定组分分离器的分离要求。选择 Outlet stream（出口物流）为 3SPRO1，Substream（子物流）为 MIXED，在下方列表中 Specification（规定）列选择 Split fraction（分割分率，即产品中某组分流量占进料中该组分流量的分率），并在 Value（值）列分别输入 $C_2H_6O_2$、H_2O 和 $C_5H_4O_2$ 的分割分率值为 0.01、0.5 和 0.1。

选择 Outlet stream（出口物流）为 3SPRO2，Substream（子物流）为 MIXED，在下方列表中 Specification（规定）列选择 Flow（流量），在 Basis（基准）列选择 Mass（质量），并在 Value（值）列分别输入 $C_2H_6O_2$、H_2O 和 $C_5H_4O_2$ 的流量值为 500kg/h、600kg/h 和 400kg/h（图 3-12）。

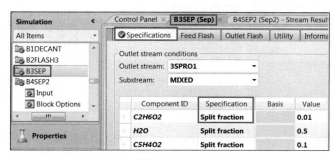

图 3-11　　　　　　　　　　　图 3-12

（4）Sep2 模型

在 Blocks｜B4SEP2｜Input｜Specifications 页面（图 3-13），规定两出口组分分离器的分离要求。选择 Substream（子物流）为 MIXED，Outlet stream（出口物流）为 4SPRO1，Strem spec（物流规定）为 Flow（流量），流量值为 21000，流量基准为 Mass（质量），单位为 kg/h。在下方列表中 2nd Spec（第二规定）列，选择 Mass frac（质量分数），并规定 $C_2H_6O_2$ 和 H_2O 分别为 0.1 和 0.05。

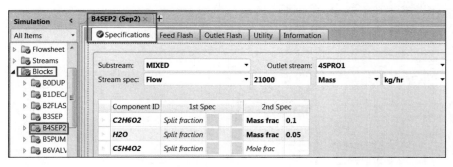

图 3-13

3.1.2.5　运行模拟并查看结果

设置完成后，单击▶按钮运行模拟。运行完成后，可在 Blocks 文件夹下，通过各模型的 Results 表格查看模型的计算结果，通过各模型的 Stream Results 表格查看模型相关进出物流的流量和组成结果。也可在 Results Summary 文件夹中，通过 Streams 表格查看各物流的结果汇总，通过 Models 表格查看各模型的结果汇总。

在 Blocks｜B1DECANT｜Results｜Summary 页面（图 3-14），查看 Decanter 模型的计算

结果。

在 Blocks｜B1DECANT｜Stream Results｜Material 页面（图 3-15），查看 Decanter 模型的物料计算结果。

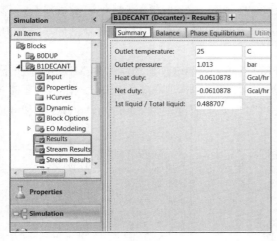

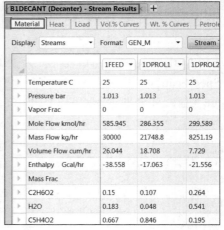

图 3-14　　　　　　　　　　　　　　　图 3-15

在 Blocks｜B2FLASH3｜Results｜Summary 页面（图 3-16），查看 Flash3 模型的计算结果。

在 Blocks｜B2FLASH3｜Stream Results｜Material 页面（图 3-17），查看 Flash3 模型的物料计算结果。

由结果可知，闪蒸温度 100℃、汽化率为 0.25 时，只有一个液相产品，此时也可用 Flash2 模型进行计算。

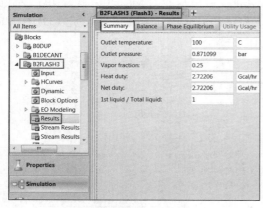

图 3-16　　　　　　　　　　　　　　　图 3-17

3.1.3　Aspen Plus 功能详解

3.1.3.1　Flash2 模型功能详解

Flash2 模型用于进行严格汽-液或汽-液-液相平衡计算，可把不少于一股进料分成汽-液两股出料。可用于模拟闪蒸罐、蒸发器、分液罐、喷淋式冷却器、回流冷却器、单级蒸馏、水倾析器和其他类型的单级分离器。

（1）流程连接

Flash2 模型的流程连接如图 3-18 所示。

物流：进口可以有任意股 Material（物流）流股。出口有一股 Vapor（汽相）、一股 Liquid（液相）和一股可选的 Water（水相）。若进行石油闪蒸分离，除 Liquid（液相）外，可选择连接一股 Water（水相）出料，进行汽-液-水相平衡计算。

热流：可选择连接任意股进口 Heat（热）流股和一股出口热流股。

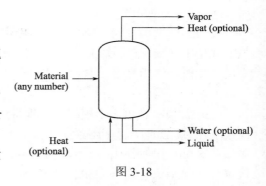

图 3-18

（2）模型规定

Flash2 模型中包括 Input（输入）、HCurves（热曲线）、Dynamic（动态）、Block Options（模型选项）、EO Modeling（EO 模型）、Results（结果）、Stream Results（物流结果）、Stream Results (Custom)（自定义物流结果）和 Summary（汇总）等表格及文件夹。

① Input 表格

在 Input 表格中输入模型规定。Flash2 模型的 Input 表格中，包括 Specifications（规定）、Flash Options（闪蒸选项）、Entrainment（夹带）、PSD（粒度分布）、Utility（公用工程）和 Information（信息）等页面。

- Specifications 页面

在 Blocks｜Flash2｜Input｜Specifications 页面（图 3-19），输入 Flash specifications（闪蒸计算规定）和 Valid phases（有效相态）。

Flash Type（闪蒸类型）可在 Temperature（温度）、Pressure（压力）、Duty（热负荷）及 Vapor fraction（汽相分率）中选择两项，但热负荷和汽相分率不能同时规定。连接进口 Heat 流股后，若在该页面只规定温度和压力之一，Flash2 模型将用进口 Heat 流股总和作为其热负荷规定。若同时规定温度和压力，进口热流股只用来计算净热量（即进口热流总和减去计算的热负荷），此时可选择连接出口 Heat 流股表示其净热量。

Valid phases 可选择设置为 Vapor-Liquid（汽-液）、Vapor-Liquid-Liquid（汽-液-液）、Vapor-Liquid-FreeWater（汽-液-游离水）或 Vapor-Liquid-DirtyWater（汽-液-污水）。

- Flash Options 页面

一般来说，规定温度和压力的计算会很稳定，而规定热负荷或汽相分率的计算则不容易收敛，此时可在 Blocks｜Flash2｜Input｜Flash Options 页面（图 3-20）规定温度或压力的估计值，作为闪蒸迭代计算初值。也可在此页面设置迭代计算的最大次数和容差。

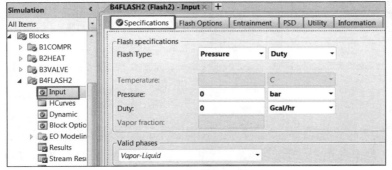

图 3-19

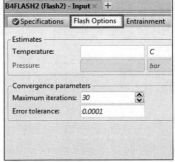

图 3-20

- Entrainment 页面

Flash2 模型假设为理想平衡级，但用户可规定液体或固体在汽相中的夹带情况，从而模拟非理想平衡级。若已知夹带量与蒸汽流量间的关系式，可定义 Fortran 块，由蒸汽流量来计算夹带量值。汽相夹带在 Blocks｜Flash2｜Input｜Entrainment 页面（图 3-21）设置。

- PSD 页面

Flash2 模型也可用于模拟进料携带惰性固体或有电解质反应发生的过程，即进行汽-液-固系统计算。此时所有相达到热平衡。固相温度与汽、液相相同，且随液相物流采出。惰性固体在 Solid 子物流中，不参与相平衡。电解质反应生成的固体盐在 Mixed 子物流中，参与液-固相平衡计算。若体系中包括聚合物，Flash2 模型不改变聚合物的分子量分布，假定每个产品流中的分子量分布都与进料流相同。出料中固体的粒度分布可在 Blocks｜Flash2｜Input｜PSD 页面（图 3-22）设置。

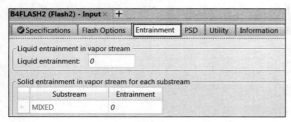

图 3-21

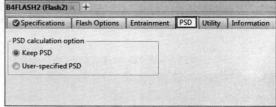

图 3-22

- Utility 页面

在 Blocks｜Flash2｜Input｜Utility 页面（图 3-23），可选择 Flash2 模型加热或冷却用的公用工程。

- Information 页面

在 Blocks｜Flash2｜Input｜Information 页面（图 3-24），可输入 Flash2 模型的描述和注释信息。

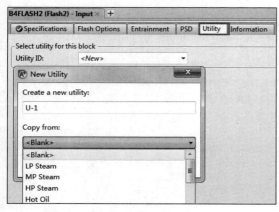

图 3-23

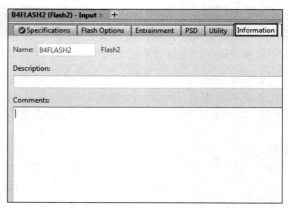

图 3-24

② Block Options 表格

在 Block Options 表格中，输入模型选项。Flash2 模型的 Block Options 表格中，有 Properties（物性）、Simulation Options（模拟选项）、Diagnostics（诊断）、EO Options（EO 选项）、EO Var/Vec（EO 变量/向量）和 Report Options（报告选项）等页面。

- Properties 页面

在 Blocks｜Flash2｜Block Options｜Properties 页面（图 3-25），可设置 Flash2 模型的局部物性方法和亨利组分，及电解质反应和石油计算中游离水相的计算方法。若 Electrolytes calculation options（电解质计算选项）区域的 Simulation approach（模拟方法）设置为 Apparent Components（表观物质），则不计算固体盐。

- Simulation Options 页面

在 Blocks｜Flash2｜Block Options｜Simulation Options 页面（图 3-26），可设置 Calculation options（计算选项）。可以勾选 Perform heat balance calculations（进行热量衡算）及 Use results from previous convergence pass（利用前次迭代结果），并选择 Flash convergence algorithm（迭代计算方法）。

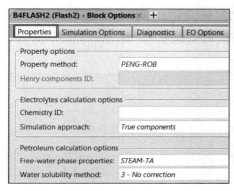

图 3-25

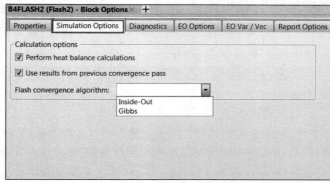

图 3-26

- Diagnostics 页面

在 Blocks｜Flash2｜Block Options｜Diagnostics 页面（图 3-27），可设置 Flash2 模型的诊断信息水平。

- EO Options 和 EO Var/Vec 页面

在 Blocks｜Flash2｜Block Options｜EO Options 页面，规定 Flash2 模型的组分组、描述采用的方法和用户界面不包括的关键输入等 EO 选项。

在 Blocks｜Flash2｜Block Options｜EO Var/Vec 页面，规定 Flash2 模型的 EO 变量和向量。

- Report Options 页面

在 Blocks｜Flash2｜Block Options｜Report Options 页面（图 3-28），可设置 Flash2 模型的报告选项。

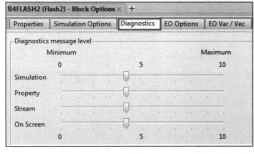

图 3-27

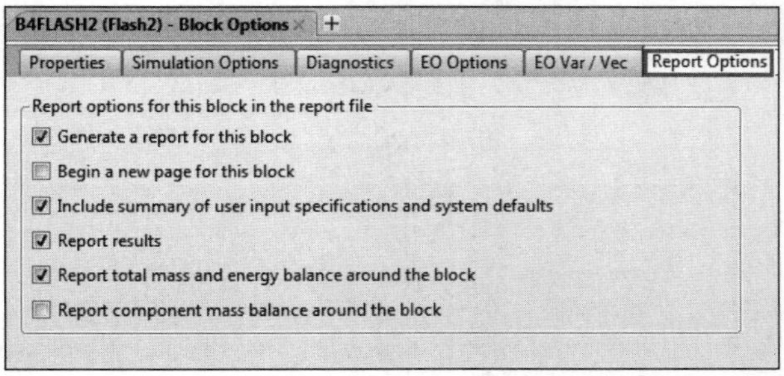

图 3-28

3.1.3.2　Flash3 模型功能详解

Flash3 模型用于进行严格汽-液-液相平衡计算，可把不少于一股进料分成汽-液-液三股出料。可用于模拟闪蒸罐、蒸发器、分液罐、分相器及其他产生两个液相物流的单级汽-液分离器。

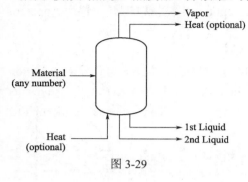

图 3-29

（1）流程连接

Flash3 模型的流程连接如图 3-29 所示。

物流： 进口可以有任意股 Material（物流）流股。出口有一股 Vapor（汽相）、一股 1st Liquid（第一液相）物流和一股 2nd Liquid（第二液相）物流流股。1st Liquid 和 2nd Liquid 流股可以是两个有机相（包括聚合物-单体），也可以有一个水相。对于有机相-水相的计算，Flash3 比 Flash2 更严格。汽相出料流量为 0 时，Flash3 模型与 Decanter 模型相同，故在不确定是否存在平衡汽相时，可以选择 Flash3 模型。

热流： 可选择连接任意股进口 Heat（热）流股和一股出口热流股。Heat 流股用法与 Flash2 相同。

（2）模型规定

与 Flash2 模型相同，Flash3 模型中也包括 Input（输入）、HCurves（热曲线）、Dynamic（动态）、Block Options（模型选项）、EO Modeling（EO 模型）、Results（结果）、Stream Results（物流结果）、Stream Results (Custom)（自定义物流结果）和 Summary（汇总）等表格及文件夹。

① Input 表格

在 Input 表格中，进行模型的输入规定。Flash3 模型的 Input 表格中，也包括 Specifications（规定）、Key Components（关键组分）、Flash Options（闪蒸选项）、Entrainment（夹带）、PSD（粒度分布）、Utility（公用工程）和 Information（信息）等页面。

● Specifications 页面

在 Blocks | Flash3 | Input | Specifications 页面（图 3-30），输入闪蒸计算规定，规定方法与 Flash2 模型类似。一般来说，Flash3 模型比 Flash2 更难收敛，二元交互作用参数、蒸气压及生成热等参数的不准确，都会造成收敛失败。在应用 Flash3 模型前，最好先确定是否存在两个液相。

● Key Components 页面

在 Blocks | Flash3 | Input | Key Components 页面（图 3-31），可选择关键组分。含关键组分较多的液相将被指定为第二液相，若不指定，则默认密度大的相为第二液相。

Flash3 模型中，也可规定液体或固体在汽相中的夹带情况，规定方法与 Flash2 模型相同。

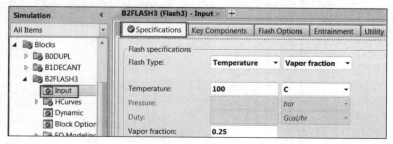

图 3-30

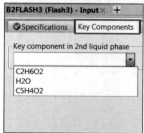

图 3-31

② HCurves 表格

在 Blocks｜Flash3｜HCurves 表格中，生成并查看加热或冷却曲线。在 Blocks｜Flash3｜HCurves 页面（图 3-32），单击 New...按钮，在弹出的 Create New ID（新建 ID）窗口中，输入 Hcurve number（热曲线号，默认为 1），单击 OK 按钮，即可新建热曲线。

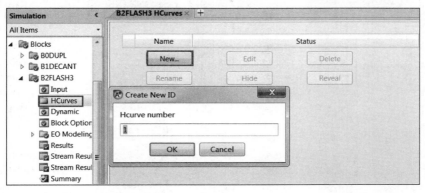

图 3-32

每个热曲线表格中，都有 Setup（设置）、Additional Properties（附加物性）和 Results（结果）等页面。

• Setup 页面

在 Blocks｜Flash3｜HCurves｜HCurve｜Setup 页面（图 3-33），从热负荷、温度或汽相分率中选择一个作为自变量，在进料和出料条件之间取多个点或指定多个值，从而计算其他参数随自变量的变化数据。

• Additional Properties 页面

在 Blocks｜Flash3｜HCurves｜HCurve｜Additional Properties 页面（图 3-34），选择要计算的其他物性集。

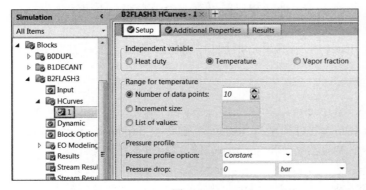

图 3-33

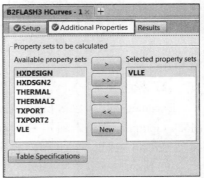

图 3-34

• Results 页面

在 Blocks｜Flash3｜HCurves｜HCurve｜Results 页面（图 3-35），查看加热或冷却曲线的计算结果。

3.1.3.3 Decanter 模型功能详解

Decanter 模型用于不产生汽相的严格液-液相平衡计算，把不少于一股进料分成液-液两股出料。可模拟分相器和其他液-液物流单级分离器。

B2FLASH3 HCurves - 1 × +

Setup | Additional Properties | Results

	Point No.	Status	Temperature	Pressure	Heat duty	Vapor fraction	VAPOR PHIMX C2H6O2	VAPOR PHIMX H2O	VAPOR PHIMX C5H4O2	LIQUID1 PHIMX C2H6O2
			C	bar	Gcal/hr					
▶	1	OK	25	0.871099	-0.0611561	0				8.64529e-05
▶	2	OK	31.8182	0.871099	0.0581707	0				0.00015762
▶	3	OK	38.6364	0.871099	0.179659	0				0.000278416
▶	4	OK	45.4546	0.871099	0.303379	0				0.000477437
▶	5	OK	52.2727	0.871099	0.429393	0				0.000796303
▶	6	OK	59.0909	0.871099	0.557759	0				0.00129389
▶	7	OK	65.9091	0.871099	0.688534	0				0.00205135
▶	8	OK	72.7273	0.871099	0.821773	0				0.00317747
▶	9	OK	79.5455	0.871099	0.957527	0				0.00481432
▶	10	OK	86.3636	0.871099	1.09585	0				0.00714245
▶	11	OK	93.1818	0.871099	1.2368	0				0.0103851
▶	12	Bubble Pt.	96.4564	0.871099	1.30586	0	0.981983	0.99...	0.979819	0.0104664
▶	13	OK	100	0.871099	2.72207	0.250001	0.982297	0.99...	0.980161	0.0148388

图 3-35

（1）流程连接

Decanter 模型的流程连接如图 3-36 所示。

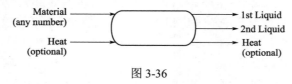

图 3-36

物流：进口可以有任意股 Material（物流）流股。出口有一股 1st Liquid（第一液相）物流和一股 2nd Liquid（第二液相）物流流股。两液相出料可有一个是水相。不确定是否存在汽相时，建议选择 Flash3 模型。

热流：可选择连接任意股进口 Heat（热）流股和一股出口热流股。Heat 流股用法与 Flash2 和 Flash3 相同。

（2）模型规定

Decanter 模型中包括 Input（输入）、Properties（物性）、HCurves（热曲线）、Dynamic（动态）、Block Options（模型选项）、EO Modeling（EO 模型）、Results（结果）、Stream Results（物流结果）、Stream Results (Custom)（自定义物流结果）和 Summary（汇总）等表格及文件夹。

① Input 表格

在 Input 表格中，进行模型的输入规定。Input 表格中包括 Specifications（规定）、Calculation Options（计算选项）、Efficiency（效率）、Entrainment（夹带）、Utility（公用工程）和 Information（信息）等页面。

• Specifications 页面

在 Blocks | Decanter | Input | Specifications 页面（图 3-37），规定操作条件。在 Decanter specifications（分相器规定）区域，规定 Pressure（压力），并选择规定 Temperature（温度）和 Duty（热负荷）之一，从而模拟等温、绝热或已知热负荷的液-液平衡级。在 Key components to identify 2nd liquid phase（确定第二液相的关键组分）区域，指定第二液相关键组分。在 Key component threshold for 2nd liquid phase（第二液相关键组分阈值）区域，可规定 Component mole fraction（组分摩尔分数），作为第二液相关键组分摩尔分数阈值。

- Calculation Options 页面

在 Blocks | Decanter | Input | Calculation Options 页面（图 3-38），规定分相器的计算选项。

在 Convergence parameters（收敛参数）区域，设置 Decanter 模型的最大迭代次数和容差。

在 Determine phase split by（确定相分离的方法）区域，选择相分离计算方法。包括 Equating component fugacities of two liquids（两液相中组分的逸度系数相等）和 Minimizing Gibbs free energy of the system（系统的吉布斯自由能最小）两种方法。

若选择 Equating component fugacities of two liquids，则需在 Calculate liquid-liquid coefficients from（计算液-液分配系数的方法）区域，指定根据 Property method（物性方法）、KLL correlation（用户定义的分配系数关联式）或 User KLL subroutine（用户分配系数子程序）计算液-液分配系数。

在 Valid phases（有效相态）区域，设置 Decanter 模型中的有效相态。

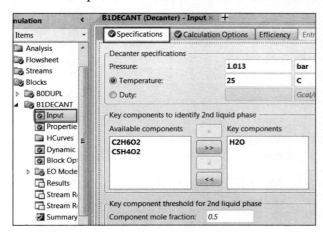

图 3-37

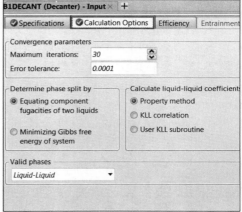

图 3-38

- Efficiency 页面

在 Blocks | Decanter | Input | Efficiency 页面（图 3-39），可定义组分的分离效率以模拟非理想平衡级。只有在 Blocks | Decanter | Input | Calculation Options 页面选择 Equating component fugacities of two liquids 时才能进行此设置。若未指定效率，则默认为 1。注意，改变一个组分的效率会影响整个体系。

② Properties 表格

在 Properties 表格中，设置不同液-液分配系数计算方法的参数。Properties 表格中包括 Phase Property（相物性）、KLL Correlation（KLL 关联式）和 KLL Subroutine（KLL 子程序）等页面。

- Phase Property 页面

选择 Property method 时，在 Blocks | Decanter | Properties | Phase Property 页面（图 3-40）设置各液相的物性方法。

在 Physical property methods and options（物性方法和选项）区域的列表中，可分别设置 1st liquid phase（第一液相）和 2nd liquid phase（第二液相）的 Property method（物性方法）、Henry components（亨利组分）、Chemistry（化学反应）、Simulation approach（模拟方法）和 Water solubility method（水溶解度计算方法）。

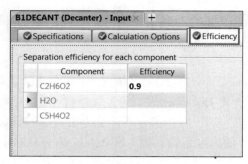

图 3-39

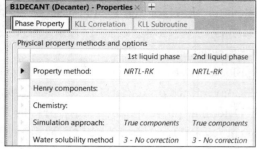

图 3-40

- KLL Correlation 页面

选择 KLL correlation 时，在 Blocks | Decanter | Properties | KLL Correlation 页面（图 3-41）设置 KLL 关联式参数。

液-液分配系数 KLL 的关联式为：$\ln(\text{KLL})=a+b/T+c\ln(T)+dT$。在 Coefficients for KLL correlation（KLL 关联式系数）区域，可选择 Basis（基准），并在下方列表中输入各 Coefficient（系数）a、b、c 和 d 的值。

- KLL Subroutine 页面

选择 User KLL subroutine 时，在 Blocks | Decanter | Properties | KLL Subroutine 页面（图 3-42）设置 KLL 子程序参数。

在 KLL subroutine（KLL 子程序）区域，输入子程序的 Name（名称），并规定 Number of parameters（变量个数），包括 Integer（整型）和 Real（实型）。

在 Values for parameters（变量值）区域的列表中，可输入 Integer 和 Real 类型变量的值。

若相分配计算选择 Minimizing Gibbs free energy of the system 方法，则 KLL 计算方法及 Blocks | Decanter | Properties 各页面将不可用。

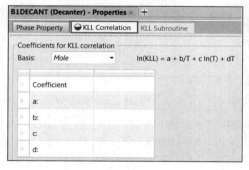

图 3-41

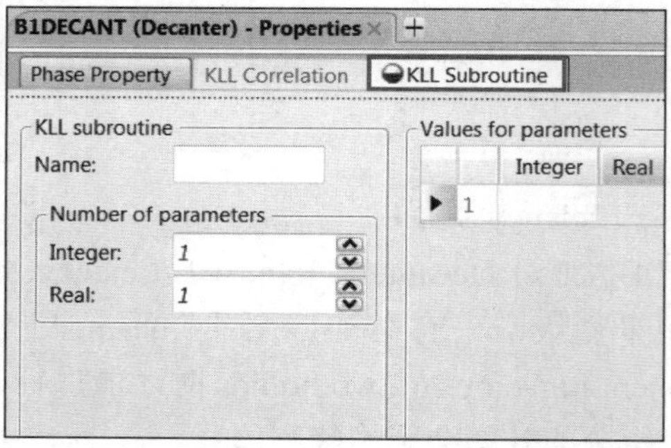

图 3-42

3.1.3.4 Sep 模型功能详解

Sep 是一种通用的分离模型，可根据规定的流量或分割分率，把不少于一股进料分成多股出料。当精馏塔或其他分离设备的产品物流组成和流量等分离要求或实际分离情况已知，而热状况等信息未知或不重要时，可用 Sep 模型代替严格计算模型，以节省计算时间。若所有出料的组成都相同，Sep 模型可用 FSplit 模型代替。

（1）流程连接

Sep 模型的流程连接如图 3-43 所示。

物流：进口可以有任意股 Material（物流）流股。出口有至少两股 Material 流股。

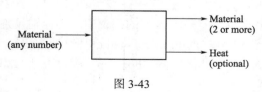

图 3-43

热流：无进口热流股，有一股可选的出口 Heat（热）流股，用于计算进出物流间的焓变。

（2）模型规定

Sep 模型中包括 Input（输入）、Block Options（模型选项）、EO Modeling（EO 模型）、Results（结果）、Stream Results（物流结果）、Stream Results (Custom)（自定义物流结果）和 Summary（汇总）等表格及文件夹。

Sep 模型的 Input 表格中，包括 Specifications（规定）、Feed Flash（进料闪蒸）、Outlet Flash（出料闪蒸）、Utility（公用工程）和 Information（信息）等页面。

- Specifications 页面

在 Blocks | Sep | Input | Specifications 页面（图 3-44），规定分离要求。Sep 模型根据规定的各组分分离要求，将其在各出料之间进行分配。在 Outlet stream conditions（出口物流条件）区域，选择 Outlet stream（出口物流）和 Substream（子物流）。在下方列表中，输入该子物流中各组分的分离要求，可选择规定 Split fraction（分割分率）或 Flow（流量），流量基准可选择 Mass（质量）、Mole（摩尔）或 Stdvol（标准体积）。用户可对除一个物流外其余全部出料子物流中的每个组分进行规定，Sep 模型根据规定值，将剩余进料量置于未做规定的出料中。若规定的某组分出料量总和大于进料流量，则将规定值进行归一化处理，并在运行时给予警告，而未规定的物流中将不含该组分。若规定了化学反应，则出料闪蒸计算后的结果可能会与规定值不同。

- Feed Flash 页面

在 Blocks | Sep | Input | Feed Flash 页面（图 3-45），可规定进口闪蒸条件，这在多股进料时比较有用。若不规定，则 Sep 的进口压力默认等于进口所有物流压力中的最低值。

- Outlet Flash 页面

出料的默认条件，是根据进口温度和压力进行闪蒸计算确定的。若出料压力与模型压力不同，或用户想规定某出料的温度，可在 Blocks | Sep | Input | Outlet Flash 页面（图 3-46）进行设置。

图 3-44

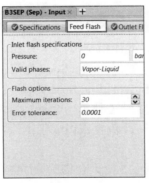

图 3-45

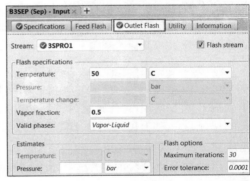

图 3-46

3.1.3.5　Sep2 模型功能详解

Sep2 模型是通过规定各出料的流量、分割分率或组成，把进料分成两股出料的通用分离模型，用以代替已知分离要求而分离细节未知或不重要的精馏、吸收等严格计算。与 Sep 模型不同的是，Sep2 模型只有两股出料，且分离规定更灵活。

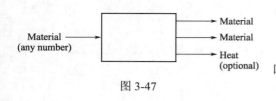

图 3-47

（1）流程连接

Sep2 模型的流程连接如图 3-47 所示。

物流： 进口可以有任意股 Material 流股。出口有至少两股 Material 流股。

热流： 无进口热流股，有一股可选的出口 Heat 流股，用于计算进出物流间的焓变。

（2）模型规定

与 Sep 模型相同，Sep2 模型中也包括 Input（输入）、Block Options（模型选项）、EO Modeling（EO 模型）、Results（结果）、Stream Results（物流结果）、Stream Results (Custom)（自定义物流结果）和 Summary（汇总）等表格及文件夹。

Sep2 模型的 Input 表格中，也包括 Specifications（规定）、Feed Flash（进料闪蒸）、Outlet Flash（出料闪蒸）、Utility（公用工程）和 Information（信息）等页面。

- Specifications 页面

在 Blocks | Sep2 | Input | Specifications 页面（图 3-48），规定出料或组分的分割比或流量，每个子物流中的规定值需与组分数相等。

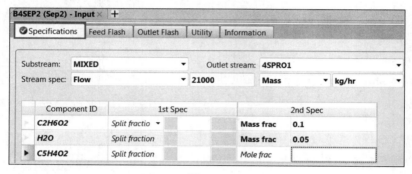

图 3-48

在 Outlet stream（出口物流）区域选择一股出料后，在 Stream spec（物流规定）区域，输入物流的总分配规定，可选择 Split fraction（分割分率）或 Flow（流量），流量基准可选择 Mass（质量）、Mole（摩尔）或 Stdvol（标准体积）。

在下方列表中，定义组分在出料中的分配规定。1st Spec 为第一规定，可选择 Split fraction 或 Flow，流量基准可选择 Mass、Mole 或 Stdvol。2nd Spec 为第二规定，可选择 Mole frac（摩尔分数）或 Mass frac（质量分数）。Sep2 单独处理每一个子物流。注意不能同时规定两个出料的总流量，对于每个组分不能输入多于一个流量或组成规定值，不能在一个物流中同时规定质量分数和摩尔分数。

用于聚合物分离时，Sep 和 Sep2 模型不改变聚合物的分子量分布。

3.2 压力改变设备

Aspen Plus 模型库中 Pressure Changers 选项卡下，有 Pump（泵）、Compr（压缩机）、MCompr（多级压缩机）、Valve（阀门）、Pipe（管段）和 Pipeline（管线）等六种不同的压力改变设备（图 3-49）。

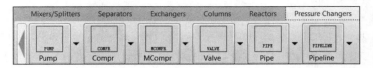

图 3-49

各模型的简介，可参考下表。

模型	说明	目 的	用 于
Pump	泵或水力透平	改变物流压力，功率已知或待求	泵或水力透平
Compr	压缩机或透平机	改变物流压力，功率已知或待求	单级等熵压缩机、多变压缩机、多变正位移压缩机，单级等熵透平机
MCompr	多级压缩机或透平机	通过多级改变物流压力，级间带冷却器并可采出凝液	多级等熵压缩机、多变压缩机、多变正位移压缩机，多级等熵透平机
Valve	阀门	模拟通过阀门的压降	控制阀和变压设备
Pipe	管段	模拟通过单段管的压降	定直径的管线（可包括管件）
Pipeline	管线	模拟通过多段管线或环形空间的压降	具有不同直径或标高的多段管线

以下将通过例 3.2 演示各 Pressure Changers 模型的基本用法，各模型功能详细介绍可参阅 3.2.3 节内容。

3.2.1 模拟案例

例 3.2 流体输送过程模拟。

1. 将前节案例中萃取分离后的糠醛相产品用泵进行输送。输送管线用一个阀门、一段管段和一段管线表示。详细参数及设计要求如下：

（1）泵

① 用泵将流体压力升至 20bar。泵效率 0.8，电机效率 0.8。计算泵提供给流体的功率、泵所需的轴功率、电动机消耗的电功率及流体的体积流量。

② 若选用一台泵，性能曲线数据如下：

流量/(m³/h)	20	10	5	3
扬程/m	150	400	500	600

试进行校核计算，确定该泵是否能符合①中的设计要求。

（2）阀门

① 选择 Neles-Jamesbury 生产的 V500_Equal_Percent_Flow 系列 2in(1in=0.0254m) 的截止阀，阀门出口压力降至 4bar，计算阀门开度。

② 若阀门开度为 50%，计算阀门出口压力。

（3）管线及管段

物料流经两段管，先向东 50m，后向南 100m。管内径是 0.1m，内壁表面粗糙度为 5×10^{-5}m。流体输送管线上有 4 个闸阀、4 个蝶阀、6 个弯头，计算压降。

2. 将前节案例中三相闪蒸后的汽相产品用压缩机压缩。压缩机设计要求或性能参数如下：

流体输送

（1）压缩机

将三相闪蒸器出口汽相产物物流用等熵压缩机加压至 10bar，压缩机等熵效率 0.8，机械效率 0.9。计算压缩机所需轴功率及出料温度和体积流量。

（2）多级压缩机

采用三级等熵压缩机加压至 10bar。级间移除热量 600kW，冷凝液全部采出，每级压降 0.01bar。计算压缩机所需总功率及出料温度和级间物流温度。

3.2.2 流程模拟

打开文件"例 3.1 乙二醇水糠醛简单分离"，将其重命名为"例 3.2 流体输送"，并保存文件。

3.2.2.1 建立流程

在 Main flowsheet 页面建立流程，如图 3-50 所示。分别用模型库中 Pressure Changers（压力改变设备）选项卡下的 Pump、Valve、Pipe、Pipeline、Compr 和 MCompr 模型，模拟泵、阀门、管段、管线、压缩机和多级压缩机。用 Manipulators 选项卡下的 Dupl（复制器）模型，把物流 2FPROV 复制成两股物流，分别进压缩机和多级压缩机。注意多级压缩机经级间冷却后，会产生冷凝液，故连接两股 Knockout 出料以表示级间采出的冷凝液。

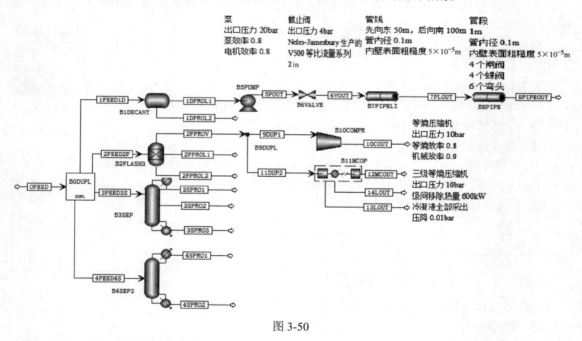

图 3-50

3.2.2.2 设置模型参数

在 Blocks 文件夹下依次输入各模型参数。

（1）Pump 模型

在 Blocks｜B5PUMP｜Setup｜Specifications 页面（图 3-51），输入泵的操作规定。在 Pump outlet specification（泵出口规定）区域，设置出口条件。选择 Discharge pressure（泵出口压力），并输入 20bar。在 Efficiencies（效率）区域，设置效率。输入 Pump（泵效率）为 0.8，Driver（电机效率）为 0.8。

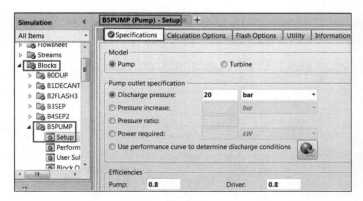

图 3-51

（2）Valve 模型

在 Blocks｜B6VALVE｜Input｜Operation 页面（图 3-52），规定阀门操作条件。在 Calculation type（计算类型）区域，选择 Calculate valve flow coefficient for specified outlet pressure（design）（规定出口压力计算阀门流量系数的设计型计算）。在 Pressure specification（压力规定）区域，勾选 Outlet pressure（出口压力），并输入 4bar。

在 Blocks｜B6VALVE｜Input｜Valve Parameters 页面（图 3-53），输入阀门参数。在 Library valve（阀门库）区域，选择 Valve type（阀门类型）为 Globe（截止阀），Manufacturer（制造商）为 Neles-Jamesbury，Series/Style（系列/样式）为 V500_Equal_Percent_Flow（V500 等比流量），Size（尺寸）为 2-IN（2in）。

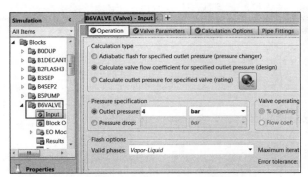

图 3-52 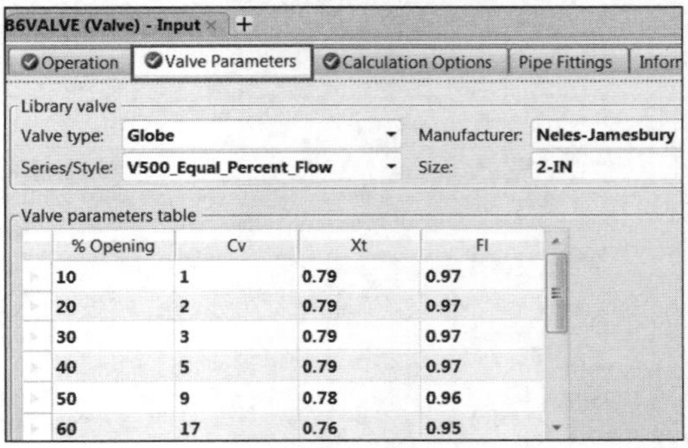   图 3-53

在 Blocks｜B6VALVE｜Input｜Calculation Options 页面（图 3-54），设置计算选项。在 Calculation Options（计算选项）区域，勾选 Check for choked flow（检查阻塞流）和 Calculate cavitation index（计算汽蚀指数）。

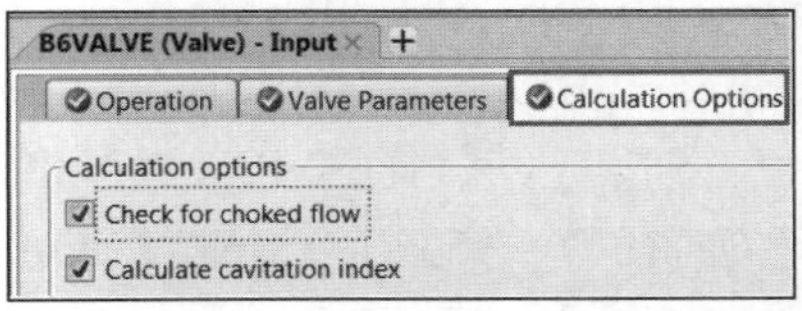

（3）Pipeline 模型

用 Pipeline 模型模拟管道阻力造成的压降。

在 Blocks｜B7PIPELI｜Setup｜Configuration 页面（图 3-55），设置管线配置情况。在 Calculation direction（计算方向）区域，勾选 Calculate outlet pressure（计算

图 3-54

出口压力）。在 Segment geometry（管段结构）区域，勾选 Enter node coordinates（输入节点坐标）。在 Thermal options（热选项）区域，选择 Specify temperature profile（规定温度分布），并在下拉框中选择 Constant temperature（恒定温度）。

在 Blocks | B7PIPELI | Setup | Connectivity 页面（图 3-56），输入各管段参数。单击 New…按钮，创建管段 1。

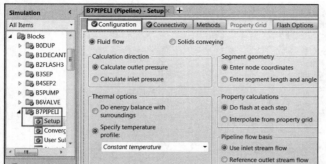

图 3-55

图 3-56

在弹出的 Segment Data（管段数据）窗口中（图 3-57），输入管段数据。规定管段 1 的 Inlet node（进口节点）为 1，Outlet node（出口节点）为 2。在 Node parameters（节点参数）区域，设置两节点坐标，包括 X coordinate（X 坐标）、Y coordinate（Y 坐标）和 Elevation（高度），分别为（0,0,0）和（50,0,0）。在 Segment parameters（管段参数）区域，分别输入 Diameter（管径）为 0.1m，Roughness（内壁表面粗糙度）为 5×10^{-5}m。

同样步骤，规定管段 2。Inlet node 为 2，Outlet node 为 3。出口节点坐标为（50,100,0）。管径和表面粗糙度同管段 1（图 3-58）。

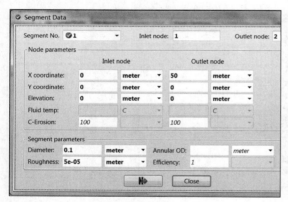

图 3-57

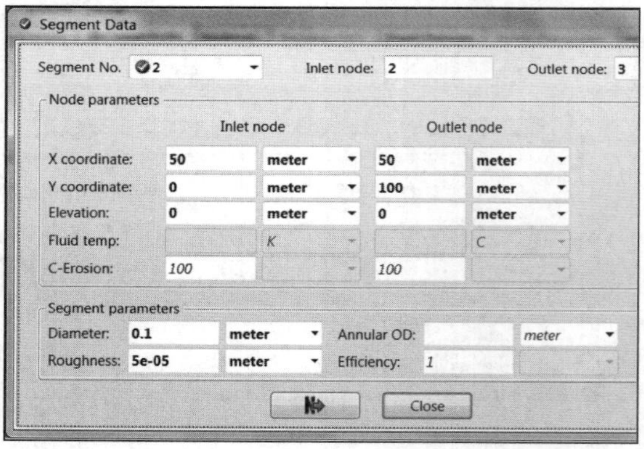

图 3-58

（4）Pipe 模型

用 Pipe 模型模拟管件造成的压降。

在 Blocks | B8PIPE | Setup | Pipe Parameters 页面（图 3-59），设置管段参数。在 Length（管长）区域，输入 Pipe length（管长）为 1m。在 Diameter（直径）区域，选择 Inner diameter（内径），并输入 0.1m。在 Options（选项）区域，输入 Roughness（内壁表面粗糙度）为 5×10^{-5}m。

在 Blocks | B8PIPE | Setup | Fittings1 页面（图 3-60），设置流体输送管线上的管件情况。在 Connection type（连接类型）区域，勾选 Flanged welded（法兰焊接）。在 Number of fittings（管件数）区域，设置 Gate valves（闸阀）为 4 个，Butterfly valves（蝶阀）为 4 个，Large 90 deg. elbows（90°弯头）为 6 个。

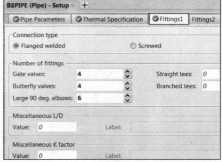

| 图 3-59 | 图 3-60 |

（5）Compr 模型

在 Blocks｜B10COMPR｜Setup｜Specifications 页面（图 3-61），规定压缩机操作条件。在 Model and type（模型和类型）区域，Model（模型）选择 Compressor（压缩机），Type（类型）选择 Isentropic（等熵）。在 Outlet specification（出口规定）区域，选择 Discharge pressure（出口压力），并输入 10bar。在 Efficiencies（效率）区域，输入 Isentropic（等熵效率）为 0.8，Mechanical（机械效率）为 0.9。

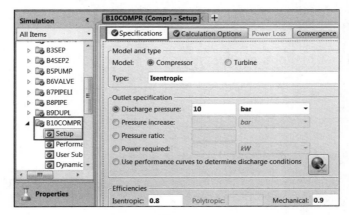

图 3-61

（6）MCompr 模型

在 Blocks｜B11MCOMP｜Setup｜Configuration 页面（图 3-62），规定多级压缩机的配置。设置 Number of stages（级数）为 3。在 Compressor model（压缩机模型）区域，选择 Isentropic（等熵）。在 Specification type（规定类型）区域，选择 Fix discharge pressure from last stage（固定最后一级出口压力），并输入 10bar。在 Heat capacity calculation（热容计算）区域，选择 Calculation method（计算方法）为 Rigorous（严格）。

在 Blocks｜B11MCOMP｜Setup｜Material 页面（图 3-63），设置物流连接情况。本例中，需规定两股 Knockout 物流分别为第 1 和第 2 级冷凝液出料。在 Product streams（产物物流）区域，输入物流 13LOUT 和 14LOUT 的 Stage（采出级数）分别为 1 和 2，Phase（相态）均为 Total liquid（全液相）。

在 Blocks｜B11MCOMP｜Setup｜Cooler 页面（图 3-64），设置级间冷却器。在 Cooler specifications（冷却器规定）区域的列表中，Stage（级数）输入为 1，选择 Specification（规定）为 Duty（热负荷），并输入 Value（值）为−600，Units（单位）为 kW，Pressure drop（压降）为 0.01bar。

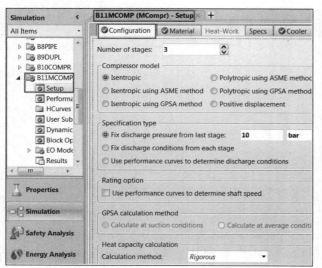

图 3-62   图 3-63

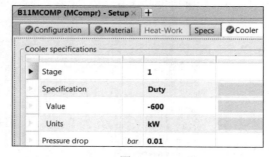

图 3-64

3.2.2.3　运行模拟并查看结果

设置完成后，运行模拟。运行完成后，在 Blocks | B5PUMP | Results | Summary 页面（图 3-65），查看泵的计算结果。

在 Blocks | B5PUMP | Stream Results | Material 页面（图 3-66），查看泵进出物料的计算结果。

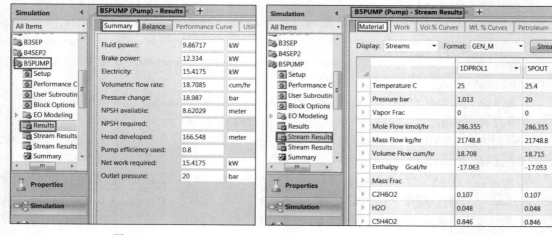

图 3-65   图 3-66

　化工流程模拟 Aspen Plus 实例教程

在 Blocks｜B6VALVE｜Results｜Summary 页面（图 3-67），查看阀门的计算结果。

在 Blocks｜B6VALVE｜Stream Results｜Material 页面（图 3-68），查看阀门进出物料的计算结果。

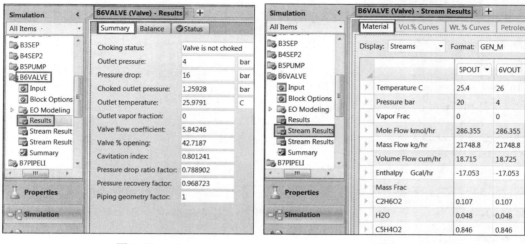

图 3-67　　　　　　　　　　　　　　　　图 3-68

在 Blocks｜B7PIPELI｜Results｜Summary 页面（图 3-69），查看管线的计算结果。

在 Blocks｜B7PIPELI｜Stream Results｜Material 页面（图 3-70），查看管线进出物料的计算结果。

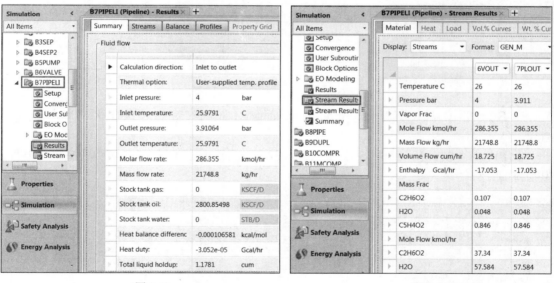

图 3-69　　　　　　　　　　　　　　　　图 3-70

在 Blocks｜B8PIPE｜Results｜Summary 页面（图 3-71），查看管段的计算结果。

在 Blocks｜B8PIPE｜Stream Results｜Material 页面（图 3-72），查看管段进出物料的计算结果。

在 Blocks｜B10COMPR｜Results｜Summary 页面（图 3-73），查看压缩机的计算结果。

在 Blocks｜B10COMPR｜Stream Results｜Material 页面（图 3-74），查看压缩机进出物料的计算结果。

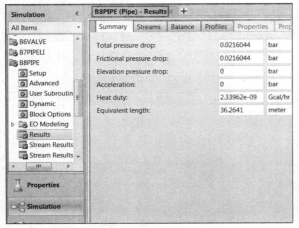

图 3-71

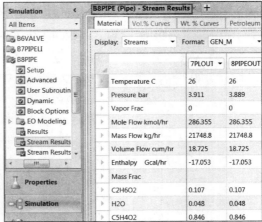

图 3-72

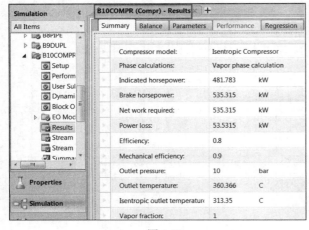

图 3-73

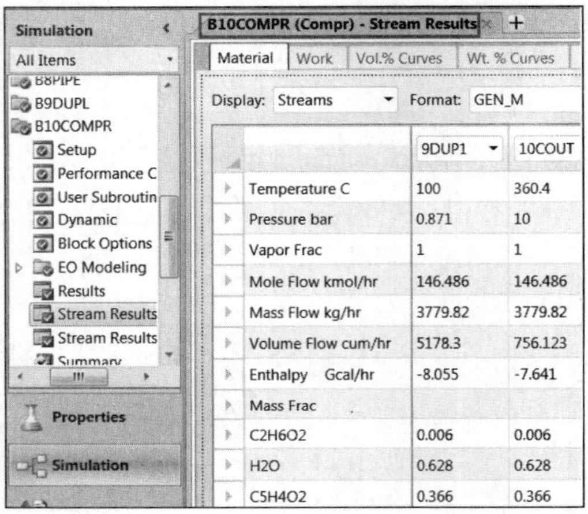

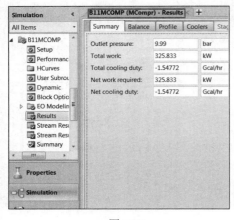

图 3-74

在 Blocks｜B11MCOMP｜Results｜Summary 页面（图 3-75），查看多级压缩机的计算结果。

在 Blocks｜B11MCOMP｜Stream Results｜Material 页面（图 3-76），查看多级压缩机进出物料的计算结果。

图 3-75

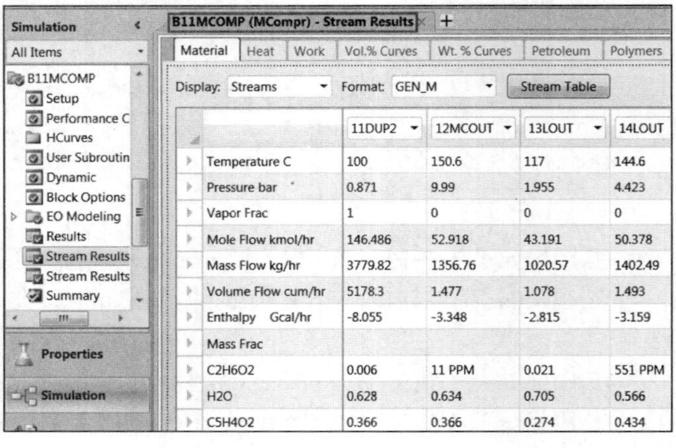

图 3-76

3.2.2.4　校核计算

将文件"例 3.2 流体输送"保存后，另存为文件"例 3.2 流体输送校核"。

（1）Valve 模型

流体输送校核

在 Blocks｜B6VALVE｜Input｜Operation 页面（图 3-77），修改阀门操作规定。在 Calculation type（计算类型）区域，选择 Calculate outlet pressure for specified valve(rating)（根据阀门规定计算出口压力的核算型计算）。并在 Valve operating specification（阀门操作规定）区域，输入% Opening（阀门开度百分数）为 50。

设置完成后运行模拟，运行结束后，查看阀门的计算结果（图 3-78）及阀门进出物料的计算结果（图 3-79）。

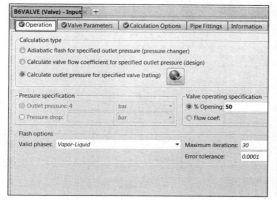

图 3-77　　　　　　　　　　　　图 3-78　　　　　　　　　　　　图 3-79

（2）Pump 模型

在 Blocks｜B5PUMP｜Setup｜Specifications 页面（图 3-80），修改泵操作规定。在 Pump outlet specification（泵出口规定）区域，选择 Use performance curve to determine discharge conditions（由性能曲线确定出口条件）。

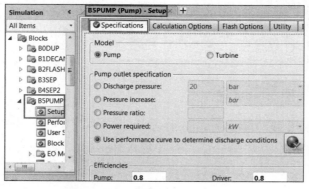

图 3-80

在 Blocks｜B5PUMP｜Performance Curves｜Curve Setup 页面（图 3-81），设置性能曲线的形式。在 Select curve format（选择曲线格式）区域，选择 Tabular data（表格数据）。在 Select performance and flow variables（选择性能和流量变量）区域，选择 Performance（性能）为 Head（扬程），Flow variable（流量变量）为 Vol-Flow（体积流量）。在 Number of curves（曲线数）区域，选择 Single curve at operating speed（操作转速下的单条曲线）。

在 Blocks ｜ B5PUMP ｜ Performance Curves ｜ Curve Data 页面（图 3-82），输入性能曲线数据。在 Units of curve variables（曲线变量的单位）区域，选择 Head（扬程）的单位为 meter-head（米-扬程），Flow（流量）的单位为 cum/hr（m³/h）。在 Head vs. flow tables（扬程-流量表）区域的表格中，输入性能曲线数据。

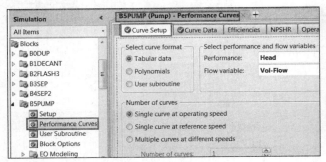

图 3-81

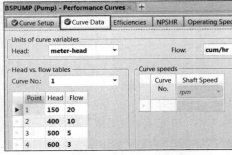

图 3-82

设置完成后，运行模拟。运行结束后，查看泵的计算结果（图 3-83）和泵进出物料的计算结果（图 3-84）。

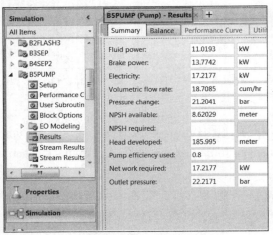

图 3-83

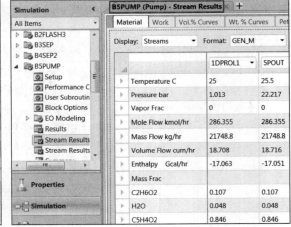

图 3-84

3.2.3 Aspen Plus 功能详解

3.2.3.1 Pump 模型功能详解

Pump 模型用于模拟泵或水力透平。一般用来处理单液相，特殊情况下也可进行两相或三相计算，主要用来确定物流出口条件及计算用于泵方程的流体密度。模拟结果的准确度取决于很多因素，如各相的相对多少、液体的可压缩性及规定的效率等。

（1）流程连接

Pump 模型的流程连接如图 3-85 所示。

物流：进口有任意股 Material 流股。出口只有一股 Material 流股和一股可选的 Water 流股。

功流：进口可选择连接任意股 Work（功流）流

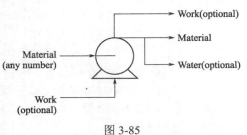

图 3-85

股。若用户未在 Blocks | Pump | Setup | Specifications 页面规定功率和压力，Pump 模型将用进口功流的总和作为规定功率，否则进口功流只用来计算净功负荷（进口功流的和减去实际计算的功耗）。可选择连接一股出口功流，用于表示净功负荷。

（2）模型规定

Pump 模型中包括 Setup（设置）、Performance Curves（性能曲线）、User Subroutine（用户子程序）、Block Options（模型选项）、EO Modeling（EO 模型）、Results（结果）、Stream Results（物流结果）、Stream Results (Custom)（自定义物流结果）和 Summary（汇总）等表格及文件夹。

① Setup 表格

在 Setup 表格中，进行模型设置。Pump 模型的 Setup 表格中，包括 Specifications（规定）、Calculation Options（计算选项）、Flash Options（闪蒸选项）、Utility（公用工程）和 Information（信息）等页面。

• Specifications 页面

在 Blocks | Pump | Setup | Specifications 页面（图 3-86），设置模型的操作规定。在 Model（模型）区域，可勾选 Pump（泵）或 Turbine（气体透平）。在 Pump/Turbine outlet specification（泵/气体透平出口规定）区域，可选择进行三种类型的计算：

设计计算。 勾选并指定 Discharge pressure（出口压力）、Pressure increase（压力增量）或 Pressure ratio（压力比）三者之一，Pump 模型将计算把液体压力提升到规定值所需的功率。

由功率计算压力变化值。 勾选并指定 Power required（功率），Pump 模型将计算物流的压力变化值。此时 Pump 模型可用 Heater 等其他模型代替。

模拟泵或水力透平。 勾选 Use performance curve to determine discharge conditions（利用性能曲线数据确定出口条件），Pump 模型将根据泵或水力透平的性能曲线，计算得到功率和出料条件等参数。

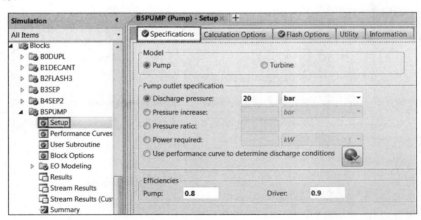

图 3-86

• Calculation Options 页面

在 Blocks | Pump | Setup | Calculation Options 页面（图 3-87），设置模型的有效汽蚀余量、比转速和物流蒸汽分率检验的相关参数。

在 Net positive suction head (NPSH) parameters（汽蚀余量参数）区域，可输入 Suction area（入口面积）和 Hydraulic static head（液体静压头）。有效汽蚀余量 NPSHA 定义为：

$$NPSHA=p_{in}-p_{vapor}+H_v+H_s$$

式中，p_{in} 表示入口压力；p_{vapor} 表示入口条件下的液体蒸气压；H_v 表示速度头；H_s 表示相对于泵中心线的液体静压头校正。

有效汽蚀余量应大于必需汽蚀余量，必需汽蚀余量 NPSHR 定义为：

$$NPSHR=[NQ^{0.5}/N_{ss}]^{4/3}$$

式中，N 表示泵的轴转速；Q 表示入口条件下的体积流量；N_{ss} 表示入口比转速。

若不输入入口面积和液体静压头，则动压头和静压头将认为是 0。

在 Specific speed（比转速）区域，设置最高效率点下比转速的相关参数。包括 Speed units（转速单位）、Specific speed（比转速）和 Suction specific speed（入口比转速）。比转速 N_s 定义为：

$$N_s=NQ^{0.5}/Head^{0.75}$$

式中，Head 表示泵压头。

N_s 可用于计算流量系数，一般来说，比转速低的泵称为低容量泵，比转速高的泵称为高容量泵。

Suction specific speed（入口比转速 N_{ss}）定义为：

$$N_{ss}=NQ^{0.5}/NPSHR^{0.75}$$

N_{ss} 是衡量泵汽化性能的准数，用于计算必需汽蚀余量。在进行离心泵设计时，若转速采用英制单位，N_{ss} 值在 6000～12000 之间，典型值为 8500。比转速参数仅在勾选 Use performance curve to determine discharge conditions 时可进行设置。

在 Stream vapor fraction checking（检验物流汽相分率）区域，设置在物流中检测到汽相时给出的提示及计算容差。Checking options（检验选项）可选择为 Error（提示错误）、None（不给出提示）、Information（提示信息）或 Warning（提示警告）。在 Tolerance（容差）位置，设置汽相分率容差，计算的汽相分率大于该值时将按 Checking options 的设置给出提示。

- Flash Options 页面

在 Blocks | Pump | Setup | Flash Options 页面（图 3-88），设置模型出口物流的闪蒸选项。在 Flash options（闪蒸选项）区域，可选择出口物流的 Valid phases（有效相态），设置 Maximum iterations（最大迭代次数）和 Convergence tolerance（收敛容差）。

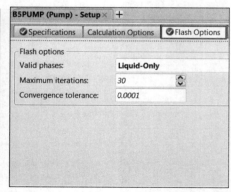

图 3-87   图 3-88

② Performance Curves 表格

模拟泵或水平透平时，需在 Performance Curves 表格中设置性能曲线相关参数及数据。Performance Curves 表格中包括 Curve Setup（曲线设置）、Curve Data（曲线数据）、Efficiencies

（效率）、NPSHR（必需汽蚀余量）和 Operating Specs（操作规定）等页面。

- Curve Setup 页面

在 Blocks｜Pump｜Performance Curves｜Curve Setup 页面（图 3-89），设置性能曲线格式。在 Select curve format（选择曲线格式）区域，可选择通过 Tabular data（数据表）、Polynomials（多项式）或 User subroutine（用户子程序）三种方式输入性能曲线数据。在 Select performance and flow variables（选择性能和流量变量）区域，选择性能曲线的变量。性能曲线可以是有量纲曲线（如扬程-流量曲线或功率-流量曲线），也可以是无量纲曲线（如扬程系数-流量系数曲线）。Performance（性能）变量可选择 Head（扬程）、Head-Coeff（扬程系数）、Power（功率）、Dis-Pressure（出口压力）、Pres-Ratio（压力比）或 Pres-Change（压力改变）。Performance 变量选择 Head-Coeff 时，Flow variable（流量变量）可以选择 Vol-Flow/N（比体积流量，即体积流量/轴转速）或 Flow-Coeff（流量系数），其他情况下为吸入条件下的 Mass-Flow（质量流量）或 Vol-Flow（体积流量）。Flow coefficient（流量系数）定义为 $Flowc=Q/(A_1u)$，Head-Coeff（扬程系数）定义为 $Headc=Head/u^2$，其中 Q 为体积流量，A_1 为出料口横截面积，u 为叶轮叶尖速度。

在 Number of curves（曲线数）区域，可选择下列选项之一：

Single curve at opertating speed：操作转速下的单条曲线。

Single curve at reference speed：参考转速下的单条曲线，使用相似率对参考状态下的性能进行缩放。

Multiple curves at different speeds：不同转速下的多条曲线。

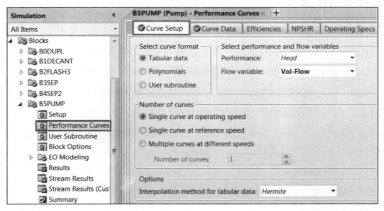

图 3-89

- Curve Data 页面

在 Blocks｜Pump｜Performance Curves｜Curve Data 页面（图 3-90），输入泵性能曲线数据。在 Units of curve variables（曲线变量单位）区域，设置泵性能曲线变量的单位。在下方表格中输入相应泵性能曲线变量的数据。在 Curve Setup 页面选择 Multiple curves at different speeds 时，可在 Curve speeds（曲线转速）表格中输入不同泵性能曲线对应的转速。

- Efficiencies 页面

若在 Specifications 页面未规定泵效率，可在 Blocks｜Pump｜Performance Curves｜Efficiencies 页面（图 3-91），输入泵效率曲线数据。在 Units of curve variables（曲线变量单位）区域，设置泵效率曲线变量的单位。在下方表格中输入相应泵效率曲线变量的数据。在 Curve Setup 页面选择 Multiple curves at different speeds 时，可在 Curve speeds（曲线转速）表格中，输入不同性能曲线对应的转速。

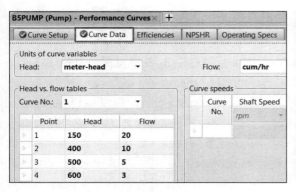

图 3-90   图 3-91

- NPSHR 页面

在 Blocks | Pump | Performance Curves | NPSHR 页面（图 3-92），输入必需汽蚀余量曲线数据。在 Units of curve variables（曲线变量单位）区域，设置必需汽蚀余量曲线变量的单位。在下方表格中输入相应必需汽蚀余量曲线变量的数据。在 Curve Setup 页面选择 Multiple curves at different speeds 时，可在 Curve speeds（曲线转速）表格中，输入不同性能曲线对应的转速。

- Operating Specs 页面

在 Blocks | Pump | Performance Curves | Operating Specs 页面（图 3-93），输入操作规定。在 Operating parameters（操作参数）区域，设置泵操作参数，包括 Operating shaft speed（操作转速）、Reference shaft speed（参考转速）和 Impeller diameter（叶轮直径）。在 Curve scaling factors（曲线比例因子）区域，输入性能曲线的比例因子，包括 Performance curve（性能曲线）、Efficiency curve（效率曲线）和 NPSH required（必需汽蚀余量曲线）。在 Curve Setup 页面选择 Single curve at reference speed 时，可在 Affinity law exponents（相似率指数）区域，输入泵相似率的指数，包括 Head（压头）、Power（功率）和 Efficiency（效率）。

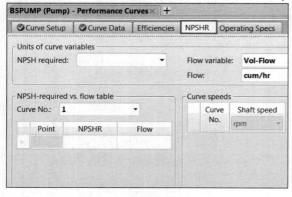

图 3-92   图 3-93

③ Results 表格

在 Results 表格中查看模型计算结果。Results 表格中有 Summary（汇总）、Balance（平衡）、Performance Curve（性能曲线）、Utility Usage（公用工程使用）和 Status（状态）等页面。

- Summary 页面

在 Blocks | Pump | Results | Summary 页面（图 3-94），查看计算结果汇总。包括 Fluid power（流体功率）、Brake power（轴功率）、Electricity（电功率）、Volumetric flow rate（体积流率）、Pressure change（压力改变）、NPSH available（有效汽蚀余量）、NPSH required（必需汽蚀余量）、Head developed（压头增加）、Pump efficiency used（泵效率）、Net work required（所需净功率）和 Outlet pressure（出口压力）等参数。

- Performance Curve 页面

在 Blocks | Pump | Performance Curves | Operating Specs 页面设置 Operating parameters 后，可在 Blocks | Pump | Results | Performance Curve 页面（图 3-95），查看性能曲线计算结果。包括 Specific speed, operating（操作比转速）、Suction sp. speed, operating（入口操作比转速）、Head coefficient（压头系数）和 Flow coefficient（流量系数）等参数。

图 3-94   图 3-95

3.2.3.2　Compr 模型功能详解

Compr 模型用于模拟单级压缩机或气体透平，可模拟多变离心压缩机、多变正位移压缩机、等熵压缩机及等熵透平机。Compr 模型可进行单相、两相和三相计算。可进行设计计算，通过指定出口压力、压力增量或压力比计算所需功率。当要求或已知能量信息（如功率）时，可用来改变物流压力。通过规定相关的有量纲或无量纲性能曲线，可核算单级压缩机或单叶轮压缩机。

（1）流程连接

Compr 模型的流程连接如图 3-96 所示。

Compr 模型的物流和功流连接情况与 Pump 模型相同。

物流：进口有任意股 Material 流股。出口只有一股 Material 流股和一股可选的 Water 流股。

功流：进口可选择连接任意股 Work 流股。

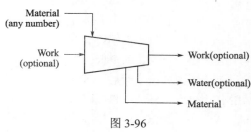

图 3-96

用户可指定进口功流量，负值表示向模型提供功，正值表示从模型移出功。若用户未在 Blocks | Compr | Setup | Specifications 页面规定功率和压力，Compr 模型将用进口功流的总和作为规定功率，否则进口功流只用来计算净功负荷（进口功流的和减去实际计算的功耗）。可选择连接一股出口功流，用于表示净功负荷。用户可规定产生相应功的驱动机转速，以用于压缩机模型的功传递计算。

（2）模型规定

Compr 模型中包括 Setup（设置）、Performance Curves（性能曲线）、User Subroutine（用

户子程序）、Dynamic（动态）、Block Options（模型选项）、EO Modeling（EO 模型）、Results（结果）、Stream Results（物流结果）、Stream Results (Custom)（自定义物流结果）和 Summary（汇总）等表格及文件夹。

① Setup 表格

Compr 模型的 Setup 表格中，包括 Specifications（规定）、Calculation Options（计算选项）、Power Loss（损失功率）、Convergence（收敛）、Integration Parameters（积分参数）、Utility（公用工程）和 Information（信息）等页面。

● Specifications 页面

在 Blocks ┃ Compr ┃ Setup ┃ Specifications 页面（图 3-97），进行模型规定。

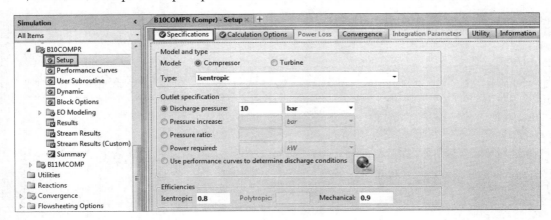

图 3-97

在 Model and type（模型和类型）区域，选择模型和计算类型。Model（模型）包括 Compressor（压缩机）和 Turbine（气体透平）。Compr 模型模拟压缩机时，有以下八种 Type（计算类型）可以选择：Isentropic（等熵模型）、Isentropic using ASME method（ASME 法等熵模型）、Isentropic using GPSA method（GPSA 法等熵模型）、Polytropic using ASME method（ASME 法多变模型）、Polytropic using GPSA method（GPSA 法多变模型）、Polytropic using piecewise integration（分片积分法多变模型）、Positive displacement（正排量模型）和 Positive displacement using piecewise integration（分片积分法正排量模型）。Compr 模型模拟气体透平时，计算类型只有 Isentropic（等熵模型）。由此可知，计算方法取决于压缩机类型：Polytropic compressor（多变压缩机）可用 GPSA、ASME 或 Piecewise integration（分片积分）法模拟；Positive displacement compressor（正排量压缩机）不能由 ASME 法模拟；Isentropic compressor（等熵压缩压缩机）可用 GPSA、ASME 或 Mollier-based 法模拟；气体透平需用 Mollier-based 法模拟。对于等熵或多变压缩机来说，ASME 法比 GPSA 法更严格。对于等熵计算来说，Mollier 法是最严格的模型。Aspen Plus 不能根据分子量校正性能曲线，但可利用 Head scaling factor（扬程比例因子）进行校正。

在 Outlet specification（出口规定）区域，规定压缩机出口条件。与 Pump 模型类似，Compr 模型可规定 Discharge pressure（出口压力）、Pressure increase/decrease（压力增加/降低）或 Pressure ratio（压力比），计算所需或产生功率；可规定压缩机的 Power required（所需功率）或气体透平的 Power produced（产生功率），计算出口压力；也可规定 Use performance curves to determine discharge conditions（用性能曲线确定出口条件）。利用性能曲线时，用户可规定效率值或效率曲线，也可提供 Fortran 子程序以计算特性曲线。

在 Efficiencies（效率）区域，输入压缩机效率。包括 Isentropic（等熵效率）、Polytropic

（多变效率）和 Mechanical（机械效率）。

把气体从进口压力 p_1 理想压缩至出口压力 p_2 的压缩机，其 HEAD（扬程）由下式表示：

$$\text{HEAD}=\int_{p_1}^{p_2}V\mathrm{d}p$$

式中，V 表示摩尔体积；下标 1 表示进口条件；下标 2 表示出口条件。

在 Polytropic（多变）压缩过程中，p 和 V 之间关系为 $pV^n=C$，其中 n 为多变指数，C 为常数。等温过程 $n=1$；等熵过程 $n=k$，即热容比 C_p/C_V。

对于 Isentropic Compression（等熵压缩），由扬程积分式可得：

$$\text{HEAD}=\frac{p_1V_1}{\left(\dfrac{k-1}{k}\right)}\left[\left(\frac{p_2}{p_1}\right)^{(k-1)/k}-1\right]$$

对于 Polytropic Compression（多变压缩），由扬程积分式可得：

$$\text{HEAD}=\frac{p_1V_1}{\left(\dfrac{n-1}{n}\right)}\left[\left(\frac{p_2}{p_1}\right)^{(n-1)/n}-1\right]$$

实际压缩过程中摩尔气体焓变由效率因子计算：

$$\eta\Delta h=\int_{p_1}^{p_2}V\mathrm{d}p$$

式中，η 表示效率，假定沿积分路径为定值。

对于等熵过程来说，η 为 Isentropic efficiency（等熵效率 η_s）：

$$\eta_s=\frac{h_{\text{out}}^s-h_{\text{in}}}{h_{\text{out}}-h_{\text{in}}}$$

式中，h_{out}^s 表示假设等熵压缩至规定的出口压力时的出口摩尔焓。

对于多变过程来说，η 为 Polytropic efficiency（多变效率 η_p）：

$$\eta_p=\left(\frac{k-1}{k}\right)\Big/\left(\frac{n-1}{n}\right)$$

对于 Positive Displacement（正位移压缩），Volumetric efficiency（体积效率 η_V）定义为：

$$\eta_V=1.0-0.01\frac{p_2}{p_1}+C_F\left(1-\frac{V_1}{V_2}\right)$$

式中，C_F 表示间隙分率。

位移可定义为 $\text{DIS}=V_1F/V$。间隙分率越大，压缩机体积效率越小，达到规定的进料压缩要求所需的体积位移越大，这将需要压缩机更长的冲程或更快的往复压缩速度。

Indicated horsepower（有效功率 IHP）定义为物流的总焓变：

$$\text{IHP}=F\Delta h$$

式中，F 表示摩尔流量。

Brake horsepower（或 Total work，轴功率或总功率 BHP）是用 Mechanical efficiency（机械效率）或 Power loss（损失功）校正过的有效功率：

$$\text{BHP}=(\text{IHP})/\eta_m \quad 或 \quad \text{BHP}=(\text{IHP})+\text{PLOSS}$$

给定出口压力后，有效功率、轴功率和扬程即可计算得到。反之，给定总功率或扬程（根据性能曲线得到），焓变和有效功率即可计算得到，由此可以得到出口压力 p_2。吸入管口处压力损失由下式得到：

$$\Delta p_{\rm s} = \frac{\rho K}{2}\left[\frac{F}{\rho}\left(\frac{4}{\pi D_{\rm n}^2}\right)\right]^4$$

式中，ρ 表示吸入条件下的密度；K 表示吸入管口的 K 因子；$D_{\rm n}$ 表示吸入管口直径。

若考虑压力损失，进口压力由 p_1 变为 $p_1 - \Delta p_{\rm s}$。若转速非定值，压缩机动力学模型需考虑惯性效应。

对于膨胀过程，以上方程变为：

$$\Delta h = {\rm HEAD} \times \eta_{\rm s}$$
$$\rm BHP = (IHP) \times \eta_{\rm m}$$
$$\rm BHP = (IHP) - PLOSS$$

因为膨胀过程只有等熵模型可用。所需或产生的净功 $W_{\rm net}$ 由下式计算：

$$W_{\rm net} = {\rm BHP} + W_{\rm in}$$

式中，$W_{\rm in}$ 表示进口功流功率。

若需功则净功为正值，若产生功则净功为负值。功流符号相反，由功流提供的功率为负值，系统移除功率为正值。

- Calculation Options 页面

在 Blocks｜Compr｜Setup｜Calculation Options 页面（图 3-98），设置模型计算选项。

在 Desired options（所需选项）区域，可勾选 Use performance curves to determine shaft speed（用性能曲线确定轴速度）及 Specify discharge temperature and calculate efficiency（规定出口温度计算效率）。

在 Heat capacity calculation（热容计算）区域，可选择计算进口热容比的方法。Calculation method（计算方法）默认为 Rigorous（严格），此时采用与 C_V 物性集中相同的方法计算。选择 Approximate（近似）时，假设 $C_V = C_p - R$。

在 Positive displacement clearance factor（正排量间隙因子）区域，可输入 Clearance fraction（间隙比），用于计算体积效率。

在 GPSA properties method（GPSA 物性方法）区域，可勾选 Calculate at suction conditions（在进口条件下计算）或 Calculate at average conditions（在平均条件下计算）。

在 Optional suction nozzle parameters（可选进口管参数）区域，可输入 Nozzle diameter（管嘴直径）和进口管嘴的速度头系数 K-Factor（K 因子）。

在 Stream dew point checking（物流露点检验）区域，可设置 Checking options（检验选项）和生成提示的液相分率 Tolerance（容差）。若 Checking options 设置为 None，将不进行露点检验；设置为 Information，则将在物流低于露点时给出信息提示；设置为 Warning，则将在物流低于露点时给出警告提示；设置为 Error，则将在物流低于露点时给出错误提示。

- Power Loss 页面

若不规定机械效率，则可在 Blocks｜Compr｜Setup｜Power Loss 页面（图 3-99）设置压缩机的损失功。

在 Correlation variables（关联式变量）区域，可设置 Power loss unit（损失功单位）、Flow unit（流量单位）、Speed unit（转速单位）和 Shaft speed（轴速度）。

在 Power loss correlation（损失功关联式）区域，可设置损失功关联式 $y = c_1 + c_2 \times Q \times N^2 + c_3 \times (Q \times N)^2$ 中的系数 c_1、c_2 和 c_3。损失功关联式中，y 为损失功，Q 为体积流量，N 为操作轴速度。

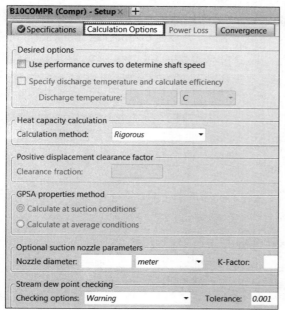

图 3-98

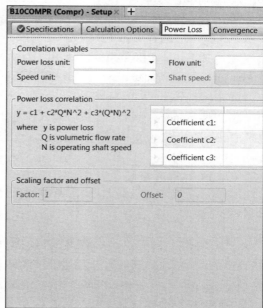

图 3-99

用户输入性能曲线数据时，可在 Scaling factor and offset（比例因子和偏离）区域，输入 Factor（比例因子）和 Offset（偏离）值，用于调整性能曲线数据。如扬程：HEAD_ADJUSTED = HEAD×Factor＋Offset。

- Convergence 页面

在 Blocks｜Compr｜Setup｜Convergence 页面（图 3-100），设置模型闪蒸和熵平衡计算的收敛参数。

在 Flash parameters（闪蒸参数）区域，可选择 Valid phases（有效相态），并设置闪蒸计算的 Maximum iterations（最大迭代次数）和 Tolerance（容差）。

在 Entropy balance parameters（熵平衡参数）区域，可选择 Constant entropy flash Type（等熵闪蒸类型）为 Direct（直接法）或 Iterative（迭代法），并设置熵平衡计算的 Maximum iterations（最大迭代次数）和 Tolerance（容差）。

- Integration Parameters 页面

采用分片积分法计算多变模型或正排量模型时，可在 Blocks｜Compr｜Setup｜Integration Parameters 页面（图 3-101），设置模型的积分参数。

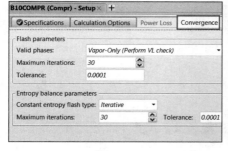

图 3-100

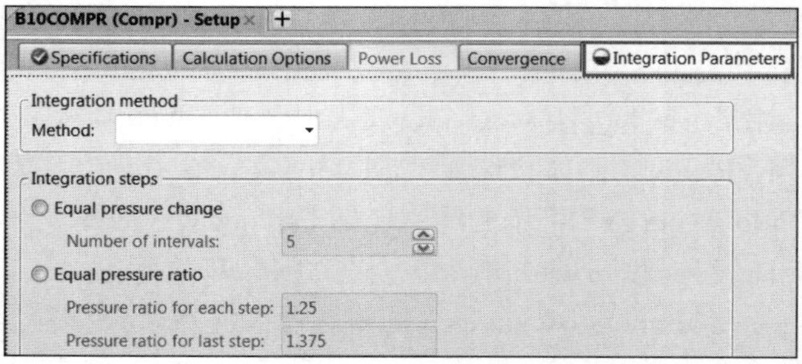

图 3-101

在 Integration method（积分方法）区域，可选择 Method（方法）为 Direct method（直接分片积分法）和 N method（采用关联式 pV^n=常数的分片积分法）。在 Integration steps（积分步骤）区域，可选择 Equal pressure change（等压力变化），并规定 Number of intervals（间隔数）；或选择 Equal pressure ratio（等压力比），并规定 Pressure ratio for each step（每级压力比）及 Pressure ratio for last step（最后一级压力比）。

② Performance Curves 表格

在 Performance Curves 表格中输入压缩机性能曲线相关数据。Performance Curves 表格中包括 Curve Setup（设置曲线）、Design（设计）、Curve Data（曲线数据）、Efficiencies（效率）、Power（功）、Surge（喘振）、Operating Specs（操作规定）和 Offsets（偏离）等页面。

• Curve Setup 页面

在 Blocks | Compr | Performance Curves | Curve Setup 页面（图 3-102），规定性能曲线的数量和类型。

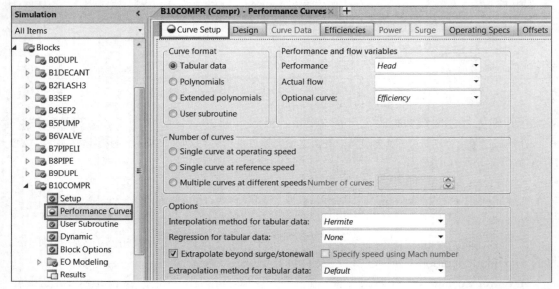

图 3-102

在 Curve format（曲线格式）区域，选择性能曲线数据格式，包括 Tabular data（表格数据）、Polynomials（多项式）、Extended polynomials（扩展多项式）和 User subroutine（用户子程序）。选择 Tabular data 时，Compr 模型采用样条拟合法将表格数据拟合为立方多项式。

在 Performance and flow variables（性能和流量变量）区域，选择性能曲线的性能和流量变量。Performance（性能）类型包括 Head（压头）、Head-Coeff（压头系数）、Power（功率）、Dis-Pressure（出口压力）、Pres-Ratio（压力比）和 Pres-Change（压力改变）。Actual flow（实际流量）变量包括 Mass-Flow（进口条件下的质量流量）、Vol-Flow（进口条件下的体积流量）、Vol-Flow/N（比体积流量）和 Flow-Coeff（流量系数），其中后两项仅用于压头系数曲线。Optional curve（可选曲线）包括 Efficiency（效率）和 Power（功率）曲线，功率曲线仅在性能曲线类型为 Head 时可用，此时将计算效率。

在 Number of curves（曲线数量）区域，设置性能曲线条数。用户可规定多条性能曲线，并通过选择以下选项规定每一级或每个叶轮的曲线（所有级或叶轮的类型相同）：Single curve at operating speed（操作转速下的单条曲线）、Single curve at reference speed（参考转速下的单条曲线）和 Multiple curves at different speeds（不同转速下的多条曲线）。

在 Options（选项）区域，可以规定 Interpolation method for tabular data（表格数据插值方法），包括 Hermite、Harwell 和 Linear（线性）方法；可以选择 Regression for tabular data（回归表格数据），包括 None（不回归）、Polinomial（多项式）和 Extended Polinomial（扩展多项式）；可勾选 Extrapolate beyond surge/stonewall（在超过喘振/石墙时进行外推），若不勾选该选项，当流量超限时，性能变量值将固定为喘振或石墙点的值；可勾选 Specify speed using Mach number（用转子叶尖马赫数规定曲线转速）；可选择 Extrapolation method for tabular data（表格数据外推方法），包括 Default（默认）和 Endpoint（端点）法。选择 Default 时，将采用 Interpolation method for tabular data 选项所规定的方法；选择 Endpoint 时，使用曲线末端的切线进行外推，该法主要用于必须在给定数据之外进行外推的情况，此时样条曲线方法结果较差（如可能出现趋势错误）。

Flow Coefficient（流量系数）定义为：

$$F_c = \frac{VflIn}{(ShSpd \times ImpDiam)^3}$$

Head Coefficient（扬程系数）定义为：

$$H_c = \frac{Head}{(\pi \times ShSpd \times ImpDiam)^2}$$

Specific Diameter（比直径）定义为：

$$SpDiam = \frac{ImpDiam(Head)^{0.25}}{(VflIn)^{0.5}}$$

Specific Speed（比速度）定义为：

$$SpSpd = \frac{ShSpd(VflIn)^{0.5}}{(Head)^{0.75}}$$

以上各式中，VflIn 表示吸入条件下的体积流量；ImpDiam 表示压缩机叶轮直径；π=3.1416；ShSpd 表示轴转速；Head 表示扬程。

Surge（喘振）和 Stonewall（石墙）是压缩机操作流量的最小和最大值，实际流量应介于两者之间。在 Compr 模型中，若规定性能曲线为 Tabular data 格式，则两端的点被视为喘振点和石墙点。若规定性能曲线为 Polynomial curves 格式，则在 Curve Data 页面的四个多项式系数后，必须为每条曲线输入一个 Surge flow（喘振流量），在 Curve Data 页面的四个多项式系数后输入，Stonewall flow（石墙流量）可选择规定。若规定性能曲线为 Extended polynomial curves 格式，可在 Surge 页面规定喘振曲线，此时不允许出现石墙。若规定性能曲线为 User subroutine 格式，用户程序将提供高于喘振点和低于石墙点的百分数。

• Design 页面

在 Blocks｜Compr｜Performance Curves｜Design 页面（图 3-103），设置设计计算相关参数。

在 Off design correction options（偏离设计校正选项）区域，可选择 No adjustment（不调整）、Use corrected flow for performance curves based on inlet T and P（性能曲线采用基于进口温度和压力校正流量）及 Use dimensionless performance curves（采用无量纲性能曲线）。可以采用 Quasi-dimensionless（准无量纲群）和 Quasi-dimensionless with gas constant R（带 R 的准无量纲群）两种类型的无量纲曲线。

选择 Use corrected flow for performance curves based on inlet T and P 时，性能曲线的独立

变量形式为 flow$\sqrt{T_{in}}/P_{in}$，且需在 Units used in corrected flow（校正流量所用单位）区域，规定 Inlet pressure units（进口压力单位）和 Inlet temperature units（进口温度单位）。

选择 Use dimensionless performance curves 时（图 3-104），需在 Units used in quasi-dimensionless curves（准无量纲曲线所用单位）区域，规定准无量纲曲线中用到的单位。包括 Inlet pressure units（进口压力单位）、Inlet temperature units（进口温度单位）和 Gas constant units（气体常数单位）。

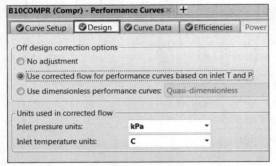
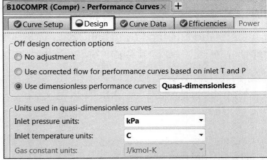

图 3-103   图 3-104

- Curve Data 页面

在 Blocks｜Compr｜Performance Curves｜Curve Data 页面，输入 Curve Setup 页面所指定类型的性能曲线数据，包括 Tabular data（表格数据）（图 3-105）、Polynomials（多项式）（图 3-106）或 Extended polynomials（扩展多项式）（图 3-107）格式三类。输入的曲线总数必须完全等于曲线设置表中指定的曲线数。若以表格格式输入性能曲线数据，则每条曲线至少需要四个数据点。

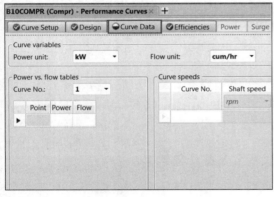
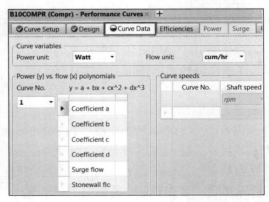

图 3-105   图 3-106

若性能曲线类型设置为 Pres-Ratio，则可在该页面选择 Pressure Ratio（压力比）为 Outlet over Inlet（出口压力/进口压力）或 Inlet over Outlet（进口压力/出口压力）（图 3-108）。

- Efficiencies 页面

若在 Curve Setup 页面指定 Optional curve 为 Efficiency，则可在 Blocks｜Compr｜Performance Curves｜Efficiencies 页面（图 3-109），输入性能曲线的效率数据。

- Power 页面

若在 Curve Setup 页面指定 Optional curve 为 Power，则可在 Blocks｜Compr｜Performance Curves｜Power 页面（图 3-110），输入功率曲线数据。

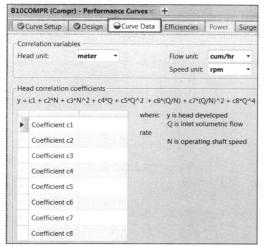

图 3-107

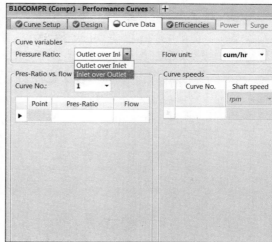

图 3-108

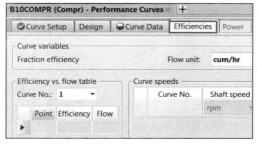

图 3-109

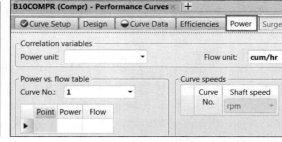

图 3-110

- Surge 页面

若在 Curve Setup 页面设置 Curve format 为 Extended Polynomial，则可在 Blocks｜Compr｜Performance Curves｜Surge 页面（图 3-111），输入性能曲线的喘振体积流量。

- Operating Specs 页面

在 Blocks｜Compr｜Performance Curves｜Operating Specs 页面（图 3-112），输入操作规定。包括 Operating parameters（操作参数）、Curve scaling factors（曲线比例因子）和 Fan law exponents（风机定律指数）。

Gear Ratio（传动比）为压缩机转速和驱动机转速的比值。驱动机转速由进口功流确定，若规定了传动比，将根据传动比和进口功流计算工作轴速。若连接了出口功流，该轴速将在出口功流中可用。若进口功流中规定了转速，并规定了操作轴速度，则将计算传动比。

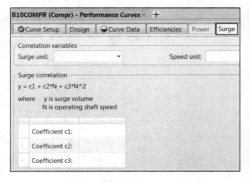

图 3-111

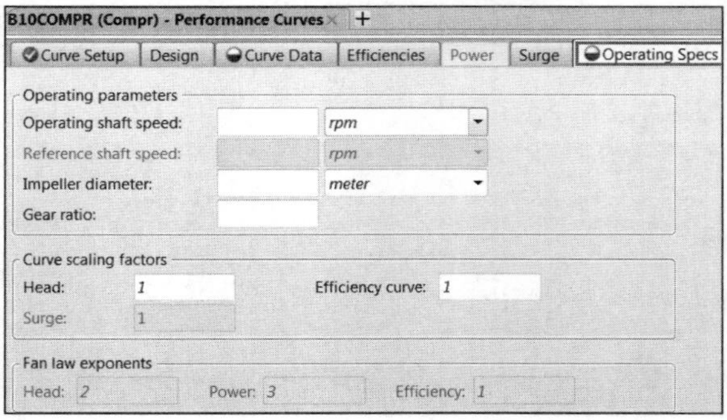

图 3-112

- Offsets 页面

在 Blocks | Compr | Performance Curves | Offsets 页面（图 3-113），规定操作偏差值。包括 Head（压头）、Efficiency（效率）及 Surge volume（喘振体积）等参数。

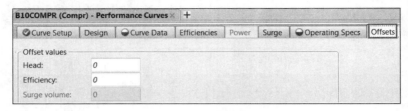

图 3-113

③ Results 表格

在 Results 表格中查看模型计算结果。Results 表格中有 Summary（汇总）、Balance（平衡）、Parameters（参数）、Performance（性能）、Regression（回归）、Utility Usage（公用工程使用）和 Status（状态）等页面。

- Summary 页面

在 Blocks | Compr | Results | Summary 页面（图 3-114），查看计算结果汇总。包括 Compressor model（压缩机模型）、Phase calculations（相计算）、Indicated horsepower（指示功率）、Brake horsepower（轴功率）、Net work required（所需净功率）、Power loss（损失功）、Efficiency（效率）、Mechanical efficiency（机械效率）、Outlet pressure（出口压力）、Outlet temperature（出口温度）、Isentropic outlet temperature（等熵出口温度）、Vapor fraction（汽相分率）、Displacement（排量）和 Volumetric efficiency（体积效率）等参数。

- Balance 页面

在 Blocks | Compr | Results | Balance 页面（图 3-115），查看压缩机进出物料的衡算结果。包括 Mole-flow（摩尔流量）、Mass-flow（质量流量）和 Enthalpy（焓）平衡。

- Parameters 页面

在 Blocks | Compr | Results | Parameters 页面（图 3-116），查看压缩机参数的计算结果。包括 Head developed（压头增加）、Isentropic power requirement（所需等熵功率）、Inlet heat capacity ratio（进口热容比）、Volumetric flow rate（体积流量）、Compressibility factor（压缩因子）、Average volume exponent（平均体积指数）和 Average temperature exponent（平均温度指数）。

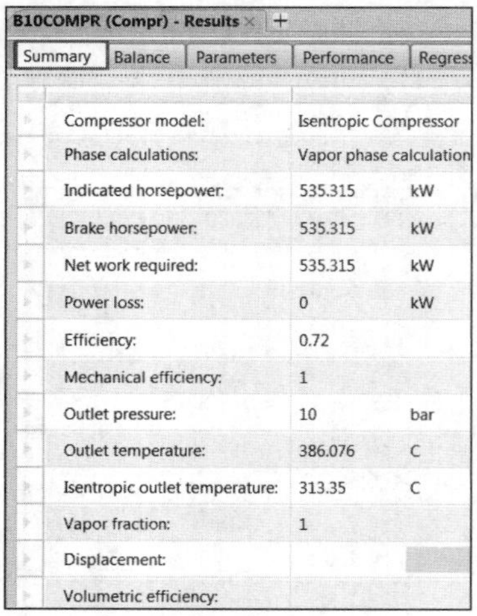

图 3-114

图 3-115

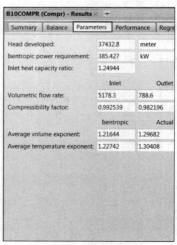

图 3-116

● Performance 页面

在 Blocks｜Compr｜Results｜Performance 页面（图 3-117），查看压缩机性能数据。包括 Percent above surge（超过喘振点百分比）、Percent below stonewall（低于石墙点百分比）、Surge volume flow rate（喘振点体积流量）、Stonewall volume flow rate（石墙点体积流量）、Shaft speed（轴速度）、Specific speed（比速度）、Suction sonic velocity（入口声速）、Rotor tip Mach number（转子叶尖马赫数）、Inlet Mach number（进口马赫数）、Specific diameter（比直径）、Head coefficient（压头系数）、Flow coefficient（流量系数）和 Driver gear ratio（驱动机传动比）。

● Regression 页面

在 Blocks｜Compr｜Results｜Regression 页面（图 3-118），查看压缩机性能曲线表格数据回归结果。

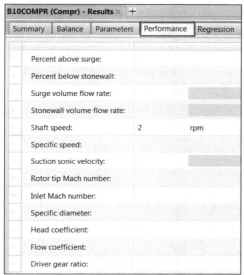

图 3-117

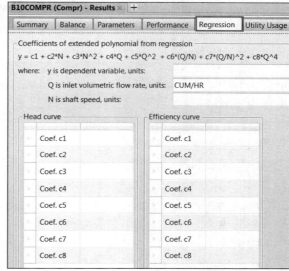

图 3-118

● Utility Usage 页面

在 Blocks｜Compr｜Results｜Utility Usage 页面（图 3-119），查看压缩机所用公用工程数据。包括 Utility ID（公用工程 ID）、Utility duty（公用工程负荷）、Utility usage（公用工程用量）、Utility cost（公用工程成本）和 CO_2 emission rate（二氧化碳排放速度）。

● Status 页面

在 Blocks｜Compr｜Results｜Status 页面（图 3-120），查看压缩机模型运行状态。包括 Convergence status（收敛状态）、Property status（物性状态）和 Aspen Plus messages（Aspen Plus 信息）。

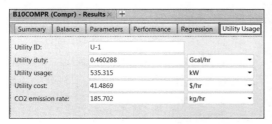

图 3-119

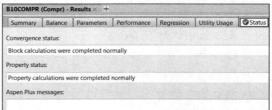

图 3-120

3.2.3.3 MCompr 模型功能详解

MCompr 模型用于模拟多级等熵压缩机、多级多变压缩机、多级正位移压缩机和多级等熵透平机。MCompr 模型模拟等熵压缩机和透平机时，一般用于单相，某些特殊情况下也可进行两相或三相计算。模拟结果的准确度主要取决于存在相的相对量和规定的效率。

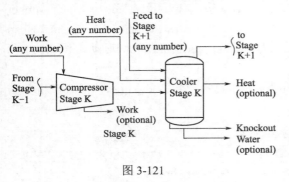

图 3-121

（1）流程连接

MCompr 模型的流程连接如图 3-121 所示。压缩机或透平机的各级之间均有一个冷却器，在最后一级还有一个后冷器，在冷却器中可进行单相、两相或三相闪蒸计算。除压缩机最后一级的后冷器外，每个冷却器都可以有一股液相凝出物流。

压缩机的第一级至少有一股进料物流。后面的各级可有一个或多个可选进料物流，这些物流在规定的级前进入级间冷却器。最后一级有一股出料物流。可选择连接每个级间冷却器的 Knockout（凝出液相）物流或总的 Knockout 物流作为冷凝液出料，可选择连接每个级间冷却器的 Water（水相）物流或总的 Water 物流作为水相出料。若连接了某级的 Knockout 物流，则需将其用于压缩机的所有各级。最后一级不能有液相凝出物流或水相物流。

每个级间冷却器可选择连接任意股进口热流。可选择连接每个冷却器的出口热流，也可用一个总的出口热流。若用户未在 Blocks｜MCompr｜Setup｜Cooler 页面中规定冷却条件，则 MCompr 模型将把各热流之和作为冷却器的规定热负荷。净热负荷等于进口热流减去实际计算得到的热负荷。若连接了某级的出口热流，则需将其用于所有级间冷却器。

压缩机的每一级均可选择连接任意股进口功流，也可连接一股表示各级净功总和的出口功流。若在 Setup Specs 页面规定功率或压力，MCompr 模型将把各进口功流之和作为规定功率。出口功流等于进口功流与实际或计算功率的差值。若用了某一级的出口功流，则必须将其用于压缩机的所有级。

（2）模型规定

MCompr 模型中包括 Setup（设置）、Performance Curves（性能曲线）、HCurves（热曲线）、User Subroutine（用户子程序）、Dynamic（动态）、Block Options（模型选项）、EO Modeling（EO 模型）、Results（结果）、Stream Results（物流结果）、Stream Results (Custom)（自定义物流结果）和 Summary（汇总）等表格及文件夹。

① Setup 表格

MCompr 模型的 Setup 表格中，包括 Configuration（配置）、Material（物料）、Heat-Work（热-功）、Specs（规定）、Cooler（冷却器）、Convergence（收敛）和 Information（信息）等页面。

● Configuration 页面

在 Blocks｜MCompr｜Setup｜Configuration 页面（图 3-122），进行模型配置。MCompr 模型需要规定压缩机的级数、计算类型和工作方式，通过指定末级出口压力、每级出口条件或性能曲线数据计算出料的参数。

在 Number of stages（级数）区域，输入多级压缩机的级数。

在 Compressor model（压缩机模型）区域，选择压缩机模型。包括 Isentropic（等熵模型）、Isentropic using ASME method（ASME 法等熵模型）、Isentropic using GPSA method（GPSA 法等熵模型）、Polytropic using ASME method（ASME 法多变模型）、Polytropic using GPSA method（GPSA 法多变模型）和 Positive displacement（正排量模型）。

在 Specification type（规定类型）区域，规定压缩机出口条件。可规定 Fix discharge pressure from last stage（固定最后一级出口压力）、Fix discharge conditions from each stage（固定每一级出口条件）或 Use performance curves to determine discharge conditions（用性能曲线确定出口条件）。

选择 Use performance curves to determine discharge conditions 时，可在 Rating option（核算选项）区域，勾选 Use performance curves to determine shaft speed（利用性能曲线确定轴速度）。进行多级压缩机的核算时，需规定级间的有量纲性能曲线（如扬程-流量曲线或功率-流量曲线）或轮间的无量纲性能曲线（如扬程系数-流量系数曲线）。

选择 GPSA 计算模型时，可在 GPSA calculation method（GPSA 计算方法）区域，选择 Calculate at suction conditions（按进口条件计算）或 Calculate at average conditions（按平均条件计算）。

在 Heat capacity calculation（热容计算）区域，可选择计算进口热容比的 Calculation method（计算方法）。选择 Rigorous（严格）法时，将采用与 C_v 物性集中相同的方法计算。选择 Approximate（近似）法时，将采用近似算法，即假设 $C_v=C_p-R$。

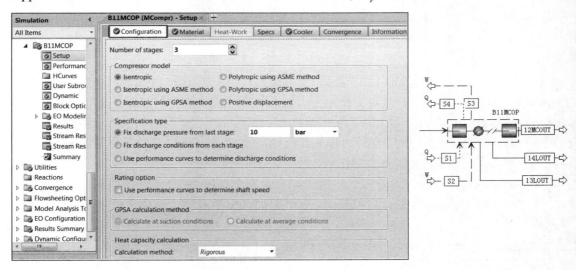

图 3-122   图 3-123

- Material 页面

若流程图中连接了中间级物料采出（图 3-123），需在 Blocks | MCompr | Setup | Material 页面（图 3-124），设置采出位置及相态。在 Product streams（产品物流）区域，Global（全局）列若设置为 No（非），则该流股仅用于 Stage（级）列规定的级；若设置为 Yes（是），则该物流用于各级。在 Phase（相）列设置采出物流的相态。

- Heat-Work 页面

若流程图中连接了进出热流股或功流股，需在 Blocks | MCompr | Setup | Heat-Work 页面（图 3-125），设置热流股或功流股的位置。在 Heat streams（热流股）区域，设置进出热流股位置。在 Work streams（功流股）区域，设置进出功流股位置。若 Outlet stream（出口流

股）的 Global（全局）列设置为 No（非），则该流股仅用于 Stage（级）列规定的级；若设置为 Yes（是），则该流股用于各级。

- Specs 页面

若在 Configuration 页面规定了 Fix discharge conditions from each stage，则可在 Blocks | MCompr | Setup | Specs 页面（图 3-126），设置各级规定。包括 Specification（规定，可以是各级出口压力、压力增加、压力比或功率）、Efficiencies（效率）、Temperature（温度，规定功率时不可用）、Clearance fraction（间隙分率，仅用于正排量模型）及 Utility（公用工程）。

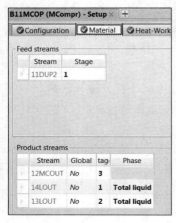

图 3-124

图 3-125

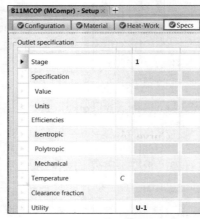

图 3-126

- Cooler 页面

在 Blocks | MCompr | Setup | Cooler 页面（图 3-127），规定级间冷却器。可以规定 Outlet Temp（出口温度）、Duty（热负荷）和 Temp Ratio（温度比）。规定一级后，该级规定值将自动用于后续各级，除非其另有规定。若某级有规定值，同时连接了进口热流，则该热流热量仅用来计算出口热量，否则进口热流可作为该级规定值。另外还可规定冷却器的 Pressure drop（压降）和冷却器所用 Utility（公用工程）。

- Convergence 页面

在 Blocks | MCompr | Setup | Convergence 页面（图 3-128），设置模型闪蒸和熵平衡计算的收敛参数。

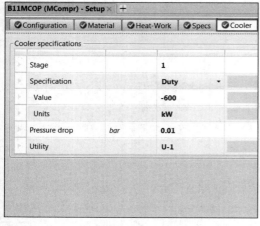

图 3-127

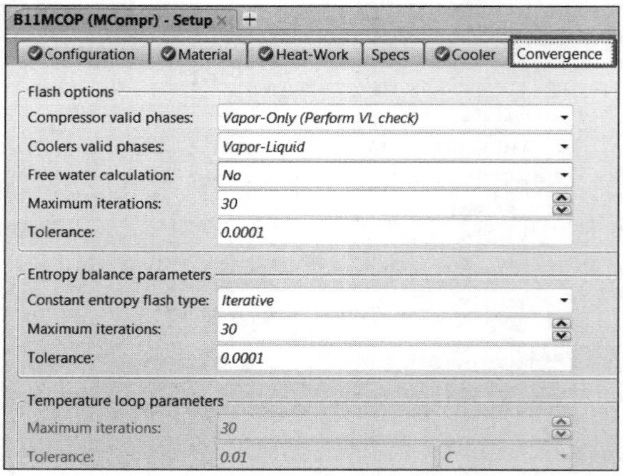

图 3-128

在 Flash options（闪蒸选项）区域，可设置 Compressor valid phases（压缩机有效相态）、Coolers valid phases（冷却器有效相态）、Free water calculation（游离水计算）及闪蒸迭代计算的 Maximum iterations（最大迭代次数）和 Tolerance（容差）。

在 Entropy balance parameters（熵平衡参数）区域，可设置 Constant entropy flash type（等熵闪蒸类型）及熵平衡迭代计算的 Maximum iterations（最大迭代次数）和 Tolerance（容差）。

在 Temperature loop parameters（温度循环参数）区域，设置温度迭代的 Maximum iterations（最大迭代次数）和 Tolerance（容差）。

② Performance Curves 表格

在 Performance Curves 表格中，输入多级压缩机性能曲线的相关数据。Performance Curves 表格中包括 Setup（设置）、Options（选项）、Data（数据）、Efficiencies（效率）、Stage Specs（级规定）和 Wheel Specs（叶轮规定）等页面。

• Setup 页面

在 Blocks | MCompr | Performance Curves | Setup 页面（图 3-129），规定性能曲线的数量和类型。

在 Curve format（曲线格式）区域，选择性能曲线数据格式，包括 Tabular data（表格数据）、Polynomials（多项式）和 User subroutine（用户子程序）。

在 Performance and flow variables（性能和流量变量）区域，选择性能曲线的性能和流量变量。

在 Wheel calculations（叶轮计算）区域，设置叶轮计算参数。可勾选 Do wheel-to-wheel analysis（进行叶轮到叶轮的分析），并设置各级的叶轮数。勾选该选项后，可在 Wheel Specs 页面规定叶轮参数。

在 Number of maps（曲线群数量）区域，设置 No. of performance maps（性能曲线群数量）。

在 Number of curves per map（每个性能曲线群中的曲线数量）区域，设置性能曲线条数。可选择 Single curve at operating speed（操作转速下的单条曲线）、Single curve at reference speed（参考转速下的单条曲线）和 Multiple curves at different speeds（不同转速下的多条曲线）。

• Options 页面

在 Blocks | MCompr | Performance Curves | Options 页面（图 3-130），设置计算选项。可选择 Interpolation method for tabular data（表格数据插值方法）。勾选 Extrapolate beyond surge/stonewall（在超过喘振点/石墙点时进行外推）时，可选择 Extrapolation method for tabular data（表格数据外推方法）。若性能曲线为 Multiple curves at different speeds 或曲线变量设置为 Head-Coeff 时，可勾选 Specify curve speed using rotor tip Mach number（用转子叶尖马赫数规定曲线转速）。

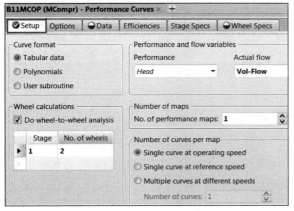

图 3-129

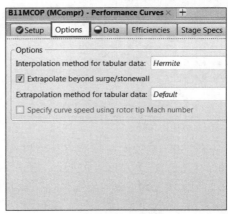

图 3-130

• Data 页面

在 Blocks｜MCompr｜Performance Curves｜Data 页面（图 3-131），输入在 Setup 页面所规定类型的性能曲线数据。

• Efficiencies 页面

在 Blocks｜MCompr｜Performance Curves｜Efficiencies 页面（图 3-132），输入性能曲线的效率数据。

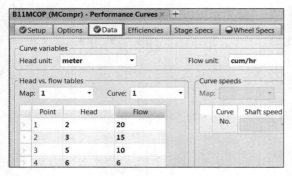

图 3-131

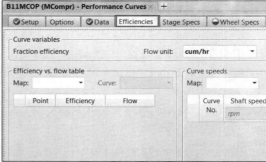

图 3-132

• Stage Specs 页面

在 Blocks｜MCompr｜Performance Curves｜Stage Specs 页面（图 3-133），设置各级规定。包括 Operating parameters（操作参数）、Curve scaling factors（曲线比例因子）、Fan law exponents（风机定律指数）和 Optional suction nozzle parameters（可选进口管嘴参数）。

• Wheel Specs 页面

在 Blocks｜MCompr｜Performance Curves｜Wheel Specs 页面（图 3-134），规定各级中各叶轮的参数。

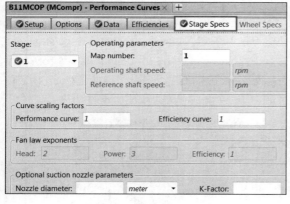

图 3-133

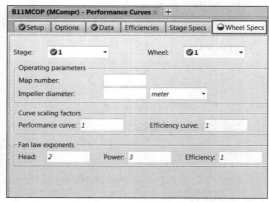

图 3-134

③ Results 表格

在 Results 表格中，查看 MCompr 模型的计算结果。Results 表格中有 Summary（汇总）、Balance（平衡）、Profile（分布）、Coolers（冷却器）、Stage Curves（级曲线）、Wheel Curves（叶轮曲线）、Utilities（公用工程）和 Status（状态）等页面。

• Summary 页面

在 Blocks｜MCompr｜Results｜Summary 页面（图 3-135），查看 MCompr 模型的计算结

果汇总。包括 Outlet pressure（出口压力）、Total work（总功率）、Total cooling duty（总冷却负荷）、Net work required（所需净功率）和 Net cooling duty（净冷却负荷）等参数。

● Balance 页面

在 Blocks｜MCompr｜Results｜Balance 页面（图 3-136），查看 MCompr 模型的衡算结果。包括 Mole-flow（摩尔流量）、Mass-flow（质量流量）和 Enthalpy（焓）平衡。

图 3-135　　　　　　　　　　　　　　　图 3-136

● Profile 页面

在 Blocks｜MCompr｜Results｜Profile 页面（图 3-137），查看 MCompr 模型中各级参数的计算结果。包括 Temperature（温度）、Pressure（压力）、Pressure ratio（压力比）、Indicated power（指示功率）、Brake horsepower（轴功率）、Head developed（压头增加）、Volumetric flow（体积流量）和 Efficiency used（所用效率）。

● Coolers 页面

在 Blocks｜MCompr｜Results｜Coolers 页面（图 3-138），查看各级冷却器相关参数的计算结果。包括各级冷却器的 Temperature（温度）、Pressure（压力）、Duty（热负荷）和 Vapor fraction（汽相分率）。

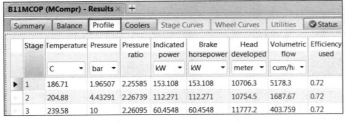

图 3-137　　　　　　　　　　　　　　　图 3-138

● Stage Curves 页面

在 Blocks｜MCompr｜Results｜Stage Curves 页面（图 3-139），查看 MCompr 模型各级曲线的数据。包括 Stage（级）、% Above surge（超过喘振点百分比）、% Below stonewall（低于石墙点百分比）、Shaft speed（轴速度）、Specific speed（比速度）和 Suction sonic velocity（入口声速）。

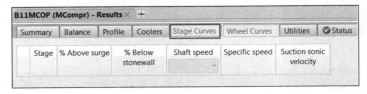

图 3-139

● Wheel Curves 页面

在 Blocks｜MCompr｜Results｜Wheel Curves 页面（图 3-140），查看 MCompr 模型叶轮

曲线的数据。包括 Wheel（叶轮）、% Above surge（超过喘振点百分比）、% Below stonewall（低于石墙点百分比）、Shaft speed（轴速度）、Specific speed（比速度）、Suct sonic velocity（入口声速）、Specific diameter（比直径）、Head coefficient（压头系数）、Flow coefficient（流量系数）、Wheel Tip Mach No.（叶轮叶尖马赫数）和 Suction Mach No.（入口马赫数）。

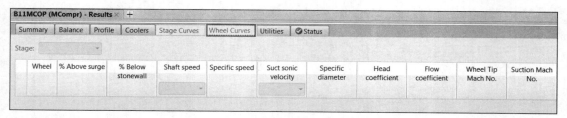

图 3-140

- Utilities 页面

在 Blocks | MCompr | Results | Utilities 页面（图 3-141），查看 MCompr 模型所用公用工程的数据。包括 Compressor utility usage（压缩机公用工程用量）和 Cooler utility usage（冷却器公用工程用量）。

- Status 页面

在 Blocks | MCompr | Results | Status 页面（图 3-142），查看 MCompr 模型的运行状态。

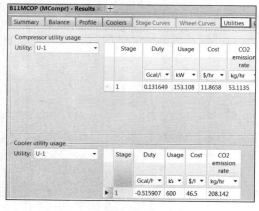

图 3-141

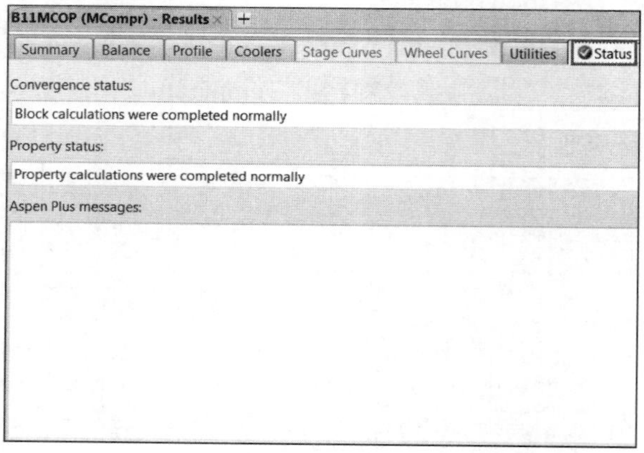

图 3-142

3.2.3.4　Valve 模型功能详解

Valve 模型用于模拟控制阀和压力变送器，可进行单相、两相或三相计算。Valve 模型将阀门的流量系数和阀门压降关联，假定流动绝热，确定阀出口物流的热状态和相态。

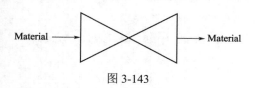

图 3-143

（1）流程连接

Valve 模型的流程连接如图 3-143 所示。

Valve 模型只有一股进料物流和一股出料物流。

（2）模型规定

Valve 模型中包括 Input（输入）、Block Options（模型选项）、EO Modeling（EO 模型）、Results（结果）、Stream Results（物流结果）、Stream Results (Custom)（自定义物流结果）和 Summary（汇总）等表格及文件夹。

① Input 表格

在 Input 表格中，规定模型的输入数据。Valve 模型的 Input 表格中，包括 Operation（操作）、Valve Parameters（阀门参数）、Calculation Options（计算选项）、Pipe Fittings（管件）和 Information（信息）等页面。

- Operation 页面

在 Blocks｜Valve｜Input｜Operation 页面（图 3-144），设置阀门的操作条件。在 Calculation type（计算类型）区域，选择计算类型。计算类型包括以下三种。

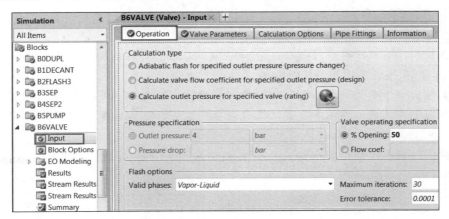

图 3-144

Adiabatic flash for specified outlet pressure (pressure changer)：规定出口压力，进行绝热闪蒸计算从而确定出料的热状态及相态，即压力改变型计算。

Calculate valve flow coefficient for specified outlet pressure (design)：规定出口压力，计算阀门流量系数，即设计型计算。

Calculate outlet pressure for specified valve (rating)：规定阀门，计算出口压力，即核算型计算。

选择前两项（即 pressure changer 和 design 型计算）时，需在 Pressure spcification（压力规定）区域设置 Outlet pressure（出口压力）或 Pressure drop（压降）；选择 rating 型计算时，需在 Valve operating specification（阀门操作规定）区域规定% Opening（操作阀位%开度）或 Flow coef（某操作阀位的流量系数）。

Valve flow coefficient（C_v，流量系数）是衡量阀门流通能力的参数。阀门流量系数的定义是每分钟流过阀门且压降为 1psi（1psi=6894.76Pa）的水（60°F）的加仑数，阀门系数关联了流量与压降的关系。

液体：
$$W = N_6 F_k C_v \sqrt{r(p_{in} - p_{out})}$$

汽相或汽-液混合物：
$$W = N_6 F_k Y \sqrt{r(p_{in} - p_{out})}$$

式中，W 表示质量流量；N_6 表示基于测量单位的数值常数；F_k 表示管道结构因子；C_v 表示阀门流量系数；Y 表示膨胀系数；p_{in} 表示进口压力；p_{out} 表示出口压力；r 表示进口质量密度。

膨胀系数 Y 表征蒸汽从阀门入口进入收缩腔时密度的变化，及压力降变化时收缩腔面积的变化（收缩系数）。理论上来说，膨胀系数受以下因素影响：接口面积与阀体入口面积之比；阀门的内部结构；压降比；流体雷诺数；比热比。雷诺数的影响可忽略不计。前三项的影响可用阀门压降比例因子 X_t（带配件的阀门用 X_{TP}）定义，因此膨胀系数可写作压降与入口压力比值的线性函数：

$$Y = 1 - \frac{p_{\text{in}} - p_{\text{out}}}{3F_k X_t P_{\text{in}}} \text{。}$$

式中，X_t 为压降比例因子，表示流体通过阀门时阀门的内部结构对流体密度的影响，是压降比的限定值。在节流状态下，X_t 可由下式进行计算：

$$X_t = \frac{1}{F_k}\left(\frac{\mathrm{d}p_{\text{ch}}}{p_{\text{in}}}\right)$$

式中，$\mathrm{d}p_{\text{ch}}$ 表示气体节流压降。

只有在进料中有汽相存在且在 Operation 页面的 Calculation Type 中选择了 design 或 rating 选项时，Valve 模型才能用压降比例因子。

尽可能避免在混合流（两相和三相）中使用控制阀。Valve 模型中模拟多相流时，膨胀系数以相加权的方式近似表示密度变化效应，但模型可能会因为相变出现不连续的情况。

- Valve Parameters 页面

进行阀门核算时，需在 Blocks | Valve | Input | Valve Parameters 页面（图 3-145），输入阀门参数。

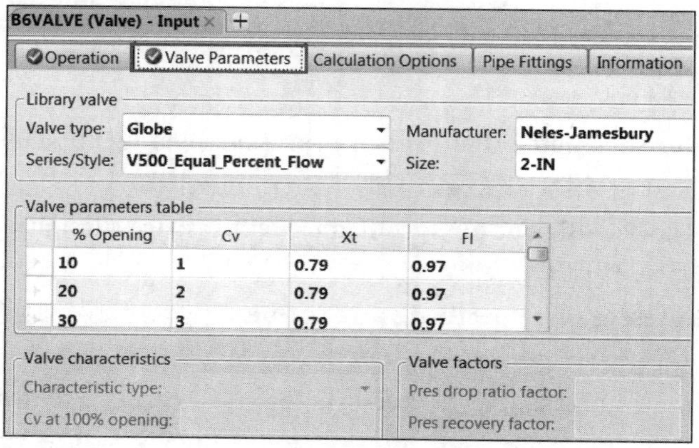

图 3-145

在 Library valve（阀门库）区域，可设置 Valve type（阀门类型）、Manufacturer（制造厂家）、Series/style（系列/类型）和 Size（尺寸），从而从内置的阀门库中定义一个阀。

在 Valve parameters table（阀门参数表）区域，可输入%Opening（阀门开度）与流量系数 C_v、压降比例因子 X_t 和压力补偿因子 F_l 的关系表。从阀门库中定义阀门后，在该区域可自动显示其阀门参数表。

在 Valve characteristics（阀门性质）区域，可选择 Characteristic type（特性方程类型），并输入 C_v at 100% opening（最大阀门开度时的流量系数 C_v）。

在 Valve factors（阀门因子）区域，可输入 Pres drop ratio factor（压降比例因子）和 Pres recovery factor（压力补偿因子）。

压力补偿因子 F_l 用于计算流体在节流状态下阀门的内部结构对液体流动能力的影响，定义如下：

$$F_l = \left(\frac{dp_{\text{ch}}}{p_{\text{in}} - p_{\text{vc}}}\right)^{1/2}$$

$$p_{vc}=F_f p_v$$

式中，p_{vc} 表示阀门中最小截面处的压力；F_f 表示液体临界压力比例因子；p_v 表示进口处液体物流的蒸气压。

只有在进料中有汽相存在，并在 Calculation Options 页面的 Calculation Options（计算选项）区域选择了 Check for choked flow（检查阻塞流）或在 Minimum outlet pressure（最小出口压力）区域选择了 Set equal to choked outlet pressure（等于阻塞出口压力）选项，且在 Operation 页面的 Calculation Type 选择了 design 或 rating 选项时，Valve 模型才能用压降比例因子。

- Calculation Options 页面

在 Blocks | Valve | Input | Calculation Options 页面（图 3-146），规定模型的计算选项。

在 Calculation options（计算选项）区域，可勾选 Check for choked flow（检查阻塞流）或 Calculate cavitation index（计算汽蚀指数）。含汽相的物流，需定义阀的压降比例因子 X_t。含液相的物流，若规定了检查阻塞流，需规定阀门的压力补偿因子 F_1。

若勾选了 Check for choked flow（检查阻塞流），则 Valve 模型将显示阀的阻塞状况。Choked flow（阻塞流）是流量的最大限制。固定进口物流状态不变，降低出口压力可提高流速，当流速不能再提高时即发生阻塞流，此时通过阀门的有效压降等于阻塞压降。design 模式下，将计算阻塞压降，当计算的压降超过阻塞压降时，会给出警告；rating 模式下，用户可规定最小出口压力，将其作为模拟、计算的出口阻塞压力或自定义阀门的低限。后两种情况下，若计算压降超过限制，将给出错误提示，并将出口压力设置为该最小出口压力值。Aspen Plus 用下式（Instrument Society of America，1985）计算节流条件下的限定压降：

液相　　　　　　　　　　　　$\mathrm{d}p_{lc}=F_1^2(p_{in}-F_f p_v)$

汽相　　　　　　　　　　　　$\mathrm{d}p_{vc}=F_k X_t p_{in}$

$$F_f = 0.96 - 0.28\left(\frac{p_v}{p_c}\right)^{0.5}$$

式中，$\mathrm{d}p_{lc}$ 表示液相限定压降；$\mathrm{d}p_{vc}$ 表示汽相限定压降；p_c 表示进口处液体物流的临界压力。

对于多相物流，Valve 模型采用 $\mathrm{d}p_{lc}$ 和 $\mathrm{d}p_{vc}$ 中的较小值。当压降超过该限定压降时，通过阀的流动将出现阻塞流。

若勾选了 Calculate cavitation index（计算汽蚀指数），则 Valve 模型将计算汽蚀指数。Cavitation index（汽蚀指数）是衡量阀门发生汽蚀可能性的参数。Aspen Plus 用下式（Instrument Society of America，1985）计算汽蚀指数，该定义仅用于液相物流：

$$K_c = \left(\frac{p_{in} - p_{out}}{p_{in} - p_v}\right)$$

式中，K_c 表示汽蚀指数；p_{out} 表示出口压力。

- Pipe Fittings 页面

在 Blocks | Valve | Input | Pipe Fittings 页面（图 3-147），设置阀门管件参数。可勾选 Include effect of pipe fittings head loss on valve flow capacity（包括管件压头损失对阀门流通能力的影响），并在 Valve and pipe diameters（阀门和管径）区域，输入 Valve inlet diameter（阀门进口直径）、Inlet pipe diameter（进口管径）和 Outlet pipe diameter（出口管径），Valve 模型将根据阀门和管线直径及估算的管线几何参数进行计算。

② Results 表格

在 Results 表格中，查看模型计算结果。Results 表格中有 Summary（汇总）、Balance（平衡）和 Status（状态）等页面。

• Summary 页面

在 Blocks | MCompr | Results | Summary 页面（图 3-148），查看阀门的计算结果汇总。包括 Choking status（阻塞状态）、Outlet pressure（出口压力）、Pressure drop（压降）、Choked outlet pressure（阻塞出口压力）、Outlet temperature（出口温度）、Outlet vapor fraction（出口汽相分率）、Valve flow coefficient（阀门流量系数）、Valve % opening（阀门开度）、Cavitation index（汽蚀指数）、Pressure drop ratio factor（压降比因子）、Pressure recovery factor（压力回收因子）和 Piping geometry factor（管道结构因子）等参数。

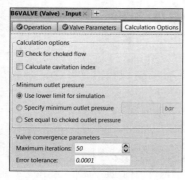

图 3-146

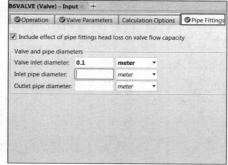

图 3-147

图 3-148

3.2.3.5 Pipe 模型功能详解

Pipe 模型用于计算流体流经单段管的压降和传热量，也可模拟管件及进出口压降。可进行单相、两相或三相计算，不适合模拟非理想流体（如聚合物）的流动，流体流动方向和管道升高角度可以为任意。若需模拟多段直径不同或成角度的管线，需要用 Pipeline 模型。

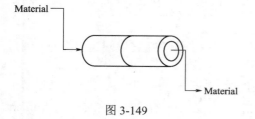

图 3-149

（1）流程连接

Pipe 模型的流程连接如图 3-149 所示。

Pipe 模型只有一股进料和一股出料，可用于模拟一维稳态充分发展（不考虑进口效应）的流动。

（2）模型规定

Pipe 模型中包括 Setup（设置）、Advanced（高级）、User Subroutine（用户子程序）、Dynamic（动态）、Block Options（模型选项）、EO Modeling（EO 模型）、Results（结果）、Stream Results（物流结果）、Stream Results (Custom)（自定义物流结果）和 Summary（汇总）等表格及文件夹。

① Setup 表格

在 Setup 表格中，输入管段及管件数据、热量计算和固体相关参数等。Setup 表格中包括 Pipe Parameters（管参数）、Thermal Specification（热规定）、Fittings1（管件 1）、Fittings2（管件 2）、Flash Options（闪蒸选项）、Solids Conveying（固体输送）和 Information（信息）等页面。

• Pipe Parameters 页面

在 Blocks | Pipe | Setup | Pipe Parameters 页面（图 3-150），输入管段参数。

可选择 Fluid flow（流体流动）或 Solids conveying（固体输送）。

在 Length（长度）区域，规定 Pipe length（管长）。

在 Diameter（管径）区域，可选择输入 Inner diameter（内径）、Use pipe schedules（用管道表）或 Compute using user subroutine（由用户子程序计算）。

选择 Use pipe schedules 时，可在 Pipe schedules（管道表）区域，通过选择 Material（材质）、Schedule（管道表）和 Nom diameter（公称直径），从 Aspen Plus 内置的常用管道列表中调取相应管道数据。

在 Elevation（倾斜角度）区域，可选择输入 Pipe rise（管道上升高度）或 Pipe angle（管道角度）。

在 Options（选项）区域，可输入 Roughness（粗糙度）及 Erosional velocity coefficient（腐蚀速率系数）。

- Thermal Specification 页面

在 Blocks｜Pipe｜Setup｜Thermal Specification 页面（图 3-151），输入管段热规定。

在 Thermal specification type（热状态规定类型）区域，可选择指定 Constant temperature（恒定温度）、Linear temperature profile（线性温度分布）、Adiabatic（zero duty）（绝热，即热负荷为 0）或 Perform energy balance（进行能量衡算）。

在 Energy balance parameters（能量衡算参数）区域，可输入 Inlet ambient temperature（进口环境温度）、Outlet ambient temperature（出口环境温度）和 Heat transfer coefficient（传热系数）。

在 Heat flux（热通量）区域，可输入管段热通量。

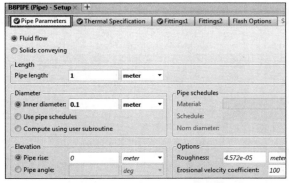

图 3-150

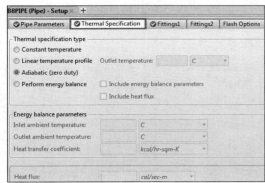

图 3-151

- Fittings1 页面

在 Blocks｜Pipe｜Setup｜Fittings1 页面（图 3-152），输入管件参数。

在 Connection type（连接类型）区域，可选择 Flanged welded（法兰焊接）或 Screwed（螺纹连接）。

在 Number of fittings（管件数）区域，可输入 Gate valves（闸阀）、Butterfly valves（蝶阀）、Large 90 deg. elbows（90°弯头）、Straight tees（正三通）和 Branched tees（斜三通）等管件的个数。

在 Miscellaneous L/D（当量长径比）和 Miscellaneous K factor（当量 K 因子）区域，分别输入管件的当量长径比和 K 因子值。

- Fittings2 页面

在 Blocks｜Pipe｜Setup｜Fittings2 页面（图 3-153），输入进出口、缩扩径及开孔等参数。

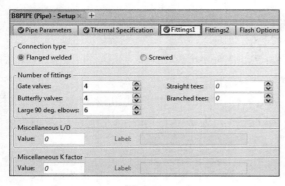

图 3-152

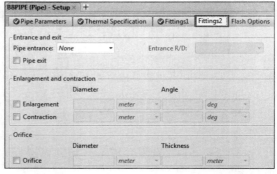

图 3-153

在 Entrance and exit（进口和出口）区域，设置进出口参数。计算进口时，可选择 Pipe entrance（管段进口）的类型，输入 Entrance R/D（进口半径/直径）。计算出口时，可勾选 Pipe exit（管段出口）。

有变径时，可在 Enlargement and contraction（扩径和缩径）区域，设置变径参数。可分别勾选 Enlargement（扩径）或 Contraction（缩径），并输入其 Diameter（直径）和 Angle（角度）。

有开孔时，可在 Orifice（孔口）区域，设置开孔参数。需勾选 Orifice（孔口），并输入其 Diameter（直径）和 Thickness（厚度）。

- Flash Options 页面

在 Blocks | Pipe | Setup | Flash Options 页面（图 3-154），输入闪蒸规定选项。

- Solids Conveying 页面

流体中有固体时，可在 Blocks | Pipe | Setup | Solids Conveying 页面（图 3-155），输入固体相关参数。

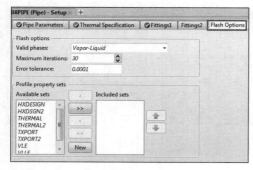

图 3-154

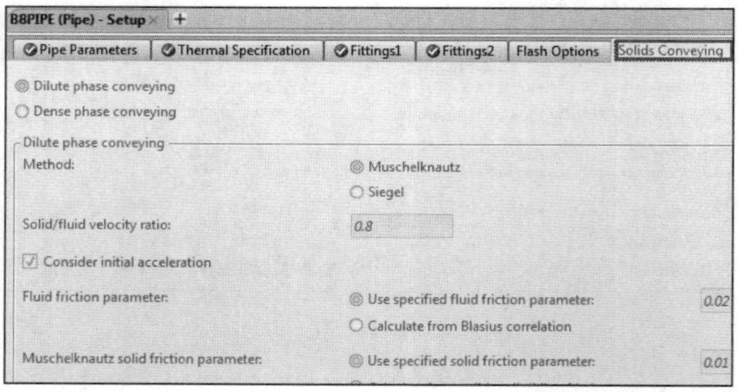

图 3-155

② Advanced 表格

在 Advanced 表格中，可进行相关高级设置。Advanced 表格中包括 Calculation Options（计算选项）、Methods（方法）、Property Grid（物性数据表）和 Convergence（收敛）等页面。

- Calculation Options 页面

在 Blocks | Pipe | Advanced | Calculation Options 页面（图 3-156），设置计算选项。

在 Pressure calculation（压力计算）区域，可选择 Calculate pipe outlet pressure（计算出口压力）或 Calculate pipe inlet pressure（计算进口压力）。若选择计算出口压力，则需规定进口压力，向下游物流计算。

若选择计算进口压力，则需在 Pipe outlet conditions（管段出口条件）区域，设置出口条件。

可选择 Enter outlet conditions（输入出口条件），并输入 Outlet pressure（出口压力）及 Outlet temperature（出口温度）；或选择 Reference outlet stream（参考出料），并输入出料的流量和组成。

在 Flow calculation（流量计算）区域，设置流量计算相关参数。可选择 Calculate outlet stream flow（计算出口物流），以根据进料条件计算出料流量和组成；或选择 Calculate inlet stream flow（计算进口物流），以根据出料条件计算进料流量和组成。

在 Property calculation method（物性计算方法）区域，设置物性计算相关参数。若选择 Do flash at each integration step（每次积分都进行闪蒸），则在每次计算物性时都将进行严格的闪蒸计算。若选择 Interpolate from property grid（从物性数据表中进行内插），则将通过在多个温度和压力下的物性数据表中进行内插来计算物性。此时需在 Blocks｜Pipe｜Advanced｜Property Grid 页面（图 3-157），设置物性数据表。在 Grid point entry method（数据表输入方法）区域选择输入方法，包括 Enter list（输入列表）、Enter range（输入范围）或 Copy from block（从模型中复制）。在 Pressure vs. temperature range（压力与温度范围）区域，输入相应温度和压力数据。Pipe 模型将计算在这些条件下的物性并进行内插计算。

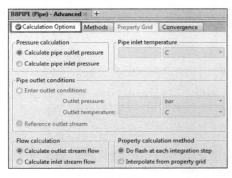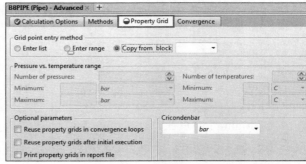

图 3-156　　　　　　　　　　　　　　　　图 3-157

- Methods 页面

在 Blocks｜Pipe｜Advanced｜Methods 页面（图 3-158），可指定求解方法及其参数，并选择摩擦阻力和持液量的关联式。在 Solution method（求解方法）区域，选择求解方法，包括 Numerical integration（数值积分）、Closed form equation（闭合方程）和 Constant dP/dL（恒定 dP/dL）等方法。在 Solution method parameters（求解方法参数）区域，输入求解方法的参数。在 Frictional correlations（摩擦关联式）和 Holdup correlations（持液量关联式）区域，可分别选择 Downhill（向下倾斜）、Inclined（向上倾斜）、Horizontal（水平）及 Vertical（垂直）等不同方向的摩擦阻力关联式和持液量关联。

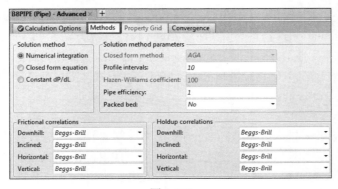

图 3-158

3.2.3.6　Pipeline 模型功能详解

Pipeline 模型用于计算一段直管、环形管或管线的压降和传热，可模拟构成管线的多段管，可进行一相、两相或三相计算。若已知进口压力，可计算出口压力。若已知出口压力，可计算进口压力并更新进口物料。用户可规定流体温度分布，或进行传热计算以确定温度。流动方向和升高角度可以为任意。有恒定直径和升高角度的单段管，可以用 Pipe 模型计算。

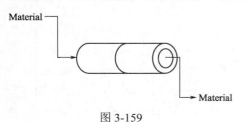

图 3-159

（1）流程连接

Pipeline 模型的流程连接如图 3-159 所示。

与 Pipe 模型相同，Pipeline 模型处理单进料和单出料，假定流动为一维稳态充分发展（不考虑进口效应）。

（2）模型规定

Pipeline 模型中包括 Setup（设置）、Convergence（收敛）、User Subroutines（用户子程序）、Block Options（模型选项）、EO Modeling（EO 模型）、Results（结果）、Stream Results（物流结果）、Stream Results (Custom)（自定义物流结果）和 Summary（汇总）等表格及文件夹。

① Setup 表格

在 Setup 表格中，输入管线结构数据、计算方法和固体相关参数等。Setup 表格中包括 Configuration（配置）、Connectivity（连接）、Methods（方法）、Property Grid（物性数据表）、Flash Options（闪蒸选项）、Solids Conveying（固体输送）和 Information（信息）等页面。

- Configuration 页面

在 Blocks | Pipeline | Setup | Configuration 页面（图 3-160），设置管线结构配置参数。

在 Calculation direction（计算方向）区域，设置计算方向。可选择 Calculate outlet pressure（计算出口压力）或 Calculate inlet pressure（计算进口压力）。

在 Thermal options（热选项）区域，设置热状态相关参数。可选择 Do energy balance with surroundings（与环境进行能量平衡）或 Specify temperature profile（规定温度分布）。若选择前者，需规定传热系数 U 值和环境温度；若选择后者，将用规定的节点温度替换物流温度。在 Inlet conditions（进口条件）区域，可输入 Pressure（压力）及 Temperature（温度）。

在 Segment geometry（管段结构）区域，设置管段结构。可选择各管段结构输入方式为 Enter node coordinates（输入节点坐标）或 Enter segment length and angle（输入管段长度和倾角）。若选择前者，需在 Connectivity 页面输入各管段起始和终止节点的节点坐标 X、Y 和 Elevation（高度）；若选择后者，需在 Connectivity 页面输入各管段的长度和角度。

在 Property calculations（物性计算）区域，设置物性计算方法。可选择 Do flash at each step（每一步都进行闪蒸）或 Interpolate from property grid（由物性表内插）。

在 Pipeline flow basis（管线流量基准）区域，设置流量基准。可选择 Use inlet stream flow（用进口流量）或 Reference outlet stream flow（参考出口流量）。

- Connectivity 页面

在 Blocks | Pipeline | Setup | Connectivity 页面（图 3-161），输入管线中各管段参数。

单击 New…按钮，可创建至少一个管段。在弹出的 Segment Data（管段数据设置）页面中，可规定每个管段的结构。对于每个管段，输入进口和出口节点名称最多为 4 个字符。

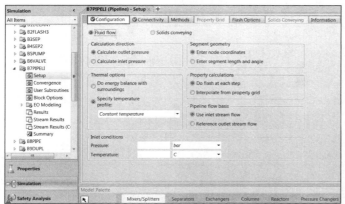
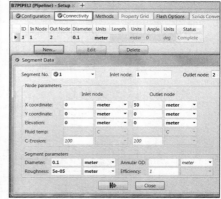

图 3-160   图 3-161

● Methods 页面

在 Blocks｜Pipeline｜Setup｜Methods 页面（图 3-162），设置管线计算方法。

在 Solution method（求解方法）区域，选择求解方法。Pipeline 模型利用 Numerical integration（数值积分法）或 Closed-form equation（近似方程）计算压降。利用 Darcy 模型计算单液相或单汽相流体压降，利用 Two-phase correlations（两相关联式）计算汽-液体系。

Numerical integration：数值积分法。Pipeline 模型求解沿管线对长度增量进行积分的动量平衡方程（若 Configuration 页面选中 Do energy balance，将同时求解能量平衡方程）。该方法对管线尺寸或倾斜度、流体组成或管线内相态无假设。

Closed-form equation：近似方程。Pipeline 模型根据用户选择的经验方程确定总压降。这些方程假设沿管线长度方向压降恒定，用于预测特定应用的压降，如天然气通过水平粗管道的传输。Closed-Form equation 比 Numerical integration 计算时间短，但应用时应注意将计算结果与已知压降数据或 Numerical integration 计算结果进行比较。

Two-phase correlations：两相关联式。下表列出了两相摩擦压力降和液体持液量关联式。

管方向	倾斜度	摩擦压力降因子关联式	液体持液量关联式
Horizontal（水平）	−2°～2°	Beggs and Brill（BEGGS-BRILL） Dukler（DUKLER） Lockhart-Martinelli（LOCK-MART） Darcy（DARCY） HTFS User subroutine（USER-SUBR）	Beggs and Brill（BEGGS-BRILL） Eaton（EATON） Lockhart-Martinelli（LOCK-MART） Hoogendorn（HOOG） Hughmark（HUGH） HTFS User subroutine（USER-SUBR）
Vertical（垂直）	+45°～+90°	Beggs and Brill（BEGGS-BRILL） Orkiszewski（ORKI） Angel-Welchon-Ros（AWR） Hagedorn-Brown（H-BROWN） Darcy（DARCY） HTFS User subroutine（USER-SUBR）	Beggs and Brill（BEGGS-BRILL） Orkiszewski（ORKI） Angel-Welchon-Ros（AWR） Hagedorn-Brown（H-BROWN） HTFS User subroutine（USER-SUBR）
Downhill（向下倾斜）	−2°～−90°	Beggs and Brill（BEGGS-BRILL） Slack（SLACK） Darcy（DARCY） HTFS User subroutine（USER-SUBR）	Beggs and Brill（BEGGS-BRILL） Slack（SLACK） HTFS User subroutine（USER-SUBR）

管方向	倾斜度	摩擦压力降因子关联式	液体持液量关联式
Inclined （向上倾斜）	+2°～+45°	Beggs and Brill（BEGGS-BRILL） Dukler（DUKLER） Orkiszewski（ORKI） Angel-Welchon-Ros（AWR） Hagedorn-Brown（H-BROWN） Darcy（DARCY） HTFS User subroutine（USER-SUBR）	Beggs and Brill（BEGGS-BRILL） Flanigan（FLANIGAN） Orkiszewski（ORKI） Angel-Welchon-Ros（AWR） Hagedorn-Brown（H-BROWN） HTFS User subroutine（USER-SUBR）

文献 *James P. Brill，H. Dale Beggs. Two-Phase Flow in Pipes. 1991.*所有两相摩擦压力降关联式中，都用 Colebrook 方程（Beggs and Brill，1984）计算湍流摩擦因子；层流摩擦因子用 $64/Re$。

在 Frictional correlations（摩擦关联式）和 Holdup correlations（持液量关联式）区域，选择摩擦关联式和持液量关联式。在计算压降和持液量时，Pipeline 模型将多个液相（如油相和水相）作为均一相处理。若存在汽-液物流，计算液体持液量和流动状态（流动型式）。Pipeline 模型自动检测单组分流体的情况（如水蒸气）并进行处理。在压降计算中不考虑固体和盐沉淀，但在能量衡算中考虑。

② Convergence 表格

在 Convergence（收敛）表格中，设置模型收敛参数。Convergence 表格中包括 Integration（积分）、Correlation Options（关联式选项）和 Beggs-Brill Coefficients（Beggs-Brill 关联式系数）等页面。

- Integration 页面

在 Blocks｜Pipeline｜Convergence｜Integration 页面（图 3-163），设置积分方法。

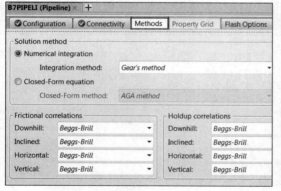

图 3-162　　　　　　　　　图 3-163

- Correlation Options 页面

在 Blocks｜Pipeline｜Convergence｜Correlation Options 页面（图 3-164），设置关联式选项。

- Beggs-Brill Coefficients 页面

在 Blocks｜Pipeline｜Convergence｜Beggs-Brill Coefficients 页面（图 3-165），设置 Beggs-Brill 方程系数。

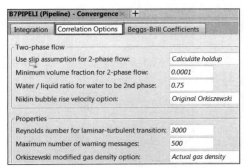
图 3-164

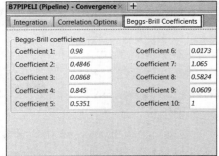
图 3-165

3.3 传热设备

Exchangers 是用来改变物流热力学状态的传热设备模型。Aspen Plus 模型库中 Exchangers 选项卡下，有 Heater（加热或冷却器）、HeatX（两物流换热器）、MHeatX（多物流换热器）和 HXFlux（热通量计算器）四种传热设备模型（图 3-166）。

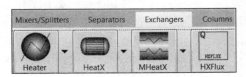
图 3-166

四个模型的简介，可参考下表。

模型	说明	目的	用于
Heater	加热或冷却器	确定出料的热状态和相态	加热器、冷却器和冷凝器等
HeatX	两物流换热器	两物流之间换热	两物流换热器。可设计及核算管壳式换热器，严格模拟管壳式换热器、空冷器或板式换热器
MHeatX	多物流换热器	多物流之间换热	多物流换热器，如 LNG 换热器
HXFlux	热通量计算器	模拟热源和热阱间的对流和辐射传热	对流传热及加热炉辐射传热

下面将通过例 3.3 演示各 Exchangers 模型的基本用法，各模型功能详细介绍可参阅 3.3.7 节内容。

3.3.1 模拟案例

例 3.3 利用 Aspen Plus 模型库中 Exchangers（传热设备）选项卡下的相应模型，进行以下计算：

1. 将上节案例中压缩机出口的高温物流 10COUT 冷却至 100℃，计算所需换热量。

2. 若用冷物流 8PIPEOUT 与热物流 10COUT 换热，并将其冷却至 100℃，计算所需换热面积。传热系数 U 由冷热侧流体相态决定：冷热流体均为液相时取 1500kcal/(h·m²·K)，均为汽相时取 20kcal/(h·m² ·K)，一侧为汽相、另一侧为液相时取 730.868kcal/(h·m² ·K)，下同。

3. 选用管壳式换热器用于上述换热过程，所选换热器结构尺寸如下：

壳程：单壳程单管程，水平放置，壳体直径 0.55m。

管程：裸管，132 根、5m 长，正方形排列，管心距 0.03m，管内径 0.02m，外径 0.025m。

挡板：弓形挡板，15 块，圆缺率 0.3。

管嘴：壳程进口管嘴直径 0.2m，出口管嘴直径 0.15m，管程进口出口管嘴直径都为 0.2m。

试对所选换热器进行详细核算，判断该换热器是否符合要求。

4. 对 3 中所选换热器进行详细模拟计算，确定冷热物流经换热后的状态。

5. 利用 EDR 软件，对 3 中换热器进行严格核算。

6. 调整 3 中所述换热器的管长，计算将热物流 10COUT 冷却至 100℃时所需的管长。

7. 分析换热器管长在 3～8m 范围内变化、管数在 120～140 根范围内变化时，冷热物流出口温度的变化情况，并作图表示。

8. 利用多物流换热器，将 12MCOUT、13LOUT 两股物流与 4SPR01 换热。要求 12MCOUT、13LOUT 出口温度分别为 100℃、110℃，试确定 4SPR01 出口温度及所需换热面积。

9. 假设两股物流进行对流换热。热物流进口温度 100℃、出口温度 50℃，冷物流进口温度 20℃、出口温度 40℃。传热系数 U=500kcal/(h·m²·K)，传热面积 A=30m²。进行传热计算，求上述换热过程的换热量。

10. 创建一股物流，其组成、温度和压力等条件与进料 0FEED 相同，但流量为 0FEED 流量的 1/2。

3.3.2 Heater 模型

打开文件"例 3.2 流体输送校核"，将其另存为文件"例 3.3 换热-Heater"。

换热-Heater

3.3.2.1 建立流程

在 Main flowsheet 页面建立流程，如图 3-167 所示。其中冷却器 B12COOLE 用 Heater 模型。

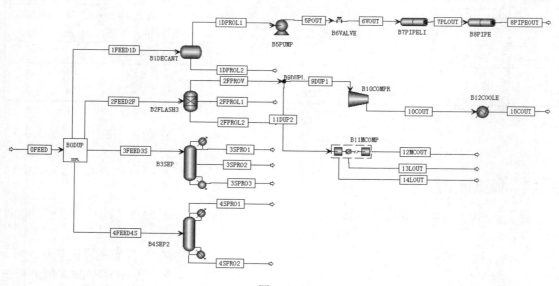

图 3-167

3.3.2.2　设置模型参数

在 Blocks｜B12COOLE｜Input｜Specifications 页面（图 3-168），输入冷却器规定。在 Flash specifications（闪蒸规定）区域，选择 Flash Type（闪蒸类型）为 Temperature（温度）和 Pressure（压力），并输入 Temperature 为 100℃，Pressure 为 0bar，即压降为 0bar。

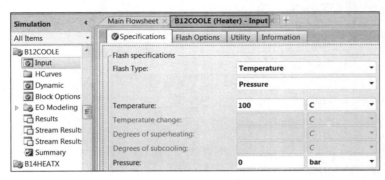

图 3-168

3.3.2.3　运行模拟并查看结果

设置完成后，运行模拟。运行结束后，在 Blocks｜B12COOLE｜Results｜Summary 页面（图 3-169），查看物流出口状态及冷却器热负荷等。在 Blocks｜B12COOLE｜Results｜Phase Equilibrium 页面（图 3-170），查看各相的平衡组成及各组分的 K 值。

在 Blocks｜B12COOLE｜Stream Results｜Material 页面（图 3-171），查看进出物料的温度、压力、汽相分率、流量、焓值和组成等值。

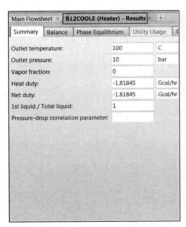

图 3-169

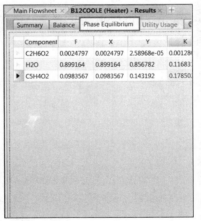

图 3-170

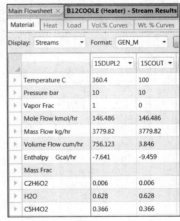

图 3-171

3.3.3　HeatX 模型

将文件"例 3.3 换热-Heater"保存后，另存为文件"例 3.3 换热-HeatX"。

3.3.3.1　建立流程

在 Main flowsheet 页面建立流程，如图 3-172 所示。其中换热器 B14HEATX 用模型库中 HeatX 下的 GEN-HS 图标。

换热-HeaterX

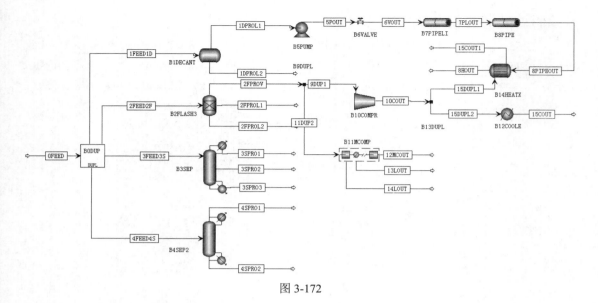

图 3-172

3.3.3.2 简捷设计计算

在 Blocks｜B14HEATX｜Setup｜Specifications 页面（图 3-173），规定换热器。在 Calculation（计算）区域，选择计算模式为 Shortcut（简捷）。在 Flow arrangement（流动安排）区域，默认选择 Flow direction（流动方向）为 Countercurrent（逆流）。在 Type（类型）区域，选择计算类型为 Design（设计）。在 Exchanger specification（换热器规定）区域，选择 Specification（规定）为 Hot stream outlet temperature（热流体出口温度），并规定其 Value（值）为 100℃。

在 Blocks｜B14HEATX｜Setup｜LMTD 页面（图 3-174），规定对数平均温差计算方法。本例中采用默认设置，即 LMTD correction factor method（LMTD 校正因子计算方法）为 Constant（常数）。

图 3-173

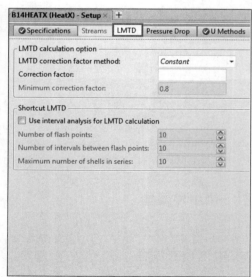

图 3-174

在 Blocks｜B14HEATX｜Setup｜Pressure Drop 页面（图 3-175），设置压降计算方法。本例中采用默认值，即 Hot side（热侧）和 Cold side（冷侧）的 Outlet pressure（出口压力）均设置为 0bar，即冷热侧压降均为 0bar。

在 Blocks｜B14HEATX｜Setup｜U Methods 页面（图 3-176），设置传热系数计算方法。在 Selected calculation method（选择计算方法）区域，选择 Phase specific values（相态法），并在右侧 Phase specific values 区域列表中，输入各传热系数值：Hot side 为 Liquid（液相），Cold side 为 Liquid（液相）或 Boiling（沸腾）时，U value（传热系数值）取 $1500\text{kcal}/(\text{h}\cdot\text{m}^2\cdot\text{K})$；Hot side 和 Cold side 一侧为 Vapor（蒸汽）或 Condensing（冷凝），另一侧为 Liquid（液相）或 Boiling（沸腾）时，取 $730.868\text{kcal}/(\text{h}\cdot\text{m}^2\cdot\text{K})$；Cold side 为 Vapor，Hot side 为 Vapor 或 Condensing 时取 $20\text{kcal}/(\text{h}\cdot\text{m}^2\cdot\text{K})$。

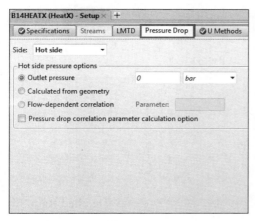

图 3-175

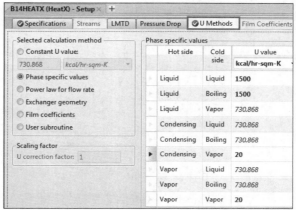

图 3-176

设置完成后，运行模拟。运行完成后，在 Blocks｜B14HEATX｜Thermal Results｜Summary 页面（图 3-177），查看冷热流体进出口参数及换热量。在 Blocks｜B14HEATX｜Thermal Results｜Exchanger Details 页面（图 3-178），查看换热器的设计结果。可以看到，所需换热面积为 42.3m^2。

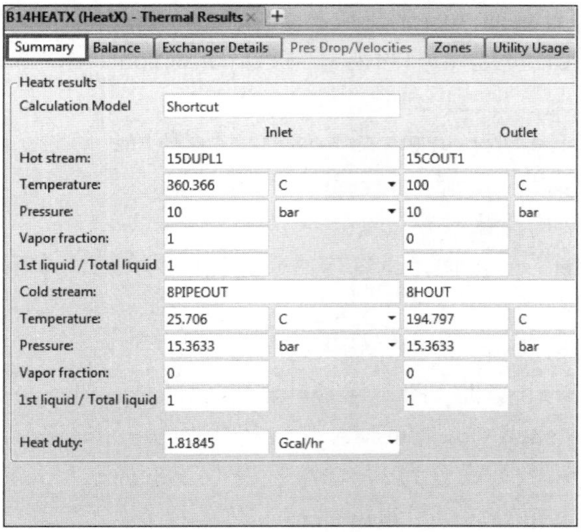

图 3-177

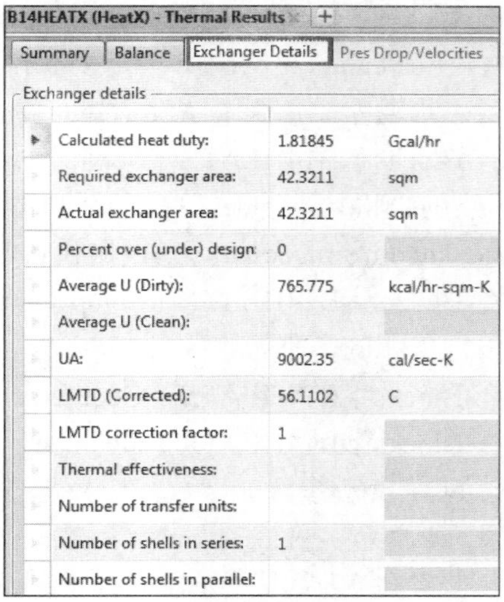

图 3-178

在 Blocks｜B14HEATX｜Stream Results｜Material 页面（图 3-179），查看进出物料物流的温度、压力、汽相分率、流量、焓值和组成等值。

		15DUPL1 ▼	8PIPEOUT ▼	15COUT1 ▼	8HOUT ▼
▶	Temperature C	360.4	25.7	100	194.8
▶	Pressure bar	10	15.363	10	15.363
▶	Vapor Frac	1	0	0	0
▶	Mole Flow kmol/hr	146.486	286.355	146.486	286.355
▶	Mass Flow kg/hr	3779.82	21748.8	3779.82	21748.8
▶	Volume Flow cum/hr	756.123	18.72	3.846	22.501
▶	Enthalpy Gcal/hr	-7.641	-17.051	-9.459	-15.233
▶	Mass Frac				
▶	C2H6O2	0.006	0.107	0.006	0.107
▶	H2O	0.628	0.048	0.628	0.048
▶	C5H4O2	0.366	0.846	0.366	0.846
▶	Mole Flow kmol/hr				
▶	C2H6O2	0.363	37.34	0.363	37.34
▶	H2O	131.715	57.584	131.715	57.584
▶	C5H4O2	14.408	191.431	14.408	191.431

换热-HeatX-Detailed Rating

图 3-179

3.3.3.3　详细校核计算

将文件"例 3.3 换热-HeatX"保存后，另存为文件"例 3.3 换热-HeatX-Detailed Rating"。

在 Blocks｜B14HEATX｜Setup｜Specifications 页面（图 3-180），将 Calculation（计算）区域的计算模式改为 Detailed（详细）。在 Flow arrangement（流动安排）区域，选择 Hot fluid（热流体）走 Shell（壳程），Flow direction（流动方向）为 Countercurrent（逆流）。在 Type（类型）区域，将计算类型改为 Rating（校核）。在 Exchanger specification（换热器规定）区域，Specification（规定）与简捷设计模式计算时一样，选择 Hot stream outlet temperature（热流体出口温度），并规定其 Value（值）为 100℃。

在 Blocks｜B14HEATX｜Setup｜LMTD 页面（图 3-181），设置对数平均温差计算方法。在 LMTD calculation option（对数平均温差计算选项）区域，LMTD correction factor method（对数平均温差校正因子法）选择 Geometry（根据换热器结构计算）。

在 Blocks｜B14HEATX｜Setup｜Pressure Drop 页面（图 3-182），设置压降计算方法。Hot side（热侧）和 Cold side（冷侧）的 Hot/Cold side pressure options（热/冷侧压力选项），均选择 Calculated from geometry（根据换热器结构计算）。

在 Blocks｜B14HEATX｜Setup｜U Methods 页面，设置传热系数的计算方法。本例与上例中设定值相同，不做修改。

在 Blocks｜B14HEATX｜Geometry 表格的各页面中，输入换热器结构。

在 Blocks｜B14HEATX｜Geometry｜Shell 页面（图 3-183），输入壳程信息。在 Shell side parameters（壳程参数）区域，选择 TEMA shell type（TEMA 壳程类型）为 E-One pass shell（E 型，单壳程）；No. of tube passes（管程数）设置为 1，即单管程；Exchanger orientation（换热器方向）为默认的 Horizontal（水平）；Inside shell diameter（壳体内径）输入为 0.55m。其余内容可不输入。

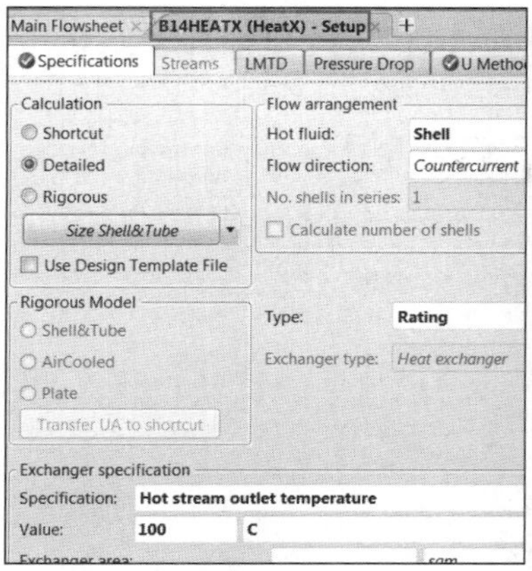

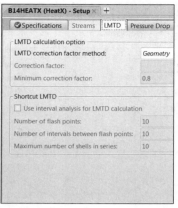

图 3-180

图 3-181

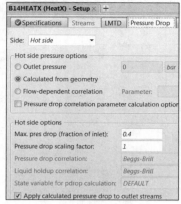

图 3-182

在 Blocks｜B14HEATX｜Geometry｜Tubes 页面（图 3-184），输入管程信息。在 Select tube type（选择管程类型）区域，选择 Bare tubes（裸管）。在 Tube layout（管布置）区域，输入 Total number（总管数）为 132 根，Length（管长）为 5m，Pattern（排列方式）为 Square（正方形），Pitch（管心距）为 0.032m，Material（材质）为 Carbon Steel（碳钢）。在 Tube size（管尺寸）区域，输入 Inner diameter（管内径）为 0.02m，Outer diameter（管外径）为 0.025m。

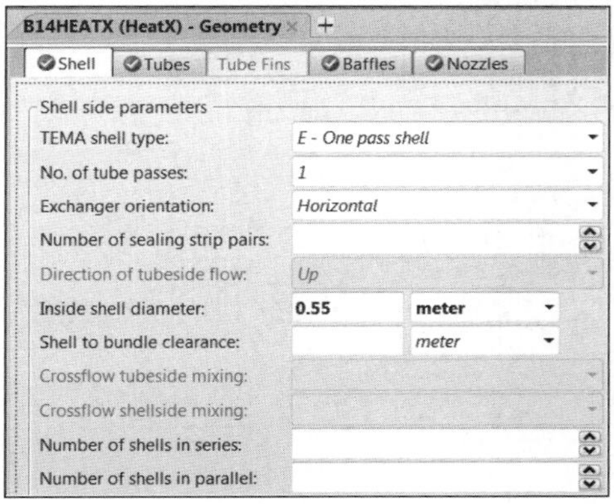

图 3-183

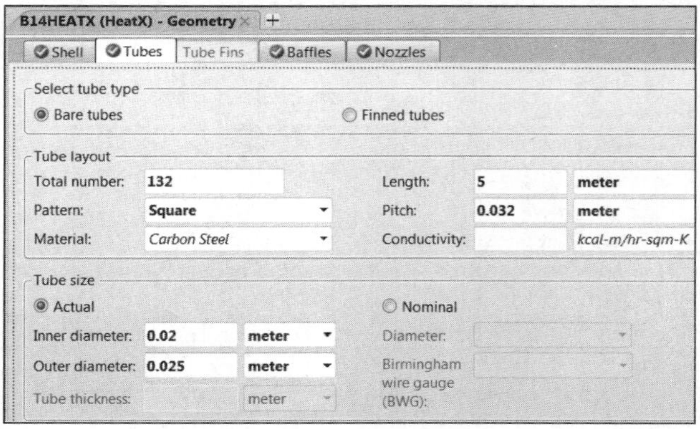

图 3-184

在 Blocks｜B14HEATX｜Geometry｜Baffles 页面（图 3-185），输入挡板信息。在 Baffle type（挡板类型）区域，选择 Segmental baffle（弓形挡板）。在 Segmental baffle（弓形挡板）区域，输入 No. of baffles, all passes（全部挡板数）为 15 块，Baffle cut（fraction of shell diameter）（挡板圆缺率，即占壳体直径的分率）为 0.3。其余内容可不输入。

在 Blocks｜B14HEATX｜Geometry｜Nozzles 页面（图 3-186），输入管嘴信息。在 Enter shell side nozzle diameters（输入壳程管嘴直径）区域，输入 Inlet nozzle diameter（进口管嘴直径）为 0.2m，Outlet nozzle diameter（出口管嘴直径）为 0.15m。在 Enter tube side nozzle diameters（输入管程管嘴直径）区域，输入 Inlet nozzle diameter（进口管嘴直径）和 Outlet nozzle diameter（出口管嘴直径）均为 0.2m。

设置完成后，运行模拟。运行结束后，在 Blocks｜B14HEATX｜Thermal Results｜Summary 页面（图 3-187），查看冷热流体进出口参数及换热量。

在 Blocks｜B14HEATX｜Thermal Results｜Exchanger Details 页面（图 3-188），查看换热器详细信息。可见所选换热器实际换热面积为 51.8m²，所需换热面积为 42.3m²，故所选换热器可用。

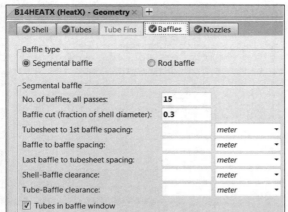

图 3-185

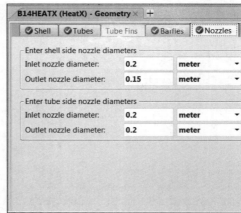

图 3-186

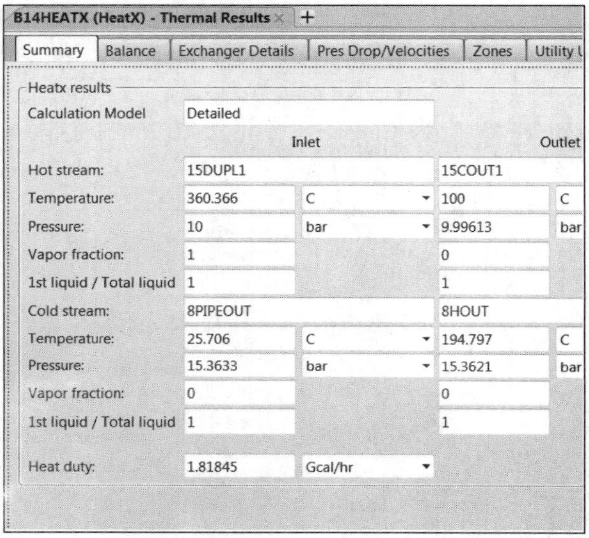

图 3-187

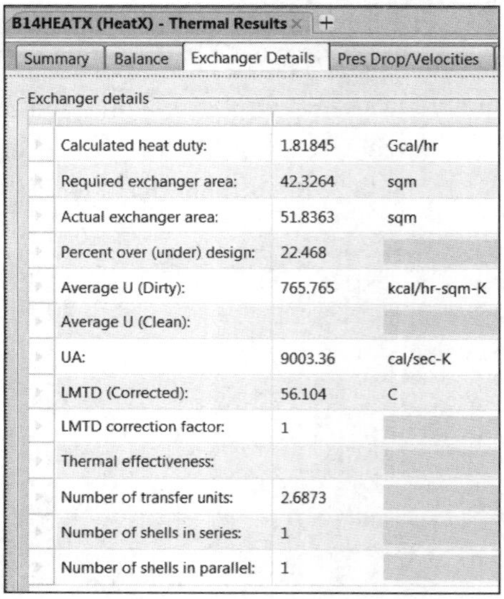

图 3-188

在 Blocks｜B14HEATX｜Thermal Results｜Pres Drop/Velocities 页面（图 3-189），查看管程和壳程的压降情况。

在 Blocks｜B14HEATX｜Thermal Results｜Zones 页面（图 3-190），查看分区情况。

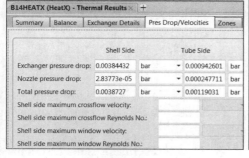

图 3-189

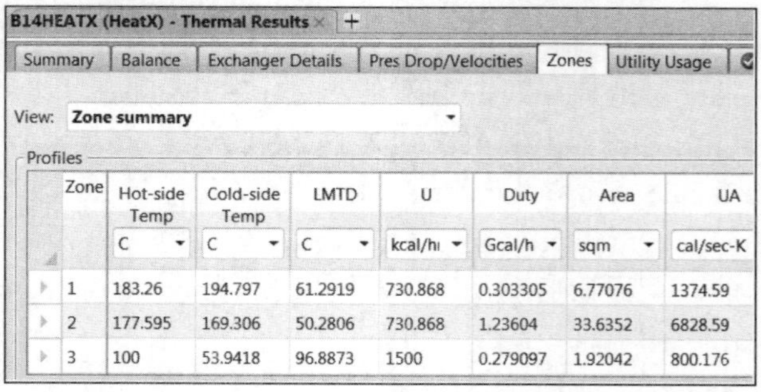

	Zone	Hot-side Temp	Cold-side Temp	LMTD	U	Duty	Area	UA
		C	C	C	kcal/hr	Gcal/h	sqm	cal/sec-K
	1	183.26	194.797	61.2919	730.868	0.303305	6.77076	1374.59
	2	177.595	169.306	50.2806	730.868	1.23604	33.6352	6828.59
	3	100	53.9418	96.8873	1500	0.279097	1.92042	800.176

图 3-190

在 Blocks｜B14HEATX｜Stream Results｜Material 页面（图 3-191），查看各物流的计算结果信息。

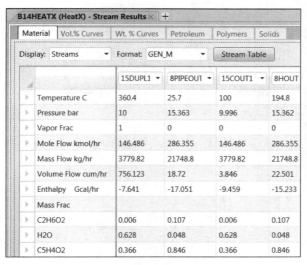

换热-HeatX-Detailed
Simulation

图 3-191

3.3.3.4 详细模拟计算

将文件"例 3.3 换热-HeatX- Detailed Rating"保存后，另存为文件"例 3.3 换热-HeatX-Detailed Simulation"。

在 Blocks｜B14HEATX｜Setup｜Specifications 页面（图 3-192），修改换热器操作规定。将 Type 改为 Simulation（模拟），并运行。

运行完成后，在 Blocks｜B14HEATX｜Thermal Results｜Summary 页面（图 3-193），查看冷热流体进出口参数及换热量。可以看到，利用该换热器，热物流出口温度达 80.8℃。

图 3-192   图 3-193

在 Blocks｜B14HEATX｜Thermal Results｜Exchanger Details 页面（图 3-194），查看换热器详细信息。

在 Blocks｜B14HEATX｜Thermal Results｜Pres Drop/Velocities 页面（图 3-195），查看换热器壳程和管程压降。

在 Blocks｜B14HEATX｜Thermal Results｜Zones 页面（图 3-196），查看分区情况。

在 Blocks｜B14HEATX｜Stream Results｜Material 页面（图 3-197），查看换热器进出各物料的计算结果。

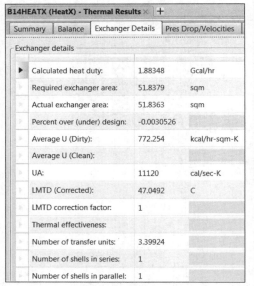

图 3-194

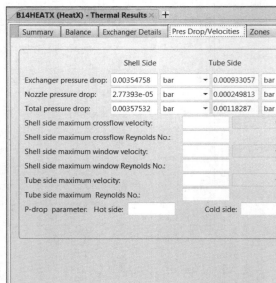

图 3-195

图 3-196

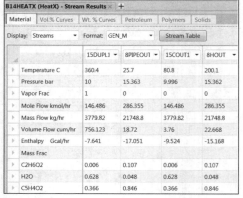

图 3-197

3.3.3.5 严格校核计算

将文件"例 3.3 换热-HeatX-Detailed Simulation"保存后，另存为文件"例 3.3 换热-HeatX-Rigorous Rating"。

在 Blocks｜B14HEATX｜Setup｜Specifications 页面（图 3-198），修改换热器操作规定。将 Calculation（计算）改为 Rigorous（严格），Type 改为 Rating（校核）。

在 Blocks｜B14HEATX｜EDR Options｜Input File 页面（图 3-199），规定 EDR 的输入文件。在 EDR input file（EDR 输入文件）区域，输入文件名 1，然后单击 Transfer geometry to Shell&Tube(将结构导入 EDR 管壳式换热器计算文件)。即可新建文件 1.EDR，并将 Aspen Plus 中的换热器结构数据导入其中。

导入数据完成后，在 Blocks｜B14HEATX｜EDR Browser 窗口中（图 3-200），即可看到换热器结构及工艺物流相关信息，用户可在此进行更进一步的详细设置。

换热-HeatX-Rigorous
Rating

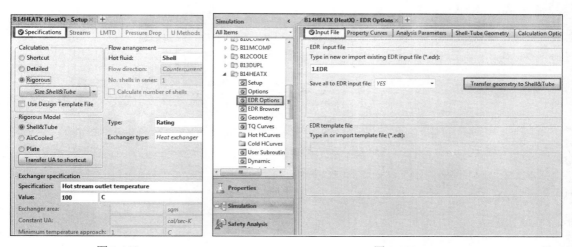

图 3-198   图 3-199

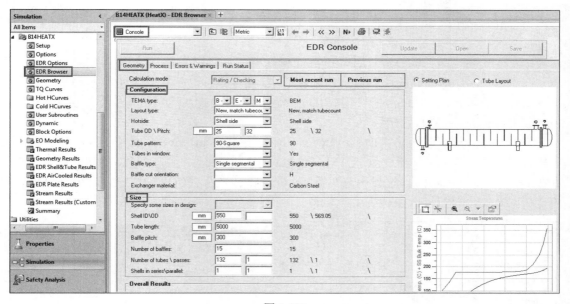

图 3-200

在 Console（控制台）表格的 Geometry（结构）页面，规定换热器结构。在 Configuration（配置）区域，选择 TEMA type（壳体类型）为 BEM 型，即一端为法兰连接或固定管板、另一端为法兰连接的单壳程管壳式换热器。Layout type（管排布类型）可选择 New, match tubecount（新建与管数匹配的管排布）。在 Size（尺寸）区域，输入 Baffle pitch（挡板间距）为 300mm。其余数据采用导入值即可。

设置完成后，运行模拟。运行完成后，在 Blocks | B14HEATX | EDR Shell&Tube Results | Overall 页面（图 3-201），查看 EDR 管壳式换热器计算结果。可以看到，Required exchanger area（所需换热面积）为 163.411m^2，而 Actual exchanger area（实际换热面积）为 50.8094m^2。Detailed Rating 模式下的 Required exchanger area 值为 42.3264m^2，与 EDR 计算结果相差很大，主要原因是两种计算模式下 U 值不同。在 Rigorous 计算中，Avg. heat transfer coefficient（平均传热系数）根据换热器结构得到，为 217.331kcal/(h·m^2·K)，而 Detailed 计算中，该值由用户规定的不同相态下的 U 值计算得到，为 765.765kcal/(h·m^2·K)。由此可知，传热系数的取值对换热器计算来说至关重要，U 值的准确程度，决定了换热器计算结果的可靠程度。

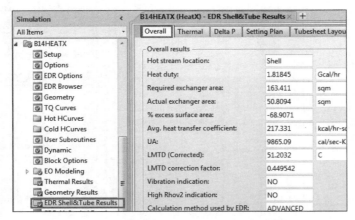

换热-Design Spec

图 3-201

3.3.3.6　添加设计规定

用户经常希望规定某些输出变量值，并确定与之对应的输入变量值，Aspen Plus 提供的 Design Specs（设计规定）可实现该功能。

打开文件"例 3.3 换热-HeatX-Detailed Simulation"保存后，另存为文件"例 3.3 换热-Design Spec"。

在 Flowsheeting Options | Design Specs 页面（图 3-202），建立设计规定。单击 New…按钮，新建设计规定。在 Enter ID（输入 ID）区域，采用默认 ID 即 DS-1。单击 OK 按钮，即可建立 ID 为 DS-1 的设计规定。

在 Flowsheeting Options | Design Specs | DS-1 | Input | Define 页面（图 3-203），定义设计规定表达式中用到的测量变量。在 Measured variables（测量变量）部分，新建测量变量 T，并在 Edit selected variable（编辑所选变量）部分，规定 T 为 15COUT1 物流的 Stream-Var（物流变量）TEMP（温度），单位为 C（℃）。

图 3-202

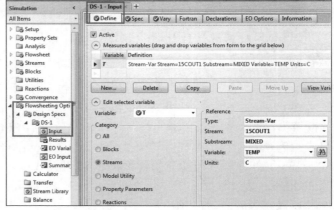

图 3-203

在 Flowsheeting Options | Design Specs | DS-1 | Input | Spec 页面（图 3-204），输入设计规定表达式。在 Design specification expressions（设计规定表达式）区域，设置 Spec（规定）为 T，Target（目标值）为 100，Tolerance（容差）为 0.1。

在 Flowsheeting Options | Design Specs | DS-1 | Input | Vary 页面（图 3-205），定义设计规定的调整变量。在 Manipulated variable（变量调整）区域，选择 Type（类型）为 Block-Var

（模型变量），Block（模型）为 B14HEATX，Variable（变量）为 TUBE-LEN（管长），Units
（单位）为 meter（米）。在 Manipulated variable limits（调整变量范围）区域，输入 Lower
（下限）为 3，Upper（上限）为 8。

设置完成后，运行模拟。运行结束后，在 Flowsheeting Options｜Design Specs｜DS-1｜
Results｜Results 页面（图 3-206），查看设计规定计算结果。调整变量（管长）的 Final value
（最终值）为 4.08376m，测量变量（物流 15COUT1 温度）的 Final value（最终值）为 99.9809℃。

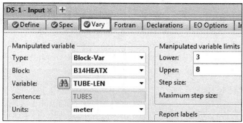
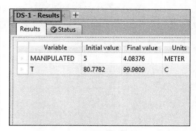

图 3-204   图 3-205   图 3-206

3.3.3.7　添加灵敏度分析

灵敏度分析即通过改变输入，研究相应输出变量的变化情况。利用该功
能，可方便地研究调整变量变化时过程性能的灵敏性。

将文件"例 3.3 换热-Design Spec"保存后，另存为文件"例 3.3 换热-
Sensitivity"。

换热-Sensitivity

在 Flowsheeting Options｜Design Specs 页面（图 3-207），取消勾选 Active
（激活），将设计规定设置为无效。

在 Model Analysis Tools｜Sensitivity 页面（图 3-208），单击 New...按钮，新建 ID 为 S-1
的灵敏度分析。

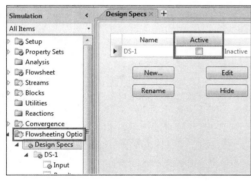

图 3-207   图 3-208

在 Model Analysis Tools｜Sensitivity｜S-1｜Input｜Vary 页面（图 3-209），规定调整变量。
在 Manipulated variables（调整变量）部分，新建调整变量 1。并在 Edit selected variable（编
辑所选变量）部分，规定变量 1 为模型 B14HEATX 的 Block-Var（模型变量）中的 TUBE-LEN
（管长），变量范围 3～8m，变量间隔为 0.1m。

同样步骤，定义调整变量 2 为 B14HEATX 的 Block-Var（模型变量）中的 TUBE-NUMBERS
（总管数），变量范围 120～140，变量间隔为 5（图 3-210）。

在 Model Analysis Tools｜Sensitivity｜S-1｜Input｜Define 页面（图 3-211），定义测量变
量。在 Measured variables（测量变量）部分，新建测量变量 TCOUT。并在 Edit selected variable

（编辑所选变量）部分，规定变量 TCOUT 为物流 8HOUT 的 Stream-Var（物流变量）中的 TEMP（温度），单位为℃。

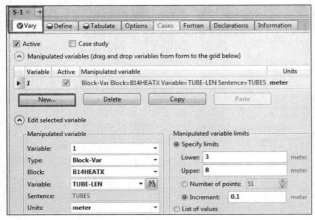
图 3-209

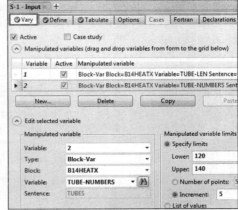
图 3-210

同样步骤，定义测量变量 THOUT 为物流 15COUT1 的 Stream-Var（物流变量）中的 TEMP（温度），单位为℃（图 3-212）。

在 Model Analysis Tools｜Sensitivity｜S-1｜Input｜Tabulate 页面（图 3-213），设置计算结果表。在 Column No.（列数）中输入 1，即结果表第 1 列，设置其 Tabulated variable or expression（列变量或表达式）为 TCOUT。同样方法，设置结果表第 2 列的表达式为 THOUT。

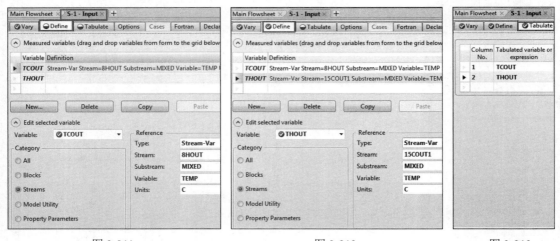

图 3-211   图 3-212   图 3-213

设置完成后，运行模拟。运行结束后，在 Model Analysis Tools｜Sensitivity｜S-1｜Results 页面（图 3-214），查看灵敏度分析计算结果。

单击 Home 菜单选项卡下 Plot 工具栏组中的 Results Curve（结果图）命令按钮，绘制计算结果图。弹出 Results Curve 窗口（图 3-215），在该窗口的 Select display options（选择显示选项）区域，设置 X Axis（X 轴）为 VARY 1 B14HEATX TUBES LENGTHMETER（调整变量 1：B14HEATX 模型的管长），勾选 Parametric Variable（参变量），并选择 VARY 2 B14HEATX TUBES TOTAL-NUMBER（调整变量 2：B14HEATX 模型的总管数）。在 Select curve(s) to plot（选择要绘制的曲线）区域，选择 TCOUT C 和 THOUT C，即冷物流出口温度和热物流出口温度。

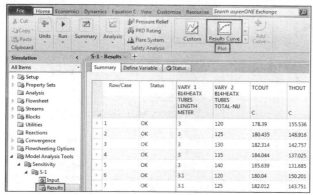
图 3-214

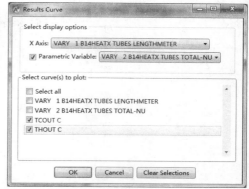
图 3-215

单击 OK 按钮确认，即可绘制出灵敏度分析曲线（图 3-216）。

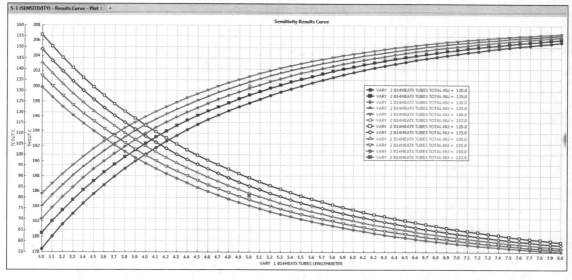
图 3-216

3.3.4　MHeatX 模型

将文件"例 3.3 换热-HeatX-Simple Design"保存后，另存为文件"例
3.3 换热-MHeatX"。

换热-MHeatX

3.3.4.1　建立流程

在 Main flowsheet 页面建立流程，如图 3-217 所示。其中多物流换热器 MHTX 选用模型
库中 Heat exchangers 下的 MHeatX 模型。

3.3.4.2　设置模型参数

在 Blocks｜MHTX｜Input｜Specifications 页面（图 3-218），输入多物流换热器规定。在 Outlet
stream（出口物流）行，选择 Inlet stream（进口物流）12MCOUT 对应的出口物流为 12OUT，13LOUT
对应的出口物流为 13OUT，4SPRO2 对应的出口物流为 4OUT。在 Specification（规定）行，选择
规定 Temperature（温度）。在 Value（值）行，输入 12OUT 的温度值为 100℃，13OUT 的温度值
为 110℃。在 Pressure（压力）行，设置三股物流均为 0，即压降为 0。

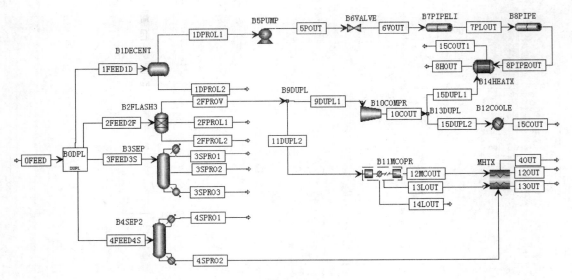

图 3-217

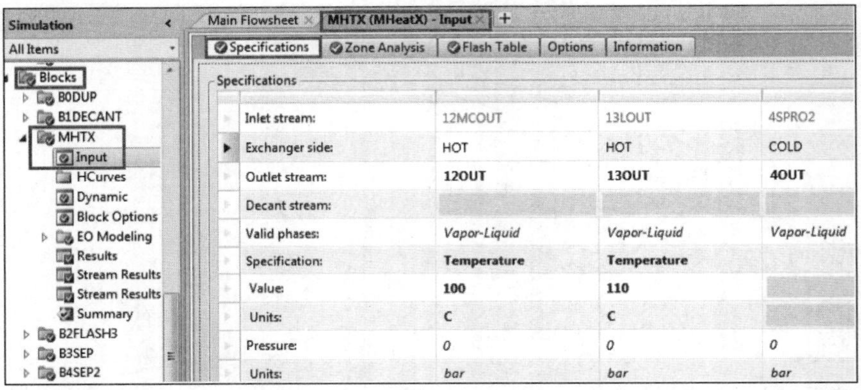

图 3-218

在 Blocks | MHTX | Input | Zone Analysis 页面（图 3-219），输入区域分析规定。在 Zone parameters（分区参数）区域，设置 Number of zones（分区数）为 2；Flow direction（流动方向）为 Countercurrent（逆流）；勾选 Add extra zone points for phase change and stream entry and exit（为相变和物流进出口添加分区点）、Add extra zones in regions where the profile is non-linear（在非线性分布区域添加分区）和 Use inlet/outlet conditions to determine the stream phase in each zone（根据进出口条件确定每个分区中的物流相态）。在 Property calculation method（物性计算方法）区域，选择 Interpolate from flash table（由闪蒸表进行插值）。

在 Blocks | MHTX | Input | Flash Table 页面（图 3-220），输入闪蒸表规定。在 Number of flash points（闪蒸点数）区域，输入 Default number of points for all streams（所有物流默认闪蒸点数）为 10。

3.3.4.3 运行模拟并查看结果

在 Blocks | MHTX | Results | Streams 页面（图 3-221），查看多物流换热器中进出物流的计算结果。

在 Blocks | MHTX | Results | Exchanger 页面（图 3-222），查看多物流换热器的热负荷、UA 和 LMTD 等计算结果。

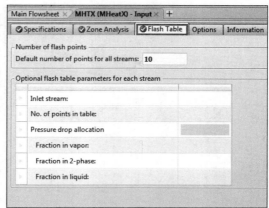

图 3-219　　　　　　　　　　　　　　　图 3-220

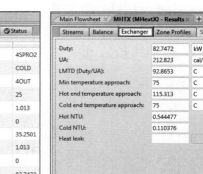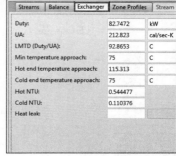

图 3-221　　　　　　　　　　　　　　　图 3-222

在 Blocks｜MHTX｜Results｜Zone Profiles 页面（图 3-223），查看分区计算结果。

在 Blocks｜MHTX｜Results｜Flash Table 页面（图 3-224～图 3-226），分别查看冷侧和热侧各物流的闪蒸表计算结果。

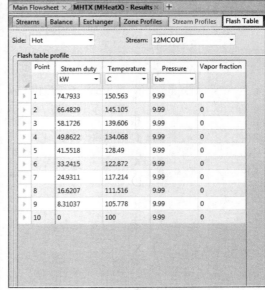

图 3-223　　　　　　　　　　　　　　　图 3-224

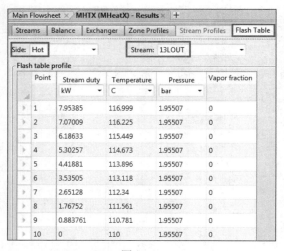

图 3-225

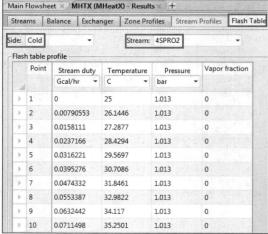

图 3-226

3.3.5　HXFlux 模型

将文件"例 3.3 换热-MHeatX"保存后，另存为文件"例 3.3 换热-HXFlux"。

3.3.5.1　建立流程

在 Main flowsheet 页面建立流程，如图 3-227 所示。HXFLUX 选用 HXFlux 模型，不需要连接流股。

换热-HXFlux

HXFLUX

图 3-227

3.3.5.2　设置模型参数

在 Blocks｜HXFLUX｜Input｜Heat Transfer Options 页面（图 3-228），输入传热选项。在 Heat transfer mode（传热模式）区域，选择传热模式为 Convective heat transfer（对流传热）。在 LMTD method（对数平均温差计算方法）区域，选择 Rigorous（严格计算法）。在 Heat transfer area（传热面积）区域，选择 Specify heat transfer area（规定传热面积）。

在 Blocks｜HXFLUX｜Input｜Specifications 页面（图 3-229），输入传热规定。在 Stream temperatures（物流温度）区域，Inlet hot stream（热物流进口）的 Temperature（温度）规定值为 100℃；Inlet cold stream（冷物流进口）温度规定为 20℃；Outlet hot stream（热物流出口）温度规定为 50℃；Outlet cold stream（冷物流出口）温度规定为 40℃。在 Heat transfer parameters（传热参数）区域，输入 U（传热系数）值为 500kcal/(h·m^2·K)，Area（传热面积）值为 30m^2。

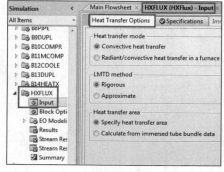

图 3-228

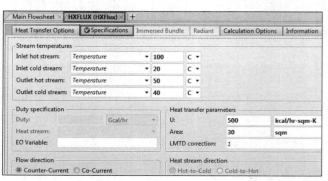

图 3-229

3.3.5.3　运行模拟并查看结果

设置完成后，运行模拟。运行结束后，在 Blocks｜HXFLUX｜Results｜Convective 页面（图 3-230），查看热通量计算器对流传热计算结果。

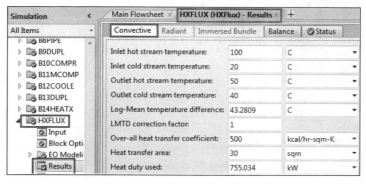

图 3-230

3.3.6　Mult 模型

将文件"例 3.3 换热-HXFlux"保存后，另存为文件"例 3.3 换热-Mult"。

在 Main flowsheet 页面建立流程，如图 3-231 所示。其中 B0MULT 选用模型库中 Manipulators（控制器）选项卡下 Mult 模型的 DOT 图标（图 3-232）。

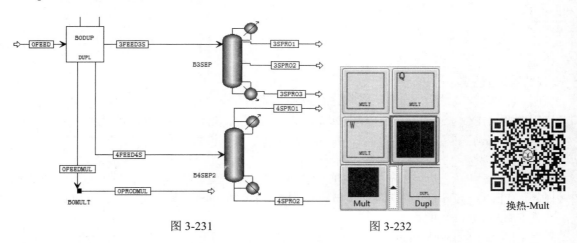

图 3-231　　　　　　　　　　　　　图 3-232　　　　　　　　　换热-Mult

在 Blocks｜B0MULT｜Input｜Specifications 页面（图 3-233），规定倍增器。在 Stream multiplier spcifications（物流倍增器规定）区域，输入 Multiplication factor（倍增因子）为 0.5。

运行，结束后在 Blocks｜B0MULT｜Stream Results｜Material 页面（图 3-234），查看计算结果。可看到物流经过倍增器后流量加倍，但组成不变。

3.3.7　Aspen Plus 功能详解

3.3.7.1　Heater 模型功能详解

Heater 模型用于模拟加热器或冷却器（换热器的一侧）、混合器、已知压降的阀门、不需要计算功的泵或压缩机及容器等，也可用于设置或改变一股物流的热力学状态。Heater 模型

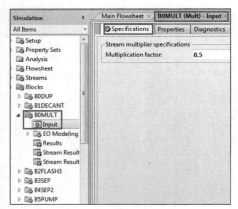

图 3-233

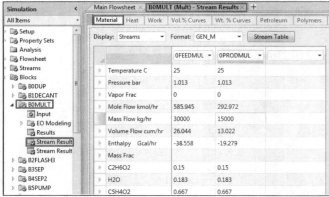

图 3-234

允许用户规定单元操作的温度或热负荷，但不进行严格换热计算。该模型无动力学计算功能，压降为固定值，出口物流由质量衡算确定。Heater 模型可以进行以下类型的单相或多相计算：泡露点计算；加入或移除一定热量；匹配过热度或过冷度；确定达到一定汽相分率所需加入或移出的热量；规定出口条件后，确定一个或多个进料物流所形成混合物进料的热状态和相态。

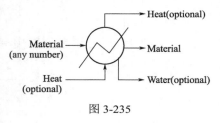

图 3-235

（1）流程连接

Heater 模型的流程连接如图 3-235 所示。

物流：可以有任意多股进料物流，混合原则同 Mixer 模型。一股出料物流，一股可选的水相出料物流。

热流：任意股可选进料热流，一股可选出料热流。Heater 模型的热负荷规定，可由来自其他模型的一股热流提供。

（2）模型规定

Heater 模型中包括 Input（输入）、HCurves（热曲线）、Dynamic（动态）、Block Options（模型选项）、EO Modeling（EO 模型）、Results（结果）、Stream Results（物流结果）、Stream Results (Custom)（自定义物流结果）和 Summary（汇总）等表格及文件夹。

① Input 表格

在 Input 表格中，进行 Heater 模型的输入规定。Heater 模型的 Input 表格中包括 Specifications（规定）、Flash Options（闪蒸选项）、Utility（公用工程）和 Information（信息）等页面。

• Specifications 页面

在 Blocks | Heater | Input | Specifications 页面（图 3-236），规定闪蒸条件和有效相态。

在 Flash specifications（闪蒸规定）区域，可选择 Flash Type（闪蒸类型）并规定相应值（图 3-237）。闪蒸类型可规定 Pressure（压力）、Duty（热负荷）、Vapor fraction（汽相分率）、Pressure-drop correlation parameter（压降关联式参数）、Temperature（温度）、Temperature change（温度改变）、Degrees of superheating（过热度）、Degrees of subcooling（过冷度）等参数中的两个。如露点计算指汽相分率为 1 的两相或三相闪蒸计算，泡点计算指汽相分率为 0 的两相或三相闪蒸计算。

在 Valid Phase（有效相态）区域，设置有效相态。包括 Vapor-Only（单汽相）、Liquid-Only（单液相）、Solid-Only（单固相）、Vapor-Liquid（汽-液相）、Vapor-Liquid-Liquid（汽-液-液相）、Liquid-FreeWater（液-游离水相）、Vapor-Liquid-FreeWater（汽-液-游离水相）、Liquid-DirtyWater（液-污水相）和 Vapor-Liquid-DirtyWater（汽-液-污水相）。

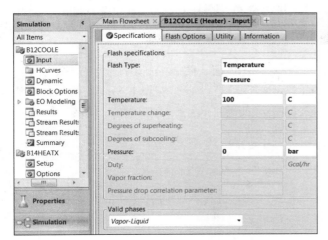

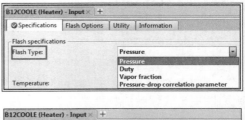

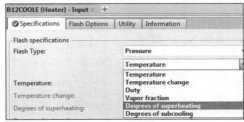

图 3-236   图 3-237

- Flash Options 页面

在 Blocks｜Heater｜Input｜Flash Options 页面（图 3-238），设置闪蒸选项。在 Estimates（预测）区域，可输入 Temperature（温度）或 Pressure（压力）的估计值。在 Convergence parameters（收敛参数）区域，可规定 Maximum iterations（最大迭代次数）和 Error tolerance（容差）。可勾选 Pressure drop correlation parameter calculation option（压降关联式参数计算选项）。

② HCurves 文件夹

在 HCurves 文件夹表格中，规定加热或冷却曲线。在 Blocks｜Heater｜HCurves 页面（图 3-239），建立热曲线。单击 New…按钮，在弹出的 Create New ID（新建 ID）窗口中，输入 Hcurve number（热曲线号，默认为 1）。单击 OK 按钮，即可建立热曲线。

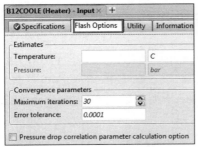

图 3-238   图 3-239

每个热曲线的表格中，都有 Setup（设置）、Additional Properties（附加物性）和 Results（结果）等页面。

- Setup 页面

在 Blocks｜Heater｜HCurves｜Setup 页面（图 3-240），设置热曲线。

在 Independent variable（自变量）区域，选择自变量。包括 Heat duty（热负荷）、Temperature（温度）和 Vapor fraction（汽相分率）。

在下方区域设置自变量范围，如选择 Heat duty 时，该区域为 Range for heat duty（热负荷范围）。可设置 Number of data points（数据点数）或 Increment size（增量值）和 List of values（取值列表）。

在 Pressure profile（压力分布）区域，输入压力分布。选择 Pressure profile option（压力分布选项），并输入 Pressure drop（压降）。

- Additional Properties 页面

在 Blocks｜Heater｜HCurves｜Additional Properties 页面（图 3-241），设置附加物性。

在 Property sets to be calculated（要计算的物性集）区域，可将 Available property sets（可用物性集）区域中的物性集，选中后移至 Selected property sets（已选物性集）区域。

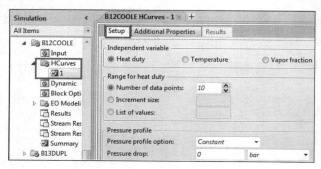

图 3-240

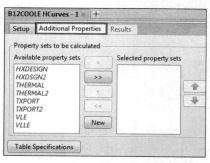

图 3-241

（3）转换成 HeatX 模型

在流程图页面，选中 Heater 模型后右键单击并选择 Convert to（转换为），可将 Heater 模型转换成 HeatX 模型，但有如下限制条件：

① Heater 模型应只有一个进料物流，若有多个进料，需在进 HeatX 前通过混合器混合。

② HeatX 模型与 Heater 模型名称相同。

③ HeatX 模型在流程图中的同一位置（基于物料进口位置）。

④ 若该模型连接一股热流，将给出提示，用户可选择不进行转换，否则该热流将被断开。

⑤ 该模型中应已有计算结果。若计算的热负荷（QCALC）为正值，则其物流连到 HeatX 的冷侧接口，否则连到热侧。

⑥ 若 Heater 模型中规定了温度，则根据连接在冷侧还是热侧，将其转化为 HeatX 模型中规定的 Cold stream outlet temperature（冷物流出口温度）或 Hot stream outlet temperature（热物流出口温度）。否则，计算的热负荷转化为 HeatX 模型中规定的 Exchanger duty（换热器负荷）。

⑦ 若 Heater 模型中规定了压降，则将其复制到 HeatX 模型中。否则，HeatX 模型中该侧的出口压力将设定为 Heater 模型的计算出口压力（PCALC）。

⑧ 若 Heater 模型中设置了公用工程，则将复制到 HeatX 模型中。若未设置，HeatX 模型需要增加规定（公用工程或物流及换热器另一侧的规定）。

⑨ 流动方向设置为 Countercurrent（逆流）。

⑩ Heater 模型中，Blocks｜Heater｜Input｜Flash Options 页面的输入规定及 Blocks｜Heater｜Block Options 表格中的 Properties、Simulation Options 和 Diagnostics 等页面的规定将被复制到 HeatX 模型中。

（4）固体处理

当物流中包括固体子物流或用户需要进行电解质化学计算时，Heater 模型可模拟带有固体的流体相。此时所有相态都处于热力学平衡状态，固体和流体相温度相同。

Solid Substreams: 固体子物流。固体子物流中的物流不参与相平衡计算。

Electrolyte Chemistry Calculations: 电解质化学计算。在 Methods | Specifications | Global 页面或 Blocks | Heater | Block Options | Properties 页面，规定电解质化学计算。固体盐参与液-固相平衡和热平衡计算，盐在 MIXED 子物流中。

（5）压降关联式参数

若规定了参数 k，Heater 模型可利用与流量相关的关联式计算压降 Δp。关联式基于 rho-V2 压力损失，将流量转换为流速所需的面积包括在 k 值中，因此 k 值单位为 $1/m^4$（始终规定为 SI 单位制）。

关联式为：

$$\Delta p = kW^2 M \frac{(1/\rho_{in} + 1/\rho_{out})}{2}$$

式中，W 表示质量流量；ρ_{in} 表示进口密度；ρ_{out} 表示出口密度。

若摩尔流量不变，该式等同于：

$$\Delta p = kF^2 M \frac{(V_{in} + V_{out})}{2}$$

式中，F 表示摩尔流量；M 表示分子量；V_{in} 表示进口摩尔体积；V_{out} 表示出口摩尔体积。

3.3.7.2 HeatX 模型功能详解

HeatX 模型用来模拟各种管壳式换热器。类型包括 Countercurrent / Cocurrent（逆流/并流），Segmental Baffle Shell（弓形折流挡板）TEMA 型 E、F、G、H、J、X 型壳体，Rod Baffle Shell（圆盘形折流挡板）TEMA 型 E 和 F 型壳体，Bare Tubes（裸管）和 Low-finned Tubes（低翅片管）等。HeatX 模型可进行单相和两相物流的全区域传热系数和压降估算分析。对于严格传热和压降计算，需规定换热器结构。HeatX 模型有关联式可估算显热、核沸腾和冷凝液膜系数。

（1）流程连接

HeaX 模型的流程连接如图 3-242 所示。

冷热侧各有一个进料、一个出料和一个可选水相出料物流。

（2）模型规定

规定 HeatX 模型时，应考虑如下问题：是简捷计算还是严格计算？是设计、校核还是模拟计算？模型应该有什么规定？对数平均温差校正因子应如何计算？传热系数应如何计算？压降应如何计算？设备规定和

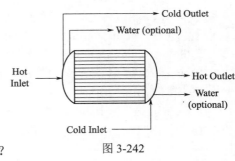

图 3-242

结构尺寸有哪些已知信息？以上问题的答案决定了完成模型输入所需的信息数量。

HeatX 模型中包括 Setup（设置）、Options（选项）、EDR Options（EDR 选项）、EDR Browser（EDR 浏览器）、Geometry（结构）、TQ Curves（TQ 曲线）、Hot HCurves（热流体热曲线）、Cold HCurves（冷流体热曲线）、User Subroutines（用户子程序）、Dynamic（动态）、Block Options（模型选项）、EO Modeling（EO 模型）、Thermal Results（热结果）、Geometry Results（结构结果）、EDR Shell&Tube Results（EDR 管壳式换热器结果）、EDR AirCooled Results（EDR 空冷器结果）、EDR Plate Results（EDR 板式换热器结果）、Stream Results（物流结果）、Stream Results (Custom)（自定义物流结果）和 Summary（汇总）等表格及文件夹。

① Setup 表格

在 Setup 表格中，进行模型的设置。HeatX 模型的 Setup 表格中包括 Specifications（规定）、Streams（物流）、LMTD（对数平均温差）、Pressure Drop（压降）、U Methods（传热系数计算方法）、Film Coefficients（膜系数）、Utility（公用工程）和 Information（信息）等页面。

- Specifications 页面

在 Blocks｜HeatX｜Setup｜Specifications 页面（图 3-243），输入 HeatX 模型的操作规定。

在 Calculation（计算）区域，选择计算模式。包括 Shortcut（简捷）、Detailed（详细）和 Rigorous（严格）。

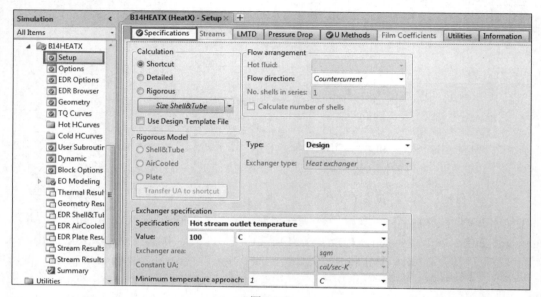

图 3-243

在 Type（类型）区域，选择计算类型。包括 Design（设计）、Rating（校核）、Simulation（模拟）和 Maximum fouling（最大污垢）。

在 Flow arrangement（流动布置）区域，规定 Hot fluid（热流体）位于换热器的 Shell（壳）程或 Tube（管）程，并规定 Flow direction（流动方向）为 Countercurrent（逆流）、Cocurrent（并流）或 Multiple passes（多程）。

在 Exchanger specification（换热器规定）区域，可进行以下操作规定：

Hot (Cold) stream outlet temperature (temperature change)：热物流或冷物流出口温度或温度变化。

Hot (Cold) stream outlet vapor fraction：热物流或冷物流的汽相分率。

Cold (hot) stream outlet degrees superheating (subcooling)：冷物流出口过热度或热物流出口过冷度。

Exchanger duty：换热器热负荷。

Hot outlet-cold inlet (Hot inlet-cold outlet) temperature difference：热物流出口-冷物流进口温差或热物流进口-冷物流出口温差。

Hot/cold outlet temperature approach：热物流或冷物流出口温差。

Exchanger area：传热面积 A。

Constant UA：缺少传热面积时，可选择用恒定 UA 值，即传热系数与传热面积的乘积。HeatX 模型可进行以下计算。

Shortcut Design/Simulation：简捷设计/模拟。若换热器结构未知或不重要，HeatX 模型可进行 Shortcut 计算。该计算不需要换热器配置或结构数据，不考虑换热器结构对传热和压降的影响，由用户给定传热系数和压降值。Shortcut 计算模式下，可进行 Design（设计）或 Simulation（模拟）类型计算：选择 Design 类型时，需设定热（冷）物流的出口状态或换热负荷，HeatX 模型计算达到指定换热要求所需的换热面积；选择 Simulation 类型时，需给定换热面积，HeatX 模型计算两股物流出口状态。

Detailed Rating/Simulation： 详细核算/模拟。Detailed 计算模式下，用户可根据换热器结构和流动情况预测 Film coefficients（膜系数）、Pressure drops（压降）和 Log-mean temperature difference correction factor（对数平均温差校正因子），进行大多数类型的两流体换热器的详细核算/模拟。Detailed 计算模式下，可进行 Rating（校核）或 Simulation（模拟）类型计算：选择 Rating 类型时，需给定换热器结构、流动情况及换热要求，HeatX 模型计算并判断实际换热面积是否满足所需换热面积要求；选择 Simulation 类型时，需给定换热器结构和流动情况，HeatX 模型计算两股物流出口状态。

Rigorous Design/Rating/Simulation： 严格设计、核算或模拟。Rigorous 计算模式下，利用严格换热器程序 Aspen Exchanger Design and Rating（EDR）接口 Shell&Tube（管壳式换热器）、AirCooled（空冷器）和 Plate（板式换热器）进行计算。由 EDR 模型计算膜系数，并结合包括了管壳程膜阻力及管壁阻力的总阻力，计算总传热系数。除进行更严格的传热和水力学分析外，EDR 程序还可确定如震动或流速过快等可能存在的操作问题。Rigorous 计算模式下，可进行 Rating（校核）或 Simulation（模拟）类型计算，有些还可以进行 Design（设计）和 Cost（成本）估算。注意，Aspen Plus V7.1 是支持 Aspen TASC、Aspen Hetran 和 Aspen Aerotran 等换热器程序的最终版本，用户应将以前的模拟更新至 Shell&Tube 和 AirCooled。

HeatX 模型计算中，会用到 LMTD（对数平均温差）、U（传热系数）、Film Coefficient（膜系数）及 Pressure Drop（压降）等参数。各参数的计算方法，在不同计算模式下有所不同，具体可见如下汇总表。

参数	计算方法	是否可用		
		Shortcut	Detailed	EDR rigorous
LMTD Correction Factor（对数平均温差校正因子）	Constant（恒定值）	单管程	是	否
	Geometry（根据结构）	否	默认	否
	User subroutine（用户子程序）	是	是	否
	Calculated（计算）	多管程	否	否
Heat Transfer Coefficient（传热系数）	Constant value（恒定值）	是	是	否
	Phase-specific values（相态决定值）	默认	是	否
	POWERLAW for flow rate（流量的幂级数）	是	是	否
	Film coefficients（膜系数）	否	是	否
	Exchanger geometry（换热器结构）	否	默认	否
	User subroutine（用户子程序）	否	是	否
Film Coefficient（膜系数）	Constant value（恒定值）	否	是	否
	Phase-specific values（相态决定值）	否	是	否
	POWERLAW for flow rate（流量的幂级数）	否	是	否
	Calculate from geometry（由结构计算）	否	默认	否
Pressure Drop（压降）	Outlet pressure（出口压力）	默认	是	否
	Calculate from geometry（由结构计算）	否	默认	否

• LMTD 页面

在 Blocks | HeatX | Setup | LMTD 页面（图 3-244），设置对数平均温差的计算方法。换热器标准方程为：

$$Q=U \times A \times LMTD$$

该方程适用于纯逆流换热器。更通用的方程为：

$$Q=U \times A \times F \times LMTD$$

式中，F 为 LMTD 校正因子，表示与逆流的偏差。

在 LMTD calculation option（LMTD 计算选项）区域，选择 LMTD correction factor method（LMTD 校正因子计算方法），包括以下四种。

Constant：常数。在 Shortcut 计算模式下，LMTD 校正因子对于并流或逆流换热器来说为常数。此时用户需输入 Correction factor（校正因子）值。Detailed 模式下也可规定为常数。

Geometry：换热器结构。Detailed 计算模式下，可根据换热器结构和物流性质计算 LMTD 校正因子。

User subroutine：用户子程序。用户提供子程序计算 LMTD 校正因子。

Calculated：计算得到。在 Shortcut 计算模式下，对于多通道换热器，HeatX 将计算校正因子。

在 Shortcut LMTD（简捷计算 LMTD）区域，设置内插法计算 LMTD 的相关参数。可选择 Use interval analysis for LMTD calculation（用内插分析计算 LMTD），并设置 Number of flash points（闪蒸点数）、Number of intervals between flash points（闪蒸点间的间隔数）及 Maximum number of shells in series（最大串联壳程数）。

• Pressure Drop 页面

在 Blocks | HeatX | Setup | Pressure Drop 页面（图 3-245），设置 Hot/Cold side pressure options（热侧/冷侧压力选项），从而确定如何计算压降。可选择的压力选项如下。

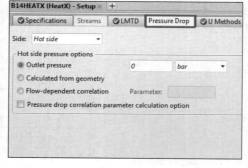

图 3-244   图 3-245

Outlet Pressure：出口压力。用户需输入物流出口压力或压降值。

Calculated from geometry：由结构算得。HeatX 模型根据折流挡板、管程和管嘴结构及物流性质计算压降，利用 Pipeline 模型计算管程压降。用户可在 Hot/Cold side options（热/冷侧选项）区域，设置压降和持液量关联式。一般来说，Aspen Plus 根据结构计算压力时，采用管程的温度分布计算压降。单组分流体有温度交叉（包括热侧温度上升或冷侧温度下降）时，可采用负荷分布，此时可选择 State variable for pdrop calculations（压降计算所需状态变量）为 TEMPERATURE（温度）或 DUTY（热负荷）。利用热负荷通常更可靠，但需要更长时间。该方法不能用于 Shortcut 计算模式。

Flow-dependent correlation：与流动相关的关联式。关联式与 Heater 模型相同，需规定参数 k。

Pressure drop correlation parameter calculation option：压降关联式参数计算选项。

- U Methods 页面

在 Blocks｜HeatX｜Setup｜U Methods 页面（图 3-246），设置传热系数计算方法。

在 Selected calculation method（选择计算方法）区域，确定如何计算传热系数。包括以下六种方法：

Constant U value：恒定传热系数值。由用户输入的定值作为传热系数。

Phase specific values：相态决定值。由冷热侧物流相态确定传热区域，用户为每个区域输入传热系数。

Power law for flow rate：流量幂级数。传热系数为经验幂级数表达式，是物流流量的函数。

Exchanger geometry：换热器结构。利用换热器结构和物流性质估算膜系数，从而计算传热系数。

Film coefficients：膜系数。利用膜系数计算传热系数。用户可在 Blocks｜HeatX｜Setup｜Film Coefficients 页面（图 3-247），选择任意选项计算膜系数。

User subroutine：用户提供子程序计算传热系数。

后面三种方法，仅用于 Detailed 计算模式，只有在此模式下，Aspen Plus 有足够信息可进行基于膜系数的严格计算。膜系数法根据换热器的结构和流动情况分别计算热流体侧和冷流体侧的传热膜系数，根据管壁材料和厚度计算传导热阻，再结合给定的污垢热阻因子计算出总传热系数 U。

在 Scaling factor（比例因子）区域，可输入 U correction factor（U 校正因子）。

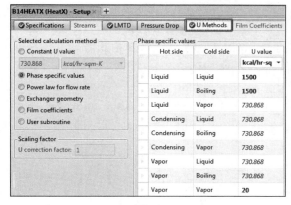

图 3-246   图 3-247

② Geometry 表格

若传热系数、膜系数或压降计算方法都选择 Calculate from geometry（根据结构计算），用户需在 Geometry（换热器结构）表格中输入换热器结构相关信息。HeatX 模型的 Geometry 表格中，包括 Shell（壳程）、Tubes（管程）、Tube Fins（翅片）、Baffles（折流挡板）和 Nozzles（管嘴）等页面。

- Shell 页面

在 Blocks｜HeatX｜Geometry｜Shell 页面（图 3-248），Shell side parameters（壳程参数）区域，可规定 TEMA shell type（TEMA 壳程类型）、No. of tube passes（管程数）、Exchanger orientation（换热器方位）、Number of sealing strip pairs（密封圈对数）、Direction of tubeside flow（管程流动方向）、Inside shell diameter（壳程内径）、Shell to bundle clearance（管束与壳体间隙）、Crossflow tubeside mixing（错流管程混合）、Crossflow shellside mixing（错流壳程混合）、Number of shells in series（串联壳程数）和 Number of shells in parallel（并联壳程数）。

壳体类型有 E、F、G、H、J 和 X 六种（图 3-249）。

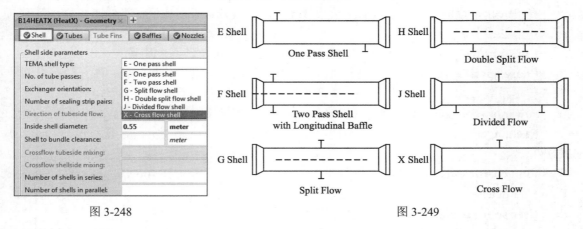

图 3-248   图 3-249

• Tubes 页面

在 Blocks｜HeatX｜Geometry｜Tubes 页面（图 3-250），设置计算管程膜系数和压降需要的管束结构信息，HeatX 也利用这些信息根据膜系数计算传热系数。

在 Select tube type（选择管子类型）区域，可选择换热器为 Bare tubes（裸管）或 Finned tubes（翅片管）。

在 Tube layout（管排布）区域，输入管子排布相关参数。包括 Total number（总管数）、Length（管长）、Pattern（管排布方式）、Pitch（管心距）、Material（管材质）及 Conductivity（管壁热导率）。管排布方式包括 Triangle（三角形）、Rotated Square（转角正方形）、Rotated Triangle（转角三角形）和 Square（正方形）四种（图 3-251）。

在 Tube size（管尺寸）区域，输入管子尺寸。需选择 Actual（实际尺寸）或 Nominal（公称尺寸），并输入 Inner diameter（管内径）、Outer diameter（管外径）、Tube thickness（管壁厚）或 Diameter（直径）及 Birmingham wire gauge (BWG)（Birmingham 管材号）。

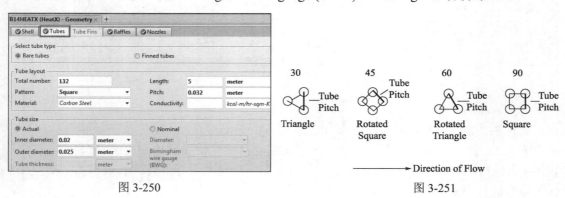

图 3-250   图 3-251

• Tube fins 页面

若选择翅片管，需在 Blocks｜HeatX｜Geometry｜Tube fins 页面（图 3-252），规定翅片尺寸。

在 Fin height（翅片高度）区域，可选择输入 Fin height（翅片高度）或 Fin root mean diameter（翅片均方根直径）。

在 Fin spacing（翅片间距）区域，可选择输入 Number of fins per unit length（单位长度上的翅片数）或 Fin thickness（翅片厚度）。

翅片结构如图 3-253 所示。

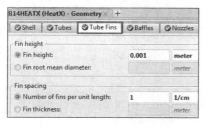

图 3-252

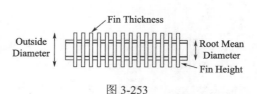

图 3-253

- Baffles 页面

在 Blocks | HeatX | Geometry | Baffles 页面（图 3-254），设置计算壳程膜系数和压降所需要的壳程折流挡板结构信息。

在 Baffle type（挡板类型）区域，可选择 Segmental baffle（弓形挡板）或 Rod baffle（棍形挡板）。

在 Segmental/Rod baffle（弓形/棍形挡板）区域，输入挡板参数。对于弓形挡板，需输入 No. of baffles, all passes（全部挡板数）、Baffle cut（圆缺率）、Tubesheet to 1st baffle spacing（管板到第一块挡板的距离）、Baffle to baffle spacing（挡板间距）、Last baffle to tubesheet spacing（最后一块挡板到管板的距离）、Shell-Baffle clearance（壳体-挡板净空距离）和 Tube-Baffle clearance（管-挡板净空距离）。另外，还可勾选 Tubes in baffle window（弓形窗口区布管）。

弓形挡板结构示意如图 3-255 所示，其中 Baffle Cut 是挡板与壳程直径的比值，所有净空距离都是径向尺寸。

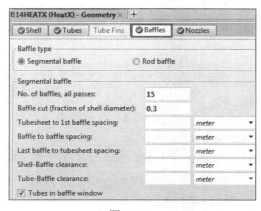

图 3-254

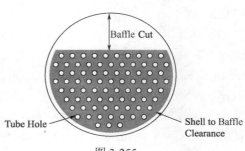

图 3-255

对于棍形挡板，需输入 No. of baffles, all passes（全部挡板数）、Inside diameter of ring（环内径）、Outside diameter of ring（环外径）、Support rod diameter（支撑棍直径）和 Total length of support rodes per baffle（每块挡板的支撑棍总长度）（图3-256）。棍形挡板结构示意如图 3-257 所示。

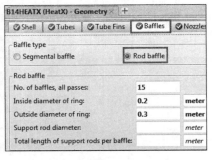

图 3-256

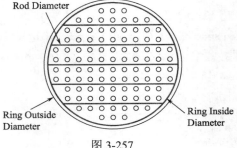

图 3-257

- Nozzles 页面

在 Blocks｜HeatX｜Geometry｜Nozzles 页面（图 3-258），输入换热器管嘴压降计算所需要的管嘴结构信息。

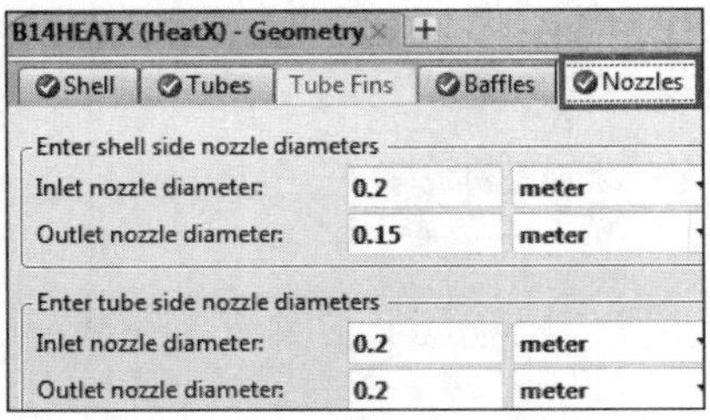

图 3-258

在 Enter shell side nozzle diameters（输入壳程管嘴直径）区域，输入 Inlet nozzle diameter（壳程进口管嘴直径）和 Outlet nozzle diameter（壳程出口管嘴直径）。

在 Enter tube side nozzle diameters（输入管程管嘴直径）区域，输入 Inlet nozzle diameter（管程进口管嘴直径）和 Outlet nozzle diameter（管程出口管嘴直径）。

③ Options 表格

在 Options（选项）表格中，规定 HeatX 模型中冷热侧的闪蒸收敛参数和有效相态、收敛参数及报告选项。HeatX 模型的 Options 表格中包括 Flash Options（闪蒸选项）、Convergence（收敛）和 Report（报告）页面。

- Flash Options 页面

在 Blocks｜HeatX｜Options｜Flash Options 页面（图 3-259），设置 HeatX 模型的闪蒸选项。

在 Select property options（选择物性选项）列表中，可分别规定 Hot side（热侧）和 Cold side（冷侧）的 Valid phases（有效相态）、Maximum iterations（最大迭代次数）和 Error tolerance（容差）。

- Convergence 页面

在 Blocks｜HeatX｜Options｜Convergence 页面（图 3-260），设置 HeatX 模型的收敛参数。

在 Optional convergence parameters for shortcut and detailed method（简捷计算和详细计算的可选收敛参数）区域，设置收敛参数。包括 Convergence algorithm（收敛算法）、Maximum number of iterations（最大迭代次数）、Temperature convergence tolerance（温度收敛容差）、Area convergence tolerance（面积收敛容差）、Duty estimate for area specification（规定面积时的预计热负荷）、Pressure convergence tolerance（压力收敛容差）、Allow temperature crossovers（允许温度交叉）、Use Silver-Ghaly method for condensing film coefficients（用 Silver-Ghaly 法计算冷凝膜系数）、Number of points per zone for film coefficient calculation（膜系数计算中每个分区的点数）和 Use average stream temperature differences for local MTD's when computing area using calculated film coefficients（用计算的膜系数计算面积时，用平均物流温差表示局部 MTD）等。

- Report 页面

在 Blocks｜HeatX｜Options｜Report 页面（图 3-261），设置 HeatX 模型的报告内容。

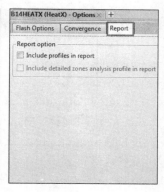

图 3-259　　　　　　　　　　图 3-260　　　　　　　　　　图 3-261

在 Report option（报告选项）区域，可勾选 Include profiles in report（在报告中包括分布数据）和 Include detailed zones analysis profile in report（在报告中包括详细区域分析）。

④ EDR Options 表格

在 Rigorous 计算模式下，可在 EDR Options（EDR 选项）表格中，规定 EDR 文件名及物性曲线计算参数等。HeatX 模型的 EDR Options 表格中包括 Input File（输入文件）、Property Curves（物性曲线）、Analysis Parameters（分析参数）、Shell-Tube Geometry（壳-管结构）和 Calculation Options（计算选项）等页面。

• Input File 页面

在 Blocks | HeatX | EDR Options | Input File 页面（图 3-262），设置 EDR 输入文件。

在 EDR input file（EDR 输入文件）区域，Type in new or import existing EDR input file(*.edr)（键入新的 EDR 文件或导入已有的 EDR 文件）。输入新文件名后，单击 Transfer geometry to Shell&Tube（将结构导入管壳式换热器），即可将 Detailed 计算模式下的管壳换热器结构信息导入新建的 EDR 文件。

• Property Curves 页面

在 Blocks | HeatX | EDR Options | Property Curves 页面（图 3-263），规定物性曲线。

在 Property curve specifications（物性曲线规定）区域，分别规定 Hot side（热侧）和 Cold side（冷侧）的物性曲线参数。包括 Generate curve（生成曲线）、Update curve（更新曲线）、Variable deviation（变量偏差）、Pressure level method（压力等级方法）、Pressure level 1～4（压力等级 1～4）、Curve distribution（曲线分配）、No. pts in liquid phase region（液相区点数）、No. pts in 2-phase region（两相区点数）和 No. pts in vapor phase region（汽相区点数）等。

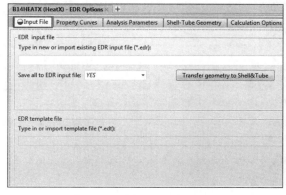

图 3-262　　　　　　　　　　　　　　　　　　图 3-263

● Analysis Parameters 页面

在 Blocks｜HeatX｜EDR Options｜Analysis Parameters 页面（图 3-264、图 3-265），设置分析参数。

在 Side（侧）区域，可选择 Hot stream（热物流）或 Cold stream（冷物流）。

在 Hot/Cold side parameters（热/冷侧参数）区域，设置热侧或冷侧分析参数，包括 Fouling factor（污垢因子）、Maximum delta-P（最大压降）、Estimated outlet pressure（出口压力估计值）、Dleta-P multiplier（压降倍增因子）、Film coefficient（膜系数）和 Film coefficient multiplier（膜系数倍增因子）等。

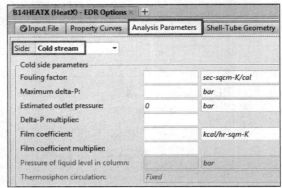

图 3-264   图 3-265

● Shell-Tube Geometry 页面

在 Blocks｜HeatX｜EDR Options｜Shell-Tube Geometry 页面（图 3-266），可输入换热器结构尺寸。

在 Rating specification for Shell &Tube method（管壳法核算规定）区域，输入管壳结构尺寸参数。包括 Shell inside diameter（壳程内径）、Total no. of tubes（总管数）、Tube length（管长）、No. of tube passes（管程数）、No. of baffles（挡板数）和 Baffle to baffle spacing（挡板间距）。

● Calculation Options 页面

在 Blocks｜HeatX｜EDR Options｜Calculation Options 页面（图 3-267），可设置换热器计算的收敛参数。

在 Optional convergence parameters for Shell&Tube method（管壳法可选收敛参数）区域，选择计算方法并设置其收敛参数。包括 Calculation method（计算方法）、Duty relative convergence tolerance（热负荷相对收敛容差）、Outlet pressure relative convergence tolerance（出口压力相对收敛容差）、Maximum number of iterations（最大迭代次数）和 Maximum duty convergence relaxation parameter（最大热负荷收敛松弛参数）。

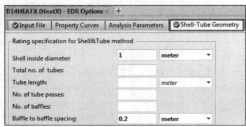

图 3-266   图 3-267

⑤ EDR Browser 表格

在 Rigorous 计算模式下，可在 EDR Browser（EDR 浏览器）（图 3-268）中规定数据，并访问 EDR 文件的详细规定。注意，运行模拟时，Blocks｜HeatX｜Options｜Convergence 页面和 EDR Options 表格内的数据将覆盖本表格中的相应选项。HeatX 模型的 EDR Browser 表格中，包括 Console（控制台）、Input（输入）和 Results（结果）等表格及文件夹。

• Input 文件夹

在 Input 文件夹（图 3-269）的表格中，输入换热器冷热流体的工艺条件、物性数据、换热器结构、材质、设计要求等信息。Input 文件夹中包括 Problem Definition（问题定义）、Property Data（物性数据）、Exchanger Geometry（换热器结构）、Construction Specifications（建造规定）和 Program Options（程序选项）等文件夹。

• Results 文件夹

在 Results 文件夹（图 3-270）的表格中，查看所有的输入、结果汇总。Results 文件夹中，包括 Input Summary（输入汇总）、Result Summary（结果汇总）、Thermal/Hydraulic Summary（热/水力学数据汇总）、Mechanical Summary（机械结果汇总）和 Calculation Details（计算细节）等文件夹。

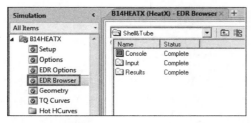
图 3-268　　　　　　　图 3-269
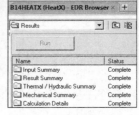
图 3-270

• Console 表格

在 Console 表格中，可调整换热器结构尺寸、工艺数据，并查看运行过程中的错误及警告信息等。Console 表格中，有 Geometry（结构）、Process（工艺条件）、Erros & Warnings（错误和警告）及 Run Status（运行状态）等页面。

a. Geometry 页面

在 Blocks｜HeatX｜EDR Browser｜Console｜Geometry 页面（图 3-271），可设置换热器的结构及尺寸，并查看总的计算结果。

在 Configuration（配置）区域，设置换热器结构。包括 TEMA type（管壳结构类型）、Layout type（排布类型）、Hotside（热侧位置）、Tube OD \ Pitch（管外径\管心距）、Tube pattern（管排布方式）、Tubes in window（圆缺区是否布管）、Baffle type（挡板类型）、Baffle cut orientation（挡板切割方向）和 Exchanger material（换热器材质）。

在 Size（尺寸）区域，设置换热器尺寸。包括 Specify some sizes in design（设计中规定一些尺寸）、Shell ID/OD（壳程内径/外径）、Tube length（管长）Baffle pitch（挡板间距）、Number of baffles（挡板数）、Number of tubes\passes（管数\管程数）和 Shells in series \ parallel（串联\并联壳程数）。

在 Overall Results（总结果）区域，查看换热器的计算结果。包括 Oversurface(%)（面积裕度）、Dp-ratio shellside\tubeside（壳程\管程的压降比）和 Cost（成本）。

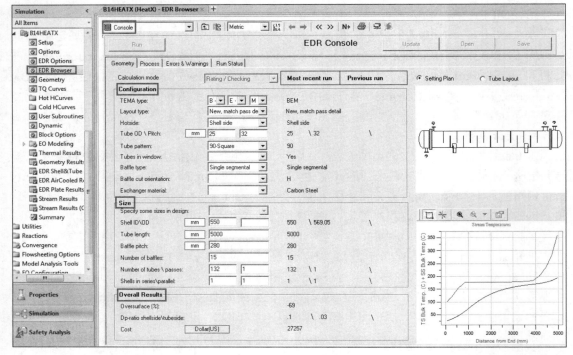

图 3-271

b. Process 页面

在 Blocks | HeatX | EDR Browser | Console | Process 页面（图 3-272），可设置换热器的工艺条件及结果。

在 Process Conditions（工艺条件）区域，设置换热器 Hotside（热侧）和 Coldside（冷侧）的工艺条件。包括 Mass flowrate（质量流量）、Inlet pressure（进口压力）、Outlet pressure（出口压力）、Inlet temperature（进口温度）、Outlet temperature（出口温度）、Inlet vapor fraction（进口汽相分率）、Outlet vapor fraction（出口汽相分率）、Heat load（热负荷）和 Initial Heat load（初始热负荷）。

在 Process Input（过程输入）区域，设置换热器的输入参数。包括 Allowable pressure drop（允许压降）和 Fouling resistance（污垢热阻）。

在 Calculated Results（计算结果）区域，查看换热器 Pressure drop（压降）的计算结果。

c. Erros & Warnings 页面

在 Blocks | HeatX | EDR Browser | Console | Errors & Warnings 页面（图 3-273），查看运行过程中的错误和警告等信息。

在左侧列表中，选择信息类型。包括 Errors（错误）、Input（输入）、Results（结果）、Operations（操作）、Suggestions/Notes（建议/注意）和 All（全部）等信息。

在右侧列表中，查看具体信息。

⑥ Thermal Results 表格

在 Thermal Results（热结果）表格中，可查看 HeatX 模型的热计算结果。Thermal results 表格中，包括 Summary（汇总）、Balance（衡算）、Exchanger Details（换热器详情）、Pres Drop/Velocities（压降/速度）、Zones（分区）、Utility Usage（公用工程）及 Status（状态）等页面。

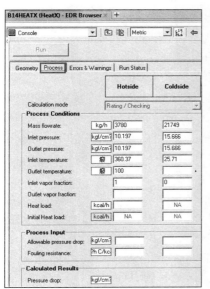

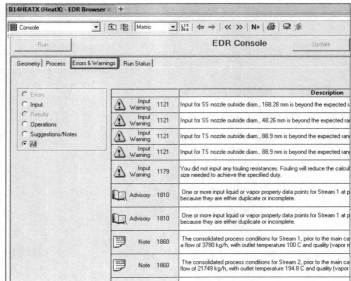

图 3-272   图 3-273

- Summary 页面

在 Blocks｜HeatX｜Thermal Results｜Summary 页面（图 3-274），查看结果汇总。

在 Heatx results（HeatX 模型结果）区域，查看 HeatX 模型的计算结果。包括 Calculation Model（计算方法），Hot stream（热流体）和 Cold stream（冷流体）的 Inlet（进口）和 Outlet（出口）Temperature（温度）、Pressure（压力）、Vapor fraction（汽相分率）及 1st liquid/Total liquid（第一液相/总液相），Heat duty（换热器热负荷）等信息。

- Balance 页面

在 Blocks｜HeatX｜Thermal results｜Balance 页面（图 3-275），查看 HeatX 模型进出物料的质量及热量衡算结果。

图 3-274

图 3-275

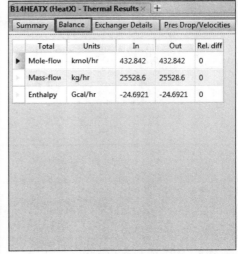

- Exchanger Details 页面

在 Blocks｜HeatX｜Thermal Results｜Exchanger Details 页面（图 3-276），查看换热器详

细数据。

在 Exchanger details（换热器细节）区域，查看换热器细节数据。包括 Calculated heat duty（计算热负荷）、Required exchanger area（所需换热器面积）、Actual exchanger area（实际换热器面积）、Percent over（under）design（设计余量/不足百分数）、Average U（Dirty）（结垢条件下的平均传热系数）、UA（传热系数×传热面积）、LMTD（Corrected）（校正后的对数平均温差）和 LMTD correction factor（对数平均温差校正因子）、Thermal effectiveness（热效率）、Number of transfer units（传热单元数）、Number of shells in series（串联壳程数）和 Number of shells in parallel（并联壳程数）等参数。

- Pres Drop/Velocities 页面

在 Blocks | HeatX | Thermal Results | Pres Drop/Velocities 页面（图 3-277），查看换热器内各处的压降及流速。包括 Shell Side（壳程）和 Tube Side（管程）的 Exchanger pressure drop（换热器压降）、Nozzle pressure drop（管嘴压降）和 Total pressure drop（总压降）；Shell side maximum crossflow velocity（壳程错流最大流速）、Shell side maximum crossflow Reynolds No.（壳程错流最大雷诺数）、Shell side maximum window velocity（壳程窗口最大流速）、Shell side maximum window Reynolds No.（壳程窗口最大雷诺数）；Tube side maximum velocity（管程最大流速）、Tube side maximum Reynolds No.（管程最大雷诺数）；Hot side（热侧）和 Cold side（冷侧）的 P-drop parameter（压降参数）等信息。用户可根据这些计算结果，调整管程数、挡板数目、切割分率及管嘴尺寸等设计参数。

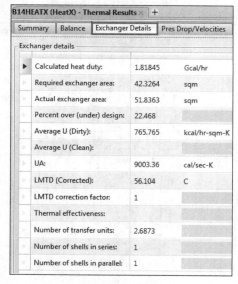

图 3-276

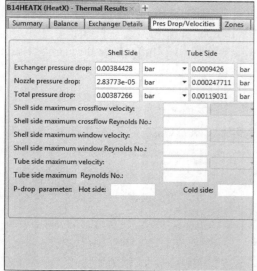

图 3-277

- Zones 页面

在 Blocks | HeatX | Thermal results | Zones 页面（图 3-278），查看 HeatX 模型的分区数据。

在 Profiles（分布）区域，查看各分区数据分布。包括 Zone（分区）的 Hot-side Temp（热流体温度）、Cold-side Temp（冷流体温度）、LMTD（对数平均温差）、U（传热系数）、Duty（热负荷）、Area（传热面积）及 UA（传热系数×传热面积）等信息。用户可根据这些结果，分析换热方案是否合理，并改进设计。

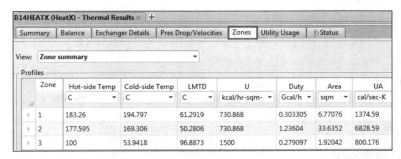

图 3-278

⑦ EDR Shell&Tube Results 表格

在 Rigorous 计算模式下，可在 EDR Shell&Tube Results（EDR 管壳式换热器计算结果）表格中查看管壳式换热器的计算结果；在 EDR AirCooled Results 表格中查看空冷器的计算结果；在 EDR Plate Results 表格中查看板式换热器的计算结果。EDR Shell&Tube Results 表格中，包括 Overall（总体）、Thermal（热）、Delta P（压降）、Setting Plan（装配图）、Tubesheet Layout（管板布置）和 Profile Plots（分布曲线）等页面。

● Overall 页面

在 Blocks | HeatX | EDR Shell&Tube Results | Overall 页面（图 3-279），查看管壳式换热器的总计算结果。

在 Overall results（总结果）区域，查看总计算结果。包括 Hot stream location（热物流位置）、Heat duty（热负荷）、Required exchanger area（所需换热面积）、Actual exchanger area（实际换热面积）、% excess surface area（面积裕度）、Avg. heat transfer coefficient（平均传热系数）、UA（传热系数×面积）、LMTD (Corrected)（修正的对数平均温差）、LMTD correction factor（对数平均温差校正因子）、Vibration indication（震动提示）、High Rhov2 indication（高 ρv^2 提示）和 Calculation method used by EDR（EDR 用的计算方法）等参数。

● Thermal 页面

在 Blocks | HeatX | EDR Shell&Tube Results | Thermal 页面（图 3-280），查看管壳式换热器的热结果。

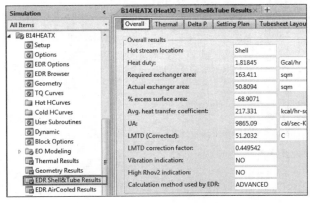

图 3-279   图 3-280

在 Thermal results（热结果）区域，查看管程和壳程的热计算结果。包括 Mean metal temperature（平均金属温度）、Bulk film coefficient（流体主体与流体膜间的传热系数）、Wall film coefficient（管壁面处的传热系数）、Thermal resistance（热阻）、Fouling resistance（污垢

热阻）、Maximum fouling resistance（最大污垢热阻）、Film % overall resistance（总热阻中膜热阻的百分数）、Fouling % overall resistance（总热阻中污垢热阻的百分数）、Fin correction（翅片校正系数）和 Fin efficiency（翅片传热效率）等参数。

- Delta P 页面

在 Blocks｜HeatX｜EDR Shell&Tube Results｜Delta P 页面（图 3-281），查看管壳式换热器的压降结果。

在 Delta-P results（压降结果）区域，可查看管程和壳程的压降计算结果。包括 Total pressure drop（总压降）、Frictional pressure drop（摩擦压降）和壳程的 Window pressure drop（圆缺区压降）。

- Setting Plan 页面

在 Blocks｜HeatX｜EDR Shell&Tube Results｜Setting Plan 页面（图 3-282），查看管壳式换热器的装配示意图。

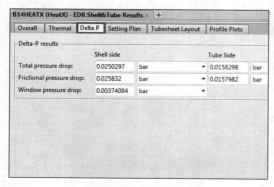

图 3-281

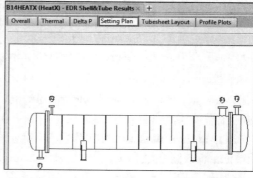

图 3-282

- Tubesheet Layout 页面

在 Blocks｜HeatX｜EDR Shell&Tube Results｜Tubesheet Layout 页面（图 3-283），查看管壳式换热器的管板排布图。

- Profile Plots 页面

在 Blocks｜HeatX｜EDR Shell&Tube Results｜Profile Plots 页面（图 3-284），查看管壳式换热器中不同管长位置的冷热流体温度分布图。

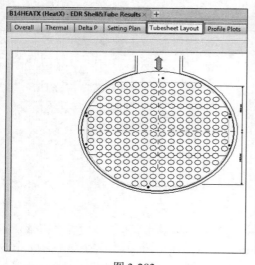

图 3-283

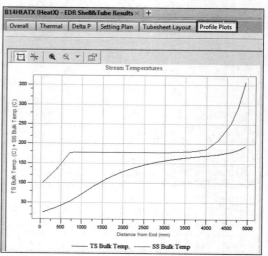

图 3-284

3.3.7.3　MHeatX 模型功能详解

MHeatX 模型可用来模拟多物流换热器（如 LNG 换热器）。MHeatX 模型保证总的能量平衡，但不考虑换热器几何尺寸。MHeatX 模型不用传热系数，但可计算换热器的总 *UA* 值并模拟换热器的热量加入或损失。可进行详细严格的内部区域分析，以确定换热器中所有物流的内部夹点及加热和冷却曲线。两物流换热器也可用 MHeatX 模型模拟。

（1）流程连接

MHeatX 模型的流程连接如图 3-285 所示。

进口冷、热侧至少各有一股物流，各物流互不接触，每股进料对应一股出料。每个出料都可选择连接一股水相物流。

（2）MHeatX 模型的计算结构

与其他模型不同，MHeatX 不是用单个计算模型模拟，而是由 Aspen Plus 自动根据流程进行分析，并生成由多个 Heater 模型和多股热流来模拟的多物流换热器。用一个 Heater 模型代表一股有出口规定的物流，用一个多进料 Heater 模型表示未作出口规定的物流。因此，MHeatX 模型的计算中，实际为 Heater 模型的计算，用户可选择生成的热流作为撕裂流股。图 3-286 为 MHeatX 模型生成的计算结构举例，这种计算顺序的收敛速度比采用单模型模拟更迅速，且给出整体模型报告。

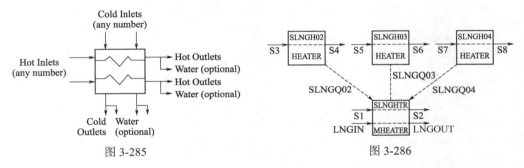

图 3-285　　　　　　　　　　　　图 3-286

MHeatX 模型的计算结构会影响用户的规定。多数情况下，用户不必逐一了解生成的各模型，以下情况例外：

① 需给出生成的 Heater 模型和热流股的模拟历史文件和控制面板信息。

② 需为内部产生的热负荷提供估值，若热流股是撕裂流股，那么就用这个估值作为初值。

③ 需给出流程的收敛规定。在 Convergence｜Sequence｜Specifications 页面规定生成的 Heater 模型和热流的收敛顺序，在 Convergence｜Tear｜Specifications 页面规定撕裂流股。

（3）模型规定

MHeatX 模型中包括 Input（输入）、HCurves（热曲线）、Dynamic（动态）、Block Options（模型选项）、EO Modeling（EO 模型）、Results（结果）、Stream Results（物流结果）、Stream Results (Custom)（自定义物流结果）和 Summary（汇总）等表格及文件夹。

① Input 表格

在 Input 表格中，进行模型的输入。MHeatX 模型的 Input 表格中包括 Specifications（规定）、Zone Analysis（区域分析）、Flash Table（闪蒸表）、Options（选项）和 Information（信息）等页面。

● Specifications 页面

在 Blocks｜MHeatX｜Input｜Specifications 页面（图 3-287），规定 MHeatX 模型的进出口物流状态。

在 Specifications（规定）区域，规定各物流具体参数。包括 Inlet stream（输入物流）、Exchanger side（换热器侧）、Outlet stream（输出物流）、Decant stream（游离水物流）、Valid phases（有效相态）、Specification（规定）、Pressure（压力）、Duty estimate（热负荷估计）、Max. iterations（最大迭代次数）和 Tolerance（容差）。MHeatX 模型中，冷热两侧物流之一需规定全部出口条件，另一侧可选择，但至少应保留一股不作规定。其他未作规定的物流，假设出口温度都相同，由总能量平衡确定其温度值。不同物流可有不同类型的规定。

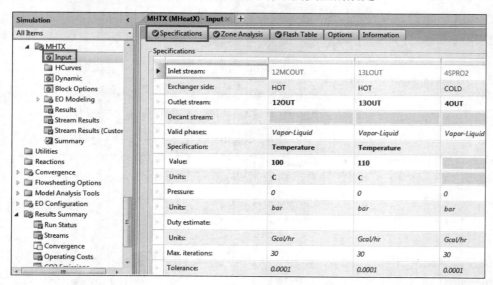

图 3-287

• Zone Analysis 页面

MHeatX 模型能进行详细严格的内部区域分析，以决定内部夹点、各区域的 UA 值和 LMTD 值、换热器的总 UA 值和总平均 LMTD 值。在 Blocks｜MHeatX｜Input｜Zone Analysis 页面（图 3-288），设置区域分析的相关参数。

在 Zone parameters（分区参数）区域，设置分区参数。需输入大于 0 的 Number of zones（分区数），选择 Flow direction（流动方向）。可勾选 Add extra zone points for phase change, and stream entry and exit（为相变点和物流进出口点增加特殊分区点）、Add extra zones in regions where the profile is non-linear（为非线性分布区域增加特殊分区）、Use inlet / outlet conditions to determine the stream phase in each zone（用进口/出口条件确定每个分区中的物流相态）。另外，可设置 Maximum no. of zone points（最大分区点数）和 Temperature approach threshold（温差阈值）。

在 Property calculation method（物性计算方法）区域，选择物性计算方法。包括 Flash at each point（在每个点闪蒸）和 Interpolate from flash table（由闪蒸表内插）。

当分区中存在温度交叉的情况时，可在 Area penalty parameters（面积补偿参数）区域设置面积补偿参数。包括 Temperature approach（温差）和 Penalty value（补偿值）。Temperature approach 为分区中任一侧温差的阈值，低于该值时将启用补偿。补偿原理为：减小 LMTD 值以增大 UA 值，从而使求解器（设计规定或优化）离开该区域，并将操纵变量调整至正确的方向。当温差接近于零时，Penalty value 越大，LMTD 函数越陡。

• Flash Table 页面

多物流换热器区域分析计算需要花费很长时间，因此可使用 Flash Tables（闪蒸表）快速估算区域分布和夹点。在 Blocks｜MHeatX｜Input｜Flash Table 页面（图 3-289），设置闪蒸表的相关参数。

在 Number of flash points（闪蒸点数）区域，可输入 Default number of points for all streams（所有物流的默认点数）。规定物流闪蒸表后，MHeatX 模型将在区域分析前生成该物流的温-焓图，并在区域分析时进行内插，而不进行物流闪蒸计算。

在 Optional flash table parameters for each stream（各物流可选闪蒸表参数）区域，规定可选闪蒸表参数。包括 Inlet stream（输入流股）、No. of points in table（表格点数）和 Pressure drop allocation（压降分率）。Pressure drop allocation 包括 Fraction in vapor（汽相中的分率）、Fraction in 2-phase（两相区中的分率）和 Fraction in liquid（液相中的分率）。规定一股物流在各相态范围内的压降分率后，Aspen Plus 可由此决定在 Flash Tables 生成过程中的压力分布。

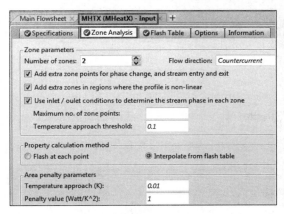
图 3-288

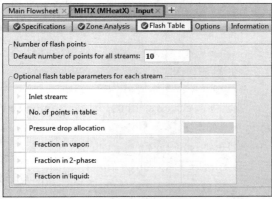
图 3-289

② Block Options 表格

在 Block Options 表格中，规定模型选项。Block Options 表格中包括 Properties（物性）、Simulation Options（模拟选项）、Diagnostics（诊断）、EO Options（EO 选项）、EO Var/Vec（EO 变量/向量）和 Report Options（报告选项）等页面。

在 Blocks ｜ MHeatX ｜ Block Options ｜ Properties 页面（图 3-290），可为每股进料规定不同的物性方法。

在 Blocks ｜ MHeatX ｜ Block Options ｜ Simulation Options 页面（图 3-291），设置模拟选项。在 Calculation options（计算选项）区域，可勾选 Perform heat balance calculations（进行热量衡算）及 Use results from previous convergence pass（应用前次收敛结果），并选择 Flash convergence algorithm（闪蒸收敛算法）。

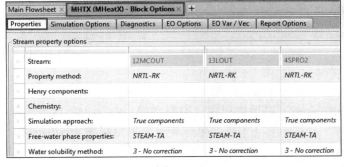
图 3-290   图 3-291

3.3.7.4　HXFlux 模型功能详解

HXFlux 模型用于热源和热阱间的对流传热计算，传热推动力是 LMTD 的函数。用户可以从进出物料温度、热负荷、传热系数和传热面积等变量中选择规定变量，HXFlux 模型将通过严格或近似算法计算未知变量。

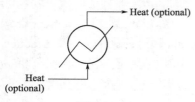

图 3-292

（1）流程连接

HXFlux 模型的流程连接如图 3-292 所示。

HXFlux 模型不连接物流，可选择连接进出热流。

（2）模型规定

HXFlux 模型中包括 Input（输入）、Block Options（模型选项）、EO Modeling（EO 模型）、Results（结果）、Stream Results（物流结果）、Stream Results (Custom)（自定义物流结果）和 Summary（汇总）等表格及文件夹。

① Input 表格

在 Input 表格中，进行模型的输入。HXFlux 模型的 Input 表格中包括 Heat Transfer Options（传热选项）、Specifications（规定）、Immersed Bundle（浸没管束）、Radiant（辐射）、Calculation Options（计算选项）和 Information（信息）等页面。

• Heat Transfer Options 页面

在 Blocks｜HXFlux｜Input｜Heat Transfer Options 页面（图 3-293），设置传热选项。HXFlux 模型的规定依赖于在该页面选择的计算模式。

在 Heat transfer mode（传热模式）区域，选择传热模式。包括 Convective heat transfer（对流传热）和 Radiant/convective heat transfer in a furnace（加热炉内辐射/对流传热）。

在 LMTD method（LMTD 方法）区域，选择对数平均温差的计算方法。包括 Rigorous（严格）法和 Approximate（近似）法。

在 Heat transfer area（传热面积）区域，选择传热面积的来源。包括 Specify heat transfer area（规定传热面积）和 Calculate from immersed tube bundle data（根据浸入管束数据计算得到）。

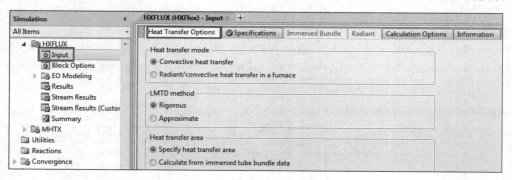

图 3-293

• Specifications 页面

在 Blocks｜HXFlux｜Input｜Specifications 页面（图 3-294），规定 HXFlux 模型的传热参数。

在 Stream temperatures（物流温度）区域，输入物流温度。包括 Inlet/Outlet hot/cold stream（进口/出口热/冷物流）的 Temperature（温度）、Stream（参考物流）或 EO Variable（EO 变量）规定值。

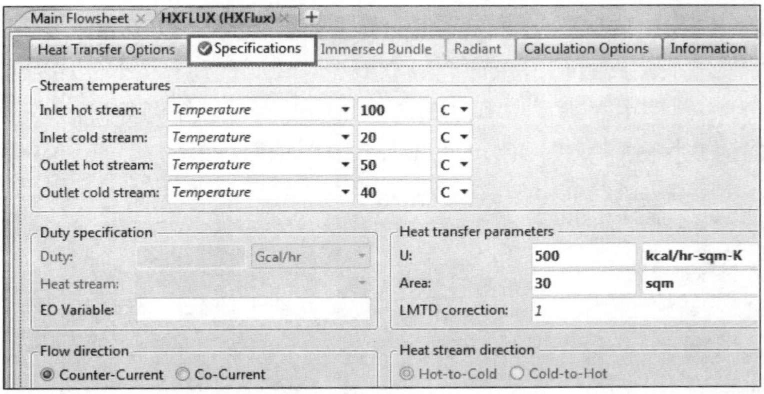

图 3-294

在 Duty specification（热负荷规定）区域，规定热负荷相关参数。可规定 Duty（热负荷）、Heat stream（热流股）及 EO Variable（EO 变量）。

在 Heat transfer parameters（传热参数）区域，规定传热参数。可规定 U（传热系数）、Area（传热面积）、LMTD correction（LMTD 校正）等参数。

在 Flow direction（流动方向）区域，选择物流流动方向。包括 Counter-Current（逆流）和 Co-Current（并流）。

在 Heat stream direction（热流方向）区域，选择热流股流动方向。包括 Hot-to-Cold（热至冷）或 Cold-to-Hot（冷至热）。

② 对流传热

对流传热的标准方程为：

$$Q = U \times A \times \mathrm{LMTD}$$

该方程适用于并流或逆流传热。

式中，Q 表示热负荷；U 表示总传热系数；A 表示传热面积；LMTD 表示对数平均温差。

用户需指定进口冷、热流温度或通过参考物流指定温度，还需指定出口热流（温度或参考流股温度）、出口冷流（温度或参考流股温度）、热负荷（根据参考热流或进口热流得到的热负荷）、总传热系数、换热面积或浸入管束数据等变量中的四个。

用户可选择流动方向为逆流或并流。当有进口热流或根据参考热流确定热负荷时，可选择热流方向以确定热负荷值的正负，正值表示从热侧到冷侧的热流动；可选择对数平均温差的计算方法；传热面积可直接指定，也可通过指定浸入式管束的数据确定，在 Heat Transfer Options 页面选择使用何种指定方法。

注意：参考物流在层级结构中需为 HXFlux 模型同一或次一等级水平。

③ 加热炉中的辐射/对流传热

加热炉中的辐射/对流传热是根据 Lobo 和 Evans 法（Kern, 1950）建立的模型。总热量 Q 为辐射热量 Q_{rad} 和对流热量 Q_{conv} 之和，由以下方程计算得到：

$$Q_{\mathrm{rad}} = 0.173 \frac{\mathrm{BTU}}{\mathrm{h} \cdot \mathrm{ft}^2} F \left[\left(\frac{T_{\mathrm{gas}}}{100°\mathrm{R}} \right)^4 - \left(\frac{T_{\mathrm{front}}}{100°\mathrm{R}} \right)^4 \right] a_{\mathrm{CP}} A_{\mathrm{CP}}$$

$$Q_{\mathrm{conv}} = U A_{\mathrm{tube}} \left(T_{\mathrm{gas}} - T_{\mathrm{front}} \right)$$

$$T_{\mathrm{surface}} = \frac{w_{\mathrm{in}} T_{\mathrm{in}} + w_{\mathrm{out}} T_{\mathrm{out}}}{2} T_{\mathrm{s\_fac}} + D T_{\mathrm{wall}}$$

式中，BTU 表示英热单位；h 表示小时；ft 表示英尺；°R 表示兰氏度；F 表示对流换热系数，由加热炉性能决定的可调参数，一般取值 $0.4\sim0.6$；T_{gas} 表示有效烟气温度；T_{front}=管程表面温度×前方面积校正因子，为前方温度即管程面向燃烧器的温度；a_{CP} 表示冷平面有效因子；A_{CP}=管数×管长×管心距，为冷平面面积，即辐射传热中的可用面积；U 表示总对流传热系数；A_{tube} 表示总管表面积；$T_{surface}$ 表示平均管表面温度，由工艺侧进出口加权温度和固定管-壁温差计算得到；w_{in}、w_{out} 表示平均管表面温度计算中的权重因子；T_{s_fac} 表示管表面温度校正因子；DT_{wall} 表示管表面温度偏差。

用户需指定进口热流温度及出口热流温度或根据参考流确定的温度、有效烟气温度或根据参考流确定的温度、热负荷（根据参考热流或进口热流得到的热负荷）、总传热系数、管表面积、冷平面面积等六个变量中的五个；若有进口热流或根据参考热流确定热负荷，可选择热流方向来确定热负荷值的正负。正热负荷值表示热量从高温侧流向低温侧。

（3）其他表格

在 Blocks｜HXFlux｜Block Options 表格的各页面（图 3-295、图 3-296），可分别设置 HXFlux 模型的模拟计算选项、诊断水平、EO 选项、EO 变量/向量、报告选项等。

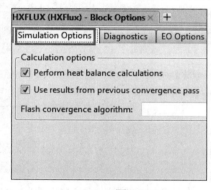

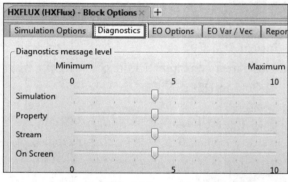

图 3-295　　　　　　　　　　　　　　　　图 3-296

运行完成后，在 Blocks｜HXFlux｜Results 表格的各页面（图 3-297、图 3-298），可分别查看对流传热、辐射传热、浸入管束、平衡等计算结果。

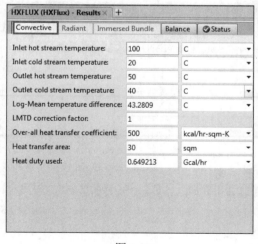

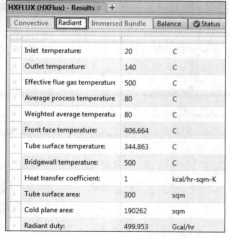

图 3-297　　　　　　　　　　　　　　　　图 3-298

3.3.7.5 Mult 模型功能详解

Mult 模型用于流程中的流量倍增计算。Mult 模型可将进口流股（物流、功流和热流）总流量（物流也包括各组分流量）与规定的倍增因子之积，作为出口流股流量，进出物料组成、物性和压力都相同。Mult 模型没有动态特性，不保持热量或物料平衡，主要用于模拟流股流量由其他条件决定的情况。

（1）流程连接

Mult 模型的流程连接如图 3-299 所示。

用 Q Mult 和 W Mult 图标，可分别模拟热流和功流倍增器（图 3-300）。出口流股与进口流股类型需一致，即同为物流、热流或功流。

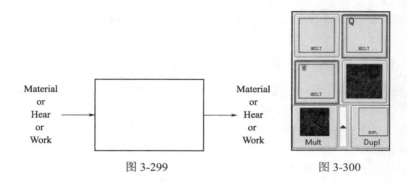

图 3-299   图 3-300

Mult 模型的物流、热流或功流均为一股进料、一股出料。

（2）模型规定

Mult 模型中包括 Input（输入）、EO Modeling（EO 模型）、Results（结果）、Stream Results（物流结果）和 Stream Results (Custom)（自定义物流结果）等表格及文件夹。

在 Input 表格中，进行模型的输入。Mult 模型的 Input 表格中包括 Specifications（规定）、Properties（物性）、Diagnostics（诊断）、EO Options（EO 选项）和 Information（信息）等页面。

- Specifications 页面

在 Blocks | Mult | Input | Specifications 页面（图 3-301），规定流股倍增因子。

在 Stream multiplier specifications（流股倍增规定）区域，可输入 Multiplication factor（倍增因子）。对于物流，该因子需为正值；对于热流或功流，该因子可为正值也可为负值，负值表示热流或功流的方向变化。

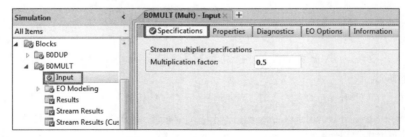

图 3-301

- Properties 页面

在 Blocks | Mult | Input | Properties 页面（图 3-302），设置 Mult 模型的物性方法。

- Diagnostics 页面

在 Blocks | Mult | Input | Diagnostics 页面（图 3-303），设置 Mult 模型的诊断信息水平。

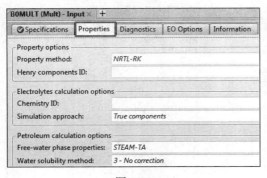

图 3-302

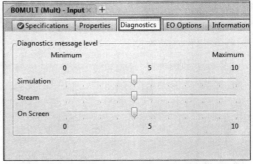

图 3-303

3.3.7.6 Dupl 模型功能详解

Dupl 模型用于把进口流股（物流、热流或功流）复制到任意股出口流股。Dupl 模型出料压力等于进口物流压力，出料流量等于进口物流流量。Dupl 模型不保持热量或物料平衡，没有动态特性。

（1）流程连接

Dupl 模型的流程连接如图 3-304 所示。

用 Q Dupl 和 W Dupl 图标，可分别模拟热流和功流复制器（图 3-305）。

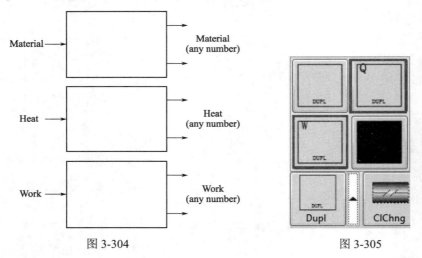

图 3-304

图 3-305

Dupl 模型的物流、热流或功流均为一股进料，根据需要，可复制出任意多股出料。

（2）模型规定

Dupl 模型中包括 Input（输入）、EO Modeling（EO 模型）、Results（结果）、Stream Results（物流结果）和 Stream Results (Custom)（自定义物流结果）等表格及文件夹。

在 Input 表格中，进行模型的输入。Dupl 模型的 Input 表格中包括 Properties（物性）、Diagnostics（诊断）、EO Options（EO 选项）和 Information（信息）等页面。

在 Blocks | Dupl | Input | Properties 页面（图 3-306），设置 Dupl 模型的物性方法。

在 Blocks | Dupl | Input | Diagnostics 页面，可设置 Dupl 模型的流股和模拟诊断信息水平。

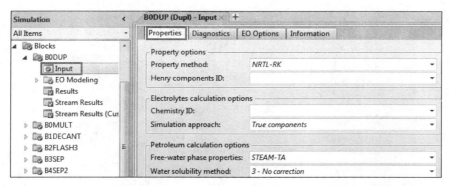

图 3-306

3.3.7.7　Design Specs 功能详解

Design Specs（设计规定）功能用于调整输入变量，以达到指定的设计规定目标。

Design Specs 模型中，用户需规定一个通常作为模拟结果输出的流程变量，或几个流程变量的函数作为设计规定的目标值，该类变量称为测量变量（measured variables），如产品物流纯度或循环物流的杂质量等。对这个设计规定，需指定调整哪个模型输入或过程进料变量，以达到目标值，该变量称为调整变量（manipulated variable）。因此，Design Specs 模型可用作反馈控制器。

设计规定将产生计算回路，需迭代求解。Aspen Plus 默认为每个设计规定生成一个收敛模型并排序，用户也可自定义收敛规定。在物流或模型中输入的调整变量值被用作初值，合适的初值将有助于快速收敛，这点对于有多个相关设计规定的大流程来说尤为重要。

定义设计规定有下列五步：

① 建立设计规定；

② 定义设计规定中所用的测量变量；

③ 输入设计规定表达式，即为一个测量变量或几个测量变量的函数指定目标值并指定一个容差；

④ 指定调整变量及其调整范围；

⑤ 输入 Fortran 语句（可选）。

（1）模型规定

在 Flowsheeting Options | Design Specs 页面（图 3-307），建立设计规定。

单击 New...按钮，在 Create New ID（新建 ID）对话框中输入 ID 或利用默认值不做修改，单击 OK 按钮，即可建立一个设计规定。在每个设计规定的文件夹中，都包括 Input（输入）、Results（结果）、EO Variables（EO 变量）、EO Input（EO 输入）及 Summary（汇总）等表格。

① Input 表格

在 Input 表格中，规定模型的输入信息。Design Specs 模型的 Input 表格中包括 Define（定义测量变量）、Spec（定义设计规定）、Vary（指定调整变量）、Fortran（输入 Fortran 语句）、Declarations（输入 Fortran 声明）、EO Option（EO 选项）和 Information（信息）等页面。

• Define 页面

在 Flowsheeting Options | Design Specs | DS-1 | Input | Define 页面（图 3-308），命名并定义设计规定中用到的所有测量变量。在其他设计规定页面用到这些变量时，用变量名进行标识。

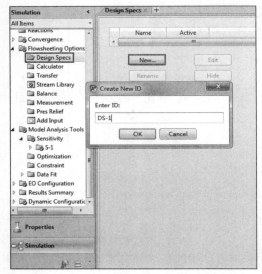
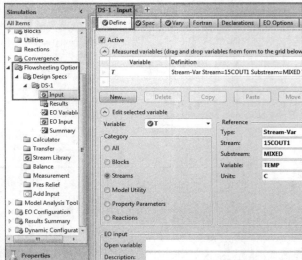

图 3-307   图 3-308

用户可通过勾选或不勾选 Active（激活）项，从而激活设计规定或使其暂时失效。

在 Measured variables（测量变量）部分，显示所有测量变量的汇总表。单击 New...按钮，可新建变量。对已有变量，可在测量变量汇总表的 Variable 列双击变量名以重新命名。变量名应为有效的 Fortran 变量名，有以下限制条件：以 A～Z 字母字符开头，后面跟字母或 0～9 数字字符，但不能以 IZ 或 ZZ 开头；标量变量不多于 6 个字符，矢量变量不多于 5 个字符。如设置 15COUT1 物流温度 T，可在 Variable 列中输入 T，并回车确认。用户可设置任意多个测量变量，所有这些变量都是只读，不能由 Design Specs 模型改变。选中一个变量后，单击 Delete（删除）按钮，可快速删除一个测量变量及其相关定义。单击 Copy（复制）按钮，再到其他变量的 Define（定义）表格中单击 Paste（粘贴）按钮，可将该变量复制粘贴到其他表格。单击 Move up（向上移动）按钮，可将选中的测量变量在汇总表中向上移动。单击 View Variables（查看变量）按钮，可在弹出的 Define variables（定义变量）窗口中查看测量变量。

在 Edit selected variable（编辑选中变量）部分，可定义或编辑所选变量。在 Category（类别）区域，选择变量类别，包括 All（全部变量）、Blocks（模型变量）、Streams（流股变量）、Model Utility（模型公用工程变量）、Property Parameters（物性参数变量）和 Reactions（反应相关变量）等。如 T 为流股变量，可选择 Streams。Edit selected variable 区域可通过单击 ⊙ 图标收起，收起后单击 ⊙ 图标可再次打开。在 Reference（参考）区域的 Type（类型）列表中选择变量类型。Aspen Plus 将根据用户选择的变量类型，显示完成该类变量定义所需的其他规定选项。流程变量单位为 Setup｜Specifications｜Global 页面 Input Data（输入数据）区域设置的全局单位集或该模型所选局部单位集中的单位，当选择带单位的变量时，其单位会出现在 Unit 中。如定义物流温度 T，可选择 Stream-Var（物流变量），并指定 Stream（流股）为 15COUT1，Substream（子物流）默认为 MIXED（混合），Variable（变量）为 TEMP（温度），Units 默认为 C（℃）。

• Spec 页面

在 Flowsheeting Options｜Design Specs｜DS-1｜Input｜Spec 页面（图 3-309），输入设计规定表达式。设计规定可是任意涉及一个或多个测量变量的合法 Fortran 语句，目标是计算值在容差范围内满足目标函数关系，即｜规定值－计算值｜＜容差。

在 Spec（规定）区域，输入设计规定目标变量或 Fortran 语句。

在 Target（目标值）区域，指定常数或 Fortran 语句作为目标值。

在 Tolerance（容差）区域，指定常数或 Fortran 语句作为容差。如输入设计规定目标变量为 T，目标值为 100，容差为 0.1。

若需输入不能用单一表达式表达的复杂 Fortran 语句，可在 Flowsheeting Options｜Design Spec｜DS-1｜Input｜Fortran 页面输入附加 Fortran 语句。

为确保输入正确的变量名，可在 Spec、Target 和 Tolerance 后的输入框中单击鼠标右键，在弹出菜单中单击 Variable List（变量列表）（图 3-310），即可打开 Defined Variable List（定义变量列表）窗口（图 3-311），可将变量从该已定义变量列表中拖放到 Spec 页面中。

图 3-309

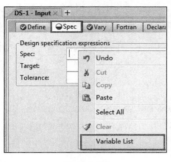
图 3-310

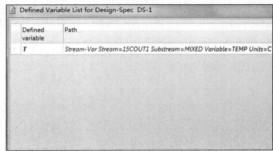
图 3-311

- Vary 页面

在 Flowsheeting Options｜Design Specs｜DS-1｜Input｜Vary 页面（图 3-312），指定调整变量及其上下限。调整变量的上下限可为常数或流程变量的函数。设计规定只能调整输入变量值，不能直接改变输出变量，如不能改变循环物流流量，但若该物流是 Fsplit 模型出料，则可改变 Fsplit 模型的分割分率从而改变该物流流量。

在 Manipulated variable（调整变量）区域的 Type（类型）列表中选择变量类型，Aspen Plus 根据变量类型引导用户完成定义该变量所需的其他设置。如定义 B14HEATX 的管长，可选择 Block-Var（模型变量），并指定 Block（模型）为 B14HEATX，Variable（变量）为 TUBE-LEN（管长），Units（单位）默认为 meter（m）。单击 Variable 后面的图标，弹出的 Search Variables（搜索变量）窗口（图 3-313），在此可输入搜索条件，检索并选择变量。

在 Manipulated variable limits（调整变量范围）区域，设置调整变量范围。Lower 为变量下限，Upper 为变量上限，Step size 为步长，Maximum step size 为最大步长。上下限均可用常数或 Fortran 语句表示，步长可选择输入。若设计规定的解超出了给定的调整变量限定范围，Aspen Plus 将最接近设计规定目标值的那个界限值作为计算结果。

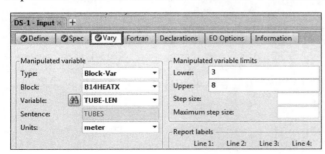
图 3-312

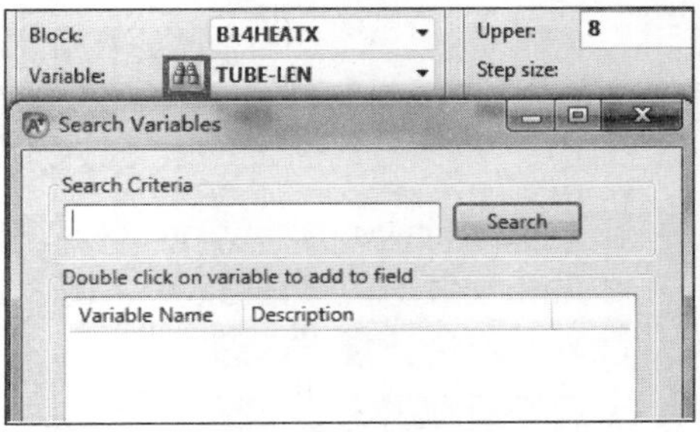

图 3-313

单击 Copy 按钮，到其他变量 Vary 表格中单击 Paste 按钮，可将该变量复制粘贴到其他变量输入表格。

在 Report Labels（报告标签）的 Line1 至 Line4 区域选择定义标签，可在报告或 Results Summary（结果汇总）页面的表头中标注该调整变量。

注意，若下次运行前不初始化，Design Spec 中的变量将保持之前运行的最终值。若用户将设计规定取消激活，则除非改变其值或初始化，这些变量也都将保持 Design Spec 中的最终值。

- Fortran 页面

在函数太复杂而不能在 Spec 或 Vary 页面输入时，可在 Flowsheeting Options | Design Specs | DS-1 | Input | Fortran 页面（图 3-314），输入用于计算设计规定表达式及调整变量范围的 Fortran 语句。Fortran 语句中计算得到的所有变量，都可用在 Spec 或 Vary 页面的表达式中。用户可在 Fortran 页面直接输入 Fortran 语句，也可在文本编辑器（如记事本）中输入后复制粘贴到 Fortran 页面。

- Declarations 页面

在 Flowsheeting Options | Design Specs | DS-1 | Input | Declarations 页面（图 3-315），输入 Fortran 声明，如 Include 语句、COMMON 声明、DIMENSION 声明、数据类型（INTEGER 和 REAL）定义等。Fortran 声明的输入方法与 Fortran 语句相同。

不能在该页面声明 Define 页面定义的变量，因为 Define 页面定义的变量类型和维度由参考对象决定。

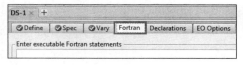   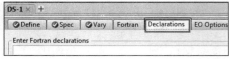

图 3-314   图 3-315

② Results 表格

在 Flowsheeting Options | Design Specss | DS-1 | Results 页面（图 3-316），或相应物流及模型的 Results 页面（图 3-317、图 3-318），可查看调整/测量变量的最终值。

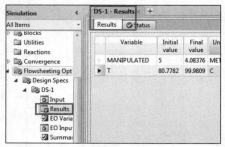      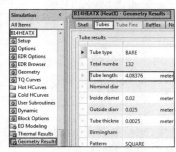

图 3-316   图 3-317   图 3-318

在 Convergence | Convergence 文件夹中各收敛模型表格的相应页面，可查看收敛模型的计算结果和收敛历史（图 3-319、图 3-320）。

（2）解决设计规定问题

若运行后结果未达目标，可进行以下几个方面工作：

① 检查调整变量是否处于上限或下限；

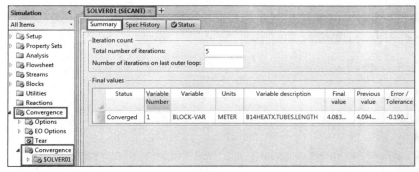
图 3-319

图 3-320

② 验证解是否在为操作变量指定的界限范围内（可利用灵敏度分析）；

③ 为调整变量提供一个更好的初值，减小操作变量的界限或放宽目标函数容差；

④ 改变设计规定相关收敛模型的迭代步长、迭代次数等。

3.3.7.8 Sensitivity 功能详解

Sensitivity（灵敏度分析）功能用来分析关键操作变量和设计变量对工艺过程的影响，是做工况研究的一个有用工具，也可以用来验证设计规定的解是否在操作变量变化范围内，或做简单的过程优化。

应用 Sensitivity 模型需指定调整变量、测量变量及结果列表方式。被改变的流程变量（调整变量）需是流程的输入变量，不能是模拟中的输出变量。模型中可包括 Fortran 语句，结果列表中可以是任意流程变量，也可以是包括输入或输出流程变量的任意合法 Fortran 表达式。若调整变量多于一个，将对各调整变量组合进行计算。若不想组合变量，可采用多个 Sensitivity 模型。对于特定调整变量的组合，也可采用 Cases（工况分析）功能。Sensitivity 模型为基本工况结果提供了附加信息，但独立于模拟，因此对基本工况模拟没有影响。

序贯模块法（SM）和联立方程法（EO）都支持灵敏度分析。序贯模块法下用 Model Analysis Tools 中的 Sensitivity 模型，联立方程法下用 EO Configuration 中的 EO Sensitivity 模型。SM 的 Sensitivity 模型不影响 EO 运行。

定义 Sensitivity 模型需要以下步骤：

① 建立 Sensitivity 模型；

② 指定调整的输入变量；

③ 指定要测量的流程变量；

④ 定义所需灵敏度分析结果表；

⑤ 输入可选的 Fortran 语句。

（1）模型规定

在 Model Analysis Tools｜Sensitivity 页面（图 3-321），单击 New…按钮，在 Create New ID 对话框中输入灵敏度分析 ID 或利用默认值，单击 OK 按钮确认，即可新建一个 Sensitivity 模型。每个 Sensitivity 模型中，都包括 Input（输入）和 Results（结果）两个表格。

在 Input 表格中，规定模型的输入信息。Sensitivity 模型的 Input 表格中，包括 Vary（指定调整变量）、Define（定义测量变量）、Tabulate（定义结果表）、Options（选项）、Cases（工况分析）、Fortran（输入 Fortran 语句）、Declarations（输入 Fortran 声明）和 Information（信息）等页面。

① Vary 页面

在 Model Analysis Tools｜Sensitivity｜S-1｜Input｜Vary 页面（图 3-322），定义 Design

Specs 模型的调整变量。调整变量需为模拟的输入或进料变量，并指定其上下限或取值列表。其规定或蓝色斜体的默认值即为该调整变量的初值。可改变整数型变量，如精馏塔进料位置。

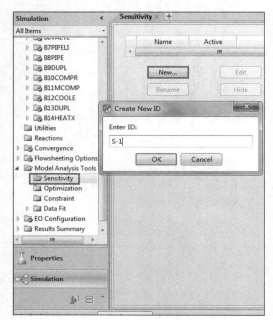

图 3-321

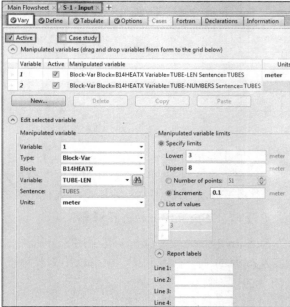

图 3-322

在 Manipulated variables（调整变量）部分，为调整变量的汇总。单击 New…按钮，可新建调整变量。单击 Delete 按钮，可删除选中的调整变量。单击 Copy 按钮，可复制选中的调整变量。单击 Paste 按钮，可粘贴已复制的变量。

在 Edit selected variable（编辑选中变量）部分，可编辑所选调整变量。在 Manipulated variable（调整变量）区域，可选择 Type（变量类型），Aspen Plus 根据变量类型引导用户完成定义该变量所需的其他设置。在 Manipulated variable limits（调整变量范围）区域，设置调整变量范围或取值列表。选择 Specify limits（规定范围）时，可在 Lower（下限）和 Upper（上限）区域，输入调整变量的上下限，并选择 Number of points（输入调整变量在取值范围内的等距点数）或 Increment（调整变量在取值范围内的增量）。上下限及增量均可用常数或 Fortran 语句表示。选择 List of values（变量值列表）时，可在下方列表中输入调整变量的数值表。

在 Report labels（报告标签）部分的 Line1 至 Line4 区域，选择定义标注，可在 Report（结果报告）或 Model Analysis Tools｜Sensitivity｜S-1｜Results｜Summary 页面的表头中标注调整变量。

有多个调整变量的灵敏度模型，变量值有三种调整方式：组合方式（各变量值全部组合并运行）、工况方式（工况需在 Cases 页面规定变量值）、序列方式（每个变量单独变化，其他变量保持基础工况值）。默认结果表格中给出的是各调整变量组合的灵敏度数据。若在本页面选择 Case study（工况分析），则需在 Model Analysis Tools｜Sensitivity｜S-1｜Input｜Cases 页面设置每个工况的各调整变量值，其余变量都保持基础工况值，结果与其他 Sensitivity 模型同样列表。此时 Aspen Plus 计算每个调整变量组合工况，而组合数可能很大，因此需要大量计算时间和存储空间，如 5 个变量，每个变量取 10 个点，将产生 100000 个 Sensitivity 模型计算回路。若在 Model Analysis Tools｜Sensitivity｜S-1｜Input｜Options 页面的 Execution options（执行选项）区域，选择 Series（序列），则各变量将独立变化，其余变量都保持基础工况值，相当于为每个变量建立一个独立的 Sensitivity 模型。

② Define 页面

每个 Sensitivity 模型都需指定并命名流程中的测量变量。结果表中可直接列出这些变量，也可列出包括这些变量的 Fortran 表达式。在其他灵敏度分析页面用到这些变量时，用变量名进行标识。

在 Model Analysis Tools｜Sensitivity｜S-1｜Input｜Define 页面（图 3-323），定义并命名测量变量，方法同设计规定的 Define 页面，在此不再赘述。

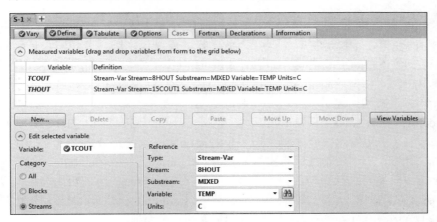

图 3-323

③ Tabulate 页面

在 Model Analysis Tools｜Sensitivity｜S-1｜Input｜Tabulate 页面（图 3-324），定义要进行列表的结果，并输入表头。

在 Column No.列，输入结果表中的列号。在 Tabulated variable or expression（列表变量或表达式）列，输入变量名或 Fortran 表达式。Aspen Plus 将对调整变量的每个组合结果进行列表。为确保变量名称准确，可单击鼠标右键并在弹出菜单中选择 Variable List（变量列表），弹出 Defined Variable List（已定义变量列表）窗口，用户可将此窗口中的变量拖至 Tabulate 页面。

单击 Table Format（表格格式）按钮，可弹出 Table Format 窗口（图 3-325）。在 Specify optional labels（规定可选标签）区域的 Column number（列号）行，输入结果表列号。在 Column labels（列标签）行，可为该列选择输入四行表头标注。在 Unit labels（单位标签）行，可选择输入两行单位标注。对于单变量，Aspen Plus 可自动生成单位标注。单击 Close 按钮，关闭 Table Format 对话框。

Sensitivity 模型中的标量流程变量，单位由模型单位集决定，不能单独修改。若想修改，可在 Model Analysis Tools｜Sensitivity｜S-1｜Input｜Information 页面改变模型单位集，或在 Model Analysis Tools｜Sensitivity｜S-1｜Input｜Tabulate 页面输入转换表达式。Sensitivity 模型中的向量变量总是 SI 单位制。

④ Options 页面

Sensitivity 模型产生计算回路，灵敏度分析表中的每一列都需求解一次回路。Aspen Plus 自动为 Sensitivity 模型排序。用户也可在 Convergence｜Sequence｜Specifications 页面，给 Sensitivity 模型自定义计算顺序。

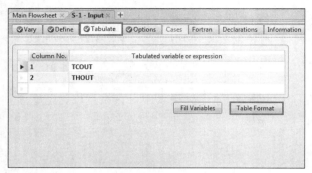

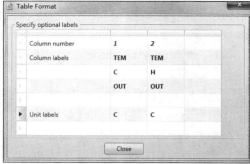

图 3-324　　　　　　　　　　　　　　　　图 3-325

　　Aspen Plus 默认以上一次运行的结果为初值进行下次计算。若下次运行前不初始化，Sensitivity 中的变量在下次运行时将保持之前运行的最终值，因此若用户最后不运行基础工况，则结果可能会与基础工况不同。若用户将 Sensitivity 取消激活，除非改变其值或初始化，否则这些变量也都将保持 Sensitivity 中的最终值。若模型或循环的某些结果不能收敛，用户可指定每行计算重新初始化。

　　在 Model Analysis Tools｜Sensitivity｜S-1｜Input｜Options 页面（图 3-326），可在 Blocks to be reinitialized（待初始化模型）区域，选择 Reinitialize specified blocks（初始化规定模型）或 Reinitialize all blocks（初始化所有模型）。选择 Reinitialize specified blocks 时，需选择要初始化的单元操作模型或收敛模型。在 Streams to be reinitialized（待初始化物流）区域，可选择 Reinitialize specified streams（初始化规定物流）或 Reinitialize all streams（初始化所有物流）。选择 Reinitialize specified streams 时，需选择要初始化的物流。

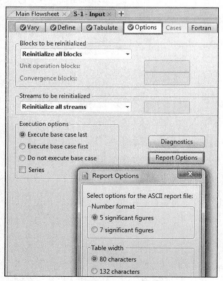

图 3-326　　　　　　　　　　　　　　　　图 3-327

　　在 Execution options（执行选项）区域，选择灵敏度分析的执行顺序。

　　单击 Report Options（报告选项）按钮，可弹出 Report Options 窗口，在此设置灵敏度分析结果报告选项。

　　⑤ Cases 页面

　　若在 Model Analysis Tools｜Sensitivity｜S-1｜Input｜Vary 页面选择了 Case study（工况

分析），则需在 Model Analysis Tools｜Sensitivity｜S-1｜Input｜Cases 页面（图 3-327）设置每个工况的各调整变量值。

单击 View varied variables（查看调整变量）按钮，可弹出 View varied variables，在此查看各调整变量。

⑥ Fortran 和 Declarations 页面

在函数太复杂而不能在 Tabulate 或 Vary 页面输入时，可在 Fortran 页面选择输入计算列表结果及调整变量范围的 Fortran 语句。Fortran 语句计算的所有变量都可用在 Tabulate 或 Vary 页面的表达式中。用户可在 Fortran 页面直接输入 Fortran 语句，也可在文本编辑器（如记事本）中输入后复制粘贴到 Fortran 页面。

在 Declarations 页面可输入 Fortran 声明，方法同设计规定的声明。

（2）查看结果

SM Sensitivity 模型可生成模拟结果随进料物流变量、模型输入变量或其他输入变量变化的图表。在 Results 表格中，查看模型计算结果。Sensitivity 模型的 Results 表格中包括 Summary（汇总）、Define Variable（定义的调整变量）和 Status（状态）三个页面。

① Summary 页面

在 Model Analysis Tools｜Sensitivity｜S-1｜Results｜Summary 页面（图 3-328），查看灵敏度分析结果汇总表。表格前 n 列是调整变量值（n 为 Model Analysis Tools｜Sensitivity｜S-1｜Input｜Vary 页面上输入的调整变量的个数），其余各列是用户在 Model Analysis Tools｜Sensitivity｜S-1｜Input｜Tabulate 页面上规定的结果表变量值。

② Define Variable 页面

在 Model Analysis Tools｜Sensitivity｜S-1｜Results｜Define Variable 页面（图 3-329），查看所定义测量变量的 Base-case value（基础工况值）。

③ Status 页面

在 Model Analysis Tools｜Sensitivity｜S-1｜Results｜Status 页面（图 3-330），查看 Convergence status（收敛状态）、Property status（物性状态）及 Aspen Plus messages（Aspen Plus 信息）。

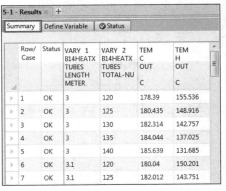
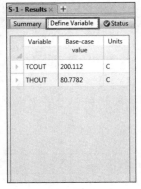
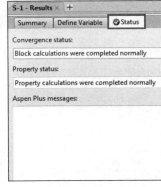

图 3-328　　　　　　　　　图 3-329　　　　　　　　　图 3-330

④ Plot 工具

灵敏度分析结果可通过工具栏组中的 Plot 工具绘成曲线，以直观显示不同变量间的联系。图中的变量可在 Resutls Curve 窗口中设置（图 3-331），绘制结果如图 3-332 所示。

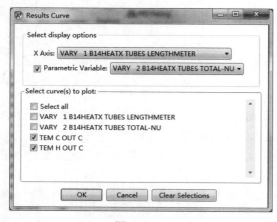

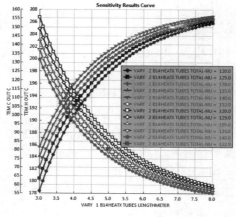

图 3-331   图 3-332

本章练习

3.1 含正丁烷 25%（摩尔分数）、正戊烷 40%（摩尔分数）、正己烷 35%（摩尔分数）的原料进行稳态闪蒸，处理量 100kmol/h。要求正己烷在液相中的回收率为 80%，产品温度 240°F。试确定闪蒸压力及汽、液相产品组成。

3.2 等摩尔乙烷、丙烷、正丁烷和正戊烷组成的原料 100kmol/h，在 150°F、205psi 下进行闪蒸，确定汽-液相产品流量及组成。改变闪蒸操作条件，可否实现汽相产品中乙烷收率达到 70% 而正丁烷损失不超过 5%？

3.3 用风机将 15℃的空气经内径 800mm 的水平管道送至炉底，风机出口表压 11kPa(g)。空气输送量为 20000m³/h（进口），管长 100m，管壁绝对粗糙度 0.3mm。计算炉底管道出口压力。

3.4 含乙醇 20%（摩尔分数）、水 30%（摩尔分数）、苯 50%（摩尔分数）的混合进料 12 m³/h 在 25 ℃、1 bar 下用泵输送，所用泵的性能曲线数据如下表所示，泵效率 0.8，电机效率 0.9。

泵出料流经直径为 6in 的 V500 型线形流量阀，阀门开度 30%。

物流流经 DN114×4、内壁粗糙度 0.05mm 的管线，先向东延伸 10m，再向南延伸 5m，然后升高 5m。

计算泵出口压力、提供给流体的功率、所需轴功率及电动机消耗电功率、阀门出口及管线出口压力。

流量/(m³/h)	20	10	5	3
扬程/m	40	230	280	350

3.5 90℃的正丁醇需在逆流换热器中被冷却到 50℃。若选用换热器的传热面积为 6m²，总传热系数为 230W/(m²·℃)。正丁醇的流量为 1930kg/h，冷却介质为 18℃的水，冷却水出口温度 35℃。试计算冷却水消耗量，并核算该换热器是否可用。

第4章

反 应 器

本章将以乙醇和甲醇与乙酸的酯化反应为例，介绍 Aspen Plus 中反应器模型的应用。根据不同的反应器形式，Aspen Plus 中提供了 RStoic、RYield、REquil、RGibbs、RCSTR、RPlug 和 RBatch 七种不同的反应器模型（图 4-1）。

图 4-1

各模型的简介，可参考下表。

模型	说明	目的	用于
RStoic	化学计量反应器	模拟规定反应程度和转化率的化学计量反应器	反应动力学数据未知或不重要，但已知化学计量关系和反应程度的反应器
RYield	产量反应器	模拟规定产量的反应器	化学计量系数和反应动力学数据未知或不重要，但已知产物分布的反应器
REquil	平衡反应器	通过化学计量关系计算化学平衡和相平衡	化学平衡和相平衡同时发生的反应器
RGibbs	吉布斯自由能最小的平衡反应器	通过吉布斯自由能最小化计算化学平衡和相平衡	相平衡或化学平衡和相平衡同时发生的反应器，对固体溶液和汽-液-固系统计算相平衡
RCSTR	连续搅拌釜式反应器	模拟连续搅拌釜式反应器	单相、两相或三相搅拌釜式反应器，反应可发生在任一相，为速率控制或平衡，已知化学计量关系和动力学数据
RPlug	平推流反应器	模拟平推流反应器	单相、两相或三相平推流反应器，反应可发生在任一相，为速率控制，已知化学计量关系和动力学数据
RBatch	间歇式反应器	模拟间歇式或半间歇式反应器	单相、两相或三相间歇或半间歇反应器，反应可发生在任一相，为速率控制，已知化学计量关系和动力学数据

这七个反应器模型按严格计算级别和预测功能不同，可分为以下三类：

（1）质量守恒反应器模型

RStoic 和 RYield 模型，根据用户规定的进料流量和反应程度计算出口流量，是最少预测性模型。若反应中有聚合物组分，则需规定产品物流中相关聚合物组分的属性。此类模型用于计算物料和能量平衡，但不进行严格动力学计算。

（2）平衡反应器模型

REquil 和 RGibbs 模型，假设化学平衡和相平衡，根据平衡关系计算反应程度。若反应中有聚合物组分，则规定的化学计量关系需与聚合物组分的参考分子量相符，此外需规定聚合物产品的组分属性。此类模型的溶液算法未考虑聚合物中片段组成的影响，因此不能用于共聚物。

（3）严格动力学反应器模型

RCSTR、RPlug 和 RBatch 模型，利用动力学模型计算反应速率，从而预测产物组成和流量。该类模型需要用外部 Reactions 表格定义化学反应计量关系和数据，可处理单相、两相或三相反应。

以下将通过例 4.1 演示三类反应器模型的基本用法，各模型功能详细介绍可参阅本章相应内容。

4.1 模拟案例

例 乙醇、甲醇和乙酸混合物，反应后生成乙酸乙酯、乙酸甲酯和水。已知进料为100℃、3.5bar，乙醇、甲醇和乙酸的流量分别为 50kmol/h、50kmol/h 和 200kmol/h。反应条件为 100℃、3bar，反应方程式和速率方程分别为：

$$C_2H_6O + C_2H_4O_2 \rightleftharpoons H_2O + C_4H_8O_2 \qquad CH_4O + C_2H_4O_2 \rightleftharpoons H_2O + C_3H_6O_2$$

$$r_1 = 7.93 \times 10^{-6} \times (C_1C_2 - 0.3425C_3C_4) \qquad r_2 = 6 \times 10^{-6} \times (C_1C_2 - 0.1353C_3C_4)$$

速率方程中 C 为以体积为基准的摩尔浓度。

分别用 RStoic、RYield、REquil、RGibbs、RCSTR、RPlug 和 RBatch 七个模型模拟该反应过程，确定反应产物状态，并比较各反应器模型的设定方法、适用条件及结果的可靠性。

各模型相关参数如下。

RStoic：乙醇转化率为 0.5，甲醇转化率为 0.3。

RYield：产物中 C_2H_6O、$C_2H_4O_2$、$C_4H_8O_2$、H_2O、CH_4O、$C_3H_6O_2$ 的流量分别为 25kmol/h、150kmol/h、25kmol/h、50kmol/h、25kmol/h、25kmol/h。

RCSTR：反应体积 10m³。

RPlug：反应器管长 2m、直径 0.3m。

RBatch：操作周期 1h，反应 10h 后停止，计算 20h，间隔 0.03h。

工艺流程可参考图 4-2（见下页）。

反应器-
REquil & RGibbs

4.2 质量守恒反应器模型——RStoic 和 RYield

首先用质量守恒反应器模型 RStoic 和 RYield 进行模拟。采用 RStoic 模型和 RYield 模型计算物料和能量平衡，但不进行严格动力学计算，根据用户规定的进料流量和反应程度计算出口流量，是最小预测性模型。

用公制单位通用模板新建文件"例 4.1 反应器-RStoic&RYield"。

反应器-
RStoic & RYield

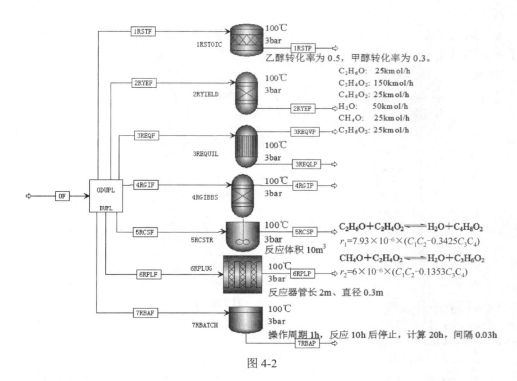

图 4-2

4.2.1 定义组分及物性方法

Properties 环境下，在 Components | Specifications | Selection 页面（图 4-3）选择组分，并在 Methods | Specifications | Global 页面（图 4-4）设置全局物性方法。该体系为强非理想体系，可选择 NRTL-RK 方法。

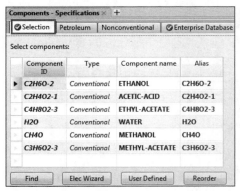

图 4-3

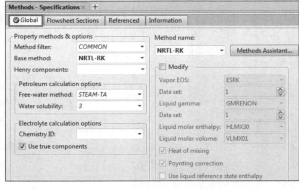

图 4-4

4.2.2 建立流程并输入进料条件

Simulation 环境下，在 Main flowsheet 页面建立流程，如图 4-5 所示。进料 0F 经 0DUPL 复制器模型复制成 2 股物流，分别进入 RStoic 和 RYield 两个反应器。

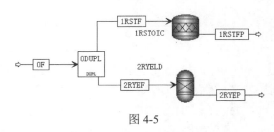

图 4-5

在 Streams | 0F | Input | Mixed 页面（图 4-6），输入进料条件。设置 Flash Type（闪蒸类

型）为 Temperature（温度）和 Pressure（压力）。在 State variables（状态变量）区域，输入进料温度 100℃，压力 3.5bar。在 Composition（组成）区域，设置乙醇、乙酸和甲醇流量分别为 50kmol/h、200kmol/h 和 50kmol/h。

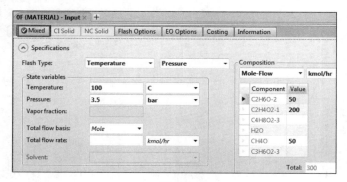

图 4-6

4.2.3　设置模型参数

（1）RStoic 模型

在 Blocks｜1RSTOIC｜Setup｜Specifications 页面（图 4-7），设置化学计量反应器的操作参数。在 Operating conditions（操作条件）区域，选择 Flash Type（闪蒸类型）为 Temperature（温度）和 Pressure（压力），Temperature 输入 100℃，Pressure 输入 3bar。在 Valid phases（有效相态）区域，选择 Vapor-Liquid（汽-液相）。

在 Blocks｜1RSTOIC｜Setup｜Reactions 页面（图 4-8），建立反应。单击 New…按钮新建 1 号反应。弹出 Edit Stoichiometry（编辑化学计量关系）窗口（图 4-9），在此设置化学反应的物质及化学计量关系。在 Reactants（反应物）区域的 Component（组分）列选择反应物，在 Products（产物）区域的 Component（组分）列选择产物，在 Coefficient（系数）列输入各自的化学计量数。在 Products generation（生成产物）区域，选择 Fractional conversion（转化率），选择组分乙醇，并输入其转化率 0.5。

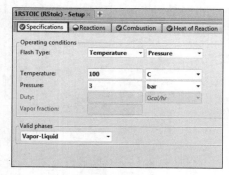

图 4-7

图 4-8

单击 Reaction No.（反应序号）区域下拉框中的 New（新建），新建 2 号反应。同样步骤输入各反应物、产物及其化学计量数，并输入甲醇转化率 0.3（图 4-10）。

在 Blocks｜1RSTOIC｜Setup｜Heat of Reaction 页面（图 4-11），规定反应热。在 Calculation type（计算类型）区域，选择 Calculate heat of reaction（计算反应热）。在 Reference condition

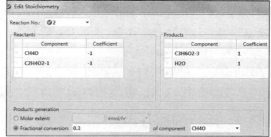

图 4-9　　　　　　　　　　　　　　　　图 4-10

（参考条件）区域的列表中的 Rxn No.（反应序号）列设置要计算反应热的反应，并在 Reference component（参考组分）列设置该反应的参考物质。本例中，1 号反应参考物质选择 C_2H_6O-2，2 号反应参考物质选择 CH_4O。即计算反应 1mol 乙醇时 1 号反应的反应热，反应 1mol 甲醇时 2 号反应的反应热。

在 Blocks｜1RSTOIC｜Setup｜Selctivity 页面（图 4-12），规定需计算的选择性。在 Selected/Reference components（选定/参考组分）区域列表中，在 No.（序号）列输入选择性序号 1。在 Selected product（选定产物）列选择产物 H_2O，在 Reference reactant（参考反应物）列选择 C_2H_6O-2，即计算水对乙醇的选择性。

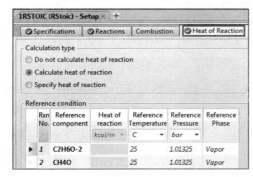

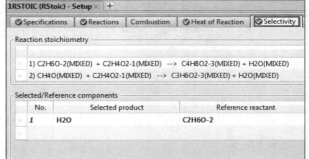

图 4-11　　　　　　　　　　　　　　　　图 4-12

（2）RYield 模型

在 Blocks｜2RYIELD｜Setup｜Specifications 页面（图 4-13），设置产量反应器的操作参数。温度 100℃，压力 3bar，有效相态为 Vapor-Liquid（汽-液相）。

在 Blocks｜2RYIELD｜Setup｜Yield 页面（图 4-14），设置反应产量值。在 Yield specification（规定产量）区域，选择 Yield options（产量选项）为 Component yields（规定组

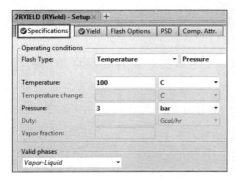

图 4-13　　　　　　　　　　　　　　　　图 4-14

分产量）。在 Component yields 区域表格中，Component（组分）列为产物中的组分，选择 C_2H_6O-2、$C_2H_4O_2$-1、$C_4H_8O_2$-3、H_2O、CH_4O、$C_3H_6O_2$-3。Basis（基准）列为产量基准，默认为 Mole（摩尔）。Basis Yield（基准产量）列为产物中各组分的基准产量，即单位质量进料的产量。RYield 模型将根据物料平衡，对规定的各基准产量值进行归一化，即将规定的各基准产量值作为产物摩尔比以保证进出物料的总质量相等。

4.2.4 运行模拟并查看结果

在 Blocks｜1RSTOIC｜Results｜Summary 页面（图 4-15），查看 RStoic 模型的计算结果汇总。

在 Blocks｜1RSTOIC｜Results｜Balance 页面（图 4-16），查看 RStoic 模型的物料和热量平衡计算结果。

在 Blocks｜1RSTOIC｜Results｜Phase Equilibrium 页面（图 4-17），查看 RStoic 模型的相平衡计算结果。

图 4-15

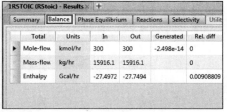
图 4-16

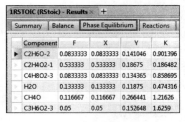
图 4-17

在 Blocks｜1RSTOIC｜Results｜Reactions 页面（图 4-18），查看 RStoic 模型中反应热的计算结果。

在 Blocks｜1RSTOIC｜Results｜Selectivity 页面（图 4-19），查看 RStoic 模型中反应选择性的计算结果。

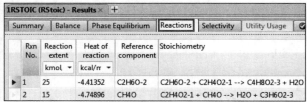
图 4-18

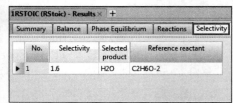
图 4-19

在 Blocks｜2RYIELD｜Results｜Summary 页面（图 4-20），查看 RYield 模型的计算结果汇总。

在 Blocks｜2RYIELD｜Results｜Balance 页面（图 4-21），查看 RYield 模型的物料和热量平衡计算结果。

在 Blocks｜2RYIELD｜Results｜Phase Equilibrium 页面（图 4-22），查看 RYield 模型的相平衡计算结果。

在 Blocks｜1RSTOIC｜Stream Results｜Material 页面（图 4-23），查看 RStoic 模型的进出物料结果。

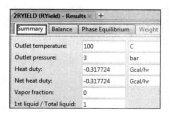

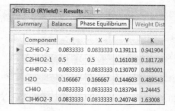

图 4-20　　　　　　　　　　图 4-21　　　　　　　　　　图 4-22

在 Blocks｜2RYIELD｜Stream Results｜Material 页面（图 4-24），查看 RYield 模型的进出物料结果。

	1RSTF	1RSTP
Temperature C	100	100
Pressure bar	3.5	3
Vapor Frac	0	0
Mole Flow kmol/hr	300	300
Mass Flow kg/hr	15916.1	15916.1
Volume Flow cum/hr	17.997	18.093
Enthalpy Gcal/hr	-27.497	-27.749
Mole Flow kmol/hr		
C2H6O-2	50	25
C2H4O2-1	200	160
C4H8O2-3		25
H2O		40
CH4O	50	35
C3H6O2-3		15

	2RYEF	2RYEP
Temperature C	100	100
Pressure bar	3.5	3
Vapor Frac	0	0
Mole Flow kmol/hr	300	300
Mass Flow kg/hr	15916.1	15916.1
Volume Flow cum/hr	17.997	18.114
Enthalpy Gcal/hr	-27.497	-27.815
Mole Flow kmol/hr		
C2H6O-2	50	25
C2H4O2-1	200	150
C4H8O2-3		25
H2O		50
CH4O	50	25
C3H6O2-3		25

图 4-23　　　　　　　　　　　　　　　　　　图 4-24

4.2.5　Aspen Plus 功能详解

4.2.5.1　RStoic 模型功能详解

RStoic 模型用于模拟反应动力学未知或不重要，而每个反应的化学计量关系及反应转化率或摩尔进度已知的反应器。RStoic 模型可模拟平行反应和串联反应，可计算产品选择性和反应热。

（1）流程连接

RStoic 模型的流程连接如图 4-25 所示。

物流：进口至少一股进料物流；出口只有一股出料物流，可选一股游离水相物流。

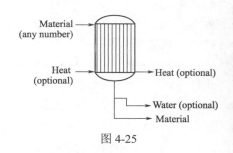

图 4-25

热流：进口可有任意股可选热流，若不规定出口热流，则进口热流总和将被作为 RStoic 模型的热负荷规定；出口有一股可选热流，作为反应器净热负荷，即进口热流总和与反应热负荷的差值。

（2）模型规定

RStoic 模型中包括 Setup（设置）、Convergence（收敛）、Dynamic（动态）、Block Options（模型选项）、EO Modeling（EO 模型）、Results（结果）、Stream Results（物流结果）、Stream Results (Custom)（自定义物流结果）和 Summary（汇总）等表格。

RStoic 模型的 Setup 表格中包括 Specifications（规定）、Reactions（反应）、Combustion（燃烧）、Heat of Reaction（反应热）、Selectivity（选择性）、PSD（粒度分布）、Component Attr.（组分属性）、Utility（公用工程）和 Information（信息）等页面。

- Specifications 页面

在 Blocks | RStoic | Setup | Specifications 页面（图 4-26），规定 RStoic 模型的操作条件及闪蒸相态。

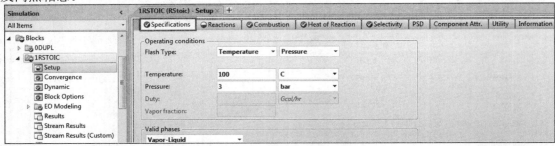

图 4-26

在 Operating conditions（操作条件）区域，规定 RStoic 模型的操作条件。Flash Type（闪蒸类型）可以从 Temperature（温度）、Pressure（压力）、Duty（热负荷）和 Vapor fraction（汽相分率）四个参数中选择两个，并在下方区域输入相应的规定值。

在 Valid phases（有效相态）区域，规定反应器闪蒸计算的相态。包括 Vapor-Only（仅汽相）、Liquid-Only（仅液相）、Solid-Only（仅固相）、Vapor-Liquid（汽-液相）、Vapor-Liquid-Liquid（汽-液-液相）、Liquid-FreeWater（液-游离水相）、Vapor-Liquid-FreeWater（汽-液-游离水相）、Liquid-DirtyWater（液-污水相）和 Vapor-Liquid-DirtyWater（汽-液-污水相）等。若在流程图上连接了出口的游离水相物流，则有效相态需为 Liquid-FreeWater（液-游离水相）或 Vapor-Liquid-FreeWater（汽-液-游离水相）。

- Reactions 页面

在 Blocks | RStoic | Setup | Reactions 页面（图 4-27），规定 RStoic 模型中发生的反应。单击 New…（新建）按钮，新建反应。在打开的 Edit Stoichiometry（编辑化学计量关系）窗口中，规定反应的化学计量系数及反应的摩尔进行程度或转化率。

勾选 Reactions occur in series（反应按序列发生）选项后，各反应转化率以序列反应的方式计算。即按照 Reactions（反应）区域列表中定义的反应顺序，各反应转化率以发生该反应时的物料量为基准。若不勾选该选项，各反应的转化率都以进料量为基准。

- Combustion 页面

在 Blocks | RStoic | Setup | Combustion 页面（图 4-28），规定 RStoic 模型中的燃烧反应。

在 Combustion（燃烧）区域，可勾选 Generate combustion reactions（生成燃烧反应），并选择 NO_x combustion product（氮氧化物燃烧产物），包括 Nitrous oxide(NO)（一氧化氮）和 Nitrogen dioxide(NO_2)（二氧化氮）。

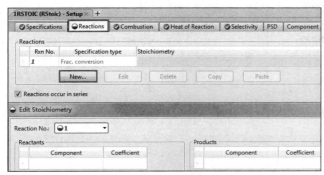
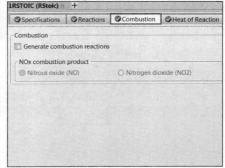

图 4-27   图 4-28

- Heat of Reaction 页面

在 Blocks｜RStoic｜Setup｜Heat of Reaction 页面（图 4-29），设置反应热相关参数。

在 Calculation type（计算类型）区域，可选择 Do not calculate heat of reaction（不计算反应热）、Calculate heat of reaction（计算反应热）或 Specify heat of reaction（规定反应热）。

若选择 Calculate heat of reaction，RStoic 将根据反应物和产物生成热之差计算每个反应的反应热。该反应热是规定参考状态下，基于参考反应物的单位摩尔或单位质量消耗来计算的。此时需在 Reference condition（参考条件）区域的表格中，规定每个反应的参考条件。表格中包括 Rxn No.（反应号）、Reference component（参考组分）、Heat of reaction（反应热）、Reference Temperature（参考温度）、Reference Pressure（参考压力）和 Reference Phase（参考相态）等内容。

若选择 Specify heat of reaction，用户可在 Reference condition 区域的表格中，在 Heat of reaction 列自定义反应热。此值可能与 Aspen Plus 根据参考态下生成热计算出来的值不同。RStoic 模型将根据此规定值计算反应器热负荷，但出口物料焓值不作调整，因此反应器热负荷可能与进出物料焓值不符。

- Selectivity 页面

在 Blocks｜RStoic｜Setup｜Selectivity 页面（图 4-30），设置选择性相关参数。所选组分 P 对参考组分 A 的选择性定义为：

$$S_{P,A} = \frac{\left[\dfrac{\Delta P}{\Delta A}\right]_{Real}}{\left[\dfrac{\Delta P}{\Delta A}\right]_{Ideal}}$$

式中，ΔP 表示反应中组分 P 的物质的量改变量；ΔA 表示反应中组分 A 的物质的量改变量；下标 Real 表示反应中实际发生的改变量，由进出口质量平衡算得；下标 Ideal 表示理想反应的改变量，即假设参考组分只生成所选组分。因此：

$$\left[\frac{\Delta P}{\Delta A}\right]_{Ideal} = \frac{\upsilon_{P}}{\upsilon_{A}}$$

式中，υ_{P} 表示组分 P 的化学计量数；υ_{A} 表示参考组分 A 的化学计量数。

选择性值一般在 0~1 之间，但若所选组分也由参考组分之外的其他组分生成，则选择性值将可能大于 1；若所选组分也在其他反应中消耗，则选择性值也可能小于 0。

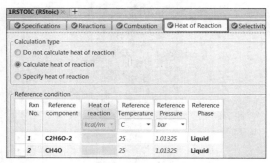
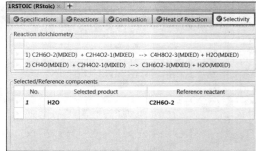

图 4-29　　　　　　　　　　　　　　　　　　　　图 4-30

- PSD 页面

RStoic 模型可处理有固体的反应。计算时假定固体与流体相温度相同，但不能进行单固相计算。若物流类型有 PSD 属性，而反应将产生或改变固体时，可在 Blocks｜RStoic｜Setup｜PSD 页面（图 4-31）规定出料固体子物流中的粒度分布，注意该页面规定的 PSD 为反应产物混合物的总体 PSD 分布。

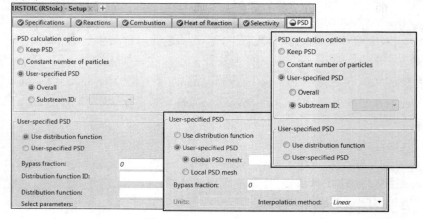

图 4-31

在 PSD calculation option（PSD 计算选项）区域，可从如下三个选项中选择一个。

Keep PSD：保持 PSD。每股出口子物流中的粒度分布都与相应进料中的 PSD 相等，微粒数目一般会发生变化。本选项为默认选项。

Constant number of particles：恒定微粒数。每股子物流中的总微粒数保持恒定，微粒尺寸会根据反应中子物流的质量增减而变大或变小，惰性微粒尺寸不变。

User-specified PSD：用户规定 PSD。利用分布方程或每个 PSD 间隔分率规定 PSD。可选择 Overall（总体）和 Substream ID（子物流）。选择前者时，规定的 PSD 适用于包括惰性子物流的全部子物流。选择后者时，规定各子物流 PSD。

对于恒定 PSD 的子物流可规定 Bypass fraction（分割分率）=1。

选择 User-specified PSD 时，需在 User-specified PSD（用户规定 PSD）区域，设置 PSD 参数。可选择 Use distribution function（应用分布方程）或 User-specified PSD（用户规定 PSD）。选择前者时，可以规定为多个分布方程加权之和。可规定 Bypass fraction（分割分率）、Distribution function ID（分布方程 ID）、Distribution function（分布方程）和 Seclect parameters（选择参数）。选择后者时，需输入完整 PSD。可选择用 Global PSD mesh（全局 PSD 表）或 Local PSD mesh（局部 PSD 表），并规定 Bypass fraction、Units（单位）及 Interpolation method（插值方法）。

● Component Attr.页面

对于反应物或产物中有固体的反应，可在 Blocks｜RStoic｜Setup｜Component Attr.页面（图 4-32）规定 RStoic 模型如何确定组分属性值。在用该页面之前，常规组分需在 Components｜Component attributes｜Selection 页面，定义各具有属性组分的属性 ID 及组成元素，非常规组分在 Methods｜NC-Props｜Property Methods 页面定义。

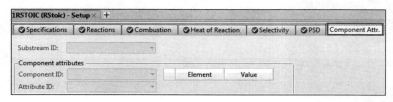

图 4-32

反应器中属性改变的各组分，可选择 Substream（子物流）ID，并在 Component attributes（组分属性）区域选择 Component ID（组分 ID）和 Attribute ID（属性 ID），并规定各 Element（元素）的 Value（值）。对于每个所选属性 ID，至少规定一个元素值。

固体相关知识，可参考第 8 章相应部分的内容。

4.2.5.2　RYield 模型功能详解

RYield 模型用于模拟化学计量数和反应动力学未知或不重要，但产品收率分布数据或其关联式已知的反应器。用户需规定或通过 Fortran 子程序计算产品收率（基于不含惰性组分的单位质量总进料），RYield 模型将对收率进行归一化以维持质量平衡，从而计算产品流量。RYield 模型可以处理单相、两相和三相反应，反应中可以包括单体、低聚物或聚合物。

（1）流程连接

RYield 模型的流程连接如图 4-33 所示。

物流：至少一股进料，一股出料，一股可选游离水相出料。

热流：任意股可选进口热流，一股可选出口热流。若在 Blocks｜RYeild｜Setup｜Specifications 页面只规定了温度或压力中的一个条件，RYield 模型将使用进口热流总和作为规定热负荷，否则进口热流只用来计算净热负荷（进口热流减反应器热负荷），净热负荷可用出口热流表示。

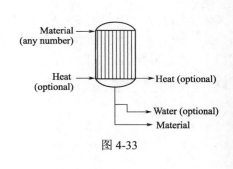

图 4-33

（2）模型规定

RYeild 模型中包括 Setup（设置）、Assay Analysis（文献分析）、User Subroutine（用户子程序）、Dynamic（动态）、Block Options（模型选项）、EO Modeling（EO 模型）、Results（结果）、Stream Results（物流结果）、Stream Results (Custom)（自定义物流结果）和 Summary（汇总）等表格。

RYeild 模型的 Setup 表格中包括 Specifications（规定）、Yeild（产量）、Flash Options（闪蒸选项）、PSD（粒度分布）、Comp. Attr.（组分属性）、Comp. Mapping（组分映射）、Utility（公用工程）和 Information（信息）等页面。

● Specifications 页面

在 Blocks｜RYield｜Setup｜Specifications 页面（图 4-34），规定 RYeild 模型的反应条件。

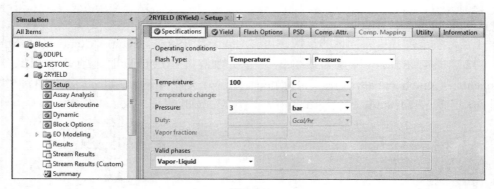

图 4-34

在 Flash Type（闪蒸类型）区域，规定闪蒸类型。可以从 Temperature（温度）、Temperature change（温度变化）、Pressure（压力）、Duty（热负荷）和 Vapor fraction（汽相分率）等参数中选择两个，并在右方区域输入相应的规定值。

在 Valid phases（有效相态）区域，规定反应器闪蒸计算的相态。

• Yeild 页面

在 Blocks｜RYield｜Setup｜Yield 页面（图 4-35），规定组分产量。

在 Yield specification（产量规定）区域，选择 Yield options（产量选项），包括 Component yields（组分产量）、User Subroutine（用户子程序）、Component mapping（组分映射）和 Petro characterization（石油馏分表征）。

若选择 Component yields 选项，需在下方 Component yields（组分产量）区域列表中规定产物中各组分的产量。在 Basis（基准）列，可选择 Mole（摩尔）或 Mass（质量），分别表示 Basis Yield（基准产量）列的产量数值为以每摩尔或单位质量总进料为基准。RYield 模型将对产量进行归一化以维持质量平衡。用户可规定一种或多种 Inert Components（惰性组分），在产量计算中会将其排除，以单位质量非惰性进料为基准。

RYield 模型不维持原子平衡，因此运行完通常会有警告（图 4-36）。

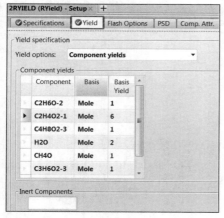

图 4-35

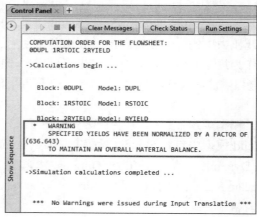

图 4-36

若选择 User Subroutine 选项，需在 Blocks｜RYield｜User Subroutine｜Yield 页面（图 4-37）规定用户自定义的产量子程序参数。

若选择 Component mapping 选项，需在 Blocks｜RYield｜Setup｜Comp. Mapping 页面

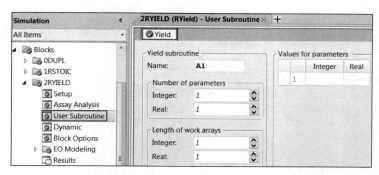

图 4-37

（图 4-38）规定组分映射。单击 New…（新建）按钮，在弹出的 Select Reaction Type（选择反应类型）窗口中选择反应类型。在 Choose reaction type（选择反应类型）区域，可选择 Lump（化合反应）或 De-lump（分解反应），并选择 Comp ID（组分 ID）。单击 OK 按钮，弹出 Component Reaction Mapping（组分反应映射）窗口，在此设置 Lumping / delumping reaction（化合/分解反应）涉及的组分间的定量关系（图 4-39）。

图 4-38

图 4-39

若选择 Petro characterization 选项，需在 Blocks｜RYield｜Assay Analysis 表格（图 4-40）中规定石油的实验分析数据，从而改变在 Components｜Assay/Blend 页面输入的实验或混合数据。

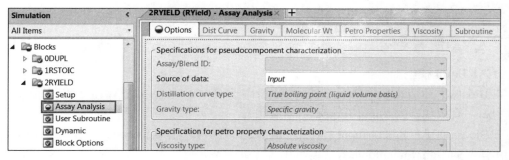

图 4-40

- PSD 和 Comp. Attr.页面

若反应中有固体参与，可分别在 Blocks｜RYield｜Setup｜PSD 页面（图 4-41）和 Blocks｜RYield｜Setup｜Comp. Attr.页面（图 4-42），规定其在出料中的粒度分布和组分属性，设置方法同 RStoic 模型。

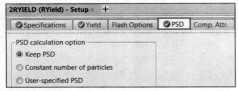

图 4-41

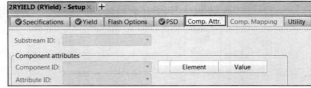

图 4-42

4.3 平衡反应器模型——REquil 和 RGibbs

REquil（平衡反应器）和 RGibbs（吉布斯反应器）为平衡反应器模型，不进行动力学计算，假设化学平衡和相平衡，有一定预测性。

将"例 4.1 反应器-RStoic&RYield"保存后，另存为"例 4.2 反应器-REquil&RGibbs"。

4.3.1 建立流程

在 Main flowsheet 页面建立流程，如图 4-43 所示。添加两股复制物料 3REQF 和 4RGIF，并添加 REquil 和 RGibbs 反应器。

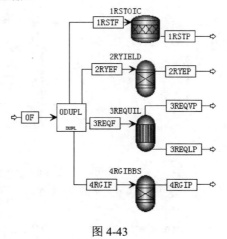

反应器-
REquil & RGibbs

图 4-43

4.3.2 设置模型参数

（1）REquil 模型

在 Blocks | 3REQUIL | Input | Specifications 页面（图 4-44），设置操作参数。温度 100℃，压力 3bar，有效相态为 Vapor-Liquid（汽-液相）。

在 Blocks | 3REQUIL | Input | Reactions 页面（图 4-45），单击 New…按钮，新建 1 号反应。

在弹出的 Edit Stoichiometry（编辑化学计量关系）窗口中（图 4-46），在 Reactants（反应物）区域列表的 Component（组分）列选择反应物，在 Products（产物）区域的 Component（组分）列选择产物，在 Coefficient（化学计量系数）列输入各自的化学计量数。在 Products generation（生成产物）区域，选择 Temperature approach（平衡温差），并输入 0℃。

单击 Reaction No.（反应序号）区域下拉框中的 New，新建 2 号反应。同样步骤输入各反应物、产物及其化学计量数，并输入平衡温差 0℃（图 4-47）。

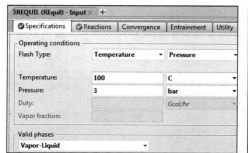

图 4-44

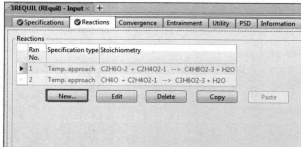

图 4-45

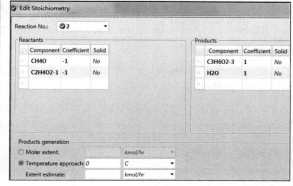

图 4-46　　　　　　　　　　　　　　　　图 4-47

（2）RGibbs 模型

在 Blocks｜4RGIBBS｜Setup｜Specifications 页面（图 4-48），设置操作参数。温度 100℃，压力 3bar。在 Phases（相态）区域，不勾选 Include vapor phase（包括汽相），即只有液相。

在 Blocks｜4RGIBBS｜Setup｜Products 页面（图 4-49），选择产物生成方式。默认为 RGibbs considers all components as products（RGibbs 模型认为所有组分都出现在产物中）。

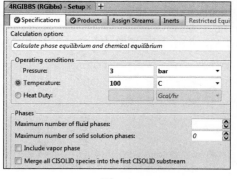

图 4-48

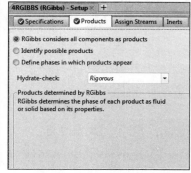

图 4-49

4.3.3　运行模拟并查看结果

在 Blocks｜3REQUIL｜Results｜Summary 页面（图 4-50），查看 REquil 模型的计算结果汇总。

在 Blocks｜3REQUIL｜Results｜Balance 页面（图 4-51），查看 REquil 模型的物料和热

量平衡计算结果。

在 Blocks｜3REQUIL｜Results｜Keq 页面（图 4-52），查看 REquil 模型的化学反应平衡常数的计算结果。

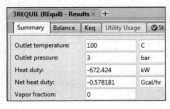

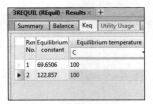

图 4-50　　　　　　　　　　　　图 4-51　　　　　　　　　　　　图 4-52

在 Blocks｜4RGIBBS｜Results｜Summary 页面（图 4-53），查看 RGibbs 模型的计算结果汇总。

在 Blocks｜4RGIBBS｜Results｜Balance 页面（图 4-54），查看 RGibbs 模型的物料和热量平衡计算结果。

在 Blocks｜4RGIBBS｜Results｜Phase Composition 页面（图 4-55），查看 RGibbs 模型的相组成计算结果。

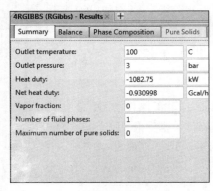

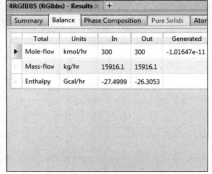

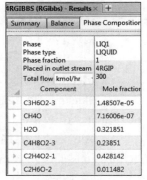

图 4-53　　　　　　　　　　　　图 4-54　　　　　　　　　　　　图 4-55

在 Blocks｜3REQUIL｜Stream Results｜Material 页面（图 4-56），查看 REquil 模型的进出物料结果。

在 Blocks｜4RGIBBS｜Stream Results｜Material 页面（图 4-57），查看 RGibbs 模型的进出物料结果。

4.3.4　Aspen Plus 功能详解

4.3.4.1　REquil 模型功能详解

REquil 模型利用由吉布斯自由能确定的平衡常数来计算产品流量，平衡常数基于用户定义的化学计量关系及产物分布。该模型用于模拟已知反应化学计量关系，且部分或所有反应达到平衡的反应器。REquil 模型通过化学计量关系及相平衡计算平衡状态，同时求解化学平衡和相平衡，可模拟单相反应器的化学平衡或两相反应器的化学平衡及相平衡。化学计量关系式中可包括单体或低聚物，但不能包括聚合物和片段。若进料物流中有聚合物组分，则其属性将复制到出料中。

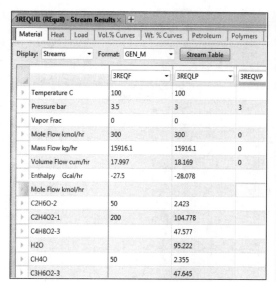

图 4-56

	3REQF	3REQLP	3REQVP
Temperature C	100	100	
Pressure bar	3.5	3	3
Vapor Frac	0	0	
Mole Flow kmol/hr	300	300	0
Mass Flow kg/hr	15916.1	15916.1	0
Volume Flow cum/hr	17.997	18.169	0
Enthalpy Gcal/hr	-27.5	-28.078	
Mole Flow kmol/hr			
C2H6O-2	50	2.423	
C2H4O2-1	200	104.778	
C4H8O2-3		47.577	
H2O		95.222	
CH4O	50	2.355	
C3H6O2-3		47.645	

图 4-57

	4RGIF	4RGIP
Temperature C	100	100
Pressure bar	3.5	3
Vapor Frac	0	0
Mole Flow kmol/hr	300	300
Mass Flow kg/hr	15916.1	15916.1
Volume Flow cum/hr	17.997	18.027
Enthalpy Gcal/hr	-27.5	-28.431
Mole Flow kmol/hr		
C2H6O-2	50	3.445
C2H4O2-1	200	128.442
C4H8O2-3		71.553
H2O		96.555
CH4O	50	< 0.001
C3H6O2-3		0.004

（1）流程连接

REquil 模型的流程连接如图 4-58 所示。

物流：至少一股进料物流，一股汽相出料物流
和一股液相出料物流。

热流：任意股可选进口热流，一股可选出口热流。

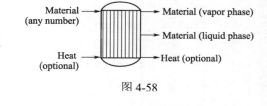

图 4-58

（2）模型规定

REquil 模型中包括 Input（输入）、Block Options（模型选项）、EO Modeling（EO 模型）、Results（结果）、Stream Results（物流结果）、Stream Results (Custom)（自定义物流结果）和 Summary（汇总）等表格。

Input 表格中包括 Specifications(规定)、Reactions(反应)、Convergence(收敛)、Entrainment（夹带）、Utility（公用工程）、PSD（粒度分布）和 Information（信息）等页面。

- Specifications 页面

在 Blocks | REquil | Input | Specifications 页面（图 4-59），规定反应条件。在 Operating conditions（操作条件）区域，选择 Flash Type（闪蒸类型），并设置闪蒸条件。在 Valid phases（有效相态）区域，选择有效相态。REquil 将在化学平衡计算循环内进行嵌套的单相物性或两相闪蒸计算，不能进行三相计算。若模型相态规定为 Liquid-Only（仅有液相），则反应将在液相进行，否则反应将认为在汽相中进行。

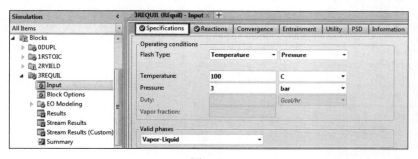

图 4-59

- Reactions 页面

在 Blocks｜REquil｜Input｜Reations 页面（图 4-60），输入化学反应。单击 New...按钮，弹出 Edit Stoichiometry（编辑化学计量数）窗口（图 4-61），在此规定反应的化学计量关系及平衡限制。要规定化学计量关系，需要在 Reactants 和 Products 区域分别选择反应物和产物，并输入各自的化学计量数。此外还需规定各物质是否为固体。

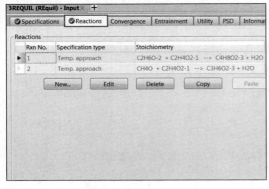 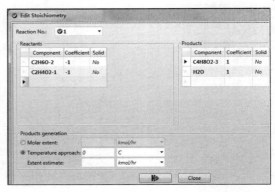

图 4-60 　　　　　　　　　　　　　　　　　　　　　　　　　图 4-61

在 Products generation（生成产物）区域，输入平衡限制。若不输入，REquil 模型将假定反应达到平衡，由吉布斯自由能计算平衡常数。平衡限制可规定任一反应的 Molar extent（摩尔进行程度）或 Temperature approach（平衡温差）。若规定平衡温差为 ΔT，规定（或计算的）反应器温度为 T，则 REquil 模型将计算 $T+\Delta T$ 温度时的化学平衡常数。规定平衡温差时，也可提供 Extent estimate（摩尔转化程度估值），以利于化学平衡计算的收敛。

- Convergence 页面

在 Blocks｜REquil｜Input｜Convergence 页面（图 4-62），规定 REquil 模型的收敛参数，包括 Estimates（估计值）、Convergence parameters（收敛参数）和 Chemical equilibrium convergence parameters（化学平衡收敛参数）。

- Entrainment 页面

在 Blocks｜REquil｜Input｜Entrainment 页面（图 4-63），规定 REquil 模型中液体和固体在汽相物流中的夹带情况。包括 Liquid entrainment in vapor stream（液体在汽相物流中的夹带）和 Solid entrainment in vapor stream for each substream（每个子物流中的固体在汽相物流中的夹带）。

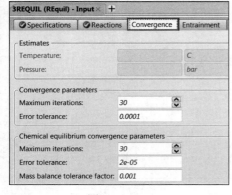

图 4-62 　　　　　　　　　　　　　　　　　　　　　　　　　图 4-63

● PSD 页面

若反应中可包括常规固体，REquil 模型将把每个固体组分处理为一个单独固相，而不是固体溶液。所有参加反应的固体都需有生成自由能（DGSFRM）和生成焓（DHSFRM）或热容（CPSXP1）等参数值。REquil 模型只能处理一个 CISOLID 子物流，其中包括所有常规固体产物。若反应中涉及固体组分而且进料中包括多个 CISOLID 子物流，则都将合并到第一个 CISOLID 子物流中。REquil 不能处理 MIXED 子物流中的常规固体。不参加反应的固体及非常规组分被处理为惰性组分，只影响能量平衡，不影响化学平衡和相平衡计算。

若物流类别中有 PSD 属性，则在 Blocks｜REquil｜Input｜PSD 页面规定出料中固体的粒度分布。

4.3.4.2　RGibbs 模型功能详解

RGibbs 模型在原子平衡的前提下，利用 Gibbs 自由能最小化原理和相平衡关系确定各相组成。可模拟单相（汽相或液相）化学平衡、相平衡（一个可选汽相和任意个液相）、有固体溶液相的相平衡或/和化学平衡及同时存在化学平衡和相平衡等情况。可用于仅有液相反应的电解质体系，也能计算任意个常规固体组分和流体相之间的化学平衡。用户可将组分分配到处于平衡的特定相中，特别适合火法冶金及陶瓷和合金的模拟。

RGibbs 模型不能预测聚合反应的平衡产物，但能预测聚合物的相平衡。

（1）流程连接

RGibbs 模型的流程连接如图 4-64 所示。

物流：进口至少一股进料物流，出口至少一股出料物流。若规定的出料物流数与 RGibbs 模型计算的相数相等，RGibbs 模型将为每个相分配一股出料物流。若规定的出料物流数少于计算的相数，多余相都将分配到最后一股出料物流中。

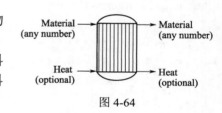

图 4-64

热流：进口可选任意股热流，出口可选一股热流作为净热负荷。

（2）模型规定

RGibbs 模型中包括 Setup（设置）、Advanced（高级设置）、Dynamic（动态）、Block Options（模型选项）、EO Modeling（EO 模型）、Results（结果）、Stream Results（物流结果）、Stream Results (Custom)（自定义物流结果）和 Summary（汇总）等表格。

RGibbs 模型的 Setup 表格中包括 Specifications（规定）、Products（产物）、Assign Streams（分配物流）、Inerts（惰性组分）、Restricted Equilibrium（受限制的平衡）、PSD（粒度分布）、Utility（公用工程）和 Information（信息）等页面。

● Specifications 页面

在 Blocks｜RGibbs｜Setup｜Specifications 页面（图 4-65），规定相平衡和化学平衡计算选项、反应器操作条件及平衡计算中需要考虑的相。

在 Calculation option（计算选项）区域，选择计算选项。包括以下四类：

Calculate phase equilibrium only：仅计算相平衡。没有化学反应的相平衡，尤其是任意多液相的平衡，可选择该选项。相平衡计算中不考虑表面张力效应。选择该项时，需规定反应器中需考虑的最大流体相数。

Calculate phase equilibrium and chemical equilibrium：计算相平衡和化学平衡。选择该

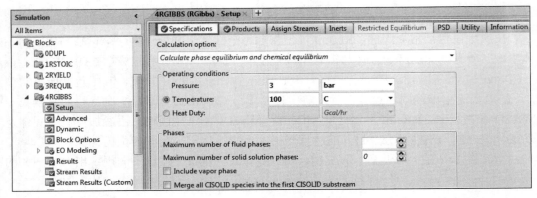

图 4-65

选项时，RGibbs 模型将同时计算相平衡和化学平衡。默认将 Components｜Specifications｜Selection 页面规定的所有组分作为流体相或固体产物。用户可在 Blocks｜RGibbs｜Setup｜Products 页面自定义产物列表。

Restrict chemical equilibrium——specify temperature approach or reactions：有限制的化学平衡——规定平衡温差或反应。对于未达完全平衡的体系，RGibbs 模型允许进行限制平衡的规定。用户可规定任意产物的物质的量、进料组分的未反应分率、整个体系的平衡温差、个别反应的平衡温差及反应的进行程度等。选择该选项时，需在 Blocks｜RGibbs｜Setup｜Restricted Equilibrium 页面（图 4-69，见后文），规定平衡温差或反应进行程度以限制平衡。

Restrict chemical equilibrium——specify duty and temp, calc temp approach：有限制的化学平衡——规定热量和温度，计算平衡温差。选择该选项时需规定温度和热负荷，RGibbs 模型计算平衡温差。用户可在 Blocks｜RGibbs｜Advanced｜Estimates 页面给出平衡温差的估计值（默认为 0），并在 Blocks｜RGibbs｜Advanced｜Convergence 页面给出能量平衡的收敛参数。

选择后三项时，可通过规定产物中的组分流量以限制化学平衡。

在 Operating conditions（操作条件）区域，规定反应器操作条件。操作条件包括 Pressure（压力）、Temperature（温度）和 Heat Duty（热负荷）。若已规定 RGibbs 模型的一个或多个进口热流（但无出口热流），则不能输入 Heat Duty，此时 RGibbs 模型用进口热流总和作为模块的热负荷。

在 Phases（相态）区域，设置相平衡计算中考虑的相态。用户可输入 Maximum number of fluid phases（最大流体相数目）和 Maximum number of solid solution phases（最大固体溶液相数目）。若勾选 Include vapor Phase（包括汽相），RGibbs 模型将其中一个流体相作为汽相。若确定没有汽相存在，可取消勾选 Include vapor phase，以提高计算速度。预测出的每个相都需一股出口物料以分配组分属性。

RGibbs 模型中可模拟固体，固体可以是单一组分，也可以是多组分固体溶液相。RGibbs 模型可计算任意数量的常规固体组分和流体相间的化学平衡。常规固体可作为 CISOLID 子物流中的纯固体相，也可作为 MIXED 子物流中固体溶液相中的组分。若有多个 CISOLID 子物流，RGibbs 模型中只第一个参与反应，其余都被视为惰性。用户可勾选 Merge all CISOLID species into the first CISOLID substream（将所有 CISOLID 组分合并到第一个 CISOLID 子物流中），则可将所有 CISOLID 子物流合并到第一个子物流，并按照规定固体相数反应。

- Products 页面

在 Blocks｜RGibbs｜Setup｜Products 页面（图 4-66），设置 RGibbs 模型的产物。

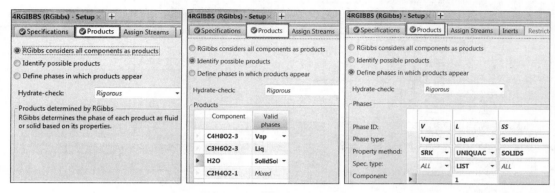

图 4-66

默认为 RGibbs considers all components as products（RGibbs 模型将所有组分都作为产物），即把所有组分分配到所有的溶液相中。用户可选择 Identify possible products（指定可能产物），此时需在下方的 Products（产物）区域的列表中，为每个组分设置其可能存在的有效相态。用户也可选择 Define phases in which products appear（定义产物出现的相），此时需在下方的 Phases（相）区域的列表中，设置存在的相，并给每个相分配不同的组分集，也可给各相分配不同的热力学物性方法。若规定某产品组分包括进料中没有的原子，则该组分将被舍弃。

若规定产品为 Pure Solid（纯固体）相，或组分只有有效的固体物性数据，而无流体物性数据时，RGibbs 模型将考虑产品中纯固体的生成（每个固体组分为一个纯固体相）。所有被定义为纯固相的常规固体反应产物置于第一股 CISOLID 子物流中，若无 CISOLID 子物流，则置于 MIXED 子物流中。若指定固体溶液中存在的产品组分，或规定了最大固体溶液相数，RGibbs 模型将考虑产品中固体溶液相的生成。若只有固体溶液相参与相平衡计算，RGibbs 模型将所有固体溶液相置于出料的 MIXED 子物流中。若不在 Blocks｜RGibbs｜Setup｜Assign Streams 页面单独规定，RGibbs 将把所有纯固体置于最后一股出料中。

非常规固体被作为惰性组分，不影响平衡计算。RGibbs 模型不能进行单固相计算。RGibbs 模型不能直接处理固体相和流体相间的相平衡（如冰-水平衡）。若想进行该模拟，可在定义组分页面选择两次相同的组分，并用不同 ID 命名，并在 Blocks｜RGibbs｜Setup｜Products 页面同时规定两个 Phase ID，其中一个为固体相组分，另一个为流体相组分。

若物流类型有 PSD 属性，可在 Blocks｜RGibbs｜Setup｜PSD 页面规定出料中固体的粒度分布。

- Assign Streams 页面

在 Blocks｜RGibbs｜Setup｜Assign Streams 页面（图 4-67），设置产物相分配。

默认为 RGibbs assigns phases to outlet streams（RGibbs 模型分配出口物流相），用户可选择 Use key components & cutoff mole fraction to assign phases to outlet streams（用关键组分和截断摩尔分数分配出口物流相），并在下方列表中设置出口物流中的关键组分和摩尔分数截断值。

- Inerts 页面

在 Blocks｜RGibbs｜Setup｜Inerts 页面（图 4-68），可设置不参与反应的惰性组分及其量。

- Restricted Equilibrium 页面

在 Blocks｜RGibbs｜Setup｜Restricted Equilibrium 页面（图 4-69），规定平衡限制。

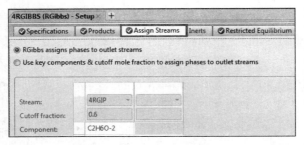

图 4-67

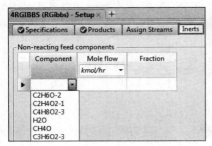

图 4-68

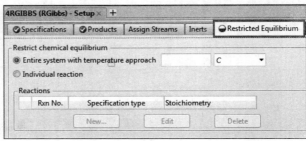

图 4-69

在 Restrict chemical equilibrium（限制化学平衡）区域，可选择 Entire system with temperature approach（整个系统的平衡温差）和 Individual reaction（单个反应）。

选择 Individual reaction 时，需在下方 Reactions（反应）区域的列表中输入单个反应的化学计量关系和反应进行程度或平衡温差。

4.4　严格动力学反应器模型——RCSTR、RPlug和RBatch

反应器-RCSTR、
RPlug & RBatch

RCSTR（全混釜反应器）、RPlug（平推流反应器）和 RBatch（间歇式反应器）为严格动力学反应器模型，可利用动力学方程计算反应速率，从而预测产物组成和流量。该类模型可处理单相、两相或三相反应，需用 Reactions 表格定义化学反应计量关系和数据。

将"例 4.2 反应器-REquil&RGibbs"另存为"例 4.3 反应器-RCSTR、RPlug&RBatch"。

4.4.1　建立流程

在 Main flowsheet 页面建立流程，如图 4-70 所示。添加 5RCSF、6RPLF 和 7RBAF 三股物料，并添加 RCSTR、RPlug 和 RBatch 三个反应器。

反应方程式：
$$C_2H_6O+C_2H_4O_2 \rightleftharpoons H_2O+C_4H_8O_2$$
$$CH_4O+C_2H_4O_2 \rightleftharpoons H_2O+C_3H_6O_2$$

速率方程：$r_1=7.93\times10^{-6}(C_1C_2-0.3425C_3C_4)$　　　　$r_2=6\times10^{-6}(C_1C_2-0.1353C_3C_4)$

速率方程中 C 为以体积为基准的摩尔浓度。

RCSTR：反应体积 10m³。

RPlug：长 2m，直径 0.3m。

RBatch：① 操作周期 1h，反应 10h 后停止。计算 20h，间隔 0.03h 取一个数据点。

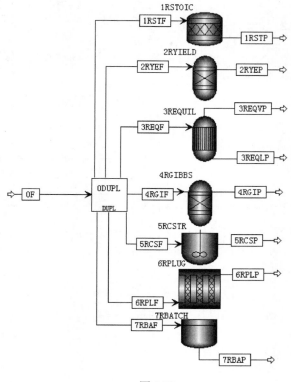

图 4-70

② 间歇反应器处理量为 30000kg，周期间歇时间为 0.5h，通过计算器计算间歇进料时间。并比较设置不同循环时间时结果的不同。

4.4.2 设置模型参数

严格动力学反应器模型中设置化学反应时，需要指定反应集，该反应集可以在外部 Reactions 文件夹中定义。

（1）建立反应集

单击导航窗格中的 Reactions 文件夹，在 Reactions 页面（图 4-71），新建反应集。单击 New…按钮，弹出 Create New ID 窗口。在 Enter ID（输入 ID）区域，输入反应集 ID 或利用默认的 R-1。在 Select Type（选择类型）区域，选择反应集类型为 LHHW 型。单击 OK 按钮，则将建立 LHHW 型化学反应集 R-1。

在 Reactions | R-1 | Input | Stoichiometry 页面，新建反应并输入化学计量关系。单击 New…按钮，弹出 Edit Reaction（编辑反应）窗口，在此新建 1 号反应（图 4-72）。

在 Reaction type（反应类型）区域，选择反应类型，默认为 Kinetic（动力学型）。在 Reactants（反应物）区域列表中，选择反应物为 C_2H_6O-2 和 $C_2H_4O_2$-1。在 Products（产物）区域列表中，选择产物为 $C_4H_8O_2$-3 和 H_2O。输入各物质的 Coefficient（化学计量数）均为 1（图 4-73）。

1 号反应输入完成后，单击 Reaction No.（反应号）区域的下拉框，单击 New，新建 2 号反应。同样方法输入 2 号反应的反应物和产物及其化学计量数（图 4-74）。

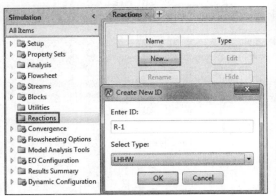

图 4-71

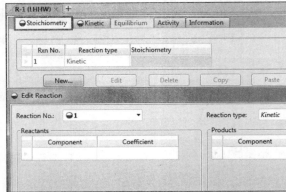

图 4-72

图 4-73

图 4-74

输入完成后关闭 Edit Reaction 窗口，在 Reactions｜R-1｜Input｜Kinetic 页面（图 4-75），规定反应的动力学方程。选择 1 号反应，并在 Reacting phase（反应相态）区域，选择反应相态，默认为 Liquid（液相）。在 Rate basis（速率基准）区域，选择速率基准，默认为 Reac(vol)（反应体积）。在 Kinetic factor（反应的动力学参数）区域，输入 k（指前因子）值为 7.93×10^{-6}。n 和 E 值都设置为 0。

选择 2 号反应，同样方法输入其 k 值为 6×10^{-6}（图 4-76）。

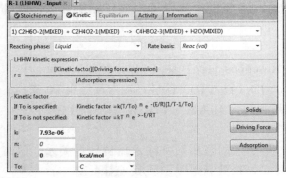

图 4-75

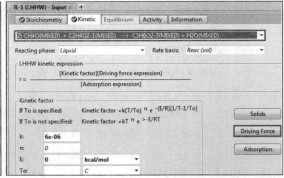

图 4-76

选择 1 号反应，并单击 Driving Force（推动力）按钮，弹出 Driving Force Expression（推动力表达式）窗口（图 4-77），在此设置推动力项中的参数。在[Ci] basis（浓度基准）区域，选择动力学方程中的浓度基准，默认为 Molarity（摩尔浓度）。在 Enter term（输入项）区域，选择推动力表达式中的 Term1（正反应项）。在 Term1 区域，输入 Concentration exponents for reactants（反应物浓度指数）均为 1，输入 Concentration exponents for products（产物浓度指数）均为 0，输入 Coefficients for driving force constant（推动力常数系数）均为 0。

在 Enter term 区域下拉菜单中选择 Term2（逆反应项），同样方法设置逆反应项中产物浓度指数为 1，反应物浓度指数为 0，推动力常数系数中 $A=\ln 0.3425=-1.0716$（图 4-78）。

 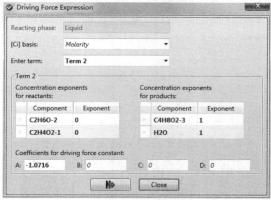

图 4-77　　　　　　　　　　　　　　　　　图 4-78

在 Kinetic 页面选择 2 号反应，同样步骤设置其推动力表达式项（图 4-79、图 4-80）。

图 4-79　　　　　　　　　　　　　　　　　图 4-80

设置完成后单击 Close 关闭窗口，完成化学反应集 R-1 的建立。

（2）RCSTR 模型

在 Blocks｜5RCSTR｜Setup｜Specifications 页面（图 4-81），规定反应条件。在 Operating conditions（操作条件）区域，输入压力为 3bar，温度为 100℃。在 Holdup（持液量）区域，选择 Valid phases（有效相态）为 Vapor-Liquid（汽-液相），选择 Specification type（规定类型）为 Reactor volume（反应体积），并在 Reactor（反应器）区域，输入 Volume（体积）为 10m³。

在 Blocks｜5RCSTR｜Setup｜Reactions 页面（图 4-82），设置反应器中发生的反应集。将 Available reation sets（可用反应集）区域中的反应集 R-1，移至右面 Selected reaction sets（已选反应集）区域。

（3）RPlug 模型

在 Blocks｜6RPLUG｜Setup｜Specifications 页面（图 4-83），规定反应器操作条件。在 Reactor type（反应类型）区域，选择 Reactor with specified temperature（恒温反应器），并在 Operating condition（操作条件）区域，选择 Constant at inlet temperature（恒温，等于进口温度）。

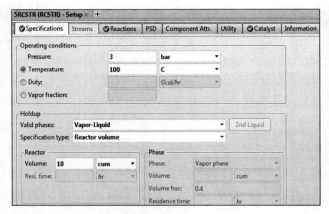

图 4-81

图 4-82

在 Blocks | 6RPLUG | Setup | Configuration 页面（图 4-84），规定反应器结构。在 Reactor dimensions（反应器尺寸）区域，输入 Length（管长）为 2m，Diameter（直径）为 0.3m。在 Valid phases（有效相态）区域，选择 Process stream（过程物流）相态为 Liquid-Only（单液相）。

在 Blocks | 6RPLUG | Setup | Reactions 页面（图 4-85），规定反应器中发生的反应集。选择反应集 R-1。

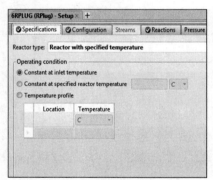

图 4-83

图 4-84

图 4-85

（4）RBatch 模型

在 Blocks | 7RBATCH | Setup | Specifications 页面（图 4-86），规定 RBatch 模型的操作条件。在 Reactor operating specification（反应器操作规定）区域，选择 Constant temperature（恒温），并设置温度为 100℃。

在 Blocks | 7RBATCH | Setup | Reactions 页面（图 4-87），规定反应集。选择反应集 R-1。

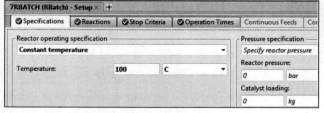

图 4-86

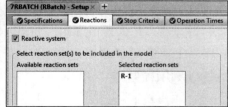

图 4-87

在 Blocks | 7RBATCH | Setup | Stop Criteria 页面（图 4-88），规定反应的停止判据。设

置 1 号停止判据，Location（位置）为 Reactor（反应器），Variable type（变量类型）为 Time（时间），Stop value（停止值）为 10h。

在 Blocks｜7RBATCH｜Setup｜Operation Times 页面（图 4-89），规定操作时间。在 Batch cycle time（间歇循环时间）区域，选择 Total cycle time（总循环时间），并输入 1h。在 Profile result time（结果列表时间）区域，设置 Maximum calculation time（最大计算时间）为 20h，Time interval between profile points（结果列表中的点间隔时间）为 0.03h。

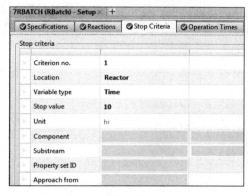

图 4-88

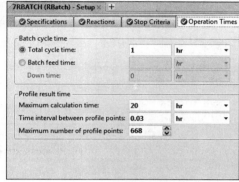

图 4-89

4.4.3　运行模拟并查看结果

设置完成后，运行模拟。运行结束后，查看各模型结果。

（1）RCSTR 模型

在 Blocks｜5RCSTR｜Results｜Summary 页面（图 4-90），查看 RCSTR 模型的计算结果汇总。

在 Blocks｜5RCSTR｜Stream Results｜Material 页面（图 4-91），查看 RCSTR 模型的进出物料结果。

5RCSTR (RCSTR) - Results		
Summary | Balance | Utility Usage | Distributions | Poly		
Outlet temperature:	100	C
Outlet pressure:	3	bar
Outlet vapor fraction:	0	
Heat duty:	-88.5848	kW
Net heat duty:	-0.0761692	Gcal/hr
Volume		
Reactor:	10	cum
Vapor phase:	0	cum
Liquid phase:	10	cum
Liquid 1 phase:		
Salt phase:		
Condensed phase:	10	cum
Residence time		
Reactor:	0.554586	hr
Vapor phase:		

图 4-90

5RCSTR (RCSTR) - Stream Results		
Material | Heat | Load | Vol.% Curves | Wt. % C		
Display: Streams　Format: GEN_M		
	5RCSF	5RCSP
Temperature C	100	100
Pressure bar	3.5	3
Vapor Frac	0	0
Mole Flow kmol/hr	300	300
Mass Flow kg/hr	15916.1	15916.1
Volume Flow cum/hr	17.997	18.031
Enthalpy　Gcal/hr	-27.5	-27.576
Mole Flow kmol/hr		
C2H6O-2	50	42.957
C2H4O2-1	200	187.426
C4H8O2-3		7.043
H2O		12.574
CH4O	50	44.469
C3H6O2-3		5.531

图 4-91

（2）RPlug 模型

在 Blocks｜6RPLUG｜Results｜Summary 页面（图 4-92），查看 RPlug 模型的计算结果汇总。

在 Blocks｜6RPLUG｜Stream Results｜Material 页面（图 4-93），查看 RPlug 模型的进出物料结果。

在 Blocks｜6RPLUG｜Profiles｜Process Stream 页面（图 4-94），查看 RPlug 模型中沿管长的温度、压力、汽相分率、组成等的分布数据。在 Process stream profiles（过程物流分布）区域 View（查看）下拉菜单中选择 Molar composition（摩尔组成），单击 Home 菜单选项卡下 Plot（绘图）工具栏组中的 Custom（自定义）命令按钮，可对结果自定义绘图。

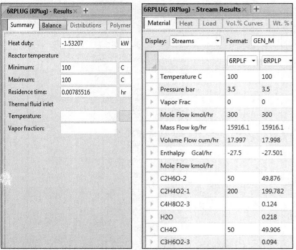
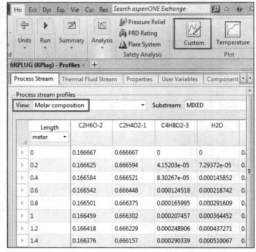

图 4-92　　　　　　　　　　图 4-93　　　　　　　　　　图 4-94

在弹出的 Custom（用户）窗口（图 4-95）中，自定义坐标轴的变量。X Axis（X 轴）默认为 Length meter（管长）。在 Y Axis（Y 轴）的 Select curve(s) to plot（选择要绘图的曲线）区域，勾选 $C_4H_8O_2$-3，单击 OK 按钮，即可绘制乙酸乙酯摩尔分数沿管长的分布图（图 4-96）。

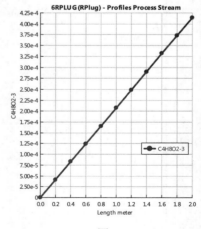

图 4-95　　　　　　　　　　　　图 4-96

（3）RBatch 模型

在 Blocks｜7RBATCH｜Profiles｜Overall 页面（图 4-97），查看 RBatch 模型中反应器的

温度、压力等随时间变化的计算结果。

在 Blocks | 7RBATCH | Profiles | Composition 页面（图 4-98），查看 RBatch 模型中反应器内的组成随时间变化的计算结果。

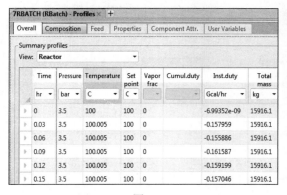

图 4-97　　　　　　　　　　　　　　图 4-98

单击 Home 菜单选项卡下 Plot 工具栏组中的 Custom 命令按钮，自定义坐标轴变量，对结果绘图（图 4-99、图 4-100）。

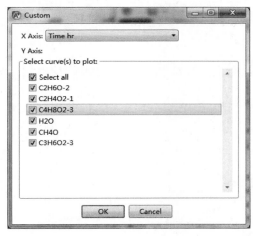
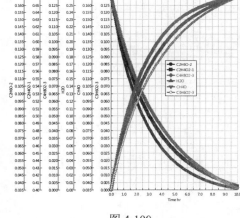

图 4-99　　　　　　　　　　　　　　图 4-100

4.4.4　添加计算器

间歇反应器处理量为 30000kg，周期间歇时间为 0.5h，通过计算器计算间歇进料时间，并比较设置不同循环时间时结果的不同。

将上例保存后，另存为"例 4.4 反应器-Calculator"。

（1）修改 RBatch 操作条件

在 Blocks | 7RBATCH | Setup | Operation Times 页面（图 4-101），规定循环时间。在 Batch cycle time（间歇循环时间）区域，选择 Batch feed time（间歇进料时间），并输入 1h，Down time（辅助时间）为 0.5h，其他设置保持不变。

（2）添加计算器

在 Flowsheeting Options | Calculator | Calculator 页面（图 4-102），新建计算器。单击 New…

反应器-Calculator

按钮，在弹出的 Create New ID 窗口中单击 OK 按钮，即可建立 ID 为 C-1 的计算器对象。

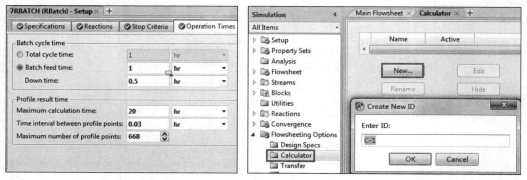

图 4-101   图 4-102

在 Flowsheeting Options｜Calculator｜C-1｜Input｜Define 页面（图 4-103），定义反应器中的变量。在 Measured variables（测量变量）部分，单击 New...按钮，定义变量 FTIME 为进料时间。在 Edit selected variable（编辑选定变量）部分的 Category（类别）区域，选择 FTIME 变量的类别为 Blocks（模型）。在 Reference（参考）区域，输入变量的 Type（类型）为 Block-Var（模型变量），Block（模型）为 7RBATCH，Variable（变量）为 FEED-TIME，Units（单位）为 h。

同样步骤定义变量 F 为进料的总质量流量（图 4-104）。

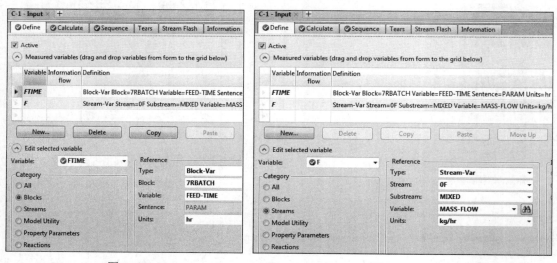

图 4-103   图 4-104

在 Flowsheeting Options｜Calculator｜C-1｜Input｜Calculate 页面（图 4-105），输入计算语句。在 Calculation method（计算方法）区域，选择 Fortran。在 Enter executable Fortran statements（输入可执行的 Fortran 语句）区域，输入 ftime=30000/f。

在 Flowsheeting Options｜Calculator｜C-1｜Input｜Sequence 页面（图 4-106），设置执行顺序。在 Calculator block execution sequence（计算器模块执行顺序）区域，选择 Execute（执行）为 Before（之前），Block type（模块类型）为 Unit operation（单元操作），Block name（模块名称）为 7RBATCH，即在单元操作 7RBATCH 之前执行计算器 C-1。

设置完成后，运行模拟。在 Flowsheeting Options｜Calculator｜Calculator 页面（图 4-107），

取消勾选 Active 项，暂时取消激活计算器模型，再运行，对比应用计算器与不应用计算器时计算结果的不同。

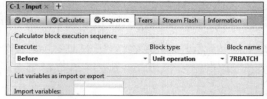
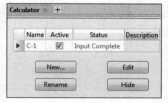

图 4-105	图 4-106	图 4-107

（3）查看结果

在 Flowsheeting Options｜Calculator｜C-1｜Results｜Define Variable 页面（图 4-108），查看 Calculator 模型中定义的测量变量的计算结果。

对比 7RBATCH 模块在不同设置时的计算结果和物流计算结果：

不采用计算器且 Batch cycle time 设置为 Total cycle time（总循环时间）1h 时，结果如图 4-109 及图 4-112 所示；

不采用计算器且 Batch cycle time 设置为 Batch feed time（间歇进料时间）1h、Down time（辅助时间）0.5h 时，结果如图 4-110 及图 4-113 所示；

采用计算器且 Batch cycle time 设置为 Batch feed time 为 1h、Down time 为 0.5h 时，结果如图 4-111 及图 4-114 所示。

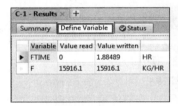
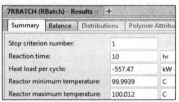
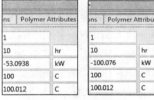

图 4-108	图 4-109	图 4-110	图 4-111

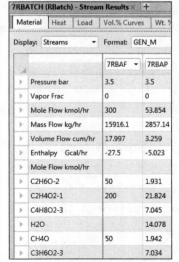

图 4-112	图 4-113	图 4-114

4.4.5 Aspen Plus 功能详解

4.4.5.1 Reactions 反应集功能详解

速率控制的非电解质动力学反应可定义为 Reactions（化学反应集），用于 RBatch、RCSTR 和 RPlug 等动力学反应器，RadFrac（反应精馏塔）及反应体系的 Pressure Relief（泄压）计算。非电解质平衡反应也可以用 Reactions 定义，但仅用于 RCSTR 模型。要在各模型中应用反应集，用户需为其提供一个 ID，并定义其中反应的类型和化学计量关系并输入平衡或动力学参数。速率控制的化学反应，其动力学模型包括 POWERLAW（幂率型）、Langmuir-Hinshelwood-Hougen-Watson（LHHW 型）和用 Fortran 或 Aspen Custom Modeler 编写的自定义模型三种。

在 Reactions 页面（图 4-115），单击 New… 按钮，新建反应集。在弹出的 Create New ID 窗口中输入反应集 ID，并选择反应集类型。可定义的反应集类型如下。

GENERAL：通用型反应集。在同一个反应集中可混合定义 Power-law、LHHW 和 GLHHW 型反应。

LHHW：Langmuir-Hinshelwood-Hougen-Watson 型反应集。可用于 RCSTR、RPlug、RBatch 和 Pres-Relief 模型中。

POWERLAW：幂率型反应集。可用于 RCSTR、RPlug、RBatch 和 Pres-Relief 模型中。
REAC-DIST：反应精馏型反应集。仅用于 RadFrac 模型中。

USER：用户自定义模型。可用于 RCSTR、RPlug、RBatch、RadFrac 和 Pres-Relief 模型中。
USERACM：从 Aspen Custom Modeler 导入的用户自定义反应模型。
EMULSION：自由基乳液型聚合动力学型反应集。用于聚合物的模拟。
FREE-RAD：自由基聚合动力学型反应集。用于聚合物的模拟。
IONIC：阴阳离子和基团转移聚合反应集。用于聚合物的模拟。
SEGMENT-BAS：包括聚合物片段和非聚合组分的反应集。用于聚合物的模拟。
STEP-GROWTH：逐步聚合型反应集。用于聚合物的模拟。
ZIEGLER-NAT：Ziegler-Natta 催化聚合型反应集。用于聚合物的模拟。

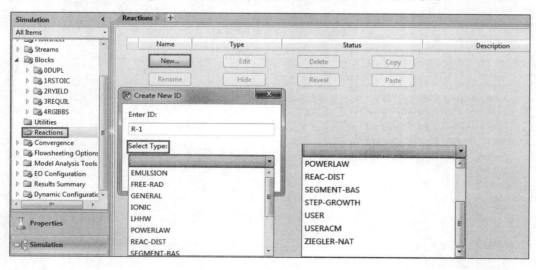

图 4-115

（1）POWERLAW 型反应集

新建反应集 R-1，选择反应集类型为 POWERLAW（幂率）型（图 4-116）。POWERLAW 型反应集中，可定义速率方程为幂率型的动力学反应，也可定义平衡反应。

每个反应集中，都包括 Input（输入）、Results（结果）和 EO Variables（EO 变量）等表格。

POWERLAW 型反应集的 Input 表格中包括 Stoichiometry（化学计量关系）、Kinetic（动力学）、Equilibrium（平衡）、Activity（活度）和 Information（信息）等页面。

① Stoichiometry 页面

在 Reactions｜R-1｜Input｜Stoichiometry 页面（图 4-117），建立该反应集中的反应。

单击 New...按钮，弹出 Edit Reaction（编辑反应）窗口，在此规定反应类型、反应物及化学计量关系。选择 Reaction type（反应类型），包括 Equilibrium（平衡）和 Kinetic（动力学）两类，分别用于平衡反应和速率控制的反应。在 Reactants（反应物）和 Products（产物）区域列表的 Component（组分）列选择各反应组分，在 Coefficient（系数）列输入各组分相应的化学计量数。在 Exponent（指数）列，输入各组分的速率指数，即各组分的反应级数，若不规定则默认为 0。注意，仅过剩的反应物才可设置为 0 级，否则若 0 级反应物耗尽，却依然计算得到正反应速率，将导致收敛困难或失败。

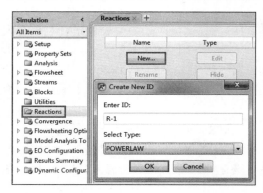

图 4-116　　　　　　　　　　　　　　　　图 4-117

② Kinetic 页面

幂率型反应集中，反应速率表达式为：

$$r = k\left(T / T_0\right)^n \mathrm{e}^{-(E/R)(1/T - 1/T_0)} \prod_{i-1}^{N} C_i^{\alpha_i} \quad \text{（规定 } T_0\text{）}$$

或　　　　　　$$r = kT^n \mathrm{e}^{-E/(RT)} \prod_{i-1}^{N} C_i^{\alpha_i} \quad\quad\quad \text{（不规定 } T_0\text{）}$$

式中，r 表示反应速率；n 表示温度指数；C_i 表示第 i 个组分的浓度；T 表示热力学温度；R 表示气体定律常数；k 表示指前因子；E 表示活化能；α_i 表示第 i 个组分的指数；T_0 表示参考温度；N 表示组分数。

反应速率单位为 kmol/[s·(basis)]。当 Rate Basis（速率基准）设置为 Reac(vol)（反应体积）时，(basis)为 m^3；当 Rate Basis（速率基准）设置为 Cat(wt)（催化剂质量）时，(basis)为 kg catalyst（千克催化剂）。

指前因子的单位与反应级数和[Ci] basis（浓度基准）有关。当 Rate Basis 为 Reac(vol)时，指前因子单位如下表所示。Rate Basis 为 Cat(wt)时，将式中的 s·m^3 替换为 s·kg 即可。两种速率基准中所用的反应器体积或催化剂质量由反应器决定。注意，若反应中有水，且选择

Molality（质量摩尔浓度）为基准，因水的质量摩尔浓度是常数，故用摩尔分数代替，此时需将水的指数从指数加和式中排除。

例如：未规定 T_0 的反应，温度指数为 1，浓度基准为 Molarity，反应基准为 Reac(vol)，该反应为某组分的一级反应，指前因子单位则为 $1/(s\cdot K)$，若为二级反应则为 $m^3/(kmol\cdot s\cdot K)$。

[Ci] Basis （浓度基准）	指前因子单位		[Ci] Basis （浓度基准）	指前因子单位	
	（未规定 T_0）	（规定 T_0）		（未规定 T_0）	（规定 T_0）
Molarity （摩尔浓度）	$\dfrac{\frac{kmol\cdot K^{-n}}{s\cdot m^3}}{\left(\frac{kmol}{m^3}\right)^{\Sigma a_i}}$	$\dfrac{\frac{kmol}{s\cdot m^3}}{\left(\frac{kmol}{m^3}\right)^{\Sigma a_i}}$	Partial pressure，fugacity （分压，逸度）	$\dfrac{\frac{kmol\cdot K^{-n}}{s\cdot m^3}}{\left(\frac{N}{m^2}\right)^{\Sigma a_i}}$	$\dfrac{\frac{kmol}{s\cdot m^3}}{\left(\frac{N}{m^2}\right)^{\Sigma a_i}}$
Molality （质量摩尔浓度）	$\dfrac{\frac{kmol\cdot K^{-n}}{s\cdot m^3}}{\left(\frac{kmol}{kg\,H_2O}\right)^{\Sigma a_i}}$	$\dfrac{\frac{kmol}{s\cdot m^3}}{\left(\frac{kmol}{kg\,H_2O}\right)^{\Sigma a_i}}$	Mass concentration （质量浓度）	$\dfrac{\frac{kmol\cdot K^{-n}}{s\cdot m^3}}{\left(\frac{kg}{m^3}\right)^{\Sigma a_i}}$	$\dfrac{\frac{kmol}{s\cdot m^3}}{\left(\frac{kg}{m^3}\right)^{\Sigma a_i}}$
Mole fraction，Mass fraction，Mole gamma （摩尔分数，质量分数，摩尔活度系数）	$\frac{kmol\cdot K^{-n}}{s\cdot m^3}$	$\frac{kmol}{s\cdot m^3}$			

在 Reactions｜R-1｜Input｜Kinetic 页面（图 4-118），规定反应动力学表达式。在顶端列表中选择一个反应。

在 Reacting phase（反应相态）区域，规定反应发生的相态，默认为 Liquid（液相）。若反应既能在汽相又能在液相中进行，需分别定义两个反应，不能在一个反应器中定义汽、液相发生同一反应。

在 Rate basis（速率基准）区域，选择速率基准，如 Reac(vol)（反应体积）。

在 Power Law kinetic expression（幂率型动力学表达式）区域，输入反应速率表达式中的各参数值。包括 k（指前因子）、n（温度指数）、E（活化能）和 T_0（参考温度）。指前因子 E 的单位需为 SI 单位制，并选择[Ci] basis（浓度基准）。

单击 Edit Reactions（编辑反应）按钮，可打开 Edit Reaction 窗口，在此对反应集中的已建反应进行编辑。

单击 Solids（固体）按钮，可打开 Solids（固体）窗口（图 4-119），在此设置固体相关处理方式。

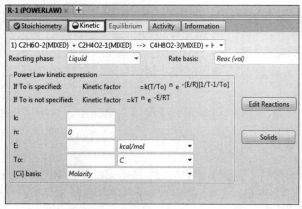

图 4-118

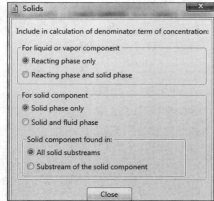

图 4-119

③ Equilibrium 页面

在 Edit Reaction 窗口的 Reaction type（反应类型）列表中，选择 Equilibrium（平衡），即可建立平衡反应，并激活 Equilibrium 页面。

在 Reactions｜R-1｜Input｜Equilibrium 页面（图 4-120），输入反应平衡常数表达式中的各参数值。首先在顶端列表中选择一个反应。

在 Equilibrium parameters（平衡参数）区域，设置平衡参数。选择 Reacting phase（反应相），默认为 Liquid（液相）。

若反应未达平衡，可输入 Temperature approach to equilibrium（平衡温差）。

选择平衡常数计算方法有如下两种。

Compute Keq from Gibbs energies：根据吉布斯自由能计算 K_{eq}。此时用户无需输入参数。

Compute Keq from built-in expression：由内置多项式计算 K_{eq}。此时需在 Built-in Keq expression 区域，选择 Keq basis（K_{eq} 基准），并输入多项式系数及基准 A、B、C、D。Built-in Keq expression（内置平衡常数表达式）为：

$$\ln K_{eq} = A + B/T + C \times \ln(T) + D \times T$$

式中，K_{eq} 表示平衡常数；T 表示热力学温度；A,B,C,D 表示需用户输入的系数。

K_{eq} 的定义式与基准有关，如下所示。

$K_{eq} = \prod(x_i\gamma_i)^{v_i}$（仅液相） 基准为 Mole gamma（摩尔活度系数，默认）；

$K_{eq} = \prod(m_i\gamma_i)^{v_i}$（电解质，仅液相） 基准为 Molal gamma（质量摩尔活度系数）；

$K_{eq} = \prod(x_i)^{v_i}$ 基准为 Mole fraction（摩尔分数）；

$K_{eq} = \prod(x_i^m)^{v_i}$ 基准为 Mass fraction（质量分数）；

$K_{eq} = \prod(C_i)^v$ 基准为 Molarity（摩尔浓度）；

$K_{eq} = \prod(m_i)^{v_i}$（仅液相） 基准为 Molality（质量摩尔浓度）；

$K_{eq} = \prod(f_i)^{v_i}$ 基准为 Fugacity（逸度）；

$K_{eq} = \prod(p_i)^{v_i}$（仅汽相） 基准为 Partial pressure（分压）；

$K_{eq} = \prod(C_i^m)^{v_i}$ 基准为 Mass concentration（质量浓度）。

式中，x 表示组分摩尔分数；γ 表示活度系数；v 表示化学计量系数（产品为正，反应物为负）；m 表示质量摩尔浓度（mol/kgH$_2$O）；x^m 表示组分质量分数；C 表示摩尔浓度，kmol/m^3；f 表示组分逸度，N/m^2；p 表示分压，N/m^2；C^m 表示质量浓度，kg/m^3；i 表示组分序号；$\prod$ 表示积算符。

不在 MIXED 子物流中的组分，活度系数为 1，在平衡常数计算中将被忽略。若反应中有水，且选择质量摩尔浓度为基准，因水的质量摩尔浓度是常数故用摩尔分数代替。

若体系中有固体，可单击 Solids 按钮，并选择恰当的浓度计算选项。

④ Activity 页面

反应活度是反应速率的标量乘数，可在 Reactions｜R-1｜Input｜Activity 页面（图 4-121）定义并将其与相关反应关联。净反应速率为本征速率与活度的乘积。在同一个反应器中应用多个反应模型时，反应活度不互相覆盖。

（2）LHHW 型反应集

LHHW（Langmuir-Hinshelwood-Hougen-Watson）型反应集中，也可以包括平衡反应和动力学反应两类。规定平衡反应的方法与 POWERLAW 型反应相同，在此主要介绍速率控制的动力学反应。LHHW 型反应速率表达式为：

$$\text{Rate}=\frac{[\text{Kinetic factor}][\text{Driving force expression}]}{[\text{Adsorption expression}]}$$

其中[Kinetic factor]（动力学参数）、[Driving force expression]（推动力表达式）和[Adsorption expression]（吸附表达式）分别如下：

$$[\text{Kinetic factor}] = k(T/T_0)^n \mathrm{e}^{-(E/R)(1/T-1/T_0)} \quad （规定\ T_0）$$

或 $$[\text{Kinetic factor}] = kT^n \mathrm{e}^{-E/(RT)} \quad （不规定\ T_0）$$

$$[\text{Driving force expression}]=k_1\prod_{i=1}^{N}C_i^{\alpha_i} - k_2\prod_{j=1}^{N}C_j^{\beta_j}$$

$$[\text{Adsorption expression}]=\left[\sum_{i=1}^{M}K_i\left(\prod_{j=1}^{N}C_j^{nu_i}\right)\right]^{m}$$

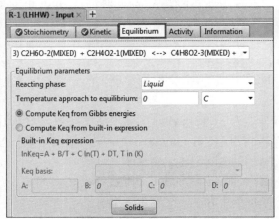

图 4-120

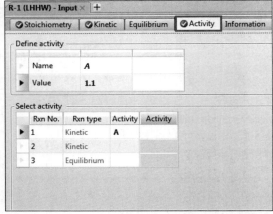

图 4-121

各参数含义、需输入变量及所在页面位置如下表所示：

参数	需输入变量	参数位置
r =反应速率	—	—
k =指前因子	k	Kinetic 页面
T =热力学温度	—	—
T_0 =参考温度	T_0	Kinetic 页面
n =温度指数	n	Kinetic 页面
m =吸附项指数	指数	Adsorption Expression 窗口
E =活化能	E	Kinetic 页面
R =气体定律常数	—	—
K =常数，$\ln(K)=A+B/T+C\times\ln(T)+D\times T$	系数 A,B,C,D	Adsorption Expression 窗口
k_1 =常数	Term 1 中推动力项常数的系数 A，B，C，D	Driving Force Expression 窗口
k_2 =常数	Term 2 中推动力项常数的系数 A，B，C，D	Driving Force Expression 窗口
N =组分数	—	—
M =吸附表达式中的项数	—	—
C =组分浓度	—	—
i,j =序数标记	—	—
α =指数	Exponent 1	Driving Force Expression 窗口

参数	需输入变量	参数位置
β=指数	Exponent 2	Driving Force Expression 窗口
nu =指数	每个组分的 Term 指数	Adsorption Expression 窗口
Π=求积算符	—	—
Σ=求和算符	—	—

速率单位为 kmol/[s·(basis)]。C_i 和 C_j 的表达式取决于所选[C_i] basis（浓度基准）。LHHW 速率表达式中指前因子的单位非常复杂，与所选浓度基准、是否规定参考温度及推动力和吸附项表达式中的浓度指数有关。浓度在计算速率前会转化为 SI 单位制，指前因子单位需保证速率为 SI 单位。推动力和吸附表达式中的常数也可能有单位。推动力表达式中的 k_1 始终是无量纲的，但 k_2 需要有单位以保证 Term 2 与 Term 1 单位相同，故其单位为浓度单位的 Term 2 与 Term 1 中浓度指数的净差值次方。吸附表达式中每个常数 K 的单位都是与其相乘的浓度单位的倒数，以保证每一项都为无量纲数值。

① Kinetic 页面

在 Reactions｜R-1｜Input｜Kinetic 页面（图 4-122），输入速率表达式中的各参数值。

若体系中有固体，可单击 Solids（固体）按钮，并选择恰当的浓度计算选项。

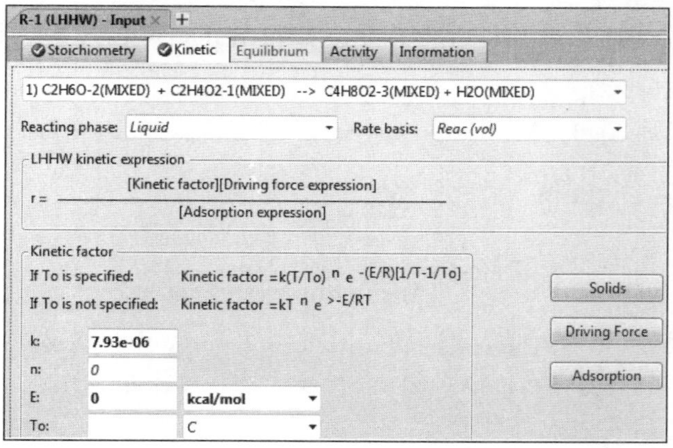

图 4-122

单击 Driving Force（推动力）按钮，可弹出 Driving Force Expression（推动力表达式）窗口（图 4-123）。在[Ci] basis（浓度基准）列表中，选择浓度基准，如 Molarity（摩尔浓度）。Enter term（输入项）值默认为 Term 1，需输入推动力表达式中 Term 1 的 Concentration exponents for reactants（反应物浓度指数）和 Concentration exponents for products（产物浓度指数），及 Coefficients for driving force constant（推动力常数系数）A、B、C 和 D。输入完成后在 Enter term 区域选择 Term 2，输入推动力表达式中 Term 2 的反应物和产物的浓度指数及推动力常数系数。完成后单击 Close 按钮关闭该窗口。

若需规定吸附表达式，可单击 Adsorption（吸附）按钮，将弹出 Adsorption Expression（吸附表达式）窗口（图 4-124）。在 Adsorption expression exponent（吸附表达式指数）区域，输入吸附项的总指数。在 Concentration exponents（浓度指数）区域的表格中，选择组分并输入吸附表达式中各项的指数。在 Adsorption constants（吸附常数）区域的表格中，输入各项的 Term no.（项号）及 Coefficient（系数）A、B、C、D 的值，以规定吸附常数。

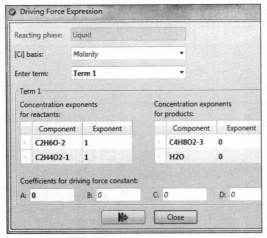 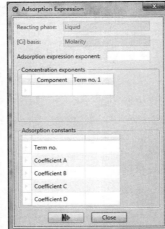

图 4-123　　　　　　　　　　　　　　　图 4-124

② 举例

对于反应：W＋X⟶Y＋Z，反应速率通用表达式为：

$$Rate=\frac{k\ \exp\left(\dfrac{-E}{RT}\right)\{K_f[W][X]-K_b[Y][Z]\}}{[Adsorption\ expression]}$$

$$[Adsorption\ expression]=\{1+K_W[W]+K_X[X]+K_Y[Y]+K_Z[Z]\}^2$$

③ 动力学因子和推动力项

若反应不可逆，则 K_f＝1，K_b＝0。动力学常数可与其对温度的依赖关系一起合并到主常数 k 中，因此速率表达式简化为：

$$Rate=\frac{k\ \exp\left(\dfrac{-E}{RT}\right)\{K_f[W][X]\}}{[Adsorption\ expression]}$$

在 Kinetic 页面输入 k 和 E 值，然后单击 Driving Force 按钮，清空 Reaction is reversible（反应可逆）复选框。设置 K_f＝1，K_b＝0，设置反应物浓度指数为 1。

若反应可逆，速率表达式可表示为：

$$Rate=\frac{K_f[W][X]-K_b[Y][Z]}{[Adsorption\ expression]}$$

要规定该表达式，在 Kinetic 页面输入 k＝1 和 E＝0，然后单击 Driving Force 按钮，勾选 Reaction is reversible（反应可逆）和 Specify reverse rate const. and conc. exp.（规定逆反应速率常数和浓度指数）。在 Forward（正反应）项中输入反应物浓度指数为 1，然后将 Reaction Direction（反应方向）设置为 Reverse（逆反应），并规定产物浓度指数为 1。对每个反应方向，都需要规定 K_f 和 K_b 对温度依赖关系表达式 $\ln(K)=A+\dfrac{B}{T}+C\ln(T)+DT$ 中的 A、B、C 和 D 值。

速率表达式也可表示为：

$$Rate=\frac{k\exp\left(\dfrac{-E}{RT}\right)\left\{[W][X]-\dfrac{1}{K_{eq}}[Y][Z]\right\}}{[Adsorption\ expression]}$$

这时需在 Kinetic 页面输入 k 和 E 值，然后单击 Driving Force 按钮，勾选 Reaction is reversible

复选框而取消勾选 Specify reverse rate const. and conc. exp.，规定 K_f=1。在 Forward 项中输入反应物浓度指数为 1，并在 Equilibrium 页面指定 K_{eq}。对每个反应方向，同样都需要规定 K_f 和 K_b 对温度依赖关系表达式中的 A、B、C 和 D 值。

Aspen Plus 根据微观可逆性原理，自动确定逆反应的浓度指数，并根据规定的平衡常数确定速率常数。

④ 吸附表达式

LHHW 型反应的吸附表达式取决于假定的吸附机理，不同机理的吸附表达式参见《佩里化学工程师手册》。对于机理 $[Adsorption\ expression] = \{1 + K_W[W] + K_X[X] + K_Y[Y] + K_Z[Z]\}^2$，要在 Aspen Plus 中输入该表达式，需将 Adsorption expression exponent（吸附指数）设定为 2，并定义五个 Term。对于 Concentration exponents（浓度指数），输入：

Component	Term No. 1	Term No. 2	Term No. 3	Term No. 4	Term No. 5
W	0	1	0	0	0
X	0	0	1	0	0
Y	0	0	0	1	0
Z	0	0	0	0	1

对于 Adsorption constants（吸附常数），Term 1 输入 A=0，B=0，C=0，D=0。其他 Term，根据 K 表达式 $K = \exp(A)\exp\left(\dfrac{B}{T}\right)T^C \exp(DT)$ 中的温度关系式，输入各系数值。C 和 D 一般为 0。

（3）GENERAL 型反应集

General（通用）型反应集内可定义 POWERLAW、LHHW、GLHHW 等各类可逆反应，并可选择规定逆反应的速率参数和浓度指数。若不选择规定逆反应，需规定平衡常数用以计算逆反应速率，逆反应的浓度指数用微观可逆原理计算。General 型反应集可在 RCSTR、RPlug、RBatch、Pres-Relief 等模型中引用。GLHHW 与 LHHW 类似，区别在于 GLHHW 型反应共用吸附参数集。

在 Reactions ｜ R-3 ｜ Input ｜ Configuration 页面（图 4-125），可添加、编辑或删除 General 反应集中的反应。可在 Name（名称）列为每个反应规定名称，不超过 8 个字符。在 Status（状态）列设置各反应状态为 On 或 Off，将反应状态设置为 Off 后，可从反应集中暂时关闭，而不必删除。

在 Reactions ｜ R-3 ｜ Input ｜ Kinetic 页面（图 4-126），可规定反应相态、浓度基准及单位、速率基准及单位、固体选项及 Power-law、LHHW 和 GLHHW 型反应的动力学参数等。对于 GLHHW 型反应，该页面与 LHHW 的 Kinetic 页面相同，但需在 Reactions ｜ R-1 ｜ Input ｜ GLHHW Adsorption 页面输入共用的吸附参数。

分别单击 Solids（固体）、Driving Force（推动力）及 Adsorption（吸附）按钮，可输入各项参数。单击 Driving Force（推动力）按钮，在 Driving Force Expression（推动力表达式）对话框中（图 4-127），规定反应是否可逆、是否规定速率常数和浓度指数等。推动力和吸附表达式中的常数 K，与 LHHW 型反应集中的设置相同。

单击 Summary（汇总）按钮，可以查看动力学参数的汇总表。单击 Specifications（规定）按钮，返回原 Kinetic 页面（图 4-128）。

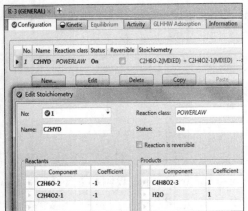
图 4-125

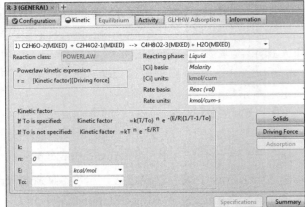
图 4-126

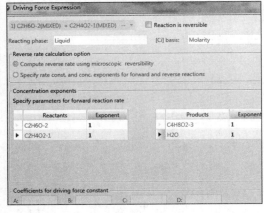
图 4-127

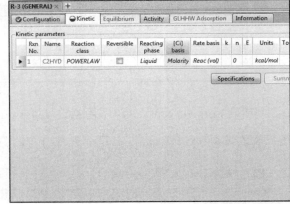
图 4-128

（4）USER 型反应集

用户也可建立 USER（用户自定义）类型反应集，利用 Fortran 子程序计算反应速率。可定义同时计算平衡反应和速率控制的反应，但仅 RCSTR 和 RadFrac 模型能处理平衡反应。对于 RadFrac 模型来说，也可在 REAC-DIST 型反应集的 Subroutine 页面中规定用户子程序。

在 Reactions｜R-4｜Input｜Stoichiometry 页面（图 4-129），输入化学计量关系。单击 New… 按钮，弹出 Edit Reaction 窗口（图 4-130），在此定义组分及其化学计量数以定义反应。

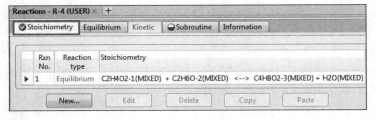
图 4-129

对于平衡反应，在 Reactions｜R-4｜Input｜Equilibrium 页面（图 4-131），输入平衡常数表达式中的各参数值。

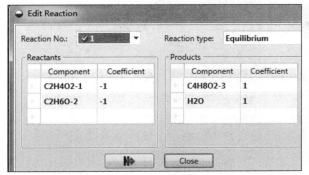
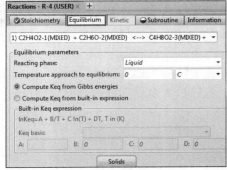

图 4-130　　　　　　　　　　　　　　　　　　图 4-131

对于速率控制的反应，在 Reactions | R-4 | Input | Kinetic 页面（图 4-132），输入速率表达式中的各参数值。

在 Reactions | R-4 | Input | Subroutine 页面（图 4-133），设置用户子程序。

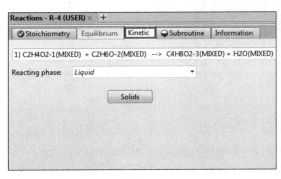

图 4-132　　　　　　　　　　　　　　　　　　图 4-133

4.4.5.2　RCSTR 模型功能详解

RCSTR 为连续搅拌釜式反应器的严格模型。假定反应器中物料完全混合，即反应器内物料与出料物性相同。RCSTR 模型可模拟单相、两相或三相反应器。能同时模拟平衡反应和速率控制的反应，也能模拟含固体的反应。RCSTR 模型可计算反应器在给定温度下的热负荷及在给定热负荷下的温度。用户可通过 Reactions 反应集或自定义 Fortran 子程序提供反应动力学方程。

（1）流程连接

RCSTR 模型的流程连接如图 4-134 所示。

物流：至少一股进料物流，一至三股出料物流。

热流：任意股可选进口热流，一股可选出口热流。

（2）模型规定

RCSTR 模型中，包括 Setup（设置）、Convergence（收敛）、User Subroutine（用户子程序）、Dynamic（动态）、Block Options（模型选项）、EO Modeling（EO 模型）、Results（结果）、Stream Results（物流结果）、Stream Results (Custom)（自定义物流结果）和 Summary（汇总）等表格。

① Setup 表格

RCSTR 模型的 Setup 表格中包括 Specifications（规定）、Streams（物流）、Reactions（反

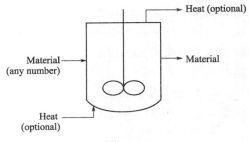

图 4-134

应）、PSD（粒度分布）、Component Attr.（组分属性）、Utility（公用工程）、Catalyst（催化剂）和 Information（信息）等页面。

- Specifications 页面

在 Blocks | RCSTR | Setup | Specifications 页面（图 4-135），规定 RCSTR 模型的反应条件。包括压力及温度或热负荷等操作条件，及反应器体积或停留时间（总体或各相）。

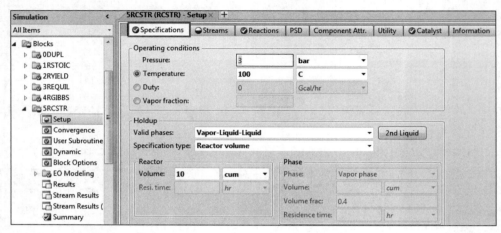

图 4-135

在 Operating conditions（操作条件）区域，设置操作条件。可以从 Pressure（压力）、Temperature（温度）、Duty（热负荷）和 Vapor fraction（汽相分率）中，选择两项进行规定。若流程图上该模型已连接进口热流但无出口热流，则不能规定温度、热负荷或汽相分率。若反应器中有两相，反应相量很小时可规定汽相分率，这样可防止求解路径进入反应相不存在的区域而导致不收敛。

在 Holdup（持液量）区域，规定反应器的持液量。需选择 Valid phases（有效相态）及 Specification type（规定类型）。规定类型包括 Reaction volume（反应体积）、Residence time（停留时间）、Reactor volume & Phase volume（反应器体积和相体积）、Reactor volume & Phase volume fraction（反应器体积和相体积分数）、Reactor volume & Phase residence time（反应器体积和相停留时间）、Residence time & Phase volume fraction（停留时间和相体积分数）及 Phase residence time & volume fraction（相停留时间和体积分数）。在 Reactor（反应器）区域，输入反应器参数，包括 Volume（体积）和 Resi. Time（停留时间）。在 Phase（相）区域，设置各相参数，包括 Phase（相）、Volume（体积）、Volume frac（体积分数）和 Residence time（停留时间）。

若 Valid Phases 选择 Vapor-Liquid-Liquid（汽-液-液相），可单击 2nd Liquid（第二液相）按钮，弹出 2nd Liquid Phase 窗口（图 4-136），在此设置判断第二液相的标准。

- Streams 页面

若 RCSTR 模型连接多股产品物流，可在 Blocks | RCSTR | Setup | Streams 页面（图 4-137），规定每股产品物流的相态。物流相态局限于在 Specifications 页面上规定的有效相态，且不同物流不能重复。

- Reactions 页面

在 Blocks | RCSTR | Setup | Reactions 页面（图 4-138），选择 RCSTR 模型中发生反应的反应集。

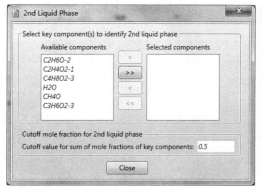

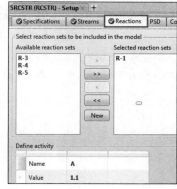

| 图 4-136 | 图 4-137 | 图 4-138 |

在 Select reaction sets to be included in the model（选择模型中包括的反应集）区域，从左侧 Available reaction sets（可用反应集）列表中，可选择已有反应集到右侧 Selected reaction sets（已选反应集）列表中。单击 New…按钮，可新建反应集。用户可以选择多个反应集，RCSTR 假设 Selected reaction sets 列表中所有反应集中的反应同时发生。

对于每个反应集，可在 Define activity（定义活度）区域，规定反应活度。

• PSD 页面

RCSTR 模型可处理包括固体的反应，假定固体与流体相温度相同，但不能进行单固相计算。若物流类型有 PSD 属性，而通过反应器中的反应将产生或改变固体时，可在 Blocks｜RCSTR｜Setup｜PSD 页面（图 4-139）规定出料固体子物流中的粒度分布。注意该页面规定的 PSD 为反应产物混合物的总体 PSD 分布，有如下选项。

Keep PSD：保持 PSD。每股出口子物流中的粒度分布都与相应进料中的 PSD 相等，微粒数目一般会发生变化。本选项为默认选项。

Constant number of particles：恒定微粒数。每股子物流中的总微粒数保持恒定，微粒尺寸会根据反应中子物流的质量增减而变大或变小，惰性微粒尺寸不变。

User-specified PSD：用户规定。利用分布方程或每个 PSD 间隔分率规定 PSD。可选择 Overall（总体）和 Substream ID（子物流）。选择前者时，规定的 PSD 适用于包括惰性子物流的全部子物流。选择后者时，规定各子物流 PSD，对于恒定 PSD 的子物流可规定 bypass fraction（分流比）=1。

Calculate using rates from user subroutine：根据用户子程序利用反应速率计算。根据用户提供的动力学子程序，利用反应速率计算出料 PSD。要用此选项，需在 Reactions 表格中建立 USER 型反应集。用户动力学子程序中也应提供 PSD 的变化速率。选择此项时，可为出料总体或每股子物流提供 PSD 估计值。

若规定分布方程，可以规定为多个分布方程加权之和。若直接规定 PSD 分率，需输入完整 PSD。可用全局 PSD 表格或此页面的局部 PSD 表格规定这些分率值。

• Component Attr.页面

出料中通过反应产生或改变的组分，可在 Blocks｜RCSTR｜Setup｜Component Attr.页面（图 4-140），规定 RCSTR 如何确定组分属性值。依次选择 Substream（子物流）ID、Component（组分）ID 和 Attribute（属性）ID，并规定各 Element（元素）值。对于每个所选属性 ID，至少规定一个元素值。

用户也可选择基于用户动力学子程序提供的速率计算出料中组分属性值。要用此选项，需在 Reactions 表格中建立 USER 类型的反应集。用户动力学子程序中也应提供组分属性的变化速率。此时，可通过规定 Value（值），为出料物流的属性提供估计值。

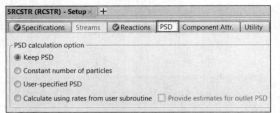

图 4-139

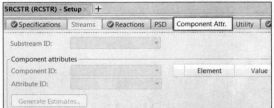

图 4-140

- Catalyst 页面

当反应速率基准为 Cat(Wt)时，可在 Blocks | RCSTR | Setup | Catalyst 页面（图 4-141）规定催化剂的详细信息，规定或计算的催化剂质量用以计算组分的生成速率。需勾选 Catalyst present in reactor（反应器中有催化剂）。

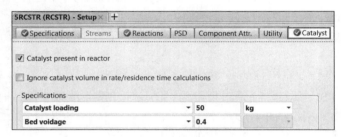

图 4-141

默认反应体积要减掉催化剂体积，可勾选 Ignore catalyst volume in rate/residence time calculations（在速率/停留时间计算中忽略催化剂体积），EO 算法不支持该选项。

在 Specifications（规定）区域，规定催化剂参数。可规定 Catalyst loading（催化剂装填量）、Bed voidage（反应器空隙率）和 Catalyst particle density（催化剂的颗粒密度）中的两项。

② Convergence 表格

Convergence 表格中有 Estimates（估计值）、Flash Options（闪蒸选项）和 Parameters（收敛参数）页面。

- Estimates 页面

在 Blocks | RCSTR | Convergence | Estimates 页面（图 4-142），规定温度、体积和组分流量的估计值，以提高收敛性能。用户可规定出料中组分的流量估计值，若不规定，则 RCSTR 将把进料流量作为默认估计值。

若用户在 Blocks | RCSTR | Setup | Specifications 页面的 Operating conditions（操作条件）中，规定了 Heat Duty（热负荷），或在流程图中连接了进口热流，则可给定反应器的温度估计值。若不给定，则将把进料温度作为默认估计值。若操作条件规定为 Reactor Residence Time（反应器停留时间）和 Phase Residence Time（相停留时间），则可给定反应器或相体积的估计值。若不给定体积估计值，则将根据规定的反应器压力、出料组分流量和反应器温度估计值，计算体积估计值。

若有之前的运行结果，可单击 Generate Estimates...（生成估计值）按钮，将运行结果作为下次运行的估计值。单击该按钮后，弹出 Generate estimates from available results（从可用结果生成估计值）窗口（图 4-143），在此需选择估计值要使用的 Flow basis（流量基准）。单击 Generate 按钮后，运行结果将覆盖之前规定或本页面生成的估计值。

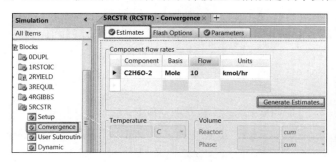

图 4-142   图 4-143

- Flash Options 页面

在 Blocks｜RCSTR｜Convergence｜Flash Options 页面（图 4-144），规定反应器闪蒸计算的收敛参数。可规定闪蒸迭代计算的 Maximum iterations（最大次数）及 Error tolerance（容差）。另外，在 Blocks｜RCSTR｜Convergence｜Parameters 页面（图 4-145），可规定 Mass balance convergence（质量衡算收敛）的 Error tolerance（容差）值。实际闪蒸计算，取上述闪蒸迭代容差值与质量衡算收敛容差值的 1/10 中的较小值。

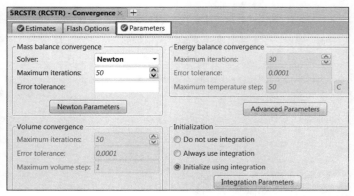

图 4-144   图 4-145

- Parameters 页面

在 Blocks｜RCSTR｜Convergence｜Parameters 页面，规定反应器的收敛参数，以控制 RCSTR 模型的计算收敛问题。

在 Mass balance convergence（质量平衡收敛）区域，选择收敛质量平衡方程的求解算法，也可规定质量平衡方程的收敛参数和容差。若 Solver（求解器）选择 Newton（牛顿法），需单击 Newton Parameters（牛顿法参数）按钮，以输入更多选项（图 4-146）。

若用户在 Blocks｜RCSTR｜Setup｜Specifications 页面的 Operating condition（操作条件）规定为 Heat Duty（热负荷），或流程图中连接了进口热流而无出口热流，可在 Energy balance convergence（能量平衡收敛）区域，规定能量平衡方程计算的收敛参数。若操作条件规定为 Reactor Residence Time（反应器停留时间）和 Phase Residence Time（相停留时间），反应器体积和相体积将迭代计算得到，此时可在 Volume convergence（体积收敛）区域，规定体积迭代计算的收敛参数。

在 Initialization（初始化）区域，规定模型初始化方法。若选择 Do not use integration（不积分），则非线性求解器第一次求解时，根据用户规定的估计值初始化质量和能量平衡变量，之后求解时，从之前的收敛结果开始。若选择 Always use integration（始终积分），则模型每次运行，都用数值积分初始化模型。若选择 Initialize using integration（利用积分初始化），则模型第一次运行时，用数值积分初始化模型，之后再运行时，跳过积分，从之前收敛结果开始。若反应组分非常多、反应速率非常快（反应时间小于停留时间）并产生微量中间体（一生成就消耗掉），可勾选该选项。

初始化算法采用变步长 Gear 积分法，将质量和能量平衡方程从初始条件积分到稳态条件。Gear 算法是稳定的，但明显比 Broyden 或 Newton 非线性方程解法慢。单击 Integration Parameters（积分参数）按钮，可弹出 Integration Parameters 窗口查看或设置控制 Gear 积分器参数（图 4-147）。单击 Advanced Parameters（高级参数）按钮，弹出 Advanced Convergence Parameters（高级收敛参数）对话框（图 4-148），在此可设置附加收敛参数。积分器的停止判据是，测量残差的均方根值小于该页面设置的 Root mean square error tolerance（均方根容差），这决定了积分器与稳态解的接近程度。

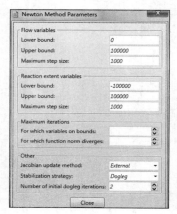
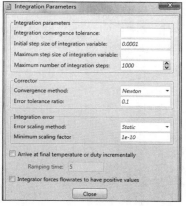

图 4-146   图 4-147   图 4-148

③ User Subroutine 表格

User Subroutine 表格中包括 Kinetics（动力学）和 Report Options（报告选项）页面。

- Kinetics 页面

用自定义的 Fortran 子程序计算反应动力学时，可在 Blocks | RCSTR | User Subroutine | Kinetics 页面（图 4-149），规定动力学子程序参数。

在 Kinetic subroutine（动力学子程序）区域，可在 Number of parameters（参数个数）区域，分别设置 Integer（实型）和 Real（整型）变量数目，并在 Values for parameter（变量值）区域输入各变量值。仅当 Blocks | RCSTR | Setup | Reactions 页面选择 USER 类型反应集时，才允许规定这些变量。这些整型和实型变量被传至 Reactions Subroutine（反应子程序）页面规定的用户动力学子程序中。

在 Length of work arrays（工作矩阵长度）区域，可规定工作矩阵长度，以分配用户动力学子程序所需工作空间。Aspen Plus 在多次调用用户子程序时，不保留工作矩阵中的中间值。

在 Number of user variables（用户变量数）区域，可规定用户变量数，以据此分配变量矩阵。该矩阵可用于用户动力学子程序的计算。Aspen Plus 在多次调用用户子程序时，保留工作矩阵中的这些变量值。

- Report Options 页面

在 Blocks｜RCSTR｜User Subroutine｜Report Options 页面（图 4-150），规定 RCSTR 模型报告中是否包括整型和实型变量（Kinetics 页面上定义的用户动力学子程序中用到的整型和实型变量）。

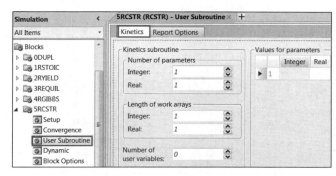

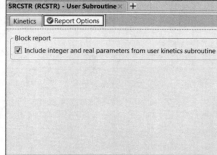

图 4-149 图 4-150

4.4.5.3 RPlug 模型功能详解

RPlug 模型用于严格模拟理想平推流反应器。模型假设相内和相间径向理想混合而轴向无返混、相平衡、相间无滑移（如所有相停留时间相等），可模拟一相、两相或三相反应器。滞留区、返混及其他非理想平推流行为，可用 RPlug 与其他模型组合表示。

（1）流程连接

RPlug 模型的流程连接如图 4-151 和图 4-152 所示。

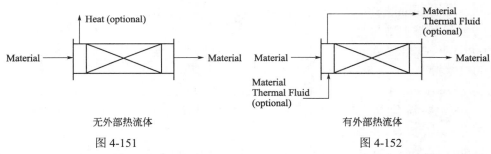

无外部热流体 有外部热流体

图 4-151 图 4-152

物流：进料一股物流和一股可选热流体，出料一股物流和一股可选热流体。RPlug 模型不允许多股进料，若有多股进料，需用 Mixer 模型与 RPlug 模型结合使用。RPlug 模型可选择连接热流体物料，用以模拟有并流或逆流热流股的反应器，只能处理速率基准的动力学反应器。

热流：进口无热流，出口一股表示反应器热负荷的可选热流。该出口热流仅用于未连接热流体的反应器。

RPlug 处理动力学反应，可包括固体。需已知反应动力学，可用内置 Reactions 模型或用户自定义 Fortran 子程序提供反应动力学。

（2）模型规定

RPlug 模型中包括 Setup（设置）、Convergence（收敛）、User Subroutine（用户子程序）、Dynamic（动态）、Block Options（模型选项）、EO Modeling（EO 模型）、Results（结果）、Stream Results（物流结果）、Stream Results (Custom)（自定义物流结果）和 Summary（汇总）

等表格。

① Setup 表格

Setup 表格中包括 Specifications（规定）、Configuration（结构）、Streams（物流）、Reactions（反应）、Pressure（压力）、Holdup（持液量）、Catalyst（催化剂）、Diameter（直径）、PSD（粒度分布）和 Information（信息）等页面。

- Specifications 页面

在 Blocks｜RPlug｜Setup｜Specifications 页面（图 4-153），规定反应器类型，并规定相应操作条件。

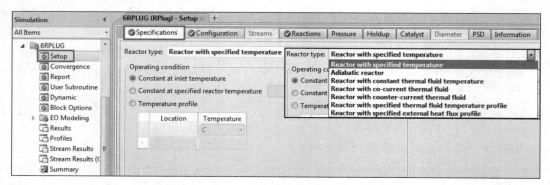

图 4-153

在 Reactor Type（反应器类型）区域，选择反应器类型。

Reactor with specified temperature：规定反应温度的反应器。需以下列三种方式之一规定反应器温度：Constant at the temperature of the inlet stream（恒温，温度等于进口物流温度）；Constant at the specified value（恒温，温度等于规定温度）；Specified at locations along the reactor length（规定不同管长位置处的温度）。

Adiabatic reactor：绝热反应器。选择此选项时，不需进行规定。但若存在与流体相温度不同的固体相时，需规定流体相-固体相间的传热系数。

Reactor with constant thermal fluid temperature：有恒定热流体温度的反应器。选择此选项时，需规定热流体温度和 U（热流体-工艺流体）。若存在与流体相温度不同的固体相时，需规定热流体温度、U（热流体-流体相）、U（热流体-固体相）和 U（流体相-固体相）。

Reactor with co-current thermal fluid 和 **Reactor with counter-current thermal fluid**：有并流热流体的反应器和有逆流热流体的反应器。若流程图上连接了热流体物流，可选择这两个选项。若热流体为逆流，RPlug 计算热流体进口温度，该值将覆盖用户规定的热流体进口温度。可通过设计规定改变热流体出口温度或汽化率以达到规定热流体进口温度。有外部热流体的反应器，可在 Blocks｜RPlug｜Block Options｜Properties 页面，为工艺物流和热流体物流设置不同的物性方法和选项。

Reactor with specified thermal fluid temperature profile：规定热流体温度分布的反应器。选择此选项时，需规定沿反应器管长的一个或多个位置处的热流体温度。对于这些分布，位置规定为进口 0 到出口 1 之间的反应器长度的距离分率。用线性内插法计算中间位置的流量或热流体温度。若未规定反应器末端的流量或热流体温度，将假定反应器末端与规定的第一个/最后一个点之间温度恒定。

Reactor with specified external heat flux profile：规定外部热流量分布的反应器。选择此选项时，需规定沿反应器管长的一个或多个位置处的外热流量（单位反应器壁面积的热负荷）。

若有热流体物流或规定热流体温度，则需规定传热系数或用户子程序。此外，若已为 RPlug 模型规定了固体子物流，则需选择 RPlug 如何计算工艺流体物流内流体相和固体相之间的传热。若规定了用户传热子程序，则 Thermal fluid temperature（热流体温度）区域可用，可在此输入子程序。

若规定各子物流温度不同，需提供用户子程序。该子程序需计算 FLUXM 和 FLUXS，子物流间组分的传递速率，以使 Aspen Plus 可正确计算每个子物流的焓值。注意，任何进行闪蒸的单元操作，各子物流温度都将相等。有些模型进行进口物流闪蒸，有些模型进行出口物流闪蒸或进出口物流闪蒸。若要使固体与流体相温度不同，应在进行闪蒸的模型进料前先用 SSplit 模型将各子物流分为不同物流。

- Configuration 页面

在 Blocks｜RPlug｜Setup｜Configuration 页面（图 4-154），规定反应器的管长和直径。

若模拟列管反应器，需勾选 Multitube reactor（列管反应器），并规定 Number of tubes（管数）。此时 RPlug 模拟的反应器包括多根规定长度和直径的并流反应管。

若为变径管，需勾选 Diameter varies along the length of the reactor（沿反应器长度方向变径），并在 Diameter（直径）页面规定管径分布。位置为进口 0 到出口 1 之间的距离分率，规定点之间值利用线性内插法求得。若不规定反应器末端直径，将假定反应器末端和第一/最后的规定点之间值为定值。

在 Reactor dimensions（反应器尺寸）区域，输入反应器的 Length（长度）和 Diameter（直径）。

对于非水平反应器，需在 Elevation（标高）区域，设置 Reactor rise（升高）或 Reactor angle（角度）。该设置数据用以计算升高压降：$\left.\dfrac{\mathrm{d}p}{\mathrm{d}z}\right|_{el} = -\rho g = \sin\theta$，总压降是升高压降和摩擦压降之和。

在 Valid phases（有效相态）区域，可规定闪蒸计算需考虑的有效相态。在 Process stream（工艺流体）区域规定工艺物流有效相态。若 Specifications 页面上选择 Reactor Type 为 co-current thermal fluid（有并流热流体）或 counter-current thermal fluid（有逆流热流体），可在 Thermal fluid stream（热流体）区域规定热流体物流闪蒸计算需考虑的相态。

若规定 Process stream（工艺流体）Valid phases（有效相态）为 Vapor-Liquid-Liquid（汽-液-液相），可单击 2nd Liquid（第二液相）按钮，弹出 2nd Liquid Phase 窗口（图 4-155），在此规定工艺流体中第二液相的判断标准。

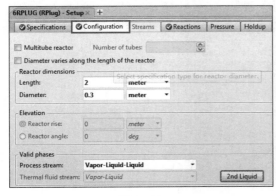

图 4-154

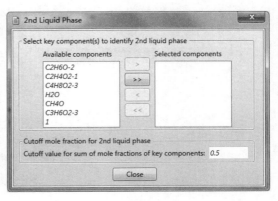

图 4-155

- Pressure 页面

在 Blocks｜RPlug｜Setup｜Pressure 页面（图 4-156），规定反应器进口压力（工艺流体和热流体物流）和每股物流流经反应器的摩擦压降。

在 Pressure at reactor inlet（反应器进口压力）区域，输入反应器进口压力。若压力单位为绝压，可直接规定进口压力（正值）或规定从进口物流的压降（负值）。若为表压，RPlug 将规定值作为进口压力。

在 Pressure drop thorough reactor（通过反应器的压降）区域，规定反应器压降。压降可通过三种方式规定：Specify pressure drop for thermal fluid and process stream（规定每股物流的压降）；Calculate pressure drop for thermal fluid and process stream in a user subroutine（规定用户子程序以计算各物流的压力梯度），此时需在 Blocks｜RPlug｜User Subroutine｜Pressure Drop 页面，规定用户子程序参数；Use frictional correlation to calculate process stream pressure drop（用摩擦关联式计算工艺流体压降），可用 Pipeline 的摩擦关联式和计算固定床反应器压降的 Ergun 方程。此时可规定热流体物流压降，可规定压降比例因子以调整压降的计算值使之与工厂数据吻合。还需在 Blocks｜RPlug｜Setup｜Catalyst 页面规定颗粒直径和球度。

仅当在 Blocks｜RPlug｜Setup｜Specifications 页面，设置 Reactor Type 为 co-current thermal fluid 或 counter-current thermal fluid 时，RPlug 模型利用规定的进口压力和反应器压降值计算热流体物流。

- Holdup 页面

在 Blocks｜RPlug｜Setup｜Holdup 页面（图 4-157），规定反应器中液体和/或固体持液量分率分布。

在多相反应器中，各位置处的相体积分率将影响该处的相反应速率。RPlug 模型可用以下方式计算持液量：Assume no slip between phases（假定相间无滑移），各相持液量分率等于其体积流量分率。默认设置：Calculate liquid holdup fraction using 2-phase correlation（用两相关联式计算液体体积分率），可用 Pipeline 模型的关联式，注意反应器中存在固体时，不建议使用；Specify liquid and/or solid holdup fraction profile along the reactor（规定沿反应器长度方向规定不同位置点处的液体和/或固体持液量分率），各规定点间应用线性内插。

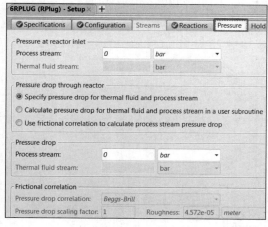

图 4-156

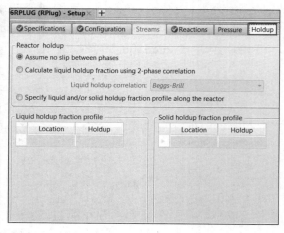

图 4-157

- Catalyst 页面

当反应速率基准为 Cat(Wt)时，可在 Blocks｜RPlug｜Setup｜Catalyst 页面（图 4-158）规

定催化剂的详细信息。需勾选 Catalyst present in reactor（反应器中有催化剂）。可勾选 Ignore catalyst volume in rate/residence time calculations（速率/停留时间计算中忽略催化剂体积）。

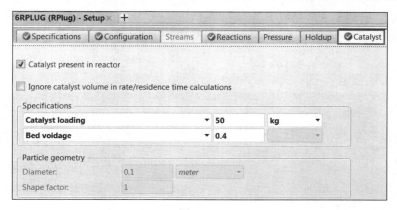

图 4-158

在 Specifications（规定）区域，规定催化剂参数。

若在 Pressure 页面设置用 Ergun's Equation 计算压降，需在 Particle geometry（颗粒结构）区域规定 Diameter（床层颗粒直径，建议用 Sauter 平均直径 $D=6V/A$，其中 V 为颗粒体积，A 为颗粒表面积）和 Shape factor（形状因子，0～1，球形颗粒为 1）。

其他情况下，RPlug 模型的计算中不包括催化剂物性。规定的反应速率应考虑催化剂的影响，包括可能引起反应在与流体主体不同的条件发生的质量/热量传递效应。

② Convergence 表格

Convergence 表格中包括 Flash Options（闪蒸选项）和 Integration Loop（积分循环）页面。

● Flash Options 页面

在 Blocks | RPlug | Convergence | Flash Options 页面（图 4-159），规定工艺流体和热流体物流闪蒸计算的最大迭代次数和收敛容差。

默认 RPlug 模型仅在必要时进行工艺物流的闪蒸计算。若需反应器长度方向所有积分点的闪蒸结果（如在用户自定义子程序中），可在该页面选择 Perform at all points flash calculation 选项。

若 RPlug 模型的进口工艺物流中规定了固体子物流，RPlug 将在反应器进口混合所有子物流，并计算所有子物流的共同温度。若不希望 RPlug 模型计算各子物流的共同进料温度，可清空 Thermally mix inlet substreams（进口子物流热混合）复选框。该选项仅在符合以下条件时才可用：RPlug 模型规定了固体子物流；在 Blocks | RPlug | Setup | Specifications 页面，Reactor Type 不是 Reactor with specified temperature（规定温度的反应器）或 Reactor with specified external heat flux profile（规定外部热流量分布的反应器）；在 Blocks | RPlug | Setup | Specifications 页面，Fluid-Solid phase heat transfer（流体-固相热传递）选择 Temperatures may be different（温度可能不同）选项。

● Integration Loop 页面

在 Blocks | RPlug | Convergence | Integration Loop 页面（图 4-160），规定 RPlug 积分计算的可选收敛参数。若想提高 RPlug 积分算法的收敛性，可规定积分器的容差、初始和最大步长、校正方法和容差。此外，可规定积分器的缩放方法和截断值。也可规定最大积分步数以停止 RPlug 的积分计算。

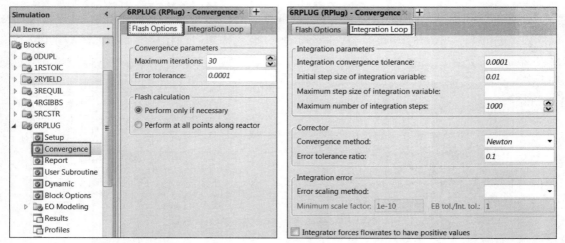

图 4-159   图 4-160

③ Report 表格

Report 表格中包括 Profiles（分布）、Sections（分区）和 Properties（物性）页面。

• Profiles 页面

在 Blocks | RPlug | Report | Profiles 页面（图 4-161），规定要计算结果的分布点，也可规定包括在模型报告中的分布，及要报告哪些数值。

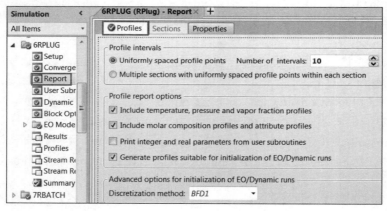

图 4-161

可用以下两种方式规定分布点间距：规定反应器的分布间隔数，此时各分布点沿管长方向均匀分布；规定多个分布区域，此时需将反应器分为长度和间隔数不同的多个区域。通过恰当规定每个区域的长度和间隔数，可保证在温度或浓度变化剧烈的区域设置更多分布点。在 Blocks | RPlug | Setup | Sections 页面规定分区。

对于每个分布点，RPlug 模型可选择报告如下数据集：温度、压力和汽相分率；摩尔组成和属性；用户子程序的整型变量和实型变量；适用于 EO/动态运行初始化的分布。默认报告中包括除整型和实型变量外的所有数据集。

SM 法中计算的 RPlug 模型分布数据对于 EO 或动态运行的初始化非常重要。对于 EO/Dynamic RPlug 模型，分布点数和间隔需与偏微分方程近似化处理的离散化方法相符合。若规定分布用以初始化 EO 或动态运行，RPlug 模型将保证生成的分布点与所选离散化方法一致。注意，近似化的阶数决定了求解的准确性。对于相同的距离网格，高阶近似通常准确性更高。一个区域的分布点数需是近似化阶数的倍数。如四阶近似方法至少需要 4 个点，点数应为 4 的倍数。多数情况下，EO 运行时选择 OCFE3 离散化方法能获得更好的结果。

- Sections 页面

在 Blocks | RPlug | Report | Sections 页面（图 4-162），规定分区。每个分区需规定其：Starting position（起始位置）；Ending position（中止位置）；Number of intervals（分布间隔数）。

分区边界位置可标示为到进口的实际距离或距离分数（实际距离/反应器长度）。

- Properties 页面

在 Blocks | RPlug | Report | Properties 页面（图 4-163），规定要计算并报告 RPlug 模型工艺物流的哪些物性集物性分布。可在左侧的 Available property sets（可用物性集）列表中选择物性集，并移至右侧 Seclected property sets（已选物性集）区域。单击 New…按钮，可新建要包括的物性集（单个或多个）。

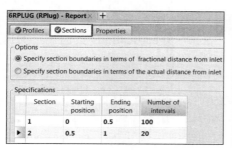

图 4-162

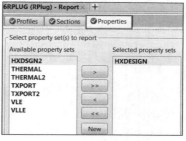

图 4-163

④ User Subroutine 表格

User Subroutine 表格中包括 Kinetics（动力学）、Pressure Drop（压降）、Heat Transfer（传热）、Holdup（持液量）和 User Variables（用户变量）页面。

- Kinetics 页面

用户自定义 Fortran 子程序计算反应动力学时，可在 Blocks | RPlug | User Subroutine | Kinetics 页面（图 4-164）规定动力学子程序的实型和整型变量。仅当反应集为 USER 类型时，才允许规定这些变量。这些整型和实型变量被传至 Reactions Subroutine 页面规定的用户动力学子程序中。

- Pressure Drop 页面

用户自定义 Fortran 子程序计算反应器压降时，可在 Blocks | RPlug | User Subroutine | Pressure Drop 页面（图 4-165）规定压降子程序的实型和整型变量。

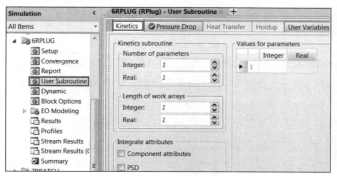

图 4-164   图 4-165

在 Calculation option（计算选项）区域，可选择 Calculate pressure（计算压力）或 Calculate pressure drop（计算压降），从而确定计算反应器长度方向上各点的压力或压降。仅当在 Blocks｜RPlug｜Setup｜Pressure 页面，选择 Calculate pressure drop for thermal fluid and process stream in a user subroutine（在用户子程序中计算热流体和工艺流体的压降）选项时，RPlug 模型才会用这些规定。

- Heat Transfer 页面

用自定义 Fortran 子程序计算 RPlug 模型中的传热时，可在 Blocks｜RPlug｜User Subroutine｜Heat Transfer 页面（图 4-166）规定子程序名称和实型及整型变量。仅当在 Blocks｜RPlug｜Setup｜Specifications 页面选择 Calculate In User Subroutine（在用户子程序中计算）时，RPlug 将用此信息。

此外，用户可规定工作矩阵长度以分配用户压降子程序中所需的工作空间。在两次调用用户子程序之间，Aspen Plus 不维持工作矩阵中的数值。

用户子程序也可访问 Blocks｜RPlug｜Setup｜Specifications 页面规定的可选项热流体温度。

- Holdup 页面

用自定义 Fortran 子程序计算 RPlug 模型中的液体持液量时，可在 Blocks｜RPlug｜User Subroutine｜Holdup 页面（图 4-167）规定子程序名称和实型及整型变量。仅当在 Blocks｜RPlug｜Setup｜Specifications 页面规定 Liquid holdup correlation（持液量关联式）选择 User Subroutine（用户子程序）时，RPlug 将用此信息。

此外，用户可规定工作矩阵长度以分配用户持液量子程序中所需的工作空间。在两次调用用户子程序之间，Aspen Plus 不维持工作矩阵中的数值。

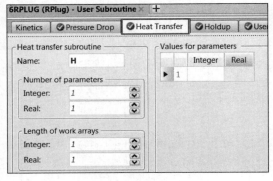

图 4-166

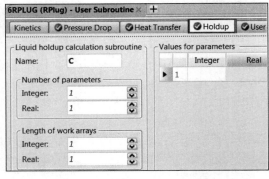

图 4-167

- User Variables 页面

在 Blocks｜RPlug｜User Subroutine｜User Variables 页面（图 4-168），规定需要 RPlug 模型报告结果分布的用户变量。首先需规定用户变量数，然后要给这些用户变量提供名称和单位标签。这些标签仅用于 RPlug 的报告。

Aspen Plus 根据规定的用户变量数分配变量矩阵。用户可在动力学子程序中用这些变量计算感兴趣的结果，而不必包括在报告中。在两次调用用户子程序之间，Aspen Plus 将维持工作矩阵中的这些变量值。RPlug 在积分时会跟踪这些变量，并在 Blocks｜RPlug｜Profiles｜User Variables 页面（图 4-169），报告其在所有输出分布点的值。

图 4-168

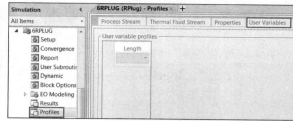

图 4-169

全混釜反应器是返混趋于无穷大的反应器，平推流反应器是返混为零的反应器，这是两个极端情况。实际反应器若接近这样的理想情况，可用这两个模型进行近似设计、模拟和分析。但是在某些情况下，由于实际设备中死角和挡板等的存在形成了滞留区域，或者由于不均匀流动导致流体的旁通，因此流体的流型介于全混釜和平推流之间，此时可采用多个模型组合的方法进行模拟。如多相产物反应器可用 RCSTR 模型或 RPlug 模型＋Flash2 模型模拟，存在滞留区域的全混釜反应器可用 RCSTR 模型＋Flash2 模型＋RPlug 模型模拟。

4.4.5.4 RBatch 模型功能详解

RBatch 是已知反应动力学的间歇或半间歇反应器的严格模型，能模拟单相、两相或三相反应器。

（1）流程连接

RBatch 模型的流程连接如图 4-170 所示。

物流：一股间歇进料，半间歇反应器可选择连接一股或多股连续进料。

一股产品出料，半间歇反应器可选择连接一股放空物流。

热流：进口无热流，出口可选择连接一股热流。

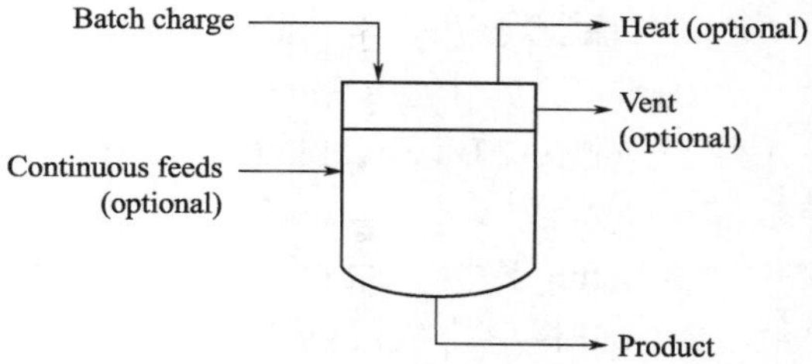

操作模式由流程图上所连接物流的类型决

图 4-170

定。若连接一股放空物流，一股或多股连续进料，或两者都有，为半间歇反应器。放空物流进入反应器模型中的放空收集器，之后作为连续（但随时间变化）放空气体离开反应器。反应期间，所有连续进料的组成和温度都保持恒定，除非规定流量的时间分布，否则也保持恒定。

间歇操作是非稳态过程，温度、组成和流量等变量都随时间变化。为将 RBatch 模型与连续稳态流程相连接，采用 Holding Tanks（储罐）的时均物流概念。储罐可以把连续进料物流转化为间歇进料，把最后的放空累积物料转化为连续时均放空物流，把最后的反应器累积物料转化为连续时均产品物流。无放空产物和有放空产物的 RBatch 模型配置分别如图 4-171 和图 4-172 所示。

与 RBatch 模型连接的物流有如下四种：

间歇进料。操作周期开始时加入反应器中的物料——间歇进料的质量，等于间歇进料流量乘以用户输入的 Total cycle time（总循环时间）或 Batch feed time（进料时间）。Batch feed time 不是间歇反应器所需的进料时间，而是仅用来计算间歇进料量的总循环时间。若 Batch feed time 与实际计算的 Total cycle time 不同，RBatch 流程图进出口物流质量不守恒。但所有 RBatch 模型内部计算和报告对于计算的间歇进料来说都是正确的。相当于循环期间，间歇进料流入进料储罐中并累积，在下个循环开始时一次性加入反应器中。

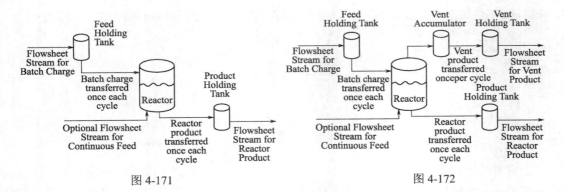

图 4-171   图 4-172

随时间变化的连续进料。间歇循环的某些时间段内连续加入的稳态流程图物料。其组成、温度、组分属性值和时均流量都由用户规定。流量可以规定为恒定、随时间变化的分布或由压力控制器模型控制。

时均反应器产物。操作周期结束时离开反应器的物料，反应器产物流量等于反应器中的总质量除以循环时间。相当于循环期间反应产物进入产物储罐，在下个循环期间连续采出，作为下游连续模型的进料。

时均放空产物。操作周期结束时放空储罐中的物料，放空产物流量等于放空储罐中的物料总质量除以操作周期。相当于循环期间随时间变化的放空物流流入放空储罐中并累积，在下个循环期间连续采出。

（2）模型规定

RBatch 模型中包括 Setup（设置）、Convergence（收敛）、Report（报告）、User Subroutine（用户子程序）、Block Options（模型选项）、EO Modeling（EO 模型）、Results（结果）、Stream Results（物流结果）、Stream Results (Custom)（自定义物流结果）和 Summary（汇总）等表格。

① Setup 表格

RBatch 模型的 Setup 表格中包括 Specifications（规定）、Reactions（反应）、Stop Criteria（停止判据）、Operation Times（操作时间）、Continuous Feeds（连续进料）、Controllers（控制器）、PSD（粒度分布）和 Information（信息）等页面。

• Specifications 页面

在 Blocks｜RBatch｜Setup｜Specifications 页面（图 4-173），规定反应器操作条件。

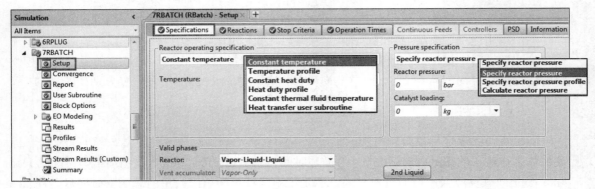

图 4-173

在 Reactor operating specification（反应器操作规定）区域，选择反应器热操作规定方式，并输入相关参数。RBatch 模型允许有多种规定反应器热负荷或温度的方式。

Constant temperature：反应器恒温，需规定反应器温度。模型报告温度分布及瞬时和累积热负荷分布。

Temperature profile：反应器温度为时间的函数，需规定点之间的温度由线性内插决定。模型报告温度分布及瞬时和累积热负荷分布。

Constant heat duty：恒定热负荷，需规定瞬时热负荷（假设在整个操作周期内恒定），绝热反应器设置热负荷为 0。反应器温度根据每个时间点的能量平衡确定，模型报告温度分布。

Heat duty profile：热负荷分布，需规定瞬时热负荷。瞬时热负荷为时间函数，规定点之间的热负荷由线性内插决定，反应器温度根据每个时间点的能量平衡确定。模型报告温度分布及瞬时和累积热负荷分布。

Constant thermal fluid temperature：恒定热流体温度。需规定热流体物流温度、总传热系数和换热面积，反应器温度根据每个时间点的能量平衡确定。模型报告温度分布及瞬时和累积热负荷分布。

Heat transfer user subroutine：传热子程序，需规定用户子程序。由用户子程序返回每个时间点的瞬时热负荷，反应器温度由能量确定。模型报告温度分布及瞬时和累积热负荷分布。

若规定温度或温度分布，RBatch 模型将假设一个温度控制器。若为单相反应器或规定了反应器体积，模型假设为理想温度控制，否则模型将用一个比例-积分-微分（PID）控制器方程表示温度控制器。

$$Q_t = M_t^{\text{reactor}} \left[K\left(T_t - T_t^{\text{s}}\right) + \frac{K}{I} \int_0^t \left(T_t - T_t^{\text{s}}\right) \mathrm{d}t + KD \frac{\mathrm{d}\left(T_t - T_t^{\text{s}}\right)}{\mathrm{d}t} \right]$$

式中，Q_t 表示瞬时热负荷，J/s；t 表示时间，s；M_t^{reactor} 表示 t 时刻反应器中的质量，kg；K 表示比例增益，J/(kg·K)；T_t 表示 t 时刻反应器中的温度，K；I 表示积分时间，s；T_t^{s} 表示 t 时刻反应器中的温度设定点，K；D 表示微分时间，s。

默认比例增益=2500 J/(kg·K)，该值将导致非常严格的控制，但模拟时间会相应延长。降低增益值[如 25 J/(kg·K)]可提高模型速度。控制器参数在 Blocks | RBatch | Setup | Controllers 页面规定。

在 Pressure specification（压力规定）区域，选择反应器压力规定方式，并输入相关参数。RBatch 模型允许有三种规定方式：Specify reactor pressure（规定反应器压力）；Specify reactor pressure profile（规定反应器压力分布）和 Calculate reactor pressure（计算反应器压力）。

若未规定反应器体积，RBatch 模型将假定反应器在一个体积可变的密闭系统中。反应器压力可规定为定值或与时间有关的分布值。若规定反应器体积，而且有放空物流，放空物流的流量根据规定的压力或压力分布确定。当计算得到的反应器压力超过规定压力时，放空流量为正值。若规定反应器体积，无放空物流，且未规定压力分布，则反应器压力将根据反应器内物料的温度和摩尔体积确定。若控制反应器体积，可将一个压力控制器模型连接到连续进料物流。调整进料流量以维持容器内压力恒定。连续进料流量可以减小至 0，但若压力超过设定值，该物流不能反向流动。模型应用比例-积分（PI）控制器方程表示压力控制器（压力控制中不用微分控制）。

$$F_t = \left[K\left(p_t - p_t^{\text{s}}\right) + \frac{K}{I} \int_0^t \left(p_t - p_t^{\text{s}}\right) \mathrm{d}t \right]$$

式中，F_t 表示瞬时流量，kmol/s；t 表示时间，s；p_t 表示 t 时刻反应器中的压力，Pa；K

表示比例增益（kmol/s）/Pa；p_t^s 表示 t 时刻反应器中的压力设定点，Pa；I 表示积分时间，s。

注意，压力控制器的增益应为小的负值。若未规定反应器压力，RBatch 模型将根据规定的反应器体积利用试差法计算反应器压力。若同时规定了压力和体积，则反应器需连接一股放空物流或连续补充进料物流和压力控制器。

在 Valid phases 区域，规定 Reactor（反应器）和 Vent accumulator（放空储罐）的有效相态。有两个液相时，可单击 2nd Liquid 按钮，在弹出的 2nd Liquid Phase 窗口中规定三相反应器中第二液相的判断标准。

- Reactions 页面

在 Blocks｜RBatch｜Setup｜Reactions 页面（图 4-174），规定反应器中是否发生化学反应。若发生，需选择描述所发生反应的反应集。

- Stop Criteria 页面

在 Blocks｜RBatch｜Setup｜Stop Criteria 页面（图 4-175），规定反应的一个或多个停止判据。反应持续至达到其中一个判据，或在 Operation Times 页面规定的 Maximum calculation time（最大计算时间）为止。每个判据，需输入如下参数：Criterion no.（判据序号）；Location（判据为止）：Reactor（反应器），Vent accumulator（放空储罐），或 Vent（放空物流）；Variable type（变量类型）；Stop value（停止值，单位采用 Information 页面规定的单位集）；Approach from（接近方向）为 above（由上方）或 below（由下方）。

可选的变量类型包括：Time（持续时间）；Mole fraction（摩尔分数）或 Mass fraction（质量分数）；Conversion（转化率）；Total moles（总摩尔数）或 Total mass（总质量）；Total volume（反应器总体积）；Temperature（反应器温度）；Pressure（反应器压力）；Vapor fraction（反应器汽相分率）；Vent mole flowrate（放空物料摩尔流量）或 Vent mass flow rate（放空物料质量流量）；Prop-set property（物性集中的物性）。有些变量类型需要附加规定，如组分 ID 等。

- Operation Times 页面

在 Blocks｜RBatch｜Setup｜Operation Times 页面（图 4-176），规定 Batch cycle time（间歇操作周期）和 Profile result time（分布结果时间）。

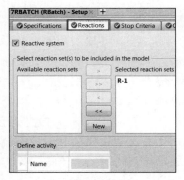
图 4-174

图 4-175

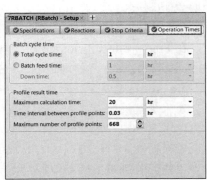
图 4-176

RBatch 模型是内嵌到 Aspen Plus 连续稳态模拟环境下的动态间歇反应器模型。接口需要把间歇物料和储罐物料转化为连续物流流量。利用 Batch cycle time（循环时间）将间歇物料流量转化为初始反应器物料量，并将放空储罐物料和反应器物料转化为放空物流和反应器产物物流。如假设反应器循环时间为 2h，无连续进料，则：若间歇进料物流设置为 50kg/h，反应器初始物料为 100kg；若反应周期结束时，放空储罐中有 30kg 物料，则时均放空物流流量为 15 kg/h，其组成与放空储罐中的最终组成相同；反应器中最终物料为 70kg，时均反应产物流量为 35kg/h。

RBatch 允许规定间歇进料时间和辅助操作时间以代替循环时间。这种情况下，时均间歇进料流量乘以进料时间为间歇进料量。而时均产物流量则基于循环时间，取辅助操作时间和反应时间的总和。

- Continuous Feeds 页面

在 Blocks｜RBatch｜Setup｜Contimuous Feeds 页面（图 4-177），规定反应器连续进料质量流量。输入任一时间点连续进料物流的质量流量，以模拟延迟或阶段进料。

RBatch 模型默认每股连续进料流量都恒定为进口值，若要更改该值，需选择 Stream（物流），并勾选 Specify flow vs time profile（规定流量-时间分布）选项后，在下面的列表中输入一个或多个时间分布点的质量流量值。

- Controllers 页面

在 Blocks｜RBatch｜Setup｜Controllers 页面（图 4-178），规定温度 PID 控制器或压力 PI 控制器的参数。

图 4-177　　　　　　　　　　　　　图 4-178

- PSD 页面

在 Blocks｜RBatch｜Setup｜PSD 页面（图 4-179），规定固体的粒度分布。设置与 RCSTR 和 RPlug 相同，在此不再赘述。注意，仅间歇进料可包括有 PSD 的固体。

图 4-179

② Results 表格

在 Results 表格中，查看 RBatch 模型的计算结果。Results 表格中包括 Summary（汇总）、Balance（平衡）、Distributions（分布）和 Status（状态）页面。

- Summary 页面

在 Blocks｜RBatch｜Results｜Summary 页面（图 4-180），查看 RBatch 模型的结果汇总。包括 Stop criterion number（导致积分停止的判据序号）；Reaction time（达到停止判据的时间）；Heat load per cycle（操作周期内反应器的总热负荷），若规定反应器绝热，此值为 0；Reactor minimum temperature（反应器最低温度）；Reactor maximum temperature（反应器最高温度）；

Maximum volume deviation（计算反应器体积时的最大偏差占规定体积的分率），若未在 Blocks｜RBatch｜Setup｜Specifications 页面规定体积，则不报告该偏差值；Maximum volume deviation time（最大体积偏差发生的时间），若未规定体积，则不报告该偏差值。

- Balance 页面

在 Blocks｜RBatch｜Results｜Balance 页面（图 4-181），查看模型的物料和能量平衡。平衡结果有 Total（总衡算）、Conventional components（常规组分）和 Nonconventional components（非常规组分）。

某些规定可能会引起不守恒，如虚拟物流、物流倍增及复制器、无热流或功流时的热负荷或功耗规定。

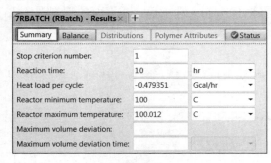

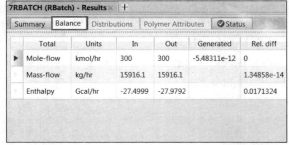

图 4-180   图 4-181

- Distributions 页面

在 Blocks｜RBatch｜Results｜Distributions 页面（图 4-182），查看反应器中聚合物结构性质分布结果。

- Status 页面

在 Blocks｜RBatch｜Results｜Status 页面（图 4-183），查看模型或其他对象收敛状态的基本汇总信息及该对象生成的错误和警告信息。

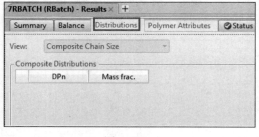

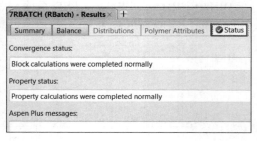

图 4-182   图 4-183

在 Results Summary｜Run Status｜Summary 页面（图 4-184）和 Results Summary｜Run Status｜Status 页面（图 4-185），查看整个运行的汇总和状态。

③ Profiles 表格

在 Profiles 表格中，查看 RBatch 模型的分布结果。Profiles 表格中，包括 Overall（总结果）、Composition（组成结果）、Feed（进料）、Properties（物性结果）、Component Attr.（组分属性结果）和 User Variables（用户变量结果）页面。

- Overall 页面

在 Blocks｜RBatch｜Profiles｜Overall 页面（图 4-186），查看分布汇总。

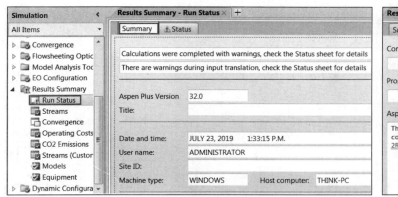

图 4-184　　　　　　　　　　　　　　图 4-185

从 View 列表中选择要查看分布的位置，包括 Reactor（反应器）、Vent（放空物流）和 Vent accumulator（放空储罐）。

- Composition 页面

在 Blocks｜RBatch｜Profiles｜Composition 页面（图 4-187），查看组成随时间的变化。

从 View 列表中选择要查看的分布类型，包括 Reactor molar composition（反应器中的总摩尔组成）；Reactor liquid molar composition（若存在液相，反应器中液相的摩尔组成）；Reactor vapor molar composition（若存在汽相，反应器中汽相的摩尔组成）；Vent molar composition（若存在放空物流，其总摩尔组成）；Vent accumulator molar composition（若存在放空物流，放空储罐中的总摩尔组成）；Reactor accumulated mass（反应器中的累积质量），若选择该项，需要选择要查看的子物流。

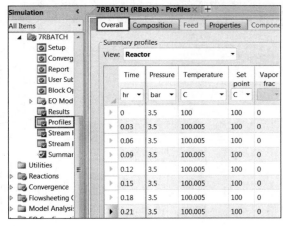

图 4-186　　　　　　　　　　　　　　图 4-187

- Feed 页面

在 Blocks｜RBatch｜Profiles｜Feed 页面（图 4-188），查看反应器每股连续进料的质量流量和累积质量流量随时间的分布。

- Properties 页面

在 Blocks｜RBatch｜Profiles｜Properties 页面（图 4-189），查看反应器中物料、放空物流和放空储罐中物料的各物性参数随时间变化的计算结果。

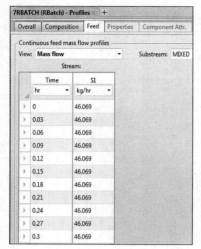

图 4-188 图 4-189

在 Blocks│RBatch│Report│Profiles 页面（图 4-190），规定 RBatch 模型报告中的分布选项。有如下三个复选选项：Include time points with user input and when vent switches on or off（输出分布中包括用户输入的时间分布点及放空开关切换时间点）；Include profiles as a function of time（包括各变量对时间的分布结果）；Print integer and real parameters from user subroutines（包括规定的用户子程序所用整型和实型变量）。

在 Blocks│RBatch│Report 表格的 Reactor Properties（反应器物性）、Vent Properties（放空物性）、Accumulator Properties（储罐物性）页面，可选择各自要计算的物性集（图 4-191）。

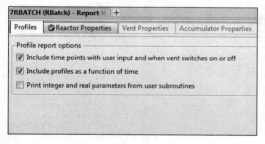

图 4-190 图 4-191

• Component Attr.页面

在 Blocks│RBatch│Profiles│Component Attr.页面，查看反应器中物质组分属性的时间分布。仅当反应器中存在非常规组分或有属性值的常规组分时，该页面才可用。

• User Variables 页面

在 Blocks│RBatch│Profiles│User Variables 页面，查看在 Blocks│RBatch│User Subroutine│User Variables 页面定义并由用户动力学子程序计算的用户变量。

4.4.5.5 Calculator 功能详解

Calculator（计算器）模型允许用户将 Fortran 语句或 Microsoft Excel 表格结合进流程模拟，用以根据用户某些输入值计算并设置其他输入变量，因此 Calculator 模型可用作前馈控制器。如在单体流量变化时，维持催化剂与单体流量比恒定。也可用 Calculator 模型从一个文件中读取输入信息，或计算并向报告、控制面板或外部文件中写入结果。

（1）新建计算器

在 Flowsheeting Options｜Calculator 页面（图 4-192），单击 New…按钮。在弹出的 Create New ID（新建 ID）窗口中，输入计算器 ID 或利用默认的 C-1。单击 OK 按钮确认，即可新建计算器对象。

图 4-192

Calculator 模型中有 Input（输入）、Block Options（模型选项）、Results（结果）、EO Variables（EO 变量）和 EO Input（EO 输入）等表格。

（2）Input 表格

在 Input 表格中定义 Calculator 模型。要用该模型，需规定采集或调整变量，输入 Fortran 语句或建立 Excel 表，并设置流程计算时该模型的执行顺序。Input 表格中包括 Define（定义变量）、Calculate（计算）、Sequence（执行顺序）、Tears（撕裂变量）、Stream Flash（物流闪蒸）和 Information（信息）页面。

① Define 页面

在 Flowsheeting Options｜Calculator｜C-1｜Input｜Define 页面（图 4-193），定义 Calculator 模型中用到的流程变量。

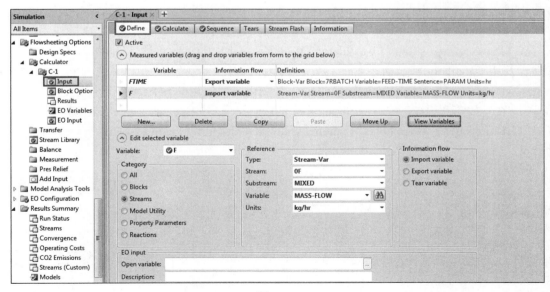

图 4-193

在 Measured variables（测量变量）区域的变量列表中，在 Variable（变量）列中输入变量名称，该名称需是有效的 Fortran 变量名。选择一个变量后，在 Edit selected variable（编辑所选变量）部分，可定义并编辑该变量。若同时应用一股物流的总流量和组分流量，应先定义组分流量变量。

清空 Active（激活）复选框，可将 Calculator 模型从当前运行中暂时关闭，而不用将其永久删除。

注意，下次运行时，若不进行初始化，则 Calculator 中的调整变量将保持它们的最终值。

② Calculate 页面

在 Flowsheeting Options｜Calculator｜C-1｜Input｜Calculate 页面（图 4-194），选择用 Fortran 或 Excel 输入 Calculator 模型的计算语句。

若选择 Fortran，需输入 Calculator 模型要执行的 Fortran 语句。单击 Fortran Declarations（声明）按钮，打开 Fortran Declarations 对话框（图 4-195），在此可输入 Fortran 声明。

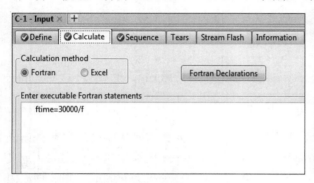
图 4-194

图 4-195

若选择 Excel，单击 Open Excel Spreadsheet（打开 Excel 工作簿）按钮，将打开 Excel 并编辑（图 4-196）。当 Excel 询问是否要启用宏（macros）时，单击 Yes。Aspen Plus 只在第一页上读取和写入数据，但可用其他页面来存储数据或者执行更多相关计算。注意，当在 Excel 表格中输入数据时，避免使用列 A 存放想在 Aspen Plus 表格中看到的任何数据。

③ Sequence 页面

在 Flowsheeting Options｜Calculator｜C-1｜Input｜Sequence 页面（图 4-197），规定序贯模块计算中 Calculator 模型何时运行。在 Execute（执行）区域，可在以下选项中选择：First（在模拟开始时）；Last（在模拟最后）；Before（在规定模型之前）；After（在规定模型之后）；Report（在开始产生报告时）；Based on order in sequence（按 Specifications 页面规定的收敛顺序）；Use Import/Export variables（Automatically 根据 Import variables 和 Export variables 自动执行）。

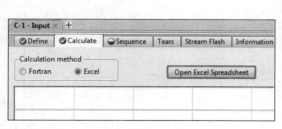
图 4-196

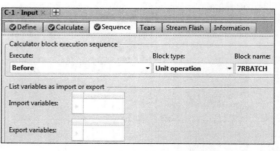
图 4-197

若规定在Report期间运行模型,包括参数和局部参数变量的流程变量都已经达到最终值,不能再改变。因此,选择该项时不能有效应用 Export variables。该选项仅用于向报告文件中写入附加结果。若规定 First(或 Last),将在流程控制如 Sensitivity 之前(或之后)运行,因此每次完整运行(而非每个案例)中运行一次。若希望每个案例中运行一次,选择其他选项。推荐应用 Import/Export variables。注意,即使选择其他选项,也可规定 Import variables(输入变量)和 Export variables(输出变量)。要在 EO 模式下运行 Calculator 模型,需规定至少一个变量为 Import variable 或 Export variable。在 EO 模式下,Aspen Plus 将检查用户 Fortran语句,确定未规定的变量是否被赋值。被赋值的变量将被作为 Export variables,其他变量作为 Import variables。SM 模式下,若用户只规定 Export variables 或 Import variables,Aspen Plus也将进行此检查。

应用 Import/Export variables 之外再规定执行时间,可防止其他 SM 排序,如规定收敛模型收敛本模型中的 Calculator 撕裂变量。在 Excel Calculator 模型中,不管是否应用自动排序,所有变量都需规定为 Import 或 Export。

④ Tears 页面

在 Flowsheeting Options | Calculator | C-1 | Input | Tears 页面(图 4-198),规定要收敛的撕裂变量及其收敛参数。

⑤ Stream Flash 页面

在 Flowsheeting Options | Calculator | C-1 | Input | Stream Flash 页面(图 4-199),规定 Calculator 模型访问物流的热力学条件或禁止自动闪蒸计算。选择闪蒸类型,并在温度、压力和汽相分率等变量中选择输入规定值。若未规定温度或压力,可输入其估计值。也可在本页面规定闪蒸计算要考虑的有效相态,并选择输入最大迭代次数和容差。

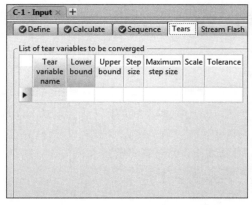

图 4-198

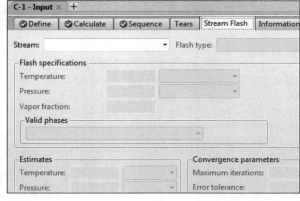

图 4-199

除下列情况,Aspen Plus 自动对访问物流进行闪蒸:所有访问物流变量都设置为 Import variables;只访问总流量、焓值、熵值或密度等变量。

若不选择闪蒸类型,Aspen Plus 将根据进料的 Streams | Input 表格或其他物料的源模型设置的闪蒸选项进行闪蒸计算。若不输入闪蒸规定,Aspen Plus 将利用物料现有的温度、压力和/或汽相分率值(取决于闪蒸计算类型)进行闪蒸计算。

(3)Results 表格

在 Results 表格中,查看本模型的计算结果。Results 表格中,包括 Summary(汇总)、Define Variable(定义变量)和 Status(状态)页面。

① Summary 页面

在 Flowsheeting Options ｜ Calculator ｜ C-1 ｜ Results ｜ Summary 页面（图 4-200），查看模型汇总。

② Define Variable 页面

在 Flowsheeting Options ｜ Calculator ｜ C-1 ｜ Results ｜ Define Variable 页面（图 4-201），查看本模型所定义的各变量的如下结果：Variable name（变量名称）；Value read（从变量中读取的值）；Value written（写入变量的值）；Units（变量值的单位）。

所显示结果为模型最后一次执行时的值。若该模型内嵌于循环中，这些值为循环内最后执行该模型时读写的值，而非整个循环的最终值。

③ Status 页面

在 Flowsheeting Options ｜ Calculator ｜ C-1 ｜ Results ｜ Status 页面（图 4-202），查看运行状态和信息。

图 4-200　　　　　　　　图 4-201　　　　　　　　图 4-202

本章练习

4.1　浓度为 4 mol/L 的氨水和浓度为 6 mol/L 的甲醛水溶液，分别以 1.5 cm³/s 的流量进入反应体积为 300cm³ 的连续搅拌釜反应器中，反应器温度维持 35℃，整个体系在常压下操作。氨与甲醛在反应器中反应生成乌洛托品，反应方程式为：$4NH_3 + 6HCHO \longrightarrow (CH_2)_6N_4 + 6H_2O$

反应速率方程为：$r_A = k c_A c_B^2$ mol/(L·s)，式中 $k = 1.42 \times 10^{-3} \exp(-3090/T)$。

求氨的转化率及反应器出口物料中氨和甲醛的浓度 c_A 和 c_B。

4.2　在 0.12MPa、898K 等温条件下进行乙苯催化脱氢制苯乙烯的反应：

$$C_6H_5—C_2H_5 \rightleftharpoons C_6H_5—CH=CH_2 + H_2$$

反应速率方程为：$r_A = k[p_A - p_S p_H / K_p]$

式中，p 为分压；下标 A、S、H 分别代表乙苯、苯乙烯和氢；$k = 1.68 \times 10^{-10}$ kmol/(kg·s·Pa)；平衡常数 $= 37270$Pa。

若在活塞流反应器中进行该反应，进料为乙苯和水蒸气的混合物，其摩尔比为 1：20，试计算当乙苯进料量为 1.7×10^{-3} kmol/s，最终转化率达 60%时的催化剂用量。

4.3　在内径为 1.22m 的绝热管式反应器中进行乙苯催化脱氢反应。进料温度 898K，其余数据及要求同练习 4.2。反应速率常数与温度的关系为：$k = 3.452 \times 10^{-5} \exp(-10983/T)$ kmol/(s·kg·Pa)，不同温度下的化学平衡常数可根据下式估算：$K = 3.96 \times 1011 \exp(-14520/T)$ Pa。催化剂床层的堆密度为 1440 kg/m^3。试计算催化剂用量和反应器的轴向温度及转化率分布。

4.4 练习 4.1 中的体系，若采用间歇操作，辅助时间 0.65h，乌洛托品日产量是多少？浓度为 4mol/L 的氨水和浓度为 6 mol/L 的甲醛水溶液，分别以 1.5 cm^3/s 的流量进入反应体积为 300cm^3 的连续搅拌釜反应器中，反应器温度维持 35℃，整个体系在常压下操作。氨与甲醛在反应器中反应生成乌洛托品，反应方程式为：

$$4NH_3 + 6HCHO \longrightarrow (CH_2)_6N_4 + 6H_2O$$

反应速率方程为：$r_A = kc_A c_B^2$ mol/(L·s)，式中 $k = 1.42 \times 10^{-3} \exp(-3090/T)$。

求氨的转化率及反应器出口物料中氨和甲醛的浓度 c_A 和 c_B。

第5章

塔

本章将以脱丁烷塔、异丙醇脱水过程、乙醇-甲醇-乙酸反应精馏塔和超临界二氧化碳萃取塔等为例，介绍 Aspen Plus 中常用塔模型的应用。Aspen Plus 模型库的 Columns 选项卡下，提供了 DSTWU、Distl、RadFrac、Extract 等塔的模型。这些模型可模拟精馏、吸收、萃取等过程，也可模拟特殊精馏，如萃取精馏、共沸精馏、反应精馏等（图 5-1）。

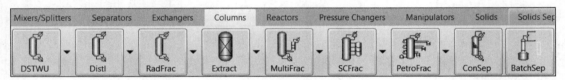

图 5-1

各模型的简介，可参考下表。

模型	描述
DSTWU	用 Winn-Underwood-Gilliland 法计算的精馏塔简捷设计模型
Distl	用 Edmister 法计算的精馏塔简捷校核模型
RadFrac	严格法两相或三相分馏单塔模型，可模拟吸收塔、汽提塔、精馏塔等
Extract	严格法逆流萃取塔模型，可模拟液-液萃取塔
MultiFrac	严格法复合分馏塔模型，如吸收塔/解吸塔组合、空分塔等
SCFrac	简捷法复合分馏塔模型，如原油常减压塔
PetroFrac	严格法石油分馏塔模型，如初馏塔、常压塔等
ConSep	与 Aspen Distillation Synthesis 有接口的概念设计模型
BatchSep	与 Aspen Batch Modeler 有接口的间歇精馏塔模型

5.1　普通精馏

以下将通过例 5.1 介绍 DSTWU、Distl 和 RadFrac 三个模型的基本用法，各模型功能详解可参阅本章后续相应内容。

5.1.1 模拟案例

例 5.1 模拟烷基化装置回收工段的脱丁烷塔。进料温度 82℃、压力 6bar，各组分流量如下表所示。塔顶采用全凝器，压力 5.5bar，塔底再沸器压力 6bar。要求塔顶产品中异戊烷（C_5H_{12}-2）最大允许流量为 13kmol/h，塔底产品中正丁烷（C_4H_{10}-1）最大允许流量为 6 kmol/h。物性方法采用 PR 方程。

组分	流量/(kmol/h)
C_4H_{10}-2	12
C_4H_{10}-1	448
C_5H_{12}-2	36
C_5H_{12}-1	15
C_6H_{14}-1	23
C_7H_{16}-1	39
C_8H_{18}-1	272
C_9H_{20}-1	31

1. 通过简捷设计 DSTWU 模型，初步估算塔板数、进料位置、馏出比等。

2. 利用 Distl 模型，对 DSTWU 模型的计算结果进行简捷校核计算。

3. 以 DSTWU 模型的计算结果为初值，采用 RadFrac 模型进行严格模拟。

4. 利用 RadFrac 模型进行严格设计计算，要求产品质量恰好符合要求。

5. 分别采用筛板及 Norton 公司的 3in 金属矩鞍散装填料，对该塔进行尺寸设计及校核计算。

6. 对塔进行热力学和水力学分析。

5.1.2 精馏塔简捷设计模型——DSTWU

DSTWU 模型是简单精馏塔（单进料、两出料）的简捷设计模型，用 Winn-Underwood-Gilliland 经验方程计算。可根据规定的轻、重关键组分的回收率，计算最小回流比和最少理论板数，从而计算规定理论板数所需的回流比或规定回流比所需的理论板数，及最佳进料位置和冷凝器与再沸器的热负荷。

5.1.2.1 流程模拟

用 General with Metric Units（公制单位通用）模板新建文件，并另存为"例 5.1DSTWU"。

（1）定义组分并设置物性方法

Properties 环境下，在 Components｜Specifications｜Selection 页面（图 5-2），定义组分。

在 Methods｜Specifications｜Global 页面（图 5-3），设置全局物性方法为 PENG-ROB。

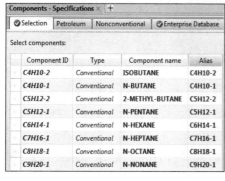

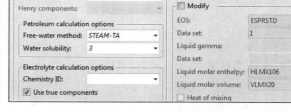

图 5-2 　　　　　　　　　　　　　　　　　图 5-3

（2）建立流程并输入进料条件

切换到 Simulation 环境下，在 Main flowsheet 页面建立流程，如图 5-4 所示。其中精馏塔采用模型库中 Columns 选项卡下的 DSTWU 模型。

在 Streams｜1F｜Input｜Mixed 页面（图 5-5），输入进料条件。

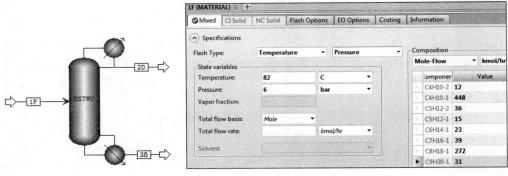

图 5-4   图 5-5

（3）设置模型参数

在 Blocks｜DSTWU｜Input｜Specifications 页面（图 5-6），设置精馏塔操作条件。在 Column specification（精馏塔设计条件）区域设置 Reflux ratio（回流比）为-1.2，即回流比为最小回流比的 1.2 倍。在 Key component recoveries（关键组分回收率）区域，选择 Light key（轻关键）Comp（组分）为 C_4H_{10}-1，Recov（回收率，在塔顶产物中）为 0.99；Heavy key（重关键）Comp（组分）为 C_5H_{12}-2，Recov（回收率，在塔顶产物中）为 0.3。在 Pressure（压力）区域，设置 Condenser（冷凝器）压力为 5.5bar，Reboiler（再沸器）压力为 6bar。

在 Blocks｜DSTWU｜Input｜Calculation Options 页面（图 5-7），设置精馏塔计算选项。在 Options（选项）区域，勾选 Generate table of reflux vs number of theoretical stages（生成回流比与理论板数的关系表），并在 Table of actual reflux ratio vs number of theoretical stages（实际回流比与理论板数的关系表）区域，设置 Initial number of stages（起始板数）为 8，Final number of stages（终止板数）为 20。

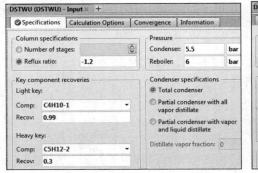
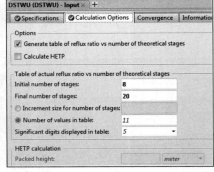

图 5-6   图 5-7

（4）建立设计规定

在 Flowsheeting Options｜Design Specs 页面（图 5-8），单击 New...按钮，新建设计规定 DS-1，单击 OK 按钮确认。

在 Flowsheeting Options｜Design Specs｜DS-1｜Define 页面（图 5-9），定义 Measured variables（测量变量）。单击 New...按钮，新建测量变量 VC5，并在 Edit selected variables（编辑选中变量）区域，定义 VC5 为 C_5H_{12}-2 在塔顶物流 2D 中的摩尔流量。

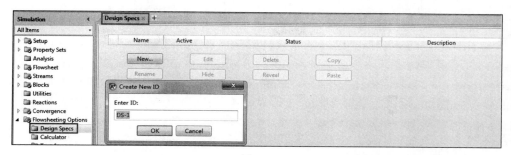

图 5-8

在 Flowsheeting Options｜Design Specs｜DS-1｜Spec 页面（图 5-10），设置 Design specification expressions（设计规定表达式）。Spec（规定）为 VC5，Target（目标值）为 13，Tolerance（容差）为 0.001。

在 Flowsheeting Options｜Design Specs｜DS-1｜Vary 页面（图 5-11），设置 Manipulated variable（调整变量）及 Manipulated variable limits（调整变量范围）。调整变量 Type（类型）为 Block-Var（模型变量），Block（模型）为 DSTWU，Variable（变量）为 RECOVH（重关键组分在塔顶的回收率）。调整变量范围中，Lower（低限）为 0.001，Upper（高限）为 0.4。

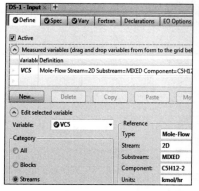

图 5-9

图 5-10

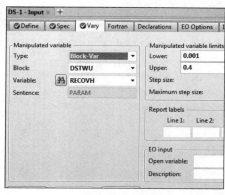

图 5-11

同样步骤，建立设计规定 DS-2，通过在 0.7～0.99 范围内调整 DSTWU 的模型变量 RECOVL（轻关键组分在塔顶的回收率），使测量变量 LC4（C_4H_{10}-1 在塔底物流 3B 中的摩尔流量）达到 6，容差为 0.01（图 5-12～图 5-14）。

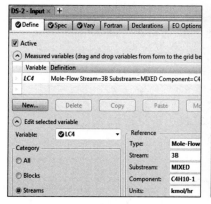

图 5-12

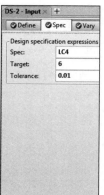

图 5-13

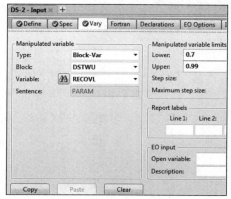

图 5-14

（5）运行模拟并查看结果

设置完成后，运行模拟。运行完成后，在 Blocks｜DSTWU｜Results｜Summary 页面（图 5-15），查看精馏塔设计计算结果。可以看到 Minimum reflux ratio（最小回流比）为 0.55；Actual reflux ratio（实际回流比）为 0.66；Minimum number of stages（最少理论板数）为 7.89；Number of actual stages（实际理论板数）为 19.9；Feed stage（进料位置）为 4.96；Distillate to feed fraction（塔顶馏出比）为 0.54。

在 Blocks｜DSTWU｜Stream Results｜Material 页面（图 5-16），查看精馏塔进出物料计算结果。正丁烷、异戊烷在塔底和塔顶产物中的流量分别为 6kmol/h 和 13kmol/h，符合要求。

在 Flowsheeting Options｜Design Specs｜DS-1/2｜Results 页面（图 5-17、图 5-18），查看设计规定计算结果。可以看到，DS-1 中的采集变量 VC5（异戊烷在塔顶的回收率）的 Final value（最终值）为 13，MANIPULATED（调整变量）的最终值为 0.361；DS-2 中的采集变量 LC4（正丁烷在塔顶的回收率）的最终值为 6，调整变量的最终值为 0.987。

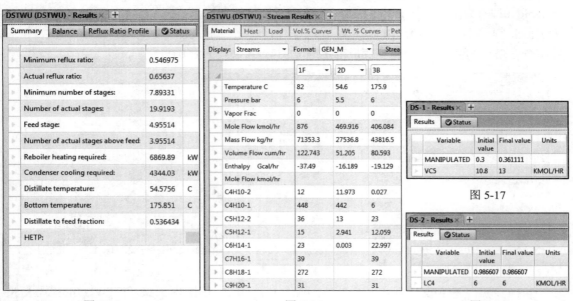

图 5-15　　　　　　　　　　图 5-16　　　　　　　　　　图 5-18

在 Blocks｜DSTWU｜Results｜Reflux Ratio Profile 页面（图 5-19），查看理论板数与回流比的关系表。

单击 Home 菜单选项卡下 Plot 工具栏组中的 Custom（自定义绘图）按钮 ，弹出 Custom 窗口（图 5-20），在此设置 X 轴为 Theoretical stages（理论板数），Y 轴为 Reflux ratio（回流比）。单击 OK 按钮，即可得到回流比与理论板数的关系图（图 5-21）。

5.1.2.2　DSTWU 模型功能详解

DSTWU 模型用 Winn 方法（修正的 Fenske 方程）计算最少理论板数 $N_{\min}$：

$$N_{\min} = \frac{\ln\left[\dfrac{x_{\mathrm{LK,D}}}{x_{\mathrm{LK,B}}}\left(\dfrac{x_{\mathrm{HK,B}}}{x_{\mathrm{HK,D}}}\right)^{\theta_{\mathrm{LK}}}\right]}{\ln\beta_{\mathrm{LK/HK}}}$$

式中，x 表示液相摩尔分数；LK 表示轻关键组分；HK 表示重关键组分；B 表示塔底采

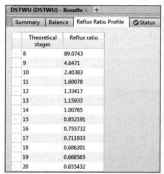

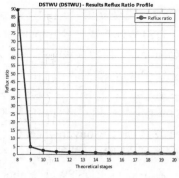

图 5-19   图 5-20   图 5-21

出产品；D 表示塔顶采出产品；$\beta_{LK/HK}$ 表示修正的相对挥发度；θ_{LK} 表示修正指数。

$\beta_{LK/HK}$ 和 θ_{LK} 是一定压力下的常数，由塔顶、塔底温度下轻重关键组分的 K 值确定。二者可通过下式关联：

$$\beta_{LK/HK} = \frac{K_{LK}}{\left(K_{HK}\right)^{\theta_{LK}}}$$

DSTWU 模型用 Underwood 方程计算最小回流比 R_m：

$$R_m = \sum \frac{\alpha_i \left(x_{iD}\right)_m}{\alpha_i - \theta} - 1 \qquad \sum \frac{\alpha_i x_{iF}}{\alpha_i - \theta} = 1 - q$$

式中，α_i 表示 i 组分的相对挥发度；θ 表示方程解；q 表示进料的液相分率。

DSTWU 模型用 Gilliland 图计算实际理论板数（图 5-22）。

由于采用恒摩尔流及恒定相对挥发度假设，并采用经验关联式计算，计算精度不高，当存在共沸物时甚至可能会出错，因此 DSTWU 模型通常用于初步设计，为严格精馏计算提供合适初值。

（1）流程连接

DSTWU 模型的流程连接如图 5-23 所示。

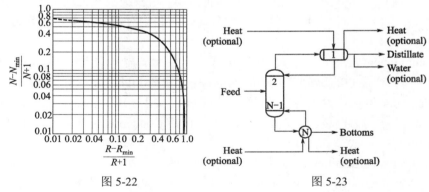

图 5-22   图 5-23

物流：进口一股进料物流；出口一股塔顶馏出物流、一股塔底产品物流，冷凝器一股可选水相产品物流。

热流：进口冷凝器一股可选冷却热流、再沸器一股可选加热热流；出口冷凝器一股可选冷却热流、再沸器一股可选加热热流。出口热流表示冷凝器或再沸器的净热负荷，即进口热流减去实际（计算）热负荷。若再沸器采用热流，冷凝器也需用热流。

（2）模型规定

DSTWU 模型中有 Input（输入）、Block Options（模型选项）、Results（结果）、Streams Results（Custom）（自定义物流结果）及 Summary（结果汇总）表格。

① Input 表格

在 Input 表格中，规定结构和计算选项、模型报告选项、闪蒸收敛参数、有效相态及 DSTWU 收敛参数。DSTWU 模型的 Input 表格中，有 Specifications（规定）、Calculation Options（计算选项）、Convergence（收敛）和 Information（信息）页面。

• Specifications 页面

在 Blocks | DSTWU | Input | Specifications 页面（图 5-24），输入塔的规定。可规定轻重关键组分回收率，计算最小回流比和最少理论板数；也可直接规定理论板数或回流比，计算所需回流比或理论板数，及最佳进料位置和冷凝器及再沸器的热负荷。

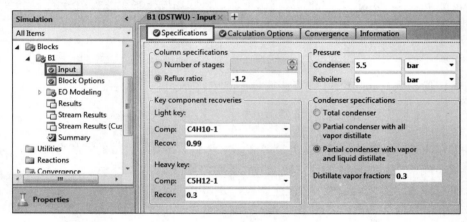

图 5-24

在 Column Specifications（塔规定）区域，选择输入 Number of stages（理论板数）和 Reflux ratio（回流比）。理论板数包括冷凝器和再沸器，塔板级数从上向下编号。Reflux ratio 输入正值时表示实际回流比，输入小于-1 的负值时，其绝对值表示实际回流比与最小回流比的比值。

在 Key component recoveries（关键组分回收率）区域，输入关键组分在塔顶的回收率，即关键组分在塔顶产品中的流量/进料中的流量。需分别在 Light Key（轻关键组分）和 Heavy Key（重关键组分）区域，设置轻重关键组分的 Comp（组分）和 Recov（回收率）。

在 Pressure（压力）区域，输入塔操作压力。包括 Condenser（冷凝器）和 Reboiler（再沸器）的压力。

在 Condenser specifications（冷凝器规定）区域，规定冷凝器类型。可选择 Total condenser（全凝器）、Partial condenser with all vapor distillate（馏出物为汽相的分凝器）或 Partial condenser with vapor and liquid distillate（馏出物为汽、液相的分凝器）。选择 Partial condenser with vapor and liquid distillate 时，需规定 Distillate vapor fraction（馏出物汽相分率）。

• Calculation Options 页面

在 Blocks | DSTWU | Input | Calculation Options 页面（图 5-25），输入计算选项。

在 Options（选项）区域，可勾选 Generate table of reflux ratio vs number of theoretical stages（生成回流比与理论板数关系表）或 Calculate HETP（计算等板高度）。

选择前者时，需在 Table of actual reflux ratio vs number of theoretical stages（实际回流比与理论板数关系表）区域,设置 Initial number of stages（起始理论板数）和 Final number of stages（终止理论板数），并设置 Number of values in table（表格中的数据点数）或 Increment size for number of stages（理论板数增量）。

选择后者时，需在 HETP calculation（等板高度计算）区域设置 Packed height（填料高度），Aspen Plus 将根据填料高度和理论板数计算 HETP。

- Convergence 页面

在 Blocks｜DSTWU｜Input｜Convergence 页面（图 5-26），进行收敛相关设置。

在 Flash options（闪蒸选项）区域，规定 Valid phases（有效相态）、Maximum iterations（最大迭代次数）和 Error tolerance（容差）。

在 Minimum stages calculation（最少理论板数计算）区域，规定 Maximum iterations（最大迭代次数）、Key component K-value tolerance（关键组分 K 值容差）及 Product temperature tolerance（产品温度容差）。

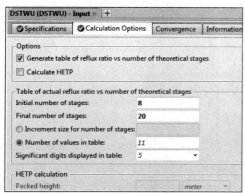

图 5-25

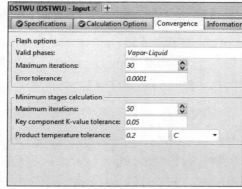

图 5-26

② Block Options 表格

在 Block Options 表格中,设置本模型的物性方法、模拟选项、诊断信息水平及报告选项,以覆盖全局值。DSTWU 模型的 Block Options 表格中有 Properties（物性）、Simulation Options（模拟选项）、Diagnostics（诊断）、EO Options（EO 选项）和 EO Var/Vec（EO 变量/向量）等页面。

- Simulation Options 页面

在 Blocks｜DSTWU｜Block Options｜Simulation Options 页面（图 5-27），设置塔的模拟选项。

在 Calculation Options（计算选项）区域，可勾选 Perform heat balance calculations（进行热量衡算）或 Use results from previous convergence pass（利用前次收敛结果），并选择 Flash convergence algorithm（进出物料的闪蒸收敛算法）。

- Diagnostics 页面

在 Blocks｜DSTWU｜Block Options｜Diagnostics 页面（图 5-28），设置 Diagnostics message level（诊断信息水平）。包括 Simulation（模拟）、Property（物性）、Stream（流股）和 On Screen（屏幕显示）等的诊断信息水平。

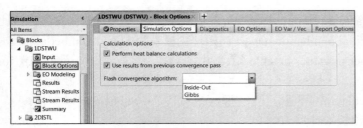 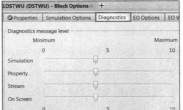

图 5-27   图 5-28

③ Results 表格

在 Results 表格中，查看汇总结果、物料和能量平衡结果及回流比分布。DSTWU 模型的 Results 表格中有 Summary（汇总）、Balance（平衡）、Reflux Ratio Profile（回流比分布）和 Status（状态）页面。

● Summary 页面

在 Blocks｜DSTWU｜Results｜Summary 页面（图 5-29），查看塔计算结果。包括 Minimum reflux ratio（最小回流比）、Actual reflux ratio（实际回流比）、Minimum number of stages（最少理论板数）、Number of actual stages（实际理论板数）、Feed stage（进料位置）、Number of actual stages above feed（进料板上方理论板数）、Reboiler heating required（再沸器热负荷）、Condenser cooling required（冷凝器热负荷）、Distillate temperature（塔顶馏出产品温度）、Bottom temperature（塔底温度）、Distillate to feed fraction（馏出比）和 HETP（等板高度）。

● Reflux Ratio Profile 页面

在 Blocks｜DSTWU｜Results｜Reflux Ratio Profile 页面（图 5-30），查看 Theoretical stages（理论板数）与 Reflux ratio（回流比）之间的关系表。

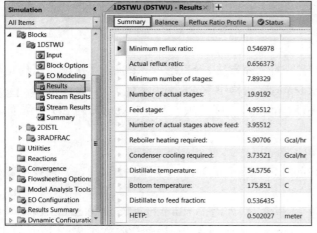

图 5-29   图 5-30

④ Stream Results 表格

在 Stream Results 表格中，查看进出模型的物流、热流和功流等计算结果。DSTWU 模型的 Stream Results 表格中，有 Material（物料流股）、Heat（热流股）、Load（有温度分布的热流股）、Vol.% Curves（石油体积物性曲线）、Wt.% Curves（石油质量物性曲线）、Petroleum（石油）、Polymers（聚合物）和 Solids（固体）页面。

　化工流程模拟 Aspen Plus 实例教程

- Material 页面

在 Blocks｜DSTWU｜Stream Results｜Material 页面（图 5-31），查看 DSTWU 模型的进出物流结果。

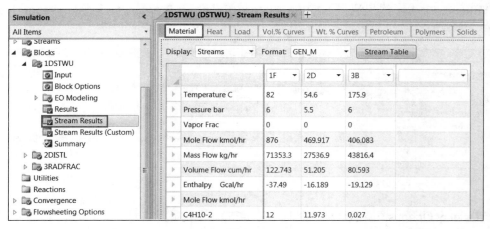

图 5-31

默认包括 Temperature（温度）、Pressure（压力）、Vapor Frac（汽相分率）、Mole Flow（摩尔流量）、Volume Flow（体积流量）、Enthalpy（焓值）和各组分的 Mole Flow（摩尔流量）等内容。用户可在 Setup｜Report Options｜Stream 页面，修改该物流结果报告表的内容。

- 其他页面

在 Heat、Load、Vol.% Curves、Wt.% Curves、Petroleum、Polymers 和 Solids 等页面，分别查看热流、热负荷流股、以体积分数为基础的石油蒸馏曲线、以质量分数为基础的石油蒸馏曲线、石油物性、聚合物及固体物料的计算结果。

⑤ Streams Results (Custom) 表格

在 Streams Results (Custom) 表格中，自定义查看物流结果。该结果仅保存在 Aspen Plus 压缩文件（.apwz）和文档文件（.apw）中，加载备份文件（.bkp）后，需重新运行才能查看。

默认为 Default 页面，在页面标签处单击鼠标右键，选择对页面的操作（图 5-32）。包括 Add New（添加一个新页面）、Copy（将当前页面复制到新页面）、Rename（修改名称）、Remove（删除页面）、Change Type（改变页面类型）及 Edit View…（编辑查看）。

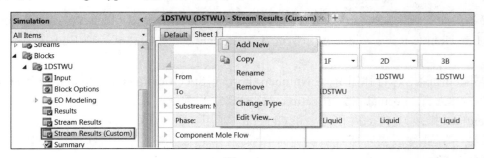

图 5-32

单击 Edit View…（编辑查看），可打开 Stream Summary Edit View Wizard（物流汇总表编辑查看方式向导）窗口（图 5-33）。该向导允许用户按所需信息自定义物流汇总表，自定义的格式在保存、加载或重新运行后依然有效。加载备份文件后，需重新运行才能看到结果。

在 Stream Selection（物流选择）页面（图 5-33），选择物流汇总表中的物流。

在 Property Selection（物性选择）页面（图 5-34），选择物流汇总表中要显示的物性，如 Component Mole Flow（组分摩尔流量）、Mole Flow（摩尔流量）、Mass Flow（质量流量）、Volume Flow（体积流量）、Temperature（温度）、Pressure（压力）、Vapor Fraction（汽相分率）等。

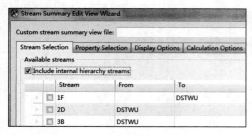

图 5-33

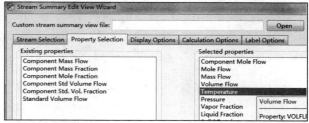

图 5-34

在 Display Options（显示选项）页面（图 5-35），设置显示选项，如 Label（标签）、Format（格式）、Units（单位）、Trace（痕量）和 Scale（比例）等。

在 Calculation Options（计算选项）页面（图 5-36），设置要显示的计算选项，如组分、子物流、相态、温度和压力等。

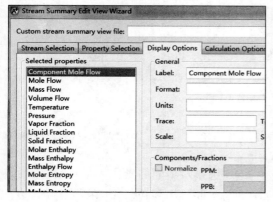

图 5-35

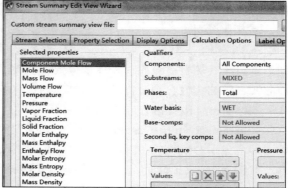

图 5-36

在各页面的结果数据处，单击鼠标右键，选择对数据的操作（图 5-37）。包括 Copy（复制）、Hide/Unhide Rows（隐藏/显示所选行）、Format...（数值格式）或 Edit View...（编辑查看）。

单击 Format...，将弹出 Real Numbers Format Specifications（实型数据格式规定）窗口（图 5-38）。在 Format Specification（格式规定）区域，选择实型数据显示格式。包括 Exponential（指数）、Fixed（固定）和 General（通用）型，另外还需输入 Significant figures（有效数字）。此修改仅对所选数据暂时有效，在保存或加载文件、再次运行或用 Edit View 修改后将失效。

⑥ Summary 表格

在 Blocks｜DSTWU｜Summary 表格中（图 5-39），可查看模型的重要变量汇总。表格上部为用户所规定的标量模型变量，值显示为蓝色，可在该表格中更改。表格下部为模型参数计算结果，值显示为黑色，不可在该表格中更改。模型所用公用工程，会以二氧化碳当量形式报告为温室气体排放。

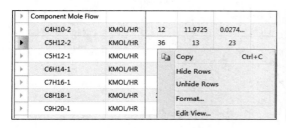

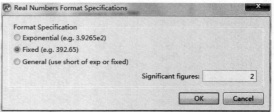

图 5-37   图 5-38

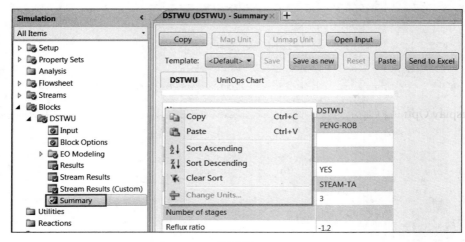

图 5-39

在变量名及单位列，单击鼠标右键可访问一些附加命令，以对变量名称进行复制、分类、改变单位或过滤数据。如单击 Sort Ascending 或 Sort Descending，可将各选项页面中的模型按任意字段值的字母表顺序升序或降序排列（包括 Group 组）。单击 Change Units…，可更改任意变量的单位。

页面上方有两行按钮，包括 Copy（复制数据）、Map Unit（映射所选模型）、Unmap Unit（删除所选模型的映射）、Open Input（打开所选模型表格）、Save（保存自定义模型汇总模板）、Save as new（将自定义模型汇总保存为新模板）、Reset（调用已保存模型）、Paste（粘贴）和 Send to Excel（将模型结果输出到 Excel）。

单击 Save as new 按钮，弹出 Edit Summary Grid Template（编辑汇总表模板）窗口（图 5-40），在此设置模板中显示的内容，完成后单击 OK 按钮，即可将自定义模型汇总保存为新模板。

单击 Send to Excel 按钮时，Excel 将作为 Aspen 模拟工作簿接口自动打开，可将模型结果输出到 Excel 文件中（图 5-41）。

在 Results Summary | Models 表格中（图 5-42），查看流程中各模型的结果汇总。表格中数据按模型类型分页显示，若已计算成本，UnitOps Chart 页面将显示所有模型的设备和公用工程成本。

注意，层级模型、Mult、Dupl、Calculator 及 Transfer 等模型在模型汇总中不出现。

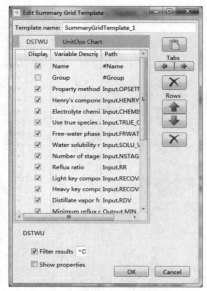

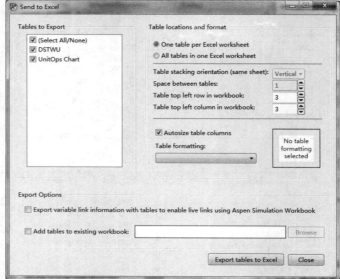

图 5-40   图 5-41

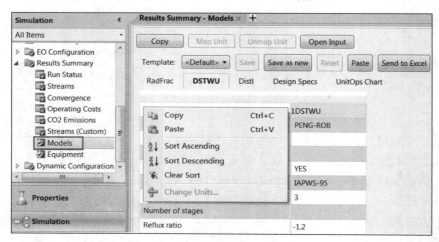

图 5-42

5.1.3　精馏塔简捷校核模型——Distl

Distl 模型是多组分简单精馏塔的校核模型，该模型用 Edmister 方法计算，假设恒摩尔流和恒定相对挥发度。需规定理论板数、进料位置、回流比、馏出比、冷凝器类型及冷凝器和再沸器压力，可规定分凝器或全凝器，可计算冷凝器和再沸器热负荷。流程连接与 DSTWU 相同。

5.1.3.1　流程模拟

将"例 5.1DSTWU"保存后另存为"例 5.1Distl"。

（1）建立流程

在 Main flowsheet 页面建立流程，如图 5-43 所示。添加模型库中 Columns 选项卡下的 Distl 模型，并添加 Manipulators 选项卡下的 Transfer 模型，将 DSTWU 模型进料

1F 的数据传递至 Distl 模型进料 4F。

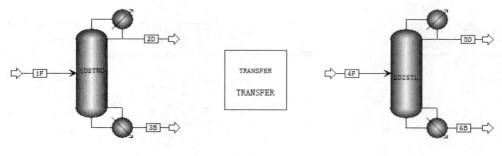

图 5-43

（2）设置模型参数

① Distl 模型

根据 DSTWU 模型的计算结果，在 Blocks｜2DISTL｜Input｜Specifications 页面（图 5-44），设置精馏塔的操作规定。在 Column specifications（塔规定）区域，输入 Number of stages（理论板数）20，Feed Stage（进料位置）5，Reflux ratio（回流比）0.66，Distillate to feed mole ratio（摩尔馏出比）0.54，Condenser type（冷凝器形式）为 Total（全凝器）。在 Pressure specifications（压力规定）区域，输入 Condenser Pressure（塔操作压力）5.5bar，Reboiler pressure（再沸器压力）6bar。

在 Blocks｜2DISTL｜Input｜Convergence 页面（图 5-45），设置精馏塔的闪蒸选项和模型收敛参数。在 Flash options（闪蒸收敛参数）区域，设置 Valid phases（有效相态）为 Vapor-Liquid（汽-液相），Maximum iterations（最大迭代次数）为 30，Error tolerance（容差）为 0.0001。在 Model convergence parameters（模型收敛参数）区域，设置 Maximum iterations（最大迭代次数）为 60，Error tolerance for temperature（温度容差）为 0.005℃。

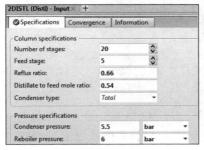

图 5-44   图 5-45

② Transfer 模型

在 Flowsheeting Options｜Transfer｜TRANSFER｜From 页面（图 5-46），输入 Transfer 模型要复制信息的源变量。本例中选择 Entire stream（整个物流），Stream name（物流名称）为 1F。

在 Flowsheeting Options｜Transfer｜TRANSFER｜To 页面（图 5-47），指定 Transfer 模型所复制信息的目标物流，本例中选择物流 4F。

在 Flowsheeting Options｜Transfer｜TRANSFER｜Sequence 页面（图 5-48），规定 Transfer 模型的执行时间，本例中设置执行序列为 First（首先执行）。

注意，4F 作为输入物流，运行前需填入相关参数，TRANSFER 模块执行后，所复制的源变量数据将覆盖相应 4F 的输入变量值。此外，本例中用 Transfer 模型，仅用于展示该模型的功能，不代表这是典型的流程模拟方法。

图 5-46　　　　　　　　　图 5-47　　　　　　　　　图 5-48

（3）运行并查看结果

设置完成后，运行模拟。运行完成后，在 Blocks｜2DISTL｜Results 页面（图 5-49），查看 Distl 模型的计算结果。

在 Blocks｜2DISTL｜Stream Results 页面（图 5-50），查看 Distl 模型进出物流的计算结果。

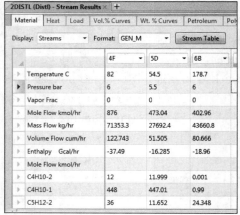

图 5-49　　　　　　　　　　　　　　图 5-50

5.1.3.2　Transfer 模型功能详解

Transfer 模型可将流程变量值从流程的一部分传递（复制）到另一部分，可以传递物流、子物流、物流变量和模型变量，最常用的是把一股物流的数据传递到另一股。

Transfer 模型中包括 From（源）、To（目标）、Sequence（执行顺序）、Stream Flash（物流闪蒸）、EO Options（EO 选项）和 Information（信息）页面。

（1）From 页面

在 Flowsheeting Options｜Transfer｜TRANSFER｜From 页面（图 5-51），指定要传递的信息源。有四种方式：Entire stream（整个物流）、Stream flow（物流流量）、Substream（子物流）和 Block or stream variable（模型或物流变量）。复制标量变量时，变量类型可以不同，但物理量纲应该相同（如温度）。

（2）To 页面

在 Flowsheeting Options｜Transfer｜TRANSFER｜To 页面（图 5-52），指定所传递的信息目标。信息目标只能为输入变量。

（3）Sequence 页面

在 Flowsheeting Options｜Transfer｜TRANSFER｜Sequence 页面（图 5-53），规定 Transfer 模型的执行次序。包括 Automatically Sequenced（自动排序）、Before（在一个模型之前执行）、After（在一个模型之后执行）、First（在模拟开始时执行）和 Last（在模拟结束时执行）。

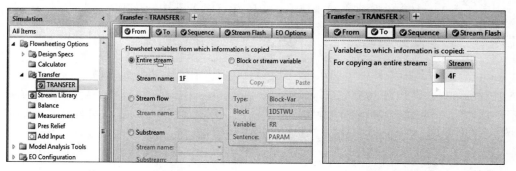

图 5-51　　　　　　　　　　　　　　　　　　图 5-52

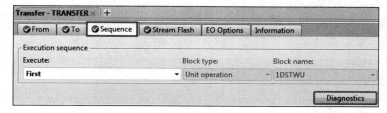

图 5-53

（4）Stream Flash 页面

若传递变量为物流变量，可在 Flowsheeting Options｜Transfer｜TRANSFER｜Stream Flash 页面（图 5-54），规定 Transfer 模型所修改物流的热力学条件。

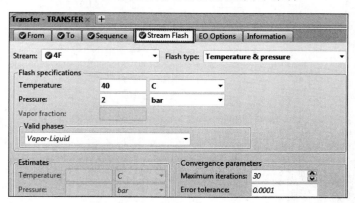

图 5-54

需在 Stream（物流）区域选择传递信息的目标物流，指定 Flash type（闪蒸类型），并在 Flash specifications（闪蒸规定）区域规定 Temperature（温度）、Pressure（压力）或 Vapor fraction（汽相分率），并规定 Valid phases（有效相态）。

若不规定温度和压力值，可在 Estimates（估计）区域，设置 Temperature 及 Pressure 的估计值。

在 Convergence parameters（收敛参数）区域，可规定闪蒸计算的 Maximum iterations（最大迭代次数）和 Error tolerance（容差）。

若不在此页面进行规定，Aspen Plus 将利用物流源中的温度、压力和/或汽相分率进行闪蒸计算。

注意，由 Transfer 模型改变的变量，在下次运行时若不初始化则将保持其计算结果值。

5.1.4 多级汽-液分离塔严格计算模型——RadFrac

RadFrac 模型是模拟各种多级汽-液分离操作的严格模型，如普通精馏、吸收、再沸吸收、汽提、再沸汽提、萃取和共沸精馏等。适用于两相和三相体系、窄沸程和宽沸程体系及强非理想液体体系等，可检测并处理任意塔板上的游离水或其他第二液相，也可处理含固体体系。可模拟有化学反应发生的塔，化学反应可以是固定转化率的反应，也可以是平衡反应、速率控制反应或电解质反应，两个液相反应动力学可以不同，也可模拟盐沉淀反应。RadFrac 模型可设置任意数目的 Stages（塔板）、Interstage heaters/coolers（中间加热/冷却）、Decanters（分相器）和 Pumparounds（中段循环）。可进行核算型计算或设计型计算，也可以进行板式塔或填料塔的设计或核算，可模拟散装填料和规整填料。

RadFrac 模型默认假设各级都是平衡级，用户可规定 Murphree efficiency（默弗里效率）和 Vaporization efficiency（蒸发效率），从而模拟实际非平衡级精馏塔。也可以进行速率计算，直接模拟非平衡级。RadFrac 模型的流程连接如图 5-55 所示。

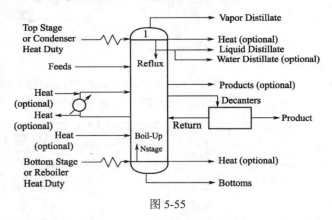

图 5-55

物流：至少一股进料；塔顶一股汽相或液相馏出物产品物流，一股可选水相物流；塔底一股液相产品物流；每一级可包括任意股进料和不多于三股可选侧线产品物流（一股汽相、两股液相），两相体系中每级最多两股出料，可有任意股可选虚拟产品物流。

出料可以为塔板物流的部分或全部采出。分相器出料可返回其下一级，也可分成任意股物流，每一股返回不同位置。中段循环物流可回到任意两级间，也可到同一级上。

任意数目的虚拟物流可代表塔内部物流、中段循环和热虹吸再沸器物流。虚拟物流不影响塔结果。

热流：每块塔板和每个中段循环都可选择连接一股进口热流和一股出口热流。RadFrac 模型将进口热流作为除冷凝器、再沸器和中段循环之外所有塔板的热负荷规定。若在 Blocks｜RadFrac｜Setup｜Configuration 页面，选择规定冷凝器或再沸器热负荷，但不输入数值，则进入冷凝器或再沸器的热流将被用作热负荷规定。若在 Blocks｜RadFrac｜Pumparounds｜

Specifications 页面，不给出两个规定，RadFrac 将利用热流股作为中段循环的一个规定。若在 Blocks｜RadFrac｜Setup｜Configuration 页面或 Blocks｜RadFrac｜Pumparounds｜Specifications 页面，给出两个规定（有数值），RadFrac 将不使用冷凝器、再沸器或中段循环的进口热流作为热负荷规定，而是用其提供加热或冷却，此时需规定一股出口热流作为净热值（进口热流值减去实际热负荷）。

5.1.4.1 核算模式

核算模式下，RadFrac 模型将计算规定塔参数（如回流比、产品流量和热负荷等）下的温度、流量和摩尔分率分布。

将上例保存后另存为"例 5.1RadFrac"。

5.1.4.1.1 流程模拟

（1）建立流程

Simulation 环境下，在 Main flowsheet 页面建立流程，如图 5-56 所示。其中添加的精馏塔采用模型库中 Columns 选项卡下的 RadFrac 模型。

RadFrac

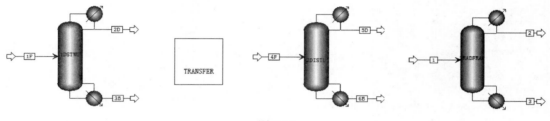

图 5-56

（2）设置模型参数

在 Blocks｜3RADFRAC｜Specifications｜Setup｜Configuration 页面（图 5-57），设置 RadFrac 模型的配置。在 Setup options（设置选项）区域输入：Calculation type（计算类型）为 Equilibrium（平衡型）；Number of stages（塔板数）为 20；Condenser（冷凝器）为 Total（全凝器）；Reboiler（再沸器）为 Kettle（釜式）；Valid phases（有效相态）为 Vapor-Liquid（汽-液相）；Convergence（收敛方法）为 Standard（标准）。在 Operating specifications（操作规定）区域输入：Reflux ratio（回流比）为 0.66，基准是 Mole（摩尔）；Distillate to feed ratio（塔顶馏出比）为 0.54，基准是 Mole（摩尔）。

在 Blocks｜3RADFRAC｜Specifications｜Setup｜Streams 页面（图 5-58），设置物流连接情况。在 Feed streams（进料）列表中，输入进料 1 的 Stage（进料板）为 5，Convention（进料规定）为 Above-Stage（在塔板上方）。

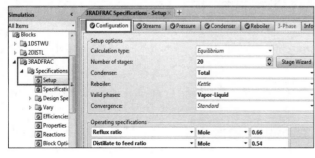

图 5-57   图 5-58

在 Blocks | 3RADFRAC | Specifications | Setup | Pressure 页面（图 5-59），设置塔操作压力。在 Top stage/Condenser pressure（塔顶/冷凝器压力）区域，设置 Stage1/Condenser pressure（第一级/冷凝器压力）为 5.5bar。在 Pressure drop for rest of column（optional）（剩余塔板压降，可选）区域，设置 Column pressure drop（全塔压降）为 0.5bar。

在 Blocks | 3RADFRAC | Specifications | Setup | Condenser 页面（图 5-60），设置塔顶冷凝器规定。本例中采用默认值。

在 Flowsheeting Options | Transfer | TRANSFER | To 页面（图 5-61），添加物流 4F 的传递目标物流 1。

（3）运行模拟并查看结果

运行后，在 Blocks | 3RADFRAC | Results | Summary 页面（图 5-62），查看冷凝器及再沸器温度、热负荷、采出流量、返回塔流量、返回比及采出比等数据。

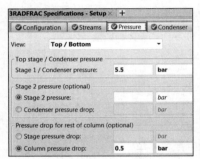

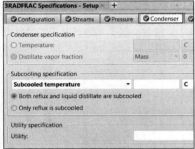

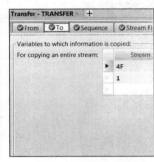

| 图 5-59 | 图 5-60 | 图 5-61 |

在 Blocks | 3RADFRAC | Stream Results | Material 页面（图 5-63），查看该模型各物流计算结果。

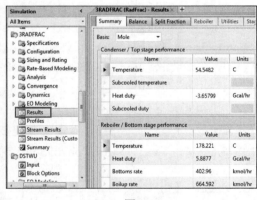

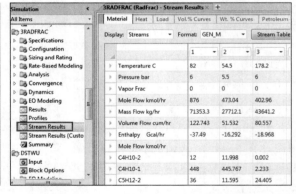

| 图 5-62 | 图 5-63 |

在 Blocks | 3RADFRAC | Profiles | TPFQ 页面（图 5-64），查看各级温度、压力、热负荷、流量等的计算结果。

在 Blocks | 3RADFRAC | Profiles | K-Values 页面（图 5-65），查看各塔板上各组分 K 值的计算结果。

在 Blocks | 3RADFRAC | Profiles | Compositions 页面（图 5-66），查看各塔板上汽相或液相物流中各组分组成的计算结果。

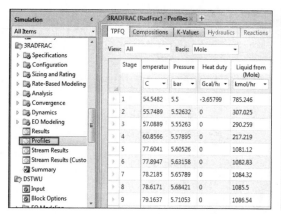
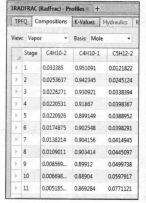

图 5-64　　　　　　　　　　　　　　　　图 5-65　　　　　　　　　图 5-66

5.1.4.1.2　RadFrac 模型功能详解——模型规定

RadFrac 模型中，包括以下文件夹和表格：

文件夹	表格	用途
Specifications（规定）	Setup（设置）	规定塔基本结构和操作条件
	Specification Summary（规定汇总）	查看并编辑塔规定
	Design Specifications（设计规定）	设置设计规定并查看收敛结果
	Vary（调整变量）	规定调整变量以满足设计规定并查看最终值
	Efficiencies（效率）	规定塔板、组分或塔段效率
	Properties（物性）	规定塔段的物性参数
	Reactions（反应）	规定反应的平衡、动力学和转化率参数
	Block Options（模型选项）	设置本模型的物性方法、模拟选项、诊断信息水平和报告选项
	User Subroutines（用户子程序）	规定反应动力学、KLL 计算、塔板设计核算、填料设计核算等的用户子程序
Configuration（配置）	Heaters and Coolers（加热器和冷却器）	规定级加热或冷却
	Pumparounds（中段循环）	规定中段循环并查看结果
	Pumparounds HCurves（中段循环热曲线）	规定中段循环加热或冷却曲线表并查看列表结果
	Decanters（分相器）	规定分相器并查看结果
	Condenser HCurves（冷凝器热曲线）	规定冷凝器加热或冷却曲线表并查看列表结果
	Reboiler HCurves（再沸器热曲线）	规定再沸器加热或冷却曲线表并查看列表结果
Sizing and Rating（尺寸设计和校核）	Tray Sizing（塔板设计）	规定板式塔塔段的设计参数，并查看结果
	Tray Rating（塔板校核）	规定板式塔塔段的核算参数，并查看结果
	Packing Sizing（填料设计）	规定填料塔塔段的设计参数，并查看结果
	Packing Rating（填料校核）	规定填料塔塔段的核算参数，并查看结果
Rate-Based Modeling（速率模型）	Rate-based Setup（速率设置）	速率计算模式的全局规定
	Generalized Transport Correlations（通用传递关联式）	规定速率计算通用传递关联式参数
	User Transport Subroutines（用户传递子程序）	规定速率计算中传质系数、传热系数、相界面及持液量等关联式的用户子程序
	Interface Profiles（界面分布）	查看相界面处的塔分布曲线（仅用于速率计算）
	Transfer Coefficients（传递系数）	查看扩散、传质和热传递系数
	Dimensionless Numbers（无量纲数）	查看 Aspen 速率计算的无量纲数
	Efficiencies and HETP（效率和等板高度）	查看速率计算的效率
	Rate-based Report（速率计算报告）	选择速率计算相关的报告选项

文件夹	表格	用途
Analysis（分析）	Analysis（分析）	规定塔目标分析选项
	NQ Curves（NQ 曲线）	基于严格精馏塔计算的塔板数和进料位置优化
	Report（报告）	规定模型报告选项
Convergence（收敛）	Estimates（估计）	规定塔板温度、汽-液相流量和组成的初始估计值
	Convergence（收敛）	规定塔和进料闪蒸计算的收敛参数及模型诊断信息水平
Dynamics（动态）	Dynamics and Heat Transfer（动态和热传递）	规定动态模拟参数
Results（结果）		查看 RadFrac 模型全塔的关键组分结果
Profiles（分布）		查看塔分布结果
Stream Results（物流结果）		查看物流结果
Stream Results (Custom)（自定义物流结果）		在自定义表格中查看结果
Summary（汇总）		查看或编辑该模型的标量变量

在 Setup 表格中，输入塔的基本结构和操作条件。RadFrac 模型的 Setup 表格中，包括 Configuration（配置）、Streams（流股）、Pressure（压力）、Condenser（冷凝器）、Reboiler（再沸器）、3-Phase（三相）和 Information（信息）页面。

（1）Configuration 页面

在 Blocks｜RadFrac｜Specifications｜Setup｜Configuration 页面（图 5-67），输入计算类型、冷凝器和再沸器类型、塔板数、精馏计算需要考虑的相、精馏计算收敛方法及所需操作条件等。

• Setup options 区域

在 Setup options（设置选项）区域，需要进行如下设置。

Calculation type：计算类型。包括 Equilibrium（平衡）和 Rate-Based（速率），默认是平衡模式，这是 RadFrac 模型的传统计算类型。

Number of stages：塔板数。单击 Stage Wizard（塔板向导）按钮，弹出 Stage wizard 窗口（图 5-68），在此可改变塔内已充分规定的塔板级数，以允许用户更新模型各塔板规定。若填料塔进行速率计算，需规定足够多的塔板数以对填料高度进行好的离散化。开始可用每英尺（1 英尺＝0.3048m）填料 3 块塔板，若填料中组成变化很大，需提高塔板数，但规定过多塔板数将降低模拟速度。

Condenser：冷凝器类型。包括 Total（全凝器）、Partial-Vapor（采出汽相的分凝器）和 Partial-Vapor-Liquid（采出汽相和液相的分凝器）及 None（无冷凝器）。

Reboiler：再沸器类型，包括 Kettle（釜式）、Thermosiphon（热虹吸式）和 None（无）。

Valid phases：有效相态。包括 Vapor-Liquid（汽-液）、Vapor-Liquid-Liquid（汽-液-液）、Vapor-Liquid-FreeWater Condenser（汽-液-游离水相冷凝器）、Vapor-Liquid-FreeWater AnyStage（任意塔板均进行汽-液-游离水相计算）、Vapor-Liquid-DirtyWater Condenser（汽-液-污水相冷凝器）和 Vapor-Liquid-DirtyWater AnyStage（任意塔板上进行汽-液-污水相计算）。

Convergence：收敛方法。包括 Standard（标准）、Petroleum/Wide-boiling（石油/宽沸程）、Strongly non-ideal liquid（强非理想液体）、Azeotropic（共沸体系）、Cryogenic（深冷）和 Custom（用户自定义）。

- Operating specifications 区域

在 Operating specifications（操作规定）区域，选择操作条件，并输入操作规定值。用户所选的收敛方法及冷凝器和再沸器类型不同，所需操作条件组合可能会不同。例如 Condenser（冷凝器）或 Reboiler（再沸器）选择为 None（无），则只能规定一项操作条件。用户可通过设置产品与进料的摩尔流量比来规定产品流量,该进料流量为所有进料的总流量，但可单击 Feed Basis（进料基准）按钮，指定物流及组分。单击 Feed Basis 按钮，将弹出 Feed basis for distillate/bottoms ratio specification（塔顶/塔釜采出比的进料基准）窗口（图 5-69），在此可选择 Feeds（进料）和 Components（组分）基准。

图 5-67

图 5-68

图 5-69

（2）Streams 页面

在 Blocks｜RadFrac｜Specifications｜Setup｜Streams 页面（图 5-70），输入进料和出料信息。

- Feed streams 区域

在 Feed streams（进料物流）区域，可设置进料物流的 Stage（塔板位置）和 Convention（约定）。RadFrac 模型中有五种处理进料的约定：Above-Stage（塔板上方）；On-Stage（塔板中）；On-Stage-Liquid（塔板中液相进料）；On-Stage-Vapor（塔板中汽相进料）和 Decanter（分相器进料，仅用于三相计算）（图 5-71）。

图 5-70   图 5-71

Above-Stage：塔板上方进料。在相邻两塔板间引入物流。液相流入所规定的 n 级，汽相进入上方的（$n-1$）级。若规定 $n=1$，可在第一级（或冷凝器）引入一股液相进料，规定 $n=N_S+1$（N_S 为塔板数），可在最后一级（或再沸器）引入一股蒸汽进料。若第一级上方进料中有蒸汽相，则其将直接进入从第一级采出的汽相产品，若无该产品，则将提示错误。若 N_S+1 级上方进料中有液相，则其将直接进入从第 N_S 级采出的液相产品，若无该产品，则将提示错误。进行塔尺寸计算时，不能应用 Above-Stage 进料规定。若用该规定，Aspen Plus 将出现警告。因为 Above-Stage 进料规定汽相进入上一级，使进料板和其上方塔板间的汽相流量低于 On-Stage 进料方式。若进料板为限制板，则 Above-Stage 进料约定将导致塔尺寸偏小。

On-Stage：塔板进料。进料中的汽-液相都进入所规定的第 *n* 级塔板。仅当水力学计算完成或应用 Murphree 效率时，进行进料闪蒸计算。否则，进料不进行闪蒸计算。

On-Stage-Liquid 和 **On-Stage-Vapor**：塔板中液相进料和塔板中汽相进料。On-Stage-Liquid 和 On-Stage-Vapor 与 On-Stage 类似，但做这类规定时，进料不进行闪蒸，而是被认为是所规定相态。这在需要进行 Murphree 效率或塔板/填料设计/校核（TPSAR）计算，且用户已知进料为单一相态时，可避免不必要的闪蒸计算。收敛求解的最后，进行闪蒸计算，以确认规定相态的有效性。

Decanter：分相器进料。该约定仅用于包括分相器的三相计算，将进料直接引入与塔板相连的分相器。

- Product streams 区域

在 Product streams（产品物流）区域，可设置产品物流的 Stage（塔板位置）、Phase（相态）、Basis（基准）、Flow（流量）、Units（单位）、Flow Ratio（流量比）和 Feed Specs（进料规定）。

- Pseudo streams 区域

在 Pseudo streams（虚拟物流）区域，可设置虚拟物流的 Pseudo Stream Type（虚拟物流类型）、Stage（塔板位置）、Internal Phase（内部相态）、Reboiler Phase（再沸器相态）、Reboiler Conditions（再沸器条件）、Pumparound ID（中段循环 ID）、Pumparound Conditions（中段循环条件）、Flow（流量）和 Units（单位）。

虚拟物流将塔内部物流或中段循环物流复制为外部物流，但实际并未采出侧线物料，因此其规定不影响塔计算。可将虚拟物流与其他模型连接，虚拟物流可连接到任意塔板、热虹吸式再沸器或中段循环。需给定由塔板来的物流相态。对于热虹吸式再沸器或中段循环，需规定虚拟物流是基于进口还是出口条件。虚拟物流可选择输入流量，默认为所连塔板、热虹吸式再沸器或中段循环的出料量。因为虚拟物流将复制物料，所以 RadFrac 模型中若使用虚拟物流，则会导致总物料和能量不守恒。

（3）Pressure 页面

在 Blocks | RadFrac | Specifications | Setup | Pressure 页面（图 5-72），规定塔压力分布情况。在 View（查看）区域选择输入方式：Top/Bottom（塔顶/塔底压力）、Pressure profile（各级压力分布）或 Section pressure drop（塔段压降）。

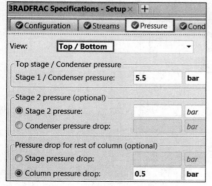 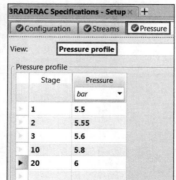 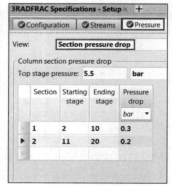

图 5-72

（4）Condenser 页面

在 Blocks | RadFrac | Specifications | Setup | Condenser 页面（图 5-73），规定冷凝器的操作条件。

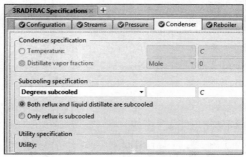

图 5-73

在 Condenser specification（冷凝器规定）区域，可选择规定 Temperature（温度）或 Distillate vapor fraction（馏出汽相分率）。该规定仅在冷凝器为 Partial-Vapor-Liquid 时可用。

在 Subcooling specification（过冷）区域，可设置 Subcooled temperature（过冷液温度）和 Degrees subcooled（过冷度）。每个温度单位都有两种形式，如℃有 C 和 DELTA-C，即温度单位和温度差单位。

在 Utility specification（公用工程）区域，可选择 Utility（公用工程）物流，用作冷凝器冷却介质。

（5）Reboiler 页面

在 Blocks | RadFrac | Specifications | Setup | Reboiler 页面（图 5-74），规定换热器。

● Thermosiphon reboiler options 区域

若在 Blocks | RadFrac | Specifications | Setup | Configuration 页面，Reboiler 类型选择 Thermosiphon（热虹吸式），则可在 Thermosiphon reboiler options（热虹吸式再沸器选项）区域，选择 Specify reboiler flow rate（规定再沸器流量）、Specify reboiler outlet condition（规定再沸器出口条件）或 Specity both flow and outlet condition（同时规定流量和出口条件）。若选择 Specify both flow and outlet condition，需在 Blocks | RadFrac | Specifications | Setup | Configuration 页面输入 Reboiler Duty（再沸器热负荷）估计值。

在 Flow rate（流量）区域，可以设置流量。

在 Outlet condition（出口条件）区域，可以设置出口条件。

在 Optional（选项）区域，可以设置 Reboiler pressure（再沸器压力）、Reboiler return feed convention（再沸器返回进料约定）和 Utility（公用工程）。

● Reboiler Wizard 按钮

单击 Reboiler Wizard（再沸器向导），可打开 Reboiler Wizard 窗口（图 5-75），在此设置集成的再沸器。

RadFrac 模型的再沸器可以用一个 HeatX 模型（采用管壳式换热器）和一个 Flash2 模型严格模拟，也可用 HeatX 模型的简捷模式进行非严格模拟。用该功能之前，需要首先在流程图中添加 HeatX 模型和 Flash2 模型。在换热器的核算和设计模式下，计算得到的塔底热负荷值将传给 HeatX 模型，从而核算或设计换热器。在模拟模式下，换热器将更新至少一个塔规定值。

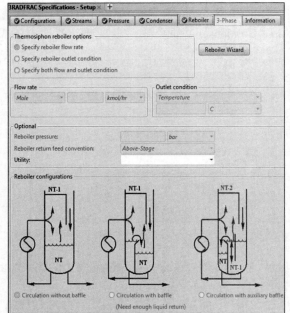

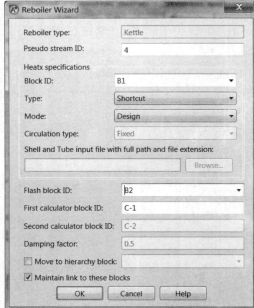

图 5-74   图 5-75

对于釜式再沸器，用户需在 Blocks | RadFrac | Specifications | Configuration 页面，将 Reboiler duty（再沸器负荷）设置为两个 Operating specifications（操作规定）之一。

对于热虹吸式再沸器，Flow rate、Reboiler duty 和 Outlet condition 可通过换热器进行更新，具体如下：

① 当在 Reboiler 页面输入 Flow rate 时，如果 Reboiler Wizard 的 Circulation type（循环类型）选项为 Calculated（计算），那么换热器将更新流量。Calculated 选项仅在换热器类型为 Shell&Tube、模式为 Simulation 时可用。换热器类型为 Shortcut（简捷）时，不能计算流量。

② 当在 Reboiler 页面输入 Outlet condition 时，换热器将更新出口条件。

③ 当同时规定 Flow rate 和 Outlet condition 时，需在 Configuration 页面输入 Reboiler Duty 的估计值。其他情况下，如果在 Configuration 页面输入 Reboiler Duty，则该规定将通过换热器计算而更新。

注意，若以上塔规定输入后，却在另一操作（如 Vary）中被调整，则它将不再是规定值，也不能通过换热器计算而得到正确更新。如果该操作是塔内置的 Vary，则该属性将被视为未输入。如果操作在塔外部，则再沸器向导无法检测到，外部操作优先于换热器集成计算，使其不能按预期进行。用户应避免与换热器集成同时使用这种外部操作。

完成这些规定后，单击 Reboiler Wizard，在 Pseudo stream ID（虚拟物流 ID）区域，选择表示再沸器进口物流的虚拟物流 ID。在 Heatx specifications（Heatx 规定）区域，输入 Block ID（要用的 HeatX 模型的 ID），并选择 Type（计算类型）、Mode（计算模式）、Circulation type（循环类型）和 Shell and Tube input file with full path and file extension（HeatX 模型的 Shell&Tube 输入文件）。当 Reboiler Wizard 可用时，不管流量是 Fixed 还是 Calculated，都可规定换热器的计算模式（Design、Rating 或 Simulation）。在 Flash block ID（闪蒸模型 ID）区域，输入 Flash2 模型 ID。在 First calculator block ID（第一计算器模型 ID）区域，输入第一个计算器模型的 ID，该计算器可自动生成，设置为 HeatX 模型的热负荷等于 RadFrac 模型

的再沸器热负荷。在 Damping factor（阻尼因子）区域，输入迭代计算的阻尼因子。在 Second calculator block ID（第二计算器模型 ID）区域，输入第二个计算器模型的 ID，该计算器同样可自动生成，设置为 TEMP = TEMP + Dampf×(TCALC−TEMP)，其中 TEMP 为撕裂变量即 RadFrac 模型的热虹吸式再沸器温度，Dampf 为阻尼因子，TCALC 为 HeatX 模型的计算温度。在 Damping factor（阻尼因子）区域，输入迭代计算的阻尼因子 Dampf。若流程图中无层级模型，用户可勾选 Move to hierarchy（移入层级结构）。选择换热器集成所用模型后，用户就不能再切换，也不能改变由 Calculator 模型确定的输入值。但可返回 Reboiler Wizard 改变计算模式。用户也可勾选 Maintain link to these blocks（保持这些模型间的连接）。

用管壳式 HeatX 模型作为热虹吸式再沸器时，塔和再沸器之间的物流（HeatX 冷侧进出口）压力为规定的 RadFrac 模型的塔底压力。出口物料压力在 Blocks | HeatX | EDR Options | Analysis Parameters 页面，由 Pressure of liquid level in column（塔内液位压力）设定，但 Reboiler Wizard 通常会调整该值以使其与规定的塔底压力匹配。与 Blocks | HeatX | EDR Browser | Results | Result Summary | TEMA Sheet 上看到的一样，HeatX 模型计算进口和出口的不同压力，表示热虹吸进口和出口压力，这与由于高度差导致的物流压力改变不同。可在 Blocks | HeatX | EDR Browser | Input | Exchanger Geometry | Thermosiphon Piping 页面，查看进出口高度改变量。

塔规定中换热器的更新是通过收敛模型的 Calculator Tears（计算器撕裂物流）功能实现的。默认可将换热器更新和撕裂物流收敛结合到一个收敛模型。若换热器集成后不收敛，可尝试以下步骤：确认正确规定塔和换热器；将 Reboiler Wizard 中的 Damping factor（阻尼因子）改为 0.1（或−0.1）。如果问题仍然存在，可考虑分别收敛换热器集成和撕裂物流，并尝试以下替代方案：继续使用 Wegstein 收敛方法，但将 QMAX 值由默认的 0 改为 5；采用其他收敛方法，如 Broyden 或 Newton 法。

- Reboiler configuration 区域

对于热虹吸再沸器，可在 Thermosiphon configuration（热虹吸式再沸器结构）区域，为该再沸器选择一种配置，从而确定再沸器结构、流速和/或流过该再沸器所含单元操作的流体状态。RadFrac 模型中可用如下几种再沸器配置方式，每种方式中都近似显示了其在实际塔中的布置，同时也详细展示了如何用换热器、闪蒸罐、混合器和分离器表示。图中 N_T 表示 RadFrac 模型中规定的塔板数。

Once-through： 直流式（图 5-76）。用釜式再沸器时可用该配置。从再沸器上一级塔板流下的液相，一次通过再沸器并作为汽-液混合物返回塔底，液相作为塔底产品采出；汽相向上进入上一级塔板。

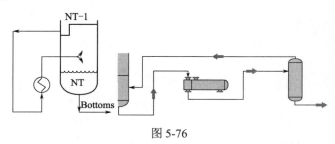

图 5-76

Circulation without baffle： 无挡板循环（图 5-77）。从再沸器上一级塔板流下的液相进入塔底后，部分采出为塔底产品，部分经再沸器后返回塔底，两部分物流组成相同。热液体返回后与塔底内液体接触可能也会产生汽相。

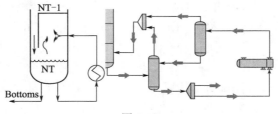

图 5-77

Circulation with baffle：有挡板循环（图 5-78）。塔底被分割为组成不同的两个区，从再沸器上一级塔板流下的液相进入其中一个区。从该区引出物流进入再沸器，经再沸器加热后进入另一区，在此区采出塔底产品。超出塔底产品采出流量的剩余再沸器液相溢流进入第一个区。第一个区的汽相和再沸器出来的汽相一起上升到上一级塔板。这种配置中，离开热虹吸式再沸器的液相流量不能少于塔底产品流量，否则其采出区将被抽干从而导致塔不收敛。

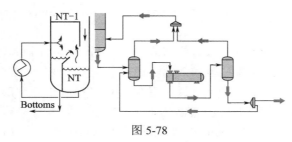

图 5-78

Circulation with auxiliary baffle：辅助挡板循环（图 5-79）。塔底由主挡板和辅助挡板分为三个区。从上一级塔板流下的液相进入再沸器物流采出区，再沸器加热后的物料返回中间区上方，经主挡板溢流入塔底产品采出区。液相根据流量大小，可经辅助挡板下方流入或流出中间区。中间区的组成与其他两区之一相同，具体由流动方向决定。在该配置中，塔底作为两级塔板模拟，以表示再沸器进料和塔底物料的不同组成。

由于挡板下流动可逆，实际流程图取决于流动方向，图 5-80 中用虚线和点划线分别显示了两种可能配置。当液体在中间区（sump middle section）向上流动时，溢流液体与再沸器返回物料分离（reboiler return split）得到的液体混合后，通过第 N_T 级塔板到塔釜（to Bottoms via N_T）。两股物流混合可能产生汽相，向上离开中间区。因为中间区不是 RadFrac 模型中的塔板，该汽相物流在报告中作为第 N_T 级塔板流出的汽相物流。由于此类物流通常去第 N_T-1 级，但此时却去了第 N_T-2 级，因此该物流被处理为从第 N_T 级采出的汽相完全返回到第 N_T-1 级（以进入第 N_T-2 级），在塔结果报告中，该物流显示为汽相产品和汽相进料。

图 5-81 为分开表示中间区流向不同时的配置情况，可以看出，只有两股汽相物流进入第 N_T-2 级，一股为再沸器返回物流，另一股为塔底冷热流股混合产生的汽相，但混合位置不同；在其他点，液体与流入的液体混合，并假设组成与流入的液体相同。两种配置间的切换通过一个平滑方程处理，在 RadFrac｜Convergence｜Advanced 页面的 Smooth-Tol（平滑方程容差）项规定容差。中间区的流量在 RadFrac｜Results｜Reboiler 页面报告，为 Cold sump to hot sump flow（冷釜到热釜流量）或 Hot sump to cold sump flow（热釜到冷釜流量）。

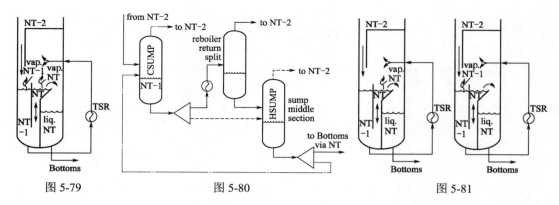

图 5-79   图 5-80   图 5-81

RadFrac-Design
Specifications

5.1.4.2 设计模式

RadFrac 模型的设计模式，即利用 Design Specifications（设计规定）功能，通过调整 RadFrac 模型中的操作变量，以达到规定的塔性能要求（如纯度或回收率）。

将上例保存后另存为"例 5.4 RadFrac-Design Specifications"。

5.1.4.2.1 流程模拟

（1）修改模型规定

在 Blocks｜3RADFRAC｜Specifications｜Setup｜Pressure 页面（图 5-82），修改塔压规定。在 View 区域，选择 Section pressure drop（塔段压降），并设置 Top stage pressure（塔顶压力）为 5.5bar。

在 Blocks｜3RADFRAC｜Specifications｜Setup｜Condenser 页面（图 5-83），修改冷凝器规定。在 Subcooling specification（过冷规定）区域，选择 Degrees subcooled（过冷度），并输入过冷度为 5，单位为 DELTA-C。

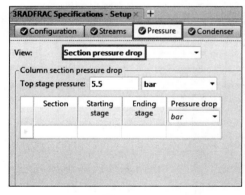

图 5-82

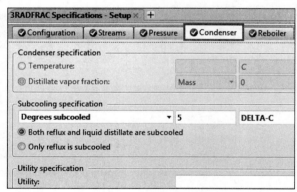

图 5-83

（2）建立设计规定

在 Blocks｜3RADFRAC｜Specifications｜Design Specifications 页面（图 5-84），单击 New…按钮，自动建立 ID 为 1 的设计规定，并打开 Blocks｜3RADFRAC｜Specifications｜Design Specifications｜1｜Specifications 页面（图 5-85）。在页面的 Design specification（设计规定）区域，选择 Type（类型）为 Mole flow（摩尔流量）；在 Specification（规定）区域，输入 Target（设计规定目标值）为 13kmol/h；在 Stream type（物流类型）区域，选择物流类型为 Product（产品）。

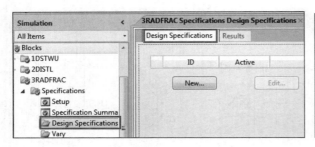

图 5-84　　　　　　　　　　　　　　　　图 5-85

在 Blocks｜3RADFRAC｜Specifications｜Design Specifications｜1｜Components 页面（图 5-86），选择组分为 C_5H_{12}-2。

在 Blocks｜3RADFRAC｜Specifications｜Design Specifications｜1｜Feed/Product Streams 页面（图 5-87），选择 Product streams（产品物流）2。

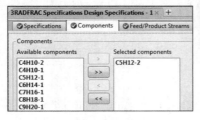

图 5-86　　　　　　　　　　　　　　　　图 5-87

在 Blocks｜3RADFRAC｜Specifications｜Vary 页面（图 5-88），单击 New…按钮，自动建立 ID 为 1 的 Adjusted Variables（调整变量），并打开 Blocks｜3RADFRAC｜Specifications｜Vary｜1｜Specifications 页面（图 5-89）。在该页面的 Adjusted Variable（调整变量）区域，选择 Type（类型）为 Distillate to feed ratio（馏出比）；在 Upper and lower bounds（上下限）区域，输入 Lower bound（下限）为 0.1，输入 Upper bound（上限）为 0.9。

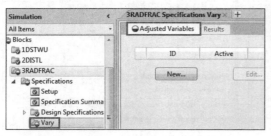

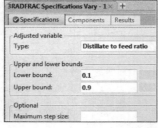

图 5-88　　　　　　　　　　　　　　　　图 5-89

至此，创建好设计规定 1。运行模拟，运行完成后，同样步骤创建设计规定 2：C_4H_{10}-1 在物流 3 中的摩尔流量为 6kmol/h；创建调整变量 2：回流比，调整范围为 0.5～5（图 5-90～图 5-93）。

（3）运行模拟并查看结果

运行结束后，在 Blocks｜3RADFRAC｜Specifications｜Design Specifications｜Results 页面（图 5-94），查看设计规定计算结果。

在 Blocks｜3RADFRAC｜Specifications｜Vary｜Results 页面（图 5-95），查看自变量计算结果。

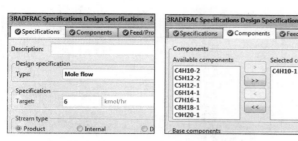

图 5-90   图 5-91   图 5-92   图 5-93

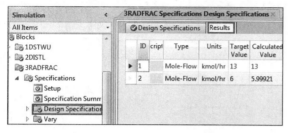

图 5-94   图 5-95

在 Blocks｜3RADFRAC｜Results 表格（图 5-96）和 Blocks｜3RADFRAC｜Stream Results 表格（图 5-97）中，分别查看塔及各物流的计算结果。

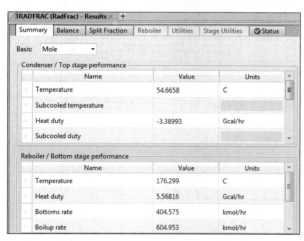

图 5-96   图 5-97

在 Blocks｜3RADFRAC｜Profiles 表格（图 5-98）中，查看各塔板上 TPFQ、组成和 K 值等的计算结果。

单击 Home 菜单选项卡下 Plot 工具栏组中的各绘图命令按钮（图 5-99），可分别绘制自定义、温度、参变量、组成、流量、压力、K 值、相对挥发度及分离因子、流量比等分布图。如单击 Temperature 按钮，可绘制温度分布图（图 5-100）。

单击 Plot 工具组中的 Composition 按钮，弹出 Composition profiles（组成分布）窗口（图 5-101），在此选择相态为液相，组成基准为摩尔，组分为 C_4H_{10}-1 和 C_5H_{12}-2，可绘制组成分布图（图 5-102）。

单击 Plot 工具组中的 Flow Rate 按钮，弹出 Flow rate（流量）窗口（图 5-103），在此选择汽相流量和液相流量，基准为摩尔，单击 OK 按钮，可绘制流量分布图（图 5-104）。

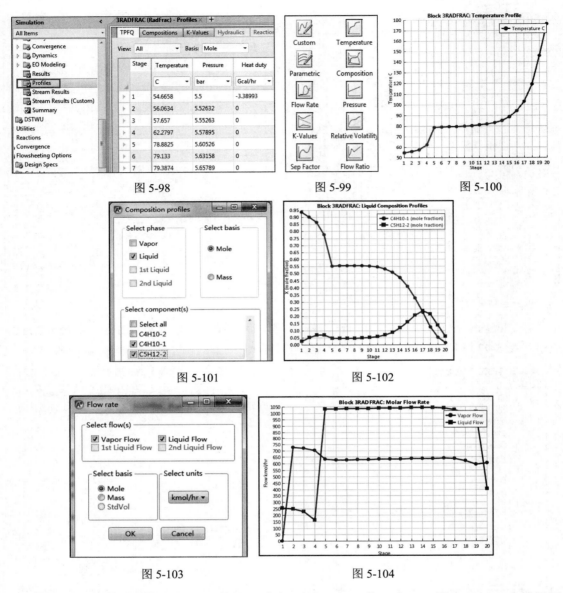

图 5-98　　　　　　　　　　　图 5-99　　　　　　　　　　　图 5-100

图 5-101　　　　　　　　　　　　　　　　图 5-102

图 5-103　　　　　　　　　　　　　　　图 5-104

单击 Plot 工具组中的 K-Values 按钮，弹出 K-Value（K 值）窗口（图 5-105），在此设置相态为汽-液相，组分为 C_4H_{10}-1 和 C_5H_{12}-2，可绘制 K 值分布图（图 5-106）。

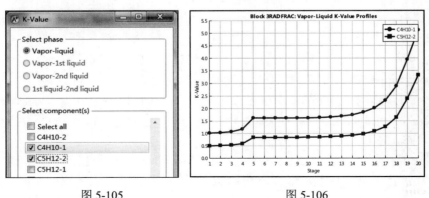

图 5-105　　　　　　　　　　　　　　图 5-106

5.1.4.2.2 RadFrac 模型功能详解——Design Specifications

RadFrac 模型内部集成的 Design Specifications（设计规定）功能，用于通过改变 RadFrac 模型内部的调整变量值，以使 RadFrac 模型内部的规定变量值达到规定要求。

调整变量可以是核算模式下允许的任意变量，但不包括塔板数、压力分布、汽化效率、过冷回流温度、过冷度、分相器温度和压力，进料、产品、加热器、中段循环和分相器位置，及热虹吸式再沸器和中段循环压力及加热器 UA 规定等变量。进口物流流量和进口热流热量也可作为调整变量。

可设置的设计规定：包括内部物流的物流集的 Purity（纯度）、包括侧线产品中任意组分集的回收率、内部物流或产品中任意组分集的流量、塔板温度、内部或产品中任意物性集的物性值、一个或一对内部或产品的任意物性集中的两个物性值的比或差、内部物流与内部物流或进料或产品中任意两个组分集的流量比。

（1）Design Specifications 表格

在 Design Specifications 表格中，设置设计规定。

每个设计规定都包括 Specifications（规定）、Components（组分）、Feed/Product Streams（进料/产品物流）、Options（选项）和 Results（结果）页面。

① Design Specifications 和 Results 页面

在 Blocks | 3RADFRAC | Specifications | Design Specifications | Design Specifications 页面（图 5-107），显示设计规定列表。输入的设计规定数，需大于或等于在 Vary 页面输入的调整变量数。单击 New…按钮，可新建设计规定。

在 Blocks | 3RADFRAC | Specifications | Design Specifications | Results 页面（图 5-108），可查看所有设计规定的计算结果汇总。

| 图 5-107 | 图 5-108 |

② Specifications 页面

在 Blocks | 3RADFRAC | Specifications | Design Specifications | Specifications 页面（图 5-109），设置设计规定。

在 Design Specification（设计规定）区域选择 Type（类型），在 Specification（规定）区域输入 Target（目标值），在 Stream type（物流类型）区域选择物流类型。设计规定类型选项如下，其中纯度、回收率、流量和流量比都可以以 Mole（摩尔）、Mass（质量）或 Stdvol（标准体积）为基准。

Purity： 纯度。产品、中间物流或分相器物流的纯度。

Recovery： 回收率。以进料物流为基准，组分在产品物流中的回收率。

Flow rate： 流量。产品、中间物流或分相器物流的流量。

Component ratio： 组分比。内部物流中的组分流量与内部物流、进料或产品物流中组分流量的比值。

Stage temperature： 塔板温度。特定塔板温度。

Stream property value：物流物性值。产品或内部物流物性值。

Stream property difference：物流物性差值。以产品或内部物流为基准的两个物性值的差值。

Stream property ratio：物流物性比。以产品或内部物流为基准的两个物性值的比值。

Distillate flow rate：馏出物流量。

Bottoms flow rate：塔底产物流量。

Reflux flow rate：回流流量。从冷凝器回流的流量。

Boilup flow rate：上升蒸汽流量。塔底上升蒸汽流量。

Reflux ratio：回流比。回流流量与馏出物流量比。

Boilup ratio：再沸比。塔底上升蒸汽流量与塔底采出流量比。

Condenser duty：冷凝器热负荷。

Reboiler duty：再沸器热负荷。

③ Components 页面

在 Blocks｜3RADFRAC｜Specifications｜Design Specifications｜Components 页面（图 5-110），选择规定纯度或比值的 Components（组分）和 Base components（基准组分）。

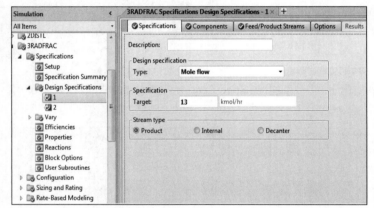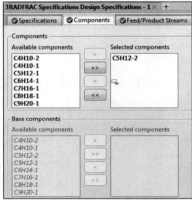

图 5-109　　　　　　　　　　　　　图 5-110

④ Feed/Product Streams 页面

在 Blocks｜3RADFRAC｜Specifications｜Design Specifications｜Feed/Product Streams 页面（图 5-111），选择设计规定中用到的产物和/或进料物流。

⑤ Options 页面

在 Blocks｜3RADFRAC｜Specifications｜Design Specifications｜Options 页面（图 5-112），规定收敛参数。在 Convergence（收敛）区域，可设置 Scale factor（比例因子）和 Weighting factor（权重因子）。在除 SUM-RATES 之外所有算法的嵌套设计规定收敛计算中，将用到这些因子。

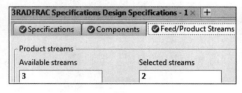

图 5-111　　　　　　　　　　　　　图 5-112

（2）Vary 表格

在 Vary 表格中，设置设计规定的调整变量。Vary 表格中包括 Adjusted Variables（调整变量）和 Results（结果）页面。

① Adjusted Variables 和 Results 页面

在 Blocks｜3RADFRAC｜Specifications｜Vary｜Adjusted Variables 页面（图 5-113），显示调整变量列表。输入的调整变量数需少于或等于在 Design Specification 表格中输入的设计规定数。单击 New…按钮，可新建调整变量。

在 Blocks｜3RADFRAC｜Specifications｜Vary｜Results 页面（图 5-114），显示调整变量的计算结果汇总。

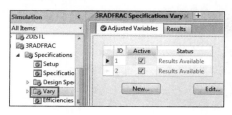
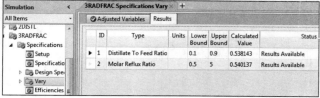

图 5-113   图 5-114

② 调整变量表格

每个调整变量的表格中，都包括 Specifications（规定）、Components（组分）和 Results（结果）页面。

- Specifications 页面

在 Blocks｜3RADFRAC｜Specifications｜Vary｜Specifications 页面（图 5-115），规定 Adjusted variable（调整变量）的 Type（类型）、Upper and lower bounds（上下边界）及 Maximum step size（最大步长）等。

- Components 页面

在 Blocks｜3RADFRAC｜Specifications｜Vary｜Components 页面（图 5-116），在 Select components for Murphree efficiency manipulation 区域的列表中，选择计算 Murphree 效率所用的组分。

- Results 页面

在 Blocks｜3RADFRAC｜Specifications｜Vary｜Results 页面（图 5-117），查看调整变量的计算结果。包括 Type（类型）、Lower bound（下限）、Upper bound（上限）和 Final value（最终值）。

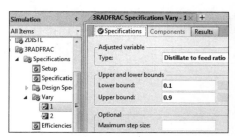
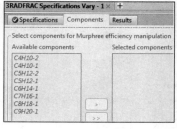

图 5-115   图 5-116   图 5-117

（3）Specification Summary 表格

在 Specification Summary 表格（图 5-118）中，查看并编辑塔的各操作规定、设计规定及调整变量。

Primary specifications（主要规定）部分，为塔操作规定汇总。包括在 Blocks｜3RADFRAC｜Specifications｜Setup｜Configuration 页面设置的 Operating specifications（操作规定）及 Free water reflux ratio（游离水回流比）。该回流比用于冷凝器的水分相器，需在 Configuration 页面，规定 Valid phases（有效相态）为 Vapor-Liquid-FreeWaterCondenser（汽-液-游离水相冷凝器）或 Vapor-Liquid-DirtyWaterCondenser（汽-液-污水相冷凝器）。单击 Feed Basis（进料基准）按钮，将弹出 Feed basis for distillate/bottoms ratio specification（塔顶/塔釜采出比规定的进料基准）窗口（图 5-119），在此可选择 Feeds 和 Components 基准。

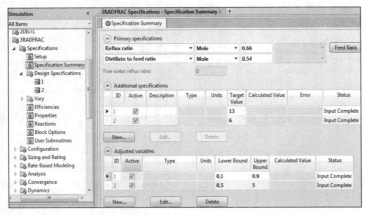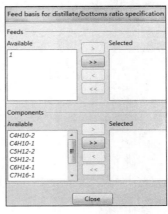

图 5-118 图 5-119

Additional specifications（附加规定）部分，为设计规定汇总。单击 New…或 Edit…按钮，可新建或编辑删除一个设计规定，此时将跳转到 Design Specifications 文件夹下相应的设计规定表格。单击 Delete 按钮，可删除选中的设计规定。

Adjusted variables（调整变量）部分，为设计规定对应的调整变量汇总。这些变量可能为 Primary specifications（主要规定）变量，也可能为侧线产品流量或中段循环规定等其他变量。变量数需少于或等于 Additional specifications 的个数。单击 New…或 Edit…按钮，可新建或编辑删除一个调整变量，此时将跳转到 Vary 文件夹下相应的调整变量表格。单击 Delete 按钮，可删除选中的调整变量。

用户可通过勾选或清除表格中 Active 列的复选框，激活或关闭附加规定和调整变量。该表格的其余内容在运行后可用。

5.1.4.3 塔板/填料的设计/校核计算

RadFrac、MultiFrac 和 PetroFrac 模型，都可以进行塔板和填料的设计、校核和压降计算，在 Tray Sizing（塔板设计）、Tray Rating（塔板校核）、Packing Sizing（填料设计）和 Packing Rating（填料校核）表格中进行规定。

RadFrac-Tray Sizing

5.1.4.3.1 塔板设计

将上例保存后另存为"例 5.1RadFrac-Tray Sizing"。

在 Blocks｜3RADFRAC｜Specifications｜Setup｜Configuration 页面（图 5-120），设置精馏塔配置。在 Operating specifications（操作规定）区域，将 Reflux ratio（回流比）设置为 0.54，将 Distillate to feed ratio（馏出比）设置为 0.538。

在 Blocks｜3RADFRAC｜Sizing and Rating｜Tray Sizing 页面（图 5-121），新建塔板设计塔段。单击 New…按钮，弹出 Create New ID 窗口，默认塔段 ID 为 1。单击 OK 按钮，即可新建 ID 为 1 的塔板设计塔段。

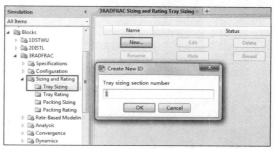

图 5-120 图 5-121

在 Blocks｜3RADFRAC｜Sizing and Rating｜Tray Sizing｜1｜Specifications 页面（图 5-122），规定塔板设计塔段的位置及结构。在 Trayed section（塔段）区域，设置 Starting stage（起始塔板）为 2；Ending stage（终止塔板）为 19；Tray type（塔板类型）为 Sieve（筛板）；Number of passes（通道数）为 1。在 Tray geometry（塔板结构）区域，设置 Tray spacing（塔板间距）为 0.6096m。

在 Blocks｜3RADFRAC｜Sizing and Rating｜Tray Sizing｜1｜Design 页面（图 5-123），规定塔板设计塔段的设计参数。在 Sizing criteria（设计标准）区域，设置 Fractional approach to flooding（接近液泛分率）为 0.8；Minimum downcomer area（最小降液管面积占总塔板面积的分率）为 0.1。在 Design parameters（设计参数）区域，设置 System foaming factor（体系发泡因子）为 1；Over-design factor（设计裕量因子）为 1。

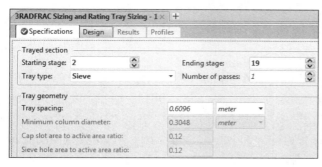

图 5-122 图 5-123

设置完成后运行。运行结束后在 Blocks｜3RADFRAC｜Sizing and Rating｜Tray Sizing｜1｜Results 页面（图 5-124），查看塔板设计塔段的设计结果。显示塔径 1.95613m，降液管流速 0.145067m/s，降液管宽度 0.337115m，溢流堰宽度为 1.47756m。

在 Blocks｜3RADFRAC｜Sizing and Rating｜Tray Sizing｜1｜Profiles 页面（图 5-125），查看塔板设计塔段内各塔板的直径、总面积和降液管面积等的计算结果。

5.1.4.3.2　塔板校核

将上例保存后另存为"例 5.1RadFrac-Tray Rating"。

在 Blocks｜3RADFRAC｜Sizing and Rating｜Tray Rating 页面（图 5-126），新建塔板校核塔段。单击 New…按钮，弹出 Create New ID 窗口，默认塔段

RadFrac-Tray Rating

ID 为 1。单击 OK 按钮，即可新建 ID 为 1 的塔板校核塔段。

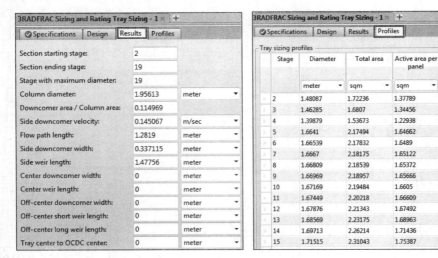

图 5-124   图 5-125

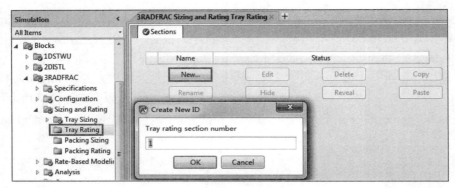

图 5-126

在 Blocks | 3RADFRAC | Sizing and Rating | Tray Rating | 1 | Setup | Specifications 页面（图 5-127），规定塔板校核塔段的位置及参数。在 Trayed section（塔段）区域，设置 Starting stage（起始塔板）为 2；Ending stage（终止塔板）为 19；Tray type（塔板类型）为 Sieve（筛板）；Number of passes（降液管数目）为 1。在 Tray geometry（塔板结构）区域，设置 Diameter（塔径）为 2m；Tray spacing（塔板间距）为 0.6096m。

在 Blocks | 3RADFRAC | Sizing and Rating | Tray Rating | 1 | Setup | Design/Pdrop 页面（图 5-128），设置塔板校核塔段的设计参数、压降计算选项及水力学限制。在 Design parameters（设计参数）区域，设置 System foaming factor（体系发泡因子）、Aeration factor multiplier（充气因子系数）、Over-design factor（设计裕量因子）、Overall section efficiency（塔段总效率）和 Flooding calculation method（液泛计算方法）。各参数均采用默认值 1。在 Pressure drop（压降）区域，设置 Fix pressure at（压力固定于）Top（塔顶）。

在 Blocks | 3RADFRAC | Sizing and Rating | Tray Rating | 1 | Setup | Layout 页面（图 5-129），规定塔板校核塔段的塔板布局。在 Sieve tray（筛板）区域，设置 Hole diameter（筛孔孔径）为 0.0127m；Sieve hole area to active area fraction（筛孔占有效面积的分率）为 0.12。

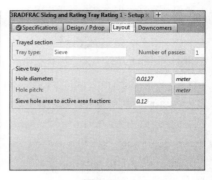

图 5-127　　　　　　　　　　图 5-128　　　　　　　　　　图 5-129

运行后，在 Blocks｜3RADFRAC｜Sizing and Rating｜Tray Rating｜1｜Results｜Results 页面（图 5-130），查看塔板校核塔段的核算结果。

在 Tray rating summary（塔板校核汇总）区域，可以看到 Maximum flooding factor（最大液泛因子）为 0.7552，Stage（塔板）位置为 19；Section pressure drop（塔段压降）为 0.08879bar。在 Downcomer results（降液管结果）区域（图 5-131），可以看到 Maximum backup/Tray spacing（最高持液液位/板间距）为 0.606623，Stage 为 19，Backup（持液量）为 0.3698m；Maximum velocity/Design velocity（最大流速/设计流速）参数中，Stage 为 19，Velocity（流速）为 0.1595m/s。

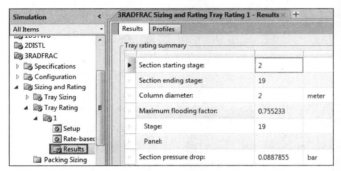

图 5-130

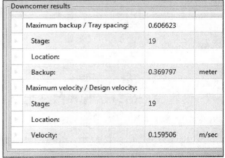

图 5-131

5.1.4.3.3　填料设计

将上例保存后另存为"例 5.1RadFrac-Packing Sizing"。

在 Blocks｜3RADFRAC｜Sizing and Rating｜Packing Sizing 页面（图 5-132），新建填料设计塔段。单击 New…按钮，弹出 Create New ID 窗口，默认塔段 ID 为 1。单击 OK 按钮，即可新建默认 ID 为 1 的填料设计塔段。

RadFrac-Packing
Sizing

图 5-132

在 Blocks | 3RADFRAC | Sizing and Rating | Packing Sizing | 1 | Specifications 页面（图 5-133），规定填料设计塔段的位置和结构。在 Packing section（填料段）区域，设置 Starting stage（起始塔板）为 2；Ending stage（终止塔板）为 19；Type（类型）为 IMTP（金属矩鞍填料）。在 Packing characteristics（填料特征）区域，设置 Vendor（生产商）为 NORTON；Dimension（尺寸）为 3in 或 75mm；Material（材质）为 METAL（金属）；Packing factor（填料因子）为 39.3701m^{-1}。在 Packed height（填料层高度）区域，设置 Height equivalent to a theoretical plate (HETP)（等板高度）为 1m。

单击 Update parameters（更新参数）按钮，弹出 Update packing parameters（更新填料参数）窗口（图 5-134），在此可更新填料参数。

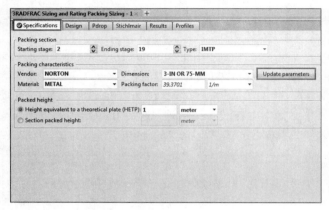
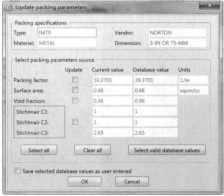

图 5-133 　　　　　　　　　　　　　　　　　图 5-134

设置完成后，运行模拟。运行结束后，在 Blocks | 3RADFRAC | Sizing and Rating | Packing Sizing | 1 | Results 页面（图 5-135），查看填料设计塔段的结果。可以看到 Column diameter（塔径）为 1.97m，Maximum fractional capacity（最大负荷分数）为 0.62，Section pressure drop（塔段压降）为 0.0079bar，Average pressure drop/Height（平均每米填料层压降）为 4.49mmH$_2$O/m（1mmH$_2$O=9.80665Pa），Max liquid superficial velocity（最大液体表面流速）为 0.017m/s。

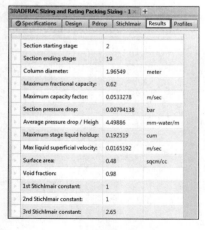
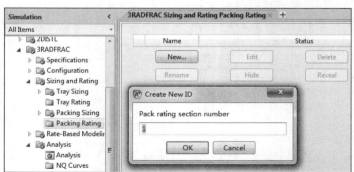

图 5-135 　　　　　　　　　　　　　　　　　图 5-136

5.1.4.3.4 填料校核

将上例保存后另存为"例 5.1RadFrac-Packing Rating"。

RadFrac-Packing Rating

在 Blocks ｜3RADFRAC｜Sizing and Rating｜Packing Rating 页面（图 5-136），新建填料校核塔段。单击 New...按钮，弹出 Create New ID 窗口，默认塔段 ID 为 1。单击 OK 按钮，即可新建默认 ID 为 1 的填料校核塔段。

在 Blocks ｜3RADFRAC｜Sizing and Rating｜Packing Rating｜1｜Setup｜Specifications 页面（图 5-137），规定填料校核塔段的位置和结构。在 Packing section（填料段）区域，设置 Starting stage（起始塔板）为 2；Ending stage（终止塔板）为 19；Type（类型）为 IMTP（金属矩鞍填料）。在 Packing characteristics（填料特征）区域，设置 Vendor（生产商）为 NORTON；Section diameter（塔段直径）为 2m；Material（材质）为 METAL（金属）；Packing factor（填料因子）为 39.3701m^{-1}。在 Packed height（填料层高度）区域，设置 (HETP)（等板高度）为 1m。

设置完成后，运行模拟。运行结束后，在 Blocks｜3RADFRAC｜Sizing and Rating｜Packing Rating｜1｜Results｜Results 页面（图 5-138），查看填料校核塔段结果。可以看到，Maximum fractional capacity（最大负荷分数）为 0.5988，Maximum capacity factor（最大容量因子）为 0.0515m/s，Section pressure drop（塔段压降）为 0.007318bar，Average pressure drop/Height（平均每米填料层压降）为 4.1459mmH$_2$O/m，Maximum stage liquid holdup（最大级持液量）为 0.1946m^3，Max liquid superficial velocity（最大液体表面流速）为 0.01595m/s，Surface area（表面积）为 0.48cm^2/ cm^3，Void fraction（空隙率）为 0.98。

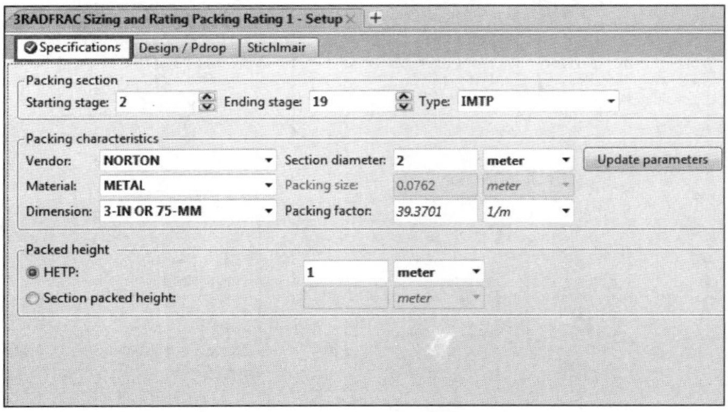

图 5-137

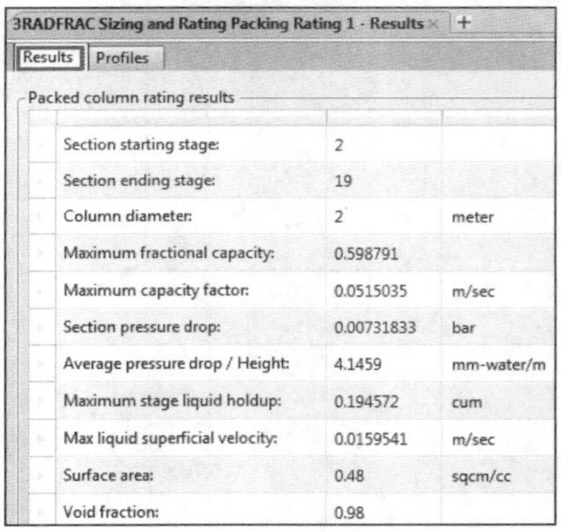

图 5-138

5.1.4.3.5 RadFrac 模型功能详解——Tray Sizing/Rating

Aspen Plus 可模拟多种常见类型的塔板、散装填料和规整填料，对塔进行设计或校核计算。可模拟的塔板和填料类型如下。

Tray：塔板。如 Bubble caps（泡罩塔板）、Sieve（筛板）、Glitsch Ballast®（格利奇重盘式浮阀塔板）、Koch Flexitray®（柯赫浮阀塔板）和 Nutter Float Valve（Nutter 浮阀塔板）。

Random packing：散装填料。如 BERL（贝尔鞍型填料）、BETA RING（科赫 β 环）、CMR（阶梯环）、COIL（环形填料）、DIXON（狄克松填料）和 HELIX（螺旋填料）等。

Structure packing：规整填料。如 GOODLOE（古德洛规整丝网填料）、GRID（格里奇栅格填料）、ISP（诺顿英特洛克斯规整填料）、BX/CY/MELLAPAK/KERAPAK（苏尔寿 BX 型

板波纹规整填料/CY 型丝网规整填料/孔板波纹填料和陶瓷板波纹填料）、Flexipac/Flexiramic/Flexigrid（柯赫柔性波纹板填料/曲线规整填料/格栅规整填料）和 SUPER-PAK/RALU-PAK（拉西超级规整填料/带缝板波纹规整填料）等。

Aspen Plus 将塔分段以进行设计和校核计算。段数不限，各段可设计不同的塔板类型、填料类型和直径，对同一段也可进行不同类型的塔板和填料设计及校核。可根据塔负荷、传递性质、塔板结构和填料性能，计算塔径、接近液泛或最大符合程度、降液管持液量和压降等尺寸和性能参数。一般根据厂商推荐的程序进行计算，无程序时采用文献上的成熟方法。

Aspen Plus 对塔板有 Sizing（设计）和 Rating（校核）两种模式。在 Sizing 模式下，需规定塔板类型、板间距及发泡因子等信息，RadFrac 模型将计算塔径、降液管面积、降液管流速、流道长度、降液管宽度和溢流堰长度等信息。在 Rating 模式下，需规定塔段直径及其他塔板详细信息，RadFrac 模型将计算各级塔板性能和接近液泛程度、降液管持液量和压降等水力学信息。

（1）单通道和多通道塔板

用户可利用 RadFrac 模型设计或校核不多于四通道的塔板，RadFrac 模型对所有通道进行计算并报告结果。单通道塔板、两通道塔板、三通道塔板和四通道塔板的示意图如图 5-139～图 5-142 所示。

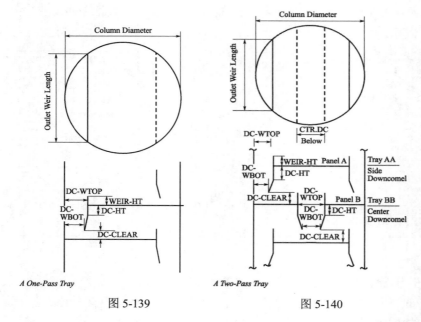

图 5-139   图 5-140

在 Tray rating 计算中，当规定 Weir heights（溢流堰高）、Cap positioning（泡罩位置）和 Number of valves（浮阀数）时，One-Pass Tray，需规定一个值；Two-Pass Tray，需规定不多于 A、B 两个通道各自一个值；Three-Pass Tray，需规定不多于 A、B、C 三个通道各自一个值；Four-Pass Tray，需规定不多于 A、B、C、D 四个通道各自一个值。

泡罩数和浮阀数用于每个通道。如两通道塔板，AA 塔板有两个 A 通道，BB 塔板有两个 B 通道，因此每个通道的泡罩数等于每块塔板的泡罩数除以 2。三通道和四通道塔板也类似。若多通道塔板只规定一个值，则该值用于所有通道。

降液管一般来说应该平衡，以保证所有降液管内单位面积的液体量都相等。因为塔中间

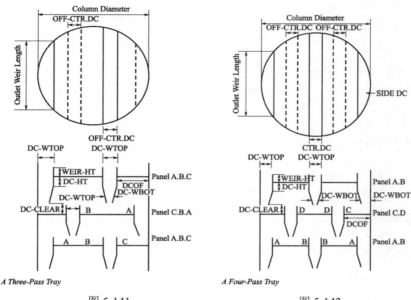

图 5-141   图 5-142

和壁面附近深度不同，因此需要每个通道尺寸不同。若用户未规定降液管净空、宽度或直管高度，默认值可提供一个平衡的塔。若用户规定了一个通道值，则需规定所有通道，用户规定可能会平衡。One-Pass Tray，需规定一个值：降液管值；Two-Pass Tray，需规定两个值：一个侧边降液管值，一个中间降液管值；Three-Pass Tray，需规定两个值：一个侧边降液管值，一个偏中间位置降液管值。Four-Pass Tray，需规定三个值：一个侧边降液管值，一个中间降液管值，一个偏中间位置降液管值。

（2）塔板的液泛计算

Aspen Plus 为计算趋近喷射液泛提供了如下方法：

Bubble caps 和 Sieve 塔板：可用算法包括 Fair 法；Fair72 法，比 Fair 原始图形关联更好的拟合方法；Glitsch Ballast 塔板算法，所有除趋近液泛之外的水力学计算都基于 Fair 和 Bolles 法。原始 Glitsch 法（校核可用）基于 Glitsch bulletin 4900 的 Version 3 版本，Version 6 版本也可用。对于设计计算，Glitsch 法指 Version 6；Kister & Haas 法（不用于泡罩塔板）；Smith，Dresser 和 Ohlswager 法；用户也可提供自己的算法。

Glitsch Ballast 塔板：只有上文中提到的 Version 3（仅用于核算）和 Version 6 的 Glitsch 法。

Koch Flexitray 和 Nutter Float Valve 塔板：采用厂商设计公告中提供的算法。Koch Flexitray 塔板有 Bulletin 960 和 Bulletin 960-1 两种版本的厂商设计公告可用。注意，这些公告用于早期版本的 Koch Flexitray 塔板，对于 Koch-Glitsch 塔板，当前并未提供设计信息以用于 Aspen Plus 的准确模拟。对于 Tray Rating 塔段的 S、AO 和 TO 型，Aspen Plus 通常采用 Bulletin 960-1，其他情况采用 Bulletin 960。对于 Nutter Float Valve 塔板，在厂商设计公告中提供了 Aspen 90 和 Aspen 96 两个版本的拟合曲线，推荐使用 Aspen 96。

用户可在 Convergence 表格中，规定模型所有 Tray Sizing 和 Tray Rating 塔段所用的公告。可为每个塔段指定公告，该规定将覆盖模型规定。

（3）泡罩塔板布局

RadFrac 模型仅在 Bubble caps 塔板类型中会用到泡罩直径，有效输入如下：

Cap Diameter（泡罩直径）		默认 Weir Height（溢流堰高度）	
Inches（in）	Millimeters（mm）	Inches（in）	Millimeters（mm）
3	76.2	2.75	69.85
4	101.6	3.00	76.20
6	152.4	3.25	82.55

采用标准泡罩直径，可根据标准泡罩设计检索泡罩特性结构尺寸。

塔径	默认值
Up to 48 in（1219.2 mm）（＜48 in 即 1219.2 mm）	3 in（76.2 mm）
Greater than 48 in（1219.2 mm）（＞48 in 即 1219.2 mm）	4 in（101.6 mm）

Cap Spacing（泡罩距离）根据相邻泡罩外径间距测定，泡罩尺寸如图 5-143 所示。

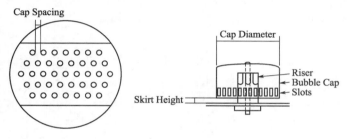

图 5-143

（4）塔板压降计算

一般来说，RadFrac、MultiFrac 和 PetroFrac 模型都默认塔板为平衡级，为将计算的单板压降转化为平衡级压降并计算塔压降，需输入总效率。也可规定 Murphree 效率或蒸发效率，此时 RadFrac、MultiFrac 和 PetroFrac 模型认为各板都为实际板。若用户不输入，则模型默认总效率为 100%。

速率精馏模式下，RadFrac 模型将根据所规定塔板类型的关联式计算压降。第 N 级压降为第 N 级和第 $N+1$ 级间的压力差。在无再沸器的塔中，最后一级包括在压力更新段内，但不用其压降值。塔板压降可近似为干孔压降和通过液体和孔周围的压降之和。计算采用一系列图表估算必要参数，这些图表中的关系可用关联式表达，Aspen Plus 利用这些关联式，可迅速且容易地预测筛板压降。根据计算的压降结果，可更新塔的压力分布。

（5）塔板持液量计算

在 RadFrac 模型平衡模式的计算中，不用塔板的液相持液量。而在速率精馏模式的计算中，会用到塔板的持液量，此时有多个持液量关联式可用。

压降、持液量等计算采用 Liquid from（离开各级的液相流量）和 Vapor to（进入该级的汽相流量），但在速率精馏计算中采用 Liquid from 和 Vapor from（在 RadFrac | Profiles | TPFQ 页面报告），以与该模型其他计算一致。

（6）发泡计算

对于 Glitsch Ballast 塔板，建议的 Foaming Factor（发泡因子）值如下：非发泡体系，取 1.00；氟体系，取 0.90；中度发泡体系，如油吸收塔、胺和乙二醇再生塔，取 0.85；强发泡体系，如胺和乙二醇吸收塔，取 0.73；严重发泡体系，如甲乙酮装置，取 0.60；稳定发泡体系，如烧碱回收装置，取 0.30。

对于 Koch Flexitray 塔板，建议的发泡因子值如下：脱丙烷塔，取 0.85～0.95；吸收塔，取 0.85；真空塔，取 0.85；胺再生塔，取 0.85；胺接触塔，取 0.70～0.80；高压脱乙烷塔，取 0.75～0.80；乙二醇接触塔，取 0.70～0.75。

对于 Nutter Float Valve 塔板，建议的发泡因子值如下：非发泡体系，取 1.00；低发泡体系，取 0.90；中度发泡体系，取 0.75；高度发泡体系，取 0.60。

5.1.4.3.6　RadFrac 模型功能详解——Packing Sizing/Rating

与塔板设计和校核计算相同，填料设计和校核计算中，都可将塔分成任意段，各段可以使用不同填料。也可给同一段设置不同填料或塔板，此时需要重新设计或校核。

填料计算基于等板高度（HETP），HETP=填料高度/级数。可在 Packing Sizing（填料设计）或 Packing Rating（填料校核）表格直接输入 HETP，也可输入 Packing height（填料高度）。

在设计模式下，Aspen Plus 根据接近最大负荷程度和规定的设计负荷系数确定塔段直径，用户也可设置单位填料高度压降或塔段压降。确定塔段直径后，便可根据计算的直径重新核算该塔段中的各级填料。

在核算模式下，用户指定塔径，Aspen Plus 将计算接近最大负荷程度和压降。

（1）填料最大负荷的计算

Aspen Plus 提供了多种最大负荷的计算方法。

① 散装填料

对于散装填料，可利用如下方法：MTL 型填料，Mass Transfer, Ltd.（MTL）；Norton IMTP 型填料，Norton；Koch 型填料，Koch；Raschig 型填料，Raschig；其他散装填料，Eckert。

② 规整填料

对于规整填料，Aspen Plus 提供了各种填料厂商的算法。若用户规定了最大负荷因子，Aspen Plus 将跳过最大负荷计算。

接近最大负荷程度的定义取决于填料类型。对于 Norton IMTP 和 Intalox 规整填料，接近最大负荷程度指接近最大效率负荷的分数。效率负荷是因为液体夹带导致填料效率下降的操作点，为泛点的 10%～20%；对于 Sulzer 规整填料（BX、CY、Kerapak 和 Mellapak），接近最大负荷程度指接近最大负荷的分数。最大负荷是指填料压降达 12mbar/m 时的操作点。在该条件下，可进行稳定操作，但汽相负荷高于达到最大分离效率的负荷。最大负荷对应的汽相负荷低于泛点 5%～10%，Sulzer 推荐的设计范围为泛点的 50%～80%；对于 Raschig 散装和规整填料，接近最大负荷程度指接近最大负荷的分数，最大负荷为载点；对于其他填料，接近最大负荷程度指接近泛点的分数，最大负荷为泛点。

因为接近最大负荷程度的定义不同，即使用户用相同的接近最大负荷程度值，不同厂商的填料设计结果也不同，因此不建议直接对比不同厂商填料的性能。

The capacity factor（负荷因子）计算公式为：

$$CS = VS \sqrt{\frac{\rho_V}{\rho_L - \rho_V}}$$

式中，CS 表示容量因子；ρ_V 表示进入填料的汽相密度；VS 表示进入填料的空塔气速；ρ_L 表示由填料流出的液相密度。

（2）填料类型和填料因子

Aspen Plus 能处理不同厂商、不同尺寸和材质的多种填料类型。对于散装填料，计算需要 Packing factors（填料因子）。Aspen Plus 数据库中，储存了不同厂商生产的不同尺寸和材质的填料。若用户提供 Packing type（填料类型）、Size（尺寸）、Material（材质）等信息，Aspen Plus 可自动检索出填料因子。用户可在 Packing Sizing 或 Packing Rating 表格中，规定 vendor（厂商），Aspen Plus 将利用厂商提供的填料因子。若不规定厂商，Aspen Plus 将利用文献值进行计算。用户也可直接输入填料因子值以覆盖内置值。

（3）填料压降的计算

Aspen Plus 提供了多种计算压降的方法。

① 散装填料的厂商关联式：Koch；MTL Cascade Mini-Ring；Norton；Raschig；Sulzer。

② 规整填料的厂商关联式：Goodloe；Glitsch Grid；Norton Intalox Structured Packings and IMTP；Sulzer BX；CY；Mellapak；Kerapak；BXPlus；MellapakPlus；MellaCarbon；MellaGrid；Raschig Super-Pak；Ralu-Pak；Sheet-Pack；Wire-Pack；Grid-Pack；Koch Flexipac；Flexeramic；Flexigrid。

③ 其他方法：Eckert GPDC；Norton GPDC；Prahl GPDC；Tsai GPDC；Aspen GPDC-85；Sherwood/Leva/Eckert GPDC（SLE）；Stichlmair；Robbins；Wallis-Aspen 和 User。

要规定厂商关联式，需要规定恰当的填料类型和厂商，并保持 Pressure drop calculation method（压降计算方法）区域空白。若规定厂商为 Sulzer，除选择 User 方法外，都将采用厂商关联式；若规定厂商为 Raschig，只能采用厂商关联式；若规定 Raschig 或 Sulzer 之外的其他厂商，用户可选择其他方法或不规定厂商关联式。若规定 Stichlmair 法且缺乏填料表面积或空隙率数据，将采用 Eckert GPDC 法。

若不规定应用其他厂商的方法，Aspen Plus 将从下表方法中选择一种：

填料	压降方法
IMTP，Grid 或 Goodloe	该填料的厂商关联式
I-Ring	IMTP 厂商关联式（Norton）
所有其他 MTL 散装填料	MTL Cascade Mini-Ring 厂商关联式
所有其他 Norton 散装填料	Norton 厂商关联式
所有 Koch 填料	Koch 厂商关联式
所有其他散装填料	Eckert GPDC 法
ISP 规整填料	IMTP 厂商关联式（Norton）
Ralu-pak，Super-pak，Sheet-pack，Wire-pack，或 Grid-pack	Raschig 厂商关联式

（4）填料持液量计算

Aspen Plus 可进行散装和规整填料的持液量计算。

Raschig 和 Sulzer 填料：采用厂商提供的算法。计算持液量需要空隙率和表面积，若用户不提供这些参数，Aspen Plus 将从内置数据库中检索。

其他填料：采用 Stichlmair 关联式。Stichlmair 关联式需要填料空隙率和表面积及三个 Stichlmair 关联式常数等参数。Aspen Plus 内置数据库中可提供多种填料的参数，这些常数会不断更新。对于缺失参数的特殊填料，Aspen Plus 将不计算其持液量。用户也可输入参数以提供缺失值或覆盖数据库值。

5.1.4.3.7 RadFrac 模型功能详解——Efficiency

平衡模式下，Efficiency（效率）可规定为汽化效率或 Murphree 效率。汽化效率定义为：

$$Eff^{v} = \frac{y_{ij}}{K_{ij}x_{ij}}$$

Murphree 效率定义为：

$$Eff_{ij}^{M} = \frac{y_{ij} - y_{ij+1}}{K_{ij}x_{ij} - y_{ij+1}}$$

式中，K 表示平衡 K 值；Eff^{v} 表示汽化效率；i 表示组分编号；x 表示液相摩尔分数；Eff^{M} 表示 Murphree 效率；j 表示塔板编号；y 表示汽相摩尔分数。

用户可用任何一种效率表示偏离平衡的程度，但不能把一种效率转化为另一种。效率的数量级可能会有很大差别。当效率未知而能获得实际塔操作数据时，可调整 Murphree 效率以符合操作数据。调整 Murphree 效率时，可以利用 Design Specifications 和 Vary 表格的设计规定功能。

速率模式下，RadFrac 模型计算每个组分的 Murphree 效率，即离开各级的汽相物流偏离平衡的分率。对于填料塔的每个塔段，RadFrac 模型计算偏离平衡的分率（与 Murphree 效率定义相同）。

（1）Efficiency 表格

用 Efficiency 表格规定精馏塔的效率，仅用于平衡精馏计算和速率精馏的平衡态初始化，速率精馏计算不用这些效率，但可在 Blocks | RadFrac | Rate-Based Modeling | Rate-Based Report | Efficiency 页面，勾选 Include Murphree efficencies（包括 Murphree 效率）或 Include tray efficiencies（包括塔板效率），从而根据速率计算结果来计算效率。

Efficiency 表格中，包括 Options（选项）、Vapor-Liquid（汽-液相）、Vapor-1st Liquid（汽-第一液相）和 Vapor-2nd Liquid（汽-第二液相）页面。

① Options 页面

在 Blocks | 3RADFRAC | Specificationies | Efficiencies | Options 页面（图 5-144），选择效率选项。

在 Efficiency type（效率类型）区域选择效率类型，包括 Vaporization efficiencies（汽化效率）和 Murphree efficiencies（默弗里效率）。在 Method（方法）区域选择规定方法，包括 Specify stage efficiencies（规定板效率）、Specify efficiencies for individual components（规定组分效率）或 Specify efficiencies for column sections（规定塔段效率）。要规定汽化或 Murphree 效率，需在 Blocks | RadFrac | Specifications | Setup | Configuration 页面输入实际塔板数，然后在 Efficiencies 表格中输入效率。注意，若最后一级有一股包括汽相的 On-stage 进料，则 Murphree 效率有意义，该汽相可来自进料或内部物流（如中段循环）。若最后一级无汽相进料，并规定 Murphree 效率不等于 1，将会出现警告。有再沸器时（即使也有一小股汽相进料），若规定最后一级的板效率，并规定其他进料板效率，可能会导致无解，此时不建议规定板效率。因此使用板效率需特别注意，只有在有合理解时才可进行规定。

对于三相体系，可在 3-Phase options（三相选项）区域，选择两液相效率的规定方法，包括 Specify the same efficiency for both liquid phases（为两液相规定相同的效率）和 Specity different efficiencies for the two liquid phases（为两液相规定不同的效率）。

② Vapor-Liquid 页面

在 Blocks | 3RADFRAC | Specifications | Efficiencies | Vapor-Liquid 页面（图 5-145），规定汽-液相平衡的效率。对于三相体系，汽相与两个液相之间相平衡的效率相同时，可在该页面进行设置。根据在 Options 页面规定的效率不同，用户在本页面可规定汽化效率或 Murphree 效率。可以是以单级或某组分为基准的效率，也可以是以塔段为基准的效率。

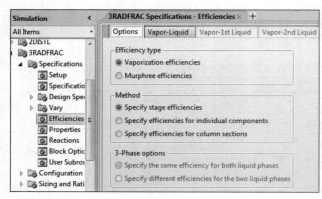

图 5-144

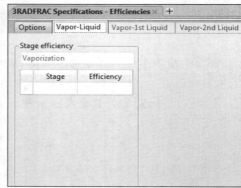

图 5-145

③ Vapor-1st Liquid 和 Vapor-2nd Liquid 页面

对于三相体系，汽相和两个液相之间相平衡的效率不同时，可分别在 Blocks | 3RADFRAC | Specifications | Efficiencies | Vapor-1st Liquid 页面（图 5-146）和 Blocks | 3RADFRAC | Specifications | Efficiencies | Vapor-2nd Liquid 页面（图 5-147），规定汽相-第一液相和汽相-第二液相平衡效率。对于含游离水相或污水相的体系，不允许为两液相规定不同的效率。

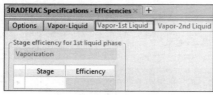

图 5-146

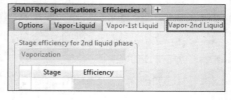

图 5-147

只有汽化效率可用于调整汽相-第一液相平衡，而 Murphree 效率不可用。可规定以单级或某组分为基准的效率，但不能以塔段为基准。

（2）Properties 表格

在 Properties 表格中，规定塔段、分相器和热虹吸再沸器的物性方法。Properties 表格中，包括 Property Sections（物性分区）、KLL Correlations（液液相平衡常数关联式）和 KLL Sections（液液相平衡分区）页面。

① Property Sections 页面

在 Blocks | 3RADFRAC | Specifications | Properties | Property Sections 页面（图 5-148），规定塔段、分相器或热虹吸再沸器的物性选项。

首先需选择物性 Type（类型），包括 Segment（塔段）、Decanter（分相器）或 Reboiler（再沸器）。

对于 Segment，需指定塔段的 Starting stage（起始塔板）和 Ending stage（终止塔板）。对于 Decanter，需指定 Starting stage。

对于三相计算，需选择 Phase（相态），包括 Vapor-Liquid1（汽相-第一液相）和 Liquid 1-Liquid 2（第一液相-第二液相），从而为不同液相规定不同的物性方法。

上述指定完成后，可选择其 Property method（物性方法）及 Henry Components（亨利组分）、Chemistry（化学反应）、Free-water phase properties（游离水相物性）和 Water solubility method（水溶解度方法）。

注意，若选用导入的 CAPE-OPEN 物性包中的物性方法，则 Henry Components、Chemistry、Free-water phase properties 和 Water solubility method 等区域都将为灰色，这些选项值将采用物性包中的数据。

② KLL Correlations 页面

在 Blocks｜3RADFRAC｜Specifications｜Properties｜KLL Correlations 页面（图 5-149），输入三相计算中用户自定义的 KLL 关联式系数。

KLL 内置关联式为：

$$\ln(\text{KLL}) = a + b/T + c\ln(T) + dT$$

式中，d 表示系数；T 表示热力学温度。

在 Coefficients for KLL correlations（KLL 关联式系数）区域，为每个系数集规定一个 Correlation number（关联式号），指定 Basis（基准），并在下方列表中输入各系数值。

③ KLL Sections 页面

在 Blocks｜3RADFRAC｜Specifications｜Properties｜KLL Sections 页面（图 5-150），规定用户自定义的 KLL 关联式所计算的塔段。在 Specify user KLL correlations for column sections（规定用户自定义的塔段 KLL 关联式）区域，选择 KLL correlation number（KLL 关联式号）后，规定关联式号相应塔板的 Starting stage（起始塔板）和 Ending stage（终止塔板）。

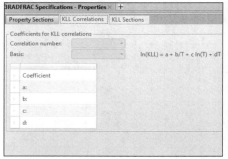

| 图 5-148 | 图 5-149 | 图 5-150 |

5.1.4.4　塔分析

Aspen Plus Analysis（塔分析）包括热分析、水力学分析及 NQ 曲线分析等。在过程设计或改造分析时，可利用这些功能来确定适当的塔调整目标，以降低公用工程成本、提高能量效率、减少资本投资（通过提高推动力）、消除瓶颈。这些功能可用于 RadFrac、MultiFrac 和 PetroFrac 等精馏塔模型。

5.1.4.4.1　流程模拟

将上例保存后另存为"例 5.1 热力学水力学分析"。

在 Blocks｜3RADFRAC｜Analysis｜Analysis｜Analysis Options 页面（图 5-151），选择要包含的分析。在 Standard properties to be included in

热力学水力学分析

column profiles（在塔分布中要包括的标准物性）区域，勾选 Include column targeting thermal analysis（包括热力学分析）和 Include column targeting hydraulic analysis（包括水力学分析）。

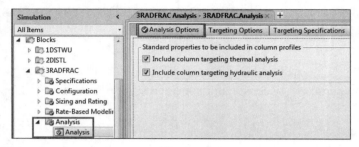

图 5-151

设置完成后，运行模拟。运行完成后，查看结果。

在 Blocks | 3RADFRAC | Profiles | Hydraulics 页面（图 5-152），查看水力学数据；

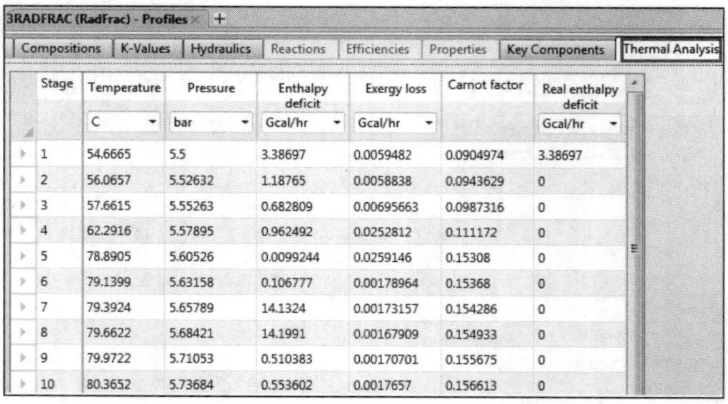

在 Blocks | 3RADFRAC | Profiles | Thermal Analysis 页面（图 5-153），查看热力学分析数据；

在 Blocks | 3RADFRAC | Profiles | Hydraulic Analysis 页面（图 5-154），查看水力学分析数据。

在 Home 菜单选项卡中，单击 Plot 工具栏组的 CGCC（*T-H*）、CGCC（*S-H*）、Hydraulics 和 Exergy 图标，可分别绘制 *T-H*、*S-H*、水力学分析及有效能损失图等（图 5-154、图 5-155）。

3RADFRAC (RadFrac) - Profiles

TPFQ | Compositions | K-Values | Hydraulics | Reactions | Efficiencies

Stage	Temperature liquid from (C)	Temperature vapor to (C)	Mass flow liquid from (kg/hr)	Mass flow vapor to (kg/hr)	Volume flow liquid from (cum/hr)
1	54.6665	56.0657	42570	42570	79.1396
2	56.0657	57.6615	14743.8	42386.7	27.3469
3	57.6615	62.2916	13833.6	41476.5	25.5498
4	62.2916	78.8905	10525.3	38168.2	19.0571
5	78.8905	79.1399	81451.7	37741.3	140.926
6	79.1399	79.3924	81556.5	37846.1	141.177
7	79.3924	79.6622	81663.1	37952.7	141.431
8	79.6622	79.9722	81774.4	38064	141.692
9	79.9722	80.3652	81899.7	38189.3	141.979
10	80.3652	80.9123	82046.2	38335.8	142.304

图 5-152

3RADFRAC (RadFrac) - Profiles

Compositions | K-Values | Hydraulics | Reactions | Efficiencies | Properties | Key Components | Thermal Analysis

Stage	Temperature (C)	Pressure (bar)	Enthalpy deficit (Gcal/hr)	Exergy loss (Gcal/hr)	Carnot factor	Real enthalpy deficit (Gcal/hr)
1	54.6665	5.5	3.38697	0.0059482	0.0904974	3.38697
2	56.0657	5.52632	1.18765	0.0058838	0.0943629	0
3	57.6615	5.55263	0.682809	0.00695663	0.0987316	0
4	62.2916	5.57895	0.962492	0.0252812	0.111172	0
5	78.8905	5.60526	0.0099244	0.0259146	0.15308	0
6	79.1399	5.63158	0.106777	0.00178964	0.15368	0
7	79.3924	5.65789	14.1324	0.00173157	0.154286	0
8	79.6622	5.68421	14.1991	0.00167909	0.154933	0
9	79.9722	5.71053	0.510383	0.00170701	0.155675	0
10	80.3652	5.73684	0.553602	0.0017657	0.156613	0

图 5-153

npositions | K-Values | Hydraulics | Reactions | Efficiencies | Properties | Key Components | Thermal Analysis | Hydraulic Analysis | Bubble Dew Poir

View: Vapor to stage　Basis: Mole

Stage	Ideal minimum vapor flow (Mole) (kmol/hr)	Actual vapor flow (Mole) (kmol/hr)	Hydraulic maximum vapor flow (Mole) (kmol/hr)	Ideal minimum vapor flow (Mass) (kg/hr)	Actual vapor flow (Mass) (kg/hr)	Hydraulic maximum vapor flow (Mass) (kg/hr)	Ideal minimum liquid flow (Mole) (kmol/hr)	Actual liquid flow (Mole) (kmol/hr)	Hydraulic maximum liquid flow (Mole) (kmol/hr)	Ideal minimum liquid flow (Mass) (kg/hr)	Actual li flow (M (kg/hr)
1	0	725.784	1614.94	0	42570	94722.4	0	725.784	1614.94	0	14927.2
2	471.288	719.78	1601.58	27642.9	42386.7	94314.4	0	248.492	552.92	0	14743.8
3	571.681	700.486	1597.62	33665.3	41476.5	94596.7	100.393	229.198	522.739	6059.4	13833.6
4	506.907	634.072	1584.91	30014.5	38168.2	95404.4	35.6192	162.784	406.891	2303.07	10525.3

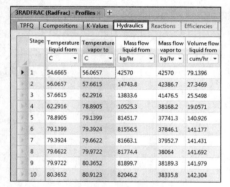

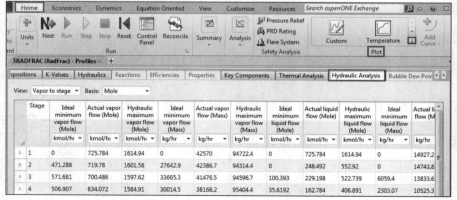

图 5-154

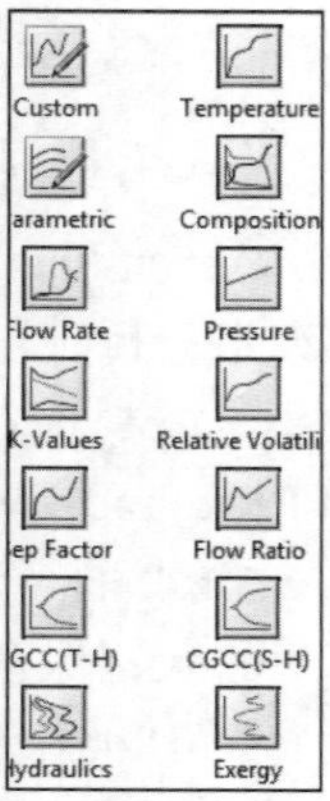

图 5-155

T-H、*S-H* 及有效能损失图分别如图 5-156～图 5-158 所示。

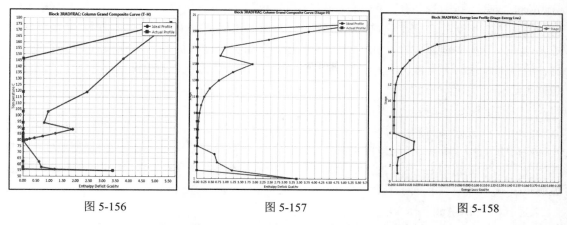

| 图 5-156 | 图 5-157 | 图 5-158 |

汽相和液相的水力学分析图分别如图 5-159 和图 5-160 所示。图中下面的线为 Thermodynamicideal minimum flow（热力学理想最小流量）线，上面的线为 Hydraulic maximum flow（水力学最大流量）线，中间的线为 Actual flow（实际流量）线。实际流量线位于两者之间，则流量较合适。

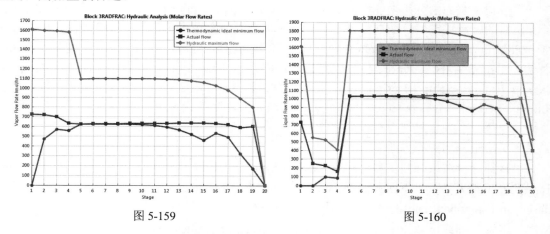

| 图 5-159 | 图 5-160 |

5.1.4.4.2　RadFrac 模型功能详解——Analysis

RadFrac 模型中的 Analysis（分析）功能包括 Column Targeting（塔目标）分析和 NQ Curves（级数-热负荷曲线）分析。

（1）Column Targeting

Column Targeting 包括 Thermal Analysis（热分析）和 Hydraulic Analysis（水力学分析）工具。

① Thermal Analysis

Column Targeting Thermal Analysis 用于确定提高能量利用率和效率的设计目标。该功能基于精馏塔最小热力学条件的概念。最小热力学条件为热力学可逆的塔操作，此时塔在最小回流比下操作，塔板数无限多，且每块塔板都连接适当热负荷的加热器或冷凝器，以使操作线与平衡线重合。换言之，再沸器和冷凝器热负荷被分散到全塔温度范围。因此，该条件下塔的级-焓图（*S-H*）或温-焓图（*T-H*）就代表了在分离温度范围内所需加热和冷却的最小理论值。这些曲线被称为 Column Grand Composite Curves（塔的总组合曲线，CGCCs）。

Aspen Plus Column Targeting 工具基于 Practical Near-Minimum Thermodynamic Condition（实际接近最小热力学条件，PNMTC）近似而生成 CGCCs。绘制 CGCCs 用到的各级焓值，通过假设该级平衡线和操作线重合计算得到。该近似在保留 CGCC 含义的同时，考虑了实际塔设计引入的损失或低效性（如压降、多股侧线产品、侧线汽提等）。指定轻重关键组分后，在各级上同时求解平衡线方程和操作线方程。Aspen Plus Column Targeting 工具有内置的选择塔内各级轻重关键组分的方法。CGCCs 可辅助确定进料位置、回流比、进料状态（加热或冷却）、中间加热或冷凝等塔调整的潜在目标。

另外，还可进行有效能分析。考虑所有进出物料和热量流股，通过计算各级的有效能损失来绘制 Exergy profiles（有效能曲线）。通常，有效能损失曲线可作为检查精馏塔内因为动量损失（压力推动力）、热损失（温度推动力）、化学势能损失（传质推动力）而引起的有效势能损失（不可逆性）的工具。

② Hydraulic Analysis

Column Targeting Hydraulic Analysis 用于了解精馏塔内汽-液相流量相对于最低限（对应 PNMTC）和最高限（对应液泛）的情况。对于填料塔和板式塔，Jet flooding（喷射液泛）控制汽相液泛限；对于板式塔，Downcomer backup（降液管持液量）等参数控制液相液泛限。水力学分析可用于判断并消除塔的瓶颈。

热分析和水力学分析功能可通过 Analysis｜Analysis Options 页面激活。需规定 PNMTC 计算所需的轻重关键组分的选择方法，默认为基于组分 K 值的方法。为计算液泛对应的最大汽-液相流量，需规定全塔塔板或填料的核算信息。另外，可规定液泛限计算所需的允许液泛因子（即占完全液泛的分率）。汽相允许液泛限可在 Tray Rating｜Setup｜Design/Pdrop 或 Packing Rating｜Setup｜Design/Pdrop 页面规定，液相允许液泛限（降液管持液量）可在 Tray Rating｜Setup｜Downcomers 页面规定。默认汽相液泛限值为 85%，液相液泛限值为 50%。液相液泛限只有规定降液管结构后才能规定。

• 关键组分的选择方法

塔目标分析结果强烈依赖于轻重 Key Components（关键组分）的选择。Aspen Plus Column Targeting 工具提供了以下四种选择关键组分的方法：User defined（用户规定轻重关键组分）；Based on component split-fractions（基于塔产物物流中组分的分割分率选择轻重关键组分），适用于清晰分割或近似清晰分割；Based on component K-values（基于组分 K 值选择轻重关键组分），适用于非清晰分割；Based on column composition profiles（基于组分分布选择轻重关键组分），类似于基于 K 值的方法，适用于非清晰分割，但不及基于 K 值的方法。

这些方法，RadFrac 模型在 Analysis｜Targeting Options 页面选择；MultiFrac 模型在 Columns｜Analysis｜Targeting Options 页面选择；PetroFrac 模型在 Analysis｜Targeting Options 和 Strippers｜Analysis｜Targeting Options 页面选择。各方法相关参数，RadFrac 模型在 Analysis｜Targeting Specifications 页面选择；MultiFrac 模型在 Columns｜Analysis｜Targeting Specifications 页面选择；PetroFrac 模型在 Analysis｜Targeting Specifications 和 Strippers｜Analysis｜Targeting Specifications 页面选择。

• 结果查看

三种精馏塔模型的 Column targeting 结果可在下列页面查看：RadFrac 模型在 Profiles｜Key Components，Profiles｜Thermal Analysis 和 Profiles｜Hydraulic Analysis 页面查看；MultiFrac 模型在 Columns｜Profiles｜Key Components，Columns｜Profiles｜Thermal Analysis 和 Columns｜Profiles｜Hydraulic Analysis 页面查看；PetroFrac 模型在 Profiles｜Key

Components，Profiles | Thermal Analysis，Profiles | Hydraulic Analysis，Strippers | Profiles | Key Components，Strippers | Profiles | Thermal Analysis 和 Strippers | Profiles | Hydraulic Analysis 页面查看。

CGCCs、有效能损失曲线和水力学分析曲线都可以通过 Plot 绘图。

热分析结果为塔设计提供了判断并实行潜在调整的实用方法。基于 CGCCs，推荐进行如下顺序的塔调整：进料位置（适当位置）；回流比调整（回流比 vs.塔板数）；进料状态（加热或冷却）；中间冷凝或再沸。

• 塔分析实例

从较重的烃类混合物（壬烷、癸烷、正十五烷）中分离正庚烷和辛烷混合物，对比分析不同设计方案，进行优化。基础设计 Design 1 中的塔参数：板数 15，进料位置 3，回流比 7.668，进料温度 100℃，没有中间冷凝或再沸，冷凝器热负荷-28.30MW，冷凝器温度 141.03℃，再沸器热负荷 41.00 MW，再沸器温度 205.61℃。

③ CGCC 分析

• 进料位置调整

检查 CGCC（图 5-161），可以发现进料位置不合适会导致曲线的异常或扭曲。通常情况下，在 S-H CGCC 图上，这种扭曲表现为进料位置（夹点）处的显著凸起，这是由于需要额外局部回流以补偿不合适的进料位置。进料位置过高，冷凝器一侧焓值会出现急剧变化，进料位置应下移。进料位置过低，再沸器一侧焓值会急剧变化，进料位置应上移。恰当的进料位置可以消除扭曲的 S-H CGCC 图，降低冷凝器和再沸器热负荷。

精馏塔 Design 1 的 S-H CGCC 图中，冷凝器一侧夹点（级 2 和级 3）处有明显扭曲。因此，进料位置需下移。Feed stage7 曲线为第 7 级进料的 Design 2 的 S-H CGCC 图。对比 Design 1 和 Design 2 的设计参数，也可以看出降低进料位置后冷凝器和再沸器热负荷都有微小降低。

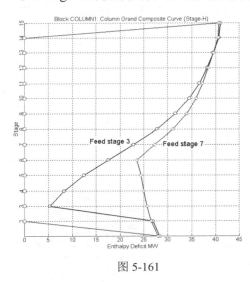

图 5-161

参数	Design 1	Design 2
塔板数	15	15
回流比	7.668	7.668
进料位置	3	7
进料温度	100℃	100℃
冷凝器热负荷	−28.30MW	−28.02MW
冷凝器温度	141.03℃	140.58℃
再沸器热负荷	41.00MW	40.74MW
再沸器温度	205.61℃	205.91℃
中间冷凝器热负荷	—	—
中间冷凝器温度	—	—
中间再沸器热负荷	—	—
中间再沸器温度	—	—

• 回流比调整

在 T-H CGCC 图上，夹点和原点间的水平距离表示通过减小回流比可减少的热负荷范围。减小回流比时（同时增加塔板数以保持分离效果），CGCC 曲线将向原点方向移动，因此同时减小冷凝器和再沸器热负荷。

本精馏塔 Design 2 的 T-H CGCC 曲线如图 5-162 所示。该图中—o—o—表示 Ideal Profile

（理想分布），—□—□—表示 Actual Profile（实际分布），———表示 Scope for reduction in condenser and reboiler duties（通过减小回流比可降低的冷凝器和再沸器热负荷范围）。

需指出，要达到指定分离要求，减小回流比时需增加塔板数。为确定恰当回流比，应权衡因增加塔板数而增加的设备费用成本和降低冷凝器再沸器负荷而节省的操作费用成本。对于该精馏塔，若回流比降低到 1.227（Design 3），则需 30 块塔板才能达到分离要求。Design 3 的 T-H CGCC 曲线如图 5-163 所示。

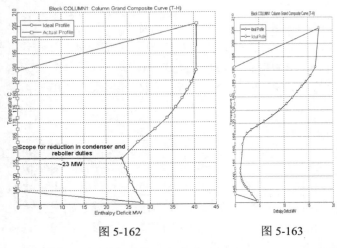

参数	Design 2	Design 3
塔板数	15	30
回流比	7.668	1.227
进料位置	7	14
进料温度	100℃	100℃
冷凝器热负荷	−28.02MW	−4.48MW
冷凝器温度	140.58℃	140.58℃
再沸器热负荷	40.74MW	17.20MW
再沸器温度	205.91℃	205.91℃
中间冷凝器热负荷	—	—
中间冷凝器温度	—	—
中间再沸器热负荷	—	—
中间再沸器温度	—	—

图 5-162　　　　　图 5-163

对比 Design 2 和 Design 3 的设计参数，也可以看出通过减小回流比所节省的能量。

● 进料热状态调整

进料热状态的调整范围，可通过 S-H 或 T-H CGCC 图上焓值的剧烈变化判断。过冷进料在沸器一侧将出现焓值的急剧变化，该变化的程度决定了进料大致所需的加热量。过热进料的冷却也是同样方法判断。进料预热器或预冷器的热负荷变化将分别导致塔再沸器或冷凝器热负荷同等程度的变化。

该塔 Design 3 的 S-H CGCC 图如图 5-164 所示。从图中可以看到 Sharper enthalpy change on the reboiler side（再沸器侧的焓值变化非常剧烈），因此可通过增加原料预热器改进设计。

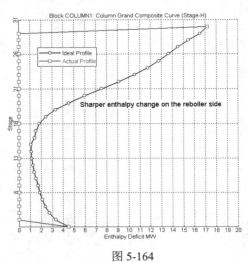

图 5-164

参数	Design 3	Design 4
塔板数	30	30
回流比	1.227	1.227
进料位置	14	14
进料温度	100℃	123.19℃
冷凝器热负荷	−4.48MW	−4.50MW
冷凝器温度	140.58℃	140.80℃
再沸器热负荷	17.20MW	14.87MW
再沸器温度	205.91℃	205.73℃
中间冷凝器热负荷	—	—
中间冷凝器温度	—	—
中间再沸器热负荷	—	—
中间再沸器温度	—	—

Design 4 增加了一个热负荷为 2.34MW 的原料预热器，Design 3 和 Design 4 的设计参数如下表所示。注意，增加原料预热不仅减小了再沸器热负荷，也降低了热公用工程（再沸器和原料预热用）的温位。

- 增加中间冷凝或再沸

与中间冷凝和中间再沸相比，通常优先调整进料热状态。因为调整进料热状态可在塔外进行，温度调整更方便。中间冷凝或中间再沸范围，可以通过 CGCC 夹点上方和下方面积（理想焓值和实际焓值曲线间的面积）判断。若夹点以下面积很大，可在适当温位处添加中间冷凝器，这样可以用更廉价的冷公用工程从塔中移走热量。添加中间再沸器的情况与此相反。

Design 4 的 *T-H* CGCC 如图 5-165 所示。图中 Scope for Side Reboling（中间再沸器的范围）可通过在 22 级加热负荷为 6.5MW 的中间再沸器（Design 5），减少再沸器侧的面积。调整后，Design 5 的 *T-H* CGCC 如图 5-166 所示。

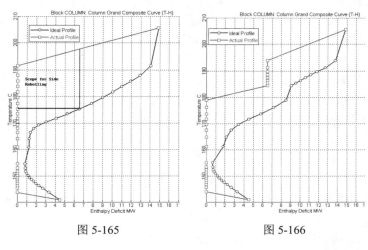

参数	Design 4	Design 5
塔板数	30	30
回流比	1.227	1.227
进料位置	14	14
进料温度	123.19℃	123.19℃
冷凝器热负荷	−4.50MW	−4.50MW
冷凝器温度	140.80℃	140.91℃
再沸器热负荷	14.87MW	8.37MW
再沸器温度	205.73℃	205.64℃
中间冷凝器热负荷	—	—
中间冷凝器温度	—	—
中间再沸器热负荷	—	6.5MW
中间再沸器温度	—	184.49℃

图 5-165   图 5-166

对比 Design 4 和 Design 5 的设计参数看出，增加中间再沸器后，不仅减小了主再沸器热负荷，而且降低了所需热公用工程（主再沸器和中间再沸器用）的温位。

- 有效能分析

有效能分析是判断以上设计调整目标的辅助工具。该塔 Design 3 和 Design 4 的有效能损失曲线如图 5-167 所示，可以看出，Design 3 中由于进料过冷导致进料板处有效能损失大，预热进料后可降低有效能损失。

④ 水力学分析

水力学分析结果体现的是塔内汽-液相流量与最低限和最高限相比的情况。可单独使用该对比，也可与热分析共同使用，以消除精馏塔的潜在瓶颈。

如考虑直径 5.25m 单通道筛板塔的 Design 2。通过塔的汽相流量的水力学分析结果如图 5-168 所示。对于 22～29 级塔板，通过塔的汽相流量超过液泛限。这是一个瓶颈，通过增加塔底段直径可能将其消除。注意进料板（第 14 块板）处汽相流量的急剧增加是由于该级进料中的液相过多。因此，消除瓶颈的另一个方式是通过预热进料，减小进料中的液相分率，即 Design 3。Design 3 中通过塔的汽相流量水力学分析结果如图 5-169 所示。可以看出，Design 3 中预热进料后，不仅提高了 Design 2 的热效率，而且消除了汽相流量瓶颈。

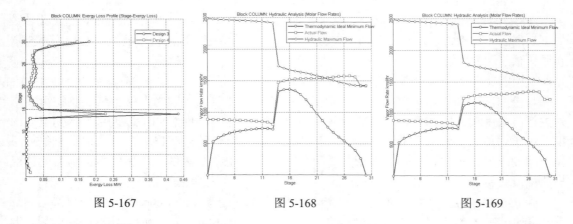

图 5-167   图 5-168   图 5-169

（2）NQ Curves

传统的 NQ Curves（级数-热负荷曲线）是热负荷（Q）与总级数（N）的关系图，但 NQ 曲线的概念并不限于热负荷，可用于任何目标函数。对于每个总级数，主进料都为最佳位置。产物、其他进料、中段循环及分相器等都随级数和最佳进料位置的改变而变化。NQ 曲线分析记录了每个级数的塔模拟结果。其他变量，如回流比也可绘图。

与传统设计工具相比，使用 NQ 曲线优化总级数及进料位置有几个优点：NQ 曲线采用与模拟相同的模型，因此消除了概念设计和严格模拟之间的迭代，以弥补简捷模型和严格模型的差异；NQ 曲线分析简化了流程模拟的生命周期；通过 NQ 曲线进行设计，比概念设计工具能处理更多的塔结构和规定。

① NQ 曲线分析功能介绍

NQ 曲线分析可处理两相和三相计算，支持有多股进料、产品、中段循环和分相器的塔。进料闪蒸考虑改变进料位置时进料板压力的变化，支持通过水力学计算更新压力（集成到 TPSAR）。

NQ 曲线自动生成绘图所用的结果，收敛参数在 RadFrac｜Convergence｜Advanced 页面（从 NQ 开始的参数）。

NQ 曲线有三种内置的进料板优化算法。

Quadratic search：二次搜索。用进料位置作为变量的一维搜索。进料位置远离最优位置时，Quadratic search 算法很快，但可能并不非常有效。

Controlled case study：控制工况分析。通过工况分析确定转折点位置。Case study 算法非常有效，但从远离最优的进料位置开始搜索时效率却不高。然而，当进料位置非常接近最优值时，Case study 算法非常有效，而且不受二次搜索至少需要 4 步的限制。

Hybrid：混合算法。搜索和工况分析相结合，在第一步使用二次搜索，而后续步骤采取工况分析。

RadFrac 模型使用 Hybrid 作为两相塔的默认设置，Case study 作为三相塔的默认设置。

② 生成 NQ 曲线

要生成 NQ 曲线，基础工况需有足够多的塔板数，同时需满足以下条件：为除分相器外的每股出料及中段循环规定纯度、回收率和/或塔板温度，以进行进料位置优化。若这些条件未达到，生成 NQ 曲线功能将被禁用，使用平衡模式。NQ 曲线计算基于平衡级，速率精馏模式下无法进行；规定塔板数的上限和下限，上下限值应小于基本工况的塔板数；选择要进行进料位置优化的进料物流，并限制进料板调整范围；选择进料位置优化的目标函数；选择规定如何根据所选进料和/或总级数，改变其他进料、产品、中段循环和分相器位置。

设置完成后，NQ 曲线分析可根据所选目标函数，利用严格塔计算确定每个塔板数 N 下所选流股的最优进料位置。热负荷、目标函数和其他分布的计算结果都被记录为塔板数的函数。如果热负荷最小化，则将随塔板数增加而单调下降。当增加 N 而热负荷无明显改变时，NQ 曲线计算停止，此时的值将被作为最优值。

5.2　特殊精馏

若两种或两种以上组分沸点差约小于 50℃ 并形成非理想溶液，则组分间的相对挥发度可能小于 1.1，此时采用常规精馏分离不经济。若形成共沸物，常规精馏将无法分离。这种情况下，可应用萃取精馏、共沸精馏、加盐精馏、变压精馏及反应精馏等特殊精馏技术。确定和优化可行的特殊精馏序列非常困难，因为液相溶液的非理想性，特殊精馏的严格计算经常会失败。对于三元系统，Partin 等人开发了图解法，在严格计算前，可以为可行的特殊精馏序列开发提供有价值的指导。

5.2.1　共沸精馏

本节将以异丙醇-水-苯体系为例，介绍共沸精馏流程的模拟，及 Aspen Plus 软件在共沸物搜索、三元相图和精馏综合分析等方面的功能。

共沸精馏

5.2.1.1　模拟案例

例 5.2　以苯为共沸剂，通过共沸精馏进行异丙醇脱水，流程如图 5-170 所示。

原料为 1.1bar 的饱和液体，流量为 4000kg/h，其中异丙醇和水的摩尔分数分别为 0.7 和 0.3。共沸精馏塔有 15 块理论板，塔顶压力 1bar，塔压降 0.05bar，原料在第 5 块板进料，塔底产品质量采出比为 0.5。再生塔有 5 块理论板，塔顶压力 1bar，塔压降 0.02bar，塔顶产品摩尔采出比为 0.8。共沸精馏塔和再生塔的塔顶蒸汽，各经冷凝器全凝后混合进入分相器分相，分相器操作温度 30℃，压降为 0。富水相到再生塔顶作为进料，富苯相与补充的苯共沸剂混合后作为共沸精馏塔的回流液从塔顶进料。

要求异丙醇产品纯度达到 99.5%（质量分数）。计算所需补充共沸剂的量，并确定合适的塔底产品流量。

物性方法选择 UNIQUAC，该体系二元交互作用参数如下表所示。

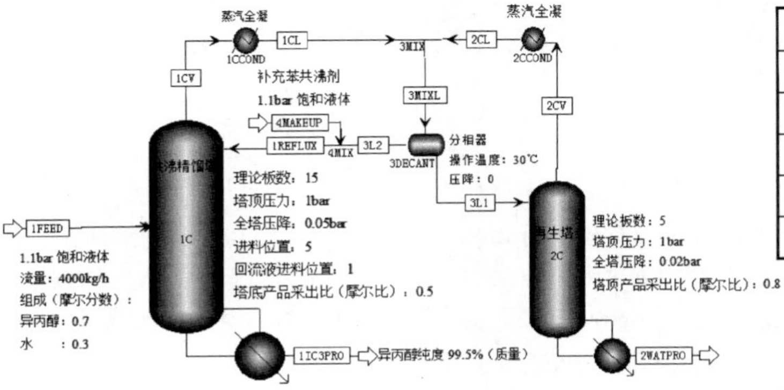

组分 i	异丙醇	异丙醇	苯
组分 j	苯	水	水
A_{ij}	0	0	0
A_{ji}	0	0	0
B_{ij}	68	−0.238	−420
B_{ji}	−295	−470	−99.28

图 5-170

5.2.1.2　流程模拟

选择公制单位通用模板，新建文件"例 5.2 共沸精馏"。

（1）定义组分

Properties 环境下，在 Components｜Specifications｜Selection 页面（图 5-171）定义组分。

在 Methods｜Specifications｜Global 页面（图 5-172），设置物性方法为 UNIQUAC。

在 Methods｜Parameters｜Binary Interaction｜UNIQ-1｜Input 页面（图 5-173），按已知数据输入二元交互作用参数。

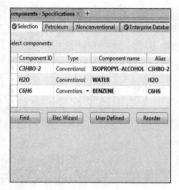 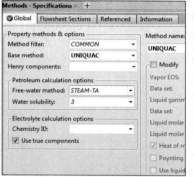 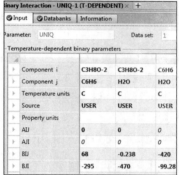

图 5-171　　　　　　　　　　图 5-172　　　　　　　　　　图 5-173

（2）建立流程并输入进料条件

切换到 Simulation 环境，在 Main Flowsheet 页面按前页流程图建立流程，其中精馏塔采用模型库中的 Columns｜RadFrac｜Strip1 模型。

在 Streams｜1FEED｜Input｜Mixed 页面（图 5-174），输入进料条件：1.1bar，汽相分率为 0，总质量流量 4000kg/h，摩尔分数组成为异丙醇 0.7、水 0.3。

在 Streams｜4MAKEUP｜Input｜Mixed 页面（图 5-175），设置补充共沸剂进料：1.1bar，汽相分率为 0，苯质量流量设置初值为 5kg/h。

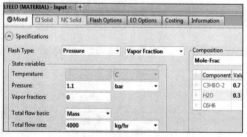 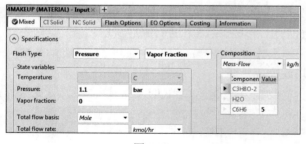

图 5-174　　　　　　　　　　　　图 5-175

（3）设置模型参数

① 共沸精馏塔

在 Blocks｜1C｜Specifications｜Setup｜Configuration 页面（图 5-176），配置精馏塔。设置塔板数 15，无冷凝器，收敛方法选择 Azeotropic（共沸），塔底产品与进料质量比为 0.5。

在 Blocks｜1C｜Specifications｜Setup｜Streams 页面（图 5-177），规定进料。输入 1FEED和 1REFLUX 物流分别在 5 和 1 两块板处以 Above-Stage 方式进料。

在 Blocks｜1C｜Specifications｜Setup｜Pressure 页面（图 5-178），设置塔压。设置第 1

级压力 1 bar，全塔压降 0.05bar。

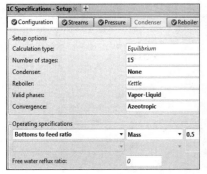
图 5-176

图 5-177

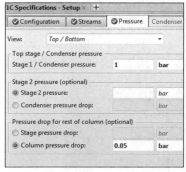
图 5-178

在 Blocks｜1C｜Specifications｜Design Specifications 页面，建立设计规定。该设计规定通过在 0.1～0.9 范围内改变塔底产品采出比（调整变量），使塔底物流中异丙醇质量纯度（设计规定变量）达到 0.995。

单击 New...按钮，新建设计规定 1。

在 Blocks｜1C｜Specifications｜Design Specifications｜1｜Specifications 页面（图 5-179），设置设计规定 1 的目标。设置设计规定类型为质量纯度，目标值 0.995。

在 Blocks｜1C｜Specifications｜Design Specifications｜1｜Components 页面（图 5-180），设置设计规定 1 中对应的组分。选择质量纯度对应组分为 C_3H_8O-2。

在 Blocks｜1C｜Specifications｜Design Specifications｜1｜Feed/Product Streams 页面（图 5-181），设置设计规定 1 中对应的物流。选择质量纯度对应物流为 1IC3PRO。

图 5-179

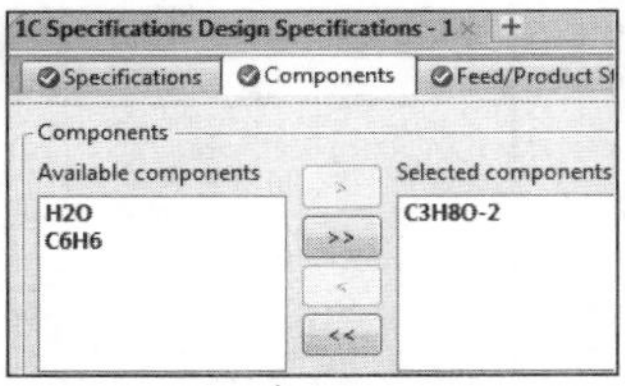

图 5-180

图 5-181

在 Blocks｜1C｜Specifications｜Vary｜1｜Specifications 页面（图 5-182），规定设计规定的调整变量。设置调整变量为塔底产品采出比，调整范围低限为 0.1，高限为 0.9。

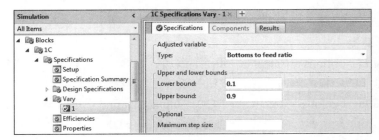
图 5-182

② 再生塔

在 Blocks｜2C｜Specifications｜Setup｜Configuration 页面（图 5-183），配置再生塔。设

置再生塔塔板数为 5，无冷凝器，收敛方法为 Azeotropic，塔顶产品摩尔采出比为 0.8。

在 Blocks｜2C｜Specifications｜Setup｜Streams 页面（图 5-184），规定再生塔进料。设置 3L1 物流从第 1 块板以 Above-Stage 方式进料。

在 Blocks｜2C｜Specifications｜Setup｜Pressure 页面（图 5-185），规定再生塔塔压。设置第 1 级压力 1bar，全塔压降 0.02bar。

图 5-183

图 5-184

图 5-185

③ 冷凝器和分相器

分别在 Blocks｜1CCOND｜Input｜Specifications（图 5-186）和 Blocks｜2CCOND｜Input｜Specifications 页面（图 5-187）规定冷凝器。设置两个冷凝器压力均为 0、汽相分率均为 0，即冷凝到饱和液体并忽略压降。

在 Blocks｜3DECANT｜Input｜Specifications 页面（图 5-188），规定分相器。设置分相器压降为 0、温度 30℃，第二液相关键组分为 C_6H_6。

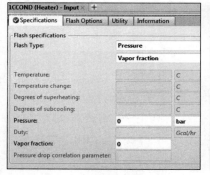

图 5-186

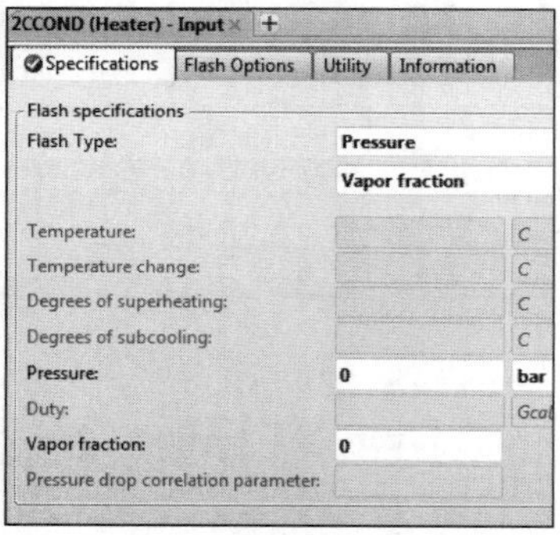

图 5-187

图 5-188

（4）添加计算器

在 Flowsheeting Options｜Calculator 页面，添加计算器，以使补充的苯进料量等于两塔塔釜产品中带走的苯量之和。单击 New…按钮，新建计算器 C-1。

在 Flowsheeting Options｜Calculator｜C-1｜Input｜Define 页面（图 5-189），定义计算器中的变量。定义三个变量 F、F_1、F_2，分别为物流 4MAKEUP 的质量流量及物流 1IC3PRO 和 2WATPRO 中苯的质量流量。

在 Flowsheeting Options｜Calculator｜C-1｜Input｜Calculate 页面（图 5-190），规定计算器计算语句。用 Fortran 输入计算器 C-1 语句为：$F=F_1+F_2$。注意语句前需空六个字符，从第七个字符处开始输入。

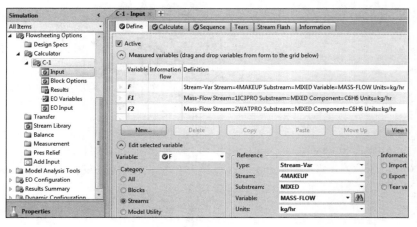

图 5-189

在 Flowsheeting Options｜Calculator｜C-1｜Input｜Sequence 页面（图 5-191），设置计算器的执行顺序。设置为 Before Unit operation 4MIX，即在单元操作 4MIX 模型计算前执行计算器 C-1。

图 5-190

图 5-191

（5）运行模拟并调试

设置完成后，运行模拟。运行结束后，Control Panel（控制面板）页面（图 5-192）提示出现错误。

原因是流程中有循环，计算中需将循环断开并输入初值，从而进行迭代计算。被断开的物流即撕裂物流，若用户不进行设置，Aspen 自动选择撕裂物流，并将流量初值设置为 0，这样很容易造成计算不收敛。此时需要用户设置撕裂物流，并为其输入合理初值。

在 Convergence｜Tear｜Specifications 页面（图 5-193），设置撕裂物流。在 Tear streams（撕裂物流）表格的 Stream（物流）列下，选择 1REFLUX 作为撕裂物流。

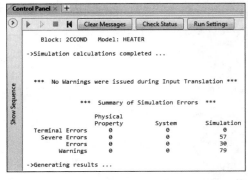

图 5-192

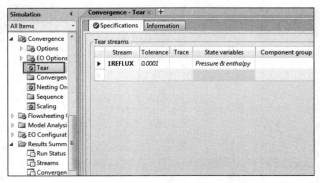

图 5-193

单击 Home 选项卡下 Analysis 工具栏组中的 Distillation Synthesis（精馏综合分析），对该

体系进行分析，确定合理共沸剂用量（图 5-194）。

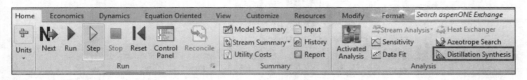

图 5-194

弹出 Distillation Synthesis 窗口（图 5-195），在此设置输入条件并查看分析结果。单击左侧 Explorer（浏览器）内的 Ternary Plot（三元图），将出现该体系的三元相图，其中包括精馏边界、共沸组成和精馏/剩余曲线等信息（图 5-196）。

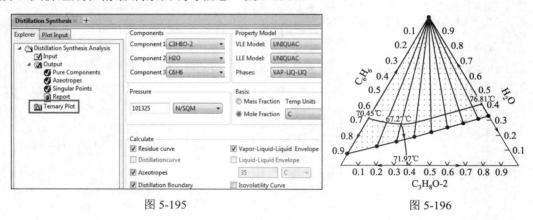

图 5-195   图 5-196

根据三元相图，估计异丙醇、水和苯的摩尔分数约为 0.25、0.1 和 0.65，回流量约为 10000kg/h。

在 Streams｜1REFLUX｜Input｜Mixed 页面（图 5-197），设定撕裂物流 1REFLUX 的初值：1.1bar，汽相分率 0，总流量 10000kg/h，摩尔分数组成异丙醇、水、苯依次为 0.25、0.1、0.65。

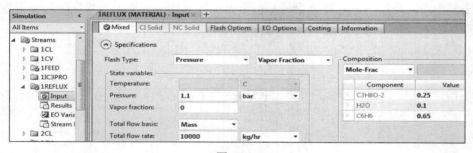

图 5-197

（6）查看结果

设置完成后，运行模拟。运行结束后，查看控制面板信息，显示错误消除。

在 Blocks｜1C｜Specifications｜Vary｜1｜Results 页面（图 5-198），查看设计规定中调整变量（塔底产品采出比）的计算结果。

在 Flowsheeting Options｜Calculator｜C-1｜Results｜Define Variable 页面（图 5-199），查看计算器中定义的各变量的计算结果。

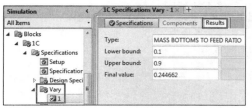
图 5-198

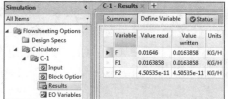
图 5-199

在 Results Summary｜Streams｜Material 页面（图 5-200），查看各物流的计算结果。

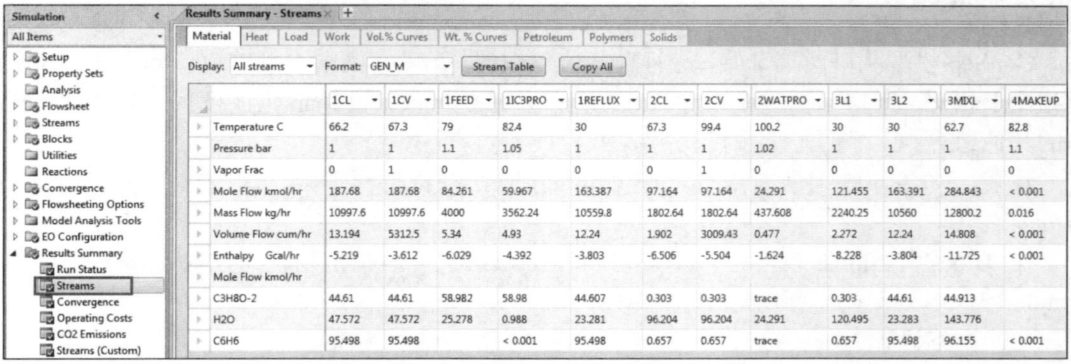

		1CL	1CV	1FEED	1IC3PRO	1REFLUX	2CL	2CV	2WATPRO	3L1	3L2	3MIXL	4MAKEUP
	Temperature C	66.2	67.3	79	82.4	30	67.3	99.4	100.2	30	30	62.7	82.8
	Pressure bar	1	1	1.1	1.05	1	1	1	1.02	1	1	1	1.1
	Vapor Frac	0	1	0	0	0	0	1	0	0	0	0	0
	Mole Flow kmol/hr	187.68	187.68	84.261	59.967	163.387	97.164	97.164	24.291	121.455	163.391	284.843	< 0.001
	Mass Flow kg/hr	10997.6	10997.6	4000	3562.24	10559.8	1802.64	1802.64	437.608	2240.25	10560	12800.2	0.016
	Volume Flow cum/hr	13.194	5312.5	5.34	4.93	12.24	1.902	3009.43	0.477	2.272	12.24	14.808	< 0.001
	Enthalpy Gcal/hr	-5.219	-3.612	-6.029	-4.392	-3.803	-6.506	-5.504	-1.624	-8.228	-3.804	-11.725	< 0.001
	Mole Flow kmol/hr												
	C3H8O-2	44.61	44.61	58.982	58.98	44.607	0.303	0.303	trace	0.303	44.61	44.913	
	H2O	47.572	47.572	25.278	0.988	23.281	96.204	96.204	24.291	120.495	23.283	143.776	
	C6H6	95.498	95.498	< 0.001		95.498	0.657	0.657	trace	0.657	95.498	96.155	< 0.001

图 5-200

在 Results Summary｜Models 表格的各页面（图 5-201～图 5-203），查看各模型的计算结果。

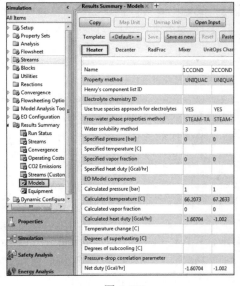
图 5-201

图 5-202

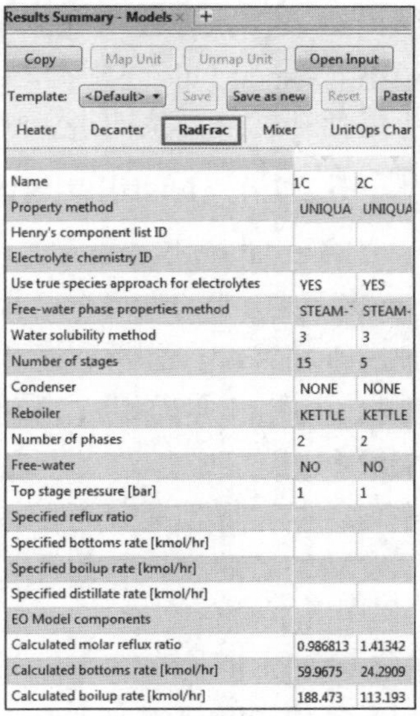

图 5-203

5.2.1.3 ConSep 模型功能详解

ConSep（概念设计）模型用于精馏塔可行性和交互设计计算。

（1）流程连接

ConSep 模型的流程连接如图 5-204 所示。

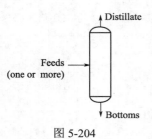

图 5-204

一股或多股混合进料物流，一股塔顶馏出物流，一股塔底出料物流。

（2）模型规定

要规定 ConSep 模型，需在 Specifications 页面选择三个组分，用于三元相图分析；规定出口物流的三个摩尔或质量回收率或组成。选择有效相态（汽-液或汽-液-液）；规定操作压力；规定回流比或再沸比；规定是否生成剩余曲线或精馏曲线；进行汽-液-液计算时，可设定一个馏出物分相器，对其进行规定，并指定相应关键组分，及是否生成汽-液-液或液-液相包线。

ConSep 模型从塔两端开始，进行边界值逐板计算。若从两端得到的设计分布在二元或三元相图上相交，则塔可行。除规定的三组分外，在 Component Map 页面可规定应该被同样处理的其他组分。

注意，如果不映射所有组分，则 ConSep 无法保持物料平衡，因为它无法分配未映射组分。

在 Block Options 表格中，用户可在 Properties 页面规定物性方法和电解质选项。在 Simulation Options 页面可规定收敛选项。

（3）交互设计

运行 ConSep 模型后，单击 Specifications 页面上的 Interactive Design（交互设计）按钮，打开包括剩余曲线或精馏曲线及在 Specifications 页面规定的相包线的三元相图。用户可在此页面改变规定并交互查看精馏曲线如何改变。在可行设计中，这些曲线需相交。

关闭交互式设计时，对规定的任何更改都会保存到输入表格中，用户可利用这些参数返回模拟。若需要，还可在流程图上右键单击该模型并选择 Convert to，将该模型转换为 RadFrac 模型。Aspen Plus 将根据 ConSep 模型计算的结果指定回流比或再沸比、压力及其他规定，并生成估计初值，从而进行严格精馏计算。

5.2.1.4　Distillation Synthesis 功能详解

Distillation Synthesis（精馏综合分析）已集成在 Aspen Plus 中，若用户有 Distillation Synthesis 功能的许可，可直接从 Aspen Plus 调用该组件进行共沸物搜索并构造三元相图。这种用于精馏综合分析和概念设计的最新功能，可以让用户找到任何多组分混合物中存在的共沸物（均相和非均相）、自动计算三元混合物的精馏边界和剩余曲线图及计算三元混合物的多个液-液相包线（液-液和汽-液-液），并用于得到共沸混合物的分离可行性、综合可行的分离序列，以实现预期分离、制订现有分离序列的改造策略、确定精馏塔潜在操作问题和对策及开发精馏塔的设计参数等。

Simulation 环境下，单击 Home 菜单选项卡的 Analysis 工具栏组中的 Distillation Synthesis 命令按钮，即可自动弹出 Distillation Synthesis 窗口（图 5-205）。Distillation Synthesis 窗口与共沸物搜索窗口类似，但内容更多。其他 Analysis 功能，可参考第 9 章相关知识介绍。

Distillation Synthesis 窗口中，包括 Explorer（浏览器）和 Plot Input（图形输入）两个选项卡。Explorer（浏览器）选项卡下，包括 Input（输入）、Output（输出）和 Ternary（三元相图）三个文件夹页面和表格。

（1）Input 页面

在 Distillation Synthesis 窗口 Explorer 选项卡中的 Distillation Synthesis Analysis | Input 页

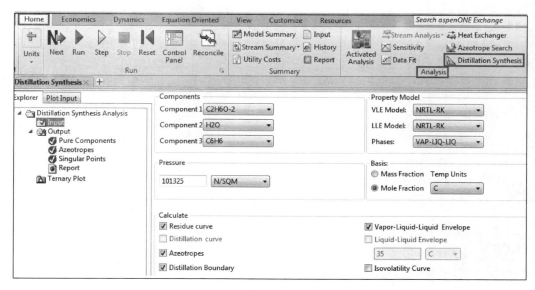

图 5-205

面，设置要绘图的组分、条件和物性方法，其初始数据由模拟而来。在 Components（组分）区域，选择待分析组分。在 Pressure（压力）区域，设置要分析的压力条件。在 Property Model（物性模型）区域，设置物性方法和相态，注意若体系存在两个液相，则应选择 VAP-LIQ-LIQ。在 Basis（基准）区域，设置组成和温度基准。在 Calculate（计算）区域选择包括的分析计算内容，包括 Residue curve（剩余曲线）、Distillation curve（蒸馏曲线）、Azeotropes（共沸物）及 Distillation Boundary（精馏边界）。

在规定 Distillation Synthesis 时，物性方法应适用于非理想体系。可以选择用于 VLE（或VLLE）计算的物性方法和单独用于 LLE 计算的模型。VLE/VLLE 模型用于生成剩余曲线、精馏曲线和等挥发度曲线所需的数据，及搜索所有共沸物。当相数设置为 2 时，进行汽-液平衡计算，而不检查是否可能出现第二液相。若相数设置为 3，则在闪蒸计算中检查是否存在两个液相。LLE 方法用于检查在第一步中确定的共沸组成是否在低于泡点温度时导致存在两个液相，并确定不混溶区域所需数据。物性方法应适用于非理想系统，推荐液体活性系数模型，如 NRTL 和 UNIQAC。

（2）Output 文件夹

Output 文件夹中包括 Pure Components（纯组分）、Azeotropes（共沸物）、Singular Points（单点）和 Report（报告）等页面。

① Pure Components 页面

在 Distillation Synthesis Analysis｜Output｜Pure Components 页面（图 5-206），可查看纯组分列表。

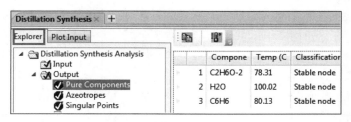

图 5-206

② Azeotropes 页面

在 Distillation Synthesis Analysis│Output│Azeotropes 页面（图 5-207），可查看共沸物列表。

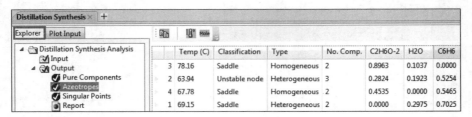

图 5-207

③ Singular Points 页面

在 Distillation Synthesis Analysis│Output│Singular Points 页面（图 5-208），可显示体系中所有纯组分及共沸物列表。

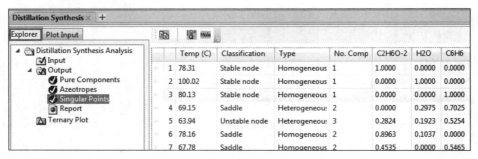

图 5-208

④ Report 页面

在 Distillation Synthesis│Output│Report 页面（图 5-209），可查看共沸物搜索报告。

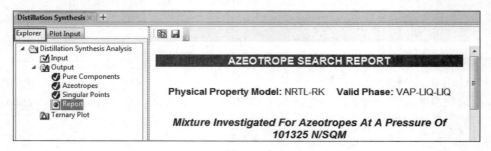

图 5-209

（3）Ternary Plot 表格

Ternary diagrams（三元相图）是研究三元体系汽-液平衡（VLE）和液-液平衡（LLE）的有力方法。通过检查三元相图上的共沸组成与实验数据（并应用这个一致性标准），用户可验证模型的汽-液平衡预测精确度是否可满足需要。要进行三元分析，需首先在 Aspen Plus 中指定三个组分，否则该功能不能启用。

单击 Distillation Synthesis Analysis│Ternary Plot，可打开 Distillation Synthesis 窗口的 Plot Input 选项卡，在此设置三元相图（图 5-210）。在 Pressure（压力）区域，设置三元相图的压

力条件。在 Immiscibility（不互溶）区域，设置相图类型。View（查看）区域，选择三元相图中包括的内容，包括 Azeotropes（共沸物）、Distillation Boundary（精馏边界）、Res./Dis. Curves（剩余/精馏曲线）、Isovolatility Curves（等挥发度曲线）、Tie Lines（结线）、Vapor Curve（汽相线）、B.P. Temperature（沸点）及 Markers（标记点）等选项。注意，上述选项中多数需在计算三元相图前在 Input 表格中将其选中。

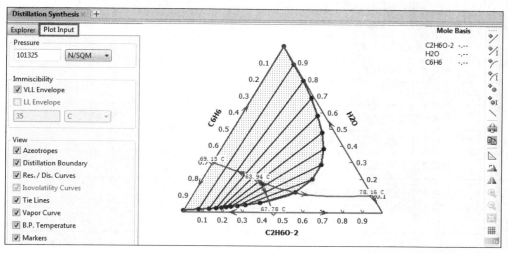

图 5-210

三元相图中的图标含义如下表所示：

图线类型	默认形状	图线类型	默认形状
剩余曲线		精馏边界	
精馏曲线			
相包线		等挥发度曲线	
结线			
共沸物		蒸汽线	
用户添加标记			
用户添加线			

用户可以利用三元相图工具栏，来控制和自定义三元相图。三元相图工具栏上有以下按钮：

按钮	功能描述
	在图上添加结线 允许用户通过在两液相区中单击，在三元相图中添加通过该点的结线
	按数值添加结线 允许用户通过规定两液相区中某点的摩尔分数或质量分数，添加通过该点的结线

按钮	功能描述
	添加曲线 允许用户通过直接单击，在三元相图内添加剩余曲线或精馏曲线（基于生成该图时的选择）
	按数值添加曲线 允许用户通过规定一个点的摩尔分数或质量分数，在三元相图中添加剩余曲线或精馏曲线
	在图上添加标记。允许用户通过直接单击，在三元相图内添加一个标记点
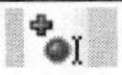	按数值添加标记。允许用户通过规定点的摩尔分数或质量分数，在图中添加一个标记点
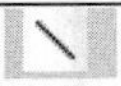	画线。允许用户通过单击每条线的末端，在三元相图中任意位置画直线
	打印三元相图
	将三元相图复制到剪贴板
	在直角三角形和等边三角形显示格式之间切换三元相图
	通过顺时针旋转改变三元相图方向，从而改变顶点组分
	通过交换第一和第三个组分及相应的轴翻转显示三元相图
	放大
	缩小
	返回三元相图的默认完整视图
	在三元相图中切换网格线的显示与否

（4）相关概念

① 剩余曲线

从敞口蒸馏釜中蒸馏出蒸汽，液相组成的变化轨迹线即为 Residue curve（剩余曲线）。该曲线也可看作高回流下连续精馏塔中各塔板的近似液体组成分布曲线。沿该组成路径的温度变化是单调的，即从（局部）最低沸点组成到（局部）最高沸点组成，其终点是纯组分或共沸组分。剩余曲线图是各轨迹线的集合，表示指定的初始组成下剩余曲线的可能路径。有共沸物存在时，组成相图被分成不同区域，不同区域中轨迹线性质不同（起点和/或终点不同），会指示可以采取的可能路径。

② 精馏边界

首先检查相图中组成曲线路径，确定曲线汇聚点，即对应于（局部）最低和最高沸点组成的起点和终点。

若存在不止一种低沸点和一种高沸点组成，则该系统必存在多个精馏区域。此时，区域间的界限就是 Distillation boundary（精馏边界）。确切地说，是全回流状态下的精馏边界。与剩余曲线类似，精馏边界起点和终点对应纯组分和共沸组成。然而，与剩余曲线不同的是，精馏边界可能从中间沸点组成点，即鞍点开始，剩余曲线从鞍点发散。搜索鞍点比确定剩余曲线汇聚的最高或最低沸点组成需要更长的时间。用户可通过基于 Doherty 和 Perkins 工作的拓扑一致性检验来确定所有共沸物。需满足以下两个方程：

$$N_2 = \frac{\left(2 + B - N_1 - 2N_3 + 2S_3\right)}{2}$$

$$S_2 = B - N_2$$

式中，B 表示二元共沸物数；S_2 表示二元共沸物鞍点数；S_3 表示三元共沸物鞍点数；N_1 表示纯组分结点数；N_2 表示二元共沸物节点数；N_3 表示三元共沸物结点数。

例如，丙酮、甲醇和氯仿体系，包括三个二元共沸物和一个三元共沸物。丙酮-甲醇、氯仿-甲醇形成最低沸点共沸物，丙酮-氯仿形成最高沸点共沸物。这种拓扑结构使得三元共沸物为鞍点，因此 $B=3$，$N_1=1$（甲醇），$N_2=3$，$N_3=0$，$S_1=2$（丙酮、氯仿），$S_2=0$，和 $S_3=1$。

5.2.2　三相反应精馏

本节将以乙醇-甲醇-乙酸体系为例，介绍反应精馏流程的模拟，及 RadFrac 模型中三相体系的处理。

5.2.2.1　模拟案例

例 5.3　将例 4.1 中的乙醇-甲醇-乙酸物系在精馏塔中进行反应精馏。精馏塔塔板数 10，质量回流比 5，第 7 块板进料，冷凝器压力 5bar，全塔压降 0.06bar，塔底产品质量采出比 0.1。反应在全塔塔板上进行，甲醇及乙醇转化率都为 0.6。在第 5 块设置分相器，富水相采出，另一相 90%回流。计算产品组成和流量。

5.5.2.2　流程模拟

打开文件"例 4.1 反应器-RStoic&RYield"，将其另存为"例 5.3 三相反应精馏"。

三相反应精馏

（1）建立流程

在 Main Flowsheet 窗口建立流程，如图 5-211 所示。精馏塔采用模型库中的 Columns｜RadFrac｜Decant1 模型。

在 Streams｜1FEED｜Input｜Mixed 页面（图 5-212），输入进料条件。温度为 140℃，压力为 6bar，总质量流量为 5000kg/h，摩尔分数组成：乙醇 0.35、甲醇 0.15、乙酸 0.5。

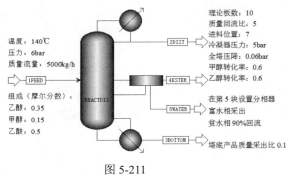

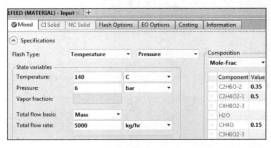

图 5-211　　　　　　　　　　　　　　　　图 5-212

（2）设置模型参数

① 定义反应集

在 Reactions 页面，单击 New...按钮，新建反应集 R-1。选择类型为 REAC-DIST，即反应精馏型，单击 OK 按钮确认（图 5-213）。

在 Reactions｜R-1｜Stoichiometry 页面（图 5-214），建立反应。单击 New...按钮，弹出 Select Reaction Type（选择反应类型）窗口（图 5-215），在此选择反应类型并设置反应

编号。选择 Kinetic/Equilibrium/Conversion（动力学/平衡/转化率型），并输入 Reaction No.（反应编号）1。

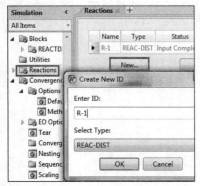 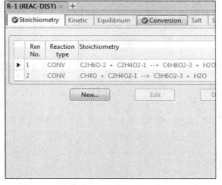 

| 图 5-213 | 图 5-214 | 图 5-215 |

弹出 Edit Reaction（编辑反应）窗口（图 5-216），设置反应 1。选择反应类型为 Conversion（转化率），分别选择反应物和产物并输入各物质的化学计量数。同样步骤建立反应 2（图 5-217）。

输入完成后，单击 Close 按钮，关闭 Edit Reaction 窗口。

在 Reactions｜R-1｜Conversion 页面（图 5-218），规定各反应的转化率。选择反应 1，设置其关键组分为乙醇，输入 $A=0.6$。选择反应 2，设置其关键组分为甲醇，同样输入 $A=0.6$。

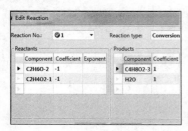 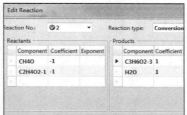 

| 图 5-216 | 图 5-217 | 图 5-218 |

② 设置精馏塔

在 Blocks｜REACTDIS｜Specifications｜Setup｜Configuration 页面（图 5-219），设置精馏塔。规定塔板数为 10，全凝器，有效相态为汽-液-液三相，收敛方法选择强非理想性液体，质量回流比 5，塔底产品质量采出比为 0.1。

在 Blocks｜REACTDIS｜Specifications｜Setup｜Streams 页面（图 5-220），规定进料。设置 1FEED 物流在第 7 块板以 On-Stage 方式进料。

在 Blocks｜REACTDIS｜Specifications｜Setup｜Pressure 页面（图 5-221），规定塔压。设置冷凝器压力 5bar，全塔压降 0.06bar。

在 Blocks｜REACTDIS｜Specifications｜Setup｜3-Phase 页面（图 5-222），设置三相检验。设置第 5 级进行两液相检验，H_2O 为确定第二液相的关键组分。

在 Blocks｜REACTDIS｜Reactions｜Specifications 页面（图 5-223），规定精馏塔中的反应。起始塔板数 1，终止塔板数 10，反应 ID 为 R-1。

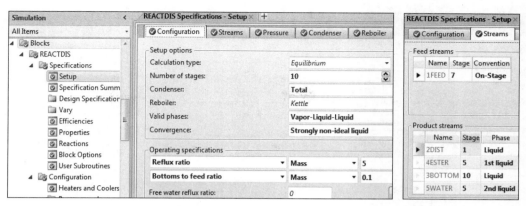

图 5-219   图 5-220

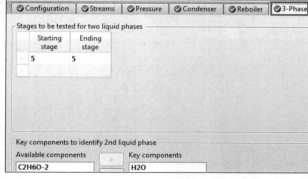

图 5-221   图 5-222

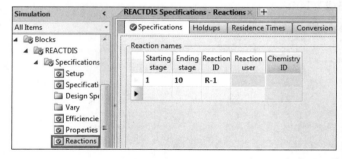

图 5-223

③ 设置分相器

在 Blocks｜REACTDIS｜Configuration｜Decanters 页面（图 5-224），建立分相器。单击 New…按钮，在弹出的 Create New ID 窗口中，输入分相器所在塔板位置 5，单击 OK 按钮确认，即可在第 5 块塔板上建立分相器。

在 Blocks｜REACTDIS｜Configuration｜Decanters｜5｜Specifications 页面（图 5-225），规定分相器。输入分相器中两液相返回塔内的分率分别为 0.9 和 0。

（3）收敛设置

可通过给定适当的塔内温度或流量估计值及增大迭代次数等方法，促进收敛。

在 Blocks｜REACTDIS｜Convergence｜Estimates｜Temperature 页面（图 5-226），设置第 10 级和第 1 级温度估计值分别为 152℃和 123℃。

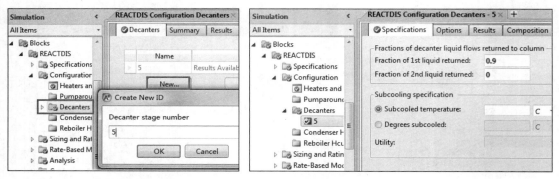

图 5-224   图 5-225

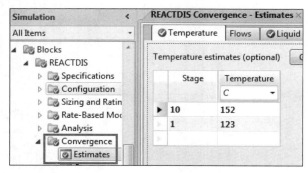

图 5-226

在 Blocks｜REACTDIS｜Convergence｜Convergence｜Basic 页面（图 5-227），将最大迭代次数改为 200。

在 Blocks｜REACTDIS｜Convergence｜Convergence｜Algorithm 页面（图 5-228），将液-液分相最大迭代次数改为 100。

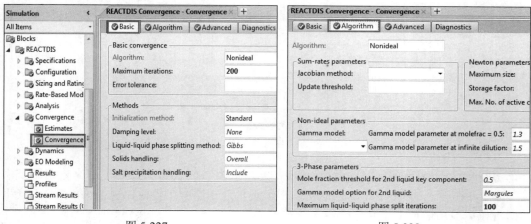

图 5-227   图 5-228

（4）运行模拟并查看结果

设置完成后运行模拟，结果显示收敛。运行完成后，在 Results Summary｜Streams｜Material 页面（图 5-229），查看物流计算结果。

在 Results Summary｜Models 页面（图 5-230），查看各模型计算结果。

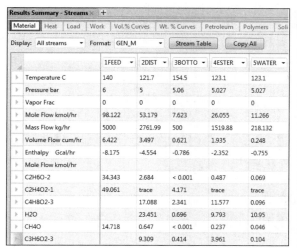

图 5-229　　　　　　　　　　　　　　　　图 5-230

5.2.2.3　RadFrac 模型功能详解——三相精馏

RadFrac 模型可进行游离水和严格三相计算。

（1）相态规定

进行三相精馏时，需在 Blocks | RadFrac | Specifications | Setup | Configuration 页面（图 5-231），设置 Valid phases（有效相态）为三相。有三种计算类型：只有冷凝器中有游离水；任意一级塔板或所有塔板上都有游离水；严格三相计算。

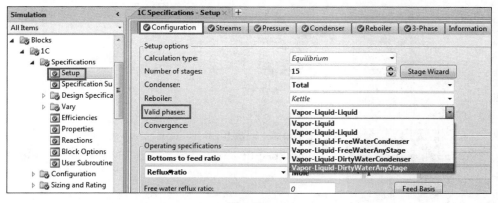

图 5-231

有效相态包括以下六种，其功能介绍如下：

Vapor-Liquid：液相不分相，每相都可以存在反应。

Vapor-Liquid-Liquid：因相的不稳定性造成各级液相分为两相，每相都可以存在反应。仅用于平衡模型。

Vapor-Liquid-FreeWaterCondenser：冷凝器流出的液相物流分成游离水相和有机相，在各级塔板上不发生相分离。RadFrac 模型调整有机相逸度得到水的溶解度，根据游离水回流比计算冷凝器分出的水量。

Vapor-Liquid-FreeWaterAnyStage：各级液相物流都分成游离水相和有机相。RadFrac 模型调整有机相逸度得到水的溶解度。仅用于平衡模型。

Vapor-Liquid-DirtyWaterCondenser：冷凝器流出的液相物流分成富水相和有机相，在各级塔板上不发生相分离。RadFrac 模型根据水在烃中的溶解度和烃在水中的溶解度调整各相逸度。

Vapor-Liquid-DirtyWaterAnyStage：各级液相物流都分成富水相和有机相，在各级塔板上不发生相分离。RadFrac 根据水在烃中的溶解度和烃在水中的溶解度调整各相逸度。仅用于平衡模型。

注意，不存在有机相时，游离水不起作用。在基于速率的计算中，RadFrac 模型只能处理冷凝器中的游离水计算，不能进行严格的三相计算。

（2）三相检验

若规定有效相态为 Vapor-Liquid-Liquid，则 Blocks｜RadFrac｜Specifications｜Setup｜3-Phase 页面（图 5-232）将被激活，用户需在该页面规定需要检验两液相存在的塔板，并指定第二液相的关键组分。

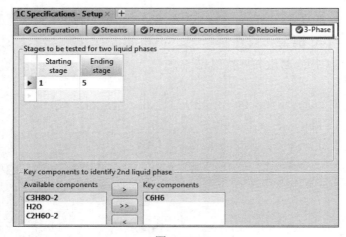

图 5-232

（3）分相器

可在任意塔板上连接分相器。在 Blocks｜RadFrac｜Configuration｜Decanters｜Decanters 页面（图 5-233），建立分相器，并在其 Specifications 页面（图 5-234）设置各相返回塔内的分率。

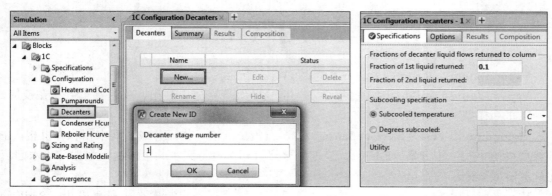

图 5-233   图 5-234

有效相态设置为 Vapor-Liquid-FreeWaterCondenser 时，Aspen Plus 自动为冷凝器添加分水

器。此时可规定分水器的 Free water reflux ratio（游离水回流比，回流到塔内的水与塔顶馏出的水之比）。默认值为 0，即冷凝器中的所有水都进入塔顶馏出物。

若有效相态设置为 Vapor-Liquid-FreeWaterAnyStage 或其他规定时，则需在 Decanters 页面规定某一塔板上存在分相器，并在 Decanters｜Specifications 页面规定两液相的回流比，才能进行分相器的计算。

（4）液-液相平衡算法

RadFrac 模型提供了三种液-液相平衡的计算方法。

Gibbs：吉布斯自由能最小化，为首选方法。该法需要使用符合热力学一致的物性方法，基于 Van Laar 方程的物性方法不满足该要求，若选择这些方法进行三相计算，需选择 Eq-solve 方法。

Eq-solve：求解两液相组分逸度相等的方程。这是一种很有效的方法，但可能会得到一个不符合吉布斯自由能最小原理的错误解。

Hybrid：将吉布斯自由能最小化与方程求解相结合。应用多种吉布斯自由能最小化技术，包括切平面分析。组分逸度相等法用于初始化计算。该法需要使用符合热力学一致的物性方法。

5.2.2.4　RadFrac 模型功能详解——反应精馏

RadFrac 模型能处理发生在汽相或液相的化学反应，可以接受 REAC-DIST（反应精馏）、USER（用户子程序）及 Chemistry（电解质）等类型的反应集，可模拟平衡控制、速率控制及已知转化率的反应，在平衡反应及电解质反应中，可模拟盐沉淀。可设置在全塔范围进行反应，也可限制在特定塔段（如催化剂床层）。对于三相计算，可限制在两液相中的一相进行，也可在两液相中采用不同的反应动力学方程。

速率精馏模式下，RadFrac 模型可处理动力学和平衡反应。对于动力学反应，均相反应用动力学方程计算单位体积的反应速率，用塔段持液量计算整体反应速率。非均相反应按拟均相反应处理，动力学方程用来计算单位质量催化剂的反应速率，塔段催化剂重量用以计算总体反应速率。对于平衡反应，计算反应速率以满足平衡条件。汽相和液相反应都考虑，有膜存在时也考虑膜区域的反应。

要在 RadFrac 模型中加入化学反应，可在 Blocks｜RadFrac｜Specifications｜Reactions 表格中，设置相关反应。RadFrac 模型的 Reactions 表格中，有 Specifications（规定）、Holdups（持液量）、Residence Times（停留时间）和 Conversion（转化率）页面。

（1）Specifications 页面

在 Blocks｜RadFrac｜Specifications｜Reactions｜Specifications 页面（图 5-235），设置 RadFrac 模型中的反应。在 Reaction names（反应名称）表格中，通过规定 Starting stage（起始塔板数）和 Ending stage（终止塔板数），定义每个塔段。将起始塔板数和终止塔板数设置为相同数值，可规定单级反应。在 Reactions ID（反应 ID）、Reaction user（用户自定义反应）或 Chemistry ID（电解质反应 ID）列，规定所选塔段的反应集。

RadFrac 模型中用到的反应集，需通过外部通用 Reactions 表格定义 REAC-DIST 或 USER 反应集，或在 Properties 环境下的 Chemistry 表格中创建电解质反应集。对于 REAC-DIST 类型反应集，需输入平衡常数、动力学或转化率参数。对于 USER 类型反应集，需输入反应子程序名称和其他细节。若需考虑盐沉淀，可在 Reactions｜Salt 页面或 Chemistry 表格中输入相关参数。注意，若在该页面规定反应的 ID，并且 Block Options｜Properties 页面（图 5-236）

的 Simulation approach（模拟方法）设置为 True components（真实组分），则该页面规定的 Chemistry ID 将被忽略。此时，所有需要考虑的电解质反应需包括在 Reactions 反应集中。

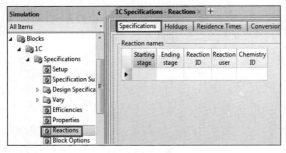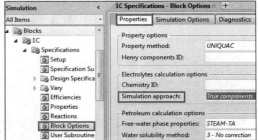

图 5-235   图 5-236

（2）Holdups 页面

在 Blocks｜RadFrac｜Specifications｜Reactions｜Holdups 页面（图 5-237），规定平衡精馏计算中速率控制型反应的持液量。特别注意，在该页面规定的持液量基准，决定了 Reactions｜REAC-DIST｜Kinetic 页面上反应指前因子的单位。每级的持液量基准单独设置，未设置的默认以摩尔为基准。若错误规定持液量基准，将导致指前因子单位错误，从而导致结果错误。

对于速率精馏计算，在 Tray Rating 或 Packing Rating 塔段的 Rate-Based｜Holdups 页面规定持液量，在 Reactions｜Holdups 页面规定的持液量值仅用于初始化，但持液量基准仍然决定反应表达式中用到的单位。

（3）Residence Times 页面

在 Blocks｜RadFrac｜Specifications｜Reactions｜Residence Times 页面（图 5-238），规定动力学速率控制的反应在不同塔段中各级的汽-液相停留时间。通过指定起止塔板数规定每一个塔段。RadFrac 模型利用停留时间，并根据通过各级的汽-液相流量计算其持液量。若规定停留时间，速率方程中用到的液体持液量以摩尔基准计算，其定义为从该级流出的液体摩尔流量×液体停留时间。

（4）Conversion 页面

在 Blocks｜RadFrac｜Specifications｜Reactions｜Conversion 页面（图 5-239），输入基于关键组分的反应转化率。RadFrac 模型以此替换该级所关联的 Reactions 反应集中规定的转化率。

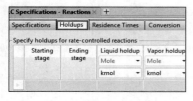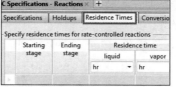

图 5-237   图 5-238   图 5-239

5.2.2.5　RadFrac 模型功能详解——固体处理

RadFrac 模型在平衡精馏模式中可以处理固体，但在速率精馏模式中不能处理固体。

在 Blocks｜RadFrac｜Convergence｜Convergence｜Basic 页面（图 5-240），通过 Solids handling（固体处理）选项选择处理质量和热量守恒中固体的方法，有 Overall-balance（总平

衡）和 Stage-by-stage（逐级）两种。相平衡计算中不考虑惰性固体，但考虑盐沉淀反应生成的盐。

Overall-balance 法临时从惰性物流中移除所有固体后，进行不包括固体的塔计算，之后将把惰性物流中移除的固体与塔底产品绝热混合。可保证全塔的总质量和能量平衡，但不考虑每一级的平衡。该法为默认方法。

Stage-by-stage 法在所有级的物料和热量平衡中都严格处理固体。每级流出物流中的液-固比与该级保持相同，把包括固体的物流总流量规定为产品流量。若塔进料中包括非常规（NC）固体子物流，用户需以质量为基准规定所有流量和流量比。

若规定分相器，RadFrac 模型可将固体部分或全部采出。在 Blocks｜RadFrac｜Configuration｜Decanters｜Decanter｜Options 页面（图 5-241），设置分相器中的固体处理方式。在 Solids handling（固体处理）区域，可选择 Decant solids partially using 2nd liquid return fraction（固体随第二液相部分采出）或 Decant solids totally（固体完全采出）。前者为默认设置，返回分率采用规定的第二液相返回分率。若分相器中无第二液相，RadFrac 模型将固体与第一液相一起采出，此时采用规定的第一液相返回分率。

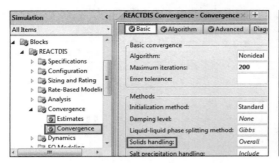

图 5-240

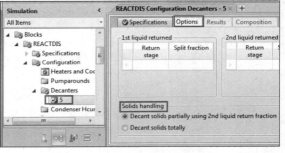

图 5-241

5.3　速率吸收/精馏

RadFrac 模型中包括了 AspenTech 公司基于速率的汽液传质算法，因此用户可以轻松地从基于平衡的计算转换到基于速率的计算，或将两种计算结合应用，在同一塔中的不同部分采用不同方法。

下面将以酸性气的水吸收塔为例，介绍 RadFrac 模型的速率吸收/精馏功能。

5.3.1　模拟案例

例 5.4　用水作为吸收剂，吸收酸性气中的氯化氢和二氧化碳。水进料温度 25℃，压力 1.1bar，流量 1000kg/h。气体进料温度 35℃，压力 1.1bar，其中各组分质量流量如下：水蒸气 50kg/h，氯化氢 200kg/h，二氧化碳 800kg/h，氧气 150kg/h，氮气 3000kg/h。

吸收塔采用 10 块理论板，塔顶压力 1.05bar，塔底压力 1.08bar。采用泡罩塔板，塔径 1.5m，分别采用基于平衡和基于速率的方法，对比计算结果。采用塔径 1m 的泡罩塔板，或塔径 1m 的筛板，研究对吸收效果的影响。流程可参考图 5-242。

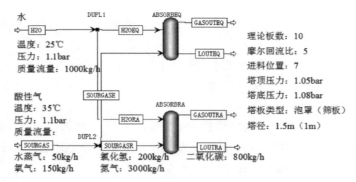

水
温度: 25℃
压力: 1.1bar
质量流量: 1000kg/h

酸性气
温度: 35℃
压力: 1.1bar
质量流量:

水蒸气: 50kg/h   氯化氢: 200kg/h   二氧化碳: 800kg/h
氧气: 150kg/h   氮气: 3000kg/h

理论板数: 10
摩尔回流比: 5
进料位置: 7
塔顶压力: 1.05bar
塔底压力: 1.08bar
塔板类型: 泡罩（筛板）
塔径: 1.5m（1m）

图 5-242

速率吸收

5.3.2 流程模拟

选择 Electrolytes with Metric Units（电解质公制单位）模板，新建文件"例 5.4 速率吸收"。

（1）定义组分

Properties 环境下，在 Components｜Specifications｜Selection 页面（图 5-243），定义组分。

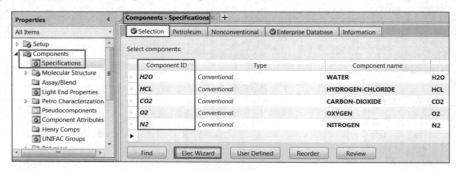

图 5-243

单击 Elec Wizard（电解质向导）按钮，弹出电解质向导窗口，在此生成离子及相关反应。首先是 Welcome to Electrolyte Wizard（欢迎使用电解质向导）页面（图 5-244），该页面有该向导的操作步骤说明，也可选择化学反应数据源和离子组分的参考态。

单击 Next>按钮，进入 Base Components and Reactions Generation Options（基础物质和生

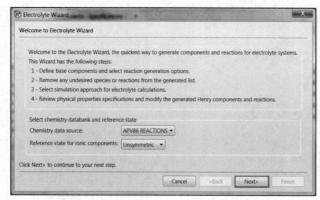

图 5-244   图 5-245

成反应选项）页面（图 5-245）。在 Select base components（选择基础物质）区域，选择基础物质为 H_2O、CO_2 和 HCl。在 Hydrogen ion type（氢离子类型）区域，默认选择氢离子为 Hydronium ion H_3O^+（水合氢离子）。在 Options（选项）区域，默认选择 Include salt formation（包括盐的生成）。

单击 Next>按钮，进入 Generated Species and Reactions（生成的组分和反应）页面（图 5-246）。在 Remove undesired generated species and reactions（移除不需要的生成组分和反应）区域，Aqueous species（溶液组分）列表中为生成的离子，Salts（盐）列表中为生成的盐，Reactions（反应）列表中为生成的离子反应。用户可以选中不需要的离子、盐或反应，并单击 Remove（删除）按钮，即可将其删除。在 Set up global property method（设置全局物性方法）区域，用户可选择并设置全局物性方法，默认为 ELECNRTL。

单击 Next>按钮，进入 Simulation Approach（模拟方法）页面（图 5-247）。在 Select electrolyte simulation approach（选择电解质模拟方法）区域，选择电解质组分的模拟方法，默认选择 True component approach（真实组分方法）。在 Generated reactions and Henry components will be placed in（生成的反应和亨利组分将放置在）区域，输入存放生成的离子反应和亨利组分的表格 ID，默认 Chemistry form with ID（化学反应表格 ID）为 GLOBAL，Components Henry-Comps form with ID（亨利组分表格 ID）为 GLOBAL。

单击 Next>按钮，弹出 Update Parameters（更新参数）窗口（图 5-248），单击 Yes 按钮，将更新参数表格数据，并生成以上面填写的 ID 为名的 Chemistry 和 Henry-Comps 表格，并跳转到 Summary（汇总）页面（图 5-248）。

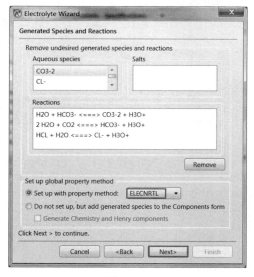

图 5-246

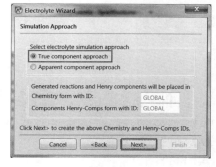

图 5-247

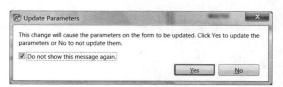

图 5-248

在 Summary 页面（图 5-249），可查看 Property specifications（物性规定）、Components and databanks（组分和数据库），还可单击 Review Henry components…按钮，查看亨利组分，或单击 Review Chemistry…按钮，查看化学反应。

设置完成后，单击 Finish 按钮，关闭电解质向导。回到 Components｜Specifications｜Selection 页面（图 5-250），此时生成的离子组分已自动添加进 Components｜Specifications｜Selection 页面的组分列表中。

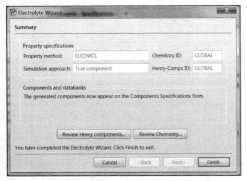
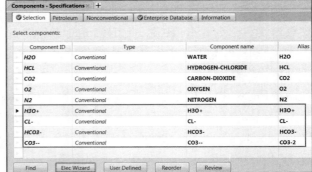

图 5-249　　　　　　　　　　　　　　　　图 5-250

（2）查看物性方法及参数

在 Components | Henry Comps | Global | Selection 页面（图 5-251），电解质向导已选择除水之外的四种组分为亨利组分。

在 Methods | Specifications | Global 页面（图 5-252），电解质向导已选择 ELECNRTL 为全局物性方法。

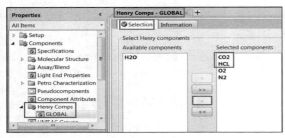
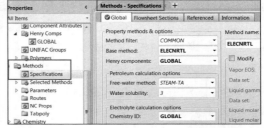

图 5-251　　　　　　　　　　　　　　　　图 5-252

在 Methods | Parameters | Binary Interaction | NRTL-1 页面（图 5-253）和 Methods | Parameters | Binary Interaction | VLCLK-1 页面（图 5-254），查看数据库中的二元交互作用参数。勾选 Estimate missing parameters by UNIFAC（用 UNIFAC 法估计缺失参数），用基团贡献法估算缺失的参数。

在 Methods | Parameters | Electrolyte Pair | GMELCC-1/ GMELCD-1/ GMELCE-1/ GMELCN-1 页面，查看数据库中电解质对的参数。

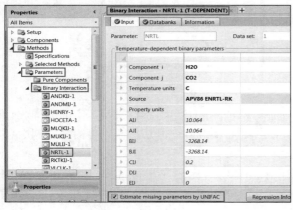
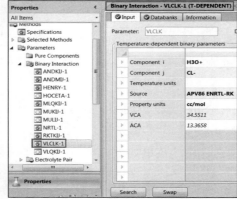

图 5-253　　　　　　　　　　　　　　　　图 5-254

（3）建立流程

切换到 Simulation 环境，在 Main Flowsheet 页面建立流程，如图 5-255 所示。

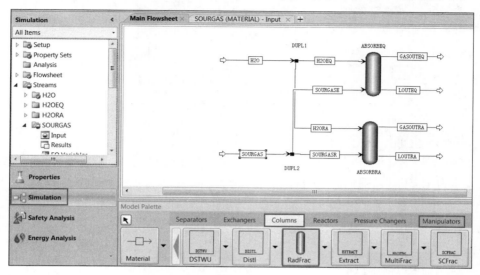

图 5-255

添加两个 Manipulators（控制器）中的 Dupl（复制器）模型，两个 Columns（塔）中的 RadFrac 模型，根据流程图需要选择合适的模型图标。将进料分别复制成两股后分别进两个吸收塔。ABSORBEQ 为平衡精馏塔，ABSORBRA 为速率精馏塔。

（4）输入进料条件

在 Streams｜H₂O｜Input｜Mixed 页面（图 5-256），输入吸收剂水的进料条件。规定温度 25℃，压力 1.1bar，水质量流量为 1000kg/h。

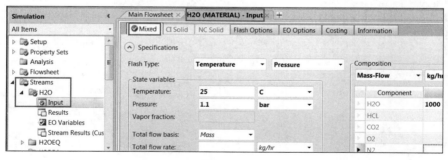

图 5-256

在 Streams｜SOURGAS｜Input｜Mixed 页面（图 5-257），输入酸性气进料条件。规定温度 35℃，压力 1.1bar，各组分质量流量：H_2O 为 50kg/h，HCl 为 200kg/h，CO_2 为 800kg/h，O_2 为 150kg/h，N_2 为 3000kg/h。

（5）设置模型参数

在 Blocks｜ABSORBEQ｜Specifications｜Setup｜Configuration 页面（图 5-258），配置平衡吸收塔。Calculation type（计算类型）用默认的 Equilibrium（平衡），输入塔板数 10 块，没有冷凝器和再沸器。

在 Blocks｜ABSORBEQ｜Specifications｜Setup｜Streams 页面（图 5-259），规定进料。

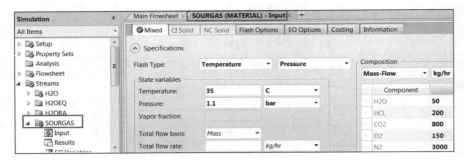

图 5-257

输入 H2OEQ 和 SOURGASE 物流分别在 1 和 11 两块板以 Above-Stage 方式进料。

在 Blocks｜ABSORBEQ｜Specifications｜Setup｜Pressure 页面（图 5-260），规定塔压。设置塔顶压力 1.05bar，塔压降 0.03bar。

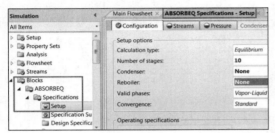

图 5-258

图 5-259

图 5-260

在 Blocks｜ABSORBRA｜Specifications｜Setup｜Configuration 页面（图 5-261），配置速率吸收塔。将 Calculation type 改为 Rate-Based，其他输入与 ABSORBEQ 完全相同。

在 Blocks｜ABSORBRA｜Sizing and Rating｜Tray Rating｜Sections 页面（图 5-262），建立速率塔段。单击 New…按钮，弹出 Create New ID 窗口，默认新建要进行核算的塔段号为 1。单击 OK 按钮，即可生成 1 号塔段。

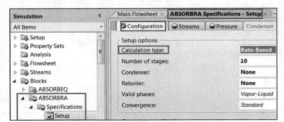

图 5-261

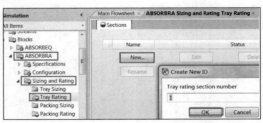

图 5-262

在 Blocks｜ABSORBRA｜Sizing and Rating｜Tray Rating｜1｜Setup｜Specifications 页面（图 5-263），设置塔尺寸。塔板类型为泡罩塔板，直径 1.5m，板间距采用默认值 0.6096m。

在 Blocks｜ABSORBRA｜Sizing and Rating｜Tray Rating｜1｜Rate-based 页面（图 5-264），规定速率模式计算。勾选 Rate-based calculations（以速率为基础的计算），此页面其他参数采用默认值。

（6）运行模拟并查看结果

设置完成后，运行模拟。运行结束后，在 Results Summary｜Streams 页面（图 5-265），查看各物流的计算结果。可以看到以速率基础计算时，出口气体中 HCl 的含量为 0.121kg/h，而平衡计算中则基本为 0。

图 5-263

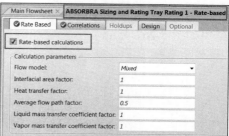

图 5-264

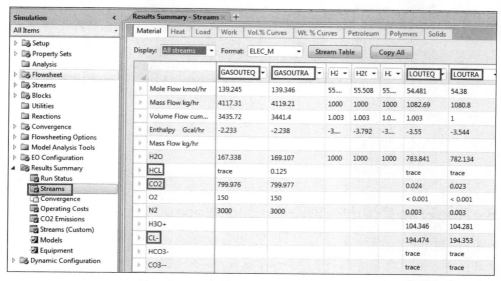

图 5-265

（7）塔结构影响研究

将上例保存后，另存为"例 5.4 速率吸收-改变塔径"。将塔径改为 1m，重新运行，结果如图 5-266 所示。

	GASOUTEQ	GASOUTRA	H2	H2O	H2	LOUTEQ	LOUTRA
Temperature C	38.8	39.2	25	25	25	48.8	46.9
Pressure bar	1.05	1.05	1.1	1.1	1.1	1.08	1.08
Vapor Frac	1	1	0	0	0	0	0
Solid Frac	0	0	0	0	0	0	0
Mole Flow kmol/hr	139.245	139.357	55....	55.508	55....	54.481	54.369
Mass Flow kg/hr	4117.31	4119.57	1000	1000	1000	1082.69	1080.43
Volume Flow cum...	3435.72	3442.36	1.003	1.003	1.0...	1.003	1
Enthalpy Gcal/hr	-2.233	-2.238	-3....	-3.792	-3....	-3.55	-3.544
Mass Flow kg/hr							
H2O	167.338	169.117	1000	1000	1000	783.841	782.299
HCL	trace	0.477				trace	trace
CO2	799.976	799.977				0.024	0.023
O2	150	150				< 0.001	< 0.001
N2	3000	3000				0.003	0.003
H3O+						104.346	104.097
CL-						194.474	194.01
HCO3-						trace	trace
CO3--						trace	trace

图 5-266

将上例保存后，另存为"例 5.4 速率吸收-筛板塔"。将塔板类型改为筛板，重新运行，结果如图 5-267 所示。

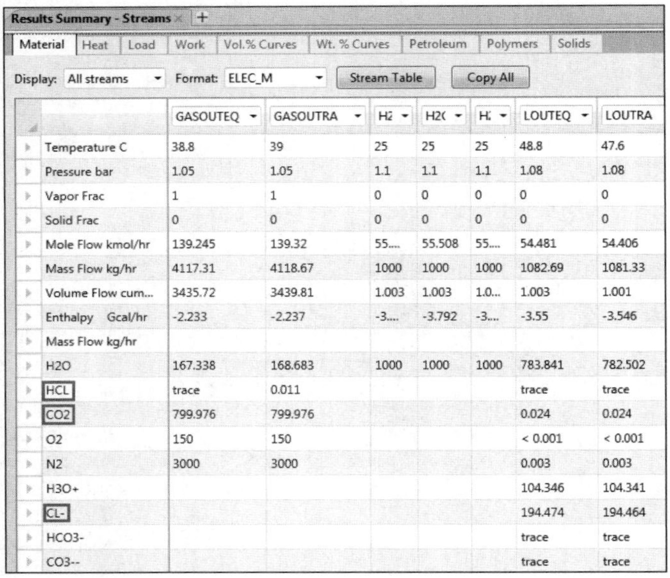

		GASOUTEQ	GASOUTRA	H2...	H2C...	H...	LOUTEQ	LOUTRA
▸	Temperature C	38.8	39	25	25	25	48.8	47.6
▸	Pressure bar	1.05	1.05	1.1	1.1	1.1	1.08	1.08
▸	Vapor Frac	1	1	0	0	0	0	0
▸	Solid Frac	0	0	0	0	0	0	0
▸	Mole Flow kmol/hr	139.245	139.32	55....	55.508	55....	54.481	54.406
▸	Mass Flow kg/hr	4117.31	4118.67	1000	1000	1000	1082.69	1081.33
▸	Volume Flow cum...	3435.72	3439.81	1.003	1.003	1.0...	1.003	1.001
▸	Enthalpy Gcal/hr	-2.233	-2.237	-3....	-3.792	-3....	-3.55	-3.546
▸	Mass Flow kg/hr							
▸	H2O	167.338	168.683	1000	1000	1000	783.841	782.502
▸	HCL	trace	0.011				trace	trace
▸	CO2	799.976	799.976				0.024	0.024
▸	O2	150	150				< 0.001	< 0.001
▸	N2	3000	3000				0.003	0.003
▸	H3O+						104.346	104.341
▸	CL-						194.474	194.464
▸	HCO3-						trace	trace
▸	CO3--						trace	trace

图 5-267

5.3.3 RadFrac 模型功能详解——Rate-Based 模式

RadFrac 模型传统求解方法为 Equilibrium（平衡）模式，即采用平衡级或理论板概念，假设离开任意塔板的汽-液相都处于热力学平衡状态。实际这种平衡只在汽-液相界面上才存在，用效率表示塔实际操作偏离平衡的程度。但效率经验数据缺乏，而估算方法又不可靠。填料塔中一般是用 HETP 代替板效率，但同样也很难准确估算。与之相反，RadFrac 模型的拓展功能——Rate-Based（速率）模式，直接用传质和传热速率方程组表示分离过程，避免了效率和 HETP 等数据的经验近似，是基本而严谨的计算。Rate-Based 模式下，考虑传质、传热速率及扩散组分间的作用，分离效果取决于相间传递进行程度，传递速率取决于推动力，假定只在汽-液相界面存在热力学平衡。可模拟吸收、精馏和汽提等汽-液相传质分离，还可用于反应及电解质系统。

（1）Equilibrium 模式的规定与 Rate-Based 模式的规定

Equilibrium 模式下的一些规定，在 Rate-Based 模式下仅用于初始化。这些规定包括：

① **塔板效率**。Rate-Based 模式计算中由速率分离与平衡分离的质量比率得到。

② **反应的持液量**。在 Rate-Based 模式下的动力学反应，应用 Blocks｜RadFrac｜Sizing and Rating｜Tray Rating｜1｜Rate-Based｜Holdups 页面（图 5-268）规定的汽相或液相反应持液量数据或关联式，RadFrac｜Reactions｜Holdups 页面（图 5-269）规定的反应持液量基准仍可确定指前因子的单位。

③ **填料塔尺寸设计用的压力分布更新**。

④ **收敛参数**。Blocks｜RadFrac｜Convergence｜Convergence｜Basic 页面（图 5-270）和 Blocks｜RadFrac｜Convergence｜Convergence｜Advanced 页面（图 5-271）的收敛参数，仅用于速率计算的初始化过程。在 Rate-Based 模式计算中，用 Blocks｜RadFrac｜Rate-Based Modeling｜Rate-based Setup｜Convergence 页面（图 5-272）上的相应参数。

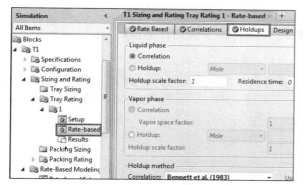

图 5-268

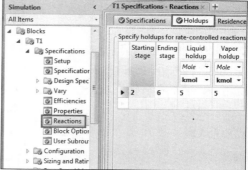

图 5-269

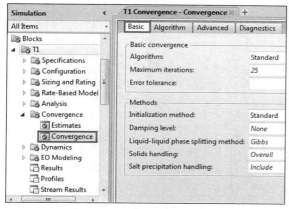

图 5-270

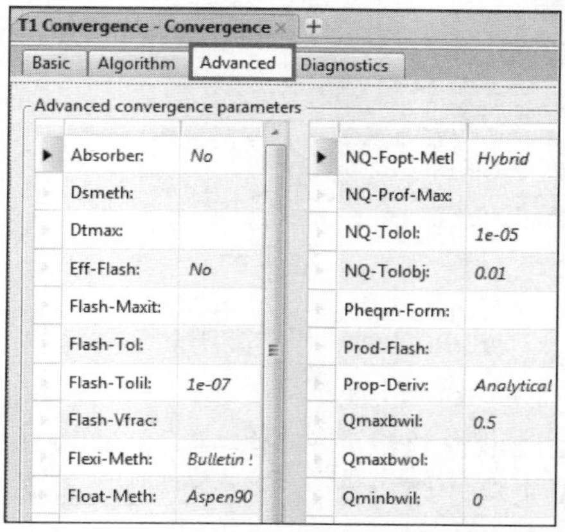

图 5-271

⑤ **设计规定**。允许设计规定数目大于自变量数目的超规定计算的 Nested Mode（嵌套模式），只用于平衡精馏模式。在速率模式中设计规定数量需与自变量数目匹配，而且不支持自变量的可变边界。

⑥ **塔尺寸设计**。在 Rate-Based 模式中，不使用 Tray Sizing 和 Packing Sizing 的塔板或填料尺寸设计功能，而在 Tray Rating 和 Packing Rating 文件夹下的 Rate-based | Design 页面（图 5-273），规定基准板及液泛算法，估算尺寸（塔径）。

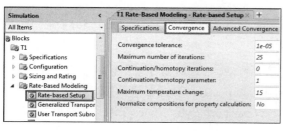

图 5-272

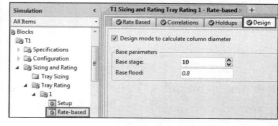

图 5-273

⑦ **三相、游离水或污水计算**。固体、水相、盐解离和转化反应等基于平衡的 RadFrac 功能在速率精馏模式下不可用，但可支持平衡和动力学反应。

（2）Rate-Based 模式设置

Rate-Based 模式计算需要 Aspen Plus 许可之外的一个单独许可。如果没有获得该许可，将无法运行包括基于速率精馏的模拟。

① 建立 Rate-Based 模型

在 Blocks｜RadFrac｜Setup｜Configuration 页面（图 5-274），将 Calculation type（计算模式）从 Equilibrium 改为 Rate-Based，此选项适用于整个塔。此外，需有规定一个或多个 Tray Rating 或 Packing Rating 段。对于每个需进行速率精馏计算的塔段，需在 Tray Rating 或 Packing Rating 文件夹下的 Rate-based｜Rate Based 页面（图 5-275），勾选 Rate-based calculations（基于速率的计算）选项，此选项仅适用于本段。未进行 Tray Rating 或 Packing Rating 定义的级视为平衡级。此外还可能需要输入一些速率计算需要的塔板或填料参数。

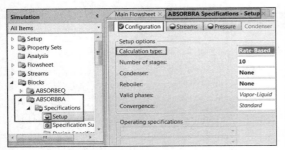 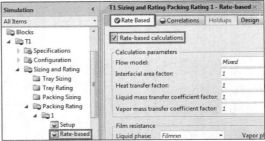

图 5-274   图 5-275

② Rate-Based 模式的塔尺寸设计

Rate-Based 模式下，在 Tray Rating 或 Packing Rating 的 Rate-based｜Design 页面，通过规定基准板及基准液泛算法，估算尺寸（塔径）。这种微观设计计算，根据指定塔板上的液泛因子来确定塔尺寸。用这个选项时应特别注意，需选择最可能液泛的塔板。此外，基准塔板的位置也有限制，在没有重叠部分的简单塔中，基准塔板需位于 Rating 区域内。

基于速率的塔段不能相互重叠，但可与允许压力更新的平衡塔板或填料校核段重叠。此时，所有重叠部分组合成一个公共段（公共段不包括有压力更新的 Sizing 段和没有压力更新的平衡段）以计算塔径。公共段尽管可能会包括两个或更多个与压力更新段重叠的速率段，但一块基准塔板只能有一个设计规定。基准板可以是公共部分内的任何塔板，即使它不在设计规定所在的速率段内。

图 5-276 的示例中，两个速率段与一个压力更新段重叠，其中一个速率段还与第二个压力更新段重叠，这三段连接成公共段。只有一个速率段可指定一个基准板，但基准板可以是这三段中的任何一级。如果还有其他的速率段或压力更新段，但不与这几段重叠，那就不属于公共段（尽管它们可能会互相重叠形成另一个公共段）。

③ Rate-Based Modeling 设置

在 Rate-Based Modeling（Rate-Based 模型）文件夹中，设置 Rate-Based 模型的参数。Rate-Based Modeling 文件夹中，包括 Rate-based Setup（Rate-Based 模型设置）、Generalized Transport Correlations（通用传递关联式）、User Transport Subroutines（用户传递子程序）、Interface Profiles（界面分布）、Transfer Coefficients（传递系数）、Dimensionless Numbers（无量纲数）、Efficiencies and HETP（效率和等板高度）及 Rate-based Report（Rate-Based 模型报告）等表格。

● Rate-based Setup 表格

Rate-based Setup 表格中，包括 Specifications（规定）、Convergence（收敛）、Advanced Convergence（高级收敛）和 Diagnostics（诊断）等页面。

在 Blocks｜RadFrac｜Rate-Based Modeling｜Rate-based Setup｜Specifications 页面

（图 5-277），规定 Rate-based 模型的 Chilton-Colburn 平均参数、传递条件因子、反应条件因子等参数。

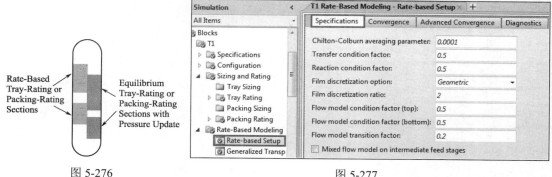

图 5-276   图 5-277

在 Blocks｜RadFrac｜Rate-Based Modeling｜Rate-based Setup｜Convergence 页面（图 5-278），设置 Rate-based 模型的收敛参数。

在 Blocks｜RadFrac｜Rate-Based Modeling｜Rate-based Setup｜Advanced Convergence 页面（图 5-279），设置 Rate-based 模型的高级收敛参数。

在 Blocks｜RadFrac｜Rate-Based Modeling｜Rate-based Setup｜Diagnostics 页面（图 5-280），设置 Rate-based 模型的诊断信息水平。

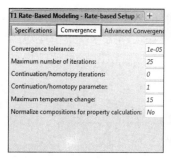
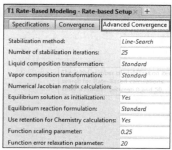
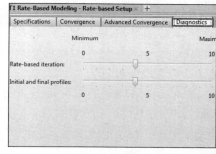

图 5-278   图 5-279   图 5-280

- Rate-based Report 表格

在 Blocks｜RadFrac｜Rate-Based Modeling｜Rate-based Report 表格中，设置 Rate-based 模型报告包括的内容。Rate-based Report 表格中，包括 Property Options（物性选项）、Efficiency Options（效率选项）和 Efficiency/HETP Comp.（效率/等板高度组分）页面。

在 Blocks｜RadFrac｜Rate-Based Modeling｜Rate-based Report｜Property Options 页面（图 5-281），勾选速率计算中要额外增加的报告选项。

在 Blocks｜RadFrac｜Rate-Based Modeling｜Rate-based Report｜Efficiency Options 页面（图 5-282），勾选要报告的效率和 HETP 选项。

在 Blocks｜RadFrac｜Rate-Based Modeling｜Rate-based Report｜Efficiency/HETP Comp. 页面（图 5-283），指定要报告的效率对应的组分。

- 结果查看

在 Blocks｜RadFrac｜Rate-Based Modeling｜Interface Profiles 表格中，查看相界面处的温度、组成等分布。

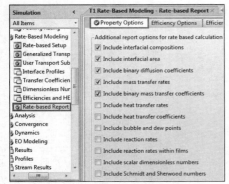

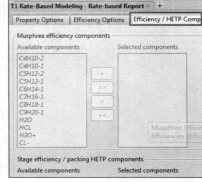

| 图 5-281 | 图 5-282 | 图 5-283 |

在 Blocks｜RadFrac｜Rate-Based Modeling｜Transfer Coefficients 表格中，查看扩散系数、传质系数和传热系数。

在 Blocks｜RadFrac｜Rate-Based Modeling｜Dimensionless Numbers 表格中，查看关联式中的无量纲数。

在 Blocks｜RadFrac｜Rate-Based Modeling｜Efficiencies and HETP 表格中，查看组分效率、塔板效率和填料的等板高度。Packing Rating｜Results｜Profiles 页面上的 HETP 值，在速率模式时由相应的传质关联式算得，而平衡模式时则为输入的 HETP 值。

（3）Rate-Based 模式的数学模型基础

Rate-Based 模式（非反应系统）中的计算包括汽-液相间的质量和热量守恒、相间传质传热速率、界面处汽-液相平衡、传质传热系数及相界面面积的估算关联式。反应系统中还包括计算化学反应对传热传质过程影响的方程，如平衡反应的化学平衡方程。电解质系统中还包括计算电负性条件的方程。

Rate-Based 模式的数学模型如图 5-284 所示。图示为塔中的一级（一块塔板或一段填料），方程和变量中的下标 j 指级编号，各级从上到下编号。图中各参数上标 V、L、F、I、FL、FV、fL 和 fV 分别表示汽相主体、液相主体、进料、界面、液相进料、汽相进料、液膜和汽膜。级相关方程如下。

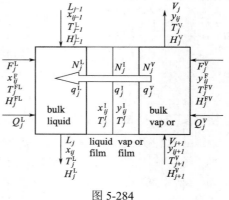

图 5-284

① 级相关平衡方程

液相主体物流平衡：$F_j^L x_{ij}^F + L_{j-1} x_{ij-1} + N_{ij}^L + r_{ij}^L - L_j x_{ij} = 0$

汽相主体物流平衡：$F_j^V y_{ij}^F + V_{j+1} y_{ij+1} - N_{ij}^V + r_{ij}^V - V_j y_{ij} = 0$

液膜物流平衡：$N_{ij}^I + r_{ij}^{fL} - N_{ij}^L = 0$

汽膜物流平衡：$N_{ij}^V + r_{ij}^{fV} - N_{ij}^I = 0$

液相主体能量平衡：$F_j^L H_j^{FL} + L_{j-1} H_{j-1}^L + Q_j^L + q_j^L - L_j H_j^L = 0$

汽相主体能量平衡：$F_j^V H_j^{HV} + V_{j+1} H_{j+1}^V + Q_j^V - q_j^V - V_j H_j^V = 0$

液膜能量平衡：$q_j^I - q_j^L = 0$

汽膜能量平衡：$q_j^{\text{V}} - q_j^{\text{I}} = 0$

界面相平衡：$y_{ij}^{\text{I}} - K_{ij}x_{ij}^{\text{I}} = 0$

加和式：$\displaystyle\sum_{i=1}^{n} x_{ij} - 1 = 0$ $\qquad \displaystyle\sum_{i=1}^{n} y_{ij} - 1 = 0$ $\qquad \displaystyle\sum_{i=1}^{n} x_{ij}^{I} - 1 = 0$ $\qquad \displaystyle\sum_{i=1}^{n} y_{ij}^{I} - 1 = 0$

② 级相关传递方程

液膜质量通量：$\qquad \left[\Gamma_j^{\text{L}}\right]\left(x_j^{\text{I}} - x_j\right) + \Delta\phi_j^{\text{E}}\left(x_j z_j\right) - \left[R_j^{\text{L}}\right]\left(N_j^{\text{L}} - N_i^{\text{L}} x_j\right) = 0$

其中：

$$\Gamma_{i,j,k}^{\text{L}} = \delta_{i,k} + x_{ij}\left.\frac{\partial \ln \varphi_{ij}^{\text{L}}}{\partial x_{kj}}\right|_{T_j^{\text{L}}, P_j, \Sigma}$$

$$R_{i,i,j}^{\text{L}} = \frac{x_{ij}}{\overline{\rho}_j^{\text{L}} a_j^{\text{I}} k_{i,n,j}^{\text{L}}} + \sum_{\substack{m=1 \\ m \neq 1}}^{n} \frac{x_{mj}}{\overline{\rho}_j^{\text{L}} a_j^{\text{I}} k_{i,m,j}^{\text{L}}} \qquad i = 1, \cdots, n-1$$

$$R_{i,k,j}^{\text{L}} = -x_{ij}\left(\frac{1}{\overline{\rho}_j^{\text{L}} a_j^{\text{I}} k_{i,k,j}^{\text{L}}} - \frac{1}{\overline{\rho}_j^{\text{L}} a_j^{\text{I}} k_{i,n,j}^{\text{L}}}\right) \qquad i = 1, \cdots, n-1, i \neq k$$

Σ 表示计算偏微分时，固定除第 n 个组分外其他所有组分的摩尔分数。

汽膜质量通量：$\left[\Gamma_j^{\text{V}}\right]\left(y_j^{\text{I}} - y_j\right) + \left[R_j^{\text{V}}\right]\left(N_j^{\text{V}} - N_j^{\text{V}} y_j\right) = 0$

其中

$$\Gamma_{i,j,k}^{\text{V}} = \delta_{i,k} + y_{ij}\left.\frac{\partial \ln \varphi_{ij}^{\text{V}}}{\partial y_{kj}}\right|_{T_j^{\text{V}}, P_j, \Sigma}$$

$$R_{i,k,j}^{\text{V}} = \frac{y_{ij}}{\overline{\rho}_j^{\text{V}} \alpha_j^{\text{I}} k_{i,n,j}^{\text{V}}} + \sum_{\substack{m=1 \\ m \neq 1}}^{n} \frac{y_{mj}}{\overline{\rho}_j^{\text{V}} \alpha_j^{\text{I}} k_{i,m,j}^{\text{V}}} \qquad i = 1, \cdots, n-1$$

$$R_{i,k,j}^{\text{V}} = -y_{ij}\left(\frac{1}{\overline{\rho}_j^{\text{V}} \alpha_j^{\text{I}} k_{i,k,j}^{\text{V}}} - \frac{1}{\overline{\rho}_j^{\text{V}} \alpha_j^{\text{I}} k_{i,n,j}^{\text{V}}}\right) \qquad i = 1, \cdots, n-1, i \neq k$$

液膜热通量：$\qquad \alpha_j^{\text{I}} h_j^{\text{L}}\left(T_j^{\text{I}} - T_j^{\text{L}}\right) - q_j^{\text{L}} + \displaystyle\sum_{i=1}^{n} N_{ij}^{\text{L}} \overline{H}_{ij}^{\text{L}} = 0$

汽膜热通量：$\qquad \alpha_j^{\text{I}} h_j^{\text{L}}\left(T_j^{\text{V}} - T_j^{\text{L}}\right) - q_j^{\text{V}} + \displaystyle\sum_{i=1}^{n} N_{ij}^{\text{V}} \overline{H}_{ij}^{\text{V}} = 0$

以上通量方程基于 Mixed 混合流动模型，各相主体物性根据出口条件计算。如用其他流动模型，主体物性可能根据进口和出口条件的平均值计算。

对于给定模型来说，Rate-Based 比 Equilibrium 模式需求解更多方程，因此计算时间长，特别是多组分问题，求解次数与组分数的平方成正比，相同问题的求解时间可能会比平衡模式大一个数量级。Aspen Plus 速率精馏采用的是基于牛顿法的高效同时校正方法。

5.4 萃取塔——Extract

Extract 模型是模拟液-液萃取塔的严格模型,可以有多股进料、加热/冷却器及侧线物流。模型假设各级处于相平衡,但用户可规定组分或各级分离效率。Extract 模型仅有核算模式。

5.4.1 模拟案例

例 5.5 在相当于 5 块理论板的连续逆流萃取塔中,用超临界二氧化碳(32℃,98.6bar,475kg/h)从含乙醇 10%(质量分数)的水溶液中萃取回收乙醇,处理量为 69kg/h。试确定萃取相和萃余相的组成和流量。流程可参考图 5-285。实验测得分配系数值如下表所示, KLL 值定义为萃取相中某组分的摩尔分数除以萃余相中该组分的摩尔分数。

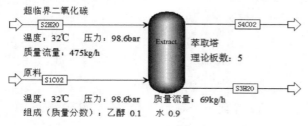

图 5-285

组分	KLL 值
CO_2	34.5
C_2H_6O	0.115
H_2O	0.00575

5.4.2 流程模拟

EXTRACT

用公制单位通用模板新建文件,并保存为"例 5.5EXTRACT"。

(1)定义组分并规定物性方法

Properties 环境下,在 Components | Specifications | Selection 页面(图 5-286),输入三个组分 C_2H_6O-2、H_2O 和 CO_2。

在 Methods | Specifications | Global 页面(图 5-287),设置物性方法为 NRTL。

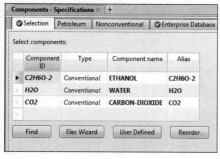

图 5-286

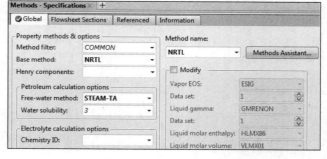

图 5-287

(2)建立流程

切换到 Simulation 环境,在 Main flowsheet 页面建立流程,如图 5-288 所示。萃取塔采用模型库中 Columns 选项卡下的 Extract 模型。

（3）输入进料条件

在 Streams｜S1CO2｜Input｜Mixed 页面（图 5-289），输入超临界二氧化碳进料条件。温度为 32℃，压力为 98.6bar，CO_2 质量流量为 475kg/h。

在 Streams｜S2H2O｜Input｜Mixed 页面（图 5-290），输入乙醇水溶液进料条件。温度为 32℃，压力为 98.6bar，总质量流量为 69kg/h，其中含 C_2H_6O-2 质量分数为 0.1，H_2O 质量分数为 0.9。

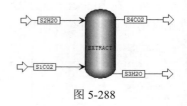

图 5-288

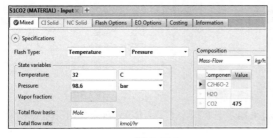

图 5-289

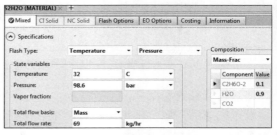

图 5-290

（4）设置模型参数

在 Blocks｜EXTRACT｜Setup｜Specs 页面（图 5-291），规定萃取塔。在 Configuration（结构）区域，设置萃取塔有 5 块理论板；在 Thermal options（热选项）区域，勾选 Specify temperature profile（规定温度分布），并在 Temperature profile（温度分布）区域，输入第一级温度为 32℃。

在 Blocks｜EXTRACT｜Setup｜Key Components 页面（图 5-292），规定关键组分。指定 1st liquid phase（第一液相）关键组分为 H_2O，2nd liquid phase（第二液相）关键组分为 CO_2。

在 Blocks｜EXTRACT｜Setup｜Pressure 页面（图 5-293），规定 Pressure profile（压力分布）。设置第一级压力为 98.6bar。

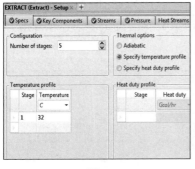

图 5-291

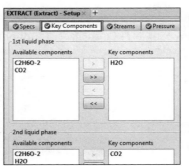

图 5-292

图 5-293

在 Blocks｜EXTRACT｜Properties｜Options 页面（图 5-294），指定 Calculate liquid-liquid coefficients from（计算液-液平衡系数的方法）。勾选 KLL correlation，即根据 KLL 关联式计算分配系数。

在 Blocks｜EXTRACT｜Properties｜KLL Correlation 页面（图 5-295），设置 Coefficients for KLL correlation（分配系数关联式的系数）。根据实验数据，计算出 C_2H_6O、H_2O、CO_2 三组分 KLL 关联式中的 a 值分别为-2.163、-5.159 及 3.54，其余值为 0。

另外，在 Blocks｜EXTRACT｜Setup｜Streams 页面（图 5-296），可查看进料位置、产品物流采出位置及相态等信息。

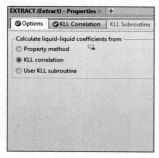

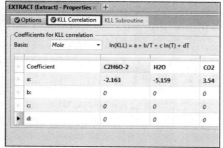

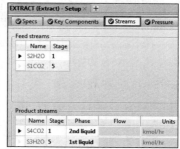

图 5-294　　　　　　　　　图 5-295　　　　　　　　　图 5-296

（5）运行并查看结果

设置完成后，运行模拟。运行结束后，在 Blocks｜EXTRACT｜Results｜Summary 页面（图 5-297），查看萃取塔计算结果。

在 Blocks｜EXTRACT｜Results｜Split Fraction 页面（图 5-298），查看各组分在萃取相和萃余相中分割比的计算结果。

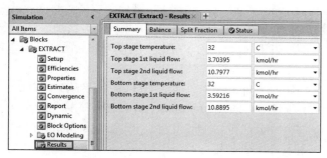

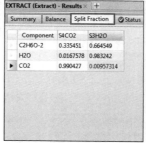

图 5-297　　　　　　　　　　　　　　　　图 5-298

在 Blocks｜EXTRACT｜Profiles｜TPFQ 页面（图 5-299），查看萃取塔内各塔板上 TPFQ 分布计算结果。

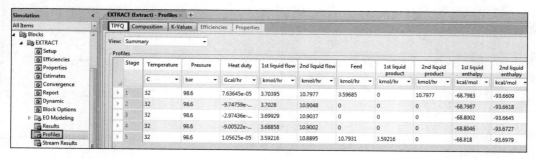

图 5-299

在 Blocks｜EXTRACT｜Profiles｜Composition 页面（图 5-300 和图 5-301），查看萃取塔内各塔板上 1st liquid 和 2nd liquid 两液相中各组分组成分布的计算结果。

在 Blocks｜EXTRACT｜Profiles｜K-Values 页面（图 5-302），查看萃取塔内各塔板上各组分 K 值分布的计算结果。

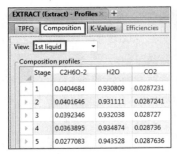

图 5-300

图 5-301

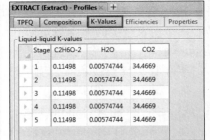

图 5-302

在 Blocks ｜ EXTRACT ｜ Stream Results ｜ Material 页面（图 5-303），查看萃取塔进出物流的温度、压力、汽相分率、流量、焓值和组成等计算结果。

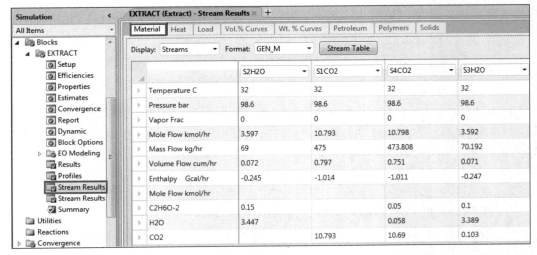

图 5-303

5.4.3　Extract 模型功能详解

（1）流程连接

Extract 模型的流程连接如图 5-304 所示。

进口：第一级（塔顶）一股进料物流，第一液相（L1），最后一级（塔底）一股进料物流，第二液相（L2），中间每级有一股可选进料物流。

出口：最后一级一股 L1 出料，第一级一股 L2 出料，中间每级有最多两股可选侧线产品物流，一股 L1，一股 L2。

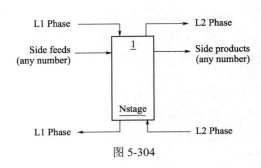

图 5-304

（2）模型规定

Extract 可按如下三种方式操作：Adiabatically（绝热，默认设置）；At a specified temperature（规定温度）；With specified stage heater or cooler duties（规定塔板加热或冷凝器热负荷）。

用户需规定：Number of stages（塔板数）、Feed and product stream stage locations（进料和产品位置）、Side product stream phase and mole flow rate（侧线产品物流相态和摩尔流量）和 Pressure profile（压力分布）。

第一液相（L1）从第一级流向最后一级，第二液相（L2）从最后一级流向第一级。用户需在 Setup 表格中的 L1-Comps 和 L2-Comps 指定每个相的关键组分。Extract 可将 L1 相作为溶剂/萃取相，也可作为进料/萃余相。

模型计算需要代表液-液平衡的液-液分配系数。通过以下方法计算这些系数值：

① Any physical property method that can represent two liquid phases：可以代表两液相的物性方法。需在 Block Options | Properties 页面输入全局或局部物性方法。

② A built-in temperature-dependent polynomial：内置温度相关的多项式。需在 Properties | KLL Correlation 页面输入多项式系数。

③ A Fortran subroutine：Fortran 子程序。需在 Properties | KLL Subroutine 页面输入子程序名称。

用户可定义虚拟物流（在 Report PseudoStreams 页面），以表示萃取塔内部物流。可采用 Fortran 子程序和灵敏度分析模型改变萃取塔参数，如进料位置或塔板数。

本章练习

5.1 某厂废水中含水 88%（质量分数）、乙醇 8%（质量分数）、正丁醇 4%（质量分数），流量为 18t/h。试设计合理的精馏分离工艺，回收该废水中的乙醇和叔丁醇。要求处理后水中乙醇、正丁醇及其他杂质总含量小于 100×10^{-6}，乙醇产品纯度不低于 98%（质量分数），正丁醇产品纯度不低于 97%（质量分数）。

5.2 在精馏塔内进行如下反应：

$$2CH_3OH(甲醇, A) + C_4H_6O_3(碳酸丙烯酯, B) \underset{}{\overset{催化剂}{\rightleftharpoons}}$$
$$(CH_3O)_2CO(碳酸二甲酯, C) + C_3H_8O_2(1,2-丙二醇, D)$$

正反应动力学方程为：

$$r_+ = 275.864 \exp\left[-4.1374 \times 10^7 / (RT)\right] c_A c_B$$

逆反应动力学方程为：

$$r_- = 320.91 \exp\left[-2.8286 \times 10^7 / (RT)\right] c_C c_D / c_A$$

其中，计算基准为摩尔浓度，反应速率单位为 $kmol/(m^3 \cdot s)$，活化能单位为 $J/kmol$。

进料 1 的进料温度为 60℃，进料压力为 200kPa，进料流量为 5000kg/h，其中甲醇的质量分数为 0.56，碳酸丙烯酯的质量分数为 0.44。进料 2 为纯甲醇进料，进料温度为 64℃，进料压力为 120kPa，进料流量为 6000kg/h。塔内理论板数为 45，塔的操作压力为 115kPa，全塔压降为 5kPa。进料 1 的进料位置为 5，进料 2 为塔釜进料。塔的质量回流比为 1.2，塔顶质量采出比为 0.68，反应理论板数为 40（从 5～45 块），反应段每块塔板上的持液量为 0.35m³，求产品中碳酸二甲酯的流量，物性方法选择 UNIQ-RK。

第6章

石油精馏塔

本章通过常减压装置的模拟计算，介绍 Aspen Plus 模型库中 Columns 选项卡下 PetroFrac 模型的应用。

PetroFrac 是一个严格的石油精馏塔模型，可以模拟由一个主塔与任何数目的中段循环、侧线汽提塔及一个加热炉组成的塔结构。因此，PetroFrac 模型可用于模拟石油炼制工业中所有复杂类型的汽-液分离操作，如初馏塔、常压塔、减压塔、催化裂化主分馏塔、延迟焦化主分馏塔、乙烯装置初馏塔和急冷塔组合等。

6.1 常减压装置简介

原油是一种液态烃类混合物，其中各组分的沸点和挥发度不同。组分沸点越低，挥发度越大，在汽相中的含量越高，在液相中的含量越低。根据原油的这种性质，可利用常减压精馏把原油分成若干不同沸程的馏分油。常减压装置是最基本的原油加工装置之一，主要包括换热器系统、常压系统和减压系统（图 6-1）。

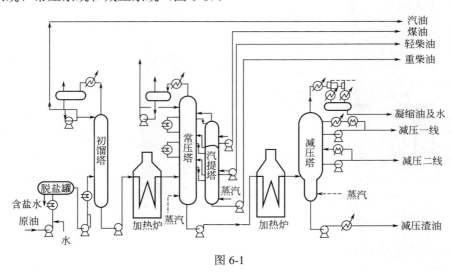

图 6-1

常压系统：原油通过换热网络加热到一定温度后，先进初馏塔脱除原油中的轻气体，再进入常压加热炉加热到一定温度，该温度与原油的性质和拔出率有关。一般要求常压炉出口汽化率比常压塔所有侧线产品总量高出一定比例，这个比例即汽化率，一般为 2%～5%（质量分数）。

　　经常压炉加热后的原油，进到常压塔的进料段。常压塔在常压下操作，通过侧线抽出一至四个侧线产品，如汽油、柴油、煤油等。侧线进入后续装置进行脱硫等加工处理，得到最终产品。为控制产品干点，抽出的侧线可进入汽提塔中汽提。为提高能量利用效率，常压塔的各产品段可设置中段循环，通过抽出塔内液相与冷原油换热，然后返回塔内。塔底抽出常压重油。为提高拔出率并减少塔底结焦，可在塔底通入一定量蒸汽。

　　常压精馏仅能分离出沸点较低的馏分，拔出率为 25%～30%。通过抽出侧线，常压精馏可将原油分为直馏汽油、航空煤油、煤油、轻质油（沸点 250～300℃）等馏分。大于 350℃的常压渣油由塔底引出，进入减压精馏塔。

　　减压系统：常压塔底出来的常压渣油，经减压加热炉加热达到一定温度和汽化率后，进入减压塔进料段。减压塔在真空条件（8kPa）下操作，通过侧线抽出一至三个侧线产品，侧线与原油换热冷却后出装置。为提高能量利用效率，减压塔的各产品段也有中段循环抽出，与冷原油换热后返回塔内。为提高拔出率和减少塔底结焦，有的减压塔底也通入一定量的蒸汽。

　　减压塔顶分离出柴油或燃料油，塔中可采出不同黏度的馏分，用以制造润滑油或作裂解原料。减压塔底抽出减压渣油，可作为催化裂化掺炼及制沥青的原料等。

6.2　模拟案例

　　例　某原油进入初馏塔（B1PREFL）和常压塔（B2CDU）进行精馏。原油（1CRUDE）标准体积流量为 10000m³/d，温度为 85℃，压力为 0.4MPa。经初馏塔加热炉加热，部分汽化后进入初馏塔底部。部分轻组分气体（3LIGHTS）和部分石脑油（5NAPHTHA）从初馏塔顶分出。闪底油（6CDUF）进入常压炉，闪底油在常压炉内部分汽化后，进入常压塔内被分离成如下产品：重石脑油（9NAPHTHA）、煤油（11KEROSE）、柴油（13DIESEL）、重柴油（15AGO）和常底油（16VDUF）。该流程如图 6-2 所示。

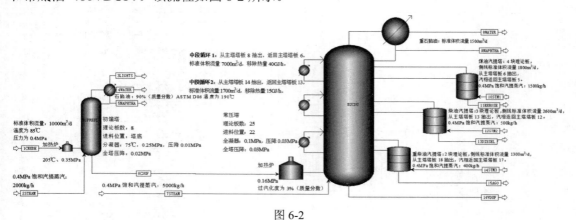

图 6-2

已知条件为原油 API 度 32，分析数据如下表所示：

实沸点蒸馏曲线		轻端组分	
质量分数/%	温度/℃	组分	质量分数
5	50	甲烷	0.001
10	80	乙烷	0.002
30	210	丙烷	0.01
50	340	正丁烷	0.004
60	420	异丁烷	0.01
70	510	正戊烷	0.01
90	620	异戊烷	0.02

初馏塔采用 8 块理论板，无再沸器，塔顶采用部分冷凝器。冷凝器在 75℃、0.25MPa 条件下操作。冷凝器压降为 0.01MPa，初馏塔压降为 0.02MPa。塔底通 2000kg/h 的 0.4MPa 饱和汽提蒸汽。初馏塔加热炉出料温度为 205℃、压力为 0.35MPa。塔顶石脑油（5NAPHTHA）标准体积流量为 2000m³/d。

常压塔 25 块理论板。加热炉操作压力 0.16MPa，进料在炉内过汽化度为 3%（质量分数），加热炉出料进入常压塔第 22 块板。冷凝器操作压力 0.1MPa，压降为 0.03MPa，全塔压降为 0.03MPa。塔顶重石脑油（9NAPHTHA）标准体积流量约为 1500m³/d。常压塔和煤油、柴油和重柴油汽提塔塔底，分别通入 5000kg/h、1500kg/h、500kg/h 和 400kg/h 的 0.4MPa 饱和蒸汽进行汽提。

三个侧线汽提塔参数如下：

煤油汽提塔：4 块理论板，侧线标准体积流量 1800m³/d，从主塔塔板 6 抽出，汽相返回主塔塔板 5。

柴油汽提塔：3 块理论板，侧线标准体积流量 2600m³/d，从主塔塔板 13 抽出，汽相返回主塔塔板 12。

重柴油汽提塔：2 块理论板，侧线标准体积流量 1300m³/d，从主塔塔板 18 抽出，汽相返回主塔塔板 17。

常压塔有两个中段循环，参数如下：

中段循环 1：从主塔塔板 8 抽出，返回主塔塔板 6，标准体积流量 7000m³/d，移除热量 40GJ/h。

中段循环 2：从主塔塔板 14 抽出，返回主塔塔板 13，标准体积流量 1700m³/d，移除热量 15GJ/h。

产品要求：

通过改变初馏塔塔顶馏出量，使石脑油馏分 ASTM D86 90%（质量分数）时温度为 190℃。

通过模拟求出初馏塔塔顶馏出量、加热炉热负荷、全塔温度分布图及各物流的 ASTM D86 蒸馏曲线。

物性方法选择 BK10。

模拟思路：

先模拟初馏塔，初馏塔模拟完成后再连接常压塔模拟，详述如下。

6.3　初馏塔模拟

选择 Petroleum with Metric Units（公制单位的石油模板）（图 6-3），建立文件"例 6.1PetroFrac-初馏塔"。

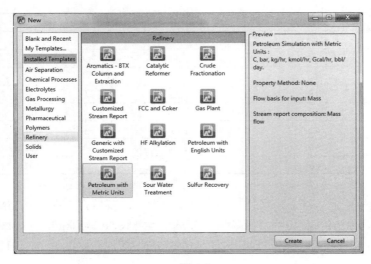

PetroFrac-初馏塔

图 6-3

6.3.1 定义组分并设置物性方法

（1）定义组分

因原油成分复杂、组分多，无法得到其详细的化学组成。现代石油馏分汽-液平衡和石油精馏的数值计算都是采用虚拟组分的处理方法，即通过已知油品分析数据（蒸馏曲线），将石油馏分切割为一定数目的窄馏分。每个窄馏分可视为一个纯组分，即虚拟组分。通过适合各馏分的系列关联式计算虚拟组分的物性参数，从而将复杂的石油体系转化为一个由多个虚拟组分构成的混合物体系，进而进行模拟计算。

Properties 环境下，在 Components｜Specifications｜Selection 页面（图 6-4），输入组分。在 Component ID 列依次输入 H_2O、CRUDE、CH_4、C_2H_6、C_3H_8、C_4H_{10}-1、C_4H_{10}-2、C_5H_{12}-1、C_5H_{12}-2 等组分。注意 CRUDE 组分为石油，Type 改为 Assay（分析数据）。

在 Components｜Assay/Blend｜CRUDE｜Dist Curve 页面（图 6-5），输入蒸馏曲线。在 Distillation curve（蒸馏曲线）区域，设置 Distillation curve type（蒸馏曲线类型）为 True boiling point（weight basis）（以质量为基准的实沸点蒸馏曲线），并在右侧列表中输入蒸馏曲线数据。在 Bulk gravity value（比重值）区域输入 API 度 32。

在 Components｜Assay/Blend｜CRUDE｜Light Ends 页面（图 6-6），输入轻端组分。选择各物质，并输入各已知质量分数值。

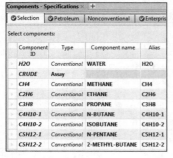

图 6-4

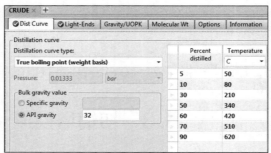

图 6-5

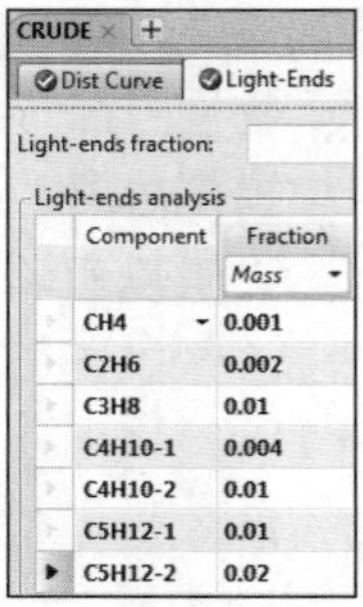

图 6-6

（2）设置物性方法

石油加工过程常用的物性方法包括 BK10、CHAO SEA、GRAYSON、RK-SOAVE、PENG-ROB 和 IDEAL 等。对于炼油厂中的不同装置，应考虑采用其他附加的物性方法，如含硫污水汽提和胺处理装置用 ENRTL，芳烃萃取装置用 UNIFAC，石油分馏塔可以采用 BK10。

在 Methods｜Specifications｜Global 页面（图 6-7），设置物性方法为 BK10。

6.3.2 建立流程

切换到 Simulation 环境，在 Main flowsheet 页面建立流程，如图 6-8 所示。其中精馏塔采用 Columns｜PetroFrac｜PREFL1F 图标。

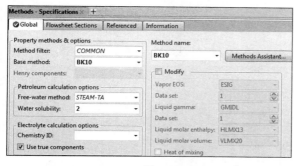

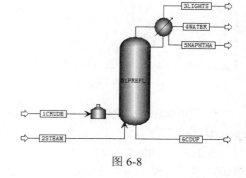

图 6-7   图 6-8

6.3.3 输入进料条件

分别在 Streams｜1CRUDE｜Input｜Mixed 页面（图 6-9）和 Streams｜2STEAM｜Input｜Mixed 页面（图 6-10），输入原油和初馏塔汽提水蒸气进料条件。

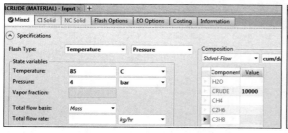

图 6-9   图 6-10

6.3.4 设置模型参数

在 Blocks｜B1PREFL｜Setup｜Configuration 页面（图 6-11），设置初馏塔 B1PREFL。在 Setup options（设置选项）区域，规定 Number of stages（理论板数）为 8，Condenser（冷凝器）为 Partial-Vapor-Liquid（有汽相和液相采出的分凝器），Reboiler（再沸器）为 None-Bottom feed（无再沸器，有塔釜进料），Valid phases（有效相态）为 Vapor-Liquid-FreeWater（汽-液-游离水相）。在 Operating specifications（操作条件）区域，规定 Distillate rate（塔顶馏出物）Stdvol（标准体积流量）初值为 2000m³/d。

在 Blocks｜B1PREFL｜Setup｜Streams 页面（图 6-12），规定初馏塔 B1PREFL 的进出流股。原油 1CRUDE 进料位置 8，进料规定为 Furnace，即经加热炉从塔底进入。汽提蒸汽

2STEAM 进料位置 8，进料规定为 On-Stage，即蒸汽从塔底进入。

在 Blocks ┃ B1PREFL ┃ Setup ┃ Pressure 页面（图 6-13），规定操作压力。设置 Stage1/Condenser pressure（第一级/冷凝器压力）、Stage 2 pressure（塔顶压力）及 Bottom stage pressure（塔底压力）分别为 2.5bar、2.6bar 和 2.8bar。

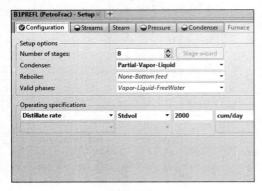

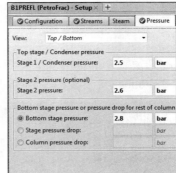

图 6-11　　　　　　　　　　图 6-12　　　　　　　　　　图 6-13

在 Blocks ┃ B1PREFL ┃ Setup ┃ Condenser 页面（图 6-14），规定冷凝器。在 Condenser specification（冷凝器规定）区域，设置 Temperature（温度）为 75℃。

在 Blocks ┃ B1PREFL ┃ Setup ┃ Furnace 页面（图 6-15），规定加热炉。在 Furnace type（加热炉类型）区域，选择 Single stage flash（单级闪蒸）。在 Furnace specification（加热炉规定）区域，选择 Furnace temperature（加热炉温度），并输入加热炉温度为 205℃，在 Furnace pressure（加热炉压力）区域，输入加热炉压力为 3.5bar。

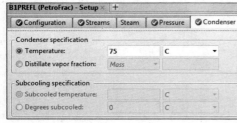
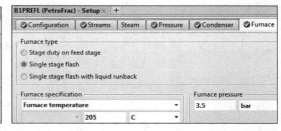

图 6-14　　　　　　　　　　　　　　图 6-15

在 Blocks ┃ B1PREFL ┃ Design Specifications 页面，单击 New…按钮，新建设计规定 1（图 6-16）。

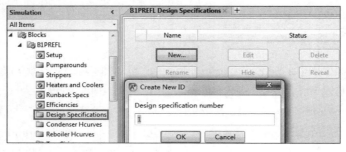

图 6-16

在 Blocks ┃ B1PREFL ┃ Design Specifications ┃ 1 ┃ Specifications 页面（图 6-17），选择 Design specification（设计规定）的 Type（类型）为 ASTM D86 temperature (dry,weight basis)

（干基质量基准的 ASTM D86 温度），Specification（规定）的 Target（目标）为 190℃，Liquid%（液相分率）为 90%。

在 Blocks｜B1PREFL｜Design Specifications｜1｜Feed/Product Streams 页面（图 6-18），选择 Product streams（产品物流）为 5NAPHTHA。

在 Blocks｜B1PREFL｜Design Specifications｜1｜Vary 页面（图 6-19），设置 Adjusted variable（调整变量）的 Type（类型）为 Distillate flow rate（塔顶馏出产物流量）。

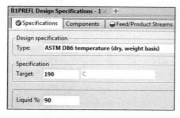 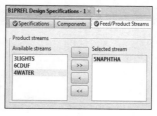 

图 6-17 图 6-18 图 6-19

6.3.5 运行模拟并查看结果

设置完成后，运行模拟。运行结束后，在 Blocks｜B1PREFL｜Design Specifications｜1｜Results 页面（图 6-20），查看设计规定计算结果。改变单位为 m^3/d，可以看到调整变量即主塔馏出物流量为 $2614.97m^3/d$。

在 Blocks｜B1PREFL｜Profiles 表格的各页面中，查看塔的 TPFQ、组成、K 值等计算结果（图 6-21）。

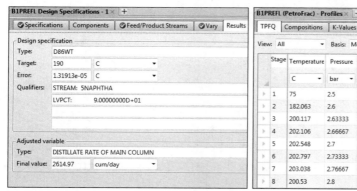

图 6-20 图 6-21

在 Blocks｜B1PREFL｜Results 表格中，查看塔的冷凝器、再沸器及加热炉的计算结果（图 6-22）。

在 Blocks｜B1PREFL｜Stream Results 表格中，查看塔各物流的计算结果（图 6-23）。

在 Blocks｜B1PREFL｜Stream Results｜Vol.% Curves 页面（图 6-24），查看各物流的蒸馏曲线计算结果。

单击 Home 菜单选项卡下 Plot 工具栏组中的 Custom 按钮，在弹出的对话框（图 6-25）中设置 X 轴和 Y 轴变量，绘制各物流的蒸馏曲线图。X Axis（X 轴）默认变量为 Stream Volume%（物流的体积百分数），Y Axis（Y 轴）变量为 Temperature（温度），在 Select curve(s) to plot（选择要绘制的曲线）区域，可勾选各物流，从而绘制其蒸馏曲线（图 6-26）。

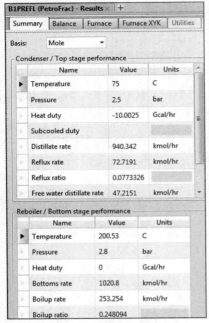

图 6-22

图 6-23

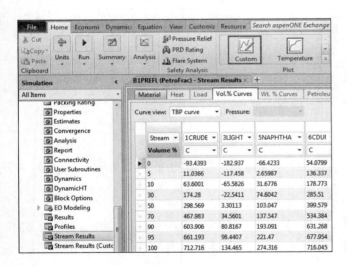

图 6-24

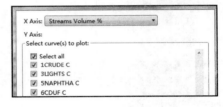

图 6-25

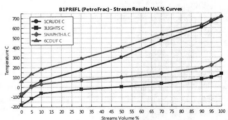

图 6-26

6.4 常压塔模拟

将上例文件保存后，另存为"例 6.1PetroFrac-常压塔"。

6.4.1 建立流程

在 Main flowsheet 页面建立流程，如图 6-27 所示。其中常压塔采用模型库中的 Columns | PetroFrac | CDU10F 图标。

PetroFrac-常压塔

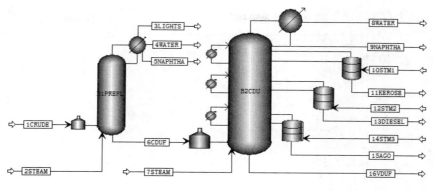

图 6-27

6.4.2 输入进料条件

在 Streams｜7STEAM｜Input｜Mixed 页面（图 6-28），规定常压塔的蒸汽进料。

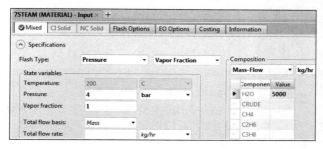

图 6-28

在 Streams｜10STM1｜Input｜Mixed 页面（图 6-29），规定侧线汽提塔 S-1 的蒸汽进料。

图 6-29

在 Streams｜12STM2｜Input｜Mixed 页面（图 6-30），规定侧线汽提塔 S-2 的蒸汽进料。

图 6-30

在 Streams｜14STM3｜Input｜Mixed 页面（图 6-31），规定侧线汽提塔 S-3 的蒸汽进料。

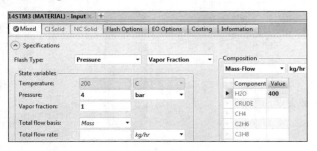

图 6-31

6.4.3　设置模型参数

（1）常压塔主塔

常压塔主塔设置与初馏塔类似。

在 Blocks｜B2CDU｜Setup｜Configuration 页面（图 6-32），设置主塔配置。在 Setup options（设置选项）区域，规定 Number of stages（理论板数）为 25，Condenser（冷凝器）为 Total（全凝器），Reboiler（再沸器）为 None-Bottom feed（无再沸器，有塔底进料），Valid phases（有效相态）为 Vapor-Liquid-FreeWater（汽-液-游离水相）。在 Operating specifications（操作条件）区域，规定 Distillate rate（塔顶馏出物）Stdvol（标准体积流量）为 1500m³/d。

在 Blocks｜B2CDU｜Setup｜Streams 页面（图 6-33），规定常压塔 B2CDU 的进出流股。初底油 6CDUF 进料位置 22，进料约定为 Furnace。汽提蒸汽 7STEAM 进料位置 25，进料约定为 On-Stage。

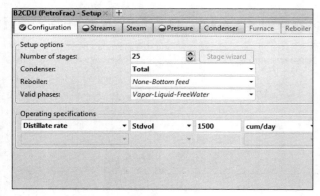

图 6-32

图 6-33

在 Blocks｜B2CDU｜Setup｜Pressure 页面（图 6-34），规定操作压力。设置 Stage1/Condenser pressure（第一级/冷凝器压力）、Stage2 pressure（塔顶压力）及 Bottom stage pressure（塔底压力）分别为 1bar、1.3bar 和 1.6bar。

在 Blocks｜B2CDU｜Setup｜Furnace 页面（图 6-35），规定加热炉。在 Furnace type（加热炉类型）区域，选择 Single stage flash（单级闪蒸）。在 Furnace specification（加热炉规定）区域，选择 Fractional overflash（过汽化率），并选择 Mass（质量），输入质量过汽化率为 0.03。在 Furnace pressure（加热炉压力）区域，输入加热炉压力为 1.6bar。

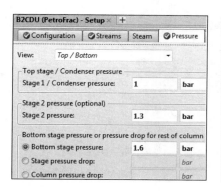

图 6-34

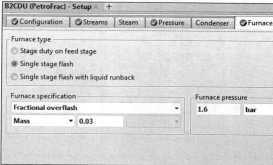

图 6-35

（2）汽提塔

在 Blocks｜B2CDU｜Strippers｜S-1｜Setup｜Configuration 页面（图 6-36），设置汽提塔 S-1 的配置。

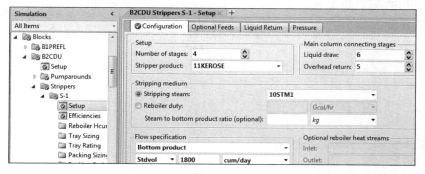

图 6-36

在 Blocks｜B2CDU｜Strippers｜S-2｜Setup｜Configuration 页面（图 6-37），设置汽提塔 S-2 的配置。

在 Blocks｜B2CDU｜Strippers｜S-3｜Setup｜Configuration 页面（图 6-38），设置汽提塔 S-3 的配置。

图 6-37

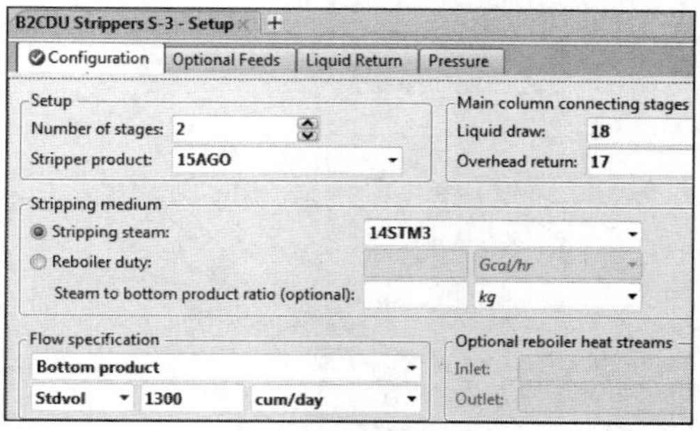

图 6-38

（3）中段循环

在 Blocks｜B2CDU｜Pumparounds 页面（图 6-39），单击 New…按钮，新建中段循环 P-1。

在 Blocks｜B2CDU｜Pumparounds｜P-1｜Specifications 页面（图 6-40），输入中段循环 1 的相关参数。

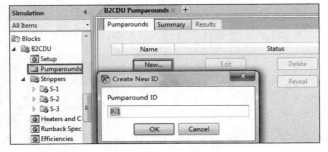

图 6-39

同样步骤，新建中段循环 P-2，并输入其相关参数（图 6-41）。

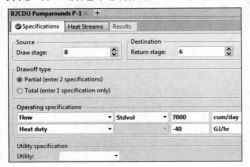

图 6-40

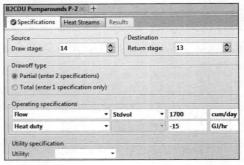

图 6-41

6.4.4　运行模拟并查看结果

设置完成后，运行模拟。运行完成后，在 Blocks | B2CDU 的各表格查看结果。利用 Plot 功能绘制各物流 TBP 蒸馏曲线图，如图 6-42 所示。

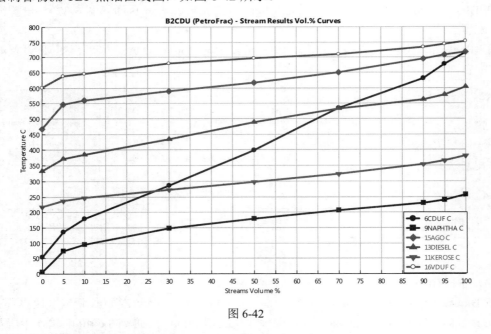

图 6-42

注意：本例数据只为演示用，不代表典型工业数据。

6.5　PetroFrac 模型功能详解

PetroFrac 模型是用于模拟炼油工业中各种复杂汽-液分馏操作的严格模型。虽然 PetroFrac 模型默认进行平衡级计算，但可指定 Murphree 效率或汽化效率。用户可用 PetroFrac 模型对板式塔和/或填料塔进行尺寸设计及核算，散装填料和规整填料都可模拟。

6.5.1　流程连接

PetroFrac 模型的流程连接如图 6-43 所示。

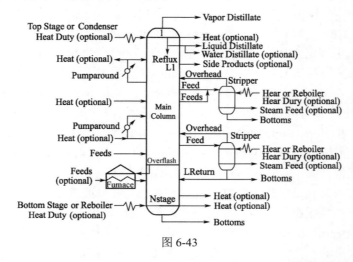

图 6-43

PetroFrac 模型用于模拟由一个主塔和任意数量中段循环及侧线汽提塔构成的塔结构。用户可规定一个进料加热炉。若无中段循环和侧线汽提塔，可用 RadFrac 模型。对于其他多塔系统，如空分系统、Petlyuk 塔和复杂主分馏塔，可用 MultiFrac 模型。

物流：进口至少一股进料物流，每个汽提塔一股进料物流（可选）；出口一股汽相馏出物流或/和一股液相馏出物流，一股游离水馏出物流（可选），一股主塔塔底产品物流，任意股主塔侧线产品物流（可选），任意股主塔水相产品物流（可选），每个汽提塔一股塔底产品物流及任意股虚拟物流（可选）。虚拟物流可表示塔内部物流、中段循环物流或塔间物流，不影响塔计算结果。

热流：主塔每级一股进口热流（可选），每个中段循环加热器/冷凝器一股进口热流（可选），每个汽提塔再沸器一股进口热流（可选），每个汽提塔塔底返回液体一股进口热流（可选）；主塔每级一股出口热流（可选），每个中段循环加热器/冷凝器一股出口热流（可选），每个汽提塔再沸器一股出口热流（可选），每个汽提塔塔底返回液体一股出口热流（可选）。

6.5.2　模型规定

PetroFrac 模型中，包括 Setup（设置）、Pumparounds（中段循环）、Strippers（汽提塔）、Heaters and Coolers（加热器和冷却器）、Runback Specs（回流规定）、Efficiencies（效率）、Design Specifications（设计规定）、Condenser HCurves（冷凝器热曲线）、Reboiler HCurves（再沸器热曲线）、Tray Sizing（塔板设计）、Tray Rating（塔板校核）、Packing Sizing（填料设计）、Packing Rating（填料校核）、Properties（性质）、Estimates（估计）、Convergence（收敛）、

Analysis（分析）、Report（报告）、Connectivity（物流连接）、User Subroutines（用户子程序）、Dynamics（动态）、DynamicHT（动态传热）、Block Options（模型选项）、EO Modeling（EO 模型）、Results（结果）、Profiles（分布）、Stream Results（物流结果）、Stream Results (Custom)（自定义物流结果）和 Summary（汇总）等文件夹或表格。

（1）Setup 表格

在 Setup 表格中，输入塔的基本结构和操作条件。Setup 表格中，包括 Configuration（配置）、Streams（流股）、Steam（物流）、Pressure（压力）、Condenser（冷凝器）、Furnace（加热炉）、Reboiler（再沸器）和 Information（信息）页面。

① Configuration 页面

在 Blocks｜PetroFrac｜Setup｜Configuration 页面（图 6-44），设置主塔结构和操作规定。

在 Setup options（设置选项）区域，规定 Number of stages（塔板数），用 Condenser 和 Reboiler 定义主塔结构，并规定 Valid phases（有效相态）。

PetroFrac 模型可规定六种冷凝器类型：Total（全凝器）、Subcooled（过冷）、Partial-Vapor（只采出汽相产品的分凝器）、Partial-Vapor-Liquid（同时采出汽相产品和液相产品的分凝器）、None-Top feed（无冷凝器，塔顶有外部进料）和 None-Top pumparound（无冷凝器，塔顶有循环回流）。可规定三种再沸器类型：Kettle（釜式再沸器）、None-Bottom feed（无再沸器，塔底有外部进料）和 None-Bottom pumparound（无再沸器，塔底有循环回流）。

PetroFrac 模型有两种有效相态可选。Vapor-Liquid（汽-液相）：离开每级塔板的物流包括一股液相和一股汽相物流。液相不分相。反应可能发生在任何一相中。Vapor-Liquid-FreeWater（汽-液-游离水相）：离开每级塔板的物流包括一股液相和一股汽相物流。液相分为游离水和非水相。PetroFrac 模型根据水的溶解度调整非水相逸度。

在 Operating specifications（操作规定）区域，设置塔的操作规定，规定的类型和数目取决于塔结构。一般需输入两个塔规定；若只有冷凝器或再沸器，需输入一个规定；若两者都没有，则不需输入任何规定。

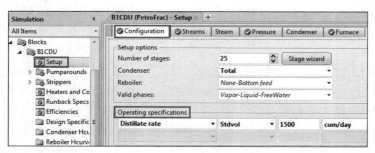

图 6-44

PetroFrac 模型的操作规定如下。

Distillate rate：塔顶馏出物的总摩尔流量、质量流量或标准体积流量。若 Valid phases（有效相态）选择 Vapor-Liquid-FreeWaterCondenser，则馏出物总流量不包括游离水相馏出物流量。若有效相态选择 Vapor-Liquid-FreeWaterAllStage，则馏出物总流量包括游离水相馏出物流量。

Bottoms rate：塔底产品的总摩尔流量、质量流量或标准体积流量。PetroFrac 默认始终有一股塔底液相产品。若无，可设置塔底流量为 0。

Reflux ratio：回流比。即回流到第 1 级（冷凝器）的液相流量与塔顶馏出物流量之比。若 Valid phases（有效相态）选择 Vapor-Liquid-FreeWaterCondenser，则回流流量不包括游离水相回流流量。若有效相态选择 Vapor-Liquid-FreeWaterAllStage，则回流流量包括游离水相回流流量。

Reflux rate：第 1 级或冷凝器回流流量。若 Valid phases 有效相态选择 Vapor-Liquid-Free WaterCondenser，则回流流量不包括游离水相回流流量。若有效相态选择 Vapor-Liquid-Free WaterAllStage，则回流流量包括游离水相回流流量。

Condenser duty：冷凝器热负荷。负值为冷凝，正值为加热。用户可通过在第 1 级塔板加入热流，或在 Heaters 表格中给最后一级塔板规定公用工程换热器，来显示规定热负荷。若 Reboiler type 设置为 None，则热负荷为 0。

Reboiler duty：最后一级塔板热负荷。负值为冷凝，正值为加热。用户可通过在最后一级塔板加入热流，或在 Heaters 表格中给第 1 级塔板规定公用工程换热器，来显示规定热负荷。若 Condenser type 设置为 None，则热负荷为 0。

若用户未在 Blocks｜PetroFrac｜Setup｜Configuration 页面给出足够的 Operating specification（操作规定），PetroFrac 模型将利用进口热流作为冷凝器和再沸器的热负荷规定。

若用户未在 Blocks｜PetroFrac｜Pumparounds｜P-1｜Specifications 页面（图 6-45）给出两种 Operating specifications（操作规定），PetroFrac 模型将利用热流作为中段循环的热负荷规定。

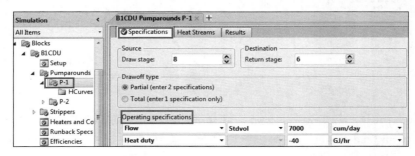

图 6-45

若用户未在 Blocks｜PetroFrac｜Strippers｜S-1｜Setup｜Liquid Return 页面（图 6-46）给出两种 Operating specifications（操作规定），PetroFrac 模型将利用热流作为汽提塔的热负荷规定。

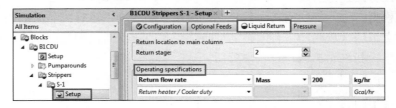

图 6-46

若在以上页面中，给出充分的操作规定，则 PetroFrac 模型不把进入冷凝器、再沸器、中段循环或汽提塔底部回流液体的进口热流作为规定。在这种情况下，需指定出口热流以分配净热负荷。用可选出口热流表示冷凝器、再沸器和中段循环的净热负荷。出口热流值等于进口热流（若存在）值减去实际（计算）热负荷。

② Streams 页面

在 Blocks｜PetroFrac｜Setup｜Streams 页面（图 6-47），规定进料和产品位置。

在 Feed streams（进料流股）区域，规定进料的 Stage（塔板）和 Convention（约定）。在 Product streams（产品流股）区域，规定产品采出 Stage 和 Convention。

PetroFrac 模型提供以下 Convention 方式处理进料：Above-Stage（塔板上方进料）、On-Stage

（塔板进料）、On-Stage-Liquid（塔板全液相进料）、On-Stage-Vapor（塔板全蒸汽进料）和 Furnace（经加热炉进料）。Above-Stage、On-Stage、On-Stage-Liquid 和 On-Stage-Vapor 四种进料约定，与 RadFrac 模型相同，可参考第 5 章相关内容，在此不再赘述。若 Convention 为 Furnace，将在所规定的第 *n* 块级上连接一个加热炉。进料在进入该级上方前先进入加热炉，进料加热炉可作为一个简单加热器或闪蒸级。对于进行闪蒸的加热炉类型，加热炉产生的汽相和液相物流进入主塔后，在塔板温度和压力下再次进行闪蒸计算。液相物流进入所规定塔板，汽相物流进入上一级塔板。

③ Furnace 页面

在 Blocks | PetroFrac | Setup | Furnace 页面（图 6-48），输入加热炉模型计算类型和相关参数。

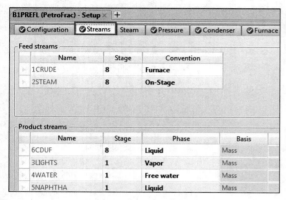 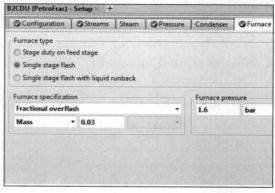

图 6-47   图 6-48

在 Furnace type（加热炉类型）区域，选择加热炉类型。加热炉模型分为以下三种类型。

Stage duty on feed stage：将加热炉作为 Heater 模型，提供进料板上的热负荷（图 6-49）。

Single stage flash：将加热炉作为 Flash 模型，进行单级闪蒸，计算加热炉温度、汽化率和汽/液相组成（图 6-50）。

Single stage flash with liquid runback：将加热炉作为 Flash-Bypass 模型，进行单级闪蒸，过汽化部分通过旁路返回加热炉，计算加热炉温度、汽化率和汽/液相组成（图 6-51）。

不管哪种模型，进入塔内的物流都将在进料温度和压力下进行闪蒸，液相进入所规定塔板，汽相进入上级塔板。因此进行闪蒸的加热炉模型将进行两次闪蒸：一次在加热炉中，另一次是产生的汽相和液相物流在进入主塔后。

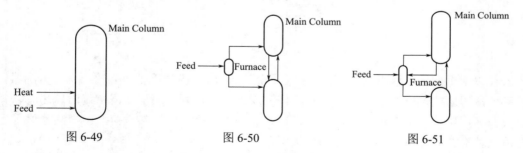

图 6-49   图 6-50   图 6-51

在 Furnace specification（加热炉规定）区域，规定相关参数。可规定 Heat Duty（热负荷）、Temperature（温度）或 Fractional overflash（过汽化率）三种参数。

在 Furnace pressure（加热炉压力）区域，规定加热炉操作压力。

（2）Pumparounds 文件夹

在 Pumparounds（中段循环）文件夹中，建立并规定中段循环。中段循环与主塔相关，可以是塔板液相物流的全部或部分采出，用户需规定每个中段循环的采出塔板和返回塔板位置。

在 Blocks｜PetroFrac｜Pumparounds｜P-1｜Specifications 页面（图 6-52），规定中段循环的连接情况、采出情况和冷却器/加热器规定。

部分采出，需规定 Flow rate（流量）、Temperature（温度）、Temperature change（温度改变）和 Heat Duty（热负荷）中的两个。

全部采出，需规定 Temperature（温度）、Temperature change（温度改变）和 Heat Duty（热负荷）之一。

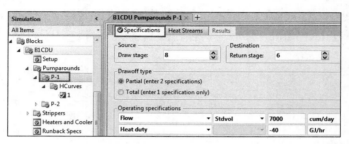

图 6-52

在 Blocks｜PetroFrac｜Pumparounds｜P-1｜HCurves｜1｜Setup 页面（图 6-53），规定加热/冷却曲线。

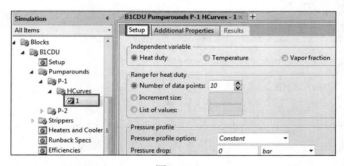

图 6-53

在 Blocks｜PetroFrac｜Report｜Pseudo Streams 页面（图 6-54），规定中段循环的虚拟物流。

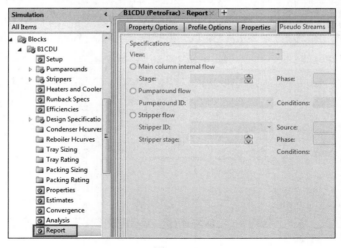

图 6-54

（3）Strippers 文件夹

在 Strippers 文件夹中，规定侧线汽提塔。PetroFrac 模型假设从主塔采出的液相进入汽提塔塔顶，汽提塔塔顶蒸汽返回主塔。用户需规定采出塔板和返回塔板位置，也可以将汽提塔塔底产品的一部分返回到主塔，或规定从主塔其他塔板上采出更多液相作为汽提塔进料。

在 Blocks | PetroFrac | Strippers | S-1 | Setup | Configuration 页面（图 6-55），规定汽提塔的塔板数、产品物流、采出和返回位置、汽提介质及流量规定等。侧线汽提塔塔底可以直接通蒸汽，也可以用再沸器加热。对于蒸汽汽提塔，需有蒸汽进料，可以通过规定 Steam to bottom product ratio（蒸汽与产品比）覆盖其流量。对于再沸汽提塔，需规定再沸器热负荷。

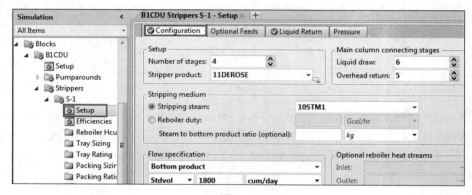

图 6-55

（4）Runback Specs 表格

在 Runback Specs 表格中，规定任意塔板上的液相回流。

在 Blocks | PetroFrac | Runback Specs | Liquid Flow 页面（图 6-56），在 Specifications（规定）区域，在 Stage（级）后面的下拉列表中单击<New>。在弹出的 New Stage（新塔板）窗口中 Create a new Stage（新建一块塔板），输入需要规定回流量的塔板序号后，单击 OK 按钮确认。

在 Target（目标）区域，输入该级要求的液相回流量。在 Vary（调整）区域，选择允许 PetroFrac 调整的变量，包括以下两项：Pumparound flow（中段循环流量），并指定要调整的 Pumparound ID（中段循环 ID）；Stage duty（塔板热量），即级间加热/冷却器热负荷，并指定要调整热负荷的 Stage（塔板序号）（图 6-57）。

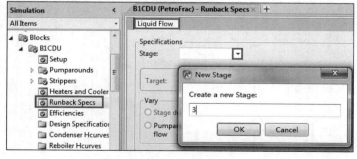

图 6-56   图 6-57

化工流程模拟 Aspen Plus 实例教程

（5）Convergence 表格

在 Convergence 表格中，规定收敛参数。Convergence 表格中有 Basic（基础）、Algorithm（算法）、Advanced（高级）和 Diagnostics（诊断）等页面。

① Basic 页面

在 Blocks｜PetroFrac｜Convergence｜Basic 页面（图 6-58），定义常用的收敛选项和方法等收敛参数。在 Method（方法）区域，选择 Convergence method（收敛方法）。PetroFrac 模型的收敛算法有内外法的流量加和法和石油炼制专用的初始化步骤。在 Optional（选项）区域，可选择 Initialization method（初始化方法），选择改变 Damping level for oscillatory convergence（振荡收敛的阻尼水平）提高收敛稳定性，选择 Koch Flexitray calculation method（Koch Flexitray 浮阀塔板的计算方法），及选择 Nutter Float Valve tray curve fitting method（Nutter 浮阀塔板曲线拟合方法）。

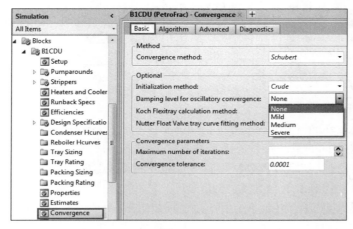

图 6-58

PetroFrac 模型一般不需要初始估计值。为增强收敛性，用户可在 Blocks｜PetroFrac｜Estimates｜Temperature 页面（图 6-59）提供主塔的温度初值，在 Blocks｜PetroFrac｜Estimates｜Flows 页面提供主塔的流量初值，在 Blocks｜PetroFrac｜Strippers｜S-1｜Estimates｜Temperature 页面（图 6-60）提供汽提塔的温度初值，在 Blocks｜PetroFrac｜Strippers｜S-1｜Estimates｜Flows 页面提供汽提塔的流量初值。如乙烯装置第一分馏塔/急冷塔组合，应提供温度估计初值。一般有温度初值就可以，不需要流量初值。

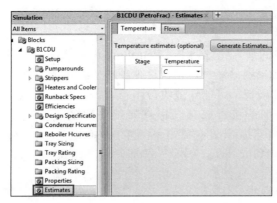

图 6-59

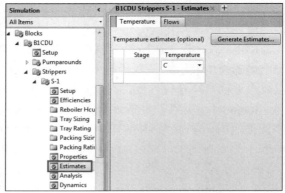

图 6-60

② Algorithm 页面

在 Blocks｜PetroFrac｜Convergence｜Algorithm 页面（图 6-61），规定收敛算法及收敛参数。

Algorithm（算法）区域包括 Standard（标准）和 Sum-Rates（流率加和）两种算法。对于多数的两相塔来说，推荐使用 Standard（标准）算法。对于包括宽沸程混合物及很多组分规定或设计规定的石油或石化操作来说，推荐使用 Sum-Rates（流率加和）算法。

在 Sum-rates parameters（流率加和法参数）区域，选择 Jacobian method（更新矩阵的方法）及 Update threshold（更新阈值）。更新矩阵的方法有 Init 和 Rmsol 两种。Init 法用数值摄动法计算初值，然后用 Broyden 法更新数据。Rmsol 法在外部 RMS 误差低于 Update threshold（更新阈值）之前，用数值摄动法计算，然后用 Broyden 法更新数据（图 6-62）。

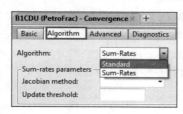

图 6-61

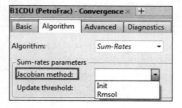

图 6-62

③ Advanced 页面

在 Blocks｜PetroFrac｜Convergence｜Advanced 页面（图 6-63），规定可选的高级收敛参数，以控制和增强不同的算法特性。部分参数含义如下。

Dsmeth： 选择设计规定收敛方法，有 Simult 和 Nested 两种。Simult 法中，设计规定与其他塔方程同时求解。Simult 法比 Nested 法更高效，能处理高敏感型设计规定，但在设计规定不可行时会造成不收敛。Nested 法中，设计规定求解循环嵌套在塔方程求解中。对于不敏感型设计规定，Nested 法更可靠，并能处理不可行的设计规定。

Flash-Maxit： 规定进料闪蒸最大迭代次数。

Flash-Tol： 规定进料闪蒸容差。默认等于 Block options 或 Global Sim-options 中的设定值，修改后将替换默认值。

Flexi-Meth： 规定塔板液泛计算的 Koch Bulletin 号。

Float-Meth： 规定 Nutter 塔板的计算方法。

Flow-Rf2： 规定用于控制迭代之间汽液物流变量变化的流量分数。

Hmodel2： 选择用 Inside-out 法求解局部焓模型时的温度关系处理选项。

Incl-Therm： 规定在序贯模块法计算中是否要包括热效率规定。在联立方程法计算中，始终用到热效率规定。

Kbbmax： 规定在局部 K 值模型中温度倒数的最大允许斜率。PetroFrac 在内循环中，用一个局部模型表示 K 值对于温度的依赖关系。如果组分蒸气压随温度变化很大，可增大斜率以减少外部循环迭代次数。增加斜率，增加温度步长，可能导致收敛不稳定。

Kmodel： 从列表中选择局部平均 K 值模型的权重选项。根据精馏计算的类型确定默认值。PetroFrac 在内循环中，用一个局部模型表示 K 值对于温度的依赖关系。X：权重因子为液相摩尔分数；Y：权重因子为汽相摩尔分数；K：权重因子为汽相摩尔分数/（$1+K$ 值）。

④ Diagnostics 页面

在 Blocks｜PetroFrac｜Convergence｜Diagnostics 页面（图 6-64），设置收敛诊断水平。

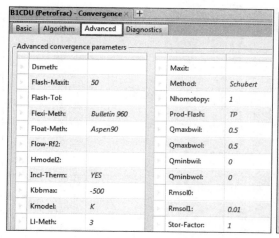
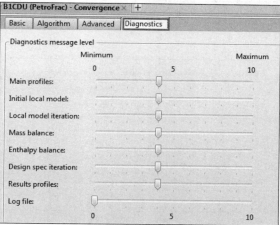

图 6-63   图 6-64

6.5.3　计算模式

与 RadFrac 模型类似，PetroFrac 模型也可以进行核算和设计两种计算。

（1）核算模式

在核算模式下，PetroFrac 基于规定的塔参数值计算塔分布和产品组成。塔参数包括 Reflux ratio（回流比）、Reboiler duty（再沸器热负荷）、Feed flow rates（进料流量）、Furnace temperature（加热炉温度）和 Pumparound loads（中段循环量）等。

（2）设计模式

在设计模式下，用户可以通过调整某些塔参数从而达到一定的塔性能规定。

在 Blocks｜PetroFrac｜Design Specifications 页面（图 6-65），单击 New...按钮，新建设计规定。在 Blocks｜PetroFrac｜Design Specifications｜1｜Specifications 页面，选择 Design specification（设计规定）的 Type（类型）。根据设计规定类型的不同，需要在 Blocks｜PetroFrac｜Design Specifications｜1｜Components 页面或 Blocks｜PetroFrac｜Design Specifications｜1｜Feed/Product Streams 页面指定设计规定所对应的组分或物流。

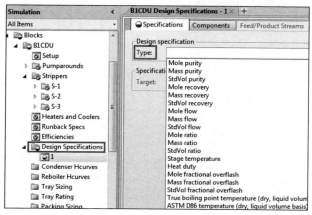
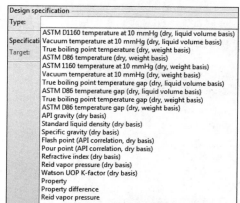

图 6-65

可以规定的设计规定参数类型及参数所在位置，如下表所示。

可规定参数	参数位置	可规定参数	参数位置
Purity（纯度）	物流，包括内部物流	Vacuum distillation temperature（减压精馏温度）	产品物流
Recovery（任意组分集的回收率）	产品物流集	API gravity（API 度）	产品物流
Flow（任意组分集的流量）	内部物流或产品物流集	Standard liquid density（标准液相密度）	产品物流
Ratio（任意两组分集的流量比）	内部物流对其他内部物流，或进料/产品物流集	Specific gravity（比重）	产品物流
Temperature（温度）	塔板	Flash point（闪点）	产品物流
Heat duty（热负荷）	塔板	Pour point（倾点）	产品物流
Fractional overflash（过汽化率）	塔板	Refractive index（折射系数）	产品物流
TBP temperature gaps（实沸点温度差）	一对产品物流	Reid vapor pressure（Reid 蒸气压）	产品物流
ASTM D86 temperature gaps（D86 温度差）	一对产品物流	Property（任意物性集物性值）	内部或产品物流
TBP temperature（实沸点）	产品物流	Property difference（任意两个物性集物性的差值）	一对产品物流
ASTM D86 temperature（D86 温度）	产品物流	Watson UOP K factor（Watson UOP K 因子）	产品物流
ASTM D1160 temperature（D1160 温度）	产品物流		

用户也可以规定加热炉进料物流的过汽化率。

在 Blocks｜PetroFrac｜Design Specifications｜1｜Vary 页面（图 6-66），设置 Adjusted variable（调整变量）的 Type（类型），并根据所选调整变量类型，在 Qualifiers（限定）区域，分别设置 Stage（塔板）、Stripper name（汽提塔名称）、Pumparound name（中段循环名称）或 Feed stream name（进料物流名称）。

可以调整的变量包括进料及塔顶、塔釜和侧线产品流量，外部热负荷，回流量/回流比，冷凝器或加热炉温度或热负荷，再沸器热负荷，液相回流量，中段循环流量、温度、温度差或热负荷等。

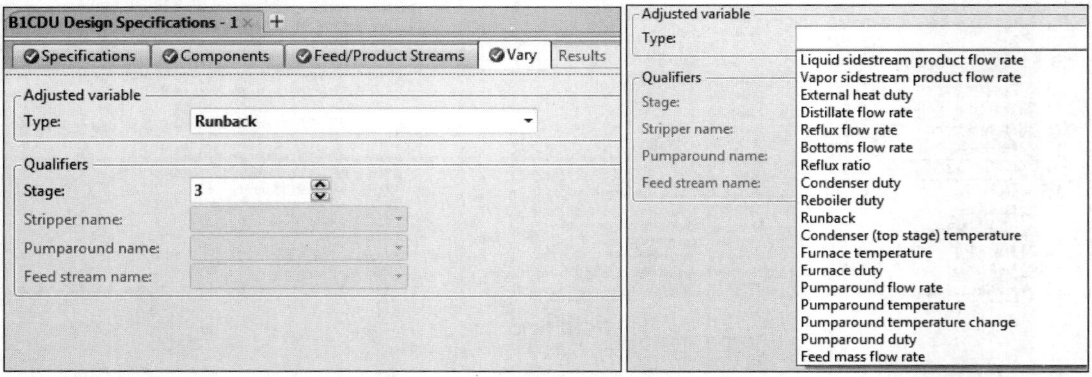

图 6-66

本章练习

模拟某炼油厂常压塔。流程如下图所示：

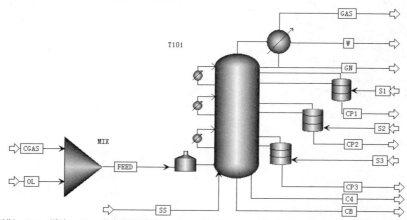

CGAS—原油中瓦斯；OL—原油；SS—常底汽提蒸汽；GAS—常顶气；W—塔顶切水；GN—常顶油；CP1—常一线；S1—常一线汽提蒸汽；CP2—常二线；S2—常二线汽提蒸汽；CP3—常三线；S3—常三线汽提蒸汽；C4—常四线产品；CB—常底油

常压塔进料瓦斯数据如下表所示：

流量 /(kg/h)	组成（质量分数）/%														
	氢气	氮气	硫化氢	甲烷	乙烷	乙烯	丙烷	丙烯	正丁烷	异丁烷	1-丁烯	异丁烯	2-顺丁烯	2-反丁烯	异戊烷	1-戊烯
268	0.57	0.26	0.09	0.34	38.83	6.78	0.67	46.64	0.5	1.39	0.54	0.27	0.25	0.03	1.77	1.07

蒸汽进料温度440℃，压力11kgf/cm²（1kgf/cm²=98.0665kPa），塔底蒸汽进料量2100kg/h，常一、常二、常三汽提蒸汽量各100kg/h。

原油进料数据由常减压塔出料计算得到。出料数据如下表所示：

物料	出料量 /(kg/h)	进料压力 /(kgf/cm²)	馏程（D1160 数据）							相对密度	产品 抽出板	产品 返回板
			IP	10%	30%	50%	70%	90%	EP			
常顶汽油	5367	11	46	74		106		137	161	0.7273		
常一线	6250	11	133	146		160		178	204	0.7922	10	9
常二线	30667	11	198	222		254		291	309	0.8431	22	21
常三线	20667	11	260	312		337		366	378	0.866	34	33
常四线	3250	11	243	349	395	410	427	450	488	0.8927	44	43
减顶油	1550	11	86	112	167	222	272	321	354	0.8257		
减一线	8333	11	230	260		300		340	382	0.8778		
减二线	62500	11	317	375		410	427	450	488	0.8927		
减三线	14167	11	368	434		471	494	531	569	0.9264		
减四线	9750	11	370	446	473	501	526		613	0.9372		
减渣	149731	11	400	511		533			700	0.9798		

操作参数见下表：

T1 常 压 分 馏 塔	物性方法：BK10	常压炉过汽化率：3%(质量分数)	操作压力：1.3kgf/cm²	全塔压降：0.30kgf/cm²
	实际板数：45	进料板：塔底	板效率：50%	
		抽出板/返回板	中段回流量	中段回流取热量
	中段回流 1	16/14	65000kg/h	1.80Mcal/h
	中段回流 2	28/24	57000kg/h	4.10Mcal/h
	中段回流 3	40/36	10000kg/h	1.15Mcal/h

设计规定为常顶汽油干点 180℃。

第 7 章

Aspen 间歇模块

Aspen Batch Modeler 是 Aspen 专用于间歇过程模拟的模块，主要用于间歇精馏和间歇反应过程的详细模拟。本章将通过实例，介绍 Aspen Batch Modeler 的应用。

7.1 简介

间歇精馏广泛应用于精细化学品和医药工业中的物流分离。分离少量物质时，间歇精馏比连续蒸馏成本低，而且具有高度的操作灵活性。进行间歇精馏优化设计时，会有很多设计要求，比如产品纯度、最大回收率、最大产量、最小环境影响和最低资本成本等，这些要求可能会相互矛盾。工艺流程设计完成后，原料、产品质量和其他要求都可能会改变，同一套装置甚至会用于完全不同的蒸馏过程。在这种情况下，需要确定如何最好地利用装置来满足新的需求。

间歇精馏模型是间歇精馏塔设计优化的先进工具。利用其严格模拟功能，可以快速而低成本地确定最佳设计，并确定最优操作方案，从而在保证产品纯度的前提下，减少间歇操作时间、提高产品回收率。通过使用 Aspen Batch Modeler 可实现：减少间歇操作时间，减少新间歇蒸馏设备投资；增加高价值产品产量，增加利润；更快地开发和调试，缩短上市时间，提高效益。

Aspen Batch Modeler 的主要功能如下：可选择模拟单釜/反应器、精馏塔或有冷凝器的釜/反应器；初始状态可选择为空、有初始物流或全回流；压力分布和各级持液量可选择固定，或根据塔板和填料的关联式计算；可模拟三相系统；可定义一系列操作步骤；可模拟控制器；可在任意时刻加料；可选择固定热流量或基于釜结构、液位和加热介质条件估算热流量；可选择模拟设备热容量的影响和环境热损失；支持两相和三相体系的反应精馏；支持由间歇数据估算反应动力学参数；支持利用膜系数进行详细传热计算；支持从公用工程列表中选择加热/冷却介质；可运行有循环物流的多个间歇釜；可从厂商库或用户创建的库中加载容器结构信息。

此外，Aspen Batch Modeler 使用与 Aspen Plus 和其他 AspenTech 工具相同的先进物性系统，以确保准确性和结果的一致性。Aspen Batch Modeler 有方便的交互式图形用户界面，可引导用户输入数据，也可在计算时查看结果，或随时暂停及停止运行。可以通过表格、不同时间下的变量图或某时刻塔的分布图等形式查看结果，表格和图都可复制到 Excel 或 Word 等工具软件中以生成报告文件。

7.2　间歇精馏

7.2.1　模拟案例

例 7.1　常压下，利用间歇精馏，从含甲醇 40%的甲醇-水混合物中回收甲醇，流程如图 7-1 所示。

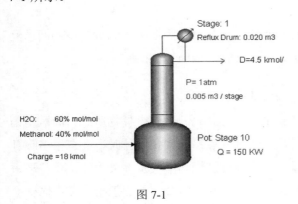

图 7-1

精馏塔采用 10 块理论板（包括 8 块塔板及冷凝器和再沸器）。再沸器为椭圆形封头，直径 1m，容积 1m³。塔顶采用全凝器，馏出物摩尔流量为 4.5kmol/h，有回流罐（不需要输入尺寸。因为定义固定压力分布/持液量，因此需要输入回流罐持液量）。塔釜采用夹套加热，热负荷 150kW。

压力和持液量维持固定，其中冷凝器压力 1.01325bar，塔压降 0.1bar；回流罐持液量 0.02m³，塔板持液量 0.005m³。有一个液体馏出物接收器。

初始条件为全回流，初始物流流量为 18kmol，其中甲醇摩尔分数=0.4，水摩尔分数=0.6。因甲醇和水分子都是强极性，故该混合物为强非理想混合物，因此选择 NRTL 模型计算其物性。

7.2.2　建立模型

Batch Dist

从开始｜所有程序｜AspenTech｜Process Modeling V8.4｜Aspen Batch Modeler 文件夹中，打开 Aspen Batch Modeler V8.4。若开始菜单、桌面或任务栏有 Aspen Batch Modeler V8.4 的快捷方式，可直接单击打开。

启动 Aspen Batch Modeler 后，将文件保存为"例 7.1BatchDist"。

（1）定义组分及物性方法

在 Species｜Main 页面（图 7-2），定义组分及物性计算方法。Aspen Batch Modeler 使用 AspenTech 公司用于物性计算的物性系统。对于不在标准数据库中或用户希望自定义物性数据的组分，也可直接输入物性数据。也可以使用 Aspen Plus 或 Aspen Properties 创建物性包，但使用 Aspen Plus 创建物性定义文件时，需有 Aspen Plus 的许可，使用 Aspen Properties 不需要许可。

在 Property calculation option（物性计算选项）区域，选择计算方法类型。有 Rigorous（严格）和 Simple（简单）两种，前者通过 Aspen Properties 软件定义组分和物性方法，后者由用户自定义组分及简单物性数据。

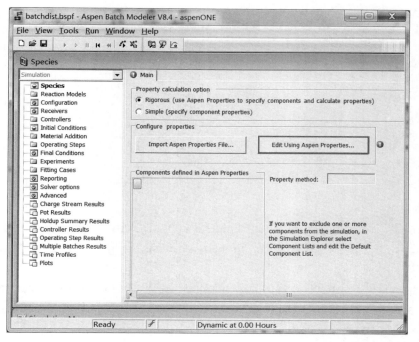

图 7-2

在 Configure properties（配置物性）区域，有两个按钮：单击 Import Aspen Properties File…（导入 Aspen Properties 文件）按钮，可导入利用 Aspen Properties 或 Aspen Plus 生成的物性包文件；单击 Edit Using Aspen Properties…（利用 Aspen Properties 编辑）按钮，可打开 Aspen Properties 软件，并在其中定义或编辑组分和物性方法。Aspen Properties 文件中定义的组分列表将出现在 Components defined in Aspen Properties（Aspen Properties 定义的组分）区域，物性方法将出现在 Property method（物性方法）区域。

本例中，选择 Rigorous（严格）物性方法。单击 Edit Using Aspen Properties…按钮，将启动 Aspen Properties 软件，并自动建立名为 PropsPlus.aprbkp 的文件。在 Aspen Properties 的 Components | Specifications | Selection 页面（图 7-3），定义组分 H_2O 和 CH_4O，即 METHANOL（甲醇）和 WATER（水）。

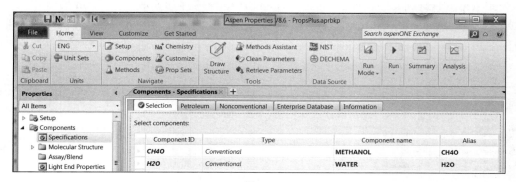

图 7-3

在 Methods | Specifications | Global 页面（图 7-4），选择全局物性方法。在 Method name（物性方法名称）区域，选择 NRTL。

单击 ▶ 按钮，查看 NRTL 方程的二元交互作用参数表（图 7-5）。

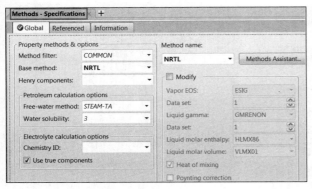

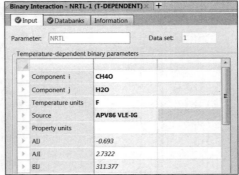

图 7-4   图 7-5

单击 **N** 按钮，弹出 Properties Input Complete（物性输入完成）提示窗口（图 7-6），在此选择 Next step（下一步）为默认的 Run Property Analysis/Setup（运行物性分析/设置），单击 OK 按钮确认。

关闭 Aspen Properties 软件，弹出 Aspen Properties 提示窗口（图 7-7），询问 Save changes to PropsPlus.aprbkp?（是否将更改保存到 PropsPlus.aprbkp 文件？），单击 Yes 按钮，确认保存，并退出 Aspen Properties。

注意，如果间歇模拟从空状态启动，则需要定义氮气或空气组分。因为从空状态启动时，塔内最初充满氮气或空气。氮气的 ID 应为 N_2 或 NITROGEN，空气 ID 为 AIR。

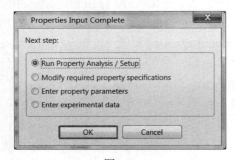

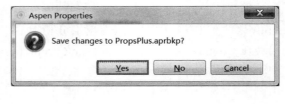

图 7-6   图 7-7

关闭 Aspen Properties 后，回到 Aspen Batch Modeler 软件的 Species｜Main 页面（图 7-8）。可以看到，利用 Aspen Properties 定义的组分和物性方法已被自动导入。若要编辑现有物性包，可单击 Edit using Aspen Properties…按钮，打开 Aspen Properties 进行编辑。若用户已有物性包，可单击 Import Aspen Properties File…按钮，找到 Aspen Properties 文件打开导入（图 7-9）。

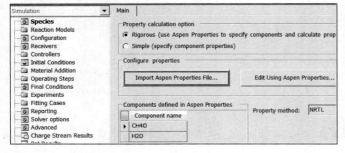

图 7-8   图 7-9

（2）规定塔结构及尺寸

在 Configuration｜Main 页面（图 7-10），设置主要塔结构。Configuration（结构）选择 Batch distillation column（间歇精馏塔），Number of stages（塔板数）为 10，Valid phases（有效相态）为 Vapor-Liquid（汽-液相）。

在 Pot Geometry｜Main 页面（图 7-11），设置塔釜结构。Pot orientation（塔釜方位）选择 Vertical（立式），Pot head type（塔釜封头类型）选择 Top（上封头）和 Bottom（下封头）均为 Elliptical（椭圆形）。尺寸输入方式勾选 Diameter＋Volume（直径＋体积），并输入 Diameter（直径）为 1m，Volume（体积）为 1m³。

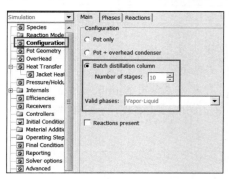

图 7-10

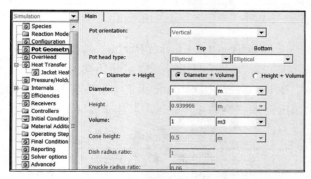

图 7-11

在 OverHead｜Condenser 页面（图 7-12），规定冷凝器。选择 Condenser type（冷凝器类型）为 Total（全凝器）。Subcooling spec（过冷规定）为 None（无）。

在 OverHead｜Reflux 页面（图 7-13），规定回流。选择 Reflux specification（回流规定）为 Distillate mole flow rate（塔顶馏出物摩尔流量），并设置其值为 4.5kmol/h。勾选 Reflux drum present（有回流罐）。

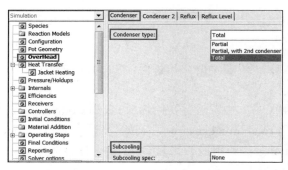

图 7-12

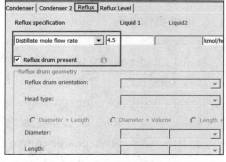

图 7-13

在 Pressure/Holdup｜Pressure 页面（图 7-14），规定塔压。选择 Pressure profile and holdups（压力分布和持液量）为 Fixed（固定），并在 Top pressures（塔顶压力）区域，设置 Condenser pressure（冷凝器压力）为 1.01325bar；在 Pressure drop（塔压降）区域，设置 Column pressure drop（塔压降）为 0.1bar。

在 Pressure/ Holdup｜Holdups 页面（图 7-15），规定持液量。选择 Holdup basis（持液量基准）为 Volume（体积），并输入 Reflux drum liquid holdup（回流罐液相体积）为 0.02m³。在下方的列表中，输入 Start Stage（起始塔板）2 到 End Stage（终止塔板）9 的 Stage Holdup（塔板持液量）为 0.005m³。

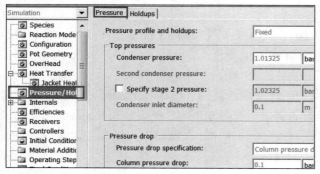

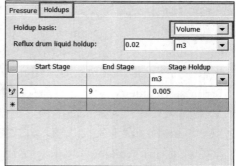

图 7-14   图 7-15

在 Heat Transfer | Jacket Heating 页面（图 7-16），规定夹套加热。选择 Heating option（加热选项）为 Specified duty（规定热负荷），并输入 Duty（热负荷）为 150kW。

在 Receivers | Distillate 页面（图 7-17），规定馏出液收集器。设置 Number of receivers（塔顶馏出物接收器数量）为 1，其中 Receiver taking liquid distillate（接收塔顶液体馏出物的接收器）为 1。

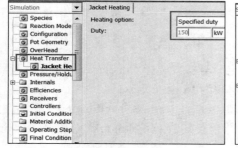

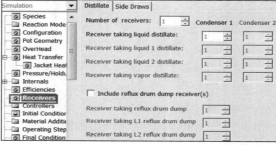

图 7-16   图 7-17

（3）设置操作参数

① 初始条件

在 Initial Conditions | Main 页面（图 7-18），设置主要初始条件。选择 Initial condition（初始状态）为 Total reflux（全回流）。

在 Initial Conditions | Initial Charge 页面（图 7-19），设置初始物料。选择 Composition basis（组成基准）为 Mole-frac（摩尔分数），选择 Total initial charge（总初始物料）并输入 18kmol。在下方列表中，输入 Fresh charge composition（物料组成）：CH_4O 为 0.4，H_2O 为 0.6。

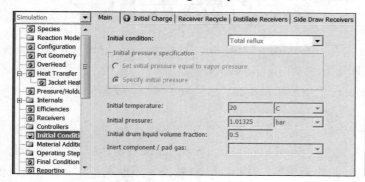

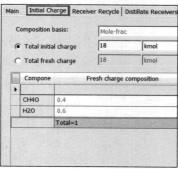

图 7-18   图 7-19

单击下拉菜单 File | Save（图 7-20），保存文件。

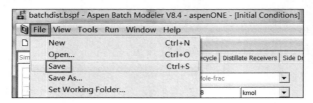

图 7-20

② 操作步骤

本例中只有一个操作步骤，即产品以 4.5kmol/h 的流量采出，当接收器馏出液中水的摩尔分数增至 0.01 时停止，间歇操作完成。

在 Operating Steps 页面（图 7-21），建立操作步骤。单击 New…按钮，在弹出的 New Operating Steps Name（新操作步骤名称）窗口中，输入 distl，即可新建名为 distl 的操作步骤（图 7-22）。

图 7-21

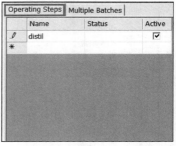

图 7-22

在 Operating Steps | distl | Changed Parameters 页面（图 7-23），规定操作步骤改变的参数。选择 Location（要改变的变量位置）为 Reflux splitter（回流分离器），选择其变量 Distillate mole flow rate（塔顶馏出物流量），并在下方列表中设置该变量的 New Value（新值）为 4.5kmol/h。

在 Operating Steps | distl | End Condition 页面（图 7-24），输入操作步骤的结束条件。选择 Step end condition（步骤结束条件）为 Trigger value（触发值），并在 Trigger（触发）区域，设置 Variable location（变量位置）为 Distillate receiver（馏出物收集器），Distillate receiver 为 1，Variable（变量）为 Overall mole fraction（总摩尔分数），Component（组分）为 H_2O。选择 Approach from（接近方向）为 Approach from Below（从下方接近），输入 Value（值）为 0.01kmol/kmol，并输入 Stop if condition not met（若达不到结束条件时停止）时间为 24h。

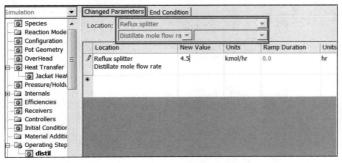

图 7-23

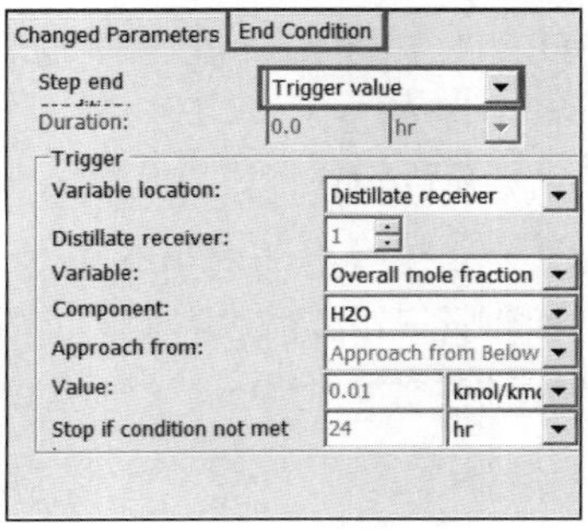

图 7-24

第 7 章　Aspen 间歇模块　▌371▐

7.2.3 设置运行环境

（1）创建结果图表

模拟现在即可运行。运行前，可为关键变量创建图表，如接收器中的组成和持液量、再沸器中的组成和温度等，从而在运行中随时监测这些变量值随时间的变化情况。

在 Plots｜Main 页面（图 7-25），创建图表。在 Pot conditions（塔釜条件）区域，单击 Temperature（温度），创建塔底温度随时间的变化图。单击 Composition（组成），弹出 Composition 窗口。在 Select phase（选择相态）区域，勾选 Liquid（液相）；在 Select basis（选择基准）区域，勾选 Mole（摩尔数）；在 Select component(s)（选择组分）区域，勾选 Select all（全选）。单击 OK 按钮，即可创建塔底各组分摩尔分数随时间的变化图（图 7-26）。

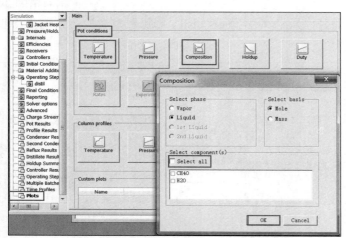

图 7-25　　　　　　　　　　　　　　　　图 7-26

在 Custom plots（自定义图表）区域，创建自定义图表。单击 New…按钮，弹出 New Custom Plot（新自定义图表）窗口。输入 Plot name（图表名称）H2ODISTL，单击 OK 按钮，即可建立一个新的空图 H2ODISTL（图 7-27）。

在 Holdup Summary Results｜Distillate 页面，选中表格中的最后一行数据，即水在塔顶馏出物中的摩尔分数，并将其拖至新建的 H2ODISTL Plot 窗口中，即完成该自定义图表的设置（图 7-28）。

双击 H2ODISTL 图中横坐标轴（即时间）上的数字，在弹出的 Plot Axis Scale Setting（图表坐标轴比例设置）窗口中（图 7-29），可设置坐标轴参数。将 Axis（坐标轴）数值范围设置为 0~3。

图 7-27

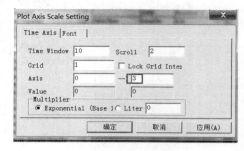

图 7-28   图 7-29

（2）设置运行选项

单击工具栏中的 图标，弹出 Run Options（运行选项）窗口（图 7-30），在此设置运行
选项。在 Run mode（运行模式）区域，设置 Change simulation run mode（改变模拟运行模式）
为 Dynamic（动态）；在 Time control（时间控制）区域，设置 Communication（通信时间）
为 0.01h，Display update（显示更新时间）为 2s，Time now（当前时间）为 0；在 Time units
（时间单位）区域，设置模型和用户界面上的时间单位；在 Simulation control（模拟控制）
区域，设置 Pause at（暂停时刻）等。

7.2.4 运行模拟并查看结果

单击菜单栏中的 ▶ 图标，运行当前模拟。运行完成后，可查看定制的各计算结果图
（图 7-31）。

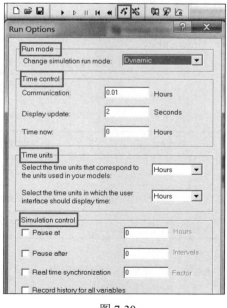

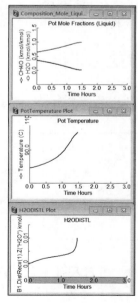

图 7-30   图 7-31

在各 Results（结果）表格中，可查看各变量的最终计算结果。可以看到塔顶馏出液中，CH_4O 含量为 0.8254，H_2O 含量为 0.1746（图 7-32）。

在 Time Profiles（时间分布）表格中，可查看不同位置处的 TPFQ（温度、压力、流量和热负荷）、Composition（组成）、Holdup（持液量）和 Flooding（液泛）等数据随时间的变化情况。可以看到，间歇操作时间为 1.4836h，釜温为 100.914℃（图 7-33），釜液为 8.98584kmol（图 7-34）。

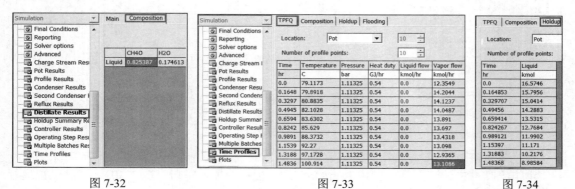

图 7-32   图 7-33   图 7-34

7.3 间歇反应

7.3.1 模拟案例

例 7.2 利用实验数据，拟合乙酸酐（AANH）水解反应生成乙酸（AA）的反应速率常数。反应方程式为：

$$AANH + H_2O \longrightarrow 2AA$$

该反应为液相反应，反应动力学方程为：

$$r = k_t[AANH]$$

式中，[AANH]是乙酸酐的摩尔浓度，反应速率以反应体积为基准。$T_0 = 0℃$ 时，反应热为 $-57.437kJ/mol$。

三种物质的物性数据如下表所示：

组分名称	主要相态	分子量	密度/(kg/m³)	比热容/[kJ/(kg·K)]
AA	Liquid	60.0526	1072.52	2.0626
AANH	Liquid	102.09	1074.97	1.85087
H_2O	Liquid	18.0153	993.957	4.18446

常温常压下，在 2LRC1 量热计内进行乙酸酐水解实验。首先向其中一次性加入水 650g，然后逐渐加入乙酸酐 52g，加料时间 15min。物料初始温度 25℃，压力 1bar。测定实验过程中的温度变化，计算放出的总热量，结果如下表所示。

时间/h	热量/W	温度/℃	时间/h	热量/W	温度/℃
0	0	25	0.51667	4.15254	25.082
0.01667	0.51295	25.054	0.53334	3.66901	25.075
0.03334	5.29851	25.131	0.55	3.25795	25.07
0.05	9.6081	25.176	0.56667	2.89404	25.065
0.06667	12.478	25.213	0.58334	2.52312	25.061
0.08334	15.0192	25.246	0.6	2.2747	25.057
0.1	17.169	25.275	0.61667	1.99356	25.054
0.11667	19.1778	25.299	0.63334	1.76706	25.051
0.13334	20.6155	25.319	0.65	1.56981	25.048
0.15	22.0136	25.337	0.66667	1.41026	25.045
0.16667	23.113	25.349	0.68334	1.24576	25.043
0.18334	24.0553	25.359	0.7	1.06754	25.042
0.2	24.7518	25.368	0.71667	1.00542	25.04
0.21667	25.4376	25.377	0.73334	0.87865	25.038
0.23334	26.0185	25.382	0.75	0.75422	25.037
0.25	26.4016	25.386	0.76667	0.67507	25.036
0.26667	25.9466	25.366	0.78334	0.61882	25.035
0.28334	23.1066	25.325	0.8	0.53486	25.035
0.3	20.3003	25.293	0.81667	0.49039	25.034
0.31667	17.9582	25.264	0.83334	0.43045	25.033
0.33334	15.9269	25.238	0.85	0.38626	25.032
0.35	14.1191	25.213	0.86667	0.34881	25.031
0.36667	12.4584	25.191	0.88334	0.31786	25.031
0.38334	11.0787	25.173	0.9	0.25376	25.031
0.4	9.7725	25.156	0.91667	0.24088	25.031
0.41667	8.6187	25.141	0.93334	0.21584	25.03
0.43334	7.64615	25.128	0.95	0.20119	25.03
0.45	6.79229	25.116	0.96667	0.19796	25.029
0.46667	5.97407	25.106	0.98334	0.1214	25.03
0.48334	5.29484	25.098	1	0.15508	25.029
0.5	4.71537	25.089			

用以上实验数据拟合速率常数 k_f，并用拟合的速率常数对本例中的实验进行模拟。

7.3.2　简单物性计算

7.3.2.1　单参数估算

由反应速率方程表达式知，该反应为 POWERLAW（幂率）型，其反应速率表达式为：

$$Rate=Kinetic\ factor\times Driving\ force$$

其中推动力项：

$$Driving\ force=[A]^a[B]^b$$

动力学参数项：

$$\text{Kinetic factor} = A_r \left[\frac{T}{T_0}\right]^n \exp\left[-\frac{E}{R}\left(\frac{1}{T} - \frac{1}{T_0}\right)\right]$$

本例中，设置活化能 $E=0$，$n=0$，此时 Kinetic factor=A_r，即阿累尼乌斯常数。故利用实验数据拟合反应速率常数 k_f，即拟合 A_r 值。

（1）新建文件

从开始｜所有程序｜AspenTech｜Process Modeling V8.4｜Aspen Batch Modeler 文件夹中，打开 Aspen Batch Modeler V8.4（图 7-35）。启动后，将文件保存为"例 7.2Simple-Estimation"。

单击下拉菜单 Run｜Mode｜Estimation，将运行模式由 Dynamic（动态）改为 Estimation（估算）（图 7-36）。

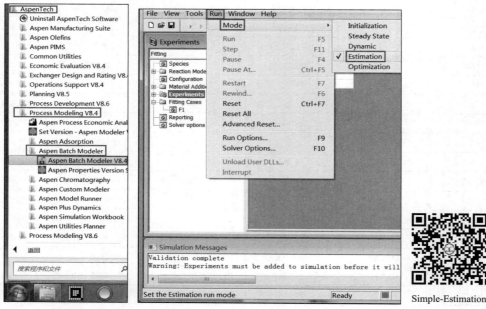

Simple-Estimation

图 7-35　　　　　　　　　　　图 7-36

（2）定义组分及物性参数

在 Species｜Main 页面（图 7-37），定义组分和物性。在 Property calculation option（物性计算选项）区域，勾选 Simple（简单）物性计算。在 Define components（定义组分）区域，依次输入 AA、AANH 和 H_2O 三个组分，及其 Primary phase（初始相态）、Molecular Wt.（分子量）、Density（密度）和 Heat capacity（比热容）。

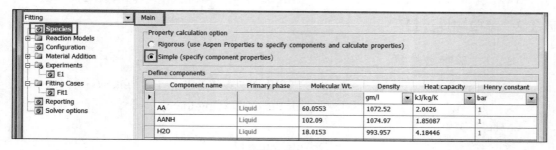

图 7-37

（3）建立反应模型

在 Reaction Models 页面（图 7-38），建立反应模型。单击 New…按钮，在弹出的 New Reaction Models Name（新反应模型名称）窗口中，输入 hydrolysis。单击 OK 按钮，即可新建名为 hydrolysis 的反应模型。

在 Reaction Models｜hydrolysis｜Configuration 页面（图 7-39），输入反应模型中的化学反应。单击 New Reaction（新建反应）按钮，在弹出的 Edit Stoichiometry（编辑化学计量关系）窗口中，输入反应 R1 的反应物、产物及各组分的化学计量数。

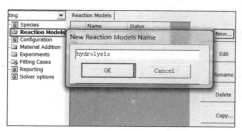

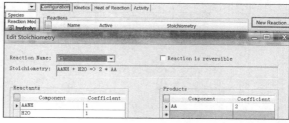

| 图 7-38 | 图 7-39 |

在 Reaction Models｜hydrolysis｜Kinetics 页面（图 7-40），设置化学反应的动力学方程参数。选择 Reaction（反应）R1，Reaction phase（反应相态）为 Liquid（液相），Concentration basis（浓度基准）为 Mole fraction（摩尔分数），Rate basis（速率基准）为 Reac-Vol（反应体积）。在 Kinetic Factor（动力学因子）区域，输入 $A_r=0$，$E=0$，$n=0$。在 Driving Force（推动力）区域，设置 Component（组分）AANH，Order（级数）为 1。

在 Reaction Models｜hydrolysis｜Heat of Reaction 页面（图 7-41），设置反应热。选择 Reaction（反应）R1，选择 Specify heat of reaction（规定反应热）。输入 Heat of reaction（反应热）为-57.437kJ/mol，Reference temperature（参考温度）为 0.0℃。

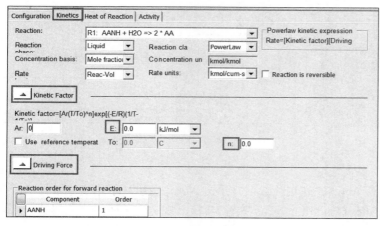

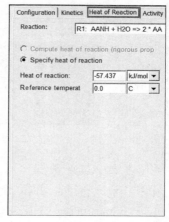

| 图 7-40 | 图 7-41 |

（4）设置反应器

在 Configuration｜Main 页面（图 7-42），设置反应器结构。在 Configuration（配置）区域，勾选 Pot only（仅有塔釜），选择 Valid phases（有效相态）为 Liquid-Only（仅液相），并勾选 Reactions present（有反应存在）。在 Pot-only options（塔釜选项）区域，勾选 Model detail（模型细节）为 Shortcut（简捷）。在 Shortcut specifications（简捷法规定）区域，勾选 Specify temperature（规定温度），并输入 25℃。

在 Configuration｜Reactions 页面（图 7-43），设置反应器中发生的反应。选择 Reaction Model（反应模型）为 hydrolysis。

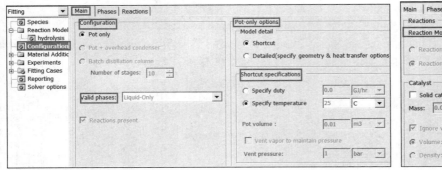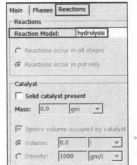

图 7-42　　　　　　　　　　　　　　　　　图 7-43

（5）规定加料条件

在 Material Addition 页面（图 7-44），添加加料。单击 New... 按钮，新建加料 CHARGE_AANH。

在 Material Addition｜CHARGE_AANH｜Main 页面（图 7-45），设置加料条件。选择 Type（类型）为 Fresh feed（新鲜进料）。在 Conditions（条件）区域，选择 Valid phases（有效相态）为 Liquid-Only（仅液相），并输入 Temperature（温度）为 25℃，Pressure（压力）为 1bar，选择 Flow rate basis（流量基准）为 Mass（质量）。在 Composition（组成）区域，选择 Composition basis（组成基准）为 Mass-Frac（质量分数），并在下方列表中，定义组分 AANH 的分率为 1。

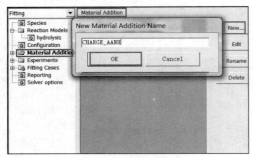

图 7-44　　　　　　　　　　　　　　　　　图 7-45

（6）输入实验数据

在 Experiments 页面（图 7-46），建立实验数据。单击 New... 按钮，新建实验数据 E1。

在 Experiments｜E1｜Reactor Conditions 页面（图 7-47），规定实验所用反应器的条件。在 Initial charge（初始物流）区域，设置物料条件：Temperature（温度）为 25℃，Pressure（压力）为 1bar，Charge basis（物料基准）为 Mass（质量），Amount（数量）为 650g；在 Composition（组成）区域，设置 H_2O 的 Mass fraction（质量分数）为 1。

在 Experiments｜E1｜Doses 页面（图 7-48），设置实验加料情况。输入 Material（物料）CHARGE_AANH 的 Start Time（进料时间）为 0，Amount（数量）为 52g，Duration（持续时间）为 15min。

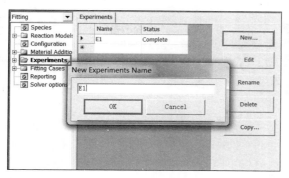
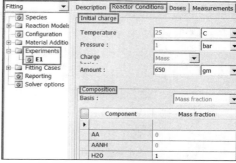

图 7-46   图 7-47

在 Experiments｜E1｜Measurements 页面（图 7-49），输入实验数据。在表格的第一行设置数据类型，选择 Duty（热负荷）和 Temperature（温度），单位分别为 W 和℃，Time（时间）单位设置为 h。在下面的表格中输入实验数据。单击 Import from Excel…（从 Excel 表格中导入）按钮，可以从 Excel 表格中导入实验数据。单击 Export to Excel…（将数据导出到 Excel 表格）按钮，可以将实验数据导出到 Excel 表格。

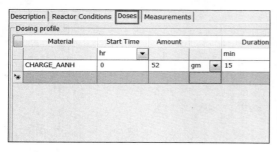
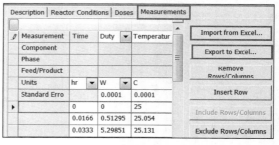

图 7-48   图 7-49

（7）建立拟合

在 Fitting Cases 页面（图 7-50），建立拟合。单击 New…按钮，新建拟合 F1，用实验 E1 的数据拟合反应模型 hydrolysis 中的 R1 在实验温度下的反应速率常数，即 R1.Ar。

在 Fitting Cases｜F1｜Configure 页面（图 7-51），设置拟合参数。选择 Reaction model to be fitted（待拟合的反应模型）为 hydrolysis。在 Fitting options（拟合选项）区域，选择 Rate

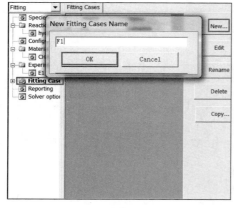
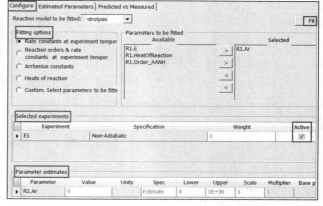

图 7-50   图 7-51

constants at experiment temperature（实验温度下的速率常数）。在 Parameters to be fitted（待拟合参数）区域，从 Available（可用参数）列表中选择 R1.Ar。在 Selected experiments（选择实验数据）区域，勾选 E1 的 Active（激活）项。在 Parameter estimates（参数估计值）区域，输入 R1.Ar 的 Value（值）为 0。

单击 Fit（拟合）按钮，即可开始拟合运算。

（8）查看拟合结果

运行完成后，在 Fitting Cases｜F1｜Estimated Parameters 页面（图 7-52），查看估算出的参数。可以看到，R1.Ar 值 0.116385，标准误差 0.0013，95%置信区间 0.1138~0.119。

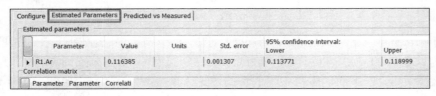

图 7-52

在 Fitting Cases｜F1｜Predicted vs Measured 页面（图 7-53），查看利用估算的速率常数预测的数据与实验数据的对比图。

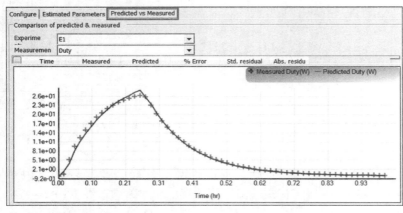

图 7-53

Simple-Simulation

7.3.2.2 模拟计算

拟合完成后，可利用拟合的参数进行模拟计算。

将文件保存后，另存为"例 7.2Simple-Simulation"。

（1）更新模型参数并切换运行模式

在 Fitting Cases｜F1｜Estimated Parameters 页面（图 7-54），查看拟合得到的参数。单击 Update Model From Estimates（根据估算值更新模型）按钮，更新反应模型 hydrolysis 的 A_r。

利用下拉菜单 Run｜Mode，将运行模式从 Estimation（估算）切换到 Dynamic（动态）（图 7-55）。

（2）设置初始条件

在 Initial Conditions｜Main 页面（图 7-56），设置初始条件。由 Empty（空状态）更改为 Initial charge（初始物料），并设置 Initial pressure（初始压力）为 1bar。

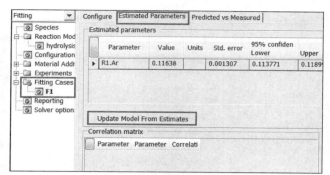
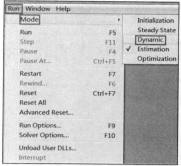

图 7-54   图 7-55

在 Initial Conditions｜Initial Charge 页面（图 7-57），设置初始物料。选择 Composition basis（组成基准）为 Mass-frac（质量分数），输入 Total initial charge（初始总物料量）为 650g，并在下面的列表中，输入 H_2O 的 Fresh charge composition（物料组成）为 1。

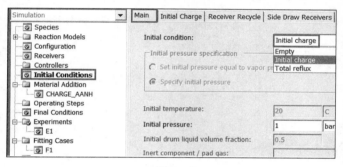
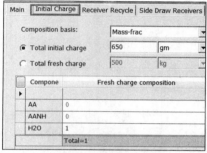

图 7-56   图 7-57

（3）设置操作步骤

操作步骤 1：纯 AANH 以 3.467g/min 的流量进料 15min；

操作步骤 2：停止进料，反应持续 45min。

在 Operating Steps 页面（图 7-58），新建操作步骤。单击 New...按钮，新建操作步骤 CHARGE。

在 Operating Steps｜CHARGE｜Changed Parameters 页面（图 7-59），设置操作步骤改变的参数。选择 Location（更改参数的位置）为 Charge stream（进料物流），并选择物流为 CHARGE_AANH。在下面的列表中，设置物流 CHARGE_AANH 的 New value 为 3.467g/min。

图 7-58   图 7-59

在 Operating Steps｜CHARGE｜End Condition 页面（图 7-60），设置操作步骤终止条件。输入 Duration（持续进料时间）为 15min。

同样步骤，新建操作步骤 RACTION（图 7-61）。

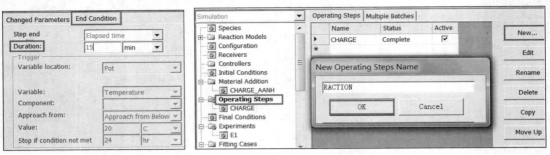

图 7-60　　　　　　　　　　　　　　　　　图 7-61

在 Operating Steps｜RACTION｜Changed Parameters 页面（图 7-62），设置进料物流 CHARGE_AANH 的质量流量为 0。

在 Operating Steps｜RACTION｜End Condition 页面（图 7-63），设置持续时间 45min。

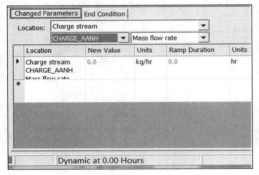
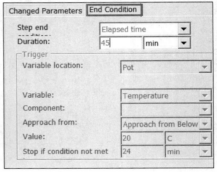

图 7-62　　　　　　　　　　　　　　　　图 7-63

（4）创建结果图表

在 Plots｜Main 页面（图 7-64），选择绘制温度、组成、热量和速率图。调整各窗口大小和位置，使结果便于查看。双击坐标轴数字，设置合适范围。

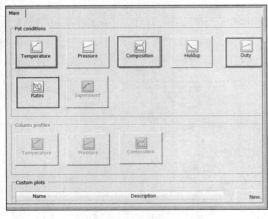
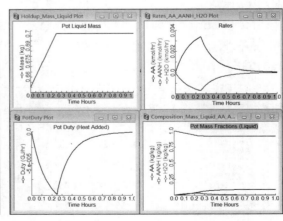

图 7-64　　　　　　　　　　　　　　　　图 7-65

（5）运行模拟并查看结果

单击工具栏 ▶ 图标，运行模拟。运行完成后，查看图表（图 7-65）及 Time Profiles（时间分布）数据。在 Results（结果）表格中，查看物流、釜、持液量、控制器及操作步骤等的模拟结果。

模拟结束后保存文件。

7.3.2.3 多参数同时估算

使用一组实验数据可同时拟合多个参数。利用上例中的实验数据，同时拟合速率常数和反应热，并与只拟合速率常数的情况做比较。

将上例中的文件保存后，另存为"例 7.2Simple-M-Estimation"。

利用下拉菜单 Run｜Mode，将运行模式从 Dynamic（动态）切换到 Estimation（估算）。在 Fitting Cases 页面（图 7-66），建立拟合。单击 New... 按钮，新建拟合 F2。

Simple-M-Estimation

在 Fitting Cases｜F2｜Configure 页面（图 7-67），设置拟合参数。设置 F2 为用实验 E1 的数据，拟合 hydrolysis 反应模型中 R1 反应的反应热 R1.HeatOfReaction 和阿累尼乌斯常数 R1.Ar。

设置完成后单击 Fit 按钮，开始拟合 F2。

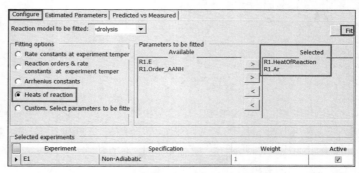

图 7-66 图 7-67

拟合完成后，在 Fitting Cases｜F2｜Estimated Parameters 页面（图 7-68），查看拟合的两个参数值及标准偏差等结果。在 Fitting Cases｜F1｜Estimated Parameters 页面（图 7-69），查看 F1 拟合结果并进行比较。

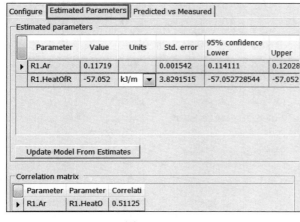

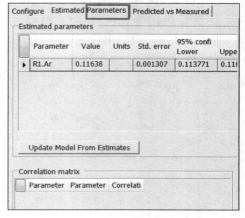

图 7-68 图 7-69

7.3.3 严格物性计算

7.3.3.1 单参数估算

（1）建立模拟文件并定义组分和物性

将上例中的文件保存后，另存为"例 7.2Rigorous-Estimation"。

Rigorous-Estimation

在 Species｜Main 页面（图 7-70），设置 Property calculation option 为 Rigorous（严格）物性计算，即利用 Aspen Properties 规定组分并计算物性。

单击 Edit Using Aspen Properties...按钮，打开 Aspen Properties 文件。在 Aspen Properties 的 Components｜Specifications｜Selection 页面（图 7-71），定义组分 H_2O（水）、AA（乙酸）和 AANH（乙酸酐）。

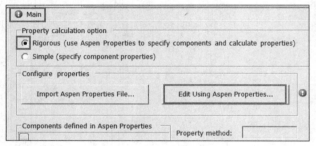

图 7-70	图 7-71

在 Methods｜Specifications｜Global 页面（图 7-72），设置物性方法为 WILS-GLR。WILS-GLR 物性方法中，液相用威尔逊活度系数模型计算，汽相用理想气体状态方程计算，液体摩尔体积用 Rackett 模型计算，超临界成分用亨利定律计算。计算焓值时，根据用户指定的参考温度（TREFHL）和参考态液体焓值（DHLFRM），通过积分液体热容多项式（CPLDIP）计算液体焓值，通过计算转换温度（TCONHL，即从液体焓变为气体焓的温度）下的液体焓和蒸发焓，并根据真实气体焓值偏差及从转换温度到系统温度的理想气体热容积分，计算理想气体焓值。

在 Methods｜Parameters｜Binary Interaction｜WILSON-1｜Input 页面（图 7-73），查看并设置威尔逊方程中组分 H_2O、AA 及 AANH 间的二元交互作用参数。默认只有 H_2O-AANH 的二元交互作用参数，通过选择更多的数据库，可调取其他二元交互作用参数值。在 Methods｜Parameters｜WILSON-1｜Databanks 页面（图 7-74），将所有可用数据库都选择到

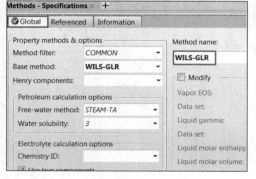

图 7-72	图 7-73

右面的已选数据库区域。本例的物性包文件"例 7.2 物性包"中有相关数据，用户可打开参考或直接导入。

物性文件设置完成后，保存并关闭 Aspen Properties。可以看到，所选择组分及物性方法出现在 Aspen Batch Modeler 文件的 Species | Main 窗口中（图 7-75）。

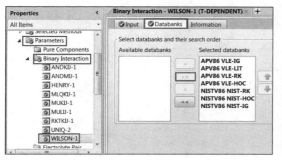
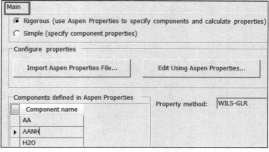

图 7-74   图 7-75

（2）建立反应模型

在 Reaction Models | hydrolysis | Kinetics 页面（图 7-76），将反应动力学方程由 Powerlaw（幂率型）改为 Custom（自定义型）。在 Define variables（定义变量）区域的列表中，定义变量 C_AANH 的 Type（类型）为 Concentration（浓度），Component（组分）为 AANH（乙酸酐）；定义变量 K 的 Type 为 Reaction Para（反应参数），Value（初值）为 0.115。在 Define equations（定义方程）区域的列表中，输入速率表达式：$Rate = K \times C\_AANH$。

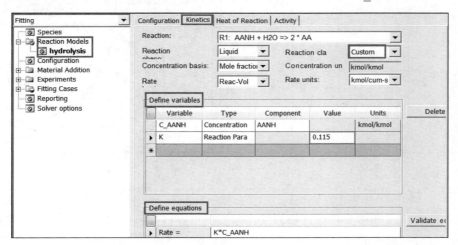

图 7-76

（3）建立拟合

在 Fitting Cases | F1 | Configure 页面（图 7-77），选择 Fitting options（拟合选项）为 Custom. Select parameters to be fitted（用户选择拟合参数），并设置被拟合参数为 R1.K（R1 反应的 K 值）。单击 Fit 按钮，开始拟合计算。

（4）查看结果

在 Fitting Cases | F1 | Estimated Parameters 页面（图 7-78），查看拟合的 K 值。

在 Fitting Cases | F1 | Predicted vs Measured 页面（图 7-79），查看预测值与实验值的对比图。

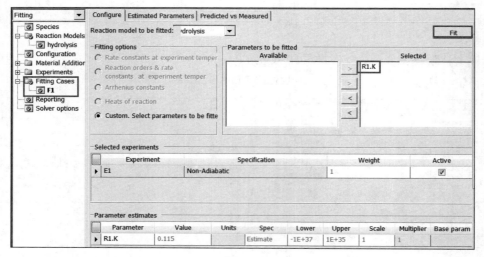

图 7-77

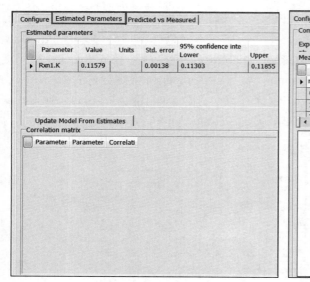

图 7-78

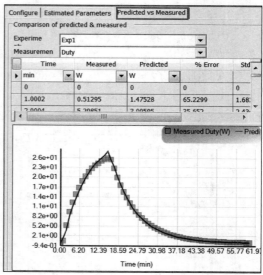

图 7-79

7.3.3.2 模拟计算

利用 Rigorous（严格）物性计算方法，模拟如下反应过程：温度 25℃、压力 1atm 下，体积 100L、直径 20in 的反应釜中，先加入 65kg 水，然后以 20kg/h 的速度向其中注入 5kg 乙酸酐，持续反应 45min 后结束。夹套内通冷却剂 DOWTHERM-A，进口温度 5℃，通过调节冷却剂流量使反应器温度保持在 25℃。通过 LMTD（对数平均温差）计算换热量，介质传热系数：5kW/(m² · K)。

Rigorous-Simulation

（1）建立文件

打开上例文件，将其另存。将上例中的文件保存后，另存为"例 7.2Rigorous-Simulation"。

在 Fitting Cases｜Fit1｜Estimated Parameters 页面（图 7-80），单击 Update Model From Estimates 按钮，将拟合结果应用于模拟过程。

单击下拉菜单 Run｜Mode｜Dynamic，将运行模式由拟合切换为动态（图 7-81）。

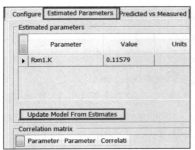

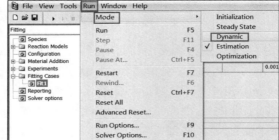

图 7-80 图 7-81

（2）规定设备结构及尺寸

① 设备配置

在 Configuration | Main 页面（图 7-82），设置设备配置。在 Pot-only options（釜选项）区域，将 Model detail（模型细节）由 Shortcut（简捷法）切换为 Detailed（specify geometry&heat transfer options）（详细，规定结构和传热选项）。切换后，左侧目录中增加 Pot Geometry（釜结构）表格。

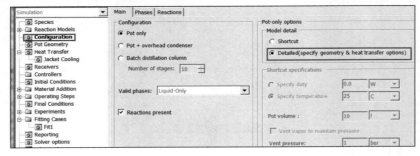

图 7-82

② 釜尺寸

在 Pot Geometry | Main 页面（图 7-83），设置塔釜尺寸。选择 Diameter＋Volume（直径＋体积），并设置 Diameter（反应釜直径）为 20in，Volume（体积）为 100L。

③ 夹套换热

在 Heat Transfer | Jacket Cooling 页面（图 7-84），设置夹套冷却。选择 Cooling option（冷却选项）为 LMTD（对数平均温差法），输入 Inlet medium（进口介质）温度为 5℃。在 Heat transfer coefficient（传热系数）区域，勾选 Use overall heat transfer coefficient（利用总传热系数），并输入其值为 5kW/（$m^2 \cdot K$）。在 Thermal fluid properties（热流体物性）区域，勾选 Select thermal fluid from library（从数据库中选择热流体），并选择 DOWTHERM-A。

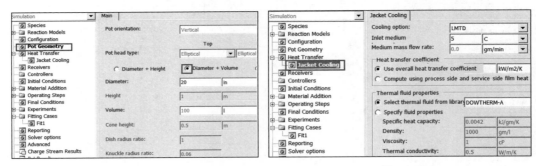

图 7-83 图 7-84

（3）规定操作条件

① 控制器

建立控制器，通过调整冷却介质流量，使釜温维持 25℃。

在 Controllers 页面，建立控制器。单击 New...按钮，新建控制器 C1。

在 Controllers｜C1｜Connections 页面（图 7-85），设置控制器的连接变量。规定 Process Variable（过程变量，即测量变量）的 Type（类型）为 Pot temperature（釜温），Set Point（设置点）为 25℃。即设置釜温恒定在 25℃；Output（输出，即调整变量）的 Location（位置）为 Jacket（夹套），Heating/Cooling（加热/冷却）选择 Cooling（冷却），Type（类型）为 Medium mass flow rate（介质质量流量）。即设置调整变量为冷却介质质量流量。

在 Controllers｜C1｜Parameters 页面（图 7-86），规定控制器参数。在 Ranges（范围）区域，设置控制器参数 PV.和 OP.的范围。在 Tuning（调整）区域，设置 Gain（增益）为 5，Integral time（积分时间）为 0.5min。

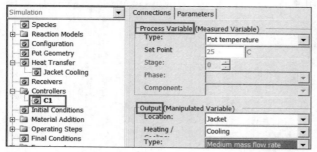
图 7-85

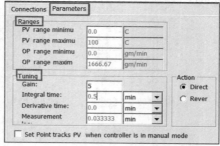
图 7-86

② 初始条件

在 Initial Conditions｜Main 页面（图 7-87），设置初始温度为 25℃，初始压力为 1atm。

在 Initial Conditions｜Initial Charge 页面（图 7-88），设置初始物料为 65kg 水。

③ 操作步骤

在 Operatisng Steps 页面，新建操作步骤 Charge。

在 Operating Steps｜Charge｜Changed Parameters 页面（图 7-89），设置物流 CHARGE_AANH 在该步骤中的加料流量为 20kg/h。

在 Operating Steps｜Charge｜End Condition 页面（图 7-90），设置该步骤持续到釜液增加到 70kg 结束。

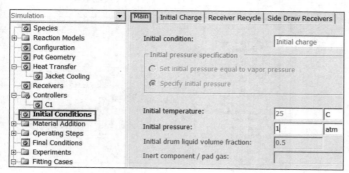
图 7-87   图 7-88

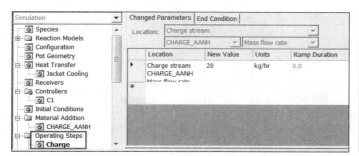

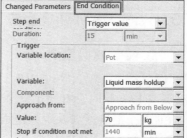

图 7-89   图 7-90

在 Operating Steps 页面，新建操作步骤 React。

在 Operating Steps｜React｜Changed Parameters 页面（图 7-91），设置物流 CHARGE_AANH 在该步骤中的加料流量为 0g/min。

在 Operating Steps｜React｜End Condition 页面（图 7-92），设置该步骤持续时间 45min。

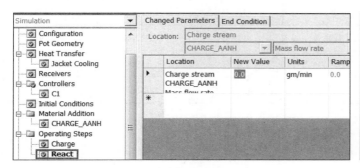

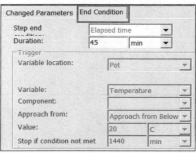

图 7-91   图 7-92

（4）运行模拟并查看结果

设置完成后，运行模拟。运行完成后，在 Results 表格中查看各项计算结果。

在 Plot｜Main 页面（图 7-93），单击 Composition、Duty 和 Rates 按钮，分别绘制组成、热量和速率随时间的变化图。

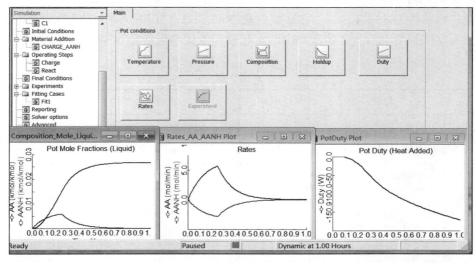

图 7-93

7.3.4 汽-液相不平衡反应

7.3.4.1 模拟案例

例 7.3 模拟氯仿（$CHCl_3$）与氯气（Cl_2）生成四氯化碳（CCl_4）和氯化氢（HCl）的反应。反应釜初始时含有一定量氯仿，氯气连续鼓泡进料，以逐渐提高反应温度。反应过程中，不断抽出一定量蒸汽以避免超压。在这种情况下，假设汽-液相处于不平衡状态，需进行传质计算。使用 Simple 物性计算选项，物性数据如下：

Component name （组分名称）	Primary phase （初始相态）	Molecular weight （分子量）	Density （密度）/（kg/m³）	Heat capacity （热容） /[kJ/(kg·K)]	Henry constant （亨利系数)/bar
CCl_4	Liquid	153.822	1437.2	0.906112	2.25875
$CHCl_3$	Liquid	119.377	1332.58	1.01765	3.45497
Cl_2	Vapor	70.9054	11.7932	0.511285	29.5094
HCl	Vapor	36.4606	5.9577	0.81588	67.2133
N_2	Vapor	28.0135	4.51393	1.04706	1542.45

反应方程式为：

$$CHCl_3 + Cl_2 \longrightarrow CCl_4 + HCl$$

该反应为液相反应，反应动力学方程为：

$$r = k_f[CHCl_3][Cl_2]$$

式中，$[CHCl_3]$ 和 $[Cl_2]$ 分别为氯仿和氯气的摩尔浓度，反应速率以反应体积为基准。$T_0 = 0℃$ 时，反应热为 -85.442kJ/mol。注意，本例中所用的动力学参数仅用于说明模拟过程。

反应釜体积为 20m³，有放空以保持 5bar 的压力，使用液相传质模型（估算 $K_{LA（gas）}$）。

实验初始条件为 80℃、5bar，$CHCl_3$ 质量 2460.52kg。50℃、5bar 的氯气以 200kg/h 的流量持续加入反应釜中。测量釜内液相中四氯化碳和氯仿的质量分数随时间的变化结果如下表所示。

组分	CCl_4	$CHCl_3$		组分	CCl_4	$CHCl_3$
相态	Liquid	Liquid		相态	Liquid	Liquid
标准误差	0.0001	0.0001		标准误差	0.0001	0.0001
时间/h	质量分数			时间/h	质量分数	
0	0	1		0.2	0.009839	0.978201
0.05	0.000396	0.99745		0.25	0.015141	0.969743
0.1	0.00219	0.992552		0.3	0.021095	0.960846
0.15	0.00542	0.985941		0.35	0.027518	0.951691

组分	CCl₄	CHCl₃	组分	CCl₄	CHCl₃
相态	Liquid	Liquid	相态	Liquid	Liquid
标准误差	0.0001	0.0001	标准误差	0.0001	0.0001
0.4	0.03427	0.9424	2	0.253386	0.67904
0.45	0.041248	0.933052	2.05	0.259624	0.672002
0.5	0.048375	0.923704	2.1	0.265828	0.665022
0.55	0.055594	0.914388	2.15	0.272	0.6581
0.6	0.062865	0.905128	2.2	0.278139	0.651232
0.65	0.070156	0.89594	2.25	0.284247	0.644419
0.7	0.077448	0.886831	2.3	0.290325	0.637659
0.75	0.084724	0.877807	2.35	0.296371	0.630952
0.8	0.091973	0.868872	2.4	0.302388	0.624295
0.85	0.09919	0.860028	2.45	0.308375	0.617689
0.9	0.106368	0.851273	2.5	0.314333	0.611131
0.95	0.113504	0.842609	2.55	0.320262	0.604622
1	0.120596	0.834034	2.6	0.326163	0.598159
1.05	0.127644	0.825547	2.65	0.332036	0.591743
1.1	0.134645	0.817146	2.7	0.337882	0.585372
1.15	0.141601	0.808831	2.75	0.3437	0.579045
1.2	0.148511	0.8006	2.8	0.349492	0.572761
1.25	0.155375	0.792451	2.85	0.355257	0.566521
1.3	0.162195	0.784383	2.9	0.360995	0.560322
1.35	0.168971	0.776393	2.95	0.366708	0.554164
1.4	0.175703	0.768481	3	0.372395	0.548046
1.45	0.182393	0.760645	3.05	0.378056	0.541968
1.5	0.18904	0.752884	3.1	0.383693	0.535928
1.55	0.195647	0.745195	3.15	0.389304	0.529927
1.6	0.202213	0.737578	3.2	0.39489	0.523963
1.65	0.20874	0.730031	3.25	0.400451	0.518036
1.7	0.215229	0.722552	3.3	0.405989	0.512145
1.75	0.221679	0.71514	3.35	0.411502	0.50629
1.8	0.228092	0.707794	3.4	0.41699	0.50047
1.85	0.234468	0.700512	3.45	0.422455	0.494684
1.9	0.240809	0.693294	3.5	0.427896	0.488932
1.95	0.247115	0.686136			

用以上实验数据，拟合实验温度下的传质系数和速率常数。

7.3.4.2　建立模型

NotEquil

　　从开始 | 所有程序 | AspenTech | Process Modeling V8.4 | Aspen Batch Moderler | Aspen Batch Moderler V8.4，打开 Aspen Batch Moderler，单击下拉菜单 File | Save As，将文件保存为"例 7.3NotEquil"。

　　单击下拉菜单 Run | Mode | Estimation（图 7-94），将运行模式从 Dynamic 改为 Estimation。

（1）定义组分及物性参数

　　在 Species | Main 页面（图 7-95），设置物性计算为 Simple，定义各组分，并输入其物性参数。

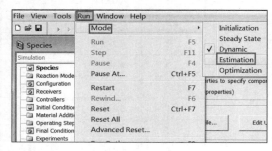

图 7-94　　　　　　　　　　　　　　　　　　　图 7-95

（2）建立反应模型

　　在 Reaction Models 页面，单击 New…按钮，新建反应模型 R1。

　　在 Reaction Models | R1 | Configuration 窗口（图 7-96），单击 New Reaction…按钮，新建反应 r1。

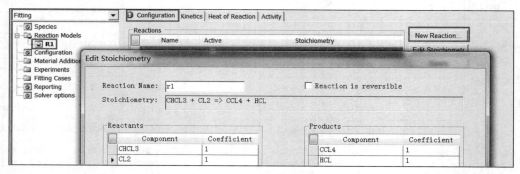

图 7-96

　　在 Reaction Models | R1 | Kinetics 页面（图 7-97），设置反应动力学参数。液相反应，反应类型是幂率型，浓度基准是摩尔浓度，速率基准是反应体积；动力学参数中阿累尼乌斯常数 A_r 初值设置为 0.001，活化能 E 设置为 0，$n=0$，因此速率常数等于 A_r；正反应级数 $CHCl_3$ 和 Cl_2 均为 1。

　　在 Reaction Models | R1 | Heat of Reaction 页面（图 7-98），设置反应热为-85.442kJ/mol，参考温度为 0℃。

（3）设置反应釜

在 Configuration | Main 窗口（图 7-99），规定配置。设置反应器只有釜，有效相为汽-液相。Model detail 为 Shortcut（简捷），Specify temperature（指定温度）为 80℃，Pot volume（罐体积）为 20m³，并勾选 Vent vapor to maintain pressure（有放空以保持压力恒定）。

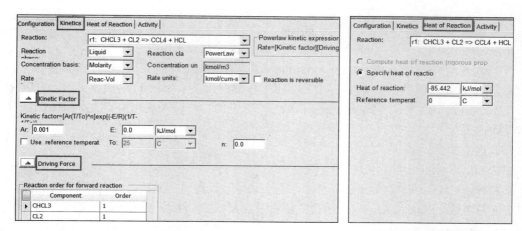

| 图 7-97 | 图 7-98 |

在 Configuration｜Phases 窗口（图 7-100），规定相态。勾选 Model mass transfer in the liquid ph.（模拟液相传质），并设置 KLA（gas）（传质系数）初值为 $1m^3/h$。

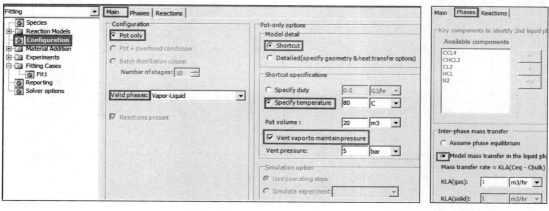

| 图 7-99 | 图 7-100 |

（4）设置加料条件

在 Material Addition 页面，新建进料 CL。

在 Material Addition｜CL｜Main 窗口（图 7-101），规定进料条件。设置只有汽相、50℃、5bar，流量基准为质量，纯氯气进料。

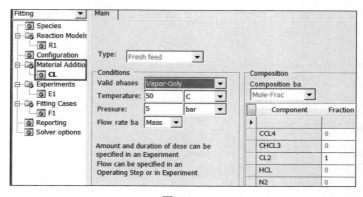

图 7-101

（5）输入实验数据

在 Experiments 页面，单击 New…按钮，新建实验数据 E1。

在 Experiments｜E1｜Reactor Conditions 页面（图 7-102），设置实验条件。温度为 80℃，压力为 5bar，$CHCl_3$ 质量 2460.52kg；组成：$CHCl_3$ 质量分数为 0.95965，N_2 质量分数为 0.04035。

在 Experiments｜E1｜Measurements 页面（图 7-103），输入液相中 CCl_4 和 $CHCl_3$ 的质量分数随时间变化的实验数据。

（6）建立拟合

在 Fitting Cases 页面，新建拟合 F1。

在 Fitting Cases｜F1｜Configure 页面（图 7-104），设置拟合参数。规定用实验 E1 的数据拟合自定义的参数：Reactor.KLA（反应器的传质系数 K_{LA}）和 r1.Ar（反应 r1 的速率常数 A_r）。

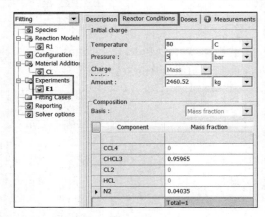

图 7-102　　　　　　　　　　　　　　　　图 7-103

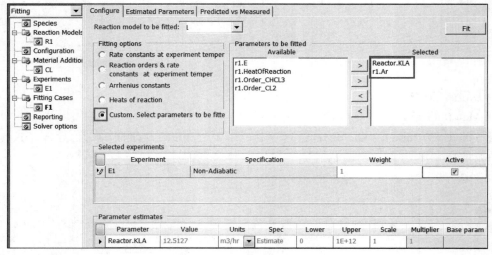

图 7-104

7.3.4.3　运行模拟并查看结果

单击 Fit 按钮运行。结束后，在 Fitting Cases｜F1｜Estimated Parameters 页面（图 7-105），查看拟合结果。

在 Fitting Cases｜F1｜Predicted vs Measured 页面（图 7-106），查看估算值和实验值对比图。

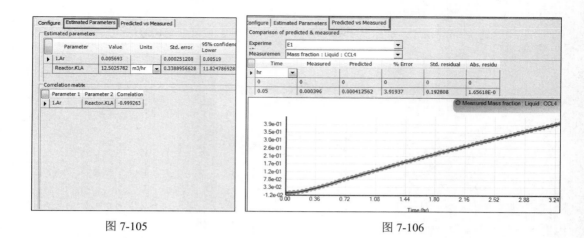

图 7-105   图 7-106

7.4 Aspen Plus BatchSep 模型简介

在 Aspen Plus 模型库的 Columns 选项卡中，有间歇精馏塔模型 BatchSep。

BatchSep 模型支持目前 Aspen Batch Modeler 的大部分功能，也支持所有 Aspen Plus 通用模型的功能，包括：从模型库中拖放一个或多个模型到流程图上；通过 Feed/Product 物流线连接上游和下游模型；访问 Calculator（计算器）、Design Specs（设计规定）、Optimization（优化）和 Sensitivity（灵敏度分析）模型中的关键变量；在 Aspen Plus 报告文件中报告结果；在控制面板和历史文件中报告运行时的诊断；在全局设置中，规定默认的 Property Method（物性方法）、Chemistry（化学反应）和 Valid Phases（有效相态）。

Aspen Batch Modeler 和 Aspen Plus 的 BatchSep 模型之间也存在差异。在新版本的 Aspen Plus 中会支持 Reactions（反应）和 Pot simulation（单釜模拟）等独立 Aspen Batch Modeler 模型功能，但 Aspen Plus 中不支持 Dynamic optimization（动态优化）、Multiple batches（多间歇精馏塔）、Kinetic fitting（动力学拟合）和 Simple property calculations（简单物性计算）等功能。

本章练习

用间歇精馏塔分离 100kmol 甲醇-乙醇-正丙醇混合物，其中甲醇、乙醇和正丙醇的摩尔分数分别为 0.3、0.3 和 0.4。精馏塔理论板数为 10，回流比为 10，塔顶压力 1.2bar，全凝器压降 0.02bar，塔压降 0.08bar。初始状态为全回流，馏出液首先以 2kmol/h 的流量进入第一个收集器，15h 后切换至第二个收集器。用 NRTL 法计算，确定最终馏出液的组成。

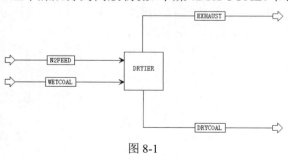

第 8 章
固体模拟

Aspen Plus 可模拟许多涉及固体的过程，比如拜耳法氧化铝生产过程、煤气化、危险废物焚烧、铁矿石还原及锌的冶炼等。除 Extract（萃取模型）外的所有 Aspen Plus 模型及流程模拟工具，均可用于固体处理。Aspen Plus 提供了多种固体处理设备的模拟模型，如结晶器、破碎机、筛网、袋式过滤器和旋风分离器等。

固体会对化工过程产生很多影响，比如会引起热量和质量平衡的变化。要模拟固体过程的热量平衡和质量平衡，需要固体专用的物性方法。此外，某些固体处理过程会需要准确的固体颗粒粒度分布，如旋风分离器，其分离效率高度依赖于进气颗粒粒径。

本章将通过煤燃烧工艺中煤的干燥、燃烧和燃烧产物分离三个工段的模拟，介绍以下知识点：改变全局物流类型；定义固体组分；定义固体组分的物性方法；定义固体组分的属性；定义粒度分布；修改默认粒度分布；在 Fortran 块中访问组分属性；修改模型中的组分属性及使用固体模型。

8.1 煤的干燥

本节将通过煤干燥工段的模拟，介绍固体模拟中物流类型、固体组分、固体组分的物性方法和属性等概念和设置，及 RStoic 模型和 Flash2 模型在固体反应和分离方面的应用。

8.1.1 模拟案例

例 8.1 模拟煤的干燥过程，流程如图 8-1 所示。湿煤（WETCOAL）和氮气（N2FEED）进入干燥器（DRYIER），经干燥后分为两股物流：干煤（DRYCOAL）和湿氮气（EXHAUST）。

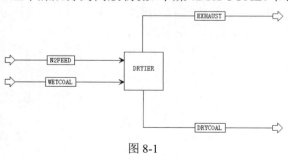

图 8-1

（1）进料条件

N2FEED：

温度 130℃，压力 1.013bar，质量流量 25000kg/h。

其中 N_2 摩尔分数 0.999，O_2 摩尔分数 0.001。

WETCOAL：

温度 25℃，压力 1.013bar，质量流量 5000kg/h，含水量 25%（质量分数）。

粒度分布：120~140μm 0.1；140~160μm 0.2；160~180μm 0.3；180~200μm 0.4。

工业分析：湿含量 25%；固定碳 45.1%；挥发分 45.7%；灰分 9.2%。

元素分析：灰分 9.2%；碳 67.1%；氢 4.8%；氮 1.1%；氯 0.1%；硫 1.3%；氧 16.4%。

硫形式分析：黄铁矿态 0.6；硫酸盐态 0.1；有机态硫 0.6。

（2）干燥条件及产品要求

干燥器操作条件：等压，绝热。

产品要求：出口煤含水量 1%（质量分数）。

8.1.2　新建文件

通过桌面图标、开始菜单或工具栏三种方式之一单击 Aspen Plus 用户界面图标，启动程序。

使用 Aspen Plus 的 Solids with Metric Units（公制单位固体模板），单击 Create 按钮新建文件（图 8-2）。新文件打开后，单击 File | Save as，将其另存为"例 8.1 煤的干燥"。

煤的干燥

8.1.3　定义组分并设置物性方法

8.1.3.1　定义组分

固体模板结果报告中给出的是所有类型组分(气体、液体和固体)的性质和组分流量，用户可以选择显示总流量、浓度、汽相分率和固相分率。若模拟中用到属性，则默认物流结果报告中显示子物流和组分属性。固体模板的其他默认设置可参考第 2 章的内置模板介绍部分。

图 8-2　　　　　　　　　　　　　图 8-3

Properties 环境下，在 Components | Specifications | Selection 页面（图 8-3），定义全部组分，并在 Type（类型）列选择适当的组分类型。Aspen Plus 中的组分类型有 Conventional（常规组分），固体的 Solid（常规惰性固体）和 Nonconventional（非常规固体），石油模拟中用到

的 Assay（分析）、Blend（混合）或 Pseudocomponent（虚拟组分），聚合物模拟中用到的 Polymer（聚合物）、Oligomer（低聚物）和 Segment（片段），火法冶金模拟用到的 Hypothetical liquid（假想液体）等。对于大多数不涉及固体、石油及聚合物的模拟，都可使用默认的 Conventional 类型，该类型组分参与相平衡计算。

本例中有四个组分：H_2O、N_2、O_2 和煤 COAL。输入 H_2O、N_2、O_2，Aspen Plus 自动从数据库中检索出三种物质。煤是不同化合物的混合物，作为非常规固体组分处理，故需将 COAL 的类型改为 Nonconventional。非常规固体为非库组分，Aspen Plus 无法自动检出，需要用户定义其物性参数。

8.1.3.2　设置物性方法

计算常规组分、常规固体和非常规组分物性数据的方法不同，需在 Aspen Plus 中的不同页面进行规定。

Properties 环境下，在 Methods | Specifications | Global 页面（图 8-4），选择用来计算常规组分 K 值、焓、熵、自由能、摩尔体积和密度等物性参数的物性方法。本例中常规组分为 H_2O、N_2 和 O_2，且为低压操作，因此可选择 IDEAL（用理想气体定律和拉乌尔定律进行计算）。

在 Methods | Specifications | NC Props | Property Methods 页面（图 8-5），选择用来计算非常规组分焓值和密度的物性方法，及物性方法中涉及的组分属性。选择 Component（组分）为 COAL，并在 Property models for nonconventional components（非常规组分的物性方法）区域列表中，选择 Enthalpy（焓值）用 HCOALGEN（通用煤焓模型），Density（密度）用 DCOALIGT（IGT 煤密度模型）。

选择 HCOALGEN 模型后，其后 Option codes（选项代码）列出现四个值，分别表示计算焓值用到的燃烧热、标准生成热、热容和焓基准等物理量的计算方法选项代码。默认均为 1，即采用计算方法中的第一种：用 Boie 关联式计算燃烧热；用基于燃烧热的关联式计算标准生成热；用 Kirov 关联式计算热容；焓基准为 298.15K、1atm 标况。组分属性 PROXANAL（工业分析）、ULTANAL（元素分析）和 SULFANAL（硫分析），自动包括在下面的 Required component attributes（所需组分属性）列表中。

组分类型、子物流、组分属性等概念及固体物性方法的详细介绍，可参考本章最后一节相关内容。

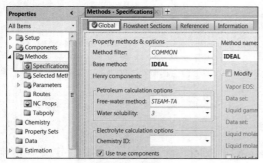

图 8-4

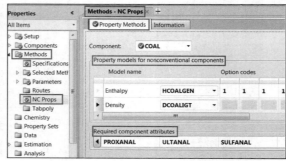

图 8-5

8.1.4 建立流程

单击**N**⯈按钮，弹出 Properties Input Complete（物性输入完成）窗口（图 8-6）。在 Next step（下一步）区域，勾选 Go to Simulation environment（去 Simulation 环境）。单击 OK 按钮，将跳转到 Simulaition 环境的 Main Flowsheet 页面，在此建立流程，如图 8-7 所示。

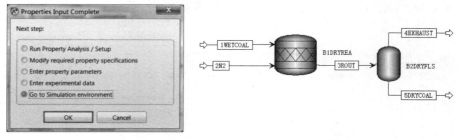

图 8-6   图 8-7

煤的干燥过程是把湿煤中的水分离出来，本例中煤的含水量从 25% 降到 1%。可以用一个 RStoic 模型和一个 Flash2 模型来模拟煤干燥器。注意，因本例中用两个操作模型来模拟实际生产设备，故模拟的流程图跟实际流程图不相符，实际生产中不存在 3ROUT 这股物流。

8.1.5 进行全局设置

8.1.5.1 设置流量基准

本例中流量采用质量流量，故在 Setup｜Specifications｜Global 页面（图 8-8），选择 Flow basis（流量基准）为 Mass（质量）。

8.1.5.2 设置物流类型

在 Setup｜Stream Class 表格中，设置物流类型。可以指定所有流股的默认物流类型，也可单独指定部分流程或流股的物流类型。

在 Setup｜Stream Class｜Flowsheet 页面（图 8-9），设置流程的物流类型。在列表的 Section（分区）列选择分区，默认为 GLOBAL（全局）；在 Stream class（物流类型）列，选择该分区的物流类型，默认为 CONVEN（常规组分子物流）。分区之间的连接物流，继承其来源分区的物流类型。若上游物流含有固体，物流类型可定义为 MIXCISLD（常规组分子物流和常规惰性子物流）。经移除后下游物流不含固体，则物流类型可定义为 CONVEN。本例中煤为有粒度分布的非常规组分，故在此页面上将物流类型改为 MIXNCPSD（常规组分物流和有粒度分布的非常规固体物流）。

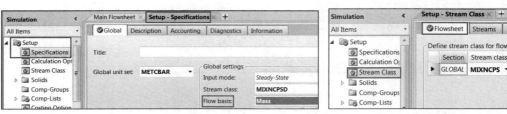

图 8-8   图 8-9

在 Setup｜Stream Class｜Streams 页面（图 8-10），可单独指定一个或多个物流的物流类型，以覆盖全局或局部流程的物流类型。本例中不做指定。

在 Setup｜Stream Class｜Stream Class 页面（图 8-11），定义各物流类型中的子物流。所选择的 MIXNCPSD 物流类型中，默认包括 MIXED（常规组分子物流）和 NCPSD（有粒度分布的非常规固体子物流）。

在 Setup｜Stream Class｜Load Streams 页面（图 8-12），定义加载热流股。本例中不做指定。

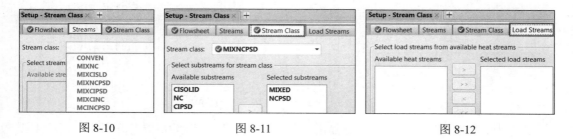

图 8-10   图 8-11   图 8-12

8.1.6 输入进料条件

8.1.6.1 煤进料

在 Streams｜1WETCOAL｜Input 表格中，通过不同子物流页面，输入进料条件。在 Mixed 页面中，输入常规组分子物流信息。煤进料为非常规组分，故需在 NC Solid（非常规固体）页面中设置。

在 Streams｜1WETCOAL｜Input｜NC Solid 页面（图 8-13），输入煤进料条件。

在 Specifications（规定）部分，输入 NCPSD 子物流的温度、压力和质量流量。

在 Component Attribute（组分属性）区域，输入计算物性所需的 PROXANAL、ULTANAL 和 SULFANAL 三个组分属性的数据（图 8-14）。

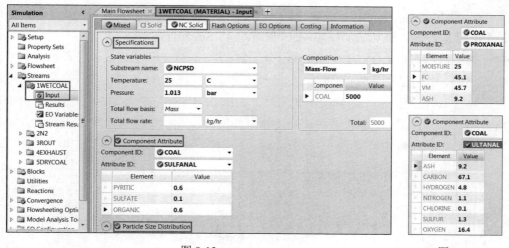

图 8-13   图 8-14

在 Particle Size Distribution（粒度分布）区域（图 8-15），输入粒度分布数据。勾选 User-specified values（用户规定值）方式，并在右侧表格中输入煤的 PSD 数据。

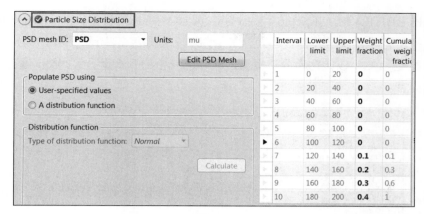

图 8-15

8.1.6.2　氮气进料

在 Streams｜2N2｜Mixed 页面（图 8-16），输入氮气进料条件。该常规组分子物流温度为 130℃，压力为 1.013bar，流量为 25000kg/h。摩尔组成：N_2 为 0.999，O_2 为 0.001。

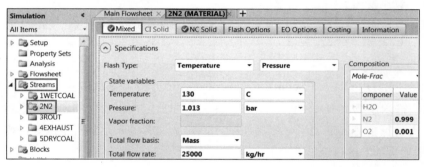

图 8-16

8.1.7　设置模型参数

8.1.7.1　RStoic 模型

在 Blocks｜B1DRYREA｜Setup｜Specifications 页面（图 8-17），规定 RStoic 模型的操作条件。在 Operating conditions（操作条件）区域，选择 Flash Type（闪蒸类型）为规定 Duty（热负荷）和 Pressure（压力）。因为是绝热操作，故设置 Duty 为 0。

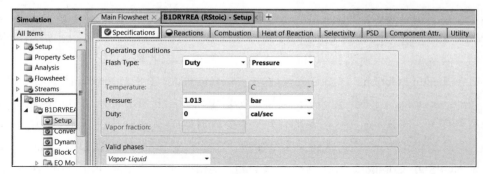

图 8-17

在 Blocks｜B1DRYREA｜Setup｜Reactions 页面（图 8-18），设置反应 COAL→0.0555H$_2$O。Aspen Plus 把所有非常规组分都处理为分子量为 1，故反应式表示 1g 煤生成 1g 水。将煤的转化率初值设置为 0.2，该转化率应该根据进料和出料中的含水量计算得到，通过设置一个计算器完成此计算。

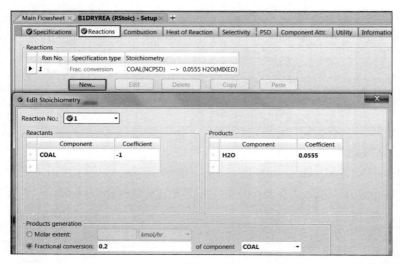

图 8-18

在 Blocks｜B1DRYREA｜Setup｜Component Attr.页面（图 8-19），指定出料中组分属性的值。需依次输入子物流 ID、组分 ID 和属性 ID，并指定发生变化的属性元素值。在使用此页面之前，需为每个有属性的组分定义属性 ID 和属性的组成元素。本例中，煤干燥后含水量为 1%，故设置 MOISTURE 值为 1。

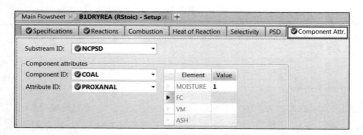

图 8-19

8.1.7.2　Calculator 模型

在 Flowsheeting Options｜Calculator 页面（图 8-20），单击 New...按钮，新建 Calculator（计算器）对象 C-1，根据进料和出料含水量，计算反应转化率。

在 Flowsheeting Options｜Calculator｜C-1｜Define 页面（图 8-21），规定计算器中的变量。在 Measured variables（测量变量）部分，设置计算器中用到的变量名称；在 Edit selected variable（编辑所选变量）部分，定义变量参数。第一个变量 H$_2$OIN 为进料中的含水量，属于 Streams（物流）的 Compattr-Var（组分属性）类型变量。选择 Stream 为 1WETCOAL，Substream（子物流）为 NCPSD，Component（组分）为 COAL，Attribute（属性）为 PROXANAL（工业分析），Element（元素）为 1，即工业分析的第一个变量——含水量。

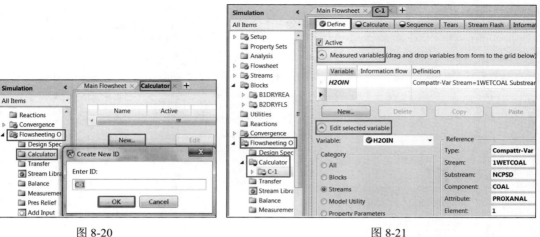

图 8-20   图 8-21

第二个变量 H₂ODRY 为反应器中规定的出料含水量，属于 Blocks（模型）的 Block-Var（模型变量）类型变量。选择 Block 为 B1DRYREA，Variable（变量）为 COMPATT（组分属性），ID1（变量所在子物流）为 NCPSD，ID2（组分）为 COAL，ID3（组分属性）为 PROXANAL，Element（元素）为 1（图 8-22）。

第三个变量 CONV 为反应转化率，属于 Blocks 的 Block-Var 类型变量。选择 Block 为 B1DRYREA，Variable 为 CONV（转化率），ID1 为 1，即反应器中的第一个反应（图 8-23）。

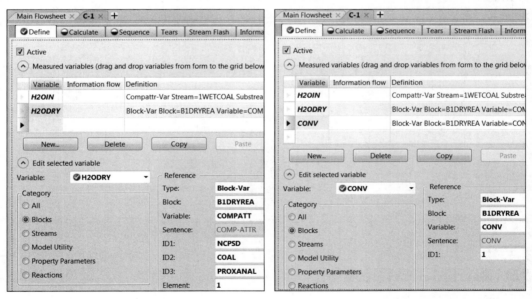

图 8-22   图 8-23

在 Flowsheeting Options｜Calculator｜C-1｜Calculate 页面（图 8-24），输入计算器语句。Calculation method（计算方法）可选择 Fortran 和 Excel，默认为 Fortran，本例中不做修改。在 Enter executable Fortran statements（输入可执行的 Fortran 语句）区域，输入要执行的计算语句：

$$CONV=(H2OIN-H2ODRY)/(100-H2ODRY)$$

该计算器用于计算模型 B1DRYREA 中设置的转化率，故需在其之前执行。在

Flowsheeting Options｜Calculator｜C-1｜Sequence 页面（图 8-25），在 Calculator block execution sequence（计算器模型执行顺序）区域，选择 Execute（执行）为 Before（之前），选择 Block type（模型类型）为 Unit operation（单位操作），并选择 Block name（模型名称）为 B1DRYREA。

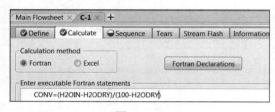 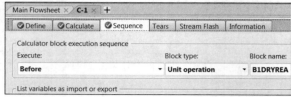

图 8-24   图 8-25

8.1.7.3　Flash2 模型

在 Blocks｜B2DRYFLS｜Input｜Specifications 页面（图 8-26），规定 Flash2 的操作条件。Flash Type（闪蒸类型）选择 Duty（热负荷）和 Pressure（压力），并输入 Pressure 为 1.013bar，Duty 为 0，即等压绝热操作。

8.1.8　设置流程显示

单击 View 菜单选项卡下 Show 工具栏组中的 Flowsheet 按钮，打开 Main Flowsheet 页面。单击 Modify（修改）菜单选项卡的 Display Options（显示选项）的下拉菜单，并勾选 Calculators（计算器）和 Calculator Connections（计算器连接），可在流程图中显示计算器及其变量所在位置的连接关系（图 8-27）。

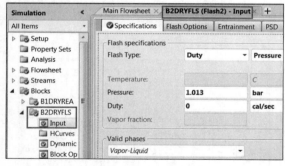 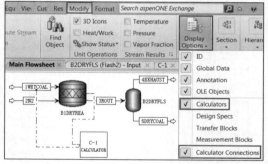

图 8-26   图 8-27

8.1.9　运行模拟并查看结果

设置完成后，运行模拟。运行结束后，在 Results Summary｜Streams｜Material 页面（图 8-28），查看物流结果。Solid 模板默认物流结果报告形式为 FULL，即所有信息都显示。

在 Setup｜Report Options｜Stream 页面（图 8-29）的 Stream format（物流格式）区域，通过不同的 TFF 选项，可设置不同的结果报告格式。本例中选择 SOLIDS，重新运行后物流结果报告如图 8-30 所示。

化工流程模拟 Aspen Plus 实例教程

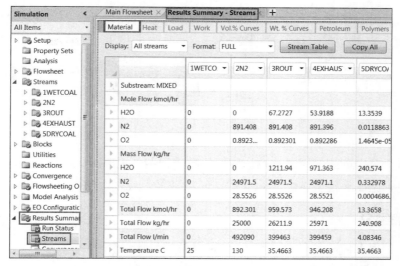

图 8-28

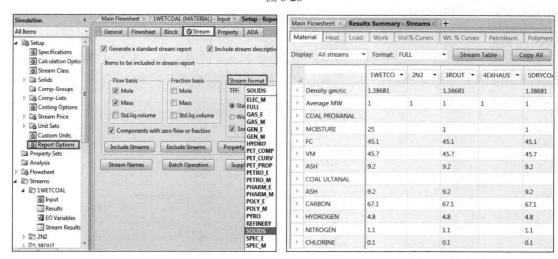

图 8-29   图 8-30

8.2　煤的燃烧

　　本节将通过煤燃烧工段的模拟，介绍固体物性的设置方法，及 RGibbs 模型、RYield 模型和 SSplit 模型在固体反应和分离方面的应用。

8.2.1　模拟案例

　　例 8.2　使用 RGibbs 模型模拟干煤的燃烧。RGibbs 模型通过最小化吉布斯自由能来计算化学平衡，因煤是非常规组分，不能计算其吉布斯自由能，故在进入 RGibbs 模型之前，先利用 RYield 模型将煤分解成其构成元素。煤燃烧的过程需考虑煤的分解反应热，故用一股热流将 RYield 模型的反应热传递到 RGibbs 模型。最后利用 SSplit 模型，将燃烧后的气体与灰分分开。流程如图 8-31 所示。

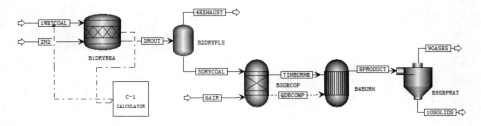

图 8-31

此模拟从上节中创建的模拟开始，需要修改流程图，更改默认物流类型，添加燃烧所需的组分，指定单位操作模型，定义一个 Fortran 块来控制煤的分解，并分析结果。

8.2.2 添加组分

将上例文件保存后，另存为"例 8.2 煤的燃烧"。

煤的燃烧

Properties 环境下，在 Components | Specifications | Selection 页面（图 8-32）添加通过分解和燃烧煤产生的组分，即 NO_2、NO、S、SO_2、SO_3、H_2、Cl_2、HCl、C、CO、CO_2 和 ASH。C 的设置为 Solid 类型，可放置在有粒度分布的惰性固体 CIPSD 子物流中。ASH 为灰分，主要是黏土和重金属氧化物，设置为 Nonconventional 类型，与 COAL 一起放置在有粒度分布的非常规固体 NCPSD 子物流中。

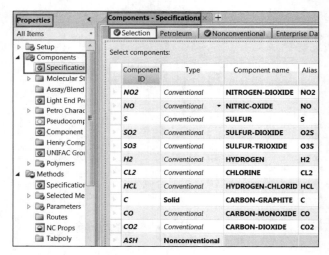

图 8-32

8.2.3 设置物性方法

8.2.3.1 COAL 组分

在 Methods | NC Props | Property Methods 页面（图 8-33），设置非常规固体 COAL 组分的物性方法。上节模拟设置的是根据组分属性 PROXANAL、ULTANAL 和 SULFANAL 估算的煤的燃烧，本节模拟中直接输入燃烧的热量。HCOALGEN 的 Option codes 中第一项为燃烧热的计算方法，设置为 6（用户自定义）。

8.2.3.2 ASH 组分

用户需要为 ASH 组分指定计算焓和密度的模型，其设置方法与 COAL 组分相同。Enthalpy（焓值）选择 HCOALGEN 模型，Option codes 为 1、1、1、1，Densitiy（密度）选择 DCOALIGT 模型（图 8-34）。

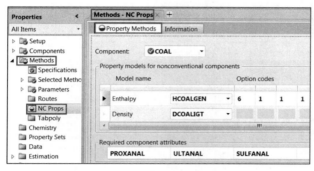
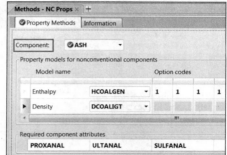

图 8-33   图 8-34

8.2.3.3 指定煤的燃烧热

由用户指定煤的燃烧热值时，需在 Methods | Parameters | Pure Components 表格中输入煤的燃烧热数据。

在 Methods | Parameters | Pure Components 页面，新建纯组分参数。单击 New...按钮，弹出 New Pure Component Parameters（新纯组分参数）窗口（图 8-35）。在 Select type of pure component parameter（选择纯组分参数类型）区域，勾选 Nonconventional（非常规组分）。在 Enter new name or accept default（输入新名称或用默认名称）区域，用默认参数名 NC-1。设置完成后，单击 OK 确认。

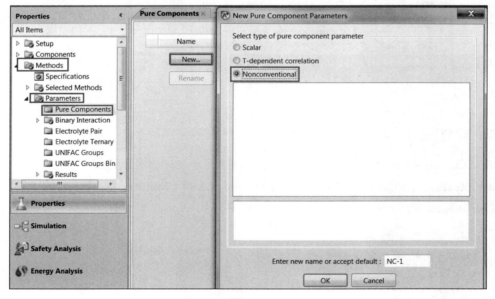

图 8-35

在 Methods | Parameters | Pure Components | NC-1 | Input 页面（图 8-36），输入纯组分参数数据。选择 Parameter 为 HCOMB（燃烧热），单位为 kcal/kg。注意，HCOMB 是干基燃

烧热。在 Nonconventional component parameter（非常规组分参数）区域的列表中，选择组分
COAL，并输入干基燃烧热值为 6500kcal/kg。

单击 **N** 按钮，出现 Properties Input Complete（物性输入完成）窗口（图 8-37），Next step
（下一步）选择 Go to Simulation environment（去模拟环境），并单击 OK 按钮确认。

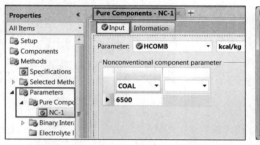
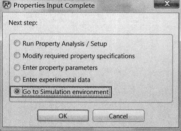

图 8-36   图 8-37

8.2.4 改变物流类型

Simulation 环境下，在 Setup｜Stream Class｜Flowsheet 页面（图 8-38），选择 Stream Class
（物流类型）。煤分解形成的碳属于常规固体，故选用的物流类型中应包括常规组分、常规固
体和非常规组分等子物流。MCINCPSD 物流类型包括 MIXED、CIPSD 和 NCPSD 三个子物
流，可满足此要求。

在 Setup｜Stream Class｜Stream Class 页面，查看并设置物流类型中包括的子物流
（图 8-39）。

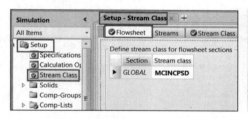
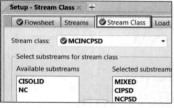

图 8-38   图 8-39

8.2.5 建立流程

在 Main Flowsheet 页面建立流程，如图 8-40 所示。反应器分别用模型库中的 Reactors｜
RYield 和 Reactors｜RGibbs 模型，分离器用 Mixer/Splitters｜SSplit 模型。RYield 模型和 RGibbs
模型之间用 Heat 流股连接。

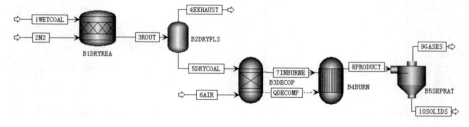

图 8-40

8.2.6 输入进料条件

在 Streams｜6AIR｜Input｜Mixed 页面（图 8-41），设置常规组分空气进料条件。Flash Type（闪蒸类型）选择 Temperature（温度）和 Pressure（压力），设置温度为 25℃，压力为 1.013bar；Composition（组成）选择 Mole-Frac（摩尔分数），并输入 N_2 为 0.79，O_2 为 0.21。Total flow rate（总流量）输入 50000kg/h。

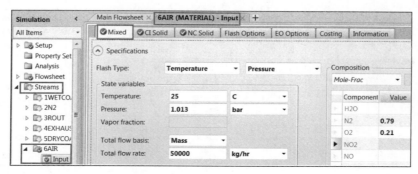

图 8-41

8.2.7 设置模型参数

在 Blocks 文件夹下设置各模型参数。

8.2.7.1 RYield 模型

在 Blocks｜B3DECOP｜Setup｜Specifications 页面（图 8-42），设置产量反应器的操作条件。温度为 25℃，压力为 1.013bar。

在 Blocks｜B3DECOP｜Setup｜Yield 页面（图 8-43），设置组分产量初值。各组分实际产量值将利用计算器，通过与进料中各组分的量相等计算得到。

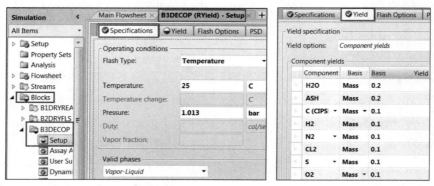

图 8-42   图 8-43

在 Blocks｜B3DECOP｜Setup｜PSD 页面（图 8-44、图 8-45），设置 CIPSD 和 NCPSD 子物流的 PSD 粒度分布。PSD calculation option（粒度分布计算选项）勾选 User-specified PSD（用户规定粒度分布）。勾选 Substream ID（子物流 ID），并分别选择 CIPSD 和 NCPSD 子物流。在下方列表中输入粒度分布值：120～140μm，0.1；140～160μm，0.2；160~180μm，0.3；180~200μm，0.4（图 8-46）。

注意，此粒度分布值应根据实际生产数据输入，本例输入值只做演示用。

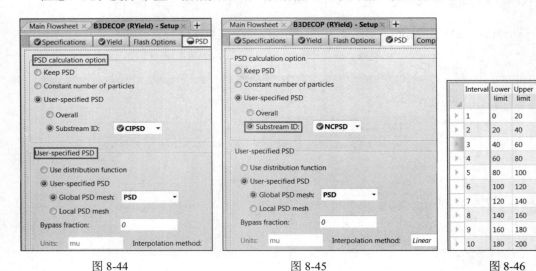

图 8-44   图 8-45   图 8-46

在 Blocks | B3DECOP | Setup | Comp.Attr 页面（图 8-47、图 8-48），设置产物组分 ASH 的组分属性。ASH 为灰分，故将 PROXANAL 和 ULTANAL 中的 ASH 值设置为 100，其他成分含量都设置为 0。

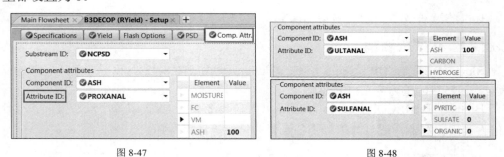

图 8-47   图 8-48

8.2.7.2　RGibbs 模型

在 Blocks | B4BURN | Setup | Specifications 页面（图 8-49），输入吉布斯反应器的操作条件。RGibbs 模型用于模拟达到化学平衡的反应，通过系统吉布斯自由能最小来计算化学平衡和相平衡，不需要指定反应化学计量数。Calculation option（计算选项）选择 Calculate phase equilibrium and chemical equilibrium（计算相平衡和化学平衡，默认）。在 Operating conditions（操作条件）区域，输入压力 1.013bar。热负荷由热流 QDECOMP 确定，不需再指定。

在 Blocks | B4BURN | Setup | Products 页面（图 8-50），输入可能存在的产品列表。选择 Identify possible products（定义可能产物），并在下方的 Products 列表中，选择产物中可能存在的组分。本例中 C 为固体，故设置其 Valid phases（有效相态）为 Pure Solid（纯固体），其余组分都是默认的 Mixed。

8.2.7.3　SSplit 模型

在 B5SEPRAT | Input | Specifications 页面（图 8-51），设置子物流分离器的操作条件。SSplit 模型可混合所有进料物流，然后根据子物流的规定，将混合物分成两个或更多个物流。

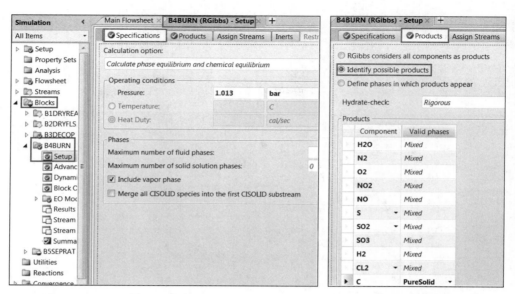

图 8-49   图 8-50

本例中，SSplit 模型将气体燃烧产物（MIXED 子物流）与固体燃烧产物（CIPSD 和 NCPSD 子物流）完全分开。

在 Specification for each substream（每个子物流的规定）区域，选择 Stream names（物流名称）为 9GASES。在下方列表中设置 Substream Name 为 MIXED、CIPSD 和 NCPSD 的子物流，Specification 为 Split fraction（分割分率），Value 分别为 1、0 和 0，即 9GASES 物流中只有 MIXED 子物流，为气体燃烧产物。

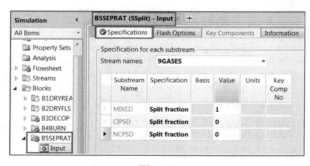

图 8-51

8.2.8　定义计算器

设置计算器 COMBUST，根据进料煤的组分属性计算 RYield 模型的产量，从而可模拟不同的煤进料工况。

在 Flowsheeting Options｜Calculator 页面（图 8-52），建立计算器。单击 New...按钮，在弹出的 Create New ID 窗口中，输入 ID 为 COMBUST。单击 OK 按钮，即可新建 ID 为 COMBUST 的计算器。

8.2.8.1　设置变量

在 Flowsheeting Options｜Calculator｜COMBUST｜Define 页面（图 8-53），定义

Fortran 块中用到的变量。本例中，定义向量 ULT 为物流 5DRYCOAL 的煤炭元素分析数据矩阵；变量 WATER 为物流 5DRYCOAL 的煤炭工业分析数据中的第一项——含水量；变量 H_2O、ASH、CARB、H_2、N_2、Cl_2、SULF 及 O_2，分别为模型 B3DECOP 中各组分的质量产量。

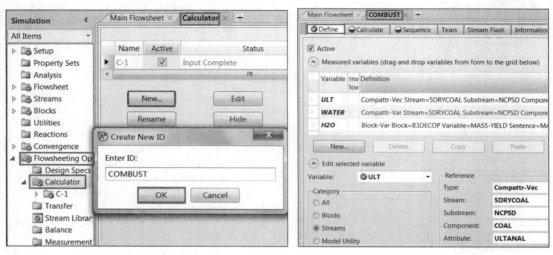

图 8-52　　　　　　　　　　　　　　　　图 8-53

计算器 COMBUST 中所有变量的定义，可参考下表。

变量	类别	变量描述
ULT	Stream	Compattr-Vec Stream=5DRYCOAL Substream=NCPSD Component=COAL Attribute=ULTANAL
WATER		Compattr-Var Stream=5DRYCOAL Substream=NCPSD Component=COAL Attribute=PROXANAL Element=1
H2O	Block	Block-Var Block=B3DECOP Variable=MASS-YIELD Sentence=MASS-YIELD ID1=H2O ID2=MIXED
ASH		Block-Var Block=B3DECOP Variable=MASS-YIELD Sentence=MASS-YIELD ID1=ASH ID2=NCPSD
CARB		Block-Var Block=B3DECOP Variable=MASS-YIELD Sentence=MASS-YIELD ID1=C ID2=CIPSD
H2		Block-Var Block=B3DECOP Variable=MASS-YIELD Sentence=MASS-YIELD ID1=H2ID2=MIXED
N2		Block-Var Block=B3DECOP Variable=MASS-YIELD Sentence=MASS-YIELD ID1=N2ID2=MIXED
Cl2		Block-Var Block=B3DECOP Variable=MASS-YIELD Sentence=MASS-YIELD ID1=CL2ID2=MIXED
SULF		Block-Var Block=B3DECOP Variable=MASS-YIELD Sentence=MASS-YIELD ID1=S ID2=MIXED
O2		Block-Var Block=B3DECOP Variable=MASS-YIELD Sentence=MASS-YIELD ID1=O2ID2=MIXED

8.2.8.2　指定要执行的计算

在 Flowsheeting Options | Calculator | COMBUST | Calculate 页面（图 8-54），输入要执行的计算语句。本例中，欲通过计算器使产量反应器 B3DECOP 中的各组分的质量产量值，等于进料 COAL 物流中的含水量及各元素量，即换算成湿基含量的 ULTANAL 向量中的各元素分析值，因此写入如下 Fortran 语句：

```
H2O=WATER/100
ASH=ULT(1)/100*(1-WATER/100)
```

$$CARB=ULT(2)/100*(1-WATER/100)$$
$$H2=ULT(3)/100*(1-WATER/100)$$
$$N2=ULT(4)/100*(1-WATER/100)$$
$$CL2=ULT(5)/100*(1-WATER/100)$$
$$SULF=ULT(6)/100*(1-WATER/100)$$
$$O2=ULT(7)/100*(1-WATER/100)$$

在 Flowsheeting Options | Calculator | COMBUST | Sequence 页面（图 8-55），设置计算器的执行顺序。此计算器应在模型 B3DECOP 之前执行，故在 Calculator block execution sequence 区域，选择 Execute 为 Before，选择 Block type 为 Unit operation，并选择 Block name 为 B3DECOP。

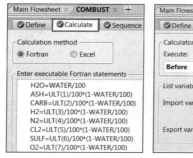

图 8-54

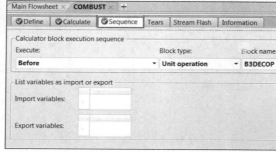

图 8-55

8.2.9　运行模拟并查看结果

设置完成后，运行模拟。运行完成后，控制面板中显示模拟过程中出现一个警告，为 B3DECOP 模型原子不守恒（图 8-56）。此警告可忽略，RYield 模型的介绍可参考第 4 章中的相关内容。

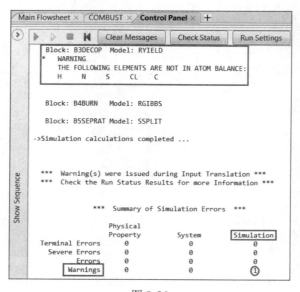

图 8-56

在 Results Summary｜Streams｜Material 页面（图 8-57），查看物流计算结果。8PRODUCT 是燃烧产物物流，燃烧过程中空气过量，因此该物流中有氧气存在。根据物流结果数据，可以看出各元素最稳定的产物：如 N_2 比 NO 和 NO_2 稳定，SO_2 比 SO_3 和 S 稳定，Cl_2 比 HCl 稳定，CO 比 CO_2 和 C（固体）稳定。

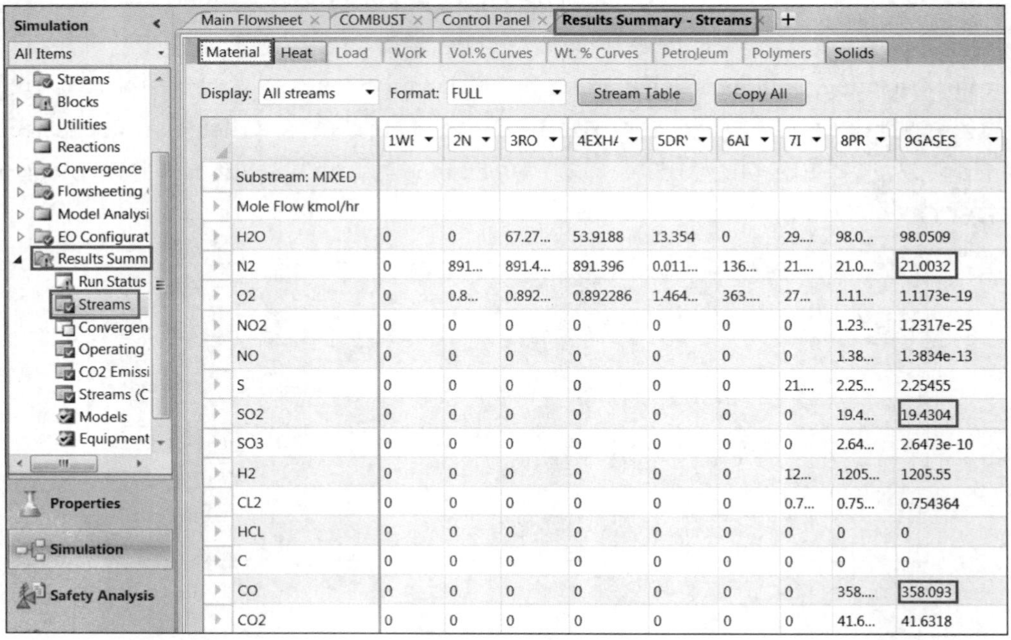

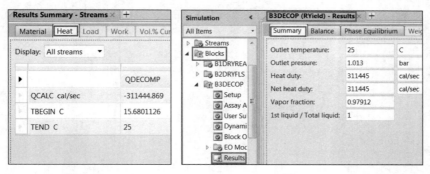

图 8-57

在 Results Summary｜Streams｜Heat 页面（图 8-58），查看热流 QDECOMP 的结果。该热值表示将物流 5DRYCOAL 中的煤分解成其组成元素过程的焓变。

在 Blocks｜B3DECOP｜Results 表格中，查看产量反应器的计算结果。

在 Blocks｜B3DECOP｜Results｜Summary 页面（图 8-59），查看该模型的计算结果汇总。

图 8-58   图 8-59

在 Blocks｜B3DECOP｜Results｜Balance 页面（图 8-60），查看该模型的质量和能量平衡计算结果。由于 RYield 模型中有从非常规组分到常规组分的净反应，故常规组分和非常规组分的质量不守恒，但总质量守恒。

在 Blocks｜B3DECOP｜Results｜Phase Equilibrium 页面（图 8-61），查看相平衡计算结果。

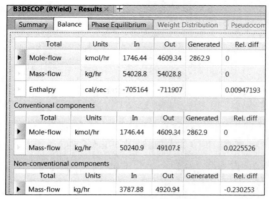

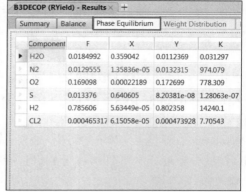

B3DECOP (RYield) - Results × +					

Summary | Balance | Phase Equilibrium | Weight Distribution | Pseudocom

	Total	Units	In	Out	Generated	Rel. diff
▶	Mole-flow	kmol/hr	1746.44	4609.34	2862.9	0
	Mass-flow	kg/hr	54028.8	54028.8		0
	Enthalpy	cal/sec	-705164	-711907		0.00947193

Conventional components

	Total	Units	In	Out	Generated	Rel. diff
▶	Mole-flow	kmol/hr	1746.44	4609.34	2862.9	0
	Mass-flow	kg/hr	50240.9	49107.8		0.0225526

Non-conventional components

	Total	Units	In	Out	Generated	Rel. diff
▶	Mass-flow	kg/hr	3787.88	4920.94		-0.230253

图 8-60

B3DECOP (RYield) - Results × +				

Summary | Balance | Phase Equilibrium | Weight Distribution

	Component	F	X	Y	K
▶	H2O	0.0184992	0.359042	0.0112369	0.031297
	N2	0.0129555	1.35836e-05	0.0132315	974.079
	O2	0.169098	0.00022189	0.172699	778.309
	S	0.013376	0.640605	8.20381e-08	1.28063e-07
	H2	0.785606	5.63449e-05	0.802358	14240.1
	CL2	0.000465317	6.15058e-05	0.000473928	7.70543

图 8-61

8.3 气固分离器

在上节的模拟中，燃烧后的产物通过简捷计算模型 SSplit，将灰分与燃烧气体完全分离。本节中将把 SSplit 模型替换为冷凝器、旋风分离器、袋式过滤器和静电除尘器，进行严格气固分离过程的模拟。

本节将通过气固分离工段的模拟，介绍固体粒度分布的设置，及 Cyclone（旋风分离器）、FabFl（袋式过滤器）和 ESP（静电除尘器）等气固分离模型的应用。

8.3.1 模拟案例

例 8.3 上节模拟中反应器出口的燃烧产物首先被冷却，之后依次经旋风分离器、袋式过滤器和静电除尘器，将固体除去。流程如图 8-62 所示。

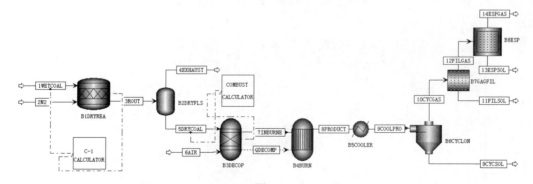

图 8-62

8.3.2 建立流程

将上节文件保存后，另存为"例 8.3 气固分离"。

Simulation 环境下，在 Main flowsheet 页面建立流程。将 SSplit 模型替换为 Heater（加热/冷却器）、Cyclone（旋风分离器）、FabFl（袋式过滤器）和

气固分离

ESP（静电除尘器）模型。添加各物流，并修改各模型和物流名称。

8.3.3　输入粒度分布

8.3.3.1　设置粒度划分网格

在 Setup｜Solids｜PSD｜Mesh 页面（图 8-63），设置粒度划分网格。在 PSD Mesh（粒度划分网格）区域，选择 PSD Mesh type（粒度划分网格类型）为 User（用户自定义），选择 No. of intervals（间隔数）为 6，并选择 Size units（粒度单位）为 μm。在 Particle size distribution mesh（粒度分布划分网格）区域，分别设置所规定的 6 个粒度区间的 Lower（下限）值和 Upper（上限）值。

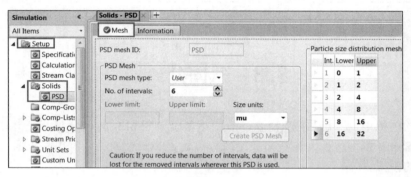

图 8-63

8.3.3.2　更新粒度分布

改变粒度分布间隔后，会影响之前模拟中输入的粒度分布，故需要重新输入。

（1）物流 1WETCOAL

在 Streams｜1WETCOAL｜Input｜NC Solid 页面（图 8-64），修改物流 1WETCOAL 的粒度分布。因煤在气固分离模型运行之前已燃烧，故不再需要准确的 PSD，输入 16~32μm 之间的质量分数为 1.0。

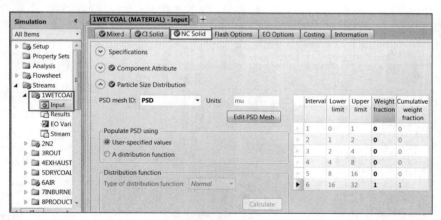

图 8-64

（2）RYield 模型

在 Blocks｜B3DECOP｜PSD 页面（图 8-65、图 8-66），修改模型 B3DECOP 的粒度分布。分别选择 NCPSD 和 CIPSD 子物流，并输入各自粒度分布数据。

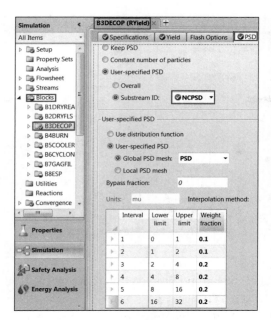
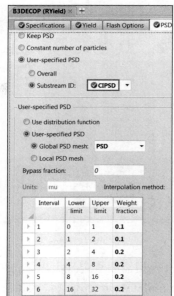

| 图 8-65 | 图 8-66 |

注意，本例中的粒度分布值仅用于演示。

8.3.4 设置模型参数

8.3.4.1 Heater 模型

冷却器用于冷却燃烧后的气体，可去除固体灰分。

在 Blocks | B5COOLER | Input | Specifications 页面（图 8-67），设置冷却器 B5COOLER 的操作条件。闪蒸计算类型为 Temperature 和 Pressure，并输入温度为 205℃，压力为 1.013bar。

8.3.4.2 Cyclone 模型

旋风分离器通过气体涡流的离心力，将含有固体的进口气流分离成固体物流和携带残留固体的气流。

在 Blocks | B6CYCLON | Input | Specifications 页面（图 8-68），设置模型 B6CYCLON 的操作条件。

在 Calculation options（计算选项）区域，设置计算选项。选择 Model（模型）为 Cyclone（旋风分离器），Mode（模式）为 Design（设计），Calculation method（计算方法）为 Leith-Licht，Type（类型）为 Barth1-rectangular inlet（Barth1-矩形进口）。

在 Design parameters（设计参数）区域，设置设计参数。输入 Separation efficiency（分离效率）为 0.8。其他设置采用默认值。

8.3.4.3 FabFl 模型

在 Blocks | B7BAGFIL | Input | Specifications 页面（图 8-69），设置袋式过滤器 B7BAGFIL 的操作条件。

选择 Model（模型）为 Fabric filter（袋式过滤器），Mode 为 Design。Design 模式下，根据处理量计算新设备尺寸，而 Simulation 模式下，则根据现有设备计算处理量。在 Design 模

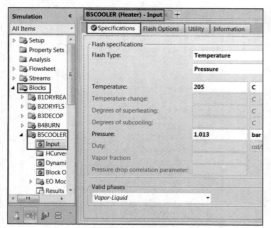
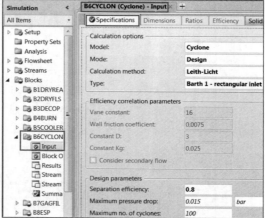

图 8-67 图 8-68

式下，FabFl 模型需要规定最大压降。在 Pressure drop/Filtration time（压降/过滤时间）区域，输入 Maximum pressure drop（最大压降）为 0.0345bar。

在 Blocks｜B7BAGFIL｜Input｜Efficiency 页面（图 8-70），设置袋式过滤器的分离效率。选择 Separation efficiency（分离效率）为 95% at 500 nm（500nm 分离效率 95%）。

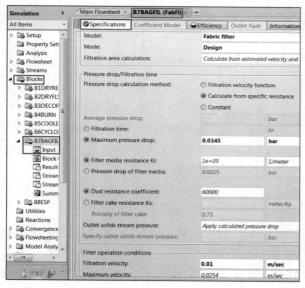
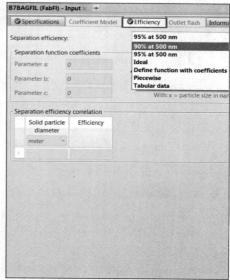

图 8-69 图 8-70

8.3.4.4 ESP 模型

在 Blocks｜B8ESP｜Input｜Specifications 页面（图 8-71），输入静电除尘器 B8ESP 的操作条件。在 Calculation options 区域，选择 Model 为 Plate（板式），Mode 为 Design。在 Design parameters（设计参数）区域，输入 Separation efficiency（分离效率）为 0.995。

在 Blocks｜B8ESP｜Input｜Dielectric Constant 页面（图 8-72），输入相对介电常数。指定 CIPSD 和 NCPSD 两个子物流的相对介电常数均为 5。

注意，此介电常数值仅供演示之用，不是典型工业数据。

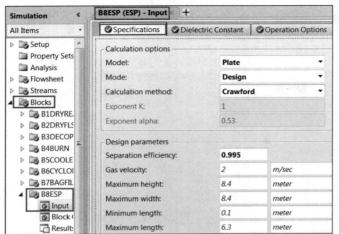
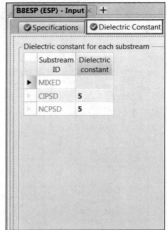

图 8-71

图 8-72

8.3.5 运行模拟并查看结果

设置完成后，运行模拟。运行结束后，查看各模型的计算结果。

在 Blocks｜B6CYCLON｜Results｜Summary 页面（图 8-73），查看旋风分离器设计结果。

在 Blocks｜B6CYCLON｜Results｜Efficiency 页面（图 8-74），查看经旋风分离器后，各子物流中不同粒径范围粒子的分离效率。

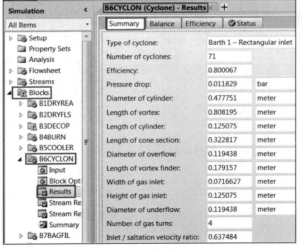
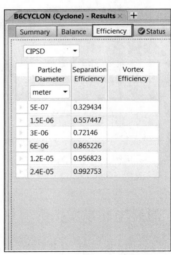

图 8-73

图 8-74

在 Blocks｜B7BAGFIL｜Results｜Summary 页面（图 8-75），查看袋式过滤器的设计结果。

在 Blocks｜B7BAGFIL｜Results｜Efficiency 页面（图 8-76），查看经袋式过滤器后，各子物流中不同粒径范围粒子的分离效率。

在 Blocks｜B8ESP｜Results｜Summary 页面（图 8-77），查看静电除尘器的设计结果。

在 Blocks｜B8ESP｜Results｜Separation Efficiency 页面（图 8-78），查看经静电除尘器后，各子物流不同粒径范围粒子的分离效率。

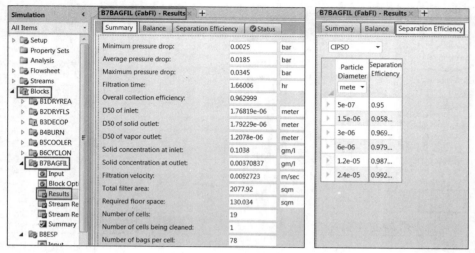

图 8-75   图 8-76

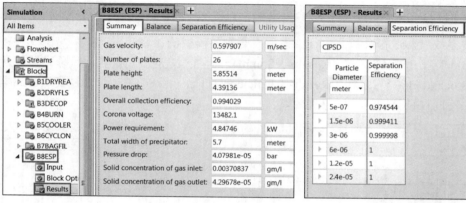

图 8-77   图 8-78

8.4 Aspen Plus 功能详解

8.4.1 常规与非常规组分

在 Aspen Plus 中定义组分时，组分类型可选择为 Conventional（常规）、Solids（固体）、Nonconventional（非常规）等。

（1）Conventional 类型组分

Conventional 类型组分是由分子组成的组分，如水、氧气、单体、自由基引发剂、分子量调节剂、溶剂、催化剂等。有固定的分子结构，有确定分子量，参与汽-液平衡、盐的溶解平衡和化学平衡计算。常规组分包括气体和液体组分及溶液中的电解质组分。在 Aspen Plus 中，常规组分置于 MIXED 子物流中。

（2）Solids 类型组分

Solids 类型组分包括 Conventional solids（常规固体）和 Conventional inert solids（常规惰性固体）。

Conventional solids：可参与相平衡和/或化学平衡（包括电解质成盐反应）计算。如 NaCl 从电解质溶液中沉淀出来，即为常规固体。常规固体用分子量、蒸气压、临界性质等物性来表征，物性方程包括固体安托尼蒸气压方程、通用纯组分固体热容量方程和纯组分固体焓多项式等。常规固体置于 MIXED 子物流中。

Conventional inert solids：不参与相平衡和盐的溶解平衡。均相，有确定分子量，如碳、硫。可参与化学平衡，由 RGibbs 模型模拟。常规惰性固体分配在 CISOLID 子物流中，以区别于其他常规固体。

注意，在 MIXED 子物流中也可含有常规惰性固体，但有如下限制条件：

① Mixer、Flash2、Flash3、Decanter、Pump、FSplit、SSplit、Mult、Dupl、Selector 和 Streams 的 EO 方程，可支持在 MIXED 子物流中含有固体。其他模型操作中若发现有固体存在，将给出警告或错误。

② 参数 SFRAC 是 MIXED 子物流中的固体分数，可包括盐和常规惰性固体。

③ 对于大多数模型，固体将留在它们的初始子物流中。RStoic 模型可在 MIXED 和 CISOLID 子物流之间转移固体。REquil 和 RGibbs 模型的固体产品放置在 MIXED 子物流中，但若有 CISOLID 子物流可用，则放置在 CISOLID 子物流中。

常规组分的质量和热量衡算，可以以质量流量或摩尔流量为基准。

（3）Nonconventional 类型组分

Nonconventional 类型组分指没有固定组成的材料，如煤、焦炭、灰分、纸浆等，其组成用被称为 Component attributes（组分属性）的实验数据进行表征。非常规组分不能用分子结构表示，没有确定分子量，是非均相固体。不参与汽-液平衡、盐的溶解平衡和化学平衡，但可与常规组分和固体组分发生化学反应。非常规组分置于 NC Solid（非常规固体）子物流中。

非常规组分的物流和热量衡算只能以质量流量为基准。

8.4.2　子物流

不同类型的组分需要置于不同的子物流中，不同子物流的物流向量表达不同。Aspen Plus 中有 MIXED、CISOLID 及 CIPSD、NC 及 NCPSD 等几种类型的子物流。

MIXED：常规组分子物流。常规组分置于 MIXED 子物流中，所有 MIXED 子物流中的组分都参与相平衡分配。

CISOLID：常规惰性固体子物流。具有确定分子量的均相固体置于 CISOLID 子物流中，具有 PSD 粒度分布的 CISOLID 子物流用 CIPSD 表示。

NC：非常规组分子物流。有确定分子量的非均相固体置于 NC 子物流中，NC 子物流的向量包括组分流量、物流条件、组分属性和 PSD 矩阵值（如子物流具有 PSD）。其中组分流量顺序与 Components｜Specifications｜Selection 页面上的组分顺序相同，组分属性顺序与 Methods｜NC Props｜Property Methods 页面上的属性顺序相同。具有 PSD 粒度分布的 NC 子物流用 NCPSD 表示。

8.4.3　物流类型

若模拟中存在惰性固体（常规或非常规组分），需要用物流类型来定义物流结构，不同的物流类型包括不同的子物流。固体在子物流中携带，可具有粒度分布（PSD）。若模拟中不涉及固体，或仅有通过化学反应或电解质向导定义的电解质盐，就不需要另外指定物流类型。

子物流以不同方式组合可形成不同的物流类型，物流类型通过子物流数（每个子物流代表一种组成均一的固体颗粒，这些颗粒可具有不同尺寸）、每个子物流中携带的组分类型（常规或非常规）及子物流是否携带粒度分布信息来定义物流结构。如 MIXNCPSD 物流类型包括两个子物流：MIXED 和 NCPSD。Aspen Plus 中预定义了以下物流类型，适用于大多数应用。

CONVEN（默认）：不涉及固体，或唯一的固体是电解质盐。

MIXCISLD：存在常规固体，但无粒度分布。

MIXNC：存在非常规固体，但无粒度分布。

MIXCINC：存在常规固体和非常规固体，但无粒度分布。

MIXCIPSD：存在常规固体，具有粒度分布。

MIXNCPSD：存在非常规固体，具有粒度分布。

除 Extract 模型外，其他模型都可以处理具有固体子物流的物流类型，部分模型具有以下限制。

除 Mixer 和 ClChng 之外的全部模型：所有进料和出料属于同一物流类型。

CFuge、Filter、SWash、CCD 和 Dryer 模型：至少有一个固体子物流。

Crusher、Screen、FabFl、Cyclone、VScrub、ESP 和 HyCyc 模型：至少有一个具有粒度分布的固体子物流。

Crystallizer 模型：若计算粒径，则至少需要一个具有粒度分布的固体子物流。

大多数模拟的默认物流类型是 CONVEN，该物流类型只有 MIXED 子物流，所有在 MIXED 子物流中的组分都参与相平衡分配。若要在模拟中添加惰性固体组分，则需包括一个或更多的其他子物流，Solids 模板默认的物流类型是 MIXCISLD。本章例题中用到有粒度分布的煤进料，需要 NC 子物流，故使用如 MIXNCPSD 的物流类型。

8.4.4　固体物性方法

8.4.4.1　常规固体

在 Methods | Specifications | Global 页面，选择用来计算常规固体的焓、熵、自由能、摩尔体积等物性参数的模型。

（1）焓、自由能、熵和热容

Barin 方程：所有性质用一套参数。不同温度范围内，参数可能不同。在 SOLIDS 数据库之前，优先采用 INORGANIC 数据库。

常规方程：用热容模型将生成热和生成自由能合并。在 INORGANIC 数据库之前，优先采用 SOLIDS 数据库。

（2）常规固体的热容

热容的多项式模型 $C_p^{oS} = C_1 + C_2T + C_3T^2 + C_4/T + C_5/T^2 + C_6/T^3$。用于计算焓、熵和自由能，参数名：CPSP01。

（3）常规固体的摩尔体积

体积多项式模型 $V^S = C_1 + C_2T + C_3T^2 + C_4T^3 + C_5T^4$。用于计算密度，参数名：VSPOLY。

8.4.4.2　非常规组分

在 Properties | Advanced | NC Props | Property Methods 页面，设置非常规组分的物性计算模型。非常规成分不参与化学平衡或相平衡，故只需要计算焓和密度。

（1）Component Attribute

Aspen Plus 物性系统利用 Component Attribute（组分属性），即一组或多组可识别的成分来计算非常规组分的物性，如煤通常以元素分析和工业分析来表征。组分属性在物流中携带，可由用户分配、在物流中初始化或在模型中修改。Aspen Plus 中，可用的组分属性如下表所示。

在 Streams｜1WETCOAL｜Input｜CI Solid 或 Streams｜1WETCOAL｜Input｜NC Solid 页面（图 8-79），在 Component Attribute（组分属性）区域，可给一个物流指定组分属性值。在定义组分属性值之前，需在 Components｜Component Attributes 或 Properties 环境下的 Methods｜NC Props｜Property Methods 页面，定义每个属性。

组分属性	描述	属性元素
PROXANAL	工业分析，质量分数（%）	湿含量（湿基） 固定碳（干基） 挥发分（干基） 灰分（干基）
ULTANAL	元素分析，质量分数（%）	灰分（干基） 碳（干基） 氢（干基） 氮（干基） 氯（干基） 硫（干基） 氧（干基）
SULFANAL	硫形式分析，原煤质量分数（%）	黄铁矿（干基） 硫酸盐（干基） 有机硫（干基）
GENANAL	一般成分分析，质量分数（%）	成分 1 成分 2 ⋮ 成分 20
COALMISC	混合煤属性	反射

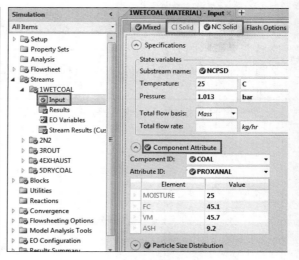

图 8-79

① 设置常规组分属性

用户可以给非固体的常规组分（类型为 Conventional）指定组分属性。Aspen Plus 的标准物性方法和操作模型，在任何计算中都不使用这些属性，但通过指定组分属性可跟踪那些属性，如指定组分属性来计算组分的颜色或气味。用户可在 Fortran 子程序中，使用组分属性来进行物性或操作模型的计算。多数情况下，需要指定属性的常规组分是固体（类型为 Solid）。

要给常规组分或常规固体设置属性，可在 Properties 环境下的 Components｜Component Attributes｜Selection 页面（图 8-80），从组分列表中选择组分 ID（可选择多个组分），并从 Attribute 列中选择一个组分属性（可为每个组分设置多个组分属性）。

② 设置非常规组分属性

在 Methods｜NC-Props｜Property Methods 页面（图 8-81），选择非常规焓和密度模型。利用 User-Defined Components wizard（用户定义组分向导）生成非常规组分时，非常规组分的属性将自动分配。

要给非常规组分设置其他属性，可在 Methods｜NC-Props｜Property Methods 页面，在 Component 列表中选择一个组分，输入该组分的焓值和密度模型名称，所选模型需要的组分属性将自动列在下方表格中。

（2）焓模型

① HCOALGEN 模型

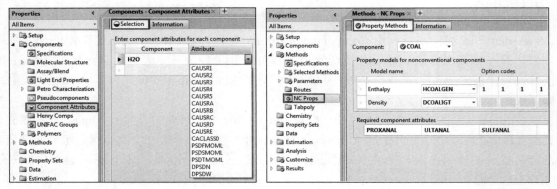

图 8-80 图 8-81

Aspen Plus 物性分析系统中，煤焓值的通用计算模型是 HCOALGEN（通用煤焓模型）。该模型采用不同方法计算燃烧热、生成热和热容，通过在 Option codes（选项代码）中设置不同的值选择不同的计算方法。选项代码中的不同元素表示不同物性。具体定义见下表。

Option Codes 元素	Option Codes 值	计算方法	参数名	组分属性
燃烧热	1	Boie 关联式	BOIEC	ULTANAL
				SULFANAL
				PROXANAL
	2	Dulong 关联式	DLNGC	ULTANAL
				SULFANAL
				PROXANAL
	3	Grummel 和 Davis 关联式	GMLDC	ULTANAL
				SULFANAL
				PROXANAL
	4	Mott 和 Spooner 关联式	MTSPC	ULTANAL
				SULFANAL
				PROXANAL
	5	IGT 关联式	CIGTC	ULTANAL
				PROXANAL
	6	用户输入值	HCOMB	ULTANAL
				PROXANAL
	7	修正的 IGT 关联式	CIGT2	ULTANAL
				PROXANAL
标准生成热	1	基于燃烧热的关联	—	ULTANAL
				SULFANAL
	2	直接关联	HFC	ULTANAL
				SULFANAL
				PROXANAL
				COALMISC
热容	1	Kirov 关联式	CP1C	PROXANAL
	2	温度立方关联式	CP2C	—
焓基准	1	298.15K、1 atm 标况下的元素	—	—
	2	298.15K 下的组分	—	—

- ● 燃烧热关联式

HCOALGEN 模型关联煤的燃烧热 $\Delta_c h_i^{dm}$，是以无矿物质干基煤为基准的总热值，单位为 BTU/lb。ASTM 标准 D5865-07a 中，规定了测定总热值的标准条件：氧气初始压力 20~40atm，产品为灰分、液态水及气态二氧化碳、二氧化硫和二氧化氮。减去水的汽化潜热后，可以得到净热值。

通过增加硫化铁的燃烧热值，可将燃烧热转换成以含矿物质干基煤为基准的燃烧热 $\Delta_c h_i^d$，公式是：

$$\Delta_c h_i^d = (1 - w_{MM}) \Delta_c h_i^{dm} + 5400 w_{sp,i}$$

Institute of Gas Technology（美国气体技术研究所，IGT）利用宾夕法尼亚州立大学数据库（IGT，1976）的 121 个煤样本数据，及美国地质调查局报告（Swanson 等人，1976）中的 457 个煤样本数据，对燃烧热关联式进行了评估。HCOALGEN 模型根据 IGT 的研究，修正相关常数项偏差，关联式如下。本章仅对各关联式做简单介绍，详情可参考相关文献。

Boie 关联式：

$$\Delta_c h_i^{dm} = \left(a_{1i} w_{C,i}^{dm} + a_{2i} w_{H,i}^{dm} + a_{3i} w_{S,i}^{dm} + a_{4i} w_{O,i}^{dm} + a_{5i} w_{N,i}^{dm}\right) \times 10^2 + a_{6i}$$

Dulong 关联式：

$$\Delta_c h_i^{dm} = \left(a_{1i} w_{C,i}^{dm} + a_{2i} w_{H,i}^{dm} + a_{3i} w_{S,i}^{dm} + a_{4i} w_{O,i}^{dm} + a_{5i} w_{N,i}^{dm}\right) \times 10^2 + a_{5i}$$

Grummel 和 Davis 关联式：

$$\Delta_c h_i^{dm} = \frac{(a_{5i} + a_{2i} w_{H,i}^{dm})}{\left(1 - w_{A,i}^d\right)} \left(a_{1i} w_{C,i}^{dm} + a_{2i} w_{H,i}^{dm} + a_{3i} w_{S,i}^{dm} + a_{4i} w_{O,i}^{dm}\right) \times 10^2 + a_{6i}$$

Mott 和 Spooner 关联式：

$$\Delta_c h_i^{dm} = \left(a_{1i} w_{C,i}^{dm} + a_{2i} w_{H,i}^{dm} + a_{3i} w_{S,i}^{dm} - a_{4i} w_{O,i}^{dm}\right) \times 10^2 + a_{7i} \qquad w_{O,i}^{dm} \leq 0.15$$

$$\Delta_c h_i^{dm} = \left[a_{1i} w_{C,i}^{dm} + a_{2i} w_{H,i}^{dm} + a_{3i} w_{S,i}^{dm} - \left(a_{6i-} \frac{a_{5i} + a_{2i} w_{H,i}^{dm}}{1 - w_{A,i}^d}\right) w_{O,i}^{dm}\right] \times 10^2 + a_{7i} \qquad w_{O,i}^{dm} \geq 0.15$$

IGT 关联式：

$$\Delta_c h_i^{dm} = \left(a_{1i} w_{C,i}^d + a_{2i} w_{H,i}^d + a_{3i} w_{S,i}^d + a_{4i} w_{A,i}^d\right) \times 10^2 + a_{5i}$$

修正的 IGT 关联式[Perry 手册第 7 版公式（27-7）]：

$$\Delta_c h_i^{dm} = \left[a_{1i} w_{C,i}^d + a_{2i} w_{H,i}^d + a_{3i} w_{S,i}^d + a_{4i} w_{A,i}^d + a_{5i} \left(w_{O,i}^d + w_{N,i}^d\right)\right] \times 10^2$$

以上各式中，w 为质量分数，其下标 MM、sp、C、H、S、O、N 和 A 分别表示矿物质、硫化铁、碳元素、氢元素、硫元素、氧元素、氮元素和灰分，其上标 dm 和 d 分别表示以无矿物质干基煤和以含矿物质干基煤为基准，其系数 a 为由各物质生成热及化学计量数计算得到的常数。

- ● 标准生成热关联式

HCOALGEN 模型有两种标准生成热 $\Delta_f h_i^d$ 的关联式：基于燃烧热的关联和直接关联。

基于燃烧热的关联：假设除惰性组分（硫酸盐中的硫和灰分）外，其他元素燃烧后都完全氧化。关联式中的数值系数是 298.15K 下 CO_2、H_2O、HCl 和 NO_2 生成热和化学计量系数的组合：

$$\Delta_f h_i^d = \Delta_c h_i^{dm} - \left(1.418\times10^6 \, w_{H,i}^d + 3.278\times10^5 \, w_{C,i}^d + 9.264\times10^4 \, w_{S,i}^d - \right.$$
$$\left. 2.418\times10^4 \, w_{N,i}^d - 1.426\times10^4 \, w_{O,i}^d\right)\times10^2$$

直接关联： 相对于燃烧热来说，煤的生成热通常很小。若燃烧热误差为 1%，用它计算得到的生成热误差将达到 50%。基于这个原因，开发了直接关联法。该方法以宾夕法尼亚州立大学数据库数据为基础，标准偏差 112.5 BTU/lb，接近燃烧热测定的误差极限。

$$\Delta_f h_i^d = \left(a_{1i}w_{C,i}^{dm} + a_{2i}w_{H,i}^{dm} + a_{3i}w_{H,i}^d + a_{4i}w_{Sp}^d + a_{5i}w_{Ss}^d\right)\times10^2$$
$$+ a_{6i}R_{0,i} + \left[a_{7i}\left(w_{C,i}^d + w_{FC,i}^d\right) + a_{8i}w_{VM}^d\right]\times10^2$$
$$+ \left[a_{9i}\left(w_{C,i}^{dm}\right)^2 + a_{10i}\left(w_{S,i}^{dm}\right)^2 + a_{11i}\left(w_{C,i}^d - w_{FC,i}^d\right)^2 + a_{12i}\left(w_{VM,i}^{dm}\right)^2\right]\times10^4$$
$$+ a_{13i}\left(R_{0,i}\right)^2 + a_{14i}\left(w_{VM,i}^d\right)\left(w_{C,i}^{dm} - w_{FC,i}^d\right)\times10^4 + a_{15i}$$

式中，$R_{0,i}$ 表示煤的反射率；下标 Sp、Ss、FC 和 VM 分别表示硫化物形态的硫、硫酸盐形态的硫、固定碳和挥发性物质。

- **热容关联式**

Kirov 热容关联式： Kirov 热容关联式（1965）认为煤炭中含有水分、灰分、固定碳、首要和次要挥发物。次要挥发物是指干燥无灰基含量不超过 10%的物质，其余挥发性物质即首要挥发物。Kirov 热容关联式，利用各成分热容的加权求和来计算煤炭热容量：

$$C_{p,j}^d = \sum_{j-1}^{ncn} w_j C_{p,ij}$$
$$C_{p,ij} = a_{i,j1} + a_{i,j2}T + a_{i,j3}T^2 + a_{i,j4}T^3$$

立方温度关联式： 立方温度关联式如下。其参数的默认值由 Gomez、Gayle 和 Taylor（1965）给出，数据来源于三种褐煤和一种长焰煤，温度范围为 32.7～176.8℃。热容单位为 cal/(g·℃)，温度单位为℃，参数需通过适当的单位指定。

$$C_p^d = a_{1i} + a_{2i}t + a_{3i}t^2 + a_{4i}t^3$$

② HCJ1BOIE 煤焓模型

HCJ1BOIE 煤焓模型基于 Boie 关联式，组分属性需要硫分析、工业分析和元素分析。

HCJ1BOIE 煤焓模型类似选项代码 1、2 和 4 项设置为 1 的 HCOALGEN 模型，即用燃烧热的 Boie 关联式、基于燃烧热的生成热关联式和元素作为焓计算的基础。HCJ1BOIE 煤焓模型的选项代码，相当于 HCOALGEN 模型的第三选项代码，用以选择热容计算公式。

③ HCOAL-R8 煤焓模型和 HBOIE-R8 煤焓模型

HCOAL-R8 和 HBOIE-R8 分别是 HCOALGEN 和 HCJ1BOIE 的旧版本，这两个模型不进行干/湿基的正确转换，仅用于向上兼容，不建议用于任何新的模拟。

HCOAL-R8 煤焓模型，根据输入的选项代码值，可能需要组分属性 PROXANAL、ULTANAL 和 SULFANAL。

HBOIE-R8 煤焓模型，基于 Boie 关联式。组分属性需要 PROXANAL、ULTANAL 和 SULFANAL。

（3）密度模型

① DCOALIGT 模型

DCOALIGT（IGT 煤密度）模型给出了以干燥基为基准的煤的真实（或固相）密度，该模型基于 IGT（1976）关联式，使用元素分析和硫分析：

$$\rho_i = \frac{\rho_i^{dm}}{\left[\rho_i^{dm}\left(0.42w_{A,i}^d - 0.15w_{Sp,i}^d\right) + 1 - 1.13w_{A,i}^d - 0.5475w_{Sp,i}^d\right]}$$

$$\rho_i^{dm} = \frac{1}{a_{1i} + a_{2i}w_{H,i}^{dm} + a_{3i}\left(wW_{H,i}^{dm}\right) + a_{4i}\left(w_{H,i}^{dm}\right)^3}$$

$$W_{H,i}^{dm} = \frac{10^2\left(W_{H,i}^d - 0.013w_{A,i}^d + 0.02w_{Sp,i}^d\right)}{\left(1 - 1.13w_{A,i}^d - 0.475w_{Sp,i}^d\right)}$$

ρ_i^{dm} 关联式在从无烟煤到高温焦炭的广泛氢含量范围内，都很可靠。与 IGT 从文献收集的一组 190 个数据点相比较，标准偏差为 12×10^{-6} m³/kg。氢含量为 5% 的煤的标准偏差约为 1.6%，氢含量为 1% 的焦炭或无烟煤，标准偏差约 2.2%。

② DGHARIGT 模型

DGHARIGT（IGT 炭密度）模型给出了以干燥基为基准的炭的真实（或固相）密度，该模型基于 IGT（1976）关联式，使用元素分析和硫分析：

$$\rho_i^d = \frac{3\rho_i^{dm}}{w_{A,i}^d\rho_i^{dm} + 3\left(1 - w_{A,i}^d\right)}$$

$$\rho_i^d = \frac{1}{a_{1i} + a_{2i}w_{H,i}^{dm} + a_{2i}\left(w_{H,i}^{dm}\right)^2 + a_{3i}\left(w_{H,i}^{dm}\right)^3}$$

$$w_{H,i}^{dm} = \frac{w_{H,i}^d}{\left(1 - w_{A,i}^d\right)}$$

石墨态高温炭（包括焦炭）的密度范围为 $2.2 \times 10^3 \sim 2.26 \times 10^3$ kg/m³，非石墨态高温炭的密度范围为 $2.0 \times 10^3 \sim 2.2 \times 10^3$ kg/m³。用于开发该关联式的大部分数据是炭化焦化煤，虽然包括几个炭（炭化非焦煤）的数据，但其氢含量都不低于 2%，故对于高温炭，该关联式很可能不准确。

③ DNSTYGEN 模型

DNSTYGEN（通用密度多项式）是计算非常规固体组分密度的通用模型，由各成分（最多 20 个）的比密度（与温度成反比）进行简单质量分数加权平均得到，需使用常规组分属性 GENANAL 定义各成分。方程式为：

$$\rho_i^s = \frac{1}{\sum_i \dfrac{w_{ij}}{\rho_{ij}}}$$

$$\rho_{i,j}^s = a_{i,j1} + a_{i,j2}T + a_{i,j3}T^2 + a_{i,j4}T^3$$

式中，w_{ij} 为 i 组分中第 j 个成分的质量分数；$\rho_{i,j}^s$ 为 i 组分中第 j 个成分的密度。

使用 GENANAL 的元素定义组分的质量百分比。DNSTYGEN 的结构是：元素 1 到 4 是第一个成分的四个系数，元素 5 到 8 是第二个成分的系数，依此类推，最多 20 个成分。

④ 其他模型

DNSTYTAB 模型：非常规组分密度的 TABPOLY 模型。

DNSTYUSR 模型：非常规组分密度的用户模型，需要用户 Fortran 子程序 DNSTYU。

本章练习

8.1 用 1kg/h 的常压 90℃热空气，将 500kg/h 同样温度和压力条件下含水量为 1%的碳酸钠湿物料干燥至含水量为 0.1%。忽略干燥过程的压降和热损失，确定出口空气组成。

8.2 煤气化得到 2bar、650℃的 1000m³/h 的合成气及 50kg/h 的灰分。

合成气组成如下：

组分	CO	CO_2	H_2	H_2S	O_2	CH_4	H_2O	N_2	SO_2
摩尔分数	0.15	0.24	0.05	0.02	0.03	0.01	0.05	0.35	0.10

灰分粒度分布如下：

粒径范围/μm	0~44	44~63	63~90	90~130	130~200	200~280
质量分数/%	30	10	20	20	10	10

试分别采用旋风分离器、袋式过滤器、文丘里涤气器及静电除尘器分离出其中灰分，要求分离效率为 95%。

第 9 章

Aspen Plus 软件在物性中的应用

Aspen Plus 有很强大的物性分析、预测及物性数据回归等方面的功能，另外还有完备的电解质数据库，可以很好地模拟电解质体系。

9.1　物性数据查询与分析

利用 Aspen Plus 进行模拟计算时，完成组分定义和物性方法选择等物性设置后，可以进行物性数据查询，及利用 Analysis（分析）功能生成物性数据表。将结果绘制成图，可更好地理解体系的物性行为，用所选模型计算物性并与实验值比较，可判断所选物性方法是否可靠。另外，还可使用 Aspen Distillation Synthesis（Aspen 精馏综合分析）进行三元共沸物搜索和三元相图绘制，详见第 5 章相关内容。

9.1.1　模拟案例

例 9.1　选择 NRTL-RK 物性方法，分析乙醇-水-苯体系的以下物性：
- 纯组分标量物性参数。
- **与温度相关的纯组分物性参数**：计算常压下，25℃、30℃、35℃和 40℃时，乙醇、水及苯的饱和蒸气压。
- **二元相图**：分析 1.01325bar、10bar 和 0.1bar 三个压力下，乙醇摩尔分数在从 0 到 1 之间取 51 个组成点时，乙醇-水混合物的 *T-xy* 相图。
- **混合物性参数**：分析常压下乙醇-水-苯的等摩尔组成混合物中三组分的蒸气压，在 0~100℃范围内随温度的变化情况。
- **三元相图**：分析常压下乙醇-水-苯体系的三元相图。
- **剩余曲线图**：分析常压下乙醇-水-苯体系的剩余曲线图。
- **PT 相图**：分析乙醇-水-苯的等摩尔组成混合物的 PT 相图，并分析不同温度和压力下对应的汽液相平衡参数。
- **流程中物流的物性**：25℃、1bar 下，某物流中乙醇、水和苯的流量分别为 20kmol/h、30kmol/h 和 50kmol/h。分析常压下三组分的蒸气压在 0~100℃范围内随温度的变化情况；该物流的泡露点及汽相分率分别为 0.2、0.4、0.6 和 0.8 时对应的平衡温度；计算该物流的各物性参数。

- **共沸物搜索**：搜索常压下乙醇-水-苯体系中存在的共沸物。
- **混合物物性参数**：分析常温常压下，乙醇-水-苯混合物的汽-液相平衡参数随乙醇摩尔分数的变化情况。

9.1.2　查询纯组分标量物性

物性分析-Review

打开 Aspen Plus V8.6，建立文件"例 9.1 物性分析-Review"。

Properties 环境下，在 Components | Specifications | Selection 页面（图 9-1），输入组分 C_2H_6O-2（乙醇）、H_2O（水）及 C_6H_6（苯）。在 Methods | Specifications | Global 页面，设置物性方法为 NRTL-RK。

在 Components | Specifications | Selection 页面，单击 Review 按钮，可从数据库中检索临界参数、正常沸点、偏心因子、偶极矩等与温度无关的标量物性参数，并在 Methods | Parameters | Pure Components | REVIEW-1 | Input 页面（图9-2）显示结果。Pure component scalar parameters（纯组分标量参数）区域，为 Aspen 数据库中的纯组分标量物性参数数据表，包括各组分的 API（API 度）、CHARGE（电荷）、DGFORM（标准生成吉布斯自由能）、DGSFRM（固体生成吉布斯自由能）、DHAQFM（溶液生成焓）、DHFORM（标准生成焓）、DHSFRM（固体生成焓）、DHVLB（正常沸点下的蒸发焓）、FREEZEPT（冰点）、HCOM（燃烧焓）、HCTYPE（Kabadi-Danner 混合规则中的烃类型）、MUP（偶极矩）、MW（分子量）、PC（临界压力）、TB（正常沸点）、TC（临界温度）、VB（正常沸点下的液体摩尔体积）、VC（临界摩尔体积）、ZC（临界压缩因子）等。

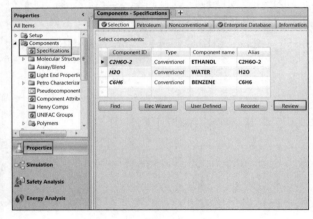

图 9-1

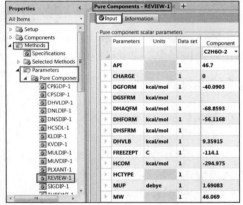

图 9-2

9.1.3　交互式物性分析

选定组分和物性方法后，可随时分析体系物性。使用纯组分物性分析，可计算和显示与温度有关的物性，核实物性数据和参数值，对比组分间的物性变化趋势，确认估算的物性数据是否可靠。Properties 和 Simulation 环境下都有 Analysis 工具栏组，其交互式物性分析命令有所不同，下面将分别介绍。

9.1.3.1 Properties 环境下的 Analysis

Properties 环境下，Home 菜单选项卡的 Analysis 工具栏组中，有 Pure（纯组分）、Binary（二元物系）、Mixture（混合物）、Ternary Diag（三元相图）、Residue Curves（剩余曲线）和 PT Envelope（PT 相图）等命令按钮，可分别分析并绘制纯组分物性与温度和压力的关系图、二元相图、混合物物性与温度和压力的关系图、三元相图、剩余曲线和 PT 相图等（图 9-3）。

图 9-3

（1）Pure

Pure 命令按钮用于分析纯组分物性随温度和压力的变化。本例中，计算常压下，25℃、30℃、35℃和40℃时，乙醇、水及苯的饱和蒸气压。将上例文件保存后，另存为"例 9.1 物性分析-Pure"。

物性分析-Pure

单击 Analysis 工具栏组中的 Pure 按钮，将自动建立名为 PURE-1 的物性分析文件，并打开 Analysis｜PURE-1｜Input｜Pure Component 页面（图 9-4）。

在 Property（物性）区域，选择要分析的物性。选择 Property type（物性类型）为 Thermodynamic（热力学参数），Property（物性）为 PL（液相饱和蒸气压）。在 Temperature（温度）区域，设置 List of values（温度值列表）或 Overall range（变化范围）。本例中，选择 Units（单位）为 C（℃），并在温度值列表中输入 25、30、35 和 40。在 Components（组分）区域选择要分析的纯组分。从左侧的 Available components（可用组分）列表中，选择需要分析的组分，移到右侧的 Selected components（已选组分）列表中。本例中，单击 >> 按钮，全选所有物质进行分析。在 Pressure（压力）区域，设置压力值，本例中采用默认压力 1.01325bar。在 Property method（物性方法）区域，选择物性分析所用的物性方法，本例中采用默认的全局物性方法 NRTL-RK。

设置完成后，单击下方的 Run Analysis（运行分析）按钮，将弹出 Property（物性）窗口。在 Select data column to plot（选择要绘图的数据列）区域，勾选 Select all（全选）。单击 OK 按钮确认，即可弹出 PURE-1（Pure）-PL-Plot 窗口，显示纯组分物性分析结果图（图 9-5）。

在 Analysis｜PURE-1｜Results 页面，可查看纯组分物性分析的结果数据。

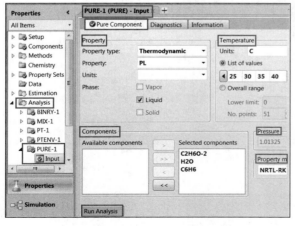

图 9-4   图 9-5

（2）Binary

Binary 命令按钮用于生成二元相图，如 *T-xy*、*P-xy* 或混合吉布斯自由能曲线。二元相图可显示二元混合物在不同压力下的汽-液平衡温度及组成、共沸物组成及共沸点、是否存在两液相等，以辅助用户更好地进行分离工艺研究及精馏塔设计等工作。本例中，分析并绘制 1.01325bar、10bar 和 0.1bar 下，乙醇摩尔分数在 0 到 1 之间取 51 个组成点时，乙醇-水混合物的 *T-xy* 相图。将上例文件保存后，另存为"例 9.1 物性分析-Binary"。

单击 Analysis 工具栏组中的 Binary 按钮，将自动建立名为 BINRY-1 的物性分析文件，并打开 Analysis | BINRY-1 | Input | Binary Analysis 页面（图 9-6）。选择 Analysis type（分析类型）为 Txy。

物性分析-Binary

在 Components（组分）区域，选择要分析的二元组分。Component 1 选择乙醇，Component 2 选择水。

在 Compositions（组成）区域，设置相图中的组成。选择 Basis（组成基准）为 Mole fraction（摩尔分数），Vary（自变量）为 C_2H_6O-2。勾选 Overall range（组成值范围），并输入 Lower limit（下限）为 0，Upper limit（上限）为 1，Number of points（数据点）为 51。

在 Flash options（闪蒸选项）区域，设置闪蒸计算选项。选择 Valid phases（有效相态）为 Vapor-Liquid-Liquid（汽-液-液），Maximum iterations（最大迭代次数）为默认值 30，Error tolerance（容差）为默认值 0.0001。

在 Pressure（压力）区域设置相图的压力条件。选择 Units（压力单位）为 bar，并设置 List of values（压力值列表）为 1.01325、10 和 0.1。

在 Property options（物性选项）区域，选择本分析所用的物性方法。Property method（物性方法）为默认的全局物性方法 NRTL-RK。

设置完成后，单击 Run Analysis（运行分析）按钮。在 BINRY-1（Binary）-T-xy-Plot 窗口，查看 *T-xy* 相图（图 9-7）。在 Analysis | BINRY-1 | Results 页面，查看 *T-xy* 相图的计算结果数据。

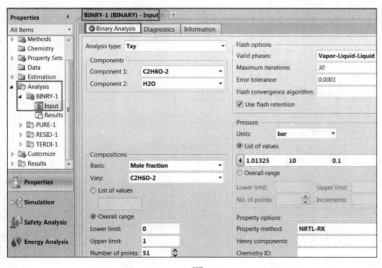

图 9-6

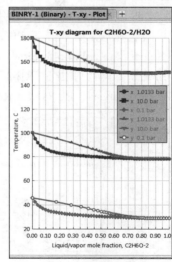

图 9-7

（3）Mixture

Mixture 命令按钮用于闪蒸计算中多相混合物的物性分析，或不进行闪蒸计算的单相混合物物性分析。利用混合物物性分析，可直观地查看混合物的指定物性参数在不同条件下的变化情况。本例中，分析常压下乙醇-水-苯的等摩尔混合物中三组分的蒸气压在 0~100℃范围内随温度的变化情况。将上例文件保存后，另存为"例 9.1 物性分析-Mixture"。

单击 Analysis 工具栏组中的 Mixture 按钮，将自动建立名为 MIX-1 的物性分析文件，并打开 Analysis｜MIX-1｜Input｜Mixture 页面（图 9-8）。在 Composition（组成）区域，设置混合物组成数据。选择 Basis（基准）为 Mole（摩尔），单位为 kmol/h。在下方列表中，三个组分的 Flow（流量）都输入 1。

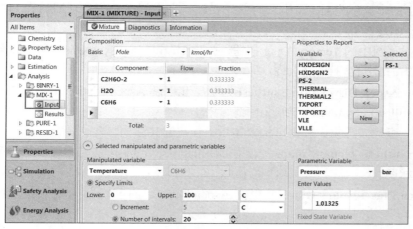

物性分析-Mixture

图 9-8

在 Properties to Report（要报告的物性）区域，选择要分析的物性集。本例中，要分析三组分的蒸气压，所以需要自定义物性集。在 Property Sets 页面，建立要分析的物性集。单击 New…按钮，在弹出的 Create New ID（新建 ID）窗口中（图 9-9），输入要建立的物性集名称，默认为 PS-1。单击 OK 按钮确认，即可建立名为 PS-1 的物性集（图 9-10）。在 Analysis｜MIX-1｜Input｜Mixture 页面的 Properties to Report（要报告的物性）区域，从左侧的 Available（可用）区域列表中，选择自定义的 PS-1 物性集到右侧 Selected（已选）区域。

在 Selected manipulated and parametric variables（选择操纵变量和参变量）部分，选择操纵变量和参变量。在 Manipulated variable（操纵变量）区域，设置操纵变量。选择 Temperature（温度），并在 Specify Limits（规定界限）区域，设置 Lower limit（下限）为 0，Upper limit（上限）为 100℃，Number of intervals（间隔数）为 20。在 Parametric variable（参变量）区域，设置参变量。选择 Pressure（压力），单位为 bar。并在 Enter Values（输入数值）列表中，输入 1.01325。

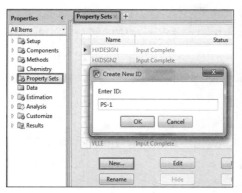
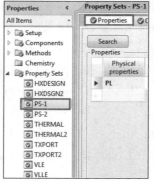
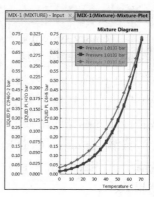

图 9-9　　　　　　　　　　图 9-10　　　　　　　　　　图 9-11

设置完成后，单击 Run Analysis（运行分析）按钮。在 MIX-1（Mixture）-Mixture-Plot 窗口，查看物性分析结果图（图 9-11）。在 Analysis ｜ MIX-1 ｜ Results 页面，可查看物性分析的计算结果数据。

（4）Ternary Diag

Ternary Diag 命令按钮用于绘制包括相图、结线和共沸物的三元相图。利用三元相图，可查看一定条件下三元物系的溶解度边界、液-液相平衡组成及共沸组成等数据。本例中，分析并绘制常压下乙醇-水-苯体系的三元相图。将上例文件保存后，另存为"例 9.1 物性分析-Ternary Diag"。

单击 Analysis 工具栏组中的 Ternary Diag 按钮，弹出 Distillation Synthesis（精馏综合分析）窗口（图 9-12）。窗口中有四个按钮。

Learn more about Aspen Distillation Synthesis：进一步了解 Aspen Distillation Synthesis。单击可打开 Aspen Distillation Synthesis 帮助文件。

Find Azeotropes：查找共沸物。单击可检索体系中存在的共沸物。

Use Distillation Synthesis ternary maps：应用 Distillation Synthesis 三元相图。单击可打开精馏综合分析三元相图。

Continue to Aspen Plus Ternary Diag：继续用 Aspen Plus Ternary Diag。单击可继续绘制三元相图。

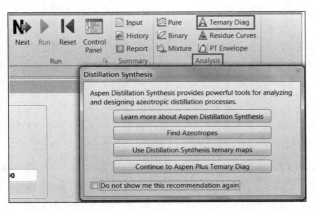

物性分析-Ternary Diag

图 9-12

本例中，单击 Continue to Aspen Plus Ternary Diag 按钮，将自动建立名为 TERDI-1 的分析文件，并打开 Analysis ｜ TERDI-1 ｜ Input ｜ Ternary Map 页面（图 9-13）。

在 Ternary system（三元体系）区域，设置三元相图中三个顶点所对应的组分。在 Property options（物性选项）区域，设置三元相图的物性方法，本例中，采用全局物性方法 NRTL-RK。在 Valid phases（有效相态）区域，选择 Vapor-Liquid-Liquid（汽-液-液相）。在 Pressure（压力）区域，设置压力为 1.01325bar。在 Number of tie lines（结线数）区域，设置三元相图两液相区域内的结线条数为 5。

设置完成后，单击 Run Analysis（运行分析）按钮。在 TERDI-1 Ternary Diag 窗口，查看三元相图（图 9-14）。在 Analysis ｜ TERDI-1 ｜ Results 页面，可查看三元相图的计算结果数据。

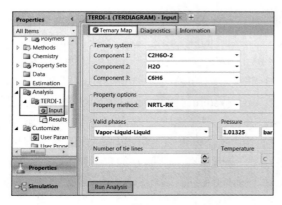

图 9-13

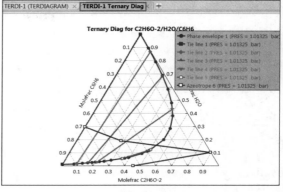

图 9-14

（5）Residue Curves

Residue Curves 命令按钮用于绘制剩余曲线图，即三元混合物在蒸馏过程中液相的组成轨迹线。利用剩余曲线图，可查看共沸物及其对分离程度的限制，从而选择可能的分离方案，选择适当夹带剂或萃取剂，分析潜在的塔操作性问题等。剩余曲线用于非理想化学系统，应选择恰当的物性方法，如 NRTL、UNIQUAC、UNIFAC 和 Wilson 等以活度系数为基础的模型。注意，不要使用电解质物性方法。本例中，分析并绘制常压下乙醇-水-苯体系的剩余曲线图。将上例文件保存后，另存为"例 9.1 物性分析-Residue Curves"。

物性分析-Residue Curves

单击 Analysis 工具栏组中的 Residue Curves 按钮，弹出 Distillation Synthesis（精馏综合分析）窗口（图 9-15）。单击 Continue to Aspen Plus Residue Curves（继续使用 Aspen Plus Residue Curves）按钮，将自动建立名为 RESID-1 的分析文件，并打开 Analysis｜RESID-1｜Input｜Residue Curve 页面（图 9-16）。

在 Ternary system（三元体系）区域，选择剩余曲线图三顶点对应的组分。在 Pressure（压力）区域，设置压力。在 Number of curves（曲线条数）区域，设置剩余曲线条数。在 Property options（物性选项）区域，设置剩余曲线图的物性方法。本例中，都采用默认值。

设置完成后，单击 Run Analysis（运行分析）按钮。在 RESID-1 Residue Curves 窗口（图 9-17），查看剩余曲线图。在 Analysis｜RESID-1｜Results 页面，可查看剩余曲线的计算结果数据。

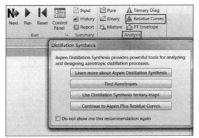

图 9-15

图 9-16

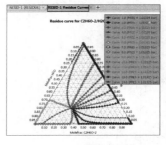

图 9-17

（6）PT Envelope

PT Envelope 命令按钮用于 PT 相图和沿恒定汽相分率线变化的物性值。PT 相图可直观地显示混合物在一定汽相分率下的压力-温度关系，另外还可分析不同温度压力下所对应的物性参数值。本例中，分析乙醇-水-苯的等摩尔组成混合物的 PT 相图，并分析不同温度和压力下对应的汽-液相平衡参数。将上例文件保存后，另存为"例 9.1 物性分析-PT Envelope"。

物性分析-PT Envelope

单击 Analysis 工具栏组中的 PT Envelope 按钮，将自动建立名为PTENV-1的分析文件，并打开 Analysis｜PTENV-1｜Input｜System 页面（图 9-18）。

在 Analysis｜PTENV-1｜Input｜System 页面，设置 PT 相图。设置流量基准为摩尔，单位为 kmol/h，并输入三个组分流量值都为 1。在 Vapor fraction branches（汽相分率分枝）区域，设置要计算的汽相分率值。勾选 Dew/Bubble point curves（泡点线/露点线），在下方的 Additional vapor fraction（附加汽相分率）列，可设置其他汽相分率值。本例中，只计算泡露点线数据。

在 Analysis｜PTENV-1｜Input｜Tabulate 页面（图 9-19），选择要分析的物性集。本例中，选择 VLE（汽液相平衡数据集）。

在 Analysis｜PTENV-1｜Input｜Properties 页面，选择分析所用的物性方法。本例中，采用默认的全局物性方法 NRTL-RK。

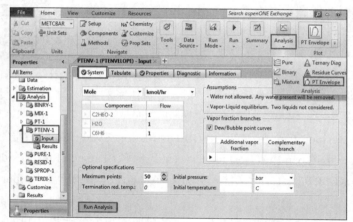

图 9-18　　　　　　　　　　　　　　　　　　图 9-19

设置完成后，单击 Run Analysis（运行分析）按钮。在 PTENV-1 PT Envelope 窗口（图 9-20），查看 PT 相图。在 Analysis｜PTENV-1｜Results 页面（图 9-21），查看包括汽相分率、温度、压力及所选物性参数值等的计算结果。

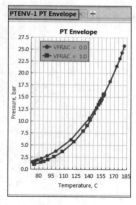

图 9-20　　　　　　　　　　　　　　　　　　图 9-21

9.1.3.2　Simulation 环境下的 Analysis

Simulation 环境下，Home 菜单选项卡的 Analysis 工具栏组中，有 Stream Analysis（物流分析）、Azeotrope Search（共沸物搜索）、Distillation Synthesis（精馏综合分析）等物性分析命令按钮，可分别进行物流物性分析、检索共沸物及精馏综合分析（图 9-22）。

图 9-22

（1）Stream Analysis

Stream Analysis 包括以下十类，其中 Petroleum 和 Distillation 是石油专用分析。

Stream Properties：物流性质。分析并生成 Property Set 物性集中的物性参数图表。可作图。

Bubble and Dew Point：泡露点。分析泡露点温度与压力的关系。可作图。

PV Curve：PV 曲线。指定物流温度下，分析并生成汽化率与压力的关系曲线。可作图。

TV Curve：TV 曲线。指定物流压力下，分析并生成汽化率与温度的关系曲线。可作图。

PT-Envelope：PT 相包线。分析并生成 PT 相图。可作图。

Point：点分析。分析各相及总物流的温度、压力、各相分率、流量、热容、密度和传递性质等物性。

Component Flow：组分流量。分析各相及总物流中的组分流量，包括摩尔流量、质量流量、标准体积流量。

Composition：组成。分析各相及总物流中的组分分数，包括摩尔分数、质量分数、标准体积分数，也可用分压。

Petroleum：石油。分析除 Point 中提到的物性之外，还有 API 度、密度、Watson K 因子和运动黏度。

Distillation：蒸馏。分析石油蒸馏曲线（TBP、D86、D160 和真空蒸馏曲线）。可作图。

物流分析需要有物流数据，故需要建立流程，完成相关设置并选中要分析的物流。将上例文件保存后，另存为"例 9.1 物性分析-Stream Properties"。本例中建立简单流程图（图 9-23），输入 0FEED 进料数据（图 9-24），设置完成后运行。在流程图内选中 0FEED 物流，以分析进料物流物性。

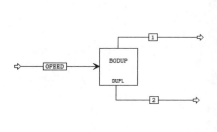

图 9-23

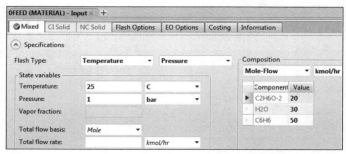

图 9-24

① Stream Properties

分析常压下 0~100℃ 范围内，0FEED 物流中三组分的蒸气压随温度的变化情况。

单击 Home｜Analysis｜Stream Analysis｜Stream Properties 命令按钮，将自动建立名为 SPROP-1 的分析文件，并打开 Analysis｜SPROP-1｜Input｜Stream Property Analysis 页面（图 9-25）。选择 Reference stream（参考物流）为 0FEED。

在 Selected flash options and properties to report（选择闪蒸选项和要分析的物性）部分，选择闪蒸选项和要分析的物性。在 Flash options（闪蒸计算选项）区域，Maximum iterations（迭代次数）为默认值 30，Error tolerance（容差）为默认值 0.0001。在 Properties to Report（要分析的物性）区域，选择 PS-1 物性集。

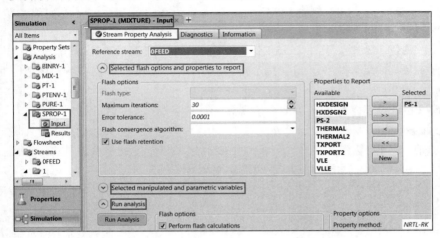

物性分析-Stream Properties

图 9-25

在 Selected manipulated and parametric variables（选择操纵变量和参变量）部分（图 9-26），设置操纵变量和参变量。选择 Manipulated variable（操纵变量）为 Temperature（温度），并在 Specify Limits（规定范围）区域，设置下限为 0，上限为 100℃，间隔数为 20。在 Parametric Variable（参变量）区域，选择 Pressure（压力），并输入压力为 1.01325bar。

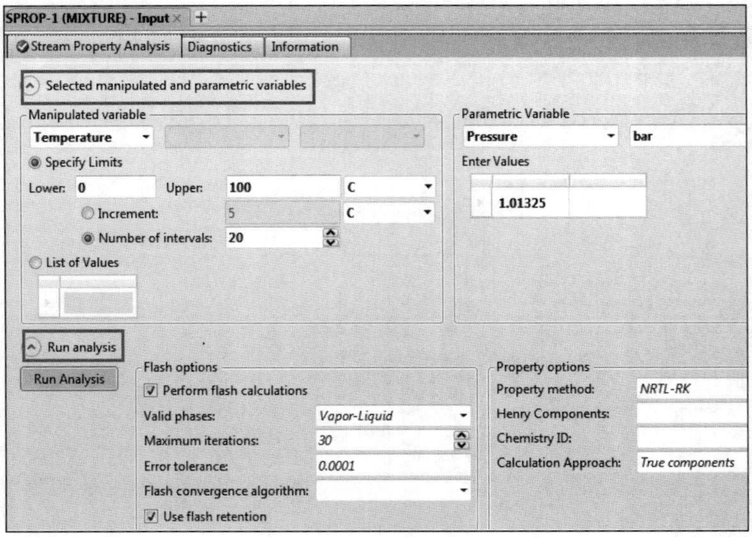

图 9-26

设置完成后，单击 Run Analysis（运行分析）按钮。在 SPROP-1（Mixture）-Mixture-Plot 窗口（图 9-27），查看混合物物性分析图。

在 Analysis | SPROP-1 | Results 页面（图 9-28），可查看混合物物性分析的计算结果数据。

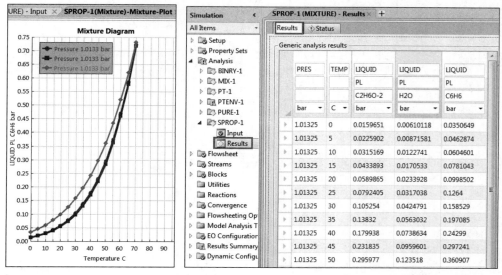

图 9-27   图 9-28

② Bubble and Dew Point

计算 1.01325~10.1325bar 范围内，0FEED 物流的泡露点及汽相分率分别为 0.2、0.4、0.6 和 0.8 时对应的平衡温度。将上例文件保存后，另存为"例 9.1 物性分析-Bubble and Dew Point"。单击 Home | Analysis | Stream Analysis | Bubble and Dew Point 命令按钮，弹出 Bubble and Dew Point Curve（泡露点线）窗口（图 9-29）。

Stream（物流）区域为要分析的物流。在 Calculate（计算）区域，勾选 Dew Point（露点）和 Bubble Point（泡点）。在 Other vapor fractions（其他汽相分率）区域，输入其他汽相分率值 0.2、0.4、0.6 和 0.8。在 Pressure（压力）区域，设置 Unit（单位）为 bar，Lower bound（最小值）为 1.01325，Upper bound（最大值）为 10.1325，Number of points（所取点数）为 41。

物性分析-Bubble and Dew Point

设置完成后，单击 Go（运行）按钮。在弹出的 Stream-Bubble and Dew Point Curve Results 窗口中（图 9-30），查看分析结果数据表。在 BUBBL-1（BUBBLE）-Bubble and Dew Point Curve-Plot 窗口（图 9-31），查看泡露点曲线图。

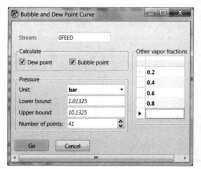   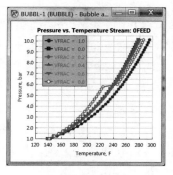

图 9-29   图 9-30   图 9-31

③ Point

物性分析-Point

计算进料物流的各物性参数值。将上例文件保存后，另存为"例 9.1 物性分析-Point"。单击命令按钮 Home｜Analysis｜Stream Analysis｜Point，弹出 Stream Point Properties（物流点物性）窗口（图 9-32）。Stream 区域为要分析的物流。在 Flow basis（流量基准）区域，选择流量基准。本例中，勾选 Mole（摩尔）、Mass（质量）和 Volume（体积）。在 Calculate（计算）区域，选择要计算的物性类型。本例中，勾选 Thermodynamic properties（热力学物性）和 Transport properties（传递物性）。

设置完成后，单击 Go（运行）按钮。弹出 Stream Point Analysis Results 窗口（图 9-33），在此查看物流点分析结果数据表。

图 9-32

物性分析-Azeotropes Search

图 9-33

（2）Azeotrope Search

Azeotrope Search 用于识别两种或多种组分形成具有特定组成的均相或非均相恒沸点混合物。用户需首先在 Aspen Plus 中指定至少两个组分和物性方法，才能启用该功能。本例中，搜索常压下乙醇-水-苯体系中存在的共沸物。将上例文件保存后，另存为"例 9.1 物性分析-Azeotropes Search"。

单击 Home 菜单选项卡的 Analysis 工具栏组中的 Azeotrope Search 命令按钮，将自动弹出 Azeotrope Search（共沸物搜索）窗口。

在共沸物搜索窗口的 Azeotrope Search｜Input 页面（图 9-34），设置共沸物搜索输入条件。Aspen Plus 自动从模拟中调取组分和规定的物性方法。在 Component List（组分列表）区域，勾选待分析的混合物组分为 C_2H_6O-2、H_2O 和 C_6H_6。在 Pressure（压力）区域，设置压力为默认的 101325N/SQM。在 Property Model（物性方法）区域，设置分析所用物性方法为默认的 NRTL-RK，相态为 VAP-LIQ-LIQ（汽-液-液相）。

设置完成后，在共沸物搜索窗口的 Azeotrope Search｜Output｜Azeotropes 页面（图 9-35），查看共沸物搜索结果图。在此以列表形式详细显示该体系中存在的共沸物温度、类型、组分数、各组分含量等数据。用户可通过单击页面上方的 Mole/Mass 按钮，选择用摩尔分数或质量分数表示共沸物组成。

图 9-34

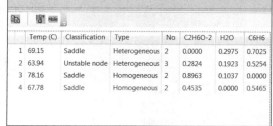

图 9-35

在 Azeotrope Search｜Output｜Singular Points 页面（图 9-36），查看体系中所有纯组分及共沸物点。

在 Azeotrope Search｜Output｜Report 页面（图 9-37），查看 AZEOTROPE SEARCH REPORT（共沸物搜索报告）。

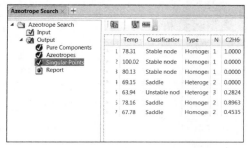

图 9-36

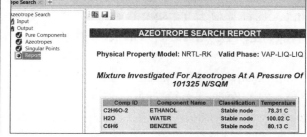

图 9-37

（3）Distillation Synthesis

Distillation Synthesis 主要用于精馏过程的合成和概念设计，可找到混合物中的共沸物（均相或非均相），自动计算三元混合物的蒸馏边界和剩余曲线图，计算三元混合物的多液相（液-液和汽-液-液）体系的相图。分析结果可用于确定共沸混合物分离的可行性、确定所需分离的可行分离序列、开发现有分离序列的改造策略、发现蒸馏塔潜在的操作问题并给出解决策略、确定精馏塔的设计参数等。该功能可参考第 5 章中的相应内容，在此不再赘述。

9.1.4　表格式物性分析

通过工具栏中的 Analysis 命令按钮进行交互式物性分析，可以利用默认设置快速完成各种分析。用户可利用导航窗格中的 Analysis 表格，更灵活地分析 Property Sets（物性集）中所定义的物性（热力学性质、传递性质和其他派生性质）随温度、压力、汽相分率、热负荷、组成等的变化情况。

9.1.4.1　Properties 环境下的 Analysis

本例中，分析常温常压下，乙醇-水-苯混合物的汽-液相平衡参数随乙醇摩尔分数的变化情况。将上例文件保存后，另存为"例 9.1 物性分析-表格式 Properties"。

Properties 环境下，单击 Home 菜单选项卡 Run Mode 工具栏组中的 Analysis 按钮，将运行方式改为物性分析，系统将自动在导航窗格中建立并打开 Analysis 文件夹（图 9-38）。

物性分析-表格式
Properties

图 9-38

在 Analysis 页面，单击 New…按钮，即可新建物性分析。Enter ID（输入 ID）默认名为 PT-1，选择类型为 GENERIC（通用）。GENERIC 类型可分析常用物性，其他三种类型 PTENVELOPE、RESIDUE、TERDIAGRAM 分别是 PT 相图、剩余曲线和三元相图的分析，内容与交互式物性分析相同，在此不再赘述。

在 Analysis｜PT-1｜Input｜System 页面（图 9-39），设置物性分析条件。在 Generate（生成）区域，勾选 Points along a flash curve（沿闪蒸曲线取点），即带闪蒸计算的多相混合物物性分析。Point(s) without flash（无闪蒸取点），为不进行闪蒸计算的混合物物性分析。在 Flash options（闪蒸选项）区域，选择有效相态，并设置最大迭代次数及容差，本例中都采用默认设置。在 Component flow（组分流量）区域，输入各组分流量以表示其组成。本例中输入三组分摩尔流量都为 1。

在 Analysis｜PT-1｜Input｜Variable 页面（图 9-40），设置物性分析的变量。在 Fixed state variables（固定状态变量）区域，选择固定状态变量，并设定其值。可选择指定 Temperature（温度）、Pressure（压力）和 Vapor fraction（汽相分率）中的两个变量。本例中，固定温度为 25℃，压力为 1bar。在 Adjusted variables（调整变量）区域，选择调整标量并设定其值，本例中选择乙醇的摩尔分数。单击 Range/List 按钮，在弹出的 Adjusted Variable Range/List Options（调整变量范围/列表选项）窗口中，设置在 0~1 范围内取 20 个点。

单击 ▶ 按钮，关闭 Adjusted Variable Range/List Options 窗口。在 Analysis｜PT-1｜Input｜Tabulate 页面（图 9-41），选择要分析的物性集。本例中，选择 VLE（汽-液相平衡物性集）。

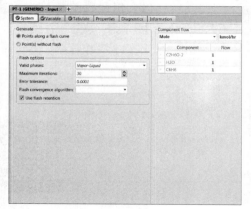

图 9-39

图 9-40

图 9-41

设置完成后，运行分析。运行结束后，在 Analysis | PT-1 | Results 页面（图 9-42），查看物性分析结果。

单击 Home 菜单选项卡下 Plot 工具栏组中的 Custom 命令按钮，可将结果绘图（图 9-43）。

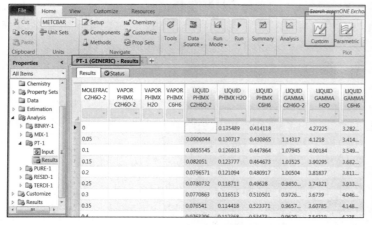

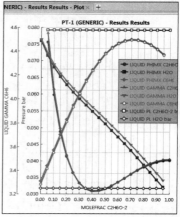

图 9-42 图 9-43

9.1.4.2　Simulation 环境下的 Analysis

Simulation 环境下，在 Analysis 页面中单击 New…按钮，可新建分析（图 9-44）。Simulation 环境下的分析，只有 GENERIC 和 PTENVELOPE 两种类型。分析过程与 Properties 环境下的分析类似，在此不再赘述。

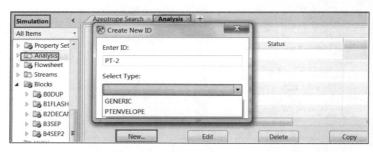

图 9-44

9.2　物性估算

Aspen Plus 的物性数据库中存储了大量物性参数，但也有部分参数尚不完全。如果在模拟计算中需要用到物性库中没有的参数或没有的物质，可以通过以下几种途径处理：根据实验或文献数据，手动输入参数；使用 Aspen Plus 的 Estimation（估算）功能，估算得到参数；使用 Aspen Plus 的 Regression（回归）功能，回归得到参数；使用第三方数据库，如 NIST、Thermo Data Engine(TDE)等，获得参数。

Estimation 工具，可根据分子结构及有限的实验数据来估算数据库中所缺的参数。可估算的物性参数很多，如纯组分的物性参数（包括标量参数，如分子量、标准沸点、临界温度等，和与温度有关的参数，如密度、黏度等）和模型参数（如 Wilson、NRTL、UNIQUAC

等方程的二元交互作用参数，UNIFAC 官能团参数等）。

要进行物性估算，一般需要组分 TB（常压沸点）、MW（分子量）和 Structure（分子结构）等信息。根据 TB 和 MW 可估算出大部分物性参数，若不提供 TB 和 MW，只输入分子结构，物性系统可估算出 TB 和 MW。输入已知实验数据越多，估算结果越精确。

物性估算可单独进行，也可与其他计算相结合。与其他计算相结合时，Aspen 物性系统会首先估算物性。用户也可以在 Aspen Properties 中使用 Property Estimation 功能。

9.2.1 模拟案例

例 9.2 根据乙醇的分子结构及分子量（46.07）和沸点（78℃）数据，估算其物性参数，并与数据库中数据及参考实验数据进行比较。已知乙醇实验临界压力为 6.137MPa。

9.2.2 定义组分

打开 Aspen Plus V8.6，建立文件"例 9.2 物性估算"。

物性估算

Properties 环境下，在 Components | Specifications | Selection 页面（图 9-45），输入组分乙醇 C_2H_6O-2。单击 User Defined（用户自定义）按钮，弹出 User-Defined Component Wizard（自定义组分向导）窗口。在该窗口的 User-Defined Component Wizard（自定义组分向导）页面中，定义组分名称和化学式。输入 Component ID（组分名）为 ETHONAL，Alias（化学式）为 C_2H_6O（图 9-46）。

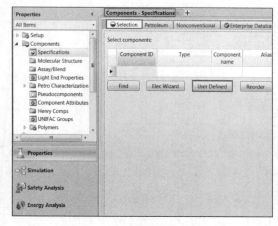
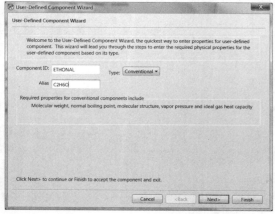

图 9-45   图 9-46

输入完成后，单击 Next＞按钮，进入 Basic data for conventional component（常规组分基础数据）页面（图 9-47）。在此页面，定义组分结构及基础实验数据。

在 Enter molecular structure（输入分子结构）区域，单击 Draw/Import/Edit structure（绘制/导入/编辑分子结构）按钮，在弹出的 Molecular Editor（分子编辑器）窗口中输入或编辑分子结构（图 9-48）。也可单击 Define molecule by its connectivity（通过原子连接关系定义分子）按钮，在弹出的 Molecular Structure（分子结构）窗口中规定各主链原子及原子间键的类型，从而输入分子结构。输入完成后，关闭相应窗口。

在 Enter available property data（输入已有物性数据）区域，输入已有标量物性数据。包括 Molecular weight（分子量）、Normal boiling point（正常沸点）、Specific gravity at 60 deg. F

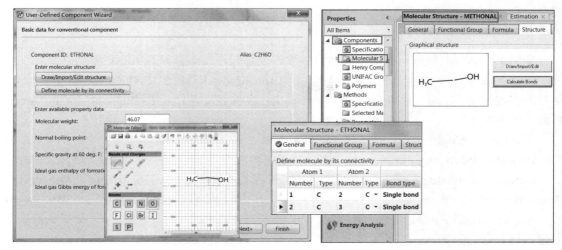

<table>
<tr><td>图 9-47</td><td>图 9-48</td></tr>
</table>

（60℉时的密度）、Ideal gas enthalpy of formation（理想气体生成焓）和 Ideal gas Gibbs energy of formation（理想气体生成吉布斯自由能）等。本例中输入分子量为 46.07，正常沸点为 78℃。

单击 Next＞按钮，在下一个页面中输入更多实验数据。在 Click buttons 1 to 5 to enter additional data or parameters（单击按钮 1~5 输入其他物性参数或关联式数据）区域（图 9-49），有五个按钮。按钮 1 为 Molar volume data（摩尔体积数据），按钮 2 为 Vapor pressure data（蒸气压数据），按钮 3 为 Extended Antoine vapor pressure coefficients（扩展的安托尼蒸气压关联式系数）、按钮 4 为 Ideal gas heat capacity data（理想气体比热容数据），按钮 5 为 Ideal gas heat capacity polynomial coefficients（理想气体比热容多项式系数）。本例中不做输入。

单击 Back 按钮，可以返回上一个页面。全部数据都输入完成后，单击 Finish 按钮完成组分定义。

设置物性方法为 NRTL。在 Methods｜Parameters｜Pure Components｜USRDEF｜Input 页面（图 9-50）的 Pure component scalar parameters（纯组分标量参数）表中，可查看该物质已输入物性。

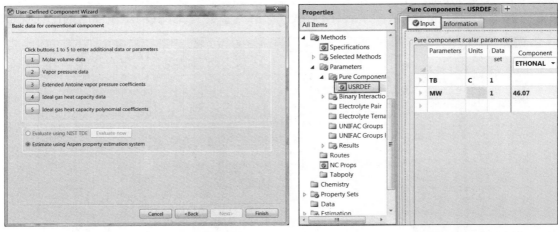

<table>
<tr><td>图 9-49</td><td>图 9-50</td></tr>
</table>

9.2.3　建立物性估算

本例中，估算乙醇的所有缺失的标量参数、理想气体比热容和 UNIFAC 参数。

Properties 环境下，单击 Home 菜单选项卡 Run Mode 工具栏组中的 Estimation 按钮，将运行方式改为物性估算。系统自动建立 Estimation 文件夹，并打开 Estimation | Input | Setup 页面（图 9-51）。

在 Estimation options（估算选项）区域，有以下三个选项：

Do not estimate any parameters：不估算任何参数。不需用物性估算功能时选择此项。

Estimate all missing parameters：估算所有缺失参数和用户在 Pure Component、T-Dependent、Binary 和 UNIFAC Group 页面上定义的参数。除非用户确切知道缺失哪些参数并只想估算这些参数，或者只想通过特定参数评估估算方法，否则都强烈建议选择此选项。Aspen 物性系统将估算并使用所有缺失的参数，不缺失的参数不予计算。若用户自定义估算参数，则不管数据库或 Methods | Parameters 的输入表里有没有这个参数的值，都将使用所估算出来的值。

Estimate only the selected parameters：只估算在 Setup 表上规定类型的参数。若选择此项，需要在 Parameter types（参数类型）区域勾选相应参数类型，然后到相应页面规定需要估算的参数和方法。当指定估算某参数时，不管数据库中是否缺失该参数值，计算中都会使用其估算值。

Parameter types（参数类型）区域，分为四类：

Pure component scalar parameters：纯组分标量参数，如正常沸点、临界温度等。

Pure component temperature-dependent property correlation parameters：与温度有关的物性表达式中的参数，如密度、黏度等。

Binary interaction parameters：二元交互作用参数，如 Wilson、NRTL 等方程的二元交互作用参数。

UNIFAC group parameters：UNIFAC 官能团参数。

四类参数分别在 Pure Component、T-dependent、Binary 和 UNIFAC Group 页面，指定要估算的具体参数名称和估算方法。

在 Estimation | Input | Pure Component 页面（图 9-52），设置纯组分标量物性参数。Parameter（参数）包括：TB（正常沸点）、TC（临界温度）、PC（临界压力）、VC（临界体积）、ZC（临界压缩因子）、DHFORM（理想气体生成热）、DGFORM（理想气体吉布斯生成自由能）、OMEGA（偏心因子）、DELTA（溶解度参数）、UNIQUACR 和 UNIQUACQ

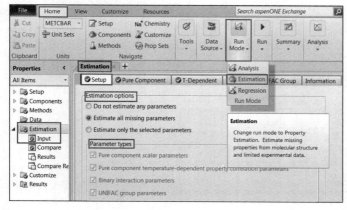

图 9-51

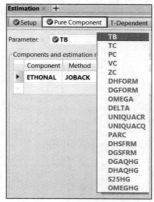

图 9-52

（UNIQUAC 方程的 R 和 Q 参数）、PARC（等张比容）、DHSFRM（固体标准生成焓）、DGSFRM（固体标准吉布斯生成自由能）、DGAQHG（溶液标准生成吉布斯自由能）、DHAQHG（溶液标准生成焓）、S25HG（溶液组分的绝对熵）、OMEGHG（溶液 Helgeson 模型的 Born 系数）。

在 Estimation｜Input｜T-Dependent 页面（图 9-53），设置与温度有关的物性参数。

在 Estimation｜Input｜Binary 页面（图 9-54），设置二元交互作用参数。

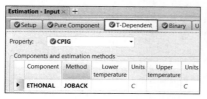

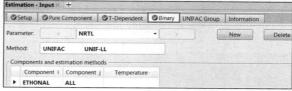

| 图 9-53 | 图 9-54 |

根据需要估算的参数类型，在相应页面上选择要估算的参数、对应组分和估算方法。Aspen Physical Property System 使用默认方法估计缺失参数，除非在相应页面上另行指定。可选择 Data 方法，利用实验数据进行回归，提高参数准确性。同一参数可规定多种估算方法以进行对比，第一种方法的估算值将用于计算。

本例中，在 Estimation｜Input｜Setup 页面，勾选 Estimate all missing parameters。为预测二元交互作用参数对比预测结果，添加乙醇、水、苯三个物质。在 Estimation｜Input｜Pure Component 页面，Parameter 选择 TB（正常沸点），组分选择 ETHONAL，Method（估算方法）选择 JOBACK。在 Estimation｜Input｜T-Dependent 页面，Property 选择 CPIG（理想气体比热容），估算方法为 JOBACK。在 Estimation｜Input｜Binary 页面，Parameter 选择 NRTL，估算方法为 UNIFAC 和 UNIF-LL。

9.2.4 运行估算

设置完成后，进行物性估算。弹出的 Non-Databank Components（非库组分）窗口（图 9-55），提示模拟中有不在所选数据库中的组分。可以 Go to Next required input step（进行下一步需要的输入）或 Enter additional property parameters（输入更多物性参数）、Enter additional Experimental data（输入更多实验数据）及 Enter molecular structure for estimation（输入待估算的分子结构）。本例中选择默认的 Go to Next required input step，并单击 OK 按钮。在弹出的 Property Estimation Input Complete（物性估算输入完成）窗口（图 9-56），可选择 Run Property Estimation（运行物性估算）或 Switch to Analysis mode（转换为分析模式）。本例中选择默认的 Run Property Estimation，单击 OK 按钮，即可运行物性估算。

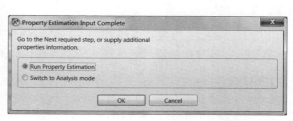

| 图 9-55 | 图 9-56 |

9.2.5 查看结果

运算完成后,在 Estimation | Results 表格中,查看估算结果。

在 Estimation | Results | Pure Component 页面(图 9-57),显示标量物性参数的估算结果,包括估算物性名称、估算值及估算方法。

在 Estimation | Results | T-Dependent 页面(图 9-58),显示与温度有关的物性关联式中参数的估算结果。

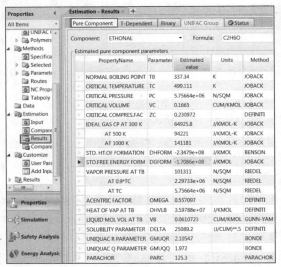

图 9-57

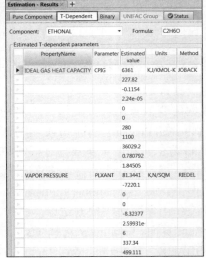

图 9-58

由结果可知,估算的 PC 值为 5.76MPa,与实验值 6.137MPa 有一定差异。模拟计算值可靠与否,和物性数据有很大关系。用户应尽量利用实验值,而不能完全依靠软件的预测。

9.3 物性数据回归

物性数据回归即用实验数据来回归物性参数。实验数据包括汽-液相平衡数据、液-液相平衡数据、密度、比热容、活度系数等,可用于回归多组分体系或纯组分参数。所有物性方法都可以进行数据回归计算。

利用 Aspen Plus 中的 Regression(回归)功能时,需要选定物性方法,调用或估算物性方法参数,输入实验数据,并指定回归参数。如回归 UNIQUAC 二元交互参数,需要选定UNIQUAC、UNIQ-HOC、UNIQ-NTH、UNIQ-RK 其中之一。用于数据回归的物性方法需要与回归结果参数用于流程计算中的物性方法一致。以-2 结尾的物性方法不能用于数据回归。

非库组分数据回归,需要首先进行物性估算,输入或估算分子量、临界温度、临界压力、压缩因子、蒸气压、蒸发热及理想气体比热容等参数值,利用估算的参数作为数据回归的初值。

9.3.1 模拟案例

例 9.3 根据乙醇-乙酸乙酯(ETOAC)系统的三组汽-液平衡数据,回归 WILSON、NRTL和 UNIQUAC 方程的二元交互作用参数。数据见表 9-1、表 9-2。

表 9-1　第一组、第二组汽-液平衡数据

第一组　T=40℃			第二组　T=70℃		
p/mmHg	x_{ETOAC}	y_{ETOAC}	p/mmHg	x_{ETOAC}	y_{ETOAC}
136.600	0.00600	0.02200	548.600	0.00650	0.01750
150.900	0.04400	0.14400	559.400	0.01800	0.04600
163.100	0.08400	0.22700	633.600	0.13100	0.23700
183.000	0.18700	0.37000	664.600	0.21000	0.32100
191.900	0.24200	0.42800	680.400	0.26300	0.36700
199.700	0.32000	0.48400	703.800	0.38700	0.45400
208.300	0.45400	0.56000	710.000	0.45200	0.49300
210.200	0.49500	0.57400	712.200	0.48800	0.51700
211.800	0.55200	0.60700	711.200	0.62500	0.59700
213.200	0.66300	0.66400	706.400	0.69100	0.64100
212.100	0.74900	0.71600	697.800	0.75500	0.68100
204.600	0.88500	0.82900	679.200	0.82200	0.74700
200.600	0.92000	0.87100	651.600	0.90300	0.83900
195.300	0.96000	0.92800	635.400	0.93200	0.88800
			615.600	0.97500	0.94800

表 9-2　第三组汽-液平衡数据

第三组　p=760mmHg					
T/℃	x_{ETOAC}	y_{ETOAC}	T/℃	x_{ETOAC}	y_{ETOAC}
78.450	0.00000	0.00000	71.850	0.44700	0.48700
77.400	0.02480	0.05770	71.800	0.46510	0.49340
77.200	0.03080	0.07060	71.750	0.47550	0.49950
76.800	0.04680	0.10070	71.700	0.51000	0.51090
76.600	0.05350	0.11140	71.700	0.56690	0.53120
76.400	0.06150	0.12450	71.750	0.59650	0.54520
76.200	0.06910	0.13910	71.800	0.62110	0.56520
76.100	0.07340	0.14470	71.900	0.64250	0.58310
75.900	0.08480	0.16330	72.000	0.66950	0.60400
75.600	0.10050	0.18680	72.100	0.68540	0.61690
75.400	0.10930	0.19710	72.300	0.71920	0.64750
75.100	0.12160	0.21380	72.500	0.74510	0.67250
75.000	0.12910	0.22340	72.800	0.77670	0.70200
74.800	0.14370	0.24020	73.000	0.79730	0.72270
74.700	0.14680	0.24470	73.200	0.81940	0.74490
74.500	0.16060	0.26200	73.500	0.83980	0.76610
74.300	0.16880	0.27120	73.700	0.85030	0.77730
74.200	0.17410	0.27800	73.900	0.86340	0.79140
74.100	0.17960	0.28360	74.100	0.87900	0.80740
74.000	0.19920	0.30360	74.300	0.89160	0.82160
73.800	0.20980	0.31430	74.700	0.91540	0.85040
73.700	0.21880	0.32340	75.100	0.93670	0.87980
73.300	0.24970	0.35170	75.300	0.94450	0.89190
73.000	0.27860	0.37810	75.500	0.95260	0.90380
72.700	0.30860	0.40020	75.700	0.96340	0.92080
72.400	0.33770	0.42210	76.000	0.97480	0.93480
72.300	0.35540	0.43310	76.200	0.98430	0.95260
72.000	0.40190	0.46110	76.400	0.99030	0.96860
71.950	0.41840	0.46910	77.150	1.00000	1.00000
71.900	0.42440	0.47300			

9.3.2　定义组分

打开 Aspen Plus V8.6，建立文件"例 9.3 物性数据回归"。

物性数据回归

Properties 环境下，在 Components | Specifications | Selection 页面（图 9-59），添加组分乙醇（C_2H_6O-2）和乙酸乙酯（$C_4H_8O_2$-3）。

在 Methods | Specifications | Global 页面（图 9-60），设置物性方法为 WILSON。

在 Methods | Specifications | Referenced 页面（图 9-61），选择 UNIQUAC 和 NRTL 作为参考物性方法。

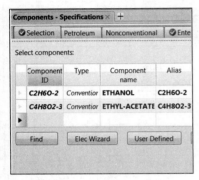
图 9-59

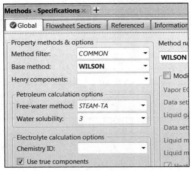
图 9-60

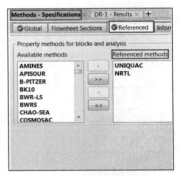
图 9-61

单击 ▶ 按钮，查看数据库中三种物性方法的二元交互作用参数（图 9-62~图 9-64）。

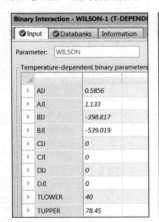
图 9-62

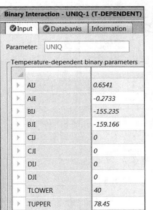
图 9-63

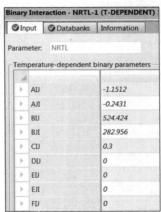
图 9-64

9.3.3　输入实验数据

单击 Home 命令选项卡 Run Mode 工具栏组中的 Regression 命令按钮，导航窗格中将自动建立 Data（数据）和 Regression（回归）两个文件夹（图 9-65）。

在 Data 页面，单击 New...按钮，弹出 Create New ID（新建对象）窗口。在 Enter ID（输入 ID）区域，输入实验数据 ID，默认为 D-1，本例中不做修改。在 Select Type（选择类型）区域，选择数据类型。包括 MIXTURE（混合物）和 PURE-COMP（纯组分）两种类型，本例中选择 MIXTURE。

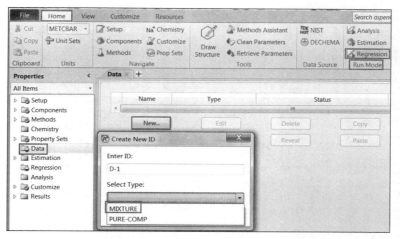

图 9-65

系统将自动建立 D-1 数据表，并自动打开 Data｜D-1｜Setup 页面（图 9-66）。在 Data type（数据类型）区域，选择所输入数据的类型。本例中第一二组数据为恒定温度下的 PXY 数据，故选择 PXY。在 Selected components（选定组分）区域，选择输入数据中涉及的组分，本例中为 $C_4H_8O_2$-3 和 C_2H_6O-2。

在 Constant temperature or pressure（恒定温度或压力）区域，输入实验条件。本例中，第一组实验数据温度为 40℃。在 Composition（组成）区域，输入实验数据组成基准，默认为摩尔分数，本例中不做修改。系统将根据所选数据类型及组分，设置 Data｜D-1｜Data 页面内容。

在 Data｜D-1｜Data 页面（图 9-67）的 Experimental data（实验数据）区域，输入已有实验数据。

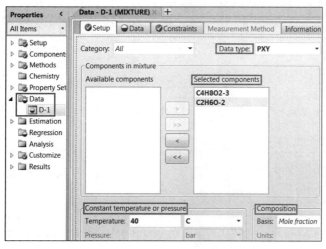

图 9-66

Usage	PRESSURE	X	X	Y
	mmHg	C4H8O2	C2H6O	C4H8O2
STD-DEV	0.1%	0.1%	0%	1%
DATA	136.6	0.006	0.994	0.022
DATA	150.9	0.044	0.956	0.144
DATA	163.1	0.084	0.916	0.227
DATA	183	0.187	0.813	0.37
DATA	191.9	0.242	0.758	0.428
DATA	199.7	0.32	0.68	0.484
DATA	208.3	0.454	0.546	0.56
DATA	210.2	0.495	0.505	0.574
DATA	211.8	0.552	0.448	0.607
DATA	213.2	0.663	0.337	0.664
DATA	212.1	0.749	0.251	0.716
DATA	204.6	0.885	0.115	0.829

图 9-67

同样步骤创建实验数据对象 D-2，类型选择 MIXTURE。数据类型为 PXY，组分选 $C_4H_8O_2$-3 和 C_2H_6O-2，温度为 70℃（图 9-68、图 9-69）。

创建混合物实验数据对象 D-3，类型选择 MIXTURE。数据类型为 TXY，组分选 $C_4H_8O_2$-3 和 C_2H_6O-2，压力为 760mmHg（图 9-70、图 9-71）。

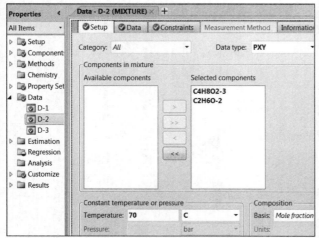

图 9-68

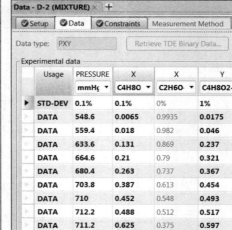

图 9-69

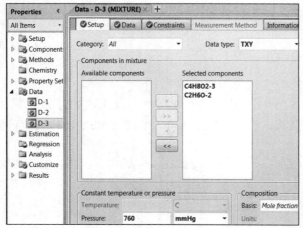

图 9-70

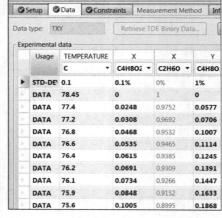

图 9-71

9.3.4 建立数据回归

本例中，通过三组实验数据，回归 WILSON、NRTL 和 UNIQUAC 方程的二元交互作用参数。

在 Regression 页面（图 9-72），单击 New…按钮，弹出 Create New ID（创建新的 ID）窗口。Enter ID（输入 ID）采用默认的 DR-1，单击 OK 按钮确认，即可建立 ID 为 DR-1 的数据回归对象。

在 Regression｜DR-1｜Setup 页面（图 9-73），设置数据源及要回归的参数。在 Property options（物性选项）区域，设置回归的 Method（物性方法）为 WILSON。在 Data set（数据集）区域，选择回归所用实验数据 D-1、D-2 和 D-3，并勾选 Consistency（一致性）列，即进行三组数据的热力学一致性检验。在 Calculation type（计算类型）区域，默认勾选计算类型为 Regression（回归）。

在 Regression｜DR-1｜Parameters 页面（图 9-74），指定要回归的参数。本例中，指定两组 WILSON 二元交互作用参数 WILSON/1 和 WILSON/2。

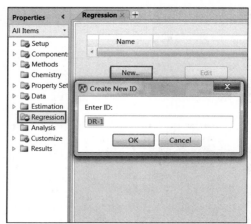

图 9-72

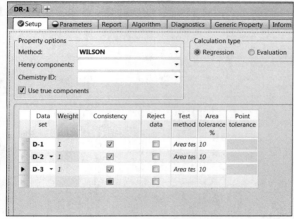

图 9-73

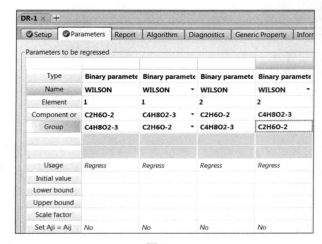

图 9-74

同样步骤，创建数据回归对象 DR-2。热力学方法采用 NRTL，回归其参数 NRTL/1 和 NRTL/2，实验数据使用 D-1、D-2 和 D-3（图 9-75、图 9-76）。

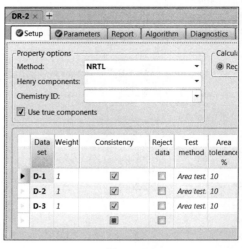

图 9-75

Type	Binary parame	Binary parame	Binary parame	Binary parame
Name	NRTL	NRTL	NRTL	NRTL
Element	1	1	2	2
Component or	C4H8O2-3	C2H6O-2	C4H8O2-3	C2H6O-2
Group	C2H6O-2	C4H8O2-3	C2H6O-2	C4H8O2-3
Usage	Fix	Fix	Regress	Regress
Initial value	-0.2431	-1.1512	282.956	524.424
Lower bound				
Upper bound				
Scale factor			1	1
Set Aji = Aij	No	No	No	No

图 9-76

创建数据回归对象 DR-3。热力学方法采用 UNIQUAC，回归其参数 UNIQUAC/1 和 UNIQUAC/2，实验数据使用 D-1、D-2 和 D-3（图 9-77、图 9-78）。

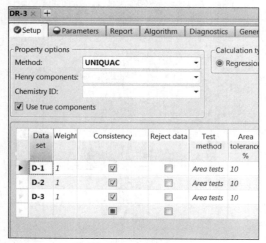

图 9-77

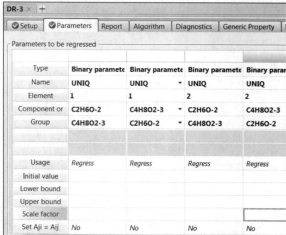

图 9-78

9.3.5　运行回归

设置完成后，单击▶按钮，进行数据回归计算。

有多个回归对象时，会弹出 Data Regression Run Selection（数据回归运行选择）窗口（图 9-79）。在 Select regression case(s) to run and their order（选择要进行的回归及其顺序）部分的 Don't Run（不运行）区域，为不运行的回归，在 Run（运行）区域，为要运行的回归。系统将按用户在 Run 区域指定回归的顺序进行计算，该顺序可通过右侧 ▲ 和 ▼ 按钮进行调整。已回归的参数值可自动用于下一回归计算中，因此回归对象的计算顺序可能会影响回归计算结果。若不希望运行某个回归对象，可将其移到 Don't Run 区域。

设置完成后，单击 OK 按钮，弹出 Parameter Values（参数值）窗口（图 9-80）。提示 Parameters（参数）表格中 C_2H_6O-2 和 $C_4H_8O_2$-3 两组分的 WILSON 方程参数值已存在，单击 Yes 按钮可利用回归值将其替换，单击 No 按钮则不替换。单击 Yes to All 按钮，可设置在接下来的全部数据回归中，都用回归值替换数据库中已有参数值，单击 No to All 按钮则全部不替换。

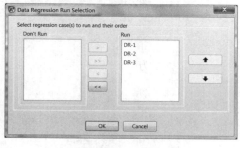

图 9-79

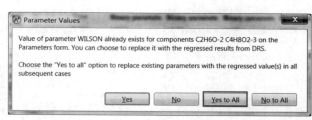

图 9-80

9.3.6　查看回归结果

运行完成后，打开各数据回归的相应 Results 表格，查看回归结果。

在 Regression｜DR-1｜Results｜Parameters 页面（图 9-81），查看 Regressed parameters（回归参数）的 Value（值）和 Standard deviation（标准偏差）。标准偏差与参数值相比不大，表明参数拟合好。本例中，WILSON 方程二元交互作用参数的 Aspen 数据库值和回归值对比见下表，其中 i 为乙醇，j 为乙酸乙酯。

参数	数据库值	回归值
a_{ij}	0.5856	−1.38869
a_{ji}	1.133	2.00307
b_{ij}	−398.817	248.5224
b_{ji}	−539.019	−815.923

在 Regression｜DR-1｜Results｜Consistency Tests 页面（图 9-82），查看 Thermodynamic consistency test for binary VLE data（二元汽-液相平衡数据热力学一致性检验）结果。包括 Data set（实验数据）、Test method（检测方法）、Result（检测结果）、Value（检测值）和 Tolerance（容差）。

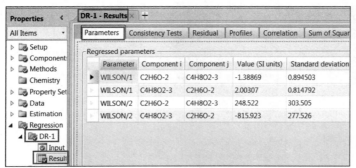
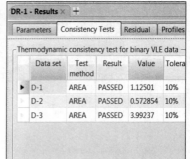

图 9-81   图 9-82

在 Regression｜DR-1｜Results｜Residual 页面（图 9-83），查看各回归值的残差。在页面上方区域，选择回归用的实验数据集，并设置变量 TEMP（温度）、PRESSURE（压力）或 COMPOSITION（组成）及其单位。在 Residual for property（物性残差）区域，包括 Experimental（实验值）、Regressed（回归值）、Std. Dev.（标准偏差）、Difference（实验数据与回归值的差值）和%Difference（差值百分数）。单击 Deviations（偏差）按钮，可查看变量的偏差汇总，包括 Average deviation（平均偏差）、Maximum deviation（最大偏差）、Root mean square error（均方根误差）、Root mean square error(%)（均方根误差分率）、Average absolute（平均绝对偏差）和 Average absolute(%)（平均绝对偏差分率）。若测量数据中没有规律性误差，偏差将随机分布。通过绘制曲线图可检查数据是否偏离正常范围很远、是否存在数据输入错误等。

在 Regression｜DR-1｜Results｜Profiles 页面（图 9-84），查看各 Data set（实验数据集）的 Summary of regression results（回归结果汇总）。包括 Exp Val TEMP（温度实验值）、Est Val TEMP（温度回归值）、Exp Val PRES（压力实验值）、Est Val PRES（压力回归值）、各组分的 Exp Val MOLEFRAC（组成实验值）和 Est Val MOLEFRAC（组成回归值）等。

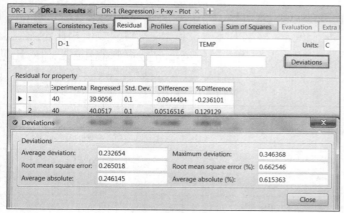

图 9-83

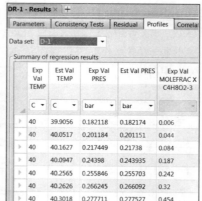

图 9-84

在 Regression｜DR-1｜Results｜Correlation 页面（图 9-85），查看 Parameter correlation matrix（参数关联矩阵）的 Parameter（参数）值。

在 Regression｜DR-1｜Results｜Sum of Squares 页面（图 9-86），查看 Regression results summary（回归结果汇总），包括 Objective function（目标函数）、Algorithm（算法）、Initialization method（初始化方法）、Weighted sum of squares（加权平方和）和 Residual root mean square error（均方根误差残差）等。

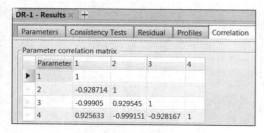

Parameter correlation matrix				
Parameter	1	2	3	4
1	1			
2	-0.928714	1		
3	-0.99905	0.929545	1	
4	0.925633	-0.999151	-0.928167	1

图 9-85

Regression results summary	
Objective function:	MAXIMUM-LIKELIHOOD
Algorithm:	NEW BRITT-LUECKE
Initialization method:	DEMING
Weighted sum of squares:	3076.38
Residual root mean square error:	6.05174

图 9-86

9.3.7 绘制曲线

利用 Home 命令选项卡 Plot 工具栏组（图 9-87），可生成指定图形，如 *T-xy* 图、*T-x* 图、*P-xy* 图、*P-x* 图、*T-xx* 图、*y-x* 图、Est. vs. Exp（预测值和实验值）图和 Residual（残差）图等（图 9-88）。通过这些图形，可以检查拟合质量。本例中，绘制 DR-1 的压力残差图、*P-xy* 图及 Est. vs. Exp 图。

图 9-87

单击 Plot 工具栏组中的 Residual 按钮，弹出 Residual 窗口（图 9-89）。在 Select variable to plot（选择要绘图的变量）区域，选择 Data group（数据组）为 D-1，Variable（变量）为 PRESSURE（压力）。单击 OK 按钮，在弹出的 DR-1(Regression)-Residual-Plot 窗口中（图 9-90），查看各实验数据点的压力残差图。

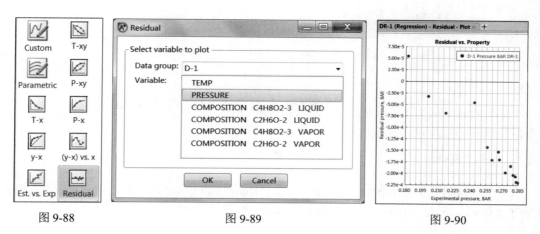

| 图 9-88 | 图 9-89 | 图 9-90 |

单击 Plot 工具栏组中的 *P-xy* 按钮，弹出 *P-xy* 窗口（图 9-91）。在 Select data group(s) to plot（选择实验数据集）区域，选择数据集 D-1。单击 OK 按钮，在弹出的 DR-1(Regression)-P-xy-Plot 窗口中，查看各组分的 *P-xy* 实验数据点和回归曲线图（图 9-92）。

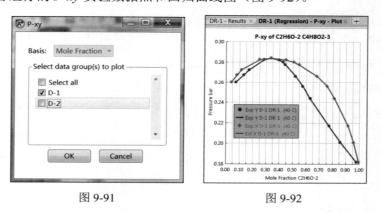

| 图 9-91 | 图 9-92 |

单击 Plot 工具栏组中的 Est vs. Exp 按钮，弹出 Estimated vs. Experimental（回归值-实验值）窗口（图 9-93）。在 Select variable to plot（选择要绘图的变量）区域，选择 Data group（数据组）为 D-1，选择 Variable（变量）为 PRESSURE。设置完成后，单击 OK 按钮，在弹出的 DR-1(Regression)-Est vs. Exp-Plot 窗口中（图 9-94），查看并得到相应变量的回归值-实验值图。

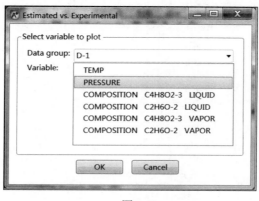
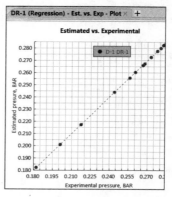

| 图 9-93 | 图 9-94 |

9.4 电解质溶液计算

本节将以氢氧化钠和盐酸水溶液的混合过程为例，介绍电解质溶液计算的方法，重点介绍电解质向导的应用及结果报告的查看。

9.4.1 模拟案例

例 9.4 1000m³/h 的 NaOH 水溶液（30℃，1bar，NaOH 浓度为 5kmol/m³）与 1500m³/h 的 HCl 水溶液（30℃，1bar，HCl 浓度为 5kmol/m³）混合，求混合后溶液的温度和 pH 值。

9.4.2 定义组分

利用 Electrolytes with Metric Units（公制单位的电解质模板），新建文件（图 9-95），并保存为"例 9.4 电解质"。

Properties 环境下，在 Components | Specifications | Selection 页面，定义组分 NaOH、HCl 和 H₂O（图 9-96）。单击 Elec Wizard（电解质向导）按钮，打开电解质向导窗口。

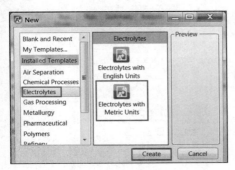
图 9-95

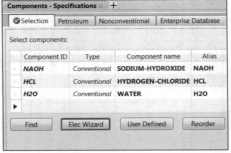
图 9-96

在电解质向导窗口的 Welcome to Electrolyte Wizard（欢迎使用电解质向导）页面（图 9-97），有该向导的操作步骤说明。可选择电解质检索所用的 Chemistry data source（化学数据源）及 Reference state for ionic components（离子化合物的参考态）。

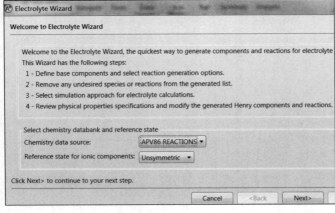
图 9-97

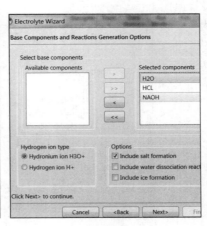
图 9-98

单击 **Next>** 按钮，跳转到 Base Components and Reactions Generation Options（基础组分和反应生成选项）页面（图 9-98）。在 Select base components（选择基础组分）区域，选择生成离子的组分。本例中，选择 NaOH 和 HCl，并单击 ▷ 按钮，移到 Selected components（选定组分）区域。在 Hydrogen ion type（氢离子类型）区域，可设置氢离子为 Hydronium ion H_3O^+（水合氢离子）或 Hydrogen ion H^+（氢离子）。本例中，采用默认的 Hydronium ion H_3O^+。在 Options（选项）区域，可选择 Include salt formation（包括盐生成）、Include water dissociation reaction（包括水解反应）或 Include ice formation（包括冰生成）。本例中，采用默认的 Include salt formation。

设置完成后，单击 **Next>** 按钮，跳转到 Generated Species and Reactions（生成的物质和反应）页面（图 9-99）。该页面包括 Aqueous species（溶液中的物质）、Salts（盐）和 Reactions（反应）三部分，可 Remove undesired generated species and reactions（将不需要的物质和反应移除）。本例中电解质向导自动生成 H_3O^+ 和 Cl^-、NaOH 和 NaOH*W 固体，及一系列溶解平衡、电离和水解反应。不需要的物质和反应，选中后单击 Remove（移除）按钮，可将其删除。在 Set up global property method（设置全局物性方法）区域，用户可选择并将其设置为全局物性方法，也可不进行设置。本例中，采用默认的 ELECNRTL 作为全局物性方法。

设置完成后，单击 **Next>** 按钮，跳转到 Simulation Approach（模拟方法）页面（图 9-100）。在 Select electrolyte simulation approach（选择电解质模拟方法）区域，可选择 True component approach（真实组分方法）或 Apparent component approach（表观组分方法）。在 Generated reactions and Henry components will be placed in（将生成的反应和亨利组分保存在）区域，可设置 Chemistry form with ID（化学反应表格 ID）和 Components Henry-Comps form with ID（亨利组分表格 ID），默认都为 GLOBAL 表格，本例中不做修改。

图 9-99

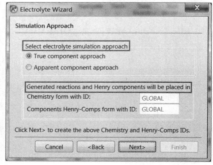

图 9-100

设置完成后，单击 **Next>** 按钮，可生成以上面填写的 ID 为名的 Chemistry 和 Henry-Comps 表格，并跳转到 Summary（汇总）页面（图 9-101）。

在 Summary 页面，可查看 Property specifications（物性规定）、Components and databanks（组分和数据库），还可单击 Review Henry components…按钮查看亨利组分，或单击 Review Chemistry…按钮查看化学反应。

单击 Finish 按钮，结束电解质向导。此时生成的离子和固体组分，已自动添加进 Components | Specifications | Selection 页面（图 9-102）的组分列表中。

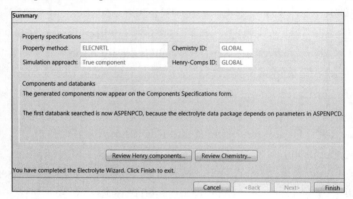

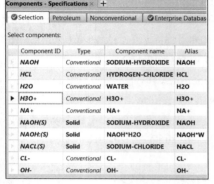

图 9-101　　　　　　　　　　　　　　　　　图 9-102

在 Components | Henry Comps | GLOBAL | Selection 页面（图 9-103），可查看亨利组分。在 Methods | Specifications | Global 页面（图 9-104），可查看全局物性方法。

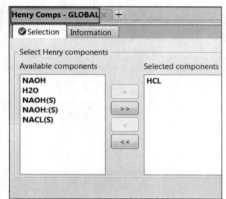

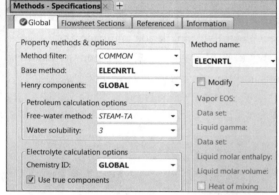

图 9-103　　　　　　　　　　　　　　　　　图 9-104

在 Methods | Parameters | Binary Interaction 文件夹下的 HENRY-1、VLCLK-1 和 HOCETA-1 等页面（图 9-105~图 9-107），可分别查看 HENRY（亨利常数关联式系数）、VLCLK

图 9-105　　　　　　　　　　图 9-106　　　　　　　　　　图 9-107

（Clarke 液相密度模型中的阴-阳离子参数）和 HOCETA（Hayden-O'Connell 状态方程关联参数）等参数值。

在 Methods｜Parameters｜Electrolyte Pair 文件夹下 GMELCC-1、GMELCD-1、GMELCE-1 和 GMELCN-1 页面（图 9-108~图 9-111），可分别查看 ENRTL 模型中电解质-分子/电解质-电解质的二元能量参数 C、D、E 和有规参数 α 等的电解质对参数。

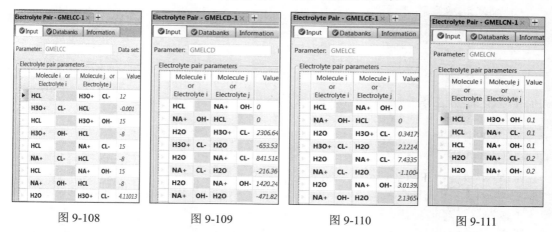

图 9-108　　　　　　图 9-109　　　　　　图 9-110　　　　　　图 9-111

9.4.3　建立流程并输入进料条件

切换到 Simulation 环境，在 Main Flowsheet 页面建立流程图，如图 9-112 所示。

在 Streams｜S1｜Input｜Mixed 页面（图 9-113），输入 HCl 进料物流数据：温度 30℃，压力 1bar，体积流量 1500m³/h。组成为 HCl 摩尔浓度 5mol/L，选择 Solvent（溶剂）为 H_2O。

在 Streams｜S1｜Input｜Flash Options 页面（图 9-114），设置有效相态为 Liquid-Only（液相）。

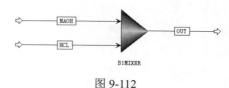

图 9-112

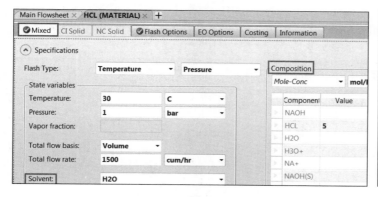

图 9-113

图 9-114

同样步骤输入 NaOH 进料物流数据：温度 30℃，压力 1bar，体积流量 1000m³/h。组成为 NaOH 摩尔浓度 5mol/L，溶剂为 H_2O（图 9-115）。有效相态为液相（图 9-116）。

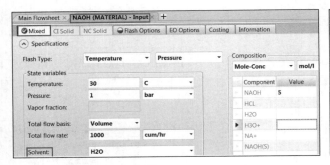

图 9-115   图 9-116

9.4.4 设置物性集

在 Property Sets 文件夹（图 9-117），单击 New…按钮，弹出 Create New ID（生成新 ID）窗口。在 Enter ID（输入 ID）区域输入新建物性集的 ID，本例中采用默认的 PS-1。

输入完成后，单击 OK 按钮确认，将建立 PS-1 物性集，并打开 Property Sets | PS-1 | Properties 页面（图 9-118）。在 Properties（物性）区域的列表中，选择 Physical properties（物理性质）为新建物性集中欲包括的物性参数，本例中选择 PH，即 pH 值。

在 Property Sets | PS-1 | Qualifiers 页面（图 9-119），设置 Phase（相态）为 Liquid（液相）。

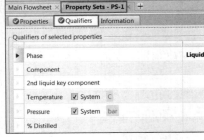

图 9-117   图 9-118   图 9-119

单击 Setup | Report Options | Stream 页面（图 9-120）的 Property Sets（物性集）按钮，弹出 Property Sets 窗口。在 Available property sets（可用物性集）区域中，选择 PS-1 物性集，单击➛按钮将其移动到 Selected property sets（已选物性集）中，则该物性集中的物性参数计算结果将在物流报告中显示。

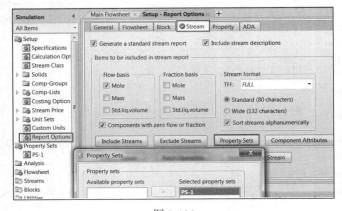

图 9-120

化工流程模拟 Aspen Plus 实例教程

9.4.5 运行模拟并查看结果

关闭物性集选择窗口，运行。完成后，在 Results Summary｜Streams｜Material 页面（图 9-121），查看物流计算结果。

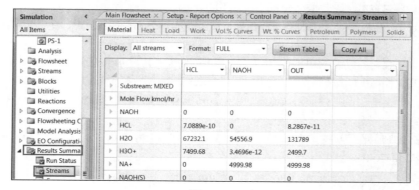

图 9-121

在该页面，单击 Copy All（复制全部）按钮，可将本页中全部物流计算结果复制到剪贴板上，用户可将其粘贴到 Word、Excell、Powerpoint 或 AutoCAD 等其他软件中。

本章练习

9.1 查询水的临界压缩因子和 1atm 下 100~300℃范围内的液相摩尔体积，物性方法采用 IAPWS-95。

9.2 采用 NRTL 物性方法，分别计算在 25℃、35℃和 45℃下不同质量浓度甲醇水溶液（甲醇含量在 0~100%范围内变化）的 P-xy 相图，并分析 25℃、1bar 时甲醇水溶液密度随甲醇含量不同而变化的情况。

9.3 分析甲烷 0.1kmol/h、水 0.5kmol/h 和正庚烷 0.4kmol/h 的混合物，在 25℃及 1 bar、2bar、3bar 三个不同压力下，所形成混合物的汽相摩尔分率（VFRAC）及汽相和两个液相的泡点（TBUB）和黏度（MUMX）。

9.4 在 101.3kPa 下，测得的 DMC(碳酸二甲酯，1)-PC(碳酸丙烯酯，2)体系的汽-液相平衡实验数据如下表所示，利用该数据回归 UNIQ-RK 方程的二元交互作用参数。另有 MeOH(甲醇)-DMC 体系的汽-液相平衡实验数据及拟合案例，可参考本题的模拟源文件。

温度/K	x_1(摩尔分数)	y_1(摩尔分数)
425.55	0.1098	0.9178
412.85	0.1919	0.957
393.65	0.3368	0.9838
376.45	0.6051	0.996
369.85	0.7424	0.9941
369.65	0.7478	0.9937
367.75	0.8594	0.994

参考文献

[1] 杨光辉.化工流程模拟技术及应用.山东化工,2008,37:35-38.

[2] 舟丹. 流程模拟技术发展史.中外能源，2011,S1:83-83.

[3] 梁平，陶宏伟，唐柯等.天然气处理流程模拟与优化研究.重庆科技学院学报：自然科学版,2008,10(3):18-21.

[4] 郑秀玉，吴志民，陆恩锡. 国际权威化工数据库 DECHEMA 及其应用.当代化工,2011,40(1):94-96.

[5] 上海汉中诺软件科技有限公司.产品介绍.http://www.hanatech.com.cn/html/product/201109/16/18.html.

[6] 王洪元，刘江津，吕斌.Aspen Custom Modeler 软件应用研究.石油化工高等学校学报，2001,14(1):72-77.

[7] 汤吉海.化工流程模拟技术及 Aspen Plus 应用[A/OL]. 2017-07-18. http://www.doc88. com/p-6196353674337.html.

[8] Stanley I Sandler.Using Aspen Plus in Thermodynamics Instruction：A Step-by-Step Guid. American Institute of Chemical Engineers, 2015.

[9] Kern D Q. Process Heat Transfer. McGraw-Hill, 1950.

[10] Seader J D, Ernest J Henley. Separation Process Principles(2e). John Weiley&Sons, 2006.

[11] 李绍芬.反应工程.北京:化学工业出版社,2013.